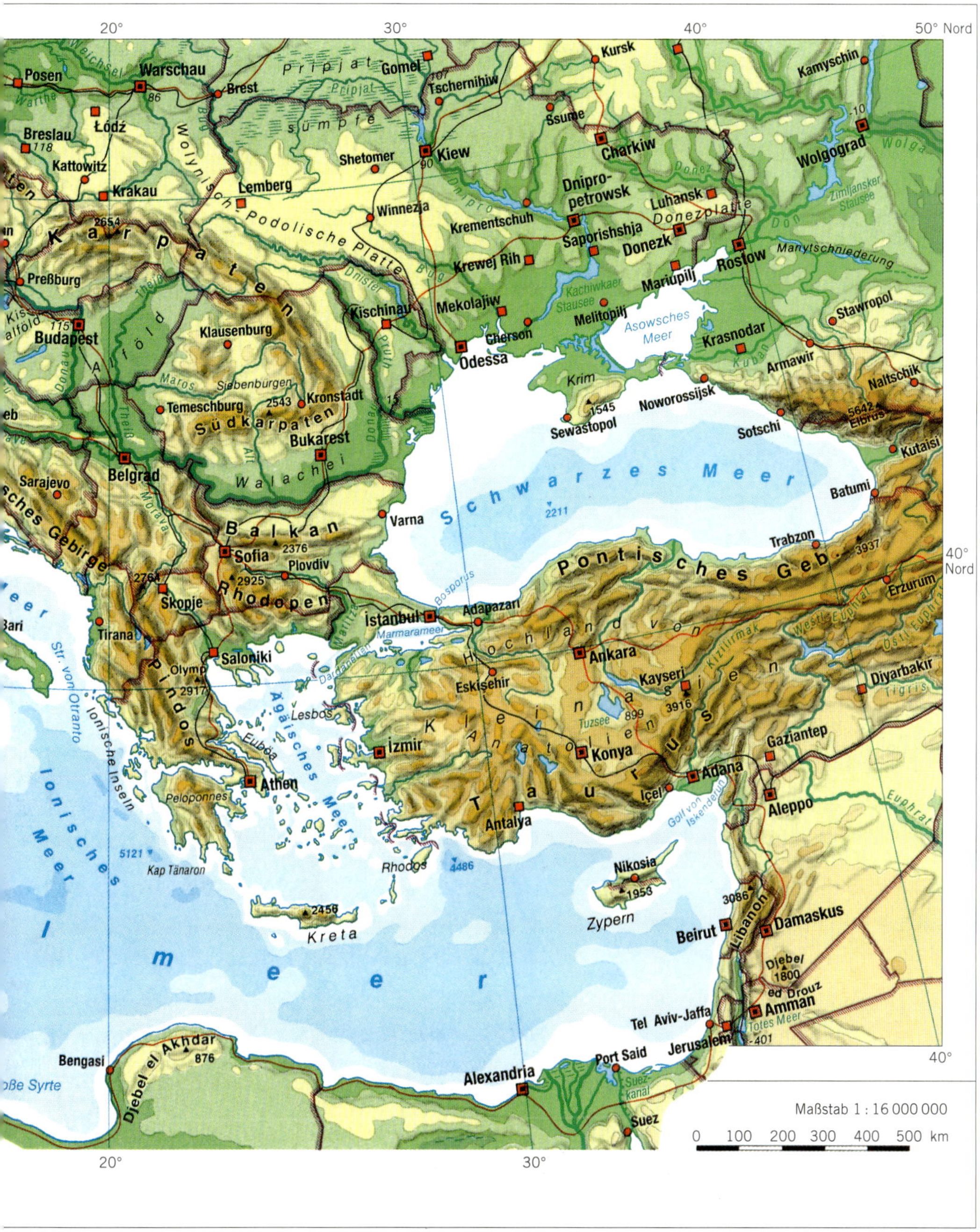

Maßstab 1 : 16 000 000

0   100   200   300   400   500 km

Topographische Karte des Mittelmeerraumes

Horst-Günter Wagner

Mittelmeerraum

Wissenschaftliche Länderkunden

Wissenschaftliche Buchgesellschaft
Darmstadt

Mittelmeerraum

von Horst-Günter Wagner

Mit 93 Abbildungen,
29 Tabellen und 75 Bildern

Wissenschaftliche Buchgesellschaft
Darmstadt

Die Deutsche Bibliothek – CIP Einheitsaufnahme
Ein Titeldatensatz für diese Publikation ist bei
Der Deutschen Bibliothek erhältlich.

Die Deutsche Bibliothek –
CIP – Cataloguing-in-Publication Data
A catalogue record for this publication is available from
Die Deutsche Bibliothek.

Online-Recherche unter:
For further information see:
http://www.ddb.de/online/index.de

Bestellnummer 12339-5

2001 by Wissenschaftliche Buchgesellschaft, Darmstadt
Gedruckt auf säurefreiem und alterungsbeständigem Bilderdruckpapier
Layout, Satz und Prepress: Schreiber VIS, Seeheim
Gesamtfertigung: Wissenschaftliche Buchgesellschaft
Printed in Germany
Schrift: Trade

ISSN 0174-0725
ISBN 3-534-12339-5

Inhaltsverzeichnis

Verzeichnis der Abbildungen

**Sozialer Wandel
und Erwerbsstruktur**

**Moderne Stadtentwicklung:
Verstädterung und
Flächennutzungskonkurrenz**

**Wirtschaft: Zwischen Handwerk
und Globalisierung**

**Naturraum: Umweltdegradierung
und Regenerationspotenzial**

**Landwirtschaft:
Wandel des ländlichen Raumes**

**Tourismus:
Wirtschaftliche Impulse
und sozio-kulturelle Probleme**

**Räumliche Disparitäten:
Staatliche Raumordnung**

**Entwicklungsperspektiven:
Europaorientierung
und regionale Konflikte**

Verzeichnis der Bilder

Alle Bilder ohne Quellenangaben stammen
vom Verfasser.

Verzeichnis der Tabellen

Vorwort

Seit einer Reihe von Jahren liegen jüngere geographische Regionalanalysen zu einzelnen Staaten des Mittelmeergebietes vor. Dennoch erschien es wissenschaftlich ertragreich zu sein, den Versuch zu wagen, die geographisch relevante Gesamtheit des mediterranen Raumes darzustellen. Sie basiert auf den naturräumlichen und wirtschaftlichen, geschichtlichen, gesellschaftlichen und politischen Gemeinsamkeiten, lässt jedoch auch markante Unterschiede und Kontraste erkennen. Die Schwierigkeiten einer großräumlichen geographischen Analyse liegen im methodischen Bereich. Welche Wege sollen beschritten werden, um die Darstellung von Einzelaspekten und übergreifenden Zusammenhängen zu koordinieren? Welcher gemeinsame Nenner für die Bewertung der Großräume einerseits, der kleinen Aktionsreichweiten andererseits bietet sich an? Wie kann die notwendige thematische und stoffliche Auswahl getroffen werden? Einige Fragenkreise mussten unberücksichtigt bleiben. Die Konzentration auf bestimmte Schwerpunktbereiche war aber auch erforderlich, um aus der Vielfalt die charakteristischen Entwicklungen des Mittelmeerraumes herauszuheben. Außerdem erschien es sinnvoll, einzelne Probleme und Prozesse zunächst gesamtmediterran zu behandeln und ihnen dann – zur näheren Erläuterung und um die räumliche Differenzierung zu zeigen – regionale Fallstudien folgen zu lassen.

Auf die innerfachliche Diskussion um Regionale Geographie und Länderkunde kann hier nicht näher eingegangen werden. Der Autor sieht gleichwohl in diesem traditionsreichen Teil des Faches Geographie ein nach wie vor wichtiges Anwendungsgebiet für die Methoden der Allgemeinen Geographie; denn die nivellierende Kraft der Globalisierung belebt das regionale Bewusstsein der Menschen erstaunlich stark. Regionale Geographie hat deshalb mehr denn je die Aufgabe, die Komplexität regionaler Bezugsfelder, die Stärken und Schwächen, Risiken und Chancen einzelner Gebiete, Regionen, Staaten oder – wie beim Mittelmeerraum – supranationaler Raumeinheiten zu erfassen und zu bewerten. Hierfür sind zahlreiche interdisziplinäre Betrachtungsweisen erforderlich, etwa bei den Beziehungen zwischen naturräumlichen Grundlagen und dem Wandel ihrer gesellschaftlichen Bewertung und Nutzung oder hinsichtlich der Beziehungen zwischen der wirtschaftlichen Situation und den sozialen Ursachen sowie politischen Konsequenzen der Migration.

Die Behandlung des Mittelmeerraumes schien jedoch auch aus folgenden Gründen notwendig: Nur in wenigen anderen Großregionen der Erde stoßen sozialökonomische, politische und weltanschauliche Gegensätze räumlich so eng und hart aufeinander wie zwischen Südeuropa, Nordafrika und Vorderasien. Die Europäische Union verfolgt deshalb seit 1995 besonders intensiv Ziele der politischen, wirtschaftlichen und sozialen Kooperation mit ihren südlichen und südöstlichen Anrainern. Kann aber das alte Europa der Vielfalt von Herausforderungen gerecht werden? Nicht zu übersehen ist das zunehmend nachdrücklich vorgetragene Interesse der Staaten des nördlichen Afrika, des Nahen Ostens, des Balkans sowie der Türkei an immer engeren Kontakten zu Mittel- und Westeuropa. Die südlichen Anrainer der Europäischen Union drängen besonders deshalb auf schnellere Fortschritte der Annäherung und greifbare ökonomische Ergebnisse, weil sie fürchten, die Osterweiterung der Europäischen Union werde ihre eigene periphere Lage noch weiter zementieren. Nicht nur Politiker, Regierungen und Staaten insgesamt fordern die Hilfe der europäischen Industrieländer. Auch Millionen junger Menschen nordafrikanischer Staaten, die gegenwärtig und zukünftig keine Arbeit finden, sehen allein in der Hoffnung auf Auswanderung nach Norden die Lösung ihrer existenziellen Probleme. Eine neue Art von Sicherheitspolitik Europas muss deshalb ihr Ziel darin sehen, die wirtschaftlichen Grundlagen im Maghreb, im Nahen Osten, in der Türkei und auf dem Balkan vor Ort zu verbessern, um wenigstens einem Teil der zur Emigration Entschlossenen Arbeit in der Heimat zu verschaffen. Gerade diese Tatsache macht ein weiteres, fachwissenschaftliches Argument für eine überregionale geographische Analyse sichtbar: Wirtschafts- und sozialräumliche Disparitäten können heute auf nationalstaatlicher, kleinräumlicher Ebene weder hinreichend erfasst, geschweige denn politisch und wirtschaftlich gemildert werden.

Die hier vorgelegte Darstellung des Mittelmeerraumes basiert auf langjähriger fachwissenschaftlicher Tätigkeit des Autors in mediterranen Ländern. Sie war zwar überwiegend von geographisch-gegenwartsbezogenen Fragestellungen geleitet. Daneben konzentrierte sich jedoch das Interesse immer wieder auf die Analyse historisch-geographischer Längsschnitte landschaftlicher, wirtschaftsräumlicher und gesellschaftlicher Prozesse. Die Gliederung dieses Buches spiegelt diese doppelte, sich ergänzende Blickrichtung auf Gegenwartsbezug und geschichtliche Entwicklung wider.

Ein großer Teil der über viele Jahre hinweg im Mittelmeerraum durchgeführten Forschungsprojekte wurde durch die Deutsche Forschungsgemeinschaft unterstützt. Für diese Förderung möchte ich auch hier danken. Fruchtbar war stets die Zusammenarbeit mit vielen Fachkollegen an den Geographischen Instituten und an anderen wissenschaftlichen Einrichtungen der einzelnen Mittelmeerländer. Auch wurden die Begegnungen mit den Menschen der mediterranen Lebenswelten zu einem wichtigen Impuls. Anregend waren darüber hinaus zahlreiche mehrwöchige Exkursionen und Geländepraktika im Mittelmeerraum mit Studierenden der Geographischen Institute der Universitäten Hannover, Erlangen, Kiel und Würzburg. Dankbar bin ich in besonderer Weise für die fruchtbaren Diskussionen im Kreis der im Mittelmeerraum arbeitenden Fachkollegen dieser und anderer Institute. Stellvertretend sei Horst Mensching genannt, der als akademischer Lehrer den Autor schon zu Studienzeiten ab 1955 in die mediterrane und später in die maghrebinische Welt einführte.

Der Lektor der Reihe Länderkunden bei der Wissenschaftlichen Buchgesellschaft, Herr Harald Vogel, förderte den Fortgang der Arbeit durch kompetente, freundliche und zügige Betreuung. Für die fachgerechte Umsetzung der Karten und Diagramme in Computerkartographie danke ich Herrn Winfried Weber.

In besonderer Weise danke ich meiner Frau, Helga Wagner, für mehrere gemeinsame Reisen und Forschungsaufenthalte im Mittelmeerraum seit 1964, für fachliche Unterstützung und die große Geduld bei der oft langwierigen Ausarbeitung von Ergebnissen der Geländearbeiten sowie beim Entstehen des Textes zu dem vorliegenden Buch während der zurückliegenden drei Jahre.

Würzburg, im Juni 2000

Horst-Günter Wagner

DER MITTELMEERRAUM: EINHEIT ODER VIELFALT?

Bild 1: Kulturlandschaft in Mittelgriechenland: Landschaftliche Kontraste auf geringer Distanz sind das wichtigste strukturelle Merkmal des Mittelmeerraumes.

Überblick

■ Der Mittelmeerraum gilt geographisch als *räumliche Einheit*, weil Tektonik und Reliefentwicklung, das subtropische Klima, der Rhythmus des Oberflächenabflusses, Bodenbildung und Vegetationsdecke sowie das Mittelmeer als marines Ökosystem in allen Teilgebieten ähnliche physisch-geographische Strukturen geschaffen haben.

■ Das Wechselgefüge dieser Faktoren erzeugte einen im gesamten Mittelmeerraum ähnlichen, geoökologisch komplizierten *Landschaftshaushalt*, der einerseits zu hoher regenerativer Leistung fähig ist, andererseits auf unangemessen starke Eingriffe sensibel reagiert.

■ Auch Landwirtschaft und Stadtkultur, die beiden wichtigsten Pfade der *historischen Kulturlandschaftsgenese* im Mittelmeerraum, führten – bei großräumlicher Betrachtungsweise – zu überwiegend vergleichbaren, ähnlichen wirtschaftsräumlichen Grundstrukturen.

■ Diese übergeordnete Einheitlichkeit des Mittelmeerraumes offenbart jedoch bei einzelräumlicher Betrachtung eine vielfältige Differenzierung. Die aktuellen Entwicklungsprobleme der Mittelmeerländer zeigen sogar, dass die *regionalen Unterschiede* sowohl des naturräumlichen Potenzials als auch der Landwirtschaft, des Gewerbes, der Industrie, der Bevölkerungsverhältnisse und der politisch-territorialen Situation die konkrete Wirklichkeit des Lebens im Mittelmeerraum wesentlich präziser sichtbar machen: Die räumlichen Kontraste im Mittelmeerraum sind dominanter als alle Strukturen der Einheitlichkeit.

Methodische Ziele der Regionalen Geographie

Regionale Geographie untersucht die Entstehung und innere Funktionsweise sowie die Risiken und Chancen der naturräumlichen, wirtschaftlichen und gesellschaftlichen Entwicklung von Regionen und deren Außenbeziehungen. Hierfür ist ein *dreifacher* methodischer Ansatz erforderlich.

Historische Kulturlandschaftsgenese

Zunächst ist von der geschichtlichen Entwicklung der Kulturlandschaft auszugehen. Sie erklärt das im Zeitablauf entstandene immer wieder veränderte Gefüge von Wirtschaftsstandorten, von sozial gesteuerten Flächenansprüchen und kulturell geprägten Räumen. Diese Strukturen bilden, auch wenn sie z. T. heute nicht mehr erkennbar sind, das Ergebnis der Entscheidungen früherer Akteure. Zu diesem historischen Erbe gehören Städte als Zentren politischer, gesellschaftlicher und wirtschaftlicher Vorgänge, Gewerbe- und Industriegebiete mit ihren verschiedenen Bezugs- und Absatzreichweiten, ländliche Siedlungen, Flurformen, agrarische Bodennutzung, viele Waldgebiete und Wasserversorgungssysteme. Diese Grundelemente werden durch Wege, Straßen und weitgespannte Verkehrsnetze verbunden. Über sie vollzog sich über Jahrhunderte die Migration der Menschen, der Austausch von Gütern und Kapital sowie die Ausbreitung von Ideen. Mobilität veränderte immer wieder den Gesellschaftsaufbau, beeinflusste die Bevölkerungsentwicklung, änderte die politische Machtverteilung und verlagerte wirtschaftliche Kraftzentren. Daraus ergab sich bereits in historischer Zeit die räumliche Differenzierung des Mittelmeerraumes: Entwickelten Kernräumen mit innovativer Wirtschaft und tatkräftigen Sozialgruppen standen abhängige, stagnierende und periphere Gebiete gegenüber. Diese kontrastreichen Muster blieben jedoch nie starr und unverändert. Einst blühende Wachstumsräume sanken in Armut zurück und wurden zu Notstandsgebieten, andere Gebiete übernahmen stattdessen die Führungsrolle. Diese bereits historisch entstandenen räumlichen Unterschiede zwischen Wachstum und Rückstand können mit dem Modell *zeitlich-regionaler Lebenszyklen* erklärt werden:

Prosperierende Wirtschaft erzeugt vitale Aktivitätszentren, die nach einem Kulminationspunkt wieder schrumpfen und verfallen. Arbeit und Kapital wandern ab und suchen sich Gebiete, die ihnen erneut größere Rentabilität versprechen.

Handlungsorientierung

Innerhalb dieser historisch entstandenen Muster vollziehen sich alle *gegenwärtigen Handlungsweisen* und erzeugen vielschichtige neue Raumstrukturen. Es ist Aufgabe der Geographie, die Bedingungen dieser Entscheidungsvorgänge, die Innovationsprozesse, deren Ausbreitung, die dafür richtunggebenden Leitbilder und den Flexibilitätsgrad wirtschaftlicher Akteure zu untersuchen. Dazu stellt sich die schwierige Frage, wie die Menschen ihre Lebensräume, ihr physisches, soziales und politisches Umfeld bewerten und nach welchen Gesichtspunkten sie ihre aktuellen und zukünftigen Existenzbedingungen räumlich gestalten. Dieser *handlungsorientierte Forschungsansatz* muss ermitteln, welche neuen räumlichen Strukturen innerhalb des ererbten, verfestigten Raumgefüges entstehen, wie sich neue Dimensionen regionalen Bewusstseins durchsetzen und räumlich wirken. Sich ständig verändernde Regionalisierungen erzeugen über die Reichweite menschlichen Handelns sich ständig verlagernde Gegensätze zwischen Aktiv- und Passivräumen. Solche Kontraste sind als Regionen mit hohen oder niedrigen Pro-Kopf-Einkommen zu erkennen. In kaum einer anderen Großregion der Erde entstanden so starke wirtschaftsräumliche und soziale Kontraste und Disparitäten wie im Mittelmeerraum. Hierzu trug infolge der physisch-geographisch bedingten Differenzierung ihrer Ressourcen auch die *natürliche Umwelt* bei. Die naturräumlichen Potenziale werden im Zeitablauf immer wieder anders wahrgenommen und teilweise sogar aufgewertet. So wandelten sich die Risiken und Nachteile langer sommerlicher Trockenzeiten zu touristisch genutzten Vorteilen. Einst als siedlungsfeindlich erachtete Küstengebiete sind heute attraktive Standorte der Verstädterung und der gewerblichen Wirtschaft. Umgekehrt wird durch menschliche Nutzung, durch Störung oder Degradierung der ökologischen Substanz ein Teil der Grundlagen für zukünftige wirtschaftliche Aktivitäten vernichtet.

Räumliche Interaktionen

Schließlich sind die nach außen gerichteten *Reichweiten* der Wirtschaft eines Gebietes zu beachten. Sie wirken auf Nachbarregionen, im Falle des Mittelmeerraumes auf Mittel- und Westeuropa, auf den Vorderen Orient und das nördliche Afrika bis zu den Staaten südlich der Sahara. Umgekehrt wurde das Geschehen im Mittelmeerraum stets, wenn auch wechselnd intensiv, von externen Kräften beeinflusst, gesteuert oder durch politische Machteinwirkung sogar vollständig fremdbestimmt. Den Mittelmeerraum prägten seit der Frühgeschichte große Invasionswellen, die neue Impulse von außen einbrachten. Politische und wirtschaftliche Motive veranlassten auch in der Folgezeit die im weiteren Umfeld agierenden Mächte zu wechselnden Formen der Präsenz im Mittelmeerraum. Diese exogenen Zugriffe werden heute mehr und mehr durch Abhängigkeit von besonders auf den östlichen Teil des Mittelmeerraumes gerichteten, rohstoffwirtschaftlichen Interessen abgelöst, deren Ziele sich weit ins 21. Jh. richten. Die sozioökonomisch sehr unterschiedlichen Regionen des Mittelmeerraumes sind heute zunehmend in das weltweite Netz räumlicher Disparitäten eingebettet. Die Globalisierung verschärft die regionalen Ungleichheiten im Mittelmeerraum, da nur einige wenige Gebiete weltweit anerkannte Standortvorteile bieten. Dadurch nimmt der Kontrast von Chancen und Risiken innerhalb des Mittelmeerraumes zu. Seine Wirtschaftsakteure sehen sich mehr als jemals zuvor mit Konkurrenten in allen Teilen der Erde konfrontiert.

Mediterrane Einheit oder Vielfalt?

Entscheidend ist eine weitere methodische Frage: Ist es vertretbar, den Mittelmeerraum, dem so unterschiedliche Teilgebiete wie Südeuropa, Teile Nordafrikas und des Vorderen Orients angehören, übergreifend zu betrachten, ihn zum thematischen Schwerpunkt einer umfassenden Regionalanalyse und zum Gegenstand eines Buchkonzeptes zu machen? Oder sind die divergierenden Prozesse, die Kräfte der Differenzierung und die mehr individuelle Entwicklung unterschiedlich agierender Teilräume so stark, dass nur eine getrennte Einzelbehandlung der Länder des Mittelmeerraumes angebracht wäre?

Der Mittelmeerraum suggeriert aufgrund ähnlicher klimageographischer, geoökologischer und agrargeographischer Grundstrukturen, aber auch vieler Phänomene seiner historischen Kulturentwicklung ein Bild großer Einheitlichkeit. Vergleicht man ältere und jüngere geographische, geschichtswissenschaftliche, ökonomische und politische Darstellungen des Mittelmeerraumes, so erweist sich vielfach das Interesse an diesen herausgehobenen und übergeordneten Gemeinsamkeiten als leitende Grundlinie. Früh wurde jedoch auch darauf verwiesen, der Mittelmeerraum sei eine „Einheit in der Mannigfaltigkeit" (Maull 1929, S. 10). Der Historiker Kornemann (1948, S. 5) sah die Mittelmeerzone bereits für die Antike in dieser doppelten Verzahnung von großräumlichem Gleichklang und regionaler Differenzierung. Auch Rother (1993a) vertritt diese zweiseitige Sichtweise. Demgegenüber kann die These vertreten werden, dass bereits die Unterschiede naturräumlicher Landschaftsgrundlagen dominanter sind als deren Gemeinsamkeiten. Auch die demographischen, ethnischen und wirtschaftsräumlichen Gegensätze sowie die Unlösbarkeit der politischen Konfliktfelder innerhalb des Mittelmeerraumes könnten alle Argumente für seine Einheitlichkeit in den Hintergrund treten lassen. Wendet man den Blick in das Werden der mediterranen Kulturlandschaft, wird deren Pluralität noch deutlicher. So erweisen sich z. B. viele „typisch mediterrane" Agrarprodukte als Importe von außen. Sie gelangten teilweise aus weit entfernten Landschaften, Klimagebieten, Kulturräumen oder Gesellschaften hierher. Außer Ölbaum, Getreide und

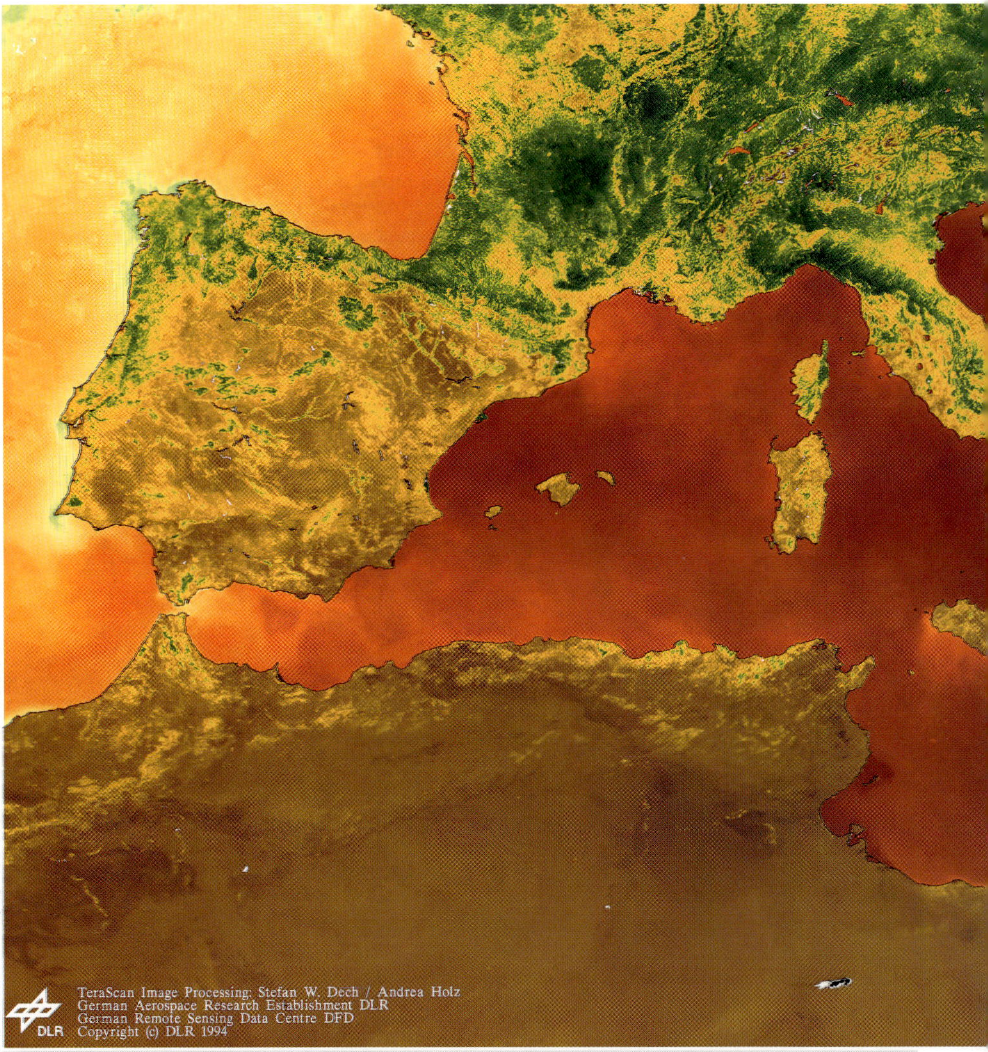
TeraScan Image Processing: Stefan W. Dech / Andrea Holz
German Aerospace Research Establishment DLR
German Remote Sensing Data Centre DFD
Copyright (c) DLR 1994
DLR

Bild 2: Mittelmeerraum aus Satellitensicht: *Die NOAA-Aufnahme vom Juli 1994 zeigt aus 833 km Höhe die vielfältige räumliche Differenzierung, mit dem Vegetationsindex NDV den sommerlichen Landschaftszustand (beige-braun), Flusstäler, Beckenlandschaften, Gebiete mit intensiver Agrarnutzung (Nildelta, Poebene) und größere geschlossene Areale mit höherwüchsigem Wald sowie an den rotbraunen Farbabstufungen des Meeres die zwischen 24° C (heller) und 28° C (dunkler) liegende Wassertemperatur. Kleinste Darstellungseinheit 1,09 km².*

Quelle: Datenübernahme mit freundlicher Genehmigung des Deutschen Zentrums für Luft- und Raumfahrt, Deutsches Fernerkundungs-Datenzentrum (DFD), Oberpfaffenhofen vom 16.3.2000.

Wein, der schmalen, schon alttestamentlich beschriebenen Palette von Agrarerzeugnissen, stammen die meisten der übrigen heutigen landwirtschaftlichen Früchte aus anderen Erdräumen und wurden hier zu Innovationsträgern: Zitrusfrüchte, Tomaten, Auberginen, Nelken, Mais, Reis, Kartoffel, Pfirsich, Tabak, Zypressen, Eukalyptus sowie Kiwi, Zuckerrübe, Luzerne, Hirse und viele Gemüsesorten, die erst seit der Nachfrage mitteleuropäischer Konsumenten in südlichen Bewässerungsfeldern wachsen. Auch ein beträchtlicher Anteil der heute den Mittelmeerraum prägenden Kulturen, Zivilisationen und Ethnien erreichte ihn irgendwann während der letzten dreitausend Jahre. Zweifellos war der Mittelmeerraum während mancher Phasen seines

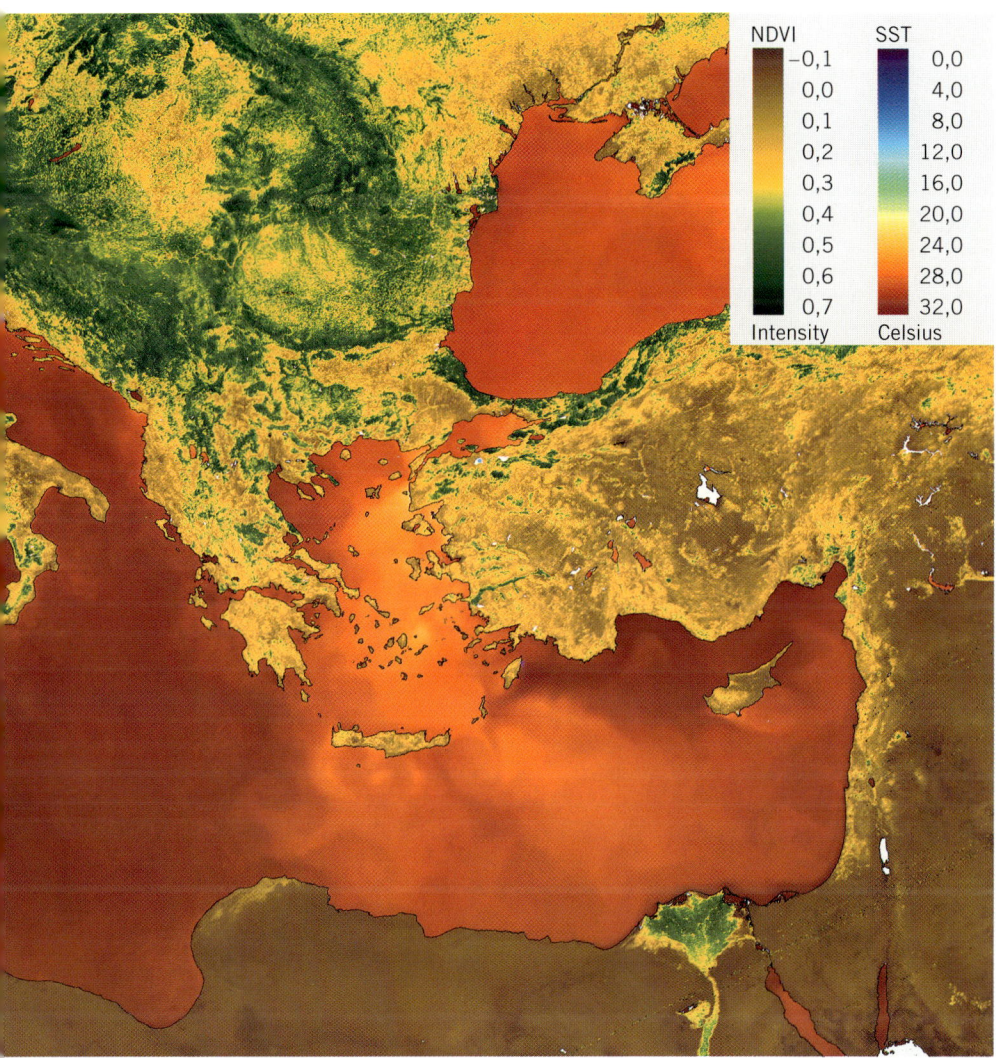

NDVI
-0,1
0,0
0,1
0,2
0,3
0,4
0,5
0,6
0,7
Intensity

SST
0,0
4,0
8,0
12,0
16,0
20,0
24,0
28,0
32,0
Celsius

historischen Wandels, z. B. in der hellenis-
tisch-ptolemäischen Kulturwelt oder bis
zum Ende der römischen Machtentfaltung
und vielleicht sogar zwischen 1500 und
1600 infolge vieler gleicher Daseinsweisen
homogener als während der Völkerwanderung, seit Beginn der Entwicklung von Nationalstaaten oder unter dem Einfluss zunehmender Mobilitätsbereitschaft der neuzeitlichen Arbeitsmigration. Aber insgesamt
wird man Braudel zustimmen müssen, wenn
er in der „Mittelmeerszenerie eine aus
Ungleichartigem zusammengesetzte Welt"
sieht (1987, S. 9) und daraus folgert, sie
sei nur zu verstehen, wenn man versuche,

die Einzelelemente im Zusammenhang zu
sehen. Deshalb ist zunächst eine Antwort
auf die methodische Maßstabsfrage zu finden, welche Problemkreise gesamtmediterran sind und welche anderen einer stärker
individuellen, räumlich differenzierenden,
die innermediterranen Unterschiede be-
rücksichtigenden Betrachtung bedürfen.

Gesamtmediterrane Gemeinsamkeiten
Nachfolgend richtet sich der Blick auf Zusammenhänge und Kräfte, die in allen Teilräumen des Mittelmeerraumes einheitlich
wirkende Prozesse und übereinstimmende
Strukturen hervorgerufen haben (vgl. Hous-

ton 1964; Walker 1965; Branigan/Jarrett 1975; Braudel u. a. 1987; Rother 1993a; King 1997).

1) Der europäisch-nordafrikanisch-vorderasiatische Mittelmeerraum ist insgesamt als Teil der weltweiten Subtropenzonen ein *klimageographisches Übergangsgebiet* zwischen dem immerfeuchten Europa und dem altweltlichen Trockengürtel. Das Witterungsgeschehen umfasst mit sommerlichem Regenmangel und winterlichen, von Jahr zu Jahr mit großen Schwankungen fallenden Niederschlägen zwei von Nordwesten nach Südosten zunehmende, den gesamten Mittelmeerraum belastende Faktoren. Sie limitieren den Jahresgang der Flüsse, die Trinkwasserbeschaffung, die Agrarproduktion und zahlreiche weitere Wirtschaftszweige, forderten gleichzeitig jedoch den Menschen stets zu kreativem Anpassungsverhalten heraus.

2) Die *Vegetation* bildet das augenscheinlich wichtigste gemeinsame Merkmal der Mittelmeerländer. Ihre Klimaabhängigkeit einerseits und die raubbaubedingte, anthropogene Veränderung ihrer pflanzengeographischen Zusammensetzung sind trotz regionaler Differenzierung übergreifend wichtige Zusammenhänge. Auch die aus dem zerstörenden menschlichen Eingriff resultierende, zukunftsbedrohende Gefährdung der Geoökosysteme umspannt den gesamten Mittelmeerraum.

3) Das *Mittelmeer* selbst bewirkt ebenfalls eine große Einheitlichkeit des Mittelmeerraumes. Seit frühgeschichtlicher Zeit verband die vielgliedrige Wasserfläche die Anrainerländer, förderte den Austausch und wirkte trennenden Kräften entgegen. Die langen Küstenlinien und die buchtenreiche Verzahnung von Wasser und Land zwangen alle Territorien im Verlauf ihres Wachsens zu einer weit ausgreifenden Mittelmeerpolitik, um militärischen Schutz und wirtschaftsräumliche Ergänzung zu organisieren. Der Rückzug auf festländisches Eigenleben bedeutete stets eine starke Beschränkung von Macht und Wohlstand. Die oft sichtbar nahen Gegenküsten provozierten geradezu sprunghafte, dynamische Expansion, Eroberung, Kolonisation

und Ausbreitung der eigenen Kultur. Über das Meer verbreiteten sich trotz gegensätzlicher Weltanschauungen und Glaubensrichtungen Lebensformen und Denkweisen schneller als auf dem Festland. So entstanden, sich allerdings immer wieder erneuernd, zirkummediterrane Gemeinsamkeiten. Der Handel ging dem militärischen Ausgriff über das Meer teils voraus, teils folgte er ihm. Die merkantile Beherrschung der Seewege gegen Stürme und feindliche Mächte, das zu allen Zeiten dichte Netz schneller Verbindungen, nur teilweise ergänzt durch Landstraßen, ist wohl das entscheidende Medium, das den Mittelmeerraum immer wieder zur funktionalen Einheit machte. Der Seetransport war stets schneller und billiger, meist auch sicherer als die Nutzung früher holpriger Landstraßen und Gebirgspisten.

Politisches und ökonomisches Ziel aller Mittelmeermächte war seit ihren frühen Anfängen bis zur Gegenwart das Bemühen, Gestade und Gegenküsten und von dort aus die Einzugsgebiete dieser Brückenköpfe zu beherrschen: Phönizier, Karthager, Rom, Byzanz, das Osmanische Reich, die italienischen Handelsmächte Venedig und Genua sowie die Habsburger gründeten deshalb Handelsstandorte, Häfen, Kontore, Festungen und Städte an den Küsten und umschlossen so zumindest Teile des Mittelmeerraumes durch Ausübung von Macht und Wirtschaft. In neuerer Zeit beherrschten die Nationalstaaten Frankreich, Spanien und Italien ihre Gegenküsten und Hinterländer mit imperialistischen Mitteln, um große Teile des Meeres zu kontrollieren. Im faschistischen Italien sprach man dann schlicht vom „mare nostro".

Einigend ist für alle Staaten des Mittelmeerraumes heute die Sorge um das Weiterleben des Mittelmeeres als äußerst gefährdetes *marines Ökosystem*. Seine Störung und Belastung durch verdichtende Verstädterung aller Küstenniederungen war und ist ein gemeinsam verursachtes Negativergebnis aller Anrainer. Ebenso kollektiv sind die aktuellen Versuche, ein Abkommen zum Schutz des Mittelmeeres zu schließen und durch strikte Befolgung abhelfender Maßnahmen den hygrischen Haushalt des Meeres und seine Selbstreinigungskraft wieder zu stabilisieren.

4) *Tektonik* und *Reliefentwicklung* vollzogen sich in der euro-asiatisch-afrikanischen Bruchzone. Sie formten zwar eine Landoberfläche in wechselvoller Differenzierung von schmalen Küstenzonen, stark zertaltem Bergland, Plateaus, Gebirgen, intramontanen Becken und bis über 3000 m hoch aufragenden Gipfeln; dieser räumliche Gegensatz erfasst jedoch alle Festlandbereiche und den Meeresboden so flächenhaft, dass dadurch insgesamt ein Bild großer Einheitlichkeit entstand. Die kleinräumliche Kammerung des Reliefs bewirkte in fast allen Teilen des Mittelmeerraumes einen frühen Zwang zu isolierender, selbstgenügsamer Lebensweise, zugleich aber auch den darüber hinausgreifenden Drang zu machtpolitischer Expansion. Auch die reliefbedingte Knappheit an gut kultivierbaren und zusammenhängenden Flächen ist ein den Mittelmeerraum insgesamt kennzeichnendes Merkmal.

5) In ähnlicher Weise wie die Vegetation verleiht die *Landwirtschaft* dem Mittelmeerraum eine umgreifende Identität. Auch wenn viele ihrer Produkte aus anderen Klimazonen eingewandert sind, fügten sie sich im Laufe der Jahrhunderte doch zu einer harmonisch erscheinenden, als typisch mediterran empfundenen Einheit zusammen und bilden einen zonal eigenständigen, unverwechselbaren *Agrarraum*: Im klimatischen, sozialen und agrarpolitischen Spannungsfeld hat sich die Landwirtschaft zwischen traditionsbestimmten Trockenfeld- und Bewässerungssystemen, Dauerkulturen, Viehhaltung und deren Modernisierung, zwischen Lokalmärkten und weltweitem Export, bäuerlichen Betrieben und Latifundien zu einem die inneren Regionsgrenzen überspannenden Nutzungsgefüge entwickelt.

6) Die *Stadtkultur* war bis an die Schwelle der Gegenwart die tragende Basis der gesellschaftlichen und politischen Entwicklungen in allen Teilen des Mittelmeerraumes. Die historische Entfaltung des Städtewesens verlieh dem Mittelmeerraum gemeinsame Grundzüge: Vom Beginn der Urbanität im Vorderen Orient und im östlichen Randbereich der Mediterraneis bis zur aktuellen Monotonie in Beton und Stahl bildet die Stadt den wichtigsten Motor der Kulturlandschaftsentwicklung. Die Besiedlung fast aller kultivierbaren Gebiete des Mittelmeerraumes wurde bis in die Gegenwart überwiegend von Städten oder stadtähnlichen Siedlungen getragen und strahlte von ihnen ins Umland aus. Gemeinsam war jedoch bis auf bestimmte Ausnahmen der Stadtentwicklung die schwache Repräsentanz der bürgerlichen Mittelschichten. Ihr Fehlen war ein Hemmnis für eine wirtschaftlich eigenständige und rechtzeitige Entwicklung des Kleingewerbes zur Industrie. Die jüngere Verstädterung verlagerte sich überall im Mittelmeerraum auf die Küstenniederungen und in die Randbereiche der Hauptstädte oder der wenigen anderen größeren Verdichtungsräume. Weitestgehend erwuchs sie jedoch nicht, wie in Mittel- und Westeuropa, aus industriellen Impulsen, sondern ging in allen Mittelmeerländern dem verzögerten Aufstieg der Industrie weit voraus.

7) Die traditionellen *Wirtschaftsweisen* lassen im Mittelmeerraum insgesamt ähnliche funktionale, organisatorische und betriebliche Mängel erkennen. Hierin liegen bis heute entscheidende Risiken auch für die zukünftige Entwicklung. Geringe Größe der Unternehmen, die schwache Fähigkeit ihrer Akteure zu Innovationen, die mentale Neigung zu ökonomisch nur suboptimalem, nicht unbedingt den höchsten Gewinn anstrebendem Ziel und eine zunehmende Verzahnung mit der Schattenwirtschaft sind generell im Mittelmeerraum anzutreffende Grundhaltungen. Eine allen Mittelmeerstaaten gemeinsame Schwierigkeit birgt die Überschussproduktion in der Landwirtschaft. Die daraus entstehende harte Konkurrenz der Mittelmeerländer beim Export und das Werben um Märkte in Mittel- und Westeuropa belastet alle mediterranen Länder in gleichem Umfang. Ähnliches gilt auch für die aufstrebende Industrie. Ein ebenso gemeinsames Handicap belastet fast alle Regionen und Wirtschaftszweige des Mittelmeerraumes, weil das Angebot an Arbeitsplätzen geringer als die Nachfrage der wachsenden Bevölkerung ist. Besonders in den südlichen und östlichen Teilen des Mittelmeerraumes bedroht dieses Defizit die zukünftigen Generationen.

8) Als gemeinsames Merkmal aller Mittelmeerländer ist die späte, auf wenige Gebiete konzentrierte und branchenmäßig oft einseitige *Industrialisierung* zu sehen. Nur wenige Standorte vermochten eine breitere Palette miteinander verflochtener Produktionszweige an sich zu binden. Lediglich Italien und mit einigem Abstand Spanien gelang eine bemerkenswerte Differenzierung der industriell-gewerblichen Produktion. In Spanien blieb die industriegeprägte Wirtschaft nur auf einige wenige Regionen beschränkt, in Italien erreichte sie im Norden und jüngst in der Mitte eine größere flächenhafte Ausdehnung. In anderen Ländern vermochte der sekundäre Wirtschaftssektor bislang die Begrenzung auf kleinere Areale nicht zu überwinden. Großräumlich charakteristisch ist ferner besonders in Nordafrika sowie im östlichen Mittelmeerraum, dass ein Teil der jüngsten Industriegründungen nicht auf Eigeninitiative basiert, sondern auf Investitionen ausländischer Unternehmer und deren Interesse an niedrigeren Lohnkosten.

9) Als gemeinsames Schicksal durchlebten alle Länder des Mittelmeerraumes den Verlust breiter junger Bevölkerungsschichten durch *Auswanderung*. Infolge des starken natürlichen Bevölkerungsanstiegs und unzulänglicher Existenzmöglichkeiten in der übersetzten Landwirtschaft oder im einfachen Gewerbe entstand der Zwang zur Arbeitsemigration. Sie wurde meist von den staatlichen Organen gefördert, um drohende soziale Konflikte zu entschärfen. Am Ende des 19. Jh.s setzte in Italien und Spanien die Übersee-Auswanderung ein. Fast gleichzeitig suchten viele Beschäftigungslose in den aufstrebenden mitteleuropäischen Industriegebieten Fuß zu fassen. Nach dem Zweiten Weltkrieg folgten weitere Gastarbeiterströme. Aus den südlichen und östlichen Ländern des Mittelmeerraumes (Maghreb, Ägypten, Türkei) brachen Auswanderer phasenverschoben später auf, jedoch von den gleichen Motiven getrieben wie die früheren Emigrantengenerationen im Norden. Mit der Arbeitsmigration setzte in allen Mittelmeerländern ein zwar später, gleichwohl tiefgreifender und vergleichsweise zu Mittel- und Westeuropa sehr schnell ablaufender gesellschaftlicher Wandel ein. Er veränderte Teile des Arbeitsmarktes so grundlegend, dass die ehemaligen Emigrationsländer Spanien und Italien schrittweise selbst zu Einwanderungsstaaten für Bevölkerungsgruppen aus Nordafrika, teilweise sogar aus Westafrika und Ostasien wurden. Diese neue Einwanderung verläuft ebenso wie die Rückkehr der befristet abwesenden Gastarbeiter übereinstimmend in allen Mittelmeerländern nicht ohne soziale Konflikte, weil eine Eingliederung in die sich wandelnde Gesellschaft selten gelingt.

10) Der *Tourismus* entwickelte sich für viele Mittelmeerländer zu einem wichtigen ergänzenden, regional teilweise sogar dominanten Wirtschaftsfaktor. Er übernimmt vielfach die Rolle der nicht vorhandenen Industrie, indem er „Sonne" als komplexes Dienstleistungsprodukt anbietet. Die kulturverändernde Kraft des Fremdenverkehrs tilgte viele frühere kulturlandschaftliche und soziale Strukturen der Küstenlandschaften durch homogenisierende Architektur und neue Lebensformen. Oft nur unvollkommen adaptierte Leitbilder und industriegesellschaftliche Wertvorstellungen beschleunigen im Weichbild touristischer Einrichtungen den ohnehin schnellen sozialen Wandel.

11) Die Bevölkerung des Mittelmeerraumes lässt trotz großer politischer, ethnischer und religiöser Unterschiede eine ähnliche *geistige* und *soziale Grundhaltung*, Lebensart, Wirtschaftsgesinnung und Auffassung der Arbeitswelt erkennen. Sie steht teilweise bis in die Gegenwart der gesellschaftlichen und ökonomischen Modernisierung entgegen, besonders im Süden und Osten des Mittelmeerraumes. Strittig ist allerdings die Frage, ob die Bevölkerung des Mittelmeerraumes eine gesamt-mediterrane mentale Identität habe (King 1997, S. 300). Vielleicht könnte die zukünftige Politik der EU zur Bildung eines gemeinsamen mediterranen Bewusstseins beitragen und die Bewältigung räumlich übergreifender Probleme erleichtern.

12) Grundlegendes Ziel aller Mittelmeerländer ist es, nicht isoliert zu bleiben oder nur Ergänzungsräume zu sein. Alle streben Anerkennung als *gleichberechtigte politische* und *wirtschaftliche Partner* an. Ge-

meinsam ist in jüngster Zeit insbesondere den südlichen und östlichen Mittelmeerländern der Wunsch nach stärkerer gesellschaftlicher Bindung an Mittel- und Westeuropa. Auch in den meisten islamischen Ländern artikuliert sich das Bestreben, ihrer Wirtschaftsstruktur gemäß in einen zukünftigen gemeinsamen euro-mediterranen Markt eingebunden zu werden. Aus Sicht der EU sollen jedoch die südlichen und östlichen Mittelmeeranrainer (mit Ausnahme von Malta und Zypern) im Gegensatz zu den Reformstaaten Mittel- und Osteuropas nicht Vollmitglieder der EU werden. Damit birgt die politische Zukunft für die Staaten im Süden des Mittelmeerraumes die Notwendigkeit, zu anderen gemeinsamen Zielen zu gelangen.

Fasst man zusammen, so zeigt sich, dass regionsübergreifende Gemeinsamkeiten allen Mittelmeeranrainern historisch aus der *Verflechtung* ihrer kulturellen und wirtschaftlichen Aktivitäten erwuchsen. In diesem Netz wechselseitig sich befruchtender Innovationen wurzeln wesentliche Entwicklungsstränge der *europäischen Kultur*: die Stadtentwicklung, die daraus resultierende administrative und gesellschaftliche Organisation, die Grundformen demokratischer Politikgestaltung, die Arbeitsteilung in Produktion, Handwerk und Gewerbe und optimierende Verfahren des überregionalen Handels. Hinzu kommen die Anpassung der Landwirtschaft an die Bedingungen der physisch-geographischen semi-humiden bis ariden Zonen, die Intensivierung durch Bewässerung und die Entstehung vieler Wasserbau- und Vermessungstechniken sowie Teilzweige historischer Erkenntnisse der Naturwissenschaften. Entscheidende Gestaltung empfing der gesamte Mittelmeerraum von den drei monotheistischen Religionen. Ihre vereinheitlichende geistige Kraft war stärker als ihre räumlich differenzierte Verbreitung, ihre geistliche Divergenz und ihr lang anhaltender Widerstreit.

Mit dieser Betrachtungsweise traten Gesichtspunkte in den Vordergrund, die es erlauben, den Mittelmeerraum als eine physisch-geographische, wirtschafts- und kulturräumliche Einheit zu sehen. Dieses Verfahren überdeckt jedoch die Ursachen und Vorgänge der regionalen Differenzierung

und damit die aus naturräumlichen Unterschieden, sozioökonomischen Disparitäten und politischen Gegensätzen erwachsenen Probleme. Alle aktuellen Informationen aus dem Mittelmeerraum zeigen allerdings, dass die Interessendivergenz stärker ist als einigende Kräfte. Es ist offensichtlich, dass vielfältige *innere Gegensätze* die entscheidenden *Probleme* und *Konflikte* des Mittelmeerraumes verursachen. Nur aus genauer Kenntnis dieser *divergierenden Prozesse* können die Chancen und Risiken der zukünftigen Entwicklung erkannt und Strategien für ihre Lösung gewonnen werden.

Regional differenzierende Kräfte
Die raumdifferenzierenden Prozesse fußen einerseits auf endogenen historischen Entwicklungen und gegenwartsbezogenen Einflüssen sowie andererseits auf exogenen, also von außerhalb des Mittelmeerraumes einwirkenden Ursachen. Diese drei Gruppen werden nachfolgend skizziert.

Historisch bedingte räumliche Unterschiede
Wichtige, in historischer Zeit ausgelöste räumlich divergierende Vorgänge, deren Folgen noch für die gegenwärtige Differenzierung des Mittelmeerraumes wirksam sind, lassen sich auf fünf Zeitphasen zurückführen.

1) Die *Völkerwanderungszeit* beendete die während der römischen Kaiserzeit entstandene, auch viele meeresferne Gebiete umfassende politische, wirtschaftliche und rechtliche Einheit des Mittelmeerraumes. Es folgte eine lang andauernde ethnische, wirtschaftsräumliche und kulturelle Zersplitterung. Mit dem Eindringen der Völker des Nordens begannen trotz ihres Strebens nach Anpassung an die mediterrane Zivilisation weitere räumlich und kulturell *divergierende Entwicklungen*. Die Ausbreitung des Christentums wurde zwar zur universalen, alle territorialen Grenzen übergreifenden und einigenden Klammer, die wirtschaftliche und politische Regionalisierung des Mittelmeerraumes war jedoch stärker.

2) Der *Islam* teilte den Mittelmeerraum dauerhaft bis zur Gegenwart in zwei polarisierte Kulturräume mit immer wieder aufflammenden Konfrontationen. Besonders

angesichts der gleichzeitigen, normannisch-staufischen Kulturleistung in Süditalien-Sizilien und der Kreuzzüge begann mit dem universellen Machtanspruch des Islam eine tiefere Spaltung des Mittelmeerraumes. Gleichwohl gab es niemals scharfe Trennlinien. Die Grenzsäume waren fließend und durchlässig. Stets erlaubten sie einen fruchtbaren Kulturaustausch und förderten zusammen mit Handel und Wanderung die Entwicklung von Philosophie, Naturwissenschaften, Geographie, Astronomie, Mathematik, Medizin und Literatur. Seit dem Hochmittelalter blieben die grundsätzlichen Gegensätze zwischen Islam und Christentum im Mittelmeerraum unverändert stark. Erst in der Gegenwart ist die politische Annäherung an Europa für alle Staaten mit muslimischer Bevölkerung im Süden und Osten des Mittelmeerraumes übergeordnetes Ziel. Sozial führte die Süd-Nord-Migration längst zu einer Gemengelage, zu einem Nebeneinander auf kleinstem Raum, bis in die einzelnen Wohnviertel und Hausgemeinschaften in den nördlichen Städten des Mittelmeerraumes. Theologisch stehen die beiden großen Religionsgemeinschaften heute noch nicht einmal am Anfang eines Dialoges.

3) Mit der *atlantischen Orientierung* seit der Frühneuzeit setzte eine den Mittelmeerraum in viele unterschiedliche Aktionsräume aufteilende Entwicklung ein. Kurzfristig begründete das Silber aus Amerika einen schnellen wirtschaftlichen Aufschwung Iberiens und seinen politischen Vorrang gegenüber anderen Ländern des Mittelmeerraumes. Gleichzeitig entfalteten auch andere frühneuzeitliche Territorien, insbesondere die Handel treibenden kapitalstarken Stadtstaaten Norditaliens eine sehr erfolgreiche, moderne Finanz- und Wirtschaftspolitik. Diese sich kontinuierlich verstärkenden wirtschaftsräumlichen Gegensätze sollten die *innere Differenzierung* des Mittelmeerraumes über den Beginn der Industrialisierung hinaus bis an die Schwelle der Gegenwart bestimmen.

4) Das Eingreifen der *kolonialen Mächte in Nordafrika* begründete dort neben traditionsreichen berberisch-arabischen, islamischen Kulturen große Exklaven europäischer Zivilisation. Damit existierten zwei völlig verschiedene Gesellschaften in strikter hierarchischer sozialer und politischer Trennung: europäische Neustädte am Rande ehrwürdiger moslemischer Medinen, großbetriebliche Colon-Landwirtschaft neben afrikanischen Kleingehöften, moderne Verkehrsnetze über den jahrhundertealten Nomaden-Wegesystemen. Dieser *Dualismus* schwand nur scheinbar nach der seit 1956 erlangten politischen Unabhängigkeit in Nordafrika. Er setzte sich in Gestalt innerer Gegensätze zwischen Verwestlichung und Traditionsorientierung fort und mündete in Konflikte des aktuellen sozialen Wandels zwischen modernen, national denkenden Zivilgesellschaften und traditionsbestimmten, universalistisch orientierten moslemischen Schichten.

5) Dem wirtschaftlichen und politischen *neuzeitlichen Partikularismus* im westlichen Mittelmeerraum folgte die Eigenentwicklung der zahlreichen Nationalitäten innerhalb des Osmanischen Kalifates zu selbstständigen Staaten: Griechenland 1830, Serbien, Rumänien und Bulgarien 1878, die übrigen Balkanländer nach Auflösung der Österreich-Ungarischen Monarchie 1918 und die Bildung der modernen Türkei 1923, die Staaten des Vorderen Orients seit 1918 über verschiedene Mandatsphasen, endgültig nach 1945. Zusätzlich lebten unterhalb der staatlichen Ebene weitere wirtschaftsräumliche, ethnische sowie geschichtlich bedingte regionale Identitäten auf und förderten die politische Differenzierung des Mittelmeerraumes. Hierzu zählen der gesamte Balkan, Korsika, Sardinien, Sizilien, das Baskenland, Katalonien, Andalusien und die berberisch besiedelten Gebirge Nordalgeriens, um die wichtigsten zu nennen.

6) Die fest gefügten *sozialen Ordnungen* zerbrachen spätestens seit dem Ende des Zweiten Weltkrieges in weniger als zwei Jahrzehnten. Wichtigster Ausdruck dieses Prozesses wurde die explosiv angestiegene räumliche und soziale Mobilität. Große, in sich gesellschaftlich stabile und identische Regionen zerfielen in ein kontrastreiches Muster kleiner, sehr dynamischer, von schnellem Wechsel geprägter Sozialräume

mit vielfältigen, oft unlösbar scheinenden Konflikten: Die Migration aus Gebirge, Berggebieten und entlegenen Binnenprovinzen in die schmalen Küstenebenen, in die schnell wachsenden Stadtregionen, nach Mitteleuropa und wieder in sie zurückflutend hinterließ ein sozialräumliches Kontrastgefüge, dessen Probleme oft unlösbar erscheinen und weit ins dritte Jahrtausend ausstrahlen.

Gegenwärtige endogene räumliche Unterschiede
Die gegenwartsbezogenen räumlich differenzierenden Kräfte im Mittelmeerraum sind dominant im Bereich der natürlichen Grundlagen, der Wirtschaft, der Bevölkerungsentwicklung, des sozialen Wandels, in weltanschaulichen Sphären sowie im politischen Gegensatz zwischen zentralistischer Machtausübung und dem Wunsch nach regional größerer Eigenständigkeit zu erfassen.

1) Die *naturräumlichen Unterschiede*, meist primär klimatisch bedingte Risiken, nehmen innerhalb des Mittelmeerraumes von Nordwesten nach Südosten zu. Im Vordergrund steht dabei die Abnahme der Niederschläge bei gleichzeitig zunehmender Abweichung der tatsächlich fallenden Regenmengen vom langjährigen Mittelwert. Daraus resultieren die Gefährdung der Landwirtschaft, die wegen steigenden Starkregenanteils wachsende Bodenerosionsgefahr, der Trink- und Brauchwassermangel und die Empfindlichkeit der Vegetation gegenüber menschlichen Eingriffen. Die Wirkung dieser geoökologischen Gegensätze wird durch die großräumlich ungleiche Bevölkerungszunahme verstärkt. Die Bekämpfung dieser ökologischen Risiken belastet die südlichen Volkswirtschaften in weitaus höherem Maße als die nördlichen. Ferner beeinträchtigen nicht unerhebliche Erdbebenrisiken diejenigen Küstenlandschaften, die von tektonischen Schwächezonen geprägt sind. Da die Rohstoffe zur Energiegewinnung naturräumlich ungleich verteilt sind, müssen die benachteiligten Staaten hohe Anteile ihrer Wertschöpfung zur Deckung dieses Grundbedarfes aufwenden, bevor sie weitere Entwicklungsschritte finanzieren können.

2) Die *wirtschaftsräumlichen Unterschiede* sind sowohl im Staaten- als auch im Regi-

onsvergleich während der letzten drei Jahrzehnte größer geworden. Nirgends auf der Erde ist, abgesehen von der deutsch-polnischen und US-mexikanischen Grenze, in vergleichbar großen Regionen das Wohlstandsgefälle auf geringe Distanz so stark wie zwischen den nördlichen und südlichen Teilen des Mittelmeerraumes. 1997 betrug das Bruttosozialprodukt pro Kopf in Katalonien, in Südfrankreich und in Norditalien nach Weltbankdaten ca. 22 000 US-$. Tunesien erreichte dagegen mit 2100 US-$ weniger als ein Zehntel, Marokko 1250 US-$, Ägypten 1100 US-$. Das werdende Palästina verfügt mit 700 US-$ über nur 5 % des mittleren Einkommens in Israel (15 800 US-$). Die räumliche und soziale Unausgewogenheit der Einkommensverhältnisse innerhalb des Mittelmeerraumes sind so bedeutend, dass in ihnen ein übergeordneter methodischer Ansatz für regionalgeographische Analysen zu sehen ist.

Auch die *wirtschaftliche Leistungsfähigkeit* zeigt große räumliche Gegensätze. Darin liegt das schwerstwiegende Problem der wirtschaftlich schwächeren Länder des Mittelmeerraumes für die Zukunft. Die wirtschaftliche Leistungsfähigkeit ist an folgenden Kriterien messbar: am Verhältnis des Wirtschaftswachstums zur Bevölkerungsentwicklung, am Beitrag der einzelnen Wirtschaftssektoren zum Bruttoinlandsprodukt, am Ausgleich zwischen Import und Export einschließlich des Tourismus, an der internationalen Wettbewerbsfähigkeit der einzelnen Wirtschaftszweige, am Produktivitätsfortschritt der Industrie sowie am Beitrag der Schattenwirtschaft zum Bruttoinlandsprodukt. Die Bilanz dieser sechs Bewertungen zeigt, dass während der letzten drei Jahrzehnte die wirtschaftliche Leistungsfähigkeit in den nördlichen Staaten des Mittelmeerraumes bei gleichzeitig geringerem Bevölkerungswachstum absolut und relativ wesentlich stärker zugenommen hat als in den südlichen und östlichen. Die sozioökonomischen Disparitäten zwischen einzelnen Staatengruppen sind heute deshalb größer als vor einigen Jahrzehnten.

Die *Organisationsformen* der Wirtschaft hängen mit den räumlichen Unterschieden ihrer Leistungsfähigkeit eng zusammen. Entscheidend ist die Fähigkeit, die unproduktiven Teile des tertiären Sektors zu verringern, die Macht der Bürokratie einzuengen, das Klientelwesen und die Korruption zurückzudrängen und stattdessen eigenständige, innovative Kräfte zu entfalten. Zu den Entwicklungshemmnissen sind auch die Aktivitäten der Mafia und die zahlreichen Verflechtungen offizieller Unternehmen zur kriminellen Untergrundwirtschaft zu zählen. Auch diese Abhängigkeiten verstärken die räumlichen Unterschiede innerhalb des Mittelmeerraumes und schwächen zukünftige Entwicklungschancen einzelner Regionen und Staaten.

3) Die *Unterschiede* der *Bevölkerungsentwicklung* bilden gegenwärtig den augenfälligsten Gegensatz innerhalb des Mittelmeerraumes. Ab 1995 nimmt die Bevölkerungszahl der europäischen Anrainergebiete und -staaten bis 2025 nur wenig zu und wird bei 140 Mio. stagnieren. In Nordafrika ist mit einem Anstieg von 128 auf 210 Mio. und im Gebiet der asiatischen Anrainer von 92 auf etwa 140 Mio. zu rechnen. Damit werden 2025 allein im Süden und Osten des Mittelmeerraumes mit 350 Mio. fast ebenso viele Menschen leben wie heute in der gesamten EU. Infolge dieses Wachstums drängen im Mittelmeerraum zwischen 1990 und 2025 vermutlich 150 Mio. junger Menschen zusätzlich auf den Arbeitsmarkt. Die dramatischen Konsequenzen für die heutigen und zukünftigen jüngeren Altersgruppen, ihre Daseinssicherung, den Arbeitsmarkt und die politische Stabilität sind unübersehbar. Der von Süden nach Norden gerichtete Migrationsdruck nimmt laufend zu.

4) Der *soziale Wandel* ist in den nördlichen Ländern des Mittelmeerraumes wesentlich weiter fortgeschritten als im Süden. Während in Südeuropa keine Unterschiede zu Mittel- und Westeuropa erkennbar sind und jedem Individuum ein freier gesellschaftlicher Aufstieg möglich ist, vermag sich in den islamischen Ländern der Einzelne noch nicht, seinen Leistungen entsprechend, aus sozialen Zwängen völlig zu befreien. Hierarchischer Gesellschaftsaufbau, die Verteilung von Macht und Privilegien behindern noch immer die Entstehung von modernen Zivilgesellschaften. Der soziale Wandel vollzieht sich nicht nur in regionaler, sondern auch in sozialer, schichtenspezifischer Differenzierung. Dieser Gegensatz ist z. B. auch an Unterschieden im generativen Verhalten abzulesen. In Nordafrika und im Vorderen Orient orientieren sich Mitglieder der sozialen Führungsschichten und Eliten an westlichen Lebensformen, auch hinsichtlich der Kinderzahl und Bildungsziele. Genau dadurch fordern sie jedoch wachsende Kritik islamischer, speziell fundamentalistischer Schichten im eigenen Land heraus.

Der Zugang zu *Bildung* und *beruflicher Qualifikation* unterliegt innerhalb des Mittelmeerraumes regionalen, im Süden jedoch zusätzlich auch sozial und geschlechterspezifisch ungleichen Ausgangsbedingungen. Obwohl die nordafrikanischen und ostmediterranen Länder während der beiden letzten Generationen diesbezüglich sehr große Fortschritte verzeichneten, ist doch der Rückstand zu den nördlichen Teilen unübersehbar. Der gleiche Unterschied gilt für viele Bereiche von Forschung, Technologieentwicklung und generell innovativem Verhalten.

5) Die *weltanschaulichen Gegensätze* zwischen den christlich geprägten Ländern Südeuropas und den Staaten mit islamischer Bevölkerung beeinflussen unterschiedlichste Lebensbereiche, formen im Kern ökonomische Leitbilder und wichtige politische Ziele. Intensiv wurde die Frage diskutiert, wie sich im Verlauf des historischen Ablaufes der Grenzsaum zwischen christlicher und islamischer Kultur entwickelt habe. Er verschob sich zwar nach Süden, als die Kolonialmächte Frankreich und England nach Nordafrika übergriffen. Dort entstanden jedoch zwei konträre, übereinander geschichtete Zivilisationen, sichtbar am dualistischen Bild der Städte. In größerem Umfang verbreiteten sich europäisch-westliche Lebensformen erst nach der staatlichen Unabhängigkeit im Süden und Osten des Mittelmeerraumes in den bis dahin rein islamischen Gesellschaften. Die Migration aus den Maghrebländern und aus der Türkei hat den weltanschaulichen Grenzsaum allerdings regional auch weit nach Norden verlagert und vor allem vielfältig räumlich differenziert: Heute stehen sich die beiden Zivilisationen in den nörd-

lichen Mittelmeerstaaten, bereits sogar in Zentral- und Westeuropa zunehmend in einer feinmaschigen, kleinräumlichen und sozial vertikalen Verzahnung gegenüber. Aus dem früher blockartigen Raumgegensatz wurde ein filigranes, schichtartiges Infiltrationsmuster weltanschaulich-kultureller Leitbilder. Zusätzlich unterscheidet Braudel (1986, S. 96) im christlichen Norden die westliche, katholische, insgesamt stark rationalistische von der orthodoxen, östlichen, mehr mystischen Welt.

6) Kontraste zwischen unterschiedlichen *politischen Systemen* verursachen im Mittelmeerraum unlösbar erscheinende Konflikte. Sie resultieren aus der historischen Territorialentwicklung, aus divergierender Auffassung von Staat, Gesellschaft, Individuum und sozialer Interaktion sowie aus dem Wunsch nach größerer regional-kultureller Eigenständigkeit gegenüber zentralistischen Staatsverwaltungen. Diese politischen Strömungen äußern sich in regionalistischen, autonomieorientierten und separatistischen Bewegungen. Es ist fraglich, ob Huntingtons 'Kampf der Kulturen' (1998) auf den Mittelmeerraum zutrifft, aber die Dauerhaftigkeit zahlreicher regionaler Konfliktfelder mit gefährlicher Sprengkraft verschärft gegenwärtig die politischgeographischen Gegensätze innerhalb des Mittelmeerraumes zweifellos. Die neue gemeinsame Sicherheitspolitik der EU hat sich das Ziel gesetzt, einen Ausgleich zwischen diesen widerstreitenden Interessen zu finden.

Gegenwärtige exogene räumliche Unterschiede

Zu den Kräften, die von außen die inneren Strukturen des Mittelmeerraumes und seine räumliche Differenzierung in Wachstums- und Stagnationsgebiete mit bedingen, zählt die Globalisierung der Wirtschaft. Sie trägt zur Umbewertung mediterraner Standorte und Wirtschaftsregionen bei, führt zur Verringerung der Staatseinflüsse auf ökonomische Prozesse (Deregulierung) und fördert die Aufnahmebereitschaft für neue Wertvorstellungen und Verhaltensnormen. Weitere, wachsende Einflüsse resultieren aus den politischen Bestrebungen der Industrieländer, an den großen und noch für einen langen Zeitraum verfügbaren Erdöl-

und Erdgasvorräten im östlichsten Teil des Mittelmeerraumes sowie im Vorderen Orient teilzuhaben.

1) Die *Bewertung von Standorten* und *Wirtschaftsgebieten* des Mittelmeerraumes hat sich seit Beginn der Globalisierung stark verändert. Aufstrebende Wirtschaftsräume entwickelten sich, ältere verloren ihre ursprüngliche Bedeutung. Das wirtschaftsräumliche Verteilungsmuster wandelte sich. Ursache und Anlass waren Rentabilitätsvergleiche zwischen weltweit konkurrierenden Produktionsorten und Absatzmärkten. So errichteten fast alle Pkw-Hersteller Europas in Spanien neue Fertigungsstätten. Die in den 60er-Jahren an den Küsten des Mittelmeerraumes entstandenen Schwerindustrien sowie eine Reihe petrochemischer Kombinate wurden wegen globaler Neuordnung der Konzernverflechtungen, bisher unbekannter strategischer Allianzen, Firmenzusammenschlüssen, anders kalkulierter Produktionskosten, neuer Transporttechniken und zukünftig erwarteter Absatzmöglichkeiten aufgegeben. Im Gegenzug bildeten sich während der letzten Jahrzehnte in Italien, Spanien und Portugal zahlreiche neue *Industriedistrikte* in bisher industriearmen Gebieten, deren innovatives Milieu internationale Konzerne bewog, Investitionen in den Mittelmeerraum zu lenken, zunehmend auch in die südlichen und östlichen Länder. Alle diese außenbürtigen Prozesse wandelten nicht nur die wirtschaftsräumliche Ordnung im Mittelmeerraum in kurzer Zeit grundlegend, sondern verursachten auch neue regionale Disparitäten. Es darf dabei nicht übersehen werden, dass weltweit neue regionale Zusammenschlüsse einzelner Volkswirtschaften zu suprastaatlichen Präferenz-Systemen, Freihandelszonen, Zollunionen, gemeinsamen Märkten und Wirtschaftsgemeinschaften (NAFTA, ASEAN, Mercosur) wirtschaftsschwache Länder in eine Abseitslage abdrängen. In gleiche Richtung wirkt immer wieder der Handelsprotektionismus, unter dem insbesondere die südlichen und östlichen Staaten des Mittelmeerraumes leiden. Nur fortgeschrittene mediterrane Industrienationen, z. B. Italien, das den 6. Platz in der Rangfolge der Welthandelsländer einnimmt, können sich dagegen eigenständig

in den globalen Marktverflechtungen durchsetzen. Auch in dieser Hinsicht stellen sich bisher nicht gekannte Disparitäten im Mittelmeerraum ein. Die neue EU-Politik soll deshalb durch Schaffung einer mediterranen Freihandelszone bis 2010 Abhilfe schaffen.

2) Die *politische Liberalisierung* und die *Deregulierung*, d.h. die Minderung staatlicher Eingriffe in Wirtschaft und Gesellschaft, werden ebenfalls durch globale Prozesse beeinflusst. Sie verändern die Struktur regionaler Wirtschaftsräume, weil nun die Unternehmer und die Mitglieder der wirtschaftlich aktiven Gruppierungen ungebundener auf die Herausforderungen von außen reagieren können. Allerdings blieben Unterschiede erhalten. In einzelnen Mittelmeerländern reglementieren Staat und Verwaltung die Wirtschaft noch relativ stark, vorwiegend in den südlichen und östlichen, in anderen wuchsen freiere Entfaltungsspielräume. Liberale Marktmechanismen, freie Preisgestaltung und Minderung der Steuerlast sind Voraussetzung für die Bereitschaft zu größeren Investitionen, besonders für den Zufluss ausländischen Kapitals. Diese Öffnung der Märkte forderten vor allem im zurückliegenden Jahrzehnt die EU, die Weltbank und der Weltwährungsfonds von den südlichen und östlichen Staaten im Mittelmeerraum als Voraussetzung für die weitere Gewährung von Krediten und Subventionen. Umgekehrt verlangen die nicht zur EU gehörenden oder mit ihr nicht durch Zollunion beziehungsweise Assoziierungsverträge verbundenen Staaten des Mittelmeerraumes Verbesserung der Exportmöglichkeiten und freien Marktzugang in Industrieländern, z. B. für Agrarprodukte. Diese Einflüsse von außen setzten in jüngster Zeit starke neue Akzente im Gefüge der wirtschaftsräumlichen Unterschiede. Wesentlich trug hierzu auch die starke Außenabhängigkeit einzelner Staaten vom Tourismus bei.

Ein schwieriges Problem ist, dass die Liberalisierung und der Abbau staatlicher Eingriffe nicht schlagartig erfolgen kann. Auch in den bereits wirtschaftlich besser entwickelten Ländern des südlichen Mittelmeerraumes (z. B. Tunesien) muss die Deregulierung über einen längeren Zeitraum gestreckt werden, weil sonst die sozialen Kosten dieses Wandels zu hoch sein würden. Eine weitere politische Öffnung setzt erste größere Erfolge des Wirtschaftswachstums, z. B. eine Zunahme der Zahl der Arbeitsplätze, voraus. Günstig wäre hierfür, wenn die EU-Staaten ihre Absatzmärkte für Agrar- und Industrieprodukte aus dem Süden und Osten des Mittelmeerraumes weiter öffnen würden. Der Wettbewerb der einzelnen Mittelmeerländer mit Exportprodukten um Marktanteile außerhalb des Mittelmeerraumes führt indessen andererseits zu einer zusätzlichen Akzentuierung von Konflikten, da die meisten Mittelmeerstaaten auf dem Exportmarkt die gleichen Erzeugnisse konkurrierend anbieten. Dies trifft besonders den Agrarsektor, also Obst, Gemüse, Olivenöl, Blumen und Wein, und führt somit zu neuen Kontrasten innerhalb des Mittelmeerraumes.

3) Wertvorstellungen sind ein Spiegelbild der regionalen Differenzierung in besonderer Abhängigkeit von *Außeneinflüssen*. Während im Norden des Mittelmeerraumes, z. B. in Norditalien, in Industrie, Lebensstil und Design bereits innovative, weltweit ausstrahlende Normen gesetzt werden, beginnt im Süden für breite Bevölkerungsschichten erst die unkritische Rezeption neuer Leitbilder. Diese Tatsache wird auch in der gegenwärtig geführten Diskussion über die unterschiedlichen Auffassungen von Ökonomie und Moderne zwischen den westlichen Industriestaaten und den islamisch geprägten Ländern deutlich. Aber auch hier gibt es keinen einfachen, linearen Grenzverlauf mehr. Einerseits ist die „Verwestlichung" in den höheren Sozialschichten der arabischen Kulturen weit vorangeschritten, andererseits gehen innerhalb des Islam die Lehrmeinungen über die Bewertung des wirtschaftlichen Handelns und ökonomischer Erfolge noch weit auseinander. Hieraus resultiert in den verschiedenen islamischen Ländern eine breite Palette unterschiedlicher Auffassungen zwischen den gesellschaftlichen Gruppen über die wirtschaftspolitischen Ziele.

4) Die neuzeitliche *weltpolitische Einbindung* des Mittelmeerraumes begann mit der Wiederentdeckung des Mittelmeeres

als wichtiger Trasse des Weltseeverkehrs nach Fertigstellung des Suezkanals und konzentrierte sich seit dem Zweiten Weltkrieg auf die Sicherung des Zugangs zu den Erdölquellen im Vorderen Orient für die Versorgung der Industrieländer. Speziell damit hängen die großen sicherheitspolitischen Interessen der USA, zunehmend auch der EU am östlichen Mittelmeerraum und am Zugang zu den neu entdeckten Lagerstätten im Kaspischen Meer zusammen. Dieses neue Öl soll über eine Pipeline durch den östlichen Teil der Türkei zur Mittelmeerküste transportiert werden. Aus dieser geopolitischen Orientierung auf Rohstoffe erwuchs eine starke weltpolitische Aufwertung der östlichen Mittelmeerländer.

Regionale Differenzierung ist stärker als Einheitlichkeit

Der vorangehende Überblick über die *regional differenzierenden Kräfte* macht deutlich, dass der methodische Ansatz einer regionalgeographischen Analyse weniger in der Behandlung der übergreifenden Gemeinsamkeiten liegen kann, sondern in erster Linie bei den Folgen der zunehmenden räumlichen Gegensätze. Auch die *politischen Entscheidungen* im Hinblick auf die von der EU geplante Bildung einer marktwirtschaftlichen Einheit, der mediterranen Freihandelszone im Rahmen des „Barcelona-Prozesses", sollten mehr von diesen Kontrasten ausgehen, statt sich an der verbreiteten Vorstellung der Einheitlichkeit des Mittelmeerraumes zu orientieren.

Fast alle *gegenwärtigen Konfliktfelder* innerhalb des Mittelmeerraumes resultieren aus der historisch-politischen Territorialentwicklung, aus der Genese eigenständiger regionaler, wechselnd expandierender und schrumpfender Wirtschafts- und Kulturräume, aus der noch geringen Fähigkeit traditioneller Sozialordnungen im Süden und Osten des Mittelmeerraumes zu Innovationen. Die räumlich vielfältigen Probleme sind indes auch die Folge regional sehr differenzierter physisch-geographischer Potenziale. Vor allem unterlagen sie in jüngerer Zeit sich stark wandelnder, regional äußerst unterschiedlicher Bewertung. Viele regionale Ökosysteme wurden deshalb zu intensiv, substanzzehrend genutzt. Im Ergebnis entstand ein heute außerordentlich kontrastreiches Muster degradierter naturräumlicher Grundlagen der Wirtschaft im Mittelmeerraum. Andererseits sind die aktuellen Konflikte Folge der historischen, aktuell dynamisierten sozialen Gegensätze zwischen Gruppen, Schichten und Ethnien. Außerdem scheinen zu alten weltanschaulichen Unterschieden zwischen christlicher und islamischer Sphäre neue hinzuzutreten: solche zwischen westlichen, modernistischen Leitbildern und traditionsbestimmten, wieder stärker religiös geprägten Lebensformen in den islamischen Gesellschaften. Sie verschärfen sich gegenwärtig. Alle Strategien zur zukünftigen Entwicklung des Mittelmeerraumes müssen die Interessen dieser divergierenden Strömungen respektieren und berücksichtigen. Ihre Bewertung als „Traditionalismen" würde zu verhängnisvoller Verkürzung führen.

Die jüngeren Bestrebungen besonders der südlichen und östlichen Anrainer des Mittelmeerraumes, eine stärkere wirtschaftliche und politische Anlehnung an Mittel- und Westeuropa zu erlangen, zeigen ein wachsendes Bewusstsein der Benachteiligung. Die Konferenz von Barcelona im Herbst 1995 zur Vorbereitung einer *Euro-Mediterranen Freihandelszone* führte EU-Mitglieder und die Staaten des östlichen und südlichen Mittelmeerraumes an einen Tisch. Fernziel ist die Schaffung einer euromediterranen Partnerschaft. Voraussetzungen dafür sind politische und gesellschaftliche Stabilität sowie wirtschaftliche Ausgewogenheit und Kooperationsfähigkeit zwischen den Staaten des Mittelmeerraumes. Diese Prämissen scheinen die Organisatoren der Konferenz als gegeben angenommen zu haben. Die ersten Diskussionen stießen jedoch schnell auf die offensichtlich nicht erwarteten, oben dargelegten Strukturkontraste, Interessens- und Handlungsgegensätze sowie auf umfassende gesellschaftlich und kulturell divergierende Prozesse. So entstanden bereits in den ersten Jahren der Verhandlungen gravierende Barrieren für eine Einigung der Staaten des Mittelmeerraumes als Freihandelszone. Deshalb sind zunächst neue Strategien zu entwickeln, um eine Milderung dieser Diskrepanzen zu erreichen. Dann erst können Maßnahmen zur Formulierung gemeinsamer Interessen folgen.

Der Interessenausgleich scheint auch deshalb schwierig zu werden, weil einige der wirtschaftlich bereits besser entwickelten Staaten des südlichen Mittelmeerraumes einen Vorsprung vor ihren Nachbarländern zu erlangen versuchen. Sie wollen den schwächeren Brüdern zuvorkommen und bereits vorab eine größere vertragliche Annäherung an die EU erreichen. Nachdem die Türkei bereits seit 1949 Mitglied des Europarates, seit 1952 der Nato und seit 1964 mit der EU assoziiert ist, erlangten Marokko 1996, Tunesien 1998 und Israel 1995 die EU-Assoziierung. Die Türkei wurde 1996 in die Zollunion der EU eingegliedert und strebt energisch die Vollmitgliedschaft an. Für die meisten der übrigen Länder ist vorläufig nur die Teilnahme an der zukünftigen Freihandelszone vorgesehen. Statt stärkerer Gemeinsamkeit deutet sich so eine neue Verschärfung der Unterschiede innerhalb des Mittelmeerraumes an.

Zum Aufbau dieser Länderkunde

Aus der bisher dargelegten methodischen und sachlichen Zielsetzung ergibt sich der Aufbau dieses Studienbuches. Die Logik seiner Leitlinien sei hier in knapper Form dargestellt. Die *historische Entstehung* der gegenwärtigen Grundstrukturen des Mittelmeerraumes und seiner Kulturlandschaft wird an drei wichtigen Kriterien dargestellt: (1) am Verlauf des politischen Geschehens und seiner wechselnden territorialen Reichweite; (2) am Pfad der Stadtgeschichte und der Entfaltung von Urbanität als Träger gesellschaftlicher Kräfte, wirtschaftlicher Innovationen und kulturell unterschiedlicher Lebensformen; (3) an den historischen Bevölkerungsverhältnissen als Spiegel früher räumlicher Mobilität. Diese ersten Kapitel eröffnen methodische Einblicke in die den Mittelmeerraum prägenden Wechselwirkungen geschichtlicher und geographischer Prozesse. Den Hauptteil des Buches nimmt die *gegenwartsbezogene Analyse* ein. Sie beginnt mit der aktuellen demographischen Dynamik, dem Wandel von Gesellschaft und Erwerbsstruktur sowie der eng damit verbundenen jüngeren Verstädterung. Zusammenwirkend verursachten diese drei Prozesse durch die Expansion einzelner Städte zu großen Agglomerationen und die Verdichtung der schmalen Küstengebiete durch Bevölkerungszunahme grundlegende wirtschaftsräumliche Veränderungen. Wesentliche Ursachen dafür lagen in der zwar vergleichsweise späten, aber umso schnelleren Entwicklung von Gewerbe und Industrie, die eingehend in regionaler Differenzierung dargestellt wird. Modifizierend und limitierend wirken hierauf auch die naturräumlichen Potenziale und die begrenzte Leistungsfähigkeit des Landschaftshaushaltes. Insbesondere hing davon die jüngere Entwicklung der Landwirtschaft ab, die bis an die Schwelle der Gegenwart für große Teile der Bevölkerung des Mittelmeerraumes wichtigste, vielfach jedoch nicht ausreichende Existenzbasis war. Folge waren umfangreiche Migrationsprozesse aus sich leerenden ländlichen Räumen in die aktiven Wirtschaftsregionen des Mittelmeerraumes, nach Mittel- und Westeuropa und nach Übersee. Dadurch erfuhren die bereits historisch angelegten regionalen sozioökonomischen Disparitäten eine wachsende Verschärfung. Die Bemühungen, der Regionalpolitik, diese Kontraste zu mildern, waren jedoch nur teilweise erfolgreich. Ihre geringe Wirkung ergab sich besonders aus der Zunahme regionaler politischer Konflikte sowie aus wachsenden weltanschaulichen Gegensätzen und muss auch als Konsequenz der verstärkten *Außenbeziehungen*, d. h. der Einbindung des Mittelmeerraumes in die Prozesse der Globalisierung gesehen werden. Dies bedeutet, dass einige der benachteiligten Gebiete des Mittelmeerraumes relativ noch stärker als bisher in Abseitslage zurückfallen. Das Kapitel zur politischen Entwicklung zeigt deshalb, wie dadurch das Verhältnis des Mittelmeerraumes, insbesondere seiner südlichen und östlichen Staaten zur Europäischen Union immer wichtiger, aber auch immer schwieriger wird. Da diese Länder ihrerseits versuchen, ihre Bindungen nach Norden zu intensivieren, bürden sie Mittel- und Westeuropa eine wachsende Anzahl von gegenwärtig noch unlösbar scheinenden Problemen auf.

HISTORISCHE POLITIK: TERRITORIEN UND UNIVERSALE KULTURWELTEN

*Bild 3: **Aquädukt bei Mérida, Südspanien:** Politische Macht und technische Infrastruktur – hier eine Wasserleitung aus dem Jahre 10 n. Chr. bei Emerita Augusta – garantierten die wirtschaftliche und kulturelle Einheit des Mittelmeerraumes, die bis in die Gegenwart das Bewusstsein des Betrachters prägt.*

Überblick

■ Die politisch-territoriale Entwicklung des Mittelmeerraumes wurde von Zeitphasen mit besonderer kultureller und wirtschaftlicher Innovationskraft und deren räumlicher Reichweite gesteuert.

■ Die frühe territoriale und kulturelle Entwicklung des Mittelmeerraumes vollzog sich in seinen östlichen Regionen und im Vorderen Orient. Aus Stadtterritorien entwickelten sich flächenhafte Herrschaftsbereiche, die kulturell in die universale hellenistische Kultur einmündeten.

■ Der Flächenstaat des Römischen Reiches umfasste einmalig den gesamten Mittelmeerraum politisch, wirtschaftlich und zivilisatorisch. Relikte seiner Kultur machen diese Universalität bis heute sichtbar und bestimmen das gegenwärtige Bewusstseinsbild von der Einheitlichkeit des Mittelmeerraumes.

■ Widerstreitende Territorien und drei überregionale Kulturwelten, die islamische, die römisch-katholische und die griechisch-orthodoxe, entstanden nach der Völkerwanderungszeit.

■ In der Frühneuzeit verlagerten sich die politischen Aktivitätszentren aus dem Mittelmeerraum in den Nordwesten Europas und in den atlantisch-amerikanischen Raum. Besonders seit Beginn des 19. Jh.s und der Entdeckung der Erdöllagerstätten während der 30er-Jahre des 20. Jh.s im Vorderen Orient richteten sich jedoch erneut weltpolitische Interessen auf den Mittelmeerraum.

■ An der Schwelle zur Gegenwart entstanden in kontinuierlicher Entwicklung politisch und wirtschaftlich starke Innovationskräfte in den jungen Nationalstaaten.

Territorialität und Universalität

Die Erklärung der heutigen Grundproblematik des Mittelmeerraumes und seiner in weltweitem Vergleich auf geringe Distanz starken *sozialen* und *wirtschaftlichen Kontraste* setzt Kenntnisse über die Genese und Veränderungen der politischen Territorien voraus, also der aus machtorientierten, gesellschaftlichen, ökonomischen und kulturellen Entscheidungen entstandenen Raumstrukturen. Um historische Anlässe für die gegenwärtige räumliche Ordnung im Mittelmeerraum erkennen zu können, ist eine historische Längsschnittanalyse notwendig. Dabei richtet sich die wichtigste Frage letztlich auf die Ursachen der aktuellen sozioökonomischen Ungleichgewichte. Wann sind sie entstanden? Gab es Perioden größerer Einheitlichkeit? Lassen sich Wellenlinien von Lebenszyklen einzelner Teilregionen des Mittelmeerraumes erkennen? Gab es räumliche Schwerpunktverschiebungen politischer Macht? Welche wirtschaftlichen, gesellschaftlichen und kulturellen Motoren verliehen dem politischen Prozess in einigen Gebieten immer wieder neue Schwungkraft und ließen ihn in anderen Regionen stagnieren? Waren stärker nationalstaatliche Gegensätze innerhalb des Mittelmeerraumes oder Interessenslagen außermediterraner Mächte für die Diversifizierung des Mittelmeerraumes verantwortlich?

Die historische Entstehung von Regionen und Territorien wurde von *universalen*, die politische Grenzen übergreifenden *Kulturwelten* und *Zivilisationen* überwölbt, von der islamischen, der römisch-katholischen und der griechisch-orthodoxen. Sie prägen bis in die Gegenwart nicht nur die Weltanschauung, sondern auch die politischen Leitbilder und gesellschaftlichen Verhaltensweisen in drei großen Teilräumen des Mittelmeerraumes. Schließlich stellt sich die Frage, ob die gegenwärtige euro-mediterrane Politik der Europäischen Union erfolgreich sein kann, die unterschiedlichen Interessen aller Mittelmeerländer auf gemeinsame Ziele zu koordinieren. Bislang ist auch nicht erkennbar, ob die eigene Kraft der Regierungen ausreicht, übereinstimmend zu handeln.

In knapper Form werden nachfolgend sieben historische Perioden analysiert, deren zeitgenössische *politische Entscheidungen* wirksame Folgen für das gegenwärtige Gefüge räumlich unterschiedlicher Entwicklungschancen im Mittelmeerraum hatten. Die folgenden Kapitel verfolgen die gleiche Frage im Hinblick auf die historischen Konsequenzen der Bevölkerungsdynamik und der Entfaltung der Stadt und urbaner Lebensformen, den wichtigsten Trägern wirtschaftlicher und gesellschaftlicher Aktivitäten im Mittelmeerraum.

Politisch-territoriale Entwicklung bis zum Römischen Reich

Der Blick auf die räumliche Entfaltung von Macht im östlichen Mittelmeerraum wird in diesem Zeitraum auf Regionen gelenkt, deren Kernbereiche sich zeitlich versetzt zunächst politisch, wirtschaftlich und kulturell eigenständig und isoliert entwickelten, jedoch durch Handel miteinander verbunden waren. Sie vermittelten sich wechselseitig wirtschaftliche Impulse, konkurrierten aber auch machtpolitisch gegeneinander (Abb. 1). Fünf regionale Lebenszyklen sind zu unterscheiden:
1) Kretisch-mykenisch-griechischer Kulturbereich;
2) Hethiter und Phrygier in Kleinasien;
3) Phönizien/Levante;
4) Ägypten;
5) Alter Orient und Naher Osten.

Mit der Einbeziehung in die Perserherrschaft wurden diese Regionen im Fortgang des Geschehens Teile der ersten kulturellen Einheit des östlichen Mittelmeerraumes, der Hellenistischen Staatenwelt. In knapper Form seien diese zeitlichen Entwicklungsfolgen und räumlichen Überschichtungen skizziert.

1) Kretisch-mykenisch-griechischer Kulturbereich:
Die *Minoische Kultur* auf Kreta, insbeson-

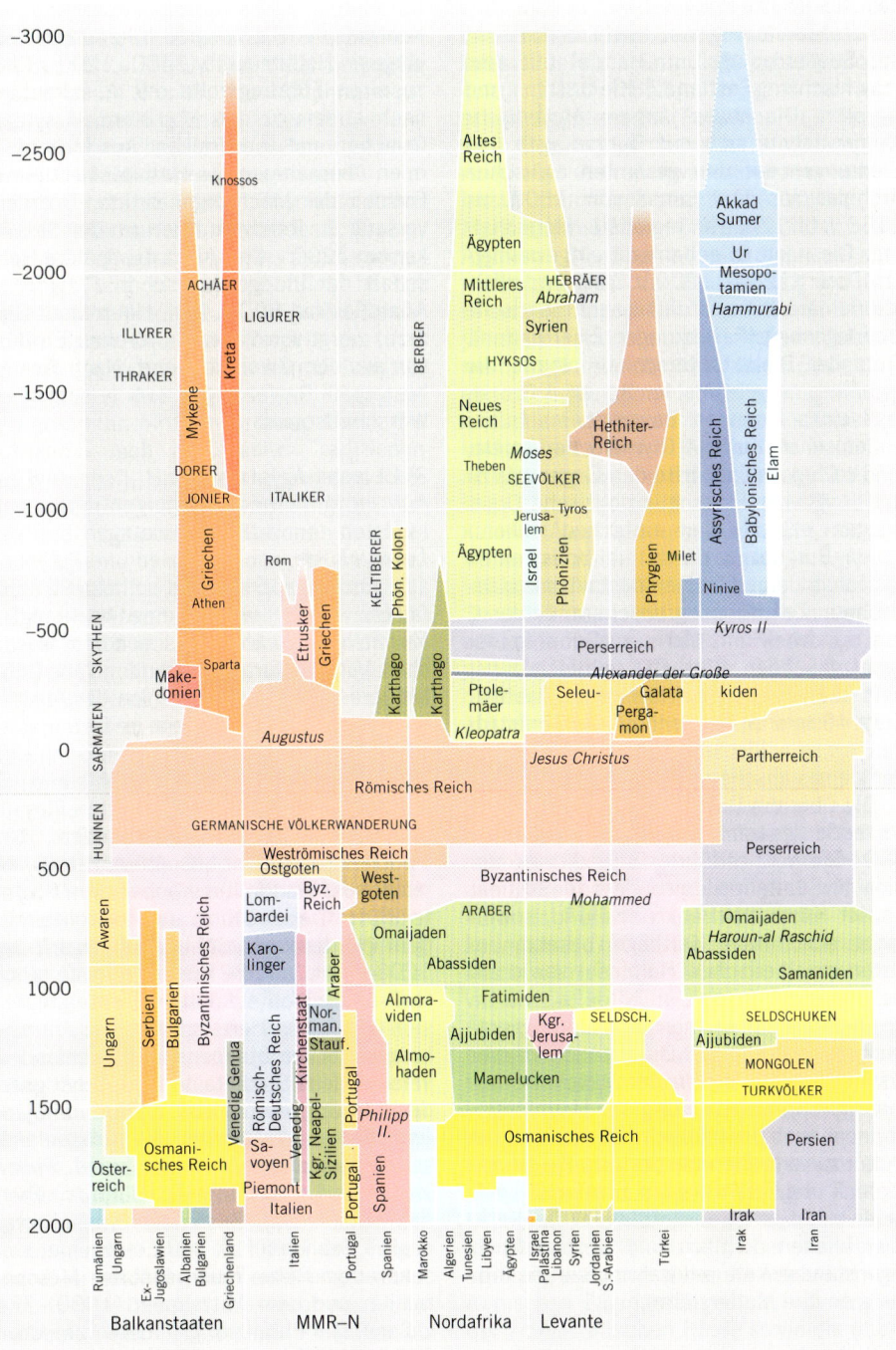

Abb. 1: Zeit-Raum-Schema der Territorien im Mittelmeerraum und im Vorderen Orient: *Diese Übersicht stellt Phasen großer Einheitlichkeit anderen Perioden der räumlichen Zersplitterung gegenüber. Die Darstellung ist nicht flächenproportional, jedoch dem Maßstab entsprechend hinreichend zeitgenau.*

Quelle: Fournet 1991, verändert.

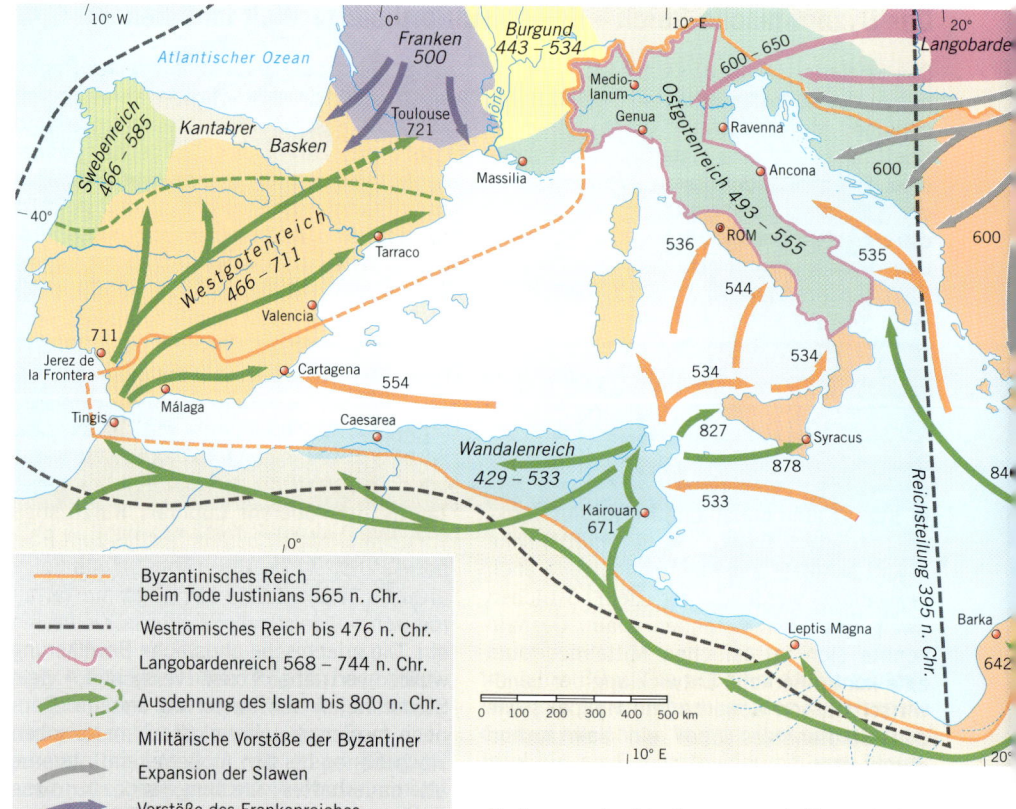

Byzantinisches Reich beim Tode Justinians 565 n. Chr.

Weströmisches Reich bis 476 n. Chr.

Langobardenreich 568 – 744 n. Chr.

Ausdehnung des Islam bis 800 n. Chr.

Militärische Vorstöße der Byzantiner

Expansion der Slawen

Vorstöße des Frankenreiches

Abb. 3: Nachfolgestaaten des Römischen Reiches 450 – 750 n. Chr.: *Die Ausdehnung des Weströmischen, des Byzantinischen Reiches und des Islam wird durch Pfeile und Grenzlinien markiert.*

Die *Ostgoten* gelangten von der Süd-ukraine nach Italien, in die Ostalpenregion, nach Slowenien, Istrien und Dalmatien. Sie übernahmen ebenfalls die römische Kultur sowie Siedlungs- und Herrschafts-formen und die Zivilverwaltung unverän-dert. Konfessionell hielt *Theoderich d. Gr.* (493 – 526 n. Chr.) die arianische Konfes-sion vom Katholizismus getrennt, um so die römische Tradition zu bewahren. Dennoch war der Untergang des Ostgotenreiches (549 n. Chr.) gegenüber den Dauerangrif-fen der oströmischen Heere Justinians unter Belisar und Narses letztlich eine Kon-sequenz des Misserfolgs einer Symbiose zwi-schen germanischer und römischer Kultur.

Ausbreitung des Islam – Übergreifende Zivilisation im Süden und Osten

Die erste Ausbreitung des Islam folgte un-mittelbar auf den Tod Mohammeds (632 n. Chr.) durch militärische Eroberungen in Syrien und Palästina. Damaskus wurde 635, Jerusalem 638 n. Chr. muslimisch. Danach wandten sich die religiös beflügel-ten Heere Ägypten zu. Das Nildelta und Alexandria ergaben sich 642 n. Chr. und öffneten den Weg an der nordafrikanischen Küste nach Westen. Die kriegerische Ex-pansion verfolgte zunächst nicht die sofor-tige Missionierung der Unterworfenen. Auch die Arabisierung vollzog sich nur langsam.

Die wichtigste der frühen territorialen Herrschaften errichteten die *Omaijaden* (755 – 1031). Ihr schnell wachsendes Ter-

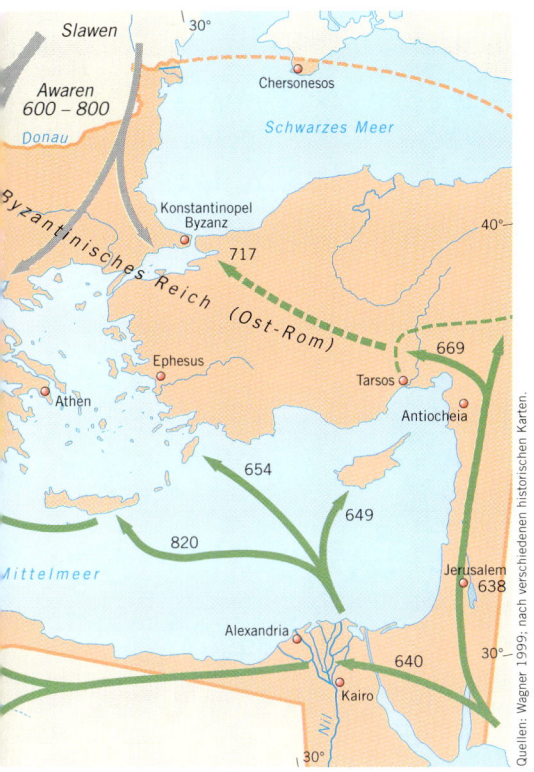

Quellen: Wagner 1999; nach verschiedenen historischen Karten.

ren erreichten das heutige Marokko. Eine zweite Welle eroberte ab 705 n. Chr. endgültig Mauretania Tingitana, den westlichsten Teil Nordafrikas (Maghreb el-Aqsa), und drang im Süden bis zum Nordrand der Sahara vor. Der Name Maghreb (Westen) wurde allerdings erst seit türkischer Zeit als Bezeichnung für den Westen Nordafrikas üblich.

Die erobernden Araber überquerten im Westen, unterstützt von Berbern (Mauren), die Straße von Gibraltar und besiegten in Südwestspanien 711 n. Chr. das Heer der Westgoten. In schnellen Vorstößen durcheilten sie die Iberische Halbinsel bis ins südliche Frankenreich, wo 732 n. Chr. bei *Poitiers/Tours* ihr weiteres Vordringen nach Norden durch Karl Martell vereitelt wurde. Karl d. Große musste sich 778 n. Chr. bei Roncevalles, dem Ort des Rolandsliedes in den westlichen Pyrenäen, geschlagen geben und 793 n. Chr. noch einen weiteren arabischen Einfall bis Narbonne hinnehmen. Ab 795 n. Chr. setzte er jedoch mit der Spanischen Mark ein erstes dauerhaftes Hindernis der arabisch-islamischen Expansion entgegen.

Die Araber begannen die eroberten Gebiete militärisch und administrativ zu sichern und wirtschaftlich zu fördern. *Córdoba* wurde mit Sitz eines Emirates, später des Kalifates das politische und kulturelle Zentrum im äußersten Westen der islamischen Macht. Die eigentliche Arabisierung des gesamten mediterranen Südsaumes begann erst seit dem 11. Jh. mit dem Vordringen nomadischer Völkergruppen aus dem östlichen Mittelmeerraum, z. B. der *Beni Hilal* und *Beni Solayim*, die die Berber im Maghreb in Bedrängnis brachten und schrittweise nach Westen bis nach Zentralmarokko vordrangen. Sie verwüsteten große Teile der seit römischer Zeit überlebenden Kulturlandschaften, machten Ackerbauregionen, wie im Sahel von Sousse in Tunesien, für Jahrhunderte zu Steppen und zerstörten viele Städte.

Die machtvollsten Phasen der Islamisierung und Orientalisierung des Maghreb leisteten die *Sanhadja-Berber*, bereits seit dem 9. Jh. zum Islam bekehrte Kamelnomaden der westlichen Sahara. Teilgruppen dieser Ethnie gründeten am unteren Senegalfluss in Westafrika einen streng

ritorium umfasste, getrennt durch das Rote Meer, einen asiatischen und einen nordafrikanisch-europäischen Teil (Gebiete Iberiens und Süditaliens). Im *Osten* wurde Damaskus Hauptstadt. Weitere Eroberungen fügten große Teile des Zweistromlandes und Persiens hinzu, erreichten den Oberlauf des Oxus (Amudarja) mit Buchara, Samarkand und das Indusgebiet. Ein zunächst noch vergeblicher Ansturm auf das Byzantinische Reich kam erst vor Konstantinopel (717 n. Chr.) zum Stehen. Im *Westen* drangen die muslimischen Araber sehr schnell innerhalb von ca. 50 Jahren mit ihren Heeren bis zum Atlantik vor. Barka in Tripolitanien fiel 642, Tripolis 656 n. Chr. Die Byzantiner wurden 698 n. Chr. aus Karthago vertrieben. Die Araber übernahmen unverändert die gut entwickelten Agrargebiete und noch immer reichen Städte Ifriqiyas (Tunesien). Sie gründeten aus strategischen Gründen auch neue Städte in der Steppe, wie Kairouan 671 n. Chr. als Ausgangspunkt für die weitere Expansion. Erste Spitzen der Invaso-

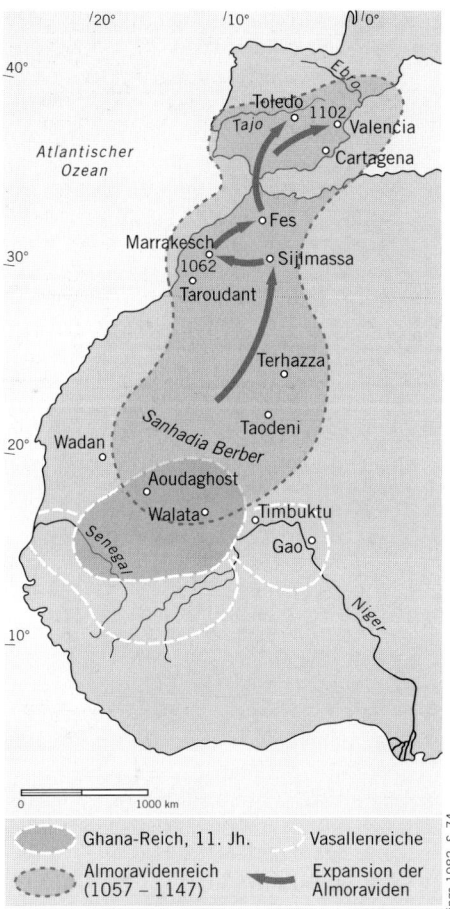

Abb. 4: Herrschaftsgebiet der Almoraviden im 11. u. 12. Jahrhundert.

Quelle: Krings 1982, S. 74.

muslimischen Herrschaften zu befrieden, vor allem, um gegen die Anfänge der christlichen Wiedereroberung (Reconquista) zu kämpfen. 1085 nahm König Alfons VI. von Kastilien zwar bereits Toledo ein, gleichwohl wuchs das Reich der Almoraviden und erstreckte sich vom Senegalfluss über die Westsahara bis zum Ebro im Norden Iberiens. Seitdem bestanden über arabische Karawanen, Händler, aber auch Kulturträger des Islam Verbindungen zwischen dem Mittelmeerraum und den bedeutenden Städte in Westafrika, z. B. Walata sowie Segou und Timbuktu am Niger (Abb. 4). Nachfolger wurden die *Almohaden* (1147–1269), deren zusammenhängendes islamisches Herrschaftsgebiet von Zentralspanien bis ins heutige Libyen reichte. Aber bereits 1236 eroberte König Ferdinand III. v. Kastilien Córdoba, die heiligste und kulturell im Überschneidungsbereich der Kulturen wichtigste Stadt im Westen der muslimischen Territorien.

Die Eroberungen des Islam beendeten die hellenistisch-römische, später byzantinische Kultur, verdrängten das zuvor bestimmende Christentum und vollzogen die Rückorientalisierung des Nahen Ostens und die Orientalisierung Nordafrikas (Wirth 1989, S. 20). Allerdings waren die islamisch beherrschten Territorien niemals homogen. Mit politischer Vielfarbigkeit beschreibt v. Grunebaum (1955) die regional sehr variantenreiche Intensität der Bekehrung Ungläubiger, die Überformung anderer Kulturen und die Verwurzelung des Islam. In Nordafrika blieb im marokkanischen Westen und in Gebirgsregionen viel berberische Identität in Sprache, Sachkultur und Selbstbewusstsein bis heute erhalten (Bild 5). Ähnliche Freiräume beließ der Islam in bewusster Toleranz auch im Nahen Osten und in der Türkei unter seldschukischer und früher türkischer Herrschaft den autochthonen ethnischen und religiösen, d. h. christlichen sowie jüdischen Bevölkerungen (Hütteroth 1982, S. 199).

Nicht zu übersehen ist, dass der Orient heute zwar überwiegend im Zeichen des Islam steht, er dennoch bis zur Gegenwart auch eine christliche Geschichte hat. Wichtige Politiker, Wissenschaftler und Schriftsteller stammen noch heute aus den

religiösen Orden (Ribat) nach den Regeln der Scharia. Diese muslimische Gemeinschaft formte einen besonderen „Berberischen Islam" und begann, ihn aggressiv-missionarisch zu verbreiten. Als Leute des Ribat, der al Morabitun, der zum heiligen Krieg Entschlossenen, bezeichneten sie sich als *Almoraviden* (1057–1147) und trugen den religiösen Waffenkampf (Djihad) mit mehr als 30 000 Kämpfern nach Norden gegen die von ihnen als nicht mehr rechtgläubig angesehenen Berber im heutigen Mauretanien und Marokko vor. Sie gründeten Städte (Marrakesch, 1062) und eroberten schrittweise den Maghreb bis zu den östlichen Atlasketten (Kleine Kabylei). Sie wurden nach Spanien gerufen, um die dortigen Konflikte zwischen streitenden

Bild 5: Berbersiedlung südlich von Tizi-Ouzou, Nordalgerien: *Berberische Kultur überlebte besonders in den Gebirgen Nordalgeriens bis heute und bildete immer wieder auch sprachlich einen Kern politischer Eigenständigkeit.*

kleinen christlich-arabischen Gemeinschaften (Maroniten im Libanon, Chaldäer und Nestorianer im Irak, armenische und griechisch-orthodoxe Christen in Syrien, Kopten in Ägypten). Mit der territorialen Eroberung erwuchs gerade auf diese Weise die kulturelle Vielseitigkeit und Durchmischung, die, wie in Andalusien, mehrsprachig arabische, maurische, jüdische und christlich-abendländische Leistungen zu weitgespannten Horizonten verband. Sie prägten die kulturelle Entwicklung sowohl des christlichen Europas als auch des islamischen Orients über Jahrhunderte. Anspruchsvolle arabische und antike, hellenistische, auch hebräisch-jüdische Wissensniveaus befruchteten sich gegenseitig und führten zur Weiterentwicklung islamischer, orientalischer Kunst, Philosophie, Literatur und Natur- sowie Geisteswissenschaft als wichtiger Grundlage der Machtentfaltung islamischer Reiche im 10. bis 12. Jh. Viele ihrer Einflüsse belebten auch das werdende christliche Abendland. So fand ein Teil der Schriften des Aristoteles über arabische Übersetzerschulen in Córdoba seinen Weg nach Mitteleuropa. Ähnlich wurde Granada zum Zentrum multikultureller Intelligenz. Die bedeutende kulturelle Stellung des Islam im mediterranen Kulturraum des Mittelalters wurde 1998 von Endres erneut dargestellt.

Die bis hierher nachgezeichnete territoriale, politische und kulturelle Entwicklung führte nach dem Zerfall des Römischen Reiches zu einem divergierenden Neben- und Gegeneinander vieler kleiner und größerer Mächte. Ihre Lebenszyklen waren teils dauerhaft, teils wechselnd, in eine der drei kulturellen Gemeinschaften und Zivilisationen eingefügt, die seit dem Beginn des Frühmittelalters den Mittelmeerraum bis zur Gegenwart, oft *über Staatsgrenzen hinweg*, in drei nach Glaubensformen, Lebensstilen und Verhaltensnormen der Menschen kontrastierende Großräume und Kulturwelten aufteilten (Braudel 1996, S. 95). Den Westen prägte die rationalistisch angelegte *romanische Welt* des katholischen Universums, das nach Europa und ab 1500 über den Atlantik ausgriff. Im Süden entstand mit dem *Islam* eine über Jahrhunderte starke Gegenmacht, zugleich auch kultureller Vermittlungsraum. Die Feststellung, die Ausbreitung des Islam habe die nachantike Welt des Mittelmeerraumes geteilt (Pirenne), muss trotz Kreuzzügen und Heiliger Kriege revidiert werden (Reissner 1999).

Mindestens ebenso intensiv war der wechselseitige materielle und kulturelle Austausch. Heute jedenfalls leben in allen nord- und westmediterranen Städten große muslimische Minderheiten, die nicht nur den sozialen Unterschichten angehören. Die dritte, bis heute sich aber erstaunlich abgrenzende Welt ist die *christlich-orthodoxe*.

Im Mittelmeerraum ist sie zwar klein, aber wegen ihrer weiten Ausdehnung in den slawischen Osten (Moskau, das „Dritte Rom"), eine bedeutende, sich ebenfalls universalistisch verstehende Sphäre. Sie bewirkte stärker als die beiden anderen Zivilisationen abgrenzendes Bewusstsein, das auf dem Balkan bis heute nachwirkt.

Vom Hochmittelalter zur Frühneuzeit – Politische und wirtschaftliche Neuordnung

Apenninenhalbinsel

Parallel zur Reconquista, zu dem langsamen Niedergang des Byzantinischen Reiches und der Expansion der Osmanen blieb auf der Apenninenhalbinsel die politische Zersplitterung erhalten. Sie spiegelt die Auseinandersetzung zwischen Kirchenstaat, Kaisertum, Territorialherrschaften und den aufstrebenden oberitalienischen Städten. Mit der Stabilisierung der *norman-*

nisch-staufischen Macht in Süditalien-Sizilien (1061 – 1200) entwickelte sich dort zentralistische Herrschaft zwar in ständiger Auseinandersetzung gegen die baronale Basis, aber mit für ihre Zeit effizienter Beamten- und Fiskalverwaltung, landwirtschaftlich begründetem Wohlstand, breitem Handwerk und Fernhandel, absolutistisch anmutenden Aktivitäten der Landesentwicklung, Siedlungsgründung und

staatsmonopolistisch reglementierter Wirtschaft. Die Blüte von Wissenschaft und Kunst bewegte sich zwischen mittelalterlicher Scholastik, Erkenntnissen der arabischen Gelehrtenschulen und eigenen zukunftsorientierten Visionen und hinterließ viele sichtbare Zeugnisse. Von dieser komplexen Zivilisation zehrten die folgenden französischen und spanischen Herrschaftsphasen in Süditalien noch lange Zeit. Die politisch wegweisenden *Neuerungen* gingen aber von den wachsenden *norditalienischen Stadtrepubliken* aus (Venedig, Padua, Reggio, Modena, Bologna, Arezzo, Siena, S. Gimignano, Florenz, Lucca, Pisa und Genua). Im politisch-territorialen Wandel spielten zwischen 1200 und 1500 besonders die italienischen *Seestädte* Venedig, Genua, Pisa neben den Großmächten eine steuernde Rolle. Ihr Vorrang basierte auf der Fortführung des maritimen Fernhandels im Mittelmeerraum nach Ende der arabischen Seeherrschaft. Sein wichtigster Zweig war der Warenstrom von und zur *Levante*. Orientwaren (Baumwolle, Seide,

Damast, Gewürze, Farb- und Duftstoffe) kamen über die Seidenstraße, Karawanenwege und Seerouten aus dem Osten an die Küsten des östlichen Mittelmeeres. Italienische Händler übernahmen sie hier gegen europäische Produkte aus Oberitalien, Südfrankreich, den Niederlanden und deutschen Gewerberegionen und verbanden so räumlich und politisch weit auseinander liegende Wirtschaftsräume.

Venedig und Genua waren nicht nur (konkurrierende) Handels- und Seestädte, sondern erlangten auch *politischen* Einfluss: *Venedig* kontrollierte militärisch den östlichen Mittelmeerraum und schuf damit den Freiraum für die Kreuzzüge. Ökonomisch profitierte es durch die den christlichen Armeen bereitgestellte Schiffskapazität. Die Entwicklung des Banken- und Kreditwesens, die Modernisierung der Handelsbürokratie (doppelte Buchführung) und des Handelsrechtes, der Ausbau ehemals byzantinischer und arabischer Kontore in vielen Häfen (Abb. 5) begründeten großen und wachsenden Reichtum der Seestädte.

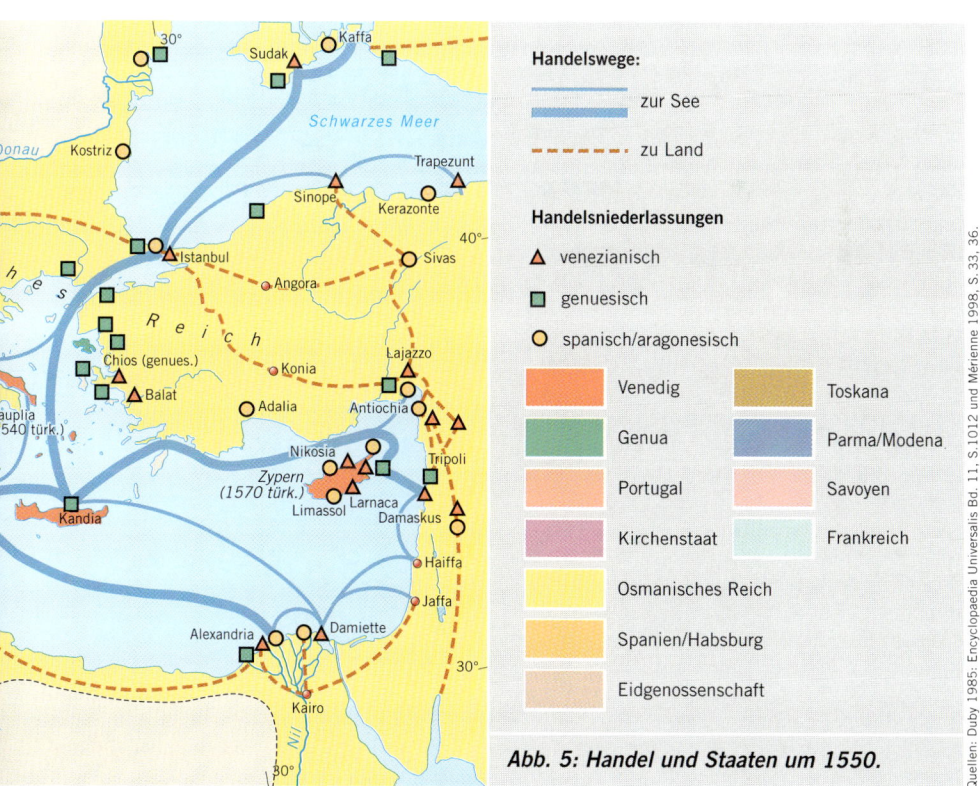

Handelswege:

──────── zur See

– – – – – – zu Land

Handelsniederlassungen

△ venezianisch

▢ genuesisch

○ spanisch/aragonesisch

🟧	Venedig	🟫	Toskana
🟩	Genua	🟦	Parma/Modena
🟧	Portugal	🟧	Savoyen
🟪	Kirchenstaat	🟩	Frankreich
🟨	Osmanisches Reich		
🟧	Spanien/Habsburg		
🟧	Eidgenossenschaft		

Abb. 5: Handel und Staaten um 1550.

Quellen: Duby 1985; Encyclopaedia Universalis Bd. 11, S.1012 und Mérienne 1998, S. 33, 36.

Bild 6: Dubrovnik (ehemals Ragusa): *Die dalmatinische Küstenstadt war kultureller und merkantiler Stadtstaat im Schnittpunkt wechselnder Machtsphären: 615 v. Chr. griechisch, 164 v. Chr. römisch, bis 1200 byzantinisch, 1358 venezianisch, bis 1808 osmanisch.*

Sie vollzogen den Wandel der Wirtschaft zum Frühkapitalismus. Neue Staatsideen, Fortschritte der Weltkenntnis, Kartographie und Naturwissenschaften stärkten das politische Selbstbewusstsein. Ausstrahlende Wachstumsimpulse nützten auch den umliegenden ländlichen Gebieten. *Genua* und *Pisa* unterstützten zusammen mit Amalfi, Salerno und Gaeta den Kampf der christlichen Heere in Spanien gegen den Islam (Reconquista) und bekämpften die arabischen Flotten im westlichen Mittelmeerraum. Zugleich sicherten auch sie sich Handelsstützpunkte in Nordafrika, in Spanien und an der Levante. Um ihre politische Bedeutung zu wahren, sahen sich alle Seestädte gezwungen, auch mit dem mächtiger werdenden osmanischen Kalifat diplomatische Verträge zu schließen. Venedig, die stärkste der kleinen Mächte, musste gegen die Osmanen auch Rückschläge hinnehmen. Es verlor wichtige Häfen (Zypern 1570 und Kreta 1645) an die Türken, gewann jedoch Territorien an der dal-

matinischen Küste, wie Ragusa (Bild 6). Erst nach 1700 verblasste Venedigs politische Bedeutung (Ciriacono 1993; Wagstaff 1993).

Osmanisches Reich

Mit der Entstehung des Osmanischen Reiches begann ein *asiatisch-europäisches* Territorium den christlichen Teil des Mittelmeerraumes und das Abendland zu bedrohen. Turkmenische und seldschukische, nomadische und bäuerliche Invasionen aus Mittelasien hatten im 11. Jh. zum Sultanat Ikonion (Konya) im Inneren Anatoliens geführt (Hütteroth 1982, S. 190 – 201). Die entscheidende Staatsbildung erfolgte jedoch im Nordwesten Anatoliens, wo Stammesverbände unter Osman I. gegen die Byzantiner gesiegt und Bursa 1326 zur Hauptstadt gemacht hatten. Den Osmanen gelang 1351 der Übergriff nach Europa, 1365 fiel ihnen Adrianopel (Edirne) in die Hände. Die schnelle Eroberung der Balkanregionen, des Amselfeldes/Kosovo und Serbiens 1389, Konstantinopels 1453 und Ungarns 1520/29 ließ unter dem Kalifat von Istanbul einen bedeutenden Machtblock entstehen, der sich während der ersten Hälfte des 16. Jh.s bis an die östlichen Mittelmeerküsten ausdehnte (Syrien und Ägypten 1516, Bagdad 1534). Damit errangen die Osmanen die *politische Vormachtstellung* im östlichen Mittelmeerraum und drangen in Nordafrika nach Westen vor (Algerien 1519, Tunesien 1574). Zypern fiel 1570, Kreta 1645 an die Türkei.

Die Eroberung der nördlichen und südlichen Schwarzmeerküsten beraubte Europa der letzten freien Landverbindung nach Südasien (Seidenstraße). Durch ihre territoriale Expansion fiel den Türken damit in relativ kurzer Zeit auch eine bedeutende *wirtschaftliche Vormacht* zu und behinderte die Handelsaktivitäten der europäischen Mächte im Mittelmeerraum. Um dennoch ihre Stellung zu behaupten, schlossen Venedig und Genua sehr bald Handelsverträge mit den Herrschern in Istanbul, um ihren traditionellen Levante- und Mittelmeerhandel fortsetzen zu können. Auch Kaiser Karl V. pflegte zunächst diplomatische Beziehungen zu Istanbul. Frankreich schloss 1535 Handels- und Beistandsverträge, um beim Kampf gegen die Habsburger freie Hand zu haben.

Die Macht des Osmanischen Reiches beruhte auch auf der *Beherrschung der Meere* durch wachsende Flotten. Die Handelsstädte Italiens und Karl V. wurden damit zur See ebenfalls herausgefordert. Nach langem Bemühen besiegten die spanischen, süditalienischen, venezianischen und vom Kirchenstaat unterstützten Galeeren die türkische Flotte bei Lepanto 1571 (gegenüber Patras, Peloponnes). Das Osmanische Reich selbst wurde jedoch dadurch noch nicht erschüttert. Sein Niedergang seit der zweiten Belagerung Wiens 1683 hatte vielfältige andere Ursachen.

Politisch erfolgte ein *militärischer Zusammenschluss* mehrerer christlicher Staaten, um ein weiteres Vordringen der Türken zu verhindern. Sie verloren bis 1720 Ungarn, die Walachei, Siebenbürgen, Serbien und Bosnien. Auch andere periphere Vasallen begannen sich zu lösen. Das mächtiger werdende und expandierende Russland wandte sich gegen Istanbul. Die erstarkte religiös-politische Macht des „Dritten Rom"

wurde zum Gegenspieler der Türken. Vor allem ruinierte der starke *wirtschaftliche Einfluss* der europäischen Staaten die ökonomische Basis des Osmanischen Reiches (Höhfeld 1995, S. 55). Istanbul hatte an Ausländer Handelslizenzen, Steuer- und Zollvergünstigungen vergeben, um Kredite zu erhalten. Dadurch wurde es immer mehr von ihnen abhängig. Die geringe Neigung der Türken, selbst Handel und Gewerbe zu betreiben, verhinderte die eigenständige Entwicklung der türkischen Wirtschaft. So nahm die Türkei an der frühkapitalistischen geistigen und sozialen Entwicklung nicht teil, die im 16. und 17. Jh. in anderen Teilen des Mittelmeerraumes begann (Humanismus, Renaissance). Bereits ab 1600 exportierte Europa Gebrauchsgüter in die Türkei. Die *inneren Schwächen* des Osmanischen Reiches wurden durch Korruption, unfähige Herrscher und die zunehmende politische Selbstständigkeit seiner peripheren Territorien verstärkt. Die zahlreichen ethnischen Strömungen konnten von Istanbul aus nicht mehr integriert werden. Das ursprüngliche Idealziel des Kalifates, viele Völker unter dem universalen muslimischen Glauben zu einen, konnte nicht mehr realisiert werden. Die ständige Erhöhung der Steuerlast zehrte an der Wirtschaftkraft der ländlichen Bevölkerung. Sie geriet über Generationen in Schuldknechtschaft gegenüber den Verpächtern landwirtschaftlicher Nutzflächen. Die im 18. Jh. begonnenen Änderungen in Verwaltung und Wirtschaft (Tanzimat) konnten die Lage nicht verbessern, auch wenn damit die späteren Reformen Kemal Atatürks vorbereitet wurden.

Als Fazit aus der frühneuzeitlichen Entwicklung des östlichen Mittelmeerraumes ist Folgendes festzuhalten: Trotz des *politischen Aufstiegs* entwickelte das Osmanische Reich eine nur *schwache ökonomische Basis*. Viele Elemente des „orientalischen Wirtschaftsgeistes", die sich noch heute im östlichen Teil des Mittelmeerraumes in verschiedenen Facetten der Renten-Mentalität zeigten, mögen ihre Parallelen oder Wurzeln in den schwachen eigenen gewerblichen Initiativen während der osmanischen Zeit haben. Die Unterwerfung Istanbuls unter die Wirtschaftsinteressen der europäischen Staaten ließ die Türkei zum „kranken Mann am Bosporus"

Bild 8: Heratempel in Poseidonia (Paestum), Kampanien, Süditalien: *Die Siedlung wurde 650 v. Chr. von dorischen Griechen aus Sybaris gegründet und um 270 v. Chr von den Römern erobert und Paestum genannt.*

Etrusker erleichtern sollte. Die griechische Kolonisation war im vorangegangenen Kapitel als Teil einer demographischen Expansion gedeutet worden, die den Übervölkerungsdruck in den Poleis des Mutterlandes mindern und neue wirtschaftliche Existenzgrundlagen schaffen sollte. Viele Neugründungen waren deshalb reine *Ackerbürgersiedlungen*. Aber auch sie strebten bald nach städtischen Strukturen: enge Bebauung, Außenabwehr, Zeichen der Identität gegenüber fremden Umwelten und viele zur Vermarktung der Überschüsse des schnellen Wirtschaftswachstums notwendige Infrastrukturen. Der aufkommende Wohlstand erlaubte machtvolle Selbstdarstellung, deren Bedeutung in Gestalt griechischer Architektur und monumentaler Bauten vielfach noch heute sichtbar ist.

Mit dieser *Diffusion* wurde nicht nur die griechische Stadt an viele Küsten des nördlichen Mittelmeerraumes und des Schwarzen Meeres tradiert, sondern auch der Hellenismus als Lebens-, Wirtschafts- und Staatsform (Owens 1991). Hatten die Mutterstädte Griechenlands, aus kleinen dörflichen Anlagen erwachsen, meist noch unregelmäßigen Grundriss und unsystemati-

schen Aufbau und verharrten am Ende der Klassischen Zeit noch in bescheidener urbaner Ausstattung (Kolb 1997, S. 75), so erzwang die Gründung neuer Kolonialstädte ein *planerisches Konzept*. Dieses entstammt jedoch zunächst nicht dem Wirken realitätsnaher Städtebauer, sondern den Bemühungen von Philosophen, die sich mit Staatstheorien befassten. Die dennoch konkreten Empfehlungen Platons (427 – 347 v. Chr.) und Aristoteles' (384 – 322 v. Chr.) zur Anlage neuer Städte umfassen folgende Gesichtspunkte (Kolb 1997, S. 76): Die Wahl des Siedlungsplatzes solle sich nach gesundheitlichen Kriterien, Bodenbeschaffenheit, Wasserversorgung und Waldbestand richten; die Gefahr der Waldrodung Attikas wird bereits als Problem hervorgehoben; der Hafen habe außerhalb zu liegen, um moralische Schäden fern zu halten; der Markt sei nur an Straßenkreuzungen profitabel; ein regelmäßiges Straßennetz fördere die Entwicklung und den späteren Zuwachs der Stadt. Aus diesen Vorgaben entwickelte *Hippodamos von Milet* (5. Jh. v. Chr.) die Theorie seines Idealstaates aus Handwerkern, Bauern und Soldaten, die sich die Gemarkung teilen sollten. Der rasterförmige Grundriss wurde wegweisend (Abb. 7). Die Eigentumszumessung und die funktionale Gliederung erschienen am leichtesten durch Verwendung des Schachbrettsystems erreichbar. Teilflächen davon konnten für bestimmte städtische Funktionen freigehalten werden. Nach diesem Muster plante Hippodamos die Städte Piräus und Rhodos. Später entstanden die meisten griechisch-ionischen Kolonisationsstädte nach gleichem Muster, z. B. Priene an der südtürkischen Küste. Insbesondere die von Alexander d. Gr. befohlenen zahlreichen Stadtgründungen kamen nicht ohne den schematischen Gitternetzplan aus. Er erlaubte einen zügigen Aufbau neuer Städte. Dies war notwendig, weil das wirtschaftliche Wachstum und die Bevölkerungszunahme in der Peripherie des Reiches schneller verliefen als im Mutterland.

Welche Bedeutung hatte die Entwicklung der griechischen Stadtkultur für den Mittelmeerraum? Für viele nachfolgende Phasen der Stadtentwicklung gab sie Anregung zu konkreter Formgebung: Das regelmäßige Straßensystem und die Rationalität seiner Gliederung fand in der römischen Stadt Anwendung, kam aber auch später dem dialektischen Denken der romanischen Städtebauer entgegen und wurde in den Planstädten der italienischen Renaissance wieder belebt. Auch das Aufteilungsschema prägte als Prinzip von *Offenheit* und *Öffentlichkeit* viele spätere rasterartigen Platzanlagen, nicht nur im Mittelmeerraum, sondern auch in den spanischen Kolonialstädten Mittel- und Südamerikas. Andererseits wurden die ursprünglichen Grundrisse auch vielfältig überformt. Bedeutsam ist die Lagekontinuität. Zwar sanken viele der griechischen Kolonialstädte zur Bedeutungslosigkeit herab oder wurden ganz aufgegeben, eine große Zahl lebte jedoch mit schwankendem Bedeutungsgrad in späteren Stadtperioden weiter (z. B. Catania, Neapel, Nizza, Marseille, selbst Sophia Antipolis bei Cannes). Wesentlich wichtiger als die Tradierung städtebaulicher Systematik war die in der griechischen Polis entwickelte *verfassungsrechtliche* Organisation der Stadt, welche die abendländische Stadtentwicklung und das Staatsrecht entscheidend prägte. Für den Mittelmeerraum bedeutete die urbane

Lebensform, die Geisteswelt des *Hellenismus*, den Beginn räumlich universaler Wirkung ihrer Zivilisation, eine Frühform von „Globalisierung" (Droysen 1952/53, 1998).

Römische Stadtkultur: Organisierte Urbanität

Angesichts der großen Wirkung der römischen Stadt, der *Civitas*, auf die wirtschaftliche Entwicklung im kaiserzeitlich politisch geeinten Mittelmeerraum stellt sich die Frage, in welchem Umfang sie auch für die spätere Stadtentwicklung bedeutungsvoll war. Zunächst wurde die griechische Poliskultur als Organisationsform übernommen, um die wirtschaftsräumliche Ordnung des Reiches durch den schnellen Ausbau eines funktionierenden Siedlungsnetzes zu festigen. Obwohl die Rechtsstellung der Stadtgemeinden im Römischen Reich große Unterschiede aufwies, nämlich als Gemeinwesen römischen Bürgerrechts, fremden Rechts oder verliehenen Bürgerrechts, hatten sie doch

Abb. 7: Milet nach Wiederaufbau 450 v. Chr.: Hippodamos hatte am Anfang des 5. Jh.s das später nach ihm benannte Gründungsschema entwickelt.

Quelle: Kolb 1997.

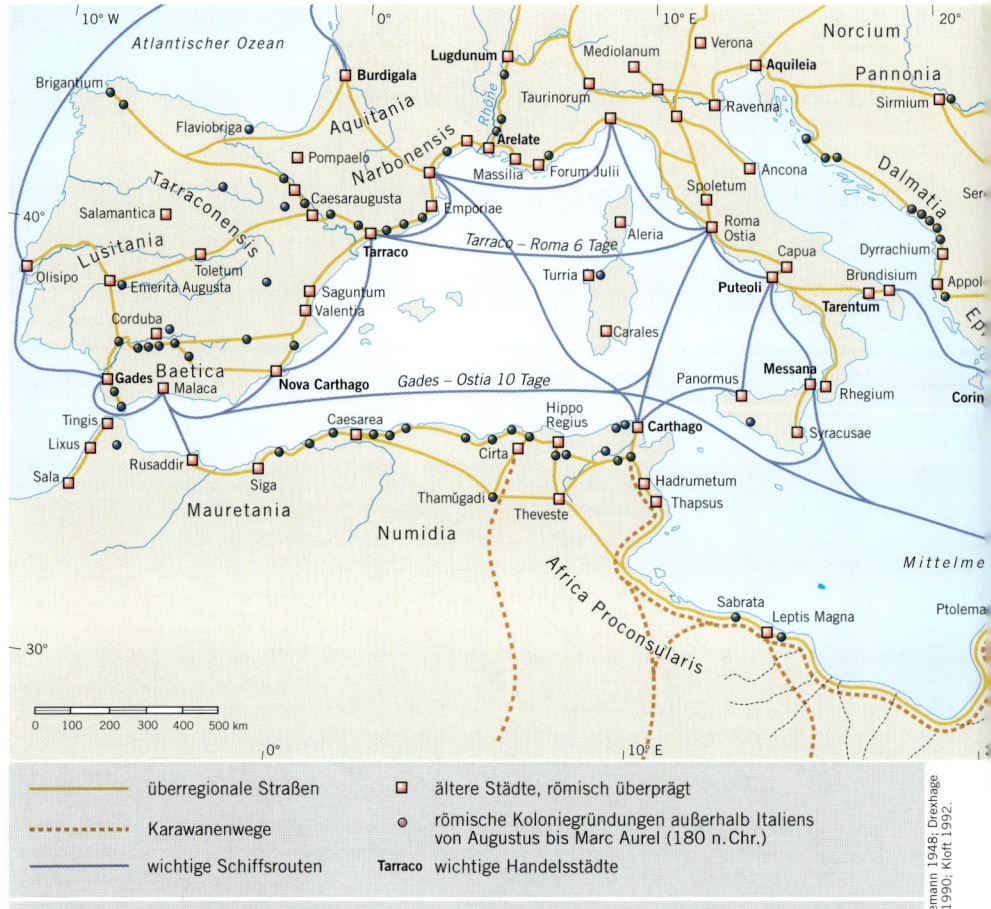

Abb. 8: Städte, Handel und Verkehr im 1. und 2. Jahrhundert n. Chr.: Die Karte deutet die wichtigsten verkehrs- und stadtgeographischen Infrastrukturen an, die dem Mittelmeerraum eine in dieser Hinsicht einzigartige Einheitlichkeit gaben.

Quellen: Kornemann 1948; Drexhage 1986; Pleket 1990; Kloft 1992.

alle seit Mitte des 2. Jh.s n. Chr. die politische Einheit der Civitas, eines meist landwirtschaftlichen Territoriums mit Zentralorten zu garantieren. Vittinghoff beschreibt deren Bedeutung für den Prozess der späteren Stadtentwicklung folgendermaßen (1990, S. 197): „Als wichtigste Territorialeinheit, die in Richtung einer sozialen Integration der römischen Gesellschaft wirkte, muß die Stadtgemeinde gelten. Sie hat sich im europäischen Teil des römischen Imperiums erst in einem langdauernden Urbanisierungsprozeß als vorherrschende politisch-kommunale Organisationsform vielfach mit römischer Hilfe durchgesetzt und spiegelte im Weltreich den höchsten sozialen Entwicklungsstand wider."

Funktional war die römische Civitas als Gebietseinheit ebenso wenig wie die griechische Polis bereits in jedem Fall eine „Stadt" im funktionalen und strukturellen Sinn. Sie setzte sich aus einer Anzahl oft kleiner ländlicher Siedlungen zusammen, oft mit stark landwirtschaftlicher Basis, wenn auch mit regelmäßigem Grundriss und guter Infrastruktur (Kolb 1997, S. 80). Nur der Zentralort einer Civitas konzentrierte wirklich *städtische Funktionen* auf sich: Markt, Forum, Tempel, Theater, Thermen, Wasserleitungen.

Wichtig ist die Frage nach den *wirtschaftlichen Grundlagen* mittlerer und größerer Städte. Während der republikanischen Periode und der Kaiserzeit lagen sie in vier Bereichen:

und Straßen, mit nach Süden anschließenden saharischen Karawanenwegen nach Westafrika, von denen in Abb. 8 nur die wichtigsten dargestellt werden konnten. Dabei waren im Mittelmeerraum die Verbindungen über das Wasser kürzer, schneller und billiger als die meist holprigen Landwege.

3) Höhere städtische Funktionen förderten die *Zentralität* und damit die Vermarktung von handwerklichen Überschüssen in den Nahbereich und den *Fernhandel* über größere Distanzen (Abb. 8). Die dadurch herausragende Stellung der Hafenstädte veranlasste Weber (1920/21) zu der Feststellung, die antike Stadtentwicklung sei im Wesentlichen eine Küstenkultur gewesen. Der Fernhandel erstreckte sich wegen der hohen Transportkosten einerseits auf sehr qualitätsvolle, teuere Produkte und Luxusgüter, auf kostbare Stoffe, Gold, Silberschmuck, Perlen, Gewürze und Duftstoffe, aber auch auf dringend benötigte Massengüter wie Getreide, Holz und Olivenöl. Sie waren für die Versorgung der großen Städte wie Rom und Mediolanum (Mailand) notwendig und konnten nicht vom Umland bereitgestellt werden. Regelmäßiger, gut organisierter, nicht zufälliger interregionaler Handel entwickelte sich zwischen den Hafenstädten in Italien, Spanien, Nordafrika, Kleinasien und Syrien (Pleket 1990, S. 65). Rom benötigte mit ca. 1 Mio. Einwohnern jährlich 250 000 Tonnen Getreide aus Afrika, Ägypten, Sizilien (Garnsey 1986; Drexhage 1986, S. 532). Die Herkunftsorte von Ressourcen und Produkten zeigt die Abb. 9. So entwickelten sich auch eigenständige Wirtschaftsräume in der Peripherie des Römischen Reiches, gesteuert von übergeordneten urbanen Zentren.

1) Es kam zur Ausbildung einer verzweigten handwerklichen und gewerblichen *Produktion*, Teile davon in Form von Manufakturen (Metall, Textil, Keramik), mit Ansätzen zu Arbeitsteilung und Massenfertigung sowie Differenzierung im Herstellungsprozess (Vittinghoff 1990, S. 204; Kloft 1992, S. 215, 255). Die Ausgrabungen von Pompeji, Timgad (Algerien), Dougga und Thuburbo Majus (Tunesien) geben ein gutes Bild der einzelnen Branchen von Lebensmitteln, Textil- und Lederbearbeitung, Holz- und Metallgeräten, aber auch „edlen" Erzeugnisse aus Gold und Silber.

2) Die wirtschaftliche Entwicklung setzte eine immer bessere Infrastruktur voraus: Pflasterung der wichtigen Straßen, Versorgung mit Holz (Energie), Trinkwasser über innerstädtische Leitungen und weitreichende Aquädukte, Abwassersystem, Lagerhäuser für Getreide, Bauwesen, Administration und Steuergesetze. Mit größter Bedeutung für die Entwicklung von Städten baute die Verwaltung ein Netz überregionaler Seewege

4) Als Voraussetzung für die Blüte der städtischen Wirtschaft sehen die meisten Autoren das seit der Zeit Caesars entfaltete und mit der Pax Augusta den Mittelmeerraum weit übergreifende einheitliche Geldwesen, das alle Handelsaktivitäten gegenüber früher erleichterte und zu größeren Reichweiten befähigte (Kloft 1992, S. 229, 258). Eingebettet in ein allgemeines Rechtssystem und das ab 212 n. Chr. der gesamten freien Reichsbevölkerung gewährte römische Bürgerrecht bestanden

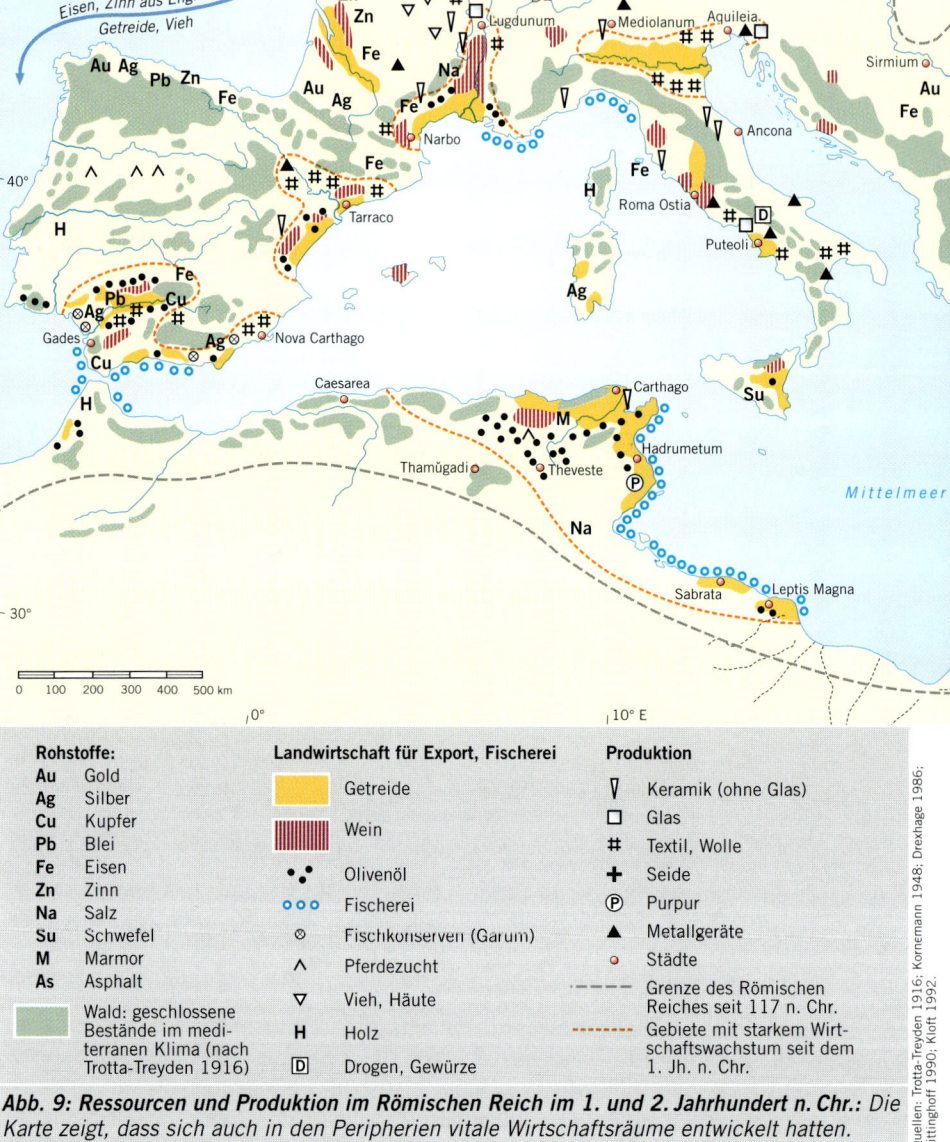

Abb. 9: Ressourcen und Produktion im Römischen Reich im 1. und 2. Jahrhundert n. Chr.: *Die Karte zeigt, dass sich auch in den Peripherien vitale Wirtschaftsräume entwickelt hatten.*

Quellen: Trotta-Treyden 1916; Kornemann 1948; Drexhage 1986; Vittinghoff 1990; Kloft 1992.

wichtige Voraussetzungen für die Entwicklung städtischer Ökonomien. Pompeji bei Neapel lässt die wirtschaftliche, soziale und kulturelle Aktivität einer bedeutenden Handelsstadt noch sichtbar erkennen. Dennoch ist „Stadt" im Sinne der Civitas mehr als Verfassungs- und Rechtsform, als ordnungspolitischer Verband einer Bürgergemeinde zu sehen (Vittinghoff 1990, S. 197). Sie setzte im Gegenzug aber Kauf-

kraft und einen Mindestwohlstand in breiteren Schichten der Stadtbevölkerung voraus (Drexhage 1986).

Neben diesen wirtschaftlichen Grundlagen der Stadt in der römischen Welt ist ihr *soziales System* ins Auge zu fassen. Die Civitas war eine *Bürgergemeinde*, die Interessen, Ziele und Wünsche ihrer Mitglieder zu erfüllen hatte. Durch gemeinsame Spra-

che, das gleiche Recht, ähnliche Verhaltensmuster, die stadteigenen Kulte, über Spiele, Theater und Zirkus wuchs die Gemeinschaft zusammen. Der Bürger war in ökonomischer Abhängigkeit und sozialem Zwang „in ein umfassendes Normen- und Funktionssystem, in der Regel ohne höhere überlokale Orientierung eingebettet" (Vittinghoff 1990, S. 198). Die Civitas bildete für ihre Bewohner das konkrete Bezugsfeld ihres Handelns, während ihnen die territoriale, staatliche Organisation des Reiches als eine diffuse Übermacht wenig sichtbar war (Dahlheim 1999).

Diese *gesellschaftlich-politische Urbanität* hatte dennoch wesentliche Bedeutung für die räumliche Ordnung des Mittelmeerraumes insgesamt: Die vielfache administrative, planerische Ausbreitung der Civitas schuf Innovationsorte und Diffusionszentren für die flächenhafte wirtschaftsräumliche Erschließung, die schließlich in die römische Überformung des Mittelmeerraumes mündete. Sie bestand bis zum Ende des 3. Jh.s n. Chr. Die schematischen

Grundrisse und ihre Weiterentwicklung, die durch vielfältige Anwendung routinierte Vervollständigung des ionischen Rasters gestatteten eine schnelle Errichtung funktionsfähiger Civitates auch in entlegenen Gebieten. So konnten *wirtschaftsräumliche Gegensätze* innerhalb des Mittelmeerraumes gemildert werden, was in der Folgezeit nicht mehr gelang. Ein interessantes Beispiel für die Entwicklung einer Peripherregion ist Thamugadi (Timgad) am Nordrand des Aurèsgebirges in Südalgerien (Bild 9). Im Jahre 100 n. Chr. als Veteranenkolonie gegründet, entstand ein mit umfassenden städtischen Funktionen ausgestatteter Zentralort eines damals intensiv landwirtschaftlich genutzten Gebietes mit bis zu 15 000 Einwohnern. Um 650 n. Chr. wurde Thamugadi durch Araber zerstört. Seine Ruinen blieben seitdem ein nahezu unverändertes Zeugnis römischer Stadtkultur (Teutsch 1962; Hafemann 1981).

Der Versuch einer *zeitgenössischen* Bewertung von raumgestaltenden Kräften der Stadt im römischen Kulturkreis muss das Vorherrschen der ländlich geprägten Kleinstadt mit geringer Einwohnerzahl gegenüber den wenigen sehr großen urbanen Zentren (z. B. Rom) betonen. Ein Verband dieser ca. 2000 Kommunen, verteilt auf ein Gebiet von etwa 3,5 Mio. km² mit insgesamt rund 60 Mio. Einwohnern (Dahlheim 1999, S. 154), bildete als dichtes *Siedlungsnetz* mit dazwischenliegenden agrarischen Flächen das Imperium. Dieses Gefüge hatte im Vergleich zur späteren Stadtentwicklung eine relativ geringe Maschenweite und fungierte als Basis der Kulturlandschaftsentwicklung im Mittelmeerraum. Die darin wirksame „Urbanisierung des westlichen Mittelmeerraumes, des nordwestlichen Europa und des Balkans war eine der bedeutendsten Leistungen der römischen Zivilisation" (Kolb 1997, S. 81).

Schwieriger ist die Frage nach *Kontinuität* oder *Diskontinuität* zu beurteilen. Welche Einflüsse hatte die antike Stadtkultur für die spätere urbane Entwicklung im Mittelmeerraum? Die hierzu geäußerten Auffassungen sind kontrovers. Weber (1979) sah einen völligen Niedergang der antiken Zivilisation und ihr Absinken auf isolierte ländliche Siedlungssysteme der agrarischen Grundherrschaft ohne überregiona-

Bild 9: Thamugadi im Norden des Aurès, Südalgerien: *Um 100 n. Chr. gegründet, gilt sie heute (Timgad) als besterhaltenes Zeugnis römischer Stadtkultur in Nordafrika (vgl. Karte in: Großer Atlas zur Weltgeschichte, Westermann, 1997, S. 32).*

len Güterverkehr. Für Dopsch (1928) und Pirenne (1986) vollzog sich am Ende der Antike dagegen nur eine Reduktion der städtisch geprägten Wirtschaftssysteme. Gerade diese Vereinfachung der komplizierten Systeme aber habe den späteren romanischen, germanischen, slawischen und arabischen Völkern ein relativ leichtes Einfühlen in die Kulturwelt des Mittelmeerraumes ermöglicht. Kloft betont (1992, S. 260) in Anlehnung an Rostovtzeff (1941, 1998) als wesentliche Leistung des römischen Städtewesens die Ausbildung eines sozialen Systems urbaner Bürgerlichkeit. Eine ähnliche Bedeutung wurde erst wieder in der Frühneuzeit erreicht, jedoch auch dann nur begrenzt auf einige Teilbereiche des Mittelmeerraumes.

Man wird festhalten müssen, dass die urbanitätsschaffende Verzahnung von Haus-, Stadt- und Staatswirtschaft, die vereinheitlichende Kraft des römischen Rechtswesens, die wirtschaftsfördernde, differenzierte Arbeitsteilung, der gut geregelte Handelsaustausch von Gütern und Dienstleistungen, die weiträumige Ausbreitung gleicher Lebensformen und die ebenfalls über größere Distanzen wirksame Diffusion von Neuerungen dem Mittelmeerraum mit Beginn der

Völkerwanderungszeit verloren ging. Die städtischen Gemeinwesen sanken in weiten Teilen des zentralen und westlichen Mittelmeerraumes auf einen sehr niedrigen Stand des wirtschaftlichen und sozialen Lebens ab. Einzelne Regionen existierten zwar weiter, stagnierten aber in starker regionaler Isolierung. Damit endete im nördlichen Teil des Mittelmeerraumes die hohe Effizienz, die nur von einem *interaktiven Netz* städtischer Funktionen, nicht aber von einzelnen Kommunen ausgehen konnte. Nur die Einteilung und Abgrenzung der Civitates überlebte. Sie wurde auf Anweisung Kaiser Konstantins in Südfrankreich, Italien und Spanien als Organisationsbasis der spätantiken kirchlichen Bistumsgliederung übernommen (Proudfoot 1997, S. 72). Im *Byzantinischen Reich*, in der orthodoxen Zivilisation des östlichen Mittelmeerraumes setzte sich die Vitalität der Stadtwelten, ihre ökonomische und kulturelle Leistungsfähigkeit noch über rund ein Jahrtausend fort. An den östlichen und südlichen Küsten des Mittelmeerraumes entstanden sogar neue Städte zur Sicherung der byzantinischen Herrschaft wie z. B. Mistrás bei Sparta (Bild 10), das um 1400 n. Chr. geistiges Zentrum des Spätbyzantinischen Reiches war und später

Bild 10: Mistrás bei Sparta, Peloponnes: *Die Gründung eines fränkischen Kreuzfahrerfürsten wurde in ihrer Blütezeit 1380–1460 wichtiges geistiges und wirtschaftliches Zentrum des Spät-byzantinischen Reiches. In venezianischer Zeit ab 1687 hatte die Stadt über 40 000 Einwohner.*

unter venezianischer Oberhoheit stand. Die letzten Einwohner wanderten erst um 1830 nach Nauplia ab.

Stadtentwicklung von der Spätantike zur Frühneuzeit

Versucht man die Stadtentwicklung im nördlichen Teil des Mittelmeerraumes seit dem Niedergang der antiken Urbanität zu verfolgen, so stößt man auf die engen Wechselbeziehungen zwischen der territorial stark differenzierten Entfaltung *politischer Macht*, der Oszillation *wirtschaftlicher Konjunktur* und der *Bevölkerung*. Unter diesem Blickwinkel sei der Versuch gewagt, *drei Perioden* zu unterscheiden, während deren im zentralen und westlichen Teil des Mittelmeerraumes, also in Spanien, Italien, auch in Dalmatien, in der Levante sowie an der nordafrikanischen Küste neue Städte entstanden sind.

Städte in der Spätantike:
Niedergang und Neuanfang

Die Wirren der *Völkerwanderungszeit* und *Spätantike* überlebte nur ein Teil der antiken Städte. Dies gelang denjenigen, die von den Invasoren (West- und Ostgoten, Langobarden, Byzantiner) zu Zentren ihrer eige-

nen Macht oder des Handels gemacht wurden. Dazu gehören viele Städte der Poebene, der Toskana, am Golf von Neapel (Fazio 1980, S. 26), in Südfrankreich und in Spanien. Die kontinuierliche Abnahme der Bevölkerung entleerte jedoch alle Städte. Rom hatte zur Zeit des Kaisers Augustus ca. 1 Mio. Einwohner, ihre Zahl schrumpfte bis zum 11. Jh. n. Chr. auf unter 30 000. Wirtschaftlicher Verfall des ländlichen Raumes, Ausbreitung von Wald und Macchie, Abnahme der Einwohnerzahlen bestimmten auch den Niedergang des Umlandes. Im byzantinischen Reichsteil blieb das urbane Leben als Basis der politischen Macht jedoch weitgehend bestehen, stark geprägt durch das kulturelle Wirken der orthodoxen Kirche. Eine erste umfassende Wiederbelebung verdankt das städtische Siedlungsnetz den Anstrengungen der *Langobarden*. Zur Sicherung ihrer Herrschaft besonders im nördlichen Italien, in der späteren Lombardei und in Ligurien sowie in kleineren Herrschaften im mittelitalienischen Bergland und zum Schutz wichtiger Straßen, Handelsplätze sowie der Landwirtschaft bewahrten sie viele Städte vor dem Verfall. Ersten größeren Aufschwung erlangten Hafenstädte wie Venedig, Genua, Rimini,

Bild 11: Jaén in Südspanien: *Jaén ist ein Nachklang islamisch-maurischer Stadtgestaltung. In vielen Städten Südspaniens ist der Sackgassengrundriss nordafrikanischer Medinen noch sichtbar.*

Neapel, Amalfi, Ragusa (Dubrovnik) und Durazzo (Durrës, Albanien). In Nordspanien war die Dichte echter Städte bereits in römischer Zeit gering. Die westgotischen Eroberer änderten daran wenig.

Eine völlig andere Förderung erfuhren die Städte im Zentrum und im Süden der Iberischen Halbinsel durch die ab 700 n. Chr. aus Nordafrika vorstoßenden Mauren. Obwohl sie die landwirtschaftliche Nutzung erheblich intensivierten, fußte die islamische Kultur im städtischen Leben. Viele ältere Städte nahmen durch Zunahme der Bevölkerung und bauliche Veränderung das unregelmäßige Grundrissmuster nordafrikanischer Medinen an. Einige Neugründungen (z. B. Murcia 830, Almería 950) ergänzten das übernommene Städtenetz. Die islamischen Städte Südspaniens waren Zentren moderner Wissenschaft. Gleichzeitig übermittelten sie bis dahin unbekanntes Wissen der Antike. Ibn Rushd (Averroës, 1126–1198) schrieb in Córdoba seine in der Scholastik des europäischen Mittelalters weit verbreiteten Aristoteles-Kommentare. Eine Fülle baulicher, wirtschaftlicher und gesellschaftlicher Relikte überdauerte und fand Eingang in die christlich-mittelal-

terliche Stadtentwicklung Spaniens (Lautensach 1960; Kress 1968). In vielen südspanischen Städten ist das maurische Sackgassengefüge bis heute erkennbar, wie in Córdoba (Abb. 10), Sevilla, Granada, Málaga, Ronda, Jaén (Bild 11), Valencia, Toledo, Zaragoza, sowie in Lissabon. Relikte von prachtvollen Palästen verdeutlichen die Entfaltung der arabisch-islamischen Kultur in Europa. Die islamisch-orientalische Gestaltung der städtischen Lebensräume drang vom 9. bis zum 13. Jh. auch nach Süditalien, besonders nach Sizilien, Kalabrien und Apulien vor (Tichy 1985, S. 355).

Mittelalterliche Städte:
Entwicklungspole im imperialen Kraftfeld
Im 10. Jh. setzte in Italien die Gründung und Weiterentwicklung einer Vielzahl von Städten ein. Diese mittelalterliche Stadtentfaltung erreichte im 12. Jh. ihren Höhepunkt. Bevölkerungszunahme und Wirtschaftswachstum, insbesondere der über die Stadtgrenzen hinausgreifende Fernhandel verliehen den italienischen Städten eine führende Stellung in Europa (Fazio 1980, S. 21). Aus dieser Zeit stammt die charakte-

ristische Dichte und Kompaktheit der südeuropäischen Altstädte. Gleichzeitig wuchs deren kulturelle Bedeutung. Jetzt blühten auch viele seit der Spätantike rückentwickelte Städte wieder auf. Schematische Grundrisse der Römerzeit überlebten damit bis heute in den Stadtkernen (z. B. Turin, Cuneo, Lucca). Das sie verbindende Straßennetz wurde wieder instand gesetzt und ermöglichte regionale Arbeitsteilung und Spezialisierung des produzierenden Gewerbes (z. B. Städteachse Pavia – Rimini).

Eng gebaute *Bergstädte* entstanden in Höhenlagen, die Schutz vor fremden Heeren boten (Abb. 11). Entscheidende Grundlage war die Machtentfaltung vieler eigenständiger, oft kleiner, jedoch sehr vitaler politischer Territorien. *Mailand* expandierte und erstarkte im Zuge der *Auseinandersetzung* mit kaiserlicher Macht und wurde zur Anführerin des *lombardischen Städtebundes*. Diese politische Selbstständigkeit förderte auch die Innovation für die wirtschaftliche Belebung Norditaliens. Die Einwohnerzahl stieg wie in Venedig auf bis zu 100 000. Letztlich liegen hier die Wurzeln der bis heute fortwirkenden wirtschaftlichen Führungsrolle dieser Regionen innerhalb des Mittelmeerraumes.

In Süditalien basierten die Stadtgründungen der *Normannen* (z. B. Cefalu/Sizilien durch Roger II. 1083) und *Staufer* auf damals neuartiger Organisation. Sie ermög-

lichte nicht nur ökonomisches Wachstum, sondern auch Wissensentfaltung und weltoffenen kulturellen Austausch mit der Welt des Islam (Tichy 1985, S. 357). Aber trotz großer Innovationskraft überlebte diese Phase der Stadt- und Wirtschaftsentwicklung das Ende der Stauferherrschaft nicht und endete in lokal begrenzter Bedeutung der Baronalstädte mit starker territorialer Zersplitterung (Sabelberg 1984). Die Gründung der *Kreuzfahrerstädte* stellt eine nur

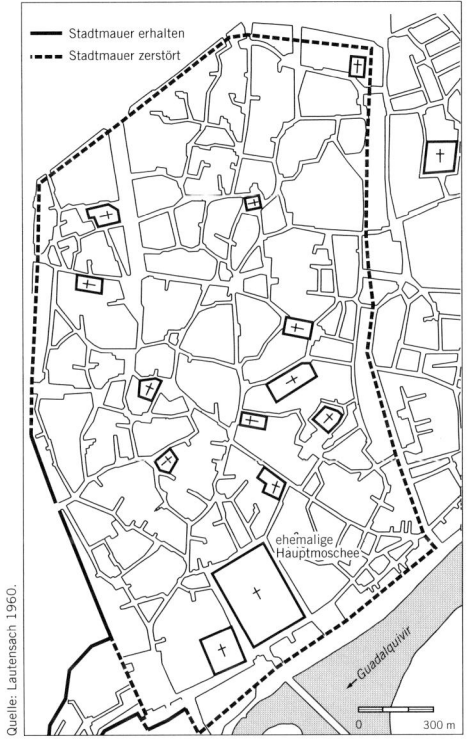

Quelle: Lautensach 1960.

Stadtmauer erhalten
Stadtmauer zerstört

ehemalige Hauptmoschee

Guadalquivir

0   300 m

Abb. 10 (rechts): Grundriss des maurischen Stadtkerns in Córdoba, Andalusien, um 1960.

Abb. 11 (unten): Grundriss der Bergstadt Badolato, Kalabrien, um 1985.

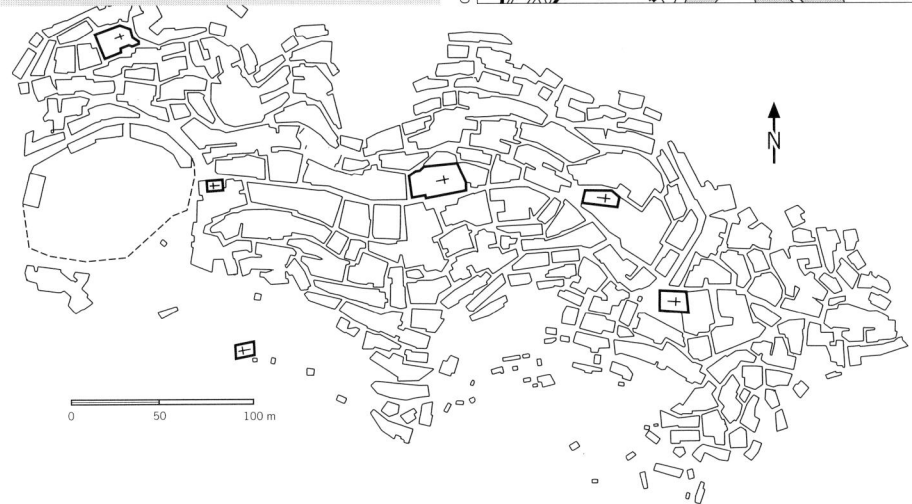

Quelle: Aerni 1983.

N

0   50   100 m

kurzfristige Expansion europäischer Urbanität im östlichen Mittelmeerraum dar.

In *Spanien*, Aragón und Kastilien, setzte sich seit der Mitte des 9. Jh.s von Nord nach Süd im Zuge der militärischen Wiedereroberung der maurisch beherrschten Gebiete, der Reconquista, mit Anlage und Ausbau wehrhafter Städte und Kastelle mehr und mehr die Herrschaft der staatlichen Zentralgewalt durch. Wirtschaftlich blieb die Aktivität dieser Städte jedoch gering. Im Gegenteil: Die Vertreibung der Mauren und Juden eliminierte die ökonomisch vitalsten Gruppen. Im südlichen Kastilien entstanden infolge der Vergabe landwirtschaftlicher Flächen an Großeigentümer zwar große stadtähnliche Siedlungen als Wohnorte für Landarbeiter, aber fast ohne urbane Funktionen. In den aragonesischen Territorien, also im östlichen Teil der Iberischen Halbinsel, achtete man demgegenüber stärker auf die Erhaltung der Gewerbe aus islamischer Zeit und die sie tragende Land- und Bewässerungswirtschaft.

Frühneuzeitliche Städte:
Regionale innovative Milieus
Die entscheidende Periode der *frühneuzeitlichen Stadtentwicklung* begann mit dem 16. Jh. und leitete die erste, regional allerdings auf wenige Gebiete begrenzte frühkapitalistische Wirtschaftsentfaltung ein. Sie begann in den bereits während des Hochmittelalters durch Gewerbe und Fernhandel erstarkten Stadtrepubliken der Po-ebene und in den Städten der *Toskana*. Diese sind Beispiele für Wirtschaftsräume, die aus der *Erzeugung neuen Wissens* entstanden sind. Die Städte wurden zu *Innovationszentren* einer auch das agrarische Umland durchdringenden ökonomischen und gesellschaftlichen Dynamik. Einigen Städten Mittelitaliens war es gelungen, im Zuge der Auseinandersetzung zwischen Kaiser und Papsttum die Feudalordnung durch neue soziale Kooperationsformen zwischen stadtbürgerlichen und ländlich-bäuerlichen Gruppen umzuformen. Dörrenhaus konnte am Beispiel der Toskana zeigen (1971, S. 40 f.), wie die Ausweitung städtischer Herrschaft in das weite Umland feudalistische Bodennutzung ablöste und stattdessen die Steigerung der agrarischen Produktion durch das neue System der Teil-

pacht (Mezzadria) initiierte. Bauer (Pächter) und Bodeneigentümer teilten sich je zur Hälfte Aufwand und Ernte und damit auch das Risiko schlechter Erträge. So stieg der Mut zur Intensivierung und die schnell zunehmende Bevölkerung konnte ernährt werden. Gleichzeitig profitierten Gewerbe und Handel. Das daraus akkumulierte Kapital der städtischen Familien floss allerdings noch nicht nur in produktive Investitionen, sondern wurde teils zur Erzielung sicherer Renten in Grund und Boden angelegt oder schuf die Prachtbauten der renaissancezeitlichen Stadtentwicklung mit machtvollen Palazzi und repräsentativen Platzanlagen (Sabelberg 1981; Denley 1988).

Damit begann die *stadtbildende* Finanzwirtschaft des *Frühkapitalismus*, die Ausweitung des Fernhandels, die wirtschaftlich-politische und raumwirksame Bedeutung von Kapitalströmen. Aufschwung erlebten die schon im Mittelalter wichtigen Wirtschaftszentren Mailand, Venedig und Genua. Neu waren die Gründung von Handelskontoren dieser sowie katalanisch-aragonesischer Städte an vielen Küsten des Mittelmeerraumes und deren Beziehungen zu mitteleuropäischen und flandrischen Städten, wie im Kapitel zur historischen Politik erläutert wurde. Produktiv wirkte Kapital in zahlreichen Textil-Manufakturen in Mailand, Genua, Florenz und Pisa, teilweise getragen von den großen Handelshäusern der Medici und Fugger. Sie sicherten ihren Handel auf Verkehrs- und Seewegen durch Militär, Infrastruktur und Verträge. Gefahr kam jedoch vom erstarkenden Osmanischen Reich, das die Beziehungen nach Osten nur durch Verträge gestattete. Dies war ein entscheidender Anlass für die Suche nach dem westlichen Seeweg nach Indien. Teile der geraubten Schätze, des „politischen Silbers", das aus Amerika nach Spanien gelangt war, flossen zur Tilgung der spanischen Staatsschulden unter Philipp II. (1556 – 1598) an Geldgeber in Oberitalien, aber auch über Fugger und Welser in andere europäische Städte und stärkte deren Handel, Gewerbe, Geldwesen, Bankensysteme und allererste Anfänge früher „Industrien". Die Stadtstaaten Norditaliens wurden so die *Gewinner* der neuen atlantischen Außenorientierung des Mittelmeerraumes. Das städtische Norditalien stieg zu einem führenden Wirtschaftsraum von Produktion und Handel sowie des kulturellen Austauschs in Europa auf. Seine Künstler und Architekten der *Renaissance* formten nicht nur ein neues Menschenbild, sondern auch eine neue Norm *städtischer Lebenswelten*. Teilaspekte dieser Visionen spiegeln die Stadtmodelle und -gründungen dieser Zeit: symmetrisch-regelmäßige Grundrisse rationaler Planung, die teilweise auf den Entwurf Leonardo da Vincis Idealstadt zurückgehen. Neugründungen waren Palma Nova in Friaul (1539) und absolutistische Stadtanlagen in Sizilien und Kalabrien bis in die Mitte des 18. Jh.s, z. B. Grammichele bei Catania. Die Herrscherfamilien der Poebene gründeten zahlreiche nach urbanistischem Schema der Idealstadt geplante Städte, z. B. Gonzaga Rivarolo Mantovano (Prov. Mantua) sowie Sabbioneta, Bozzolo und Pomponesco (Fazio 1980, S. 64).

Die *neuzeitliche* Stadtentwicklung des 19. Jh.s begann im Mittelmeerraum nur zögernd und konzentrierte sich zunächst auf die wenigen Gebiete der kapitalistischen Industrialisierung (Mailand, Turin, Marseille, Barcelona) und auf die Hauptstädte der jungen Nationalstaaten (Rom, Madrid, Athen). Aber dennoch setzten damit moderne Stadtentwicklung und sozialer Wandel ein. Der Ausbau von Schiene, Straße, Häfen und Seewegen ließ ebenfalls Kristallisationspunkte der Verstädterung entstehen. Unter dem Vorzeichen der *Kolonialpolitik* platzierten die Europäer in Nordafrika und im Vorderen Orient unmittelbar neben die orientalisch-islamischen Städte Schachbrettmuster dort völlig fremder Urbanität, die folgerichtig die Bezeichnung „Ville Nouvelle" tragen. Damit begann hier eine verwestlichte Stadtentwicklung. Im Osmanischen Reich setzten die Reformen der Tanzimat-Periode (1839–1876) erste neue, europäisch orientierte Akzente in Verwaltung und Gesellschaftsordnung, die später durch die Neugründung von Kreisstädten eine veränderte städtische Raumorganisation einleiteten (Hütteroth 1982, S. 451).

Die moderne Stadtentwicklung umfasst *Verstädterung* und *Urbanisierung*, basiert auf tiefgreifendem *sozialem Wandel* und Veränderung der *Erwerbsstruktur* und steuert mit ihren neuen Formen der Wirtschaft die räumlich konzentrierte Industrialisierung. Die Vielfalt dieser Prozesse macht deren getrennte Darstellung in eigenen Kapiteln dieses Buches notwendig, in denen auf deren wechselseitige Abhängigkeiten und Impulse näher einzugehen sein wird.

Historische Stadtentwicklung im Süden und Osten

Eine kulturell, gesellschaftlich und politisch eigenständige Stadtentwicklung vollzog sich im Süden und Osten des Mittelmeerraumes, in Nordafrika und im Vorderen Orient. Die *orientalische Stadt* fand mit regionalen Differenzierungen ihre historische Verbreitung von Mesopotamien nach Osten bis Pakistan, im Mittelmeerraum über die Levante, Ägypten, Libyen bis zum westlichsten Teil des Maghreb, nach Marokko. Für 700 Jahre griff sie, wie erwähnt, während der maurischen Expansion bis zum Ende des 15. Jh.s sogar auch auf südliche und zentrale Bereiche der Iberischen Halbinsel, teilweise auf Süditalien über. In der Türkei nimmt die osmanische Stadttradition eine Sonderstellung ein. Die orientalische Stadt prägt noch heute teils mit ursprünglichen Funktionen, teils überformt oder in Verfall begriffen, wichtige Segmente der aktuellen urbanen Siedlungsstruktur. Wenn auch in starkem Kontrast zu den modernen, westlichen Verstädterungsprozessen, die seit Beginn der Kolonialzeit außerhalb der orientalischen Altstädte Fuß fassten, wurde die historische Kulturentfaltung bis an die Schwelle zur Gegenwart im Süden und Osten des Mittelmeerraumes von den Lebensformen der orientalisch-islamischen Stadt bestimmt. Angesichts ihrer langen historischen Entwicklung stellt sich die Frage, ob die orientalisch-islamische Stadt noch heute innovative Impulse erzeugen kann.

Struktur der orientalischen Stadt

Ein breiter, kontroverser Diskurs der Forschung versuchte zu klären, ob sich von der Stadt des *Alten Orients* im mesopotamischen Kulturkreis eine Linie der *Kontinuität* zur islamisch-orientalischen Stadt zieht (Wilhelm 1997). Von Bedeutung war die Frage, ob die orientalische Stadt eine *kulturspezifische* Erscheinung ist oder nur die allgemeine Stadtentwicklung in den Ländern des Vorderen Orients und Nordafrikas darstellt. Angesichts dieser fächerübergreifenden Diskussion kann man der von Wirth (1997) vorgenommenen Bewertung des Forschungsstandes folgen. Er geht davon aus, dass ab 3000/2500 v. Chr. Städte in funktionalem Sinn entstanden sind. Im Zweistromland sind dafür Susa, Ur, Uruk, Akkad und Assur wichtige Beispiele. Deutlich sind seit dieser Zeit folgende drei Merkmale *stadtbildender Prozesse* vorhanden: religiöse und geistige Institutionen, Macht und Herrschaft, Wirtschaft und Markt. *Herrschaft* bedeutet eine nur in Städten anzutreffende, deutliche vertikale Gliederung der Gesellschaft, also eine unterschiedliche Teilhabe der einzelnen klar voneinander getrennten sozialen Schichten an der Macht (Herrscher, Priester, Krieger, Beamte, Händler, Handwerker, Bauern, Sklaven). *Wirtschaftlich* ist der Beginn einer arbeitsteiligen Produktion erkennbar, aus der sich die Bedeutung des Marktes, also ein System organisierter Verteilung von Gütern und Diensten und vor allem der Fernhandel ergibt. An der Levanteküste zeugen Byblos, Ugarit, Kadesch, Megiddo mit ihren Blütezeiten um 1500 v. Chr. von dieser Aktivität sowie die phönizische Stadtkultur ab ca. 1000 v. Chr. mit Byblos, Tyros und Sidon. Die Existenz von *Markt* und *Handel* bildete im Sinne Sombarts (1907) und Webers (1920/21, S. 622) eine entscheidende Grundlage dieser Stadtentwicklung. Wirth unterstreicht die Auffassung, dass die Stadt des Alten Orients und die islamisch-orientalische Stadt eng miteinander verwandt seien (1997, S. 12). Der insgesamt als Entwicklung der „orientalischen Stadt" gesehene Prozess habe außerdem „charakteristische Eigenarten, die sie klar sowohl von der Stadt der klassischen Antike als auch von unserer westlich-abendländischen Stadt", damit auch von der Stadtentwicklung in den nördlichen Teilen des Mittelmeerraumes abhebt. Nach Wirth sind diese *Unterschiede* an *drei* Aspekten erkennbar:

1) Insbesondere die Städte des Alten Orients, später auch die islamisch-orientalischen Städte entstanden durch die Ausübung von *Herrschaft und Macht*. Von den Tempel- und Palaststädten des Alten Orients bis zur Kasbah (Burg) als Herrschersitz in den jüngeren islamischen Städten zeigt sich durchgehend, dass Machtausübung bestimmte Bauformen und Funktionen zur Folge hatte (Paläste, Burgen, Ummauerung, militärische Einrichtungen). Die Dominanz von zentraler Herrschaft ist in der Struktur der Städte der klassischen Antike und im Abendland weniger deutlich ausgeprägt. Dort manifestiert sich die Ausübung der meist in irgendeiner verfassungsrechtlichen Form geregelten Macht, in der griechischen politeia, im römischen Bürgerrecht, im mittelalterlichen Stadtrecht. Damit korrespondiert eine Vielzahl von öffentlichen Funktionen und Gebäuden, von der Agora, Ekklesia über Forum, Kapitol, Senat zu Rathaus und Marktplatz. Institutionen der bürgerlichen Welt fehlen in der orientalisch-islamischen Stadt weitgehend und deshalb auch die dafür notwendigen Baulichkeiten.

2) Auch hinsichtlich der *räumlichen Ordnung* bestehen Unterschiede zwischen der orientalischen Stadt und derjenigen der klassischen Antike und des Abendlandes. Dafür wird häufig die Unregelmäßigkeit der islamisch-orientalischen Altstädte mit ihren Sackgassengrundrissen, die in Tunesien oder in Marokko noch gut zu sehen sind, angeführt. Die Forschungen der zurückliegenden Jahrzehnte haben jedoch gezeigt, dass am Anfang der orientalisch-islamischen Stadtentwicklung in sehr vielen Fällen ebenfalls der Gründungswille von Herrschern stand und deshalb zunächst oft ein schematischer Straßenverlauf. Teilweise wurden diese rationalen Muster sogar den Städten der klassischen Antike entlehnt. Später traten auch eigenständige Planungskonzepte mit nahezu parallel verlaufenden Straßen hinzu, wie es die dem Karawanenfernhandel dienenden Stadtgründungen der Almohaden (1147– 1269) und Meriniden (1269 – 1465) in Marokko zeigen. Ein Beispiel ist der Stadtteil Fès el Jédid, einer um 1276 erfolgten merinidischen Neugründung neben dem älteren

Fès el Bali (Escher/Wirth 1992, S. 30). Erst das spätere Wachstum der Einwohnerzahl und eine insgesamt weniger streng als in abendländischen Städten gehandhabte Bauordnung führten zur Veränderung und Überformung des älteren regelmäßigen Grundrisses. Eine ähnliche Entwicklung hätte auch in den abendländischen Städten einsetzen können, wenn dort nicht das Stadtrecht durch Bauverbote die Durchgängigkeit von Straßen und Plätzen garantiert hätte (Wirth 1975, S. 65).

3) Intimität und *Privatheit* sind die dominanten Leitbilder der *sozialen Organisation* im Wohnbereich der islamisch-orientalischen Stadt (Stewig 1966; Ehlers 1983, 1984). Dagegen vollzogen sich in der klassisch-antiken und in der abendländischen Stadt viele übergeordnete stadtbildende Entscheidungen sowie das alltägliche und familiäre Leben deutlich stärker unter dem Blick der Öffentlichkeit. Sie beschränkt sich in den Altstädten Nordafrikas und des Vorderen Orients auf die Durchgangsstraßen, auf Bazare, Souks, Handwerks- und Gewerbegassen. Teilweise liegen heute noch davon getrennt Wohnquartiere mit lokalen Märkten, Moscheen, Bädern (Hamam) und Koranschulen. Sie waren und sind teilweise noch Lebensräume von ethnisch oder religiös Zusammengehörigen, von Nachbarschaften, Sippen, Großfamilien mit ihren Abhängigen und loyalitätspflichtigen Klientelen. So entstanden Viertel für Sunniten und Schiiten, für Juden (Hâra, Mellah), im Vorderen Orient auch für syrische, armenische und orthodoxe Christen. Die „Bluts- und Schicksalsgemeinschaft" (Wirth 1997, S. 37) war stärker handlungsbestimmend als Sozial- und Vermögensunterschiede.

Reiche und Arme einer Gemeinschaft lebten zusammen. Deutlich anders war die sozialräumliche Gliederung in den mittelalterlichen und neuzeitlichen Städten des nördlichen Mittelmeerraumes: Die Viertelsbildung der Wohnbereiche erfolgte hier entsprechend dem sozialen Status und der Zugehörigkeit zu einer Schicht im hierarchischen Gesellschaftsaufbau oder nach beruflichen Merkmalen.

Die Zurückweisung von Öffentlichkeit im Wohnbereich zeigten bereits die Städte des alten Orients. In der jüngeren islamisch-orientalischen Stadt verstärkten die religiösen Vorschriften des Korans die Abgeschiedenheit des familiären Lebens. Im Zuge der weiteren Bevölkerungszunahme und Verdichtung der städtischen Bausubstanz wurde die Struktur der Altstadt (Medina) den sozialen Bedürfnissen noch stärker angepasst: Gewundene und verzweigte Sackgassen führen zu den nach außen fast fensterlosen Wohnhäusern mit hellem Innenhof, der nach ornamentaler Pforte nur über einen geknickten, Durchblick verwehrenden Zugang erreicht wird (Abb. 12; Bild 12). Auch in der osmanischen Stadt der Türkei sind ethnische, familiäre, religiöse, konfessionelle

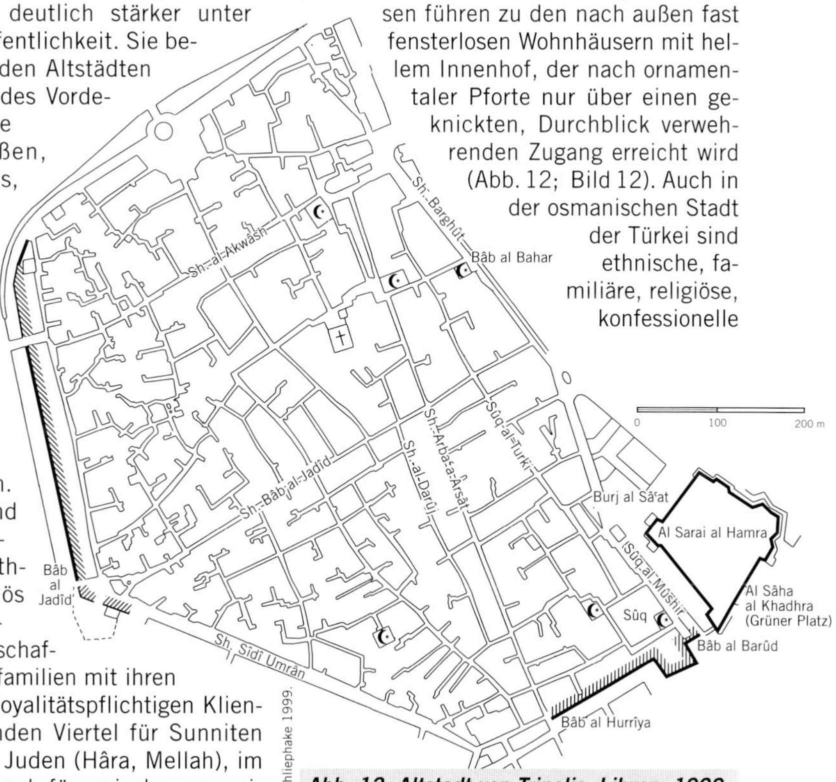

Quelle: Kartierung Schliephake 1999.

Abb. 12: Altstadt von Tripolis, Libyen, 1999: Der Grundriss zeigt, wie in anderen islamisch-orientalischen Städten, sowohl planartige Durchgangsgassen als auch die typischen Sackgassen der Wohnquartiere.

Bild 12: Altstadt von Jerusalem: *Die Enge der Bebauung korrespondiert mit der ethnisch und religiös bedingten Viertelsbildung.*

Bindungen sowie verschiedene Arten von Loyalitätsbeziehungen Ursache der räumlichen Segregation (Hütteroth 1982, S. 251).

Betrachtet man den gegenwärtigen *sozio-ökonomischen Wandel* der alten Wohnbereiche, so ist allerdings eine Lockerung dieser sozialräumlich strengen Gliederung zu erkennen. Einerseits lösen sich die jüngeren Generationen aus dem tradierten Sozialgefüge und wandern in Neustadtwohnungen ab. Andererseits bilden die Häuser der Altstadt mehr und mehr das Ziel von zunächst noch finanzschwachen Zuzüglern aus dem ländlichen Raum, die der Land-Stadt-Migration folgen und eine preiswerte Bleibe außer am Stadtrand nur in Altstadtwohnungen finden.

Den *wirtschaftlichen* Zentralbereich der orientalisch-islamischen Stadt bildet der Bazar (arab. sûq, Pl. aswâq, französisiert souk; türk. çarsi). Er besteht oft aus überdachten Laden- und Handwerkerstraßen mit geordneter Vielfalt von Handel, Handwerk, Gewerbe und Dienstleistungen. Der Bazar ist das wichtigste Merkmal der kulturellen Eigenständigkeit der orientalisch-islamischen Stadt. Die Entstehung seiner komplexen Funktionsweise ist jünger als die orientalische Stadt an sich, obwohl auch im alten Orient und in der griechisch-

römischen Stadt von den Ladenstraßen in der Nähe der Agora und des Forums bereits entscheidende Steuerungen ausgegangen sind. „Die Entwicklung des Bazars zu einem im Stadtzentrum gelegenen geschlossenen Baukomplex und zu einem einheitlichen Funktionssystem ist eine der *größten eigenständigen Leistungen des islamischen Mittelalters*" (Wirth 1975, S. 19).

Der *innerstädtische Handel* war bereits in frühen Phasen der Stadtentstehung mit dem Fernhandel (Karawanenstraßen) verbunden. Am Rande der Städte, in verkehrsmäßig gut erreichbarer Lage und mit ausreichenden Flächen für Tragtierherden und Umladearbeiten befanden sich die Khane, Karawansereien oder Fondouks (fonduq). Dies waren meist mehrstöckige, gesicherte Gebäudekomplexe mit arkadenreichem Innenhof als Übernachtungsplatz für Händler und Tragtiere sowie Lagerräume für Waren. Im Laufe der Zeit verlagerte ein Teil des *Großhandels* seine Standorte mehr ins Innere der Städte, oft an den Rand des Bazars, um besseren Kontakt mit dem Einzelhandel halten zu können. Heute hat sich der Großhandel teilweise wieder neue, besser verkehrsorientierte Flächen gesucht und die alten Gebäude verlassen. Sie sind deshalb oft halb verfallen und wenig gepflegt, beherbergen Handwerksbetriebe oder dienen als externe Lagerflächen für den größeren Einzelhandel. Teils wurden sie, ähnlich wie leer stehende Paläste, auch zu einfachen Wohnräumen (Oukala, Wakala) umfunktioniert.

Einen wichtigen Teil des Bazars nehmen die teilweise überdachten Gassen des traditionellen Einzelhandels und des einfachen Handwerks ein. Beide konzentrierten sich in weitgehender Branchendifferenzierung auf jeweils bestimmte, begrenzte Teilräume. Die Handwerker und Händler der gleichen Branche mussten einer überwachenden Zunft angehören, wollten sie einen Laden im Bazar mieten oder kaufen. Diese korporationsrechtliche Sortierung schloss auch die Möglichkeit ein, die Bazargassen und die hier lagernden wertvollen Güter abends durch Tore zu schließen und bewachen zu lassen. Diese Tatsache hat wohl auch dazu geführt, dass in den zentralen Bazarbereichen keine Wohnungen sind.

Die *räumliche Anordnung* der einzelnen Branchen innerhalb von Handwerk, Einzelhandel und Großhandel der islamisch-orientalischen Altstadt war Gegenstand umfangreicher Interpretationen. Als generelles Muster lässt sich häufig beobachten, dass die wertvollsten Angebote wie Schmuck, Duftstoffe, Gebetsteppiche in zentralen Teilen des Bazars angeboten werden, während einfachere Gebrauchsgegenstände abseits davon liegen, die Handwerker mit Lärmentwicklung und Geruchsbelästigung sogar mehr in die Außenbereiche der Medina abgedrängt gewesen scheinen. Grunebaum (1955, S. 144) hat mit der Nähe zur Großen Moschee als höchstwertigem Standort die häufig hier erkennbare Konzentration von Händlern für Kerzen, Weihrauch, Essenzen, Parfüme, Bücher sowie von Notaren und Schreibern erklärt. Dieses an sich einleuchtende Modell der räumlichen Verteilung unterschiedlicher Wertschätzung lässt sich an einzelnen zutreffenden Beispielen wie der Altstadt von Tunis zumindest partiell bestätigen (Wagner 1973, S. 100; Krause 1985, S. 29f.). Relativ zwanglos wird man aber auch *ökonomische* Ursachen heranziehen können, wonach die Händler solche Standorte bevorzugen, an denen viele Passanten, also potenziell kaufkräftige Kunden vorbeiströmen (Planhol 1980).

Wandlungen der orientalisch-islamischen Medina

Die traditionelle Struktur der islamisch-orientalischen Altstadtkerne verändert sich unter den Einflüssen der Verwestlichung, des technologischen und gesellschaftlichen Wandels. Sichtbar wird dieser Vorgang an der Modernisierung der Bazare und ihres Warenangebotes, soweit die Souks nicht durch städtebauliche Maßnahmen zerstört wurden. Da viele traditionelle Waren keine Käufer mehr finden und deshalb neuzeitliche Produkte in die alten Ladengassen eindringen, löst sich die Strenge der früheren Branchensegmentierung auf. Einzelhändler, Handwerker und Gewerbetreibende suchen sich neue Standorte. Auch die Verbraucher folgen anderen Leitbildern. Soweit der *Tourismus* Besucher in die orientalische Welt der Bazare führt, veranlasste er die Ausweitung des Souvenirangebotes traditioneller, orientalischer Waren, teilweise aus ortsfremder, industrieller Massenfertigung, in Teile des Bazars, in denen früher Handwerker arbeiteten. Allerdings belebt die touristische Nachfrage auch einzelne traditionelle Handwerkszweige wieder neu, die wieder gut sichtbar in den Bazargassen Schauwerkstätten, in den Hinterhöfen auch umfangreichere Produktion unterhalten. Für technisch modernisierte Gewerbe, z. B. die Metallbearbeitung bot der Bazar keine günstigen Wirkungsorte mehr. Manche der nach außen verlagerten Handwerksbetriebe florierten dort so gut, dass ein Aufstieg zu kleineren Gewerbeunternehmen erfolgte und – wie in Kairo – im Zuge der *Suburbanisierung* eine weitere Standortverlagerung an den Rand des Verdichtungsraumes der modernen Stadtentwicklung erfolgte (Meyer 1990, 1991/92, 1999).

Am Beispiel von *Tunis* wurde die jüngere Entwicklung von *Handwerk* und *Handel* untersucht. Sie zeigt, dass der Bazar hier wie in anderen orientalischen Altstädten seine Bedeutung zwar insgesamt bewahrt hat, jedoch viele strukturelle und funktionale *Veränderungen* erkennen lässt (Wagner 1996). Zahlreiche traditionelle Produktionszweige wurden zugunsten *moderner* Erzeugnisse aufgegeben, obgleich handwerkliche Arbeitstechniken vielfach erhalten blieben. Statt traditioneller arabischer Sandalen fertigt man z. B. modische Damenschuhe nach Fotos aus europäischen Versandhauskatalogen für ein kaufkräftiges einheimisches Publikum. Das handwerkliche Gewerbe wurde in Nebengassen und in Hinterhöfe abgedrängt. Auch dort blieben jedoch alterprobte arbeitsteilige Herstellungsmethoden und die räumliche Nähe kooperierender Betriebe wichtig. Einige der alten Branchen, z. B. das Weben von Stoffen für traditionelle Frauenkleidung (Sifsari), sind in ehemaligen Fondouks der Medina von Tunis trotz großer Industriekonkurrenz noch fast unverändert anzutreffen (Bild 36). Im *Einzel-* und *Großhandel* wurden zahlreiche alte Branchen vollständig durch neue ersetzt. Dabei stiegen Qualität, Preisniveau und Nachfrage an. Generell ist ein Vordringen industrieller Haushaltsgeräte, westlicher Kosmetikartikel oder Modetextilien zu beobachten. Diese Veränderungen sind Ausdruck der schrittweisen Abkehr von traditionellen Lebensformen.

In vielen Altstädten Nordafrikas und des Vorderen Orients wuchs trotz starker Verminderung ihrer Wohnbevölkerung, die in neue Stadtteile am Rand des Verdichtungsraumes abwanderte, das moderne Einzelhandelsangebot, weil dessen Einzugsgebiete größer wurden und die Einwohnerzahlen der Stadtregionen insgesamt anstiegen. Der Altstadt-Einzelhandel wird heute vielfach von Kunden aus dem Gesamtraum einer Stadtregion frequentiert. Trotz konkurrierender Supermärkte in den neuen Stadtteilen bieten die Altstädte breite und tief gestaffelte Sortimente gut vergleichbarer Waren und handelbarer Preise zwischen Tradition und Moderne des mittleren, überwiegend des unteren Preisniveaus (Miossec 1990; Signoles 1994).

Diese Prozesse weisen auf einen stetigen *Transformationsprozeß* der islamisch-orientalischen Altstadt hin (Bisson/Troin 1982). Mit jedem Generationswechsel in einer Händler- oder Handwerkerfamilie werden neue Produktionsweisen, Verkaufsmodalitäten und Angebote eingeführt. Umgekehrt hält man aber auch bewusst oder aus Furcht, die sichernde Einbindung in das noch geschätzte traditionelle Wertesystem zu verlieren, an herkömmlichen Formen fest. Im Schlusskapitel eines umfangreichen Forschungsprojektes in der Medina von Fès wird die divergente Entwicklung

zwischen Tradition und Moderne folgendermaßen charakterisiert (Escher/Wirth 1992, S. 272): „Die marginalisierte Bevölkerung der Medina, die den neuen gesellschaftlichen Trends nicht gewachsen ist, hält jedoch aus instinktiver Angst vor dem Verlust kultureller Identität, aus bewußter Ablehnung westlicher Kultur, aus Traditionsbewußtsein sowie aus Geldmangel an den alten traditionellen Institutionen fest." Damit beantwortet sich auch die Frage vom Beginn dieses Abschnittes: Wenn auch das traditionelle System der orientalischen Stadt schrittweise moderne Konsumformen und soziale Verhaltensweisen übernimmt, gehen doch keine grundlegenden neuen wirtschaftlichen und stadtgeographischen Innovationen von ihr aus.

Neben den orientalisch-islamischen Altstädten hatten sich seit Beginn der Kolonialzeit, meist planmäßig angelegt und auf regelmäßigem Straßengrundriss basierende Neustädte (Villes Nouvelles) entwickelt, die formal und strukturell Nachahmungen südeuropäischer Urbanität darstellen. Hier lebten zunächst die Europäer. Casablanca, Oran, Algier, Tunis, Tripolis und Kairo sind die größeren unter ihnen. Die orientalischen und europäischen Stadtteile existierten nicht nur funktional sehr kontrastreich nebeneinander, sondern waren bis nach Beginn der staatlichen Unabhängigkeit auch wirtschaftlich und ethnisch sehr verschiedene Systeme (Troin 1990). Heute bestehen andere Gegensätze. Sie sind mehr sozioökonomischer Art. Etwas generalisiert könnte man feststellen, dass in den Altstädten (wie auch am äußeren Rande der Stadtregionen) mehr untere soziale Schichten leben. In den ehemals kolonial geprägten Stadtteilen und in den modernen Stadterweiterungen dominieren mittlere und höhere Einkommensgruppen, westliche Wirtschaftsbranchen und Wertvorstellungen. Der alte Kontrast schwächt sich aber dennoch ab: Viele der verfallenden Altstadthäuser, oft sogar ehemals prachtvolle Paläste werden von wohlhabenden Oberschichten gekauft, renoviert und modernisiert, weil sie im modernen Sozialprestige wieder als exklusive Wohnumwelten gelten. Auch Projekte der Stadtsanierung versuchen, alte Bausubstanz und neuzeitliche Lebensformen zu vereinen (Abdelkafi 1989).

Historische Bevölkerung:
Frühe Einwanderung und kulturelle Unterschiede

Bild 13: Bulla Regia, Nordtunesien: *Ursprünglich phönizische Siedlung, später numidische Königsstadt, ab 120 n. Chr. römischer Zentralort mit durch Getreide- und Olivenanbau wohlhabender Bevölkerung. Nach byzantinischer Blütezeit begann mit der arabischen Invasion der Niedergang, der bis ins 11. Jh. dauerte.*

Überblick

■ Die historische Entwicklung der Bevölkerung weist vier Merkmale auf: Sie erreichte im Gegensatz zu Nachbargebieten in allen historischen Phasen hohe Dichtewerte, sie war stets von Invasionen geprägt, sie unterlag ständigen Veränderungen durch interregionale Wanderungen und sie führte über die Jahrhunderte hinweg zu Gegensätzen zwischen den nördlichen sowie südlichen und östlichen Großräumen des Mittelmeerraumes.

■ Während der Römischen Kaiserzeit erreichte die Bevölkerung eine erste großräumliche Zunahme und eine relativ gleichmäßige Verteilung. Während der Völkerwanderungszeit sank die Einwohnerzahl ab, ebenso während der Ausbreitung des Islam. Im Hochmittelalter nahm die Bevölkerung nur in wenigen wirtschaftlich aktiven Gebieten, wie in Oberitalien, zu. Erst in der Frühneuzeit (16. Jh.) setzte im gesamten Mittelmeerraum starkes Bevölkerungswachstum ein. Nach Braudel wurde in einzelnen Regionen erst jetzt wieder die Einwohnerzahl der Römischen Kaiserzeit erreicht.

■ Die natürliche Bevölkerungszunahme im 19. Jh. leitete die heute ausgeprägten demographischen Nord-Süd/Ost-Kontraste im Mittelmeerraum ein und stieg regional über die sozioökonomische Tragfähigkeitsgrenze an. Wanderungsprozesse lösten Verstädterung und Verdichtung in den Küstenniederungen aus. Die starke Emigration ab 1850 konnte die Defizite der Arbeitsmärkte langfristig nicht ausgleichen.

Frühe Einwanderungen

Bereits während der Jungsteinzeit strömten aus peripheren Räumen Menschen in den Norden des Mittelmeerraumes: Die Träger westeuropäischer, bäuerlicher Megalithkulturen drangen in die iberisch-südfranzösischen Küstengebiete sowie in die Poebene ein. Die Völker der Schnurkeramik- und Streitaxtkultur kamen längs der Schwarzmeerküste aus der heutigen Ukraine ans Ägäische Meer. In der Zeit zwischen dem 3. Jahrtausend und dem 8. Jh. v. Chr. wanderten ebenfalls aus diesen Randgebieten, verteilt auf zahlreiche Wellen mit unterschiedlicher Größenordnung und Zeitdauer, Völkergruppen in den Mittelmeerraum ein. Hier seien nur die wichtigsten angesprochen.

Während der ersten indoeuropäischen Wanderung zogen frühe Invasoren um 2000 v. Chr. aus dem Nordosten, teils Viehhaltung betreibend, später den Ackerbau ent-

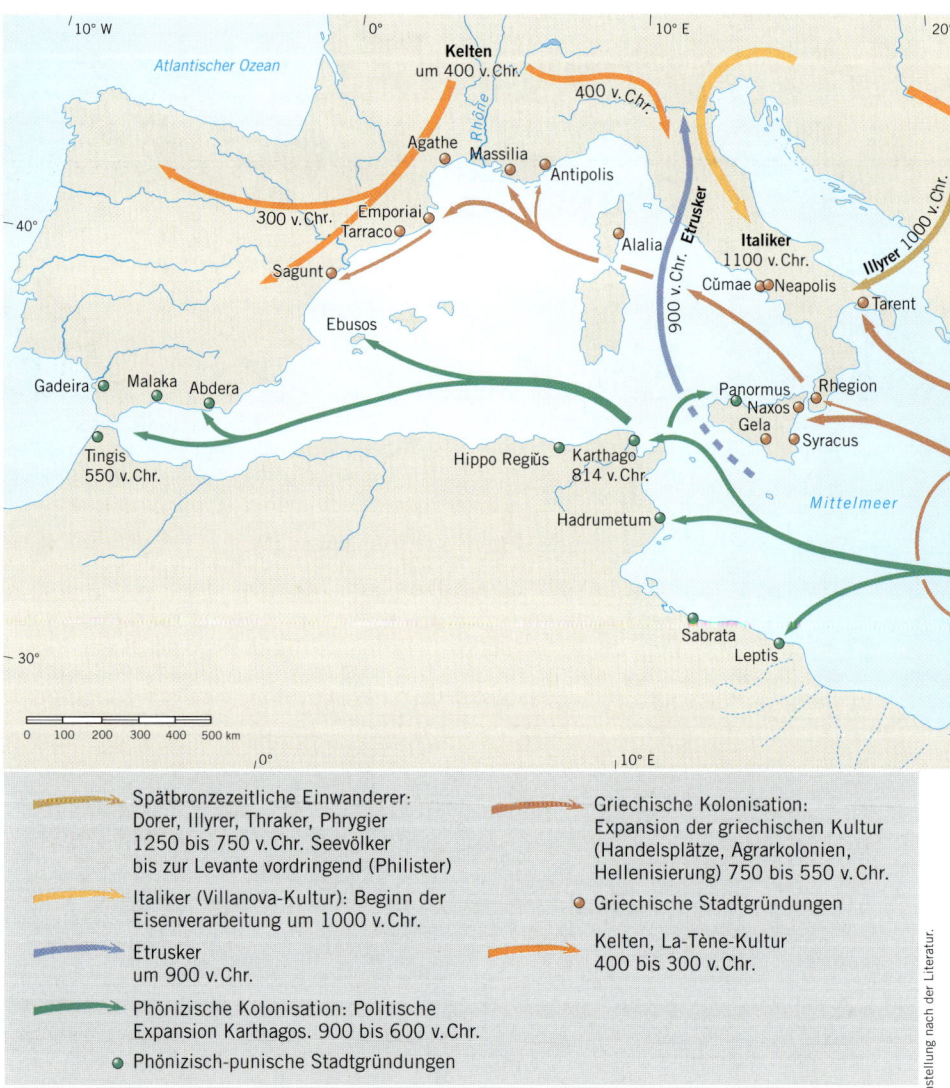

Abb. 13: Wanderungen im Mittelmeerraum 1200–300 v. Chr.: *Die hier dargestellte Migration umfaßt Invasionen von außen und innermediterrane Wanderungen.*

Zusammenstellung nach der Literatur.

wickelnd und verbreitend über den gesamten Peloponnes bis an die mediterranen Küsten: Jüngere, spätbronzezeitliche Einwanderer folgten als *zweite* indoeuropäische Wanderung ab 1300 v. Chr. aus dem Donauraum: Träger der Urnen-Brandkultur konnten besondere wirtschaftliche und politische Aktivitäten entfalten, weil sie bereits über Erfahrungen der gesellschaftlichen Arbeitsteilung zwischen Ackerbau und Gewerbe verfügten. Sie erreichten über den Balkan die griechische Inselwelt. Hier

leiteten sie ab 1200 v. Chr. das Ende der mykenischen Kultur ein, welche bereits um 1500 v. Chr. zur höchsten Blüte gelangt war. Sie übernahmen deren agrarische Errungenschaften beim Getreide-, Wein- und Olivenanbau. In einem letzten Ansturm aus dem Norden um 1100 v. Chr. bemächtigten sich der *Dorer*, Reiterkrieger mit Eisenwaffen, der griechischen und kleinasiatischen Küsten. Zusammen mit anderen Stämmen (Ionier, Aiolier, Achäer) gründeten sie viele kleine, unabhängige Gemeindestaaten (poleis). Deren Wirtschaft basierte

auf breiter kultureller Basis, schriftlicher Kommunikation und differenziertem Gewerbe. Die Einwohnerdichte stieg schnell an (Abb. 13).

Um 1200 v. Chr. besiedelten aus Anatolien kommend die *Seevölker* nach Niederlagen in Ägypten als *Philister* die Küstengebiete Palästinas. Hier gründeten sie die Städte Asdod, Askalon und Gaza. Etwas später, ab 1000 v. Chr., überrannten *Phrygier* aus dem unteren Donauraum Anatolien. Um 800 v. Chr. errichteten sie ein Reich um die Hauptstadt Gordion (100 km südwestlich von Ankara), das später (700 – 600 v. Chr.) durch die von der Halbinsel Krim über Südkaukasien hereinströmenden Kimmerer und Skythen (aus Turkestan) wieder zerstört wurde. Weitere Einwanderungswellen veränderten die Bevölkerung auch in anderen nördlichen Teilen des Mittelmeerraumes: Die *Ligurer, Veneter, Italiker* wandten sich um 1000 v. Chr. der Apenninenhalbinsel zu und leiteten hier die eisenzeitliche Kultur ein. Ab 900 v. Chr. folgten ihnen die *Etrusker* (wahrscheinlich aus Kleinasien kommend) und begannen eine bis 396 v. Chr. dauernde 500-jährige Organisation von Städtebünden mit breiter wirtschaftlicher Grundlage.

Grundlegende Veränderung der Bevölkerungs- und Siedlungsstruktur löste das Eindringen der aus dem heutigen Frankreich stammenden Kelten auf der Iberischen Halbinsel und in der Poebene ab ca. 500 v. Chr. aus. Mit ihren Eisengeräten (La Tène, jüngere Eisenzeit) förderten sie die Landwirtschaft, das städtische Gewerbe und die arbeitsteilige Differenzierung der Wirtschaft. Viele Belege sprechen dafür, dass in den neuen Siedlungsgebieten die Einwohnerdichte anstieg.

Im *Süden* und *Osten* des Mittelmeerraumes ist eine relativ enge Anlehnung der historischen Bevölkerungsentwicklung an die physisch-geographisch besonders günstig zu nutzenden Möglichkeiten zu erkennen. Trotzdem wurden ihre früheren Entwicklungsphasen auch von politischen und kulturellen Veränderungen gesteuert. Früh waren zunächst das Niltal und das Zweistromland Zentren des demographischen Wachstums. Hier hatten bereits die älteren, vor 6000 v. Chr. entstandenen, ferner die jungsteinzeitlichen Bauernkulturen bis

3500 v. Chr. und die städtisch-herrschaftlichen Hochkulturen mit Metallverarbeitung bis 2700 v. Chr. regional hohe Bevölkerungsdichten bewirkt. Im Gegensatz dazu lebten in dem südlich angrenzenden semiariden Trockengürtel und im kühlgemäßigten West- und Mitteleuropa wesentlich weniger Menschen.

In den küstennahen östlichen Teilen des Mittelmeerraumes war die Bevölkerungsentwicklung bereits in der Frühzeit von *Einwanderung* geprägt. Seit dem 3. Jahrtausend drangen *Araber*, *Akkader* (Assyrer, Babylonier), *Kanaanäer* (Phöniker, Punier, Hebräer, Moabiter) vor. Seit 1400 v. Chr. folgten die Aramäer (Syrer), ab 1200 v. Chr. die *Israeliten* und fast gleichzeitig die von Norden hereinströmenden Philister. Alle Invasoren standen gegeneinander in harter Konkurrenz um die schmalen Siedlungsräume und mussten deshalb effiziente Wirtschaftsformen entwickeln. Mit diesem ökonomischen Zwang entstanden gleichzeitig wichtige kulturelle Leistungen: städtische Lebensweise, Verwaltung, Handelsorganisation, Mathematik, Astronomie sowie die Wurzeln der drei großen Buchreligionen. Militärische und wirtschaftliche Impulse wurden vom Zweistromland übernommen. Die „hydraulischen Kulturen" des Vorderen Orients (Bewässerungswirtschaft) wirkten auch über große zeitliche Distanz auf die wirtschaftliche Entwicklung. Von dort kamen die Kenntnisse der künstlichen Bewässerung, der intensiven Bodenbewirtschaftung und damit die Chance, wachsende Bevölkerungen zu ernähren, ferner wesentliche Fähigkeiten zur gesellschaftlichen, rechtlichen und politischen Organisation (Wittfogel 1962).

Nach Nordafrika waren Vorfahren der *Berber* als (West-)Hamiten bereits in der Mittleren Altsteinzeit aus dem ostmediterranen Raum eingewandert. Ihre Untergruppen bezeichnete man im Altertum als Mauren, Garamanten, Gätuler und Numidier. Ihre Siedlungsräume reichten von der atlantischen Küste bis zur Syrte im heutigen Libyen. Die Aktionsräume und Handelswege der Berber orientierten sich nicht nur am Mittelmeer, sondern durchquerten die Sahara bis zum westafrikanischen Sahel, wo noch heute berberische Tuareg leben. Dabei nutzten sie die zwischen 4500 und

2500 v. Chr. feuchteren klimatischen Verhältnisse der nordafrikanisch-saharischen Übergangsgebiete. Die berberische Kultur wurde ab Beginn des 8. Jh.s n. Chr. von der arabischen Invasion überprägt. Sie überlebte besonders in Gebirgen Nordafrikas (Marokkanischer Rif- und Hoher Atlas [Chleuh], Djurdjura-Atlas [Kabylen] und Aurès), auf der Insel Djerba sowie in algerischen Saharaoasen.

Wenn hier nur eine Auswahl der in den Mittelmeerraum eingeströmten Zuwanderer Erwähnung finden konnte, so werden damit doch wichtige Gesichtspunkte deutlich: Die physisch-geographisch sehr vielgestaltigen und deshalb gute Existenzmöglichkeiten bietenden Landschaften und Ökosysteme zogen bereits in frühgeschichtlicher Zeit Bevölkerungsgruppen von außerhalb an. Dadurch stieg die Einwohnerzahl. Alle Eindringlinge *übernahmen* Lebensgewohnheiten und Wirtschaftsformen von den ansässigen, älteren Bevölkerungen. Aber sie brachten auch neue, zu höheren Zivilisationsformen führende *Impulse* mit. Als Beispiele seien einige dieser frühen Adaptionen nochmals benannt: Die *Bronzekultur* drang von ihren ältesten Entstehungsgebieten in Mesopotamien über Kaukasien nach Anatolien, in die Ägäis und in den Balkanraum vor, ferner nach Ägypten, Kreta und Mykene sowie bis zur Iberischen Halbinsel (Kultur von Almería, Glockenbechertechniken). Fortschreitende *Arbeitsteilung* zwischen Landwirtschaft, produzierendem Handwerk und städtische Lebensformen, expandierender Güteraustausch und Fernhandel sind weitere Folgen der wanderungsbedingten demographischen Überlagerung. Wichtig ist auch die Tatsache, dass mittelmeerische Kulturen damit größere Eigenständigkeit und Unabhängigkeit von den älteren Zentren im Vorderen Orient erlangten. Weiteren Leistungsanstieg brachte die *Eisenverarbeitung*. Hethitischen Ursprungs in Kleinasien, wurde sie ab 1100 v. Chr. durch Zuwanderer (Etrusker aus Kleinasien, Veneter, Illyrer, Thraker aus Pannonien) in den Mittelmeerraum gebracht und durch die Kelten in den Westalpen (La Tène), im Donauraum, in Ostfrankreich und auf der Iberischen Halbinsel weiterentwickelt. Der Übergang von der Bronze- zur Eisenverwendung bewirkte eine erhebliche Steigerung von Erträgen in der Landwirtschaft durch Eisenpflug, Sichel und Sense. Sie war eine Grundvoraussetzung für die weitere Bevölkerungszunahme. Der daraus resultierende Wohlstand förderte auch kulturelle und künstlerische Leistungen. Folgen waren neben wirtschaft-licher Spezialisierung frühe Formen arbeitsteiliger Stadt- und Geldwirtschaft, noch weiter ausgreifende Fernhandelsbeziehungen, Differenzierung der sozialen Schichtung, Ausbildung politischer Machtzentren und deshalb aber auch verschärfte kriegerische Auseinandersetzungen.

Innermediterrane Wanderungen – Phönizische und griechische Kolonisation

In einer Vermischung von Fernhandel, Wanderung und Kulturübertragung müssen auch die phönizische und griechische Kolonisation als Ursache demographischer Veränderungen gesehen werden. Die *phönizischen* Stadtstaaten (Arados, Byblos, Berytos, Sidon, Tyros, ca. 1000–700 v. Chr.) hatten nach dem Ende der mykenisch-kretischen Kultur (ca. 1200 v. Chr.) den Fernhandel mit Glas, Textilien, Metallgeräten zwischen Mesopotamien und dem Mittelmeerraum übernommen. Um ihn zu sichern, gründeten sie an den Mittelmeerküsten Nordafrikas, Sardiniens und Südspaniens Handelsniederlassungen und Städte: Hadrumetum (Sousse), Utica, Hippo (Annaba), Tingis (Tanger), Gadeira (Cádiz), Malaka (Málaga), Abdera (westlich Almerías), Ebusos (Ibiza), Tharros (Westküste Sardiniens), Karalis (Cagliari), Panormos (Palermo). Ihr Wachstum konnte nur durch Zuwanderung aus den Muttersiedlungen und Kulturkontakt mit der Levante gesichert werden. Die wichtigste dieser Gründungen war der Stadtstaat Karthago (814 v. Chr.), der nach dem Niedergang seiner Muttersiedlung Tyros die phönizisch-punische Handels- und Kulturtradition fortführte. Auch die etwas jüngere *griechische* Kolonisation (ca. 750–550 v. Chr.) stellt eine Mischung aus Wanderung und Hellenisierung der Zielgebietsbevölkerung dar. Ihre Expansion ging von den zahlreichen kleinen Stadtstaaten des griechischen Festlandes, der Inseln und Kleinasiens, z. B. Phokäa, aus. Ursachen der Auswanderung waren Übervölkerung, Innovationsstreben durch Handel mit neuen Produkten, aber auch die politische Unterdrückung einzelner Gruppen in den griechischen Muttersiedlungen. Die Kolonisationsziele lagen an allen Küsten des Schwarzen Meeres, Siziliens (Catane, Naxos südlich Taorminas), Süditaliens (Kyme, Neapolis), Korsikas (Alalia), Liguriens, Südfrankreichs (Antipolis, Massilia), Kataloniens (Emporion) sowie an der Nordküste Afrikas (Kyrene): Apollonia, Euhesperides, Taucheira, Barke (Pentapolis) und Naukratis/Nildelta. An diesen Orten entstanden teils Handelsplätze, teils Agrarkolonien (Abb. 13).

Bevölkerungsentwicklung während der Römischen Kaiserzeit bis 200 n. Chr.

Trotz der umfassenden schriftlichen Kulturzeugnisse lässt die Aussagekraft der überlieferten Daten zur Bevölkerungsentwicklung und ihrer räumlichen Differenzierung im römischen Herrschaftsgebiet keine letztlich präzisen Aussagen zu. Volkszählungen gab es nicht flächendeckend, sondern nur in einzelnen Teilen. So können lediglich Anhaltspunkte für die Schätzung der Einwohnerzahlen herangezogen werden (Kloft 1992, S. 198). Hinweise auf die *Bevölkerungszunahme* sind die Ausdehnung landwirtschaftlicher Nutzflächen (Getreide, Olivenpflanzungen), die auch über Luftbilder rekonstruierbare Landvermessung (Achenbach 1973; Hafemann 1981, S. 55), die Expansion der Siedlungsflächen sowie der kritische Vergleich von schriftli-

sich in regelmäßigen Abständen Seuchen-
wellen, Missernten und Hungerkrisen, welche die zuvor stark angestiegenen Einwohnerzahlen schnell dezimierten. Eine weitere neue demographische Komponente
während der christlichen Wiedereroberung
Spaniens (Reconquista) trat mit politisch
und wirtschaftlich bedingten *Migrations-
prozessen* ein, die in vielen Varianten die
Bevölkerungsentwicklung beeinflussten.

Aus *Spanien* wurden ab 1492 bis kurz
nach 1600 mehrere wirtschaftlich wichtige
Bevölkerungsgruppen vertrieben. Die *Juden* mussten Spanien in mehreren Wellen
verlassen. Damit trat ein lang andauernder
wirtschaftlicher und kultureller Aderlass
ein. Die spanischen Juden (Sephardim)
wandten sich nach Nordafrika (Marokko,
Algerien, Tunesien) und nach Italien (Genua,
Lombardei, Toskana, Kampanien, insbesondere Neapel). Sie wurden auch im Osmanischen Reich aufgenommen und wanderten auch bis an die ukrainische Schwarzmeerküste. Fast primäres Migrationsziel
war Saloniki, das „Jerusalem des Balkans".
Das hier gesprochene Judenspanisch (Ladino) wurde wichtige Verkehrssprache und
machte Saloniki zu einem zentralen Wirt-
schafts-, Handels- und Kulturmittelpunkt
(Medizin, Philosophie, Rechtswissenschaft).
Noch um 1941, bis zu ihrer Vernichtung
unter der deutschen Besatzung, lebten hier
ca. 50 000 Juden. Das gleiche Schicksal
politischer Vertreibung aus Spanien erlitten
die *Marranen*, Juden höherer Sozialgruppen in tragenden wirtschaftlichen Funktionen, die während des 15. Jh.s zum Schutz
vor Verfolgungen dem christlichen Glauben
beigetreten waren (Neuchristen). Sie mussten die Iberische Halbinsel unter der Herrschaft Philipps II. verlassen und siedelten
sich in Marokko, Algerien, Tunesien, in
Ägypten, in Saloniki, Konstantinopel, Süditalien, Südfrankreich sowie in Palästina
an und kehrten wieder zum Judentum
zurück (Prada 1986, S. 737 ff.; Buchholz
1955, S. 44 ff.; Kellenbenz 1986, S. 119).

Im Zuge der Reconquista hatten bereits
viele *Mauren* das Land verlassen müssen.
Etwa 100 Jahre später folgten die *Moris-
ken*, Mauren und ursprünglich islamisierte
Spanier, die nach der Reconquista wieder
Christen geworden waren. Sie hatten als
Händler und versierte Handwerker eine
führende wirtschaftliche Rolle in den spanischen Städten gespielt. Nach Schätzungen
könnte die Zahl der vertriebenen Mo-
risken 500 000 erreicht haben (Buchholz
1955, S. 46).

Ein weiterer Migrationstyp begann mit
ersten größeren *Binnenwanderungen*. Von
den Mesetaflächen, die im Zuge der Reconquista teilweise in Weideland umgewandelt wurden, zogen viele Menschen in
die Städte der Küstenzonen. Erst ab 1700
erholte sich Kastilien wieder von diesem
Abwanderungsverlust. Eine weitere Dezi-
mierung der Bevölkerung Spaniens löste
die beginnende *Auswanderung* zu Kriegs-
dienst und Kolonisation in der Neuen Welt
aus (Bild 14). Vergleicht man die Schätzungen verschiedener Autoren (z. B. Braudel und Buchholz), so könnten zwischen
1500 und 1600 ca. 100 000 Spanier nach
Amerika emigriert sein.

Auch in *Italien* nahm die Bevölkerung
im 16. Jh. durch Blüte der Stadtwirtschaft,
der Agrarregionen und durch Zuwanderung
aus anderen Ländern (z. B. Tuchmacher
aus Flandern nach Florenz) stark zu. Ab
1600 folgte jedoch eine Verlangsamung, in
einzelnen Regionen sogar ein Rückgang der
Einwohnerzahl. Ursache waren wirtschaftliche Rezession, Ernährungskrisen, Preis-
anstieg für Lebensmittel und Kaufkraft-
mangel der ärmeren Schichten. Auch die
Umwandlung von Getreideäckern in Schaf-
weiden und Transhumanzflächen trug dazu
bei. Die Wollproduktion wurde ökonomisch
profitabler und brachte der Obrigkeit höhere Steuern ein. Aber die Grundnahrungsmittel wurden knapper und teurer. Die
Landflucht der Ärmsten ließ erstmals in
größerem Umfang die Städte wachsen.
Auch wegen der Pestdurchgänge 1631 und
1656 sank der natürliche Bevölkerungszuwachs. Dadurch entvölkerte Gebiete in Mittelitalien, um Rom und im spanischen Süditalien und Sizilien mussten später durch
Kolonisation wieder neu besiedelt werden.

Eine Wende zu erneut wachsenden Bevölkerungszahlen trat im Norden Italiens
(Piemont, Lombardei, besonders Toskana)
infolge von Bodenrechtsreformen ein, die
zum Aufschwung der Landwirtschaft und zu
breiter gestreuten Existenzgrundlagen führten: Land wurde von Städtern gekauft und
als Halbpachtflächen wieder vergeben

Bild 14: Francisco Pizarro (1478–1541) in Trujillo, Estremadura, Westspanien: *Das Standbild des Eroberers von Peru erinnert an die frühe Auswanderung aus den auch damals armen Lebensräumen Spaniens nach Amerika.*

(Mezzadria). Bei diesem Verfahren teilte man die Erntemengen, aber damit auch die Ertragsrisiken zwischen Grundherrn und Bauern solidarisch auf. Dadurch entstanden Produktionsanreize. Die wachsenden Gewerbestädte konnten wieder mit Grundnahrungsmitteln beliefert werden (Saba 1986, S. 692–693). Als Konsequenz stieg die Bevölkerungszahl der Apenninenhalbinsel ab Mitte des 18. Jh.s deutlich an.

Bevölkerungsentwicklung in der ersten Hälfte des 20. Jahrhunderts

Ab Mitte des 19. Jh.s begann mit der Ausbildung von Nationalstaaten, ersten Ansätzen der Industrialisierung und der kolonialen Politik in Nordafrika eine neue demographische Phase im Mittelmeerraum. Die Beschleunigung der Bevölkerungszunahme in seinen nördlichen Ländern, wirtschaftliche und soziale Veränderungen sowie anschwellende Binnenwanderung und Emigration setzten die entscheidenden Akzente.

Räumlich unterschiedliche Bevölkerungsentwicklung
Die Bevölkerung des Mittelmeerraumes insgesamt verdoppelte sich von 1880 bis 1940, also in achtzig Jahren von ca. 87

Mio. auf 163 Mio. (Tab. 1 und 2). Bis 1960 nahm sie um ein weiteres Drittel zu. Allerdings erfolgte dieses Wachstum in den einzelnen Großräumen unterschiedlich schnell. Diese regionale Differenzierung verstärkte sich bis in die Gegenwart. In *Südeuropa* verlief die Bevölkerungszunahme nach zuvor oft gegensätzlichen Trends ab 1850 gleichmäßig ansteigend. Die Einwohnerzahl verdoppelte sich 1880 – 1960, ihr relativer Anteil an der Bevölkerung des gesamten Mittelmeerraumes sank aber von 71 % (1880) auf 57 % (1960).

Für die *Balkanländer* liegen bis 1910 nur Näherungswerte und Schätzungen vor. Insgesamt litt die Bevölkerungsentwicklung unter den politischen Wirren und der wirtschaftlichen Schwäche des ausklingenden Osmanischen Reiches. Bei der Gründung Jugoslawiens (1918) lebten hier ca. 12 Mio.

Land	Bevölkerung in Mio.											
	1800	1860	1870	1880	1890	1900	1910	1920	1930	1940	1950	1960
Spanien	11,5	15,6	16,3	16,8	17,8	18,6	19,5	21,9	23,9	25,0	27,8	30,3
Portugal	2,9	3,6	3,9	4,2	5,0	5,4	5,9	6,2	6,8	7,7	8,4	8,8
Italien	18,1	25,1	26,6	28,2	30,0	32,4	34,6	38,4	41,6	44,0	46,7	49,6
Frankreich-Süd[1]	3,0	–	–	3,0	–	–	–	3,5	–	4,0	4,2	4,5
Balkan[2]	–	–	–	10,0	–	–	–	18,0	–	24,3	–	28,0
Südeuropa in Mio.	**–**	**–**	**–**	**62,2**	**–**	**–**	**–**	**88,0**	**–**	**105,0**	**–**	**121,2**
in %	**–**	**–**	**–**	**71,0**	**–**	**–**	**–**	**67,0**	**–**	**64,0**	**–**	**57,0**
Marokko	–	–	2,5	2,5	–	–	3,5	4,1	–	7,0	8,9	11,6
Algerien	–	2,9	2,9	3,2	4,1	4,7	5,4	5,8	6,4	7,0	8,7	10,8
Tunesien	–	–	1,4	1,5	–	–	1,9	2,0	2,4	3,0	3,5	3,9
Libyen	–	–	0,7	0,7	–	–	0,8	0,8	–	1,0	1,1	1,3
Ägypten	2,5	4,5	5,2	6,8	–	9,7	10,8	13,3	14,0	16,0	20,3	25,9
Nordafrika in Mio.	**–**	**–**	**12,7**	**14,8**	**–**	**–**	**21,5**	**27,0**	**–**	**34,0**	**42,5**	**53,5**
in %	**–**	**–**	**–**	**17,0**	**–**	**–**	**–**	**21,0**	**–**	**21,0**	**–**	**25,0**
Türkei[3]	–	–	–	8,0	–	–	–	12,5	16,0	17,8	20,8	27,5
Levante[4]	–	–	–	2,0	–	–	–	3,5	–	6,2	–	11,5
Türk./Lev. in Mio.	**–**	**–**	**–**	**10,0**	**–**	**–**		**16,0**	**–**	**24,0**	**–**	**39,0**
in %	**–**	**–**	**–**	**12,0**	**–**	**–**		**12,0**	**–**	**15,0**	**–**	**18,0**
Mittelmeerraum in Mio.	**–**	**–**	**–**	**87,0**	**–**	**–**	**–**	**131,0**	**–**	**163,0**	**–**	**214,0**

[1] Frankreich-Süd = Regionen Languedoc-Roussillon, Provence-Alpes-Côte d'Azur und Korsika (Pletsch 1997, S. 110).
[2] Griechenland, Jugoslawien, Albanien, für 1880 geschätzt.
[3] für 1880 geschätzt auf Gebietsstand 1923.
[4] Syrien, Libanon, Palästina/Israel, Jordanien; für 1880 geschätzt auf Gebietsstand 1923.

Tab. 1: Bevölkerungsentwicklung 1860–1960. Fortsetzung Tab. 5.

Quellen: Köllmann, W. 1965, S. 79/80, 118 (z.T. Schätzungen): Fargues 1986, S. 207: Di Comite/Moretti 1992: Bevölkerungszählungen 1920, 1950, 1960. Schätzungen 1940: Abgleich mit Angaben der Regionalliteratur.

Großraum	Bevölkerung							
	1880		1920		1940		1960	
	in Mio.	in %	in Mio.	in %	in Mio.	in %	in Mio.	in %
Südeuropa	62	71	88	67	105	64	121	57
Nordafrika	15	17	27	21	34	21	53	25
Türkei/Levante	10	12	16	12	24	15	39	18
Mittelmeerraum	**87**	**100**	**131**	**100**	**163**	**100**	**213**	**100**

Tab. 2: Bevölkerungsentwicklung nach Großräumen 1880–1960.

Quellen: wie Tab. 1.

Einwohner, aufgesplittert in über 15 Nationalitäten. Die Einwohnerzahl stieg bis 1960 trotz hoher natürlicher Wachstumsraten infolge Zerschlagung des Staates durch den Hitlerfaschismus (1941) und starker Kriegsverluste nur auf knapp über 18 Mio. (Abb. 14). Die Bevölkerung des 1830 neu gegründeten Staates *Griechenland* wuchs zunächst nur infolge der territorialen Expansion auf bislang osmanische Gebiete (1881 Thessalien, 1913 Epirus, Makedonien, Saloniki, Ägäische Inseln, Kreta; 1919 südliches Mazedonien). Im Rahmen der ersten großen politisch beschlossenen ethnischen Separierung wurden 1922 nach dem griechisch-türkischen Krieg ca. 1,3 Mio. Griechen aus der Türkei nach Griechenland vertrieben, ca. 0,6 Mio. Türken und Bulgaren mussten das Land verlassen (Lienau 1989, S. 25). 1940 war die Zahl von ca. 7,7 Mio. Einwohnern erreicht. Setzt man die Bevölkerungszahlen der Balkanländer in Relation zu den nur kleinen agrarisch nutzbaren Flächen, so fällt eine hohe Bevölkerungsdichte auf. Im Unterschied dazu verzeichneten Italien und Spanien eine wesentlich günstigere räumliche Verteilung ihrer schnell wachsenden Bevölkerung.

Im Nordwesten *Nordafrikas* wuchs die Bevölkerung ab 1880 zunächst sehr langsam. Erst nach 1920 stiegen die Zunahmeraten an. So erreichte der Bevölkerungsanteil Nordafrikas am Mittelmeerraum insgesamt bis 1960 ca. 25 %. Die Entwicklung der Bevölkerung im Osten, in der Türkei und in der *Levante* wurde entscheidend durch die Auflösung des Osmanischen Reiches beeinflusst. Die Entstehung neuer Staaten und die den Interessen der Großmächte Großbritannien und Frankreich dienenden neuen Grenzen lösten umfangreiche Vertreibungen, Flüchtlings- und Migrationsströme aus (Griechenland, Türkei, Irak, Palästina). Die Bevölkerung der Türkei und der Levante (Syrien, Libanon, Israel, Jordanien, Gaza nach heutigem Gebietsstand) versechsfachte sich 1880 – 1960, ihr relativer Anteil an der Bevölkerung des Mittelmeerraumes stieg von ca. 12 auf 18 %.

Die heute großen demographischen Gegensätze zwischen den Großregionen des Mittelmeerraumes haben demnach ihre Wurzeln im 19. Jh., in der räumlich differierenden Entwicklung des generativen Ver-

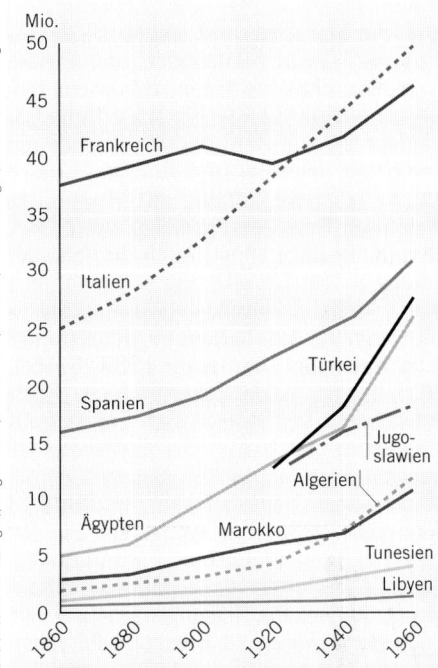

Quellen: Köllmann 1965 (für die früheren Jahre Schätzungen); Fargues 1986; Pletsch 1997; für 1920, 1960 Zählungen, für 1940 Schätzungen.

Abb. 14: Historische Bevölkerungsentwicklung 1860–1960: *Der schnellen Zunahme in Südeuropa stehen im Süden und Osten des Mittelmeerraumes außer in Ägypten und in der Türkei zunächst geringe Wachstumsraten gegenüber.*

haltens, im unterschiedlichen Beginn der Industrialisierung, in regional abweichendem, sprunghaftem Anstieg der Wanderungsdynamik und in variierenden politischen Eingriffen.

Natürliche Bevölkerungszunahme
Genauere Angaben zur natürlichen Bevölkerungszunahme lassen sich nur für einen Teil der Länder des Mittelmeerraumes machen, da die Datenlage insbesondere bis 1920 unsicher ist und auch während des Zweiten Weltkrieges Lücken aufweist. Deshalb sei hier nur auf die relativ sicheren Angaben zu Spanien und Italien eingegangen.

In Spanien lagen die Geburten- und Sterberate um 1880 wie in allen vorindustriellen Gesellschaften auf hohem Niveau noch nahe beisammen, woraus sich ein niedriges natürliches Bevölkerungswachstum ergab (Abb. 15). Vergleichsweise zu chen stieg die Emigration nach Deutschland, Frankreich und in die Schweiz gleichmäßig an. Bauhilfsarbeiter suchte man dort ebenso wie Kumpel im Bergbau des Ruhrgebietes und in der nordfranzösisch-belgischen Montanregion. Die Amerikawanderung erfolgte mehr sprunghaft. Ab ca. 1895 verdreifachte sich die Auswandererzahl fast schlagartig und erreichte in schnellen Schwankungen (Missernten, wirtschaftliche Rezessionen) ihr Maximum 1913, als 870 000 Arbeitsuchende, davon mehr als die Hälfte aus dem Mezzogiorno, ihre Heimat verließen, meist in Richtung Amerika (Favero/Tassello 1978, S. 26). Die Herkunft der Auswanderer verlagerte sich im Zeitablauf vom Norden in den Süden Italiens (Tab. 3).

Der *Süden* Italiens war von Mitteleuropa nicht nur real und mental weiter entfernt. Seine Bevölkerung war auch wegen der traditionalen Sozialbindung noch nicht für eine Auswanderung bereit. Ab 1890 nahmen die Aufbruchsentschlüsse allerdings auch hier sehr schnell zu, nachdem erste Erfolgsberichte aus der Neuen Welt eingetroffen waren. Hertner (1985, S. 720) stellt fest: „Der typische Emigrant der Jahre nach der Jahrhundertwende ist nicht mehr der oberitalienische Kleinbauer oder Halbpächter, sondern der landwirtschaftliche Tagelöhner des Mezzogiorno." Die staatliche Einigung Italiens 1860 zerstörte durch neue Steuerlasten die bis dahin relativ gut

entwickelte Industrie des Mezzogiorno und damit viele Arbeitsplätze. Süditalien insgesamt verlor 1876–1915 bei einer Einwohnerzahl von 13 Mio. (1911) insgesamt ca. 4,5 Mio. Menschen durch Auswanderung. Der Hafen von Neapel wurde zum großen Tor nach Amerika. Insbesondere *Sizilien* hatte starke Verluste. Entschlossen sich zwischen 1876 und 1900 nur 300 000 Sizilianer zum Schritt in die Neue Welt, strebte zwischen 1900 und 1915 weit mehr als 1 Mio. (1 130 000), fast ein Drittel der Inselbewohner von 1915 (3,5 Mio.) in die Neue Welt. Aus jeder Familie brachen zwei oder drei junge Männer auf. Diese historischen emigrationsbedingten Beziehungen zu Amerika wirken insbesondere in Sizilien bis in die Gegenwart vielfältig nach. Sie zeigen sich noch heute bei vielen Sizilianern an stärkeren emotionalen Bindungen zur Neuen Welt als zu Rom oder Norditalien.

Versucht man die *Herkunft* der Emigranten dieser ersten historischen Auswanderungsperiode nach Landschaften und *Wirtschaftsräumen* zu analysieren, so zeigen sich ländliche Bergländer und Gebirge als wichtigste Quellgebiete. Der Exodus wurde hier regional so stark, dass schon vor dem Ersten Weltkrieg Arbeitskräftemangel in der Landwirtschaft beklagt wurde. In der Region Abruzzen-Molise stagnierte die Einwohnerzahl 1881 – 1921, in der Basilikata sank sie sogar trotz hoher Geburtenüber-

Zeitraum	Anteil d. Auswanderer a. d. Einwohnerzahl i. %			Gesamtzahl in 1000
	Norden [1]	Zentrum [2]	Süden [3]	
1876–1880	76	11	13	544
1881–1885	66	13	21	771
1886–1890	61	12	27	1 108
1891–1895	60	12	28	1 284
1896–1900	48	18	34	1 552
1901–1905	36	17	47	2 770
1906–1910	37	16	47	3 256
1911–1915	40	19	41	2 742
Auswanderer gesamt in Mio.	**7,2**	**2,4**	**4,5**	**14 028**
Einwohnerzahl 1911[4] in Mio.	**16,5**	**6,1**	**12,9**	**35 694**

[1] Lombardei, Piemont, Venetien, Venedig, Ligurien, Emilia-Romagna.
[2] Toskana, Umbrien, Marken, Latium.
[3] Abruzzen, Molise, Kampanien, Apulien, Basilicata, Kalabrien, Sizilien, Sardinien.
[4] Ortsanwesende Bevölkerung in Mio. zum Vergleich der Auswandererzahlen.

Tab. 3: Auswanderung aus den Großräumen Italiens 1876–1915.

Quellen: nach Favero/Tassello (1978, S. 23 u. 26); vgl. Hertner 1985, S. 720; ISTAT. Popolazione residente e presente 1861–1981. Rom 1985.

schüsse um 10 % (Vöchting 1951, S. 246). Hohe Auswanderungsquoten verzeichneten die malariabelasteten Küstengebiete. Auch in Norditalien stellten die Agrargebiete die meisten Emigranten, weniger die Städte (King 1997, S. 167).

Die *zweite* Emigrationsphase (1920 – 1942) begann mit steilem Anstieg. Die Zahl der Auswanderer blieb jedoch kleiner als vor 1914. Außerdem zeigen die Emigrationskurven starke Schwankungen und zwar wegen der Wirtschaftskrisen in Amerika und Europa, Einwanderungsrestriktionen der USA, Argentiniens und Brasiliens, der Anti-Emigrationspolitik der faschistischen Regierung Italiens, wegen Arbeitsbeschaffungsprogrammen zur Binnenkolonisation (z. B. Trockenlegung von versumpften Küstenniederungen und erste Straßenbaumaßnahmen im Mezzogiorno zur Arbeitsplatzbeschaffung), wegen militärischer Aufrüstung und Krieg gegen Libyen und Äthiopien. Die *dritte* Emigrationsphase begann nach dem Zweiten Weltkrieg 1945. Deren Ablauf und Folgen werden im Kapitel über die gegenwärtige Bevölkerungsentwicklung behandelt.

Vergleicht man die verschiedenen Auswanderungsphasen Italiens quantitativ, so fällt auf, dass die *größten* Migrationsverluste vor dem Ersten Weltkrieg und zwischen 1920 und 1940 eingetreten sind. Diese Tatsache bedarf ausdrücklicher Betonung, da häufig die Gegenwart unter dem Einfluss der Globalisierung als bedeutendste Migrationsphase angesprochen wird. Diese Behauptung trifft noch nicht einmal für Mittel-, West- und Nordeuropa zu, wo die Auswandererquoten ebenfalls bereits im 19. Jh. den höchsten Wert erreicht haben (Stalker 2000). Die Gastarbeiterströme aus Italien nach dem Zweiten Weltkrieg betrugen nur ein Drittel der früheren italienischen Auswanderung insgesamt. Gleichzeitig kamen auch bereits nach kürzeren Aufenthalten im Vergleich zu den Aufbrechenden sehr viel mehr Auswanderer wieder zurück als vor dem Zweiten Weltkrieg.

Wie in späteren Phasen der Aus- und der Binnenwanderung ist die *Remigration* zu beachten. Entscheidend ist jedoch ein qualitativer Unterschied: Die Auswanderer waren jung und arm, die Rückwanderer aus USA meist alt, teilweise allerdings zu Wohl-

stand gekommen. Die mitgebrachten Reichtümer legte man im Landkauf, teilweise auch bereits im Bau von Wohnhäusern an. Diese Investitionsweisen hatten nur geringe ökonomische Innovationskraft und schufen deshalb nur wenig neue Arbeitsplätze. Geldüberweisungen aus dem Ausland erlangten erst nach dem Zweiten Weltkrieg volkswirtschaftliche Bedeutung (Baletta 1987, S. 81).

Die *Ursachen* der historischen Auswanderung aus Italien (1880 – 1940) haben mehrere Wurzeln. Wichtigster Impuls war der hohe *Geburtenüberschuss*, aus dem sich eine nicht zu befriedigende Nachfrage nach Arbeitsplätzen in den ländlichen Bereichen ergab (Achenbach 1981; Vöchting 1951, S. 237 – 275). Das *Überangebot* an Arbeitskräften, oft auch eine Folge von Mechanisierung der Getreidemonokultur, ließ die landwirtschaftlichen Löhne sinken. Die immer größer werdende Nachfrage nach Ackerflächen („Landhunger", Vöchting 1951) mündete in den Anstieg der Pachtgebühren. So schwand für viele auch die letzte Hoffnung, eine eigene Scholle bewirtschaften zu können, immer mehr. Zeitgenössische Darstellungen geben lebhafte Schilderungen, wie der Auswanderungsgedanke in der ländlichen Bevölkerung zunächst nur langsam Gestalt annahm, sich dann aber sehr schnell verbreitete und auch die peripheren Gebirgsregionen erfasste (Sartorius 1911; Rühl 1912, S. 661). Ein weiterer Grund für die Auswanderung war im Süden Italiens die *Übervölkerung* im Verhältnis zur Qualität der natürlichen Produktionsbedingungen. Trotzdem wurde in den Gebieten der bäuerlichen Kleinbetriebe jeder Quadratmeter Boden intensiv bewirtschaftet, oft übernutzt. Die Folge waren eine Verschlechterung des Bodens, Nährstoffarmut, Bodenerosion und Nachlassen der Erntemengen. Auch die Weideflächen, besonders in Bergland und Gebirge, wurden durch Überstockung degradiert. Der Raubbau rächte sich und die Natur verweigerte den Ertrag endgültig. Die Abwanderung wurde in diesen Gebieten dann zur zwanghaften Folge. Die *Agrarkrise*, die ab 1880 zunehmend auch Kleinbauern und Pächter in *Norditalien*, aus dem Veneto, aus Piemont und Ligurien in wirtschaftliche Schwierigkeiten und Verschuldung brachte, bewog viele zur Auswanderung als Siedler nach Argentinien und Brasilien. Nach der Jahrhundertwende zerstörte die vordringende Reblaus viele Existenzmöglichkeiten in den Weinbaugebieten Italiens und des gesamten Mittelmeerraumes (Rühl 1912, S. 670). Die *Industrie* Italiens konnte trotz ihrer Erfolge die schnell wachsende Zahl nichtlandwirtschaftlicher Arbeitskräfte nicht aufnehmen. Gleichzeitig gingen viele Handwerks- und Gewerbezweige des vorindustriellen, textilen Verlagssystems unter der Importkonkurrenz von England und Österreich (Böhmen) ein.

Die Auswanderung aus Spanien und *Portugal* war insgesamt schwächer. Ein erstes Maximum der Emigration lag wie in Italien kurz vor dem Ersten Weltkrieg. In der Zeit zwischen 1860 und 1940 betrug die Zahl der Emigranten ca. 2,2 Mio. (Köllmann 1965, S. 80 und 165). Sie entsprach etwa einem Drittel des Geburtenüberschusses oder ca. 10 % der Einwohnerzahl Spaniens um 1940 (26 Mio.). Gegen Ende dieser Periode wuchs allerdings auch die Zahl der Rückwanderer. Ziele der Emigranten lagen traditionsgemäß in Lateinamerika, in Kuba, Argentinien und Brasilien. Vorübergehend gab es auch im spanisch besetzten Teil Marokkos Wanderungsziele. Dagegen siedelten sich portugiesische Bauern in viel größerem Umfang in den Überseegebieten, z. B. in Angola und Moçambique, an. Ihre Nachkommen mussten nach Beginn der staatlichen Unabhängigkeit dieser afrikanischen Länder 1975 eine weitgehend von sozialem und wirtschaftlichem Abstieg geprägte Rückwanderung antreten.

Auswanderungsgebiete Spaniens waren die Provinzen mit der gegen Ende des 19. Jh.s höchsten Bevölkerungsdichte im Norden sowie die Binnenlandschaften (Meseta), wo die Existenzsicherung wachsende Probleme aufwarf und sich infolge steigender Geburtenüberschüsse weiter verschärfte. In Galicien, León, Altkastilien und Aragón lebten 1787 noch 37 % der spanischen Bevölkerung, 1910 dagegen nur noch 30 %. In der westspanischen Estremadura sank wegen Abwanderung der entsprechende Anteil von 13 % (1787) auf 10 % (1910). Dabei spielte auch die beginnende Land-Stadt-Migration innerhalb Spaniens eine Rolle. 1887–1900 vernichtete die

Reblauskrise in den Provinzen Gerona und Málaga mit den Rebflächen entscheidende Existenzgrundlagen und zwang damit große Bevölkerungsgruppen zur Ab- und Auswanderung. Gleichzeitig stieg die Einwohnerzahl an der Ostküste der Iberischen Halbinsel und in Andalusien stark an, da hier die Arbeitsmärkte der bewässerten Intensivkulturen aufnahmefähig waren. In Barcelona und Valencia wuchs die Industrie und lenkte Binnenwanderungsströme auf sich.

Neben der Emigration kam es auch zur *Einwanderung* in den Mittelmeerraum. Im Maghreb Nordafrikas folgte auf die militärische Eroberung durch Frankreich unabhängig vom staatsrechtlichen Status der einzelnen Territorien die 130 Jahre währende Erschließung Algeriens ab 1830, Tunesiens ab 1881 und Marokkos ab 1912 als Siedlungskolonie und französisch-nordafrikanischer Wirtschaftsraum. *Demographisch* war dabei entscheidend, dass die seit 300 Jahren herrschende türkische Oberschicht vertrieben wurde, verschiedene Wellen meist bäuerlicher Siedler aus Europa in den Maghreb strömten und neben den weitgehend arabisierten Berbern eine kleinere, politisch führende Ethnie entstand (Arnold 1995, S. 24). 1839 wurden in Algerien 25 000 Europäer gezählt, 1856 ca. 180 000. Zwischen 1870 und 1900 wanderten weitere 260 000 Ansiedlungswillige ein, darunter viele Flüchtlinge aus dem seit 1871 deutsch gewordenen Elsass, ferner Spanier, Italiener und Malteser. 1896 lebten in Algerien bereits mehr hier geborene Europäer, die sich als „Algerier" sahen, als Zugewanderte. Auch in der Folgezeit waren die Geburtenüberschüsse der europäischen Bevölkerung größer als deren Wanderungsgewinne. Dennoch blieb letztlich die natürliche Zunahme der 1830 auf 2 Mio. geschätzten autochthonen arabischen und berberischen Bevölkerung deutlich höher. Sie nahm bis 1954, dem Beginn des algerischen Befreiungskrieges, auf 8 Mio. zu (Wagner 1981, S. 41). Zu dieser Zeit lebten in Algerien 1 Mio. Europäer, 260 000 in Tunesien und 470 000 in Marokko, großenteils in den Küstenniederungen in ethnisch isolierten Stadtgesellschaften (Bild 15). Im Binnenland führte die Anlage großer Getreideflächen auf ehemals nomadischen Weideflächen, ferner die Entstehung südfran-

Bild 15: Europäische Neustadt von Tunis: Die „Ville Nouvelle" zeigt im Kontrast zur orientalischen Altstadt das kolonialzeitliche Nebeneinander arabischer und europäischer Bevölkerung.

zösisch anmutender Landstädte zu neuer Verteilung und höherer Dichte der Bevölkerung. Ab 1962 begann nach dem Unabhängigkeitskrieg der politisch bedingte Exodus der nun überwiegend in Nordafrika geborenen Europäer. Mit dieser Abwanderung wurde ein noch größerer politisch-ethnischer Konflikt vermieden.

Ein vergleichbarer, wenn auch dauerhafter historischer Prozess ist die *Einwanderung* nach *Palästina*. Hier lebten seit dem unter türkischer Herrschaft bis zum Beginn des 19. Jh.s eingetretenen Kulturlandschaftsverfall um 1880 etwa 430 000 muslimische Einwohner sowie 20 000 Christen und 25 000 Juden (Karmon 1994, S. 54). Die Einwanderung begann während der Auflösung des Osmanischen Reiches, als einzelne christliche, später jüdische

Gruppen eintrafen. Die Zahl der jüdischen Bevölkerung stieg bis 1914 auf 85 000, sank aber während des Ersten Weltkrieges wieder auf 56 000 ab und stand einer zehnfach größeren palästinensischen Bevölkerung gegenüber. Die englische Mandatsregierung ließ zunächst uneingeschränkte jüdische Einwanderung zu. Der jüdische Bevölkerungsanteil stieg bis 1936 auf 384 000, bis zur Gründung des Staates Israel 1948 auf 630 000. Gleichzeitig wohnten hier 1,2 Mio. muslimische und 150 000 christliche Araber. 700 000 Palästinenser flüchteten während des Krieges 1948 aus ihren Siedlungsgebieten (Abdulfattah/Kopp 1996). Nach weiterer Einwanderung lebten 1998 5,7 Mio. Einwohner in Israel einschließlich der Westbank, davon 18 % Palästinenser mit israelischer Staatsangehörigkeit sowie 2 Mio. Araber ohne israelischen Pass in den besetzten Gebieten. Die entscheidende Folge der europäischen Einwanderung nach Palästina und Israel ist ein gegenwärtig noch nicht lösbar erscheinender politischer, letztlich aber *weltanschaulich-kultureller Konflikt*, der im Zuge schnellen natürlichen Wachstums des arabischen Bevölkerungsteils noch zunehmen könnte, wie im letzten Kapitel dieses Buches erläutert wird. Wirtschaftlich zog die Region jedoch entscheidende, sogar grenzüberschreitende Vorteile aus der Zuwanderung.

Versucht man die wichtigsten Konsequenzen der historischen Bevölkerungsentwicklung im Mittelmeerraum seit ca. 1800 für die Gegenwart zusammenzufassen, so sind folgende Fakten zu nennen:

Die Bevölkerungsentwicklung war zwischen 1880 und 1940 durch starke *natürliche Bevölkerungszunahme* gekennzeichnet, lediglich unterbrochen während der beiden Weltkriege. Die Einwohnerzahl des Mittelmeerraumes verdoppelte sich in diesem Zeitraum von 86 auf 163 Mio. Dabei traten regionale Unterschiede hervor, die sich bis zur Gegenwart verschärfen sollten. Im östlichen Teil des Mittelmeerraumes wuchs die Bevölkerung von 10 auf 24 Mio., in Nordafrika trat bereits fast eine Verdreifachung ein (von 13 auf 34 Mio.). Mit der *Auswanderung* aus Südeuropa ging eine tiefgreifende Mobilisierung der Bevölkerungs- und Sozialstruktur einher. Die Emigration ab 1880 schwächte zwar soziale und wirtschaftliche Konflikte der Herkunftsregionen, ihr volkswirtschaftlicher Gewinn blieb jedoch gering. Dieser sollte sich trotz der quantitativ geringeren Arbeitsmigration nach 1945 deutlich verstärken. Die nach Süden gerichtete Einwanderung von Europäern in islamische Länder (Algerien, Palästina) erzeugte bis heute nicht gemilderte ethnisch-kulturelle Konflikte. Die gleichzeitig einsetzende *Binnenwanderung* löste Verstädterung und die Kontraste zwischen Entleerungsregionen und Verdichtungsgebieten, meist der Küstenniederungen, aus.

GEGENWÄRTIGE BEVÖLKERUNGSDYNAMIK: GROSSE RÄUMLICHE DIVERGENZ

Bild 16: Kinder und Jugendliche, Tunesien: *Zwar nimmt das natürliche Bevölkerungswachstum auch im Süden ab, es wird aber noch für Jahrzehnte die demographische, soziale und wirtschaftliche Lage prägen.*

Überblick

■ In keinem vergleichbaren Großraum der Erde liegen demographische Verhaltensweisen von Industrie- und Entwicklungsländern räumlich so nahe beieinander wie im Mittelmeerraum.

■ Die Bevölkerung entwickelt sich in den Großräumen sehr kontrastreich. Einer nur leichten Zunahme im Norden seit 1950 steht im Süden und Osten eine Verfünffachung bis 2025 gegenüber. Der Anteil des Nordens an der Bevölkerung des Mittelmeerraumes sinkt von 60 % auf 30 %.

■ Für den Süden und Osten ergeben sich wegen des noch wachsenden Anteils von Jugendlichen an der Bevölkerung bei gleichzeitig schnell steigender Lebenserwartung und angesichts der unverändert schwachen Wirtschaftskraft große Beschäftigungsprobleme, die die politische Zukunft der einzelnen Staaten stark belasten.

■ Die Auswanderung war stets nur eine vorübergehende Entlastung. Langfristig wirkt sie insoweit sogar negativ, weil überwiegend gut ausgebildete und innovative jüngere Menschen ihre Heimat verlassen. Die Remigration von Gastarbeitern ist mit beträchtlichen Eingliederungsressentiments verbunden.

■ Die früheren Auswandererstaaten im Norden des Mittelmeerraumes sind heute zu Einwanderungsländern für Arbeitsuchende aus Nordafrika mit großen sozialen Integrationsproblemen geworden. Damit fließen die historischen Grenzen der abendländischen und islamischen Welt ineinander.

Räumliche Kontraste der Bevölkerungszunahme

Die Bevölkerungsentwicklung, die hier für den Zeitraum zwischen 1950 und 2000 und darüber hinaus bis 2025 betrachtet wird, hat viele unmittelbare Konsequenzen für die Wirtschaft, den Arbeitsmarkt, die politischen Handlungsspielräume, die gesellschaftliche Differenzierung und die Belastung der geoökologischen Grundlagen des Mittelmeerraumes. Angesichts dieser vielseitigen Wirkungen muss den demographischen Prozessen besondere Aufmerksamkeit gewidmet werden. Die Datengrundlage basiert auf regelmäßigen Bevölkerungszählungen und relativ präzisen Hochrechnungen. Die Projektionen bis ins erste Drittel des nächsten Jahrhunderts wurden den abgeglichenen Daten von Weltbank und World Population Prospects der Vereinten Nationen entnommen. Dennoch kommt es wegen der ungenauen Erfassung von Wanderungen im Mittelmeerraum immer wieder zu bevölkerungsstatistischen Unsicherheiten.

Versucht man den Mittelmeerraum insgesamt zu sehen, so ist eine Zunahme der Bevölkerung von 185 Mio. (1950) auf 395 Mio. (2000) zu konstatieren. Die weitere Entwicklung wird bis 2025 auf fast 500 Mio. ansteigen, falls sich die gegenwärtigen generativen Prozesse nicht grundlegend ändern, wofür es aber keine Anhaltspunkte gibt. Damit wird der Mittelmeerraum in einer überschaubaren Zukunft eine Einwohnerzahl haben, die den heutigen Bestand der EU übertrifft. Die zunehmenden demographischen Gegensätze werden die bereits jetzt vorhandenen wirtschaftsräumlichen Ungleichgewichte des Mittelmeerraumes noch verstärken. Es ist nicht übertrieben, wenn man in dieser Tatsache und in ihrer Konsequenz die entscheidenden und zukünftig schwierigsten Probleme des Mittelmeerraumes sieht. Diese Voraussage trifft auch dann zu, wenn man sich nicht an der mittleren, sondern an der niedrigen Hochrechnungsvariante der Bevölkerungsentwicklung orientiert.

Wichtig sind die Unterschiede der Bevölkerungszunahme zwischen den drei Großregionen des Mittelmeerraumes, also Südeuropa, Nordafrika und Vorderer Orient. Dabei zeigen sich Gegensätze zwischen Nord und Süd sowie zwischen Nordafrika und Vorderasien (Tab. 4 und Abb. 18). Von 1950 bis 2025 nimmt die Bevölkerung der nördlichen Mittelmeerländer nur um knapp ein Viertel von 113 Mio. auf 144 Mio. zu. 1950 lebten im Norden 60 % der Mittel-

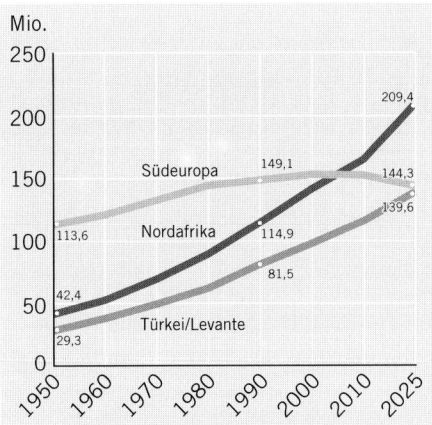

Abb. 18: Bevölkerungsentwicklung des Mittelmeerraumes 1950–2025.

Quellen: UN World Population Prospects 1998; ab 2000 mittlere Variante der Vorausschätzung.

Region	Bevölkerung									
	1950		1970		1990		2000		2025	
	in Mio.	in %	in Mio.	in %	in Mio.	in %	in Mio.	in %	in Mio.	in %
Südeuropa[1]	113,6	61,4	133,2	52,6	149,6	43,3	152,4	38,5	144,3	29,3
Nordafrika[2]	42,4	22,8	70,1	27,6	114,9	33,2	142,2	36,5	209,4	42,5
Türkei/Levante[3]	29,3	15,8	50,2	19,8	81,5	23,5	100,7	20,0	139,6	28,2
Mittelmeerraum	**185,3**	**100,0**	**253,5**	**100,0**	**346,0**	**100,0**	**395,3**	**100,0**	**493,3**	**100,0**

[1] Portugal, Spanien, von Frankreich nur die Regionen Languedoc-Roussillon, Provence-Alpes-Côte d'Azur, Korsika, Italien, Slowenien, Kroatien, Bosnien-Herzegowina, Jugoslawien, Albanien, Griechenland, Malta.
[2] Ägypten, Libyen, Tunesien, Algerien, Marokko.
[3] Syrien, Libanon, Israel, Jordanien, Gaza, Zypern, Türkei.

Tab. 4: Bevölkerungsentwicklung im Mittelmeerraum 1950–2025.

Quelle: UN World Population Prospects 1998; ab 2000 mittlere Variante der Vorausschätzung.

meerbevölkerung, bis 2025 wird ihr Anteil auf 30 % sinken. Dagegen verfünffacht sich die Einwohnerzahl der Staaten Vorderasiens seit 1950 mit einer sehr gleichmäßigen Zunahmekurve von 30 Mio. auf 140 Mio. (2025). Ihr Anteil steigt von 16 % auf 28 %. In Nordafrika ist ebenfalls vom Zunahmefaktor 5 auszugehen. Hier wächst die Bevölkerung von 42 Mio. (1950) auf 210 Mio. im Jahre 2025. Der Anteil Nordafrikas an der gesamten Mittelmeerbevölkerung steigt von 23 % auf 42 %. Gleichzeitig wird der

Verdoppelungszeitraum immer kürzer, weil die Geburtenüberschüsse zunächst noch weiter wachsen. Er betrug in Nordafrika und in den Staaten am östlichen Rand des Mittelmeerraumes nach 1950 jeweils 30 Jahre.

Der bevölkerungsgeographische Kontrast der Großräume des Mittelmeerraumes wird bei einem Ländervergleich noch deutlicher, da er die jeweiligen volkswirtschaftlichen und sozialen Folgen der ungleichen Bevölkerungsentwicklung stärker hervorhebt (Tab. 5 und Abb. 19).

Land	Bevölkerung in Mio.								
	1950	1960	1970	1980	1990	1995	2000	2010	2025
Portugal	8,4	8,8	9,0	9,8	9,8	9,9	9,8	9,7	9,4
Spanien	27,8	30,3	33,8	37,4	39,0	39,2	40,0	39,4	37,5
Frankreich-Süd[1]	4,2	4,5	5,4	6,0	6,6	7,0	7,4	7,4	7,5
Italien	47,7	49,6	53,6	57,0	57,1	57,1	57,1	56,2	51,7
Slowenien	1,5	1,6	1,7	1,8	2,0	1,9	2,0	1,9	1,7
Kroatien	3,8	4,0	4,1	4,3	4,5	4,5	4,4	4,4	4,2
Bosnien	2,7	3,2	3,6	3,9	4,2	4,3	4,3	4,3	4,3
Mazedonien	1,2	1,4	1,6	1,8	2,0	2,2	2,4	2,4	2,5
Jugoslawien[2]	7,1	8,0	8,7	9,5	10,1	10,2	10,6	10,5	10,7
Albanien	1,2	1,6	2,1	2,6	3,3	3,4	3,5	3,7	4,3
Griechenland	7,5	8,3	8,7	9,6	10,1	10,5	10,8	10,6	10,1
Malta	0,3	0,3	0,3	0,4	0,4	0,4	0,4	0,4	0,4
Südeuropa	**113,6**	**121,7**	**132,6**	**144,1**	**149,1**	**149,9**	**152,4**	**150,9**	**144,3**
Marokko	8,9	11,6	15,5	20,0	25,1	27,0	29,5	35,6	39,9
Algerien	8,7	10,8	14,3	18,6	25,1	27,9	33,4	38,5	47,3
Tunesien	3,5	3,9	5,1	6,3	8,1	8,9	9,4	11,7	13,5
Libyen	1,0	1,3	1,9	2,9	4,5	5,4	6,0	8,9	12,9
Ägypten	20,3	25,9	33,3	42,2	52,1	58,9	63,9	75,7	95,8
Nordafrika	**42,4**	**53,5**	**70,1**	**90,0**	**114,9**	**128,1**	**142,2**	**170,4**	**209,4**
Türkei	20,8	27,5	34,8	44,4	56,1	61,9	65,3	73,2	85,8
Syrien	3,5	4,5	6,2	8,9	12,4	14,7	17,8	20,4	26,3
Libanon	1,4	2,1	2,4	2,6	2,8	3,0	3,6	3,9	4,4
Israel	1,3	2,1	2,9	3,8	4,7	5,6	6,0	7,0	8,0
Jordanien[3]	1,7	1,9	2,0	2,9	4,2	5,3	6,3	8,4	11,9
Gaza, Palästina	0,2	0,3	0,3	0,4	0,6	0,8	1,0	1,4	2,5
Zypern	0,4	0,5	0,6	0,6	0,7	0,7	0,7	0,8	0,9
Türkei/Levante	**29,3**	**38,9**	**50,2**	**63,6**	**81,5**	**92,0**	**100,7**	**115,1**	**139,6**

[1] Nur Languedoc-Roussillon, Provence-Alpes-Côte d'Azur, Korsika. [2] Bundesrepublik Jugoslawien einschl. Montenegro. [3] Seit 1988 ca. 1,5 Mio. Westbankbewohner zu Palästina zählend.

Tab. 5: Bevölkerungsentwicklung 1950–2025.

Quelle: UN World Population Prospects 1998; ab 2000 mittlere Variante der Vorausschätzung.

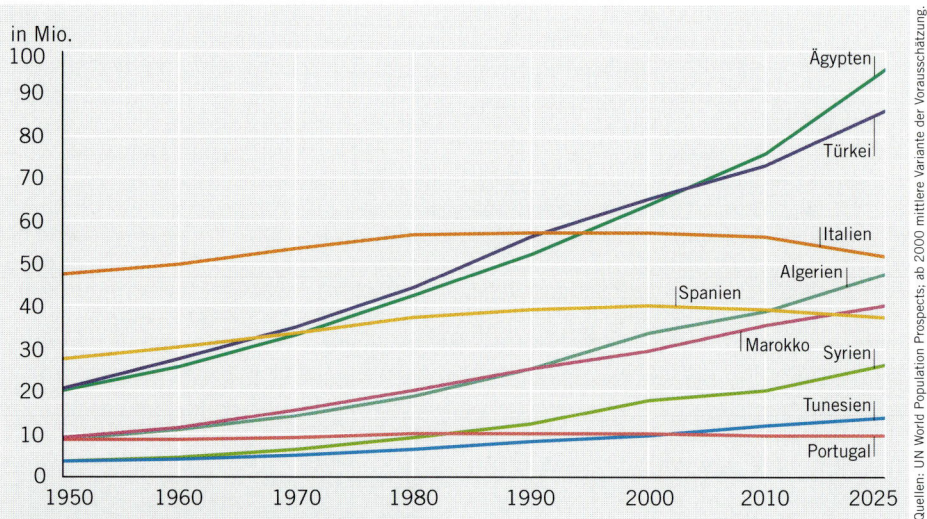

Quellen: UN World Population Prospects; ab 2000 mittlere Variante der Vorausschätzung.

Abb. 19: Bevölkerungsentwicklung ausgewählter Länder 1950 – 2025: *Um die Bevölkerungszunahme der unterschiedlich großen Länder bewerten zu können, ist der Vergleich von Grafik und Tabelle notwendig.*

Die Türkei und Ägypten sind die Länder mit der heute und in Zukunft (2025) höchsten Einwohnerzahl. In beiden Staaten wächst die Bevölkerung seit 1950 von 20 Mio. auf vermutlich 86 Mio. (Türkei) und 96 Mio. (Ägypten), für die Verdopplung benötigen sie jeweils 30 Jahre. Auf etwas niedrigerem Niveau, aber insgesamt mit noch stärkerer Zunahmerate, steigt die Bevölkerung Marokkos und Algeriens (1950 je etwa 9 Mio.) auf 40 Mio. bzw. 47 Mio. (2025). Die jeweilige Verdoppelung dauert nur 25 Jahre. In allen vier Staaten wächst die Einwohnerzahl schneller als die Wirtschaftskraft und ihre Arbeitsmärkte. Die Bekämpfung der Beschäftigungslosigkeit muss deshalb alle Maßnahmen der Innenpolitik dieser Länder beherrschen. Nur ein Teil der jüngeren Bevölkerung kann auf eine Existenz als Gastarbeiter, illegaler Migrant oder Asylant im Ausland hoffen.

Italien und Spanien passen ihr generatives Verhalten an mittel- und westeuropäische Vorbilder an. In Spanien geht die Bevölkerungsentwicklung gegenwärtig in eine Stagnation über. In Italien stagniert sie seit Mitte der 90er-Jahre. Manche Quellen (z. B. die Weltbank) nahmen auch für Spanien, Portugal und Griechenland bereits ein langsames

Absinken der Einwohnerzahl nach einem Maximalstand um 1990 an. Die tatsächlichen Zahlen vermindern sich jedoch nicht ganz so schnell, wie zunächst angenommen. Im Internet sind die neuesten Daten allerdings nur als Hochrechnungen verfügbar.

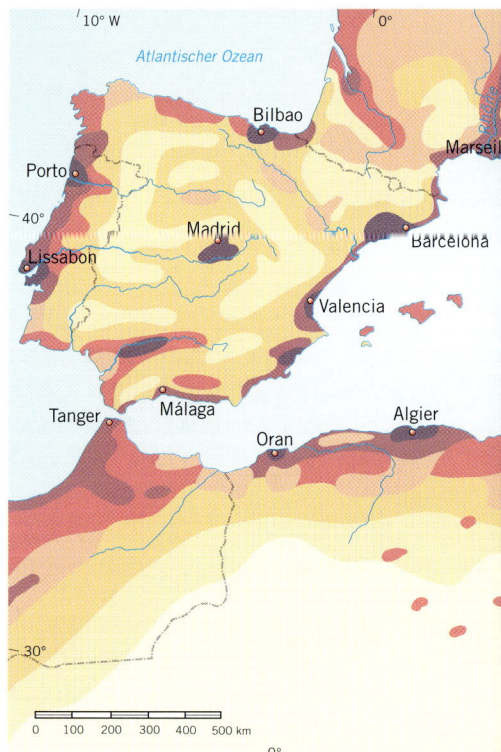

Verteilung und Dichte der Bevölkerung

Die Bevölkerungsdichte (Abb. 20) ist zwar nur ein singuläres Merkmal der demographischen und wirtschafträumlichen Entwicklung. Sie gibt jedoch einen Einblick in die räumliche Differenzierung des Bevölkerungsprozesses. Vergleicht man ältere Karten der Bevölkerungsdichte des Mittelmeerraumes (z. B. Diercke-Atlas, 43. Aufl. 1907, 111. Aufl. 1957, S. 82/83) mit dem aktuellen Zustand, so erkennt man einen grundlegenden Wandel der räumlichen Zuordnung von Bevölkerung und Wirtschaft.

Hohe und steigende Bevölkerungsdichte kennzeichnet alle *Küstenniederungen*, die teils altes Siedlungsland sind, teilweise auch erst kurz vor oder nach dem Zweiten Weltkrieg von Malaria befreit und seitdem kolonisiert wurden. Die wirtschaftliche Basis vieler dieser litoralen Verdichtungszonen war zunächst intensive Agrarnutzung. Historisch alte Bewässerungsgebiete, wie z. B. Campania Felix am Golf von Neapel, die Huertas und Vegas an der spanischen Ostküste, in nordafrikanischen Oasen, im Nildelta, im Jordantal und an der West- und Südküste der Türkei, weisen Dichtewerte von bis zu 10 000 Einw./km² auf. Küstenstädte und ihr Umland, oft auf antiken und mittelalterlichen Schichten wurzelnd, wuchsen zu großen Verdichtungsräumen in Meeresnähe. Die Abwanderung aus den Gebirgen und Bergländern sowie aus den entlegenen Binnengebieten an die Küste ließ vor und nach dem Zweiten Weltkrieg die Bevölkerungs-

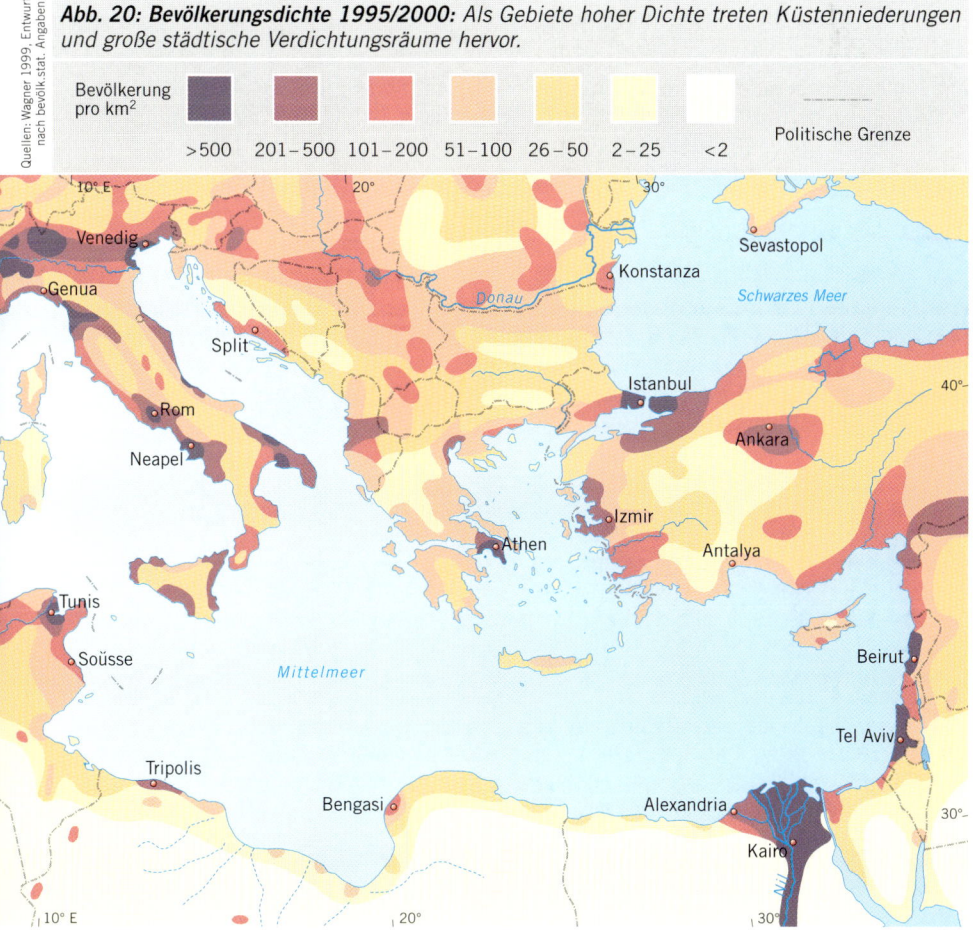

Abb. 20: Bevölkerungsdichte 1995/2000: Als Gebiete hoher Dichte treten Küstenniederungen und große städtische Verdichtungsräume hervor.

Quellen: Wagner 1999. Entwurf nach bevölk.stat. Angaben.

Bevölkerung pro km²

| >500 | 201–500 | 101–200 | 51–100 | 26–50 | 2–25 | <2 | Politische Grenze |

dichte in den Küstenniederungen immer weiter ansteigen. Allerdings überschreitet die Nutzungsdichte in vielen Fällen bereits die Grenze von Vor- zu Nachteilen. Seit der Mitte des Jahrhunderts erhöhte eine disperse jüngere Industrialisierung und Verkehrserschließung die Einwohnerzahlen auch an bisher gering besiedelten Küsten, z. B. Marseille-Fos, Barcelona-Badalona, Setubal, Oran-Arzew, Tarent, Bari, Brindisi und Izmir. In neuerer Zeit resultierten weitere Verdichtungswellen aus dem Wachstum des Tourismus, der die bis dahin noch nicht besiedelten Zwischenräume ausfüllt. Problematisch ist insbesondere, dass sich Landwirtschaft, Siedlungen, Städte, Verkehr und Tourismus wechselseitig durchdringen, überlagern und Konkurrenten für die gleichen Flächen sind. Die daraus entstehenden Konflikte erhöhen den Nutzungsdruck und die Gefährdung des Landschaftshaushaltes.

So umschließt heute das Mittelmeer im Westen und Norden, beginnend in Südspanien, in einem weiten Bogen bis an die Gestade der Toskana ein dichtes Verstädterungsband von je einigen Kilometern Breite. Die *Metropolen Rom* und *Neapel/Salerno* sind durch ein fast ununterbrochenes Siedlungsgefüge zu einem flächenhaften Metropolitangebiet mit fast 10 Mio. Einwohnern (1998) geworden. 1951 waren es nur 6 Mio. Ein ähnlicher Anstieg der Einwohner- und Nutzungsdichte erfasste die gesamte *Ostküste* der Apenninenhalbinsel von Rimini bis zur Südspitze Apuliens. Traten hier um 1950 nur einzelne Inseln höherer Konzentration hervor, so fallen heute die letzten Agrarflächen der Bebauung zum Opfer. Die Dichte verdoppelte sich. Im *östlichen* Mittelmeerraum expandieren küstennahe Siedlungszentren weit in ihr Umland: Athen, Thessaloniki, Istanbul, Izmit und Izmir. Die südtürkischen Küstenhöfe und die levantinischen Litoralzonen bilden bis Gaza ein Band fast durchgehender Verstädterung. Allein im *Nildelta* mit Kairo und Alexandria sowie etwa zehn weiteren Städten zehrte die Zersiedlung die Agrarfläche immer weiter auf und beherbergt 27 Mio. Einwohner (Ibrahim 1996, S. 47). Um 1960 waren es nur 16 Mio. In *Nordafrika* blieben die Metropolen und Großstädte zwar noch durch ländliche Siedlungsräume getrennt, aber auch hier treffen die Flan-

ken bereits aufeinander (z. B. zwischen Sousse, Cap Bon und Tunis, im Großraum Algier, zwischen Rabat und Casablanca). Ausstrahlungszentren mit hoher Bevölkerungsdichte in Küstennähe sind (2000): Kairo 14 Mio. Einw., Istanbul 13 Mio., Algier 4 Mio., Athen 4 Mio., Alexandria 3,5 Mio., Rom 3 Mio., Neapel 3 Mio.

Im *Binnenland* entstanden Verdichtungszentren um alte Städte, meist verbunden mit Wachstum von Industrie und Dienstleistungen, z. B. Turin (2 Mio. Einw.), Mailand (4,2 Mio.) oder, gesteuert von administrativen Funktionen, z. B. Madrid (5 Mio. Einw.) und Ankara (4 Mio.). Bis in die Zeit nach dem Zweiten Weltkrieg war die Zahl der Dichtezentren im Landesinneren klein. Im Verlauf der letzten zwei Jahrzehnte wuchsen auch die bislang kleineren Nebenzentren und Provinzhauptorte durch Zuwanderung aus ländlichen Räumen. Der Ausbau der Verkehrsinfrastruktur stärkte ihre Bindung zu den großen Metropolen.

Auch einzelne *Gebirge* des Mittelmeerraumes haben teilweise eine hohe Bevölkerungsdichte, soweit sie ethnisch isolierte, eigenständige Kulturtradition besitzen. Hierzu zählen in Nordafrika die nichtarabisierten Lebensräume der Berber im Djurdjura-Atlas/Kabylei und im Aurès Algeriens sowie im Rifgebirge und Hohen Atlas Marokkos. Hier werden mittlere Einwohnerdichten von 500 erreicht (Wilaya Tizi Ouzou). Trotz starker Abwanderung bleibt wegen der großen Geburtenüberschüsse die hohe ländliche Wohndichte erhalten (Popp 1990).

Die *Steppenlandschaften Nordafrikas* lassen eine entscheidende Änderung ihrer Bevölkerungsverhältnisse erkennen. Sie waren teilweise schon seit der europäischen Kolonisation in der Mitte des vorigen Jahrhunderts in Getreideland umgewandelt worden. Nach Beginn der staatlichen Unabhängigkeit Algeriens 1962 wurden die noch aktiven Nomaden sesshaft gemacht und zu Ackerbau gezwungen (Wagner 1981). In den südlicher liegenden Übergangsarealen zu den vollariden Landschaften der Sahara blieb die Bevölkerungsdichte gering. Die Einwohnerzahl in den Oasen der Nordsahara stieg seit den 60er-Jahren durch Zuwanderung, Geburtenüberschuss und Sesshaftwerdung nomadischer Gruppen stark an. Die Ursache ist in einer Funktionsvermeh-

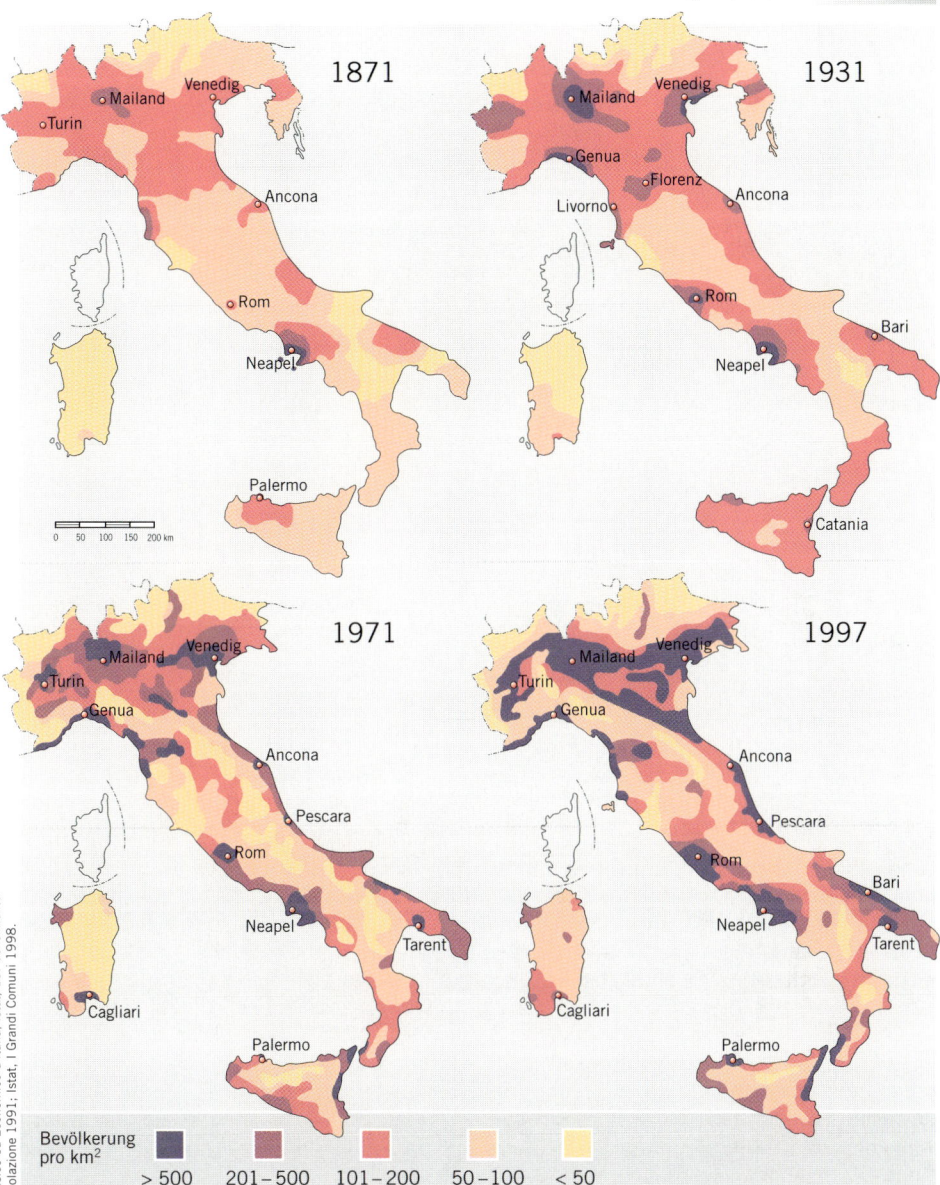

Abb. 21: Bevölkerungsdichte Italiens 1871, 1931, 1971, 1997: *Die Kartenserie zeigt den Phasenablauf von Abwanderung und erneuter Zunahme der Bevölkerungsdichte in ländlichen Räumen.*

rung dieser Siedlungen am Rande der Ökumene gegenüber ihren historischen Aufgaben zu sehen (Aït Hamza 1997).

Interessant ist die langfristige *räumliche Schwerpunktverlagerung* der Bevölkerungsdichte in den Mittelmeerländern. Sie spiegelt die Zunahme von Verstädterung und Industrie wider. Die Abb. 21 zeigt diesen Vorgang seit 1871 für Italien, das diesbezüglich am besten mit statistischen Daten ausgestattete Land. 1871 gab es nur kleinere Verdichtungsräume: Mailand, ein Teil der toskanischen Küste und Neapel, Rom fällt kaum auf. Bis 1931 nahm infolge des

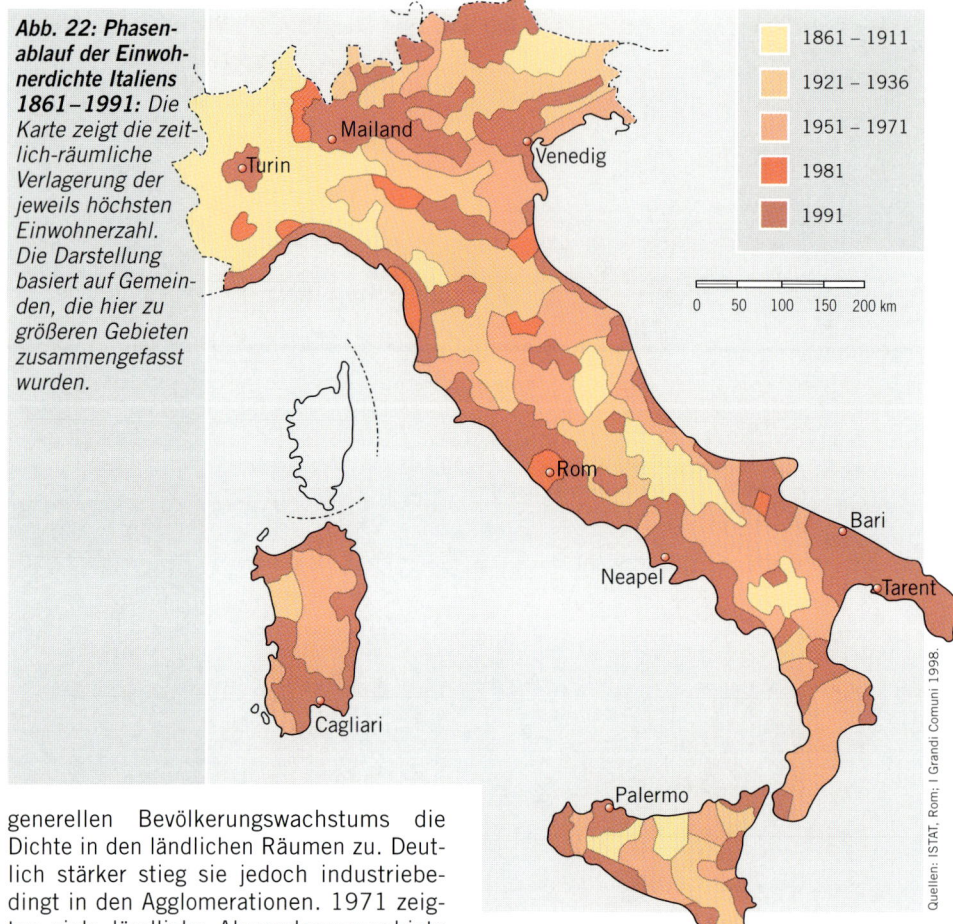

Abb. 22: Phasenablauf der Einwohnerdichte Italiens 1861–1991: *Die Karte zeigt die zeitlich-räumliche Verlagerung der jeweils höchsten Einwohnerzahl. Die Darstellung basiert auf Gemeinden, die hier zu größeren Gebieten zusammengefasst wurden.*

	1861 – 1911
	1921 – 1936
	1951 – 1971
	1981
	1991

Quellen: ISTAT, Rom; I Grandi Comuni 1998.

generellen Bevölkerungswachstums die Dichte in den ländlichen Räumen zu. Deutlich stärker stieg sie jedoch industriebedingt in den Agglomerationen. 1971 zeigten viele ländliche Abwanderungsgebiete niedrige Dichtewerte, während die Umlandzonen der Ballungsräume und viele Küstenabschnitte einen Anstieg erkennen lassen. Bis 1991 bleiben diese Gegensätze erhalten, zahlreiche ländliche Räume holten jedoch wieder auf (Abb. 22). Hier werden die Gebiete mit der jeweils höchsten Einwohnerzahl im Zeitablauf dargestellt.

Die jüngsten Wachstumsareale liegen heute außerhalb der Kernstädte in zuvor rein agrarischen Gebieten und weiterhin an den Küsten. Für die Türkei stellte Höhfeld (1995, S. 204) und für Algerien Arnold (1996) ähnliche Verlagerungen der Bevölkerungsdichte fest.

Natürliche Bevölkerungsentwicklung und Altersstruktur 1950–2025

Die unterschiedliche Zunahme der Bevölkerung in den einzelnen Teilen des Mittelmeerraumes basiert in erster Linie auf dem generativen Verhalten (Geburtenrate, Fruchtbarkeitsrate, Lebenserwartung, Sterberate). Der nur noch langsamen natürlichen Bevölkerungszunahme im Norden

stehen hohe Geburtenüberschüsse im Süden und Osten gegenüber. Betrachtet man den Verlauf der Geburten- und Sterberate ab 1950, so lassen sich die einzelnen Länder des Mittelmeerraumes in das Schema des *demographischen Übergangs* einordnen. Darunter versteht man die Veränderung des generativen Verhaltens parallel zur Wandlung der Wirtschafts- und Sozialstruktur von einer Agrar- über eine Industrie- zu einer Dienstleistungsgesellschaft. Bei aller Problematik, die mit der Interpretation dieses Modells verbunden ist, gibt es doch einen informativen Überblick: Die Sterberate sinkt, die Geburtenrate folgt ihr jedoch erst mit einer gewissen Verzögerung. Da die Geburten- und Sterbefälle auf je 1000 der Wohnbevölkerung bezogen werden, wird die daraus gewonnene Aussage durch die Zunahme der Lebenserwartung etwas verzerrt.

In Abb. 23 können die Länder bezogen auf die zweite Hälfte der 90er-Jahre (Mittelwert 1995/2000) hinsichtlich ihres natürlichen Bevölkerungswachstums in drei Phasen gegliedert und verglichen werden. Die einzelnen Staaten wurden im Diagramm nach der Höhe ihrer Geburtenrate angeordnet.

Die stärkste natürliche Bevölkerungszunahme haben Gaza, Libyen, Jordanien und Syrien mit Werten über 30‰. Mit vorläufig noch hohem, wenn auch bereits langsam abnehmendem demographischen Wachstum zwischen 30‰ und 25‰ sind die Länder im südlichen Teil mit großen wirtschaftlichen und sozialen Problemen konfrontiert (Algerien, Ägypten, Marokko, Libanon bis Tunesien). Eine dritte Gruppe von Staaten nähert sich dem Ende der starken natürlichen Bevölkerungszunahme (Türkei bis Malta). Die südeuropäischen Staaten waren etwa seit Beginn ihrer Industrialisierung die Vorreiter der generativen Anpassung und haben den demographischen Übergang bereits beendet. Ihre natürliche Bevölkerungszunahme erreichte das posttransformative Stadium Ende der 80er-Jahre (Griechenland, Portugal, Frankreich). Italien und Spanien eilen dieser Entwicklung noch weiter voraus.

Analysiert man die Veränderung des generativen Verhaltens der einzelnen Länder im Zeitablauf, so sind im Hinblick auf das Verhältnis von Geburten- und Sterberate wichtige *Unterschiede* zwischen dem Norden und Süden festzustellen.

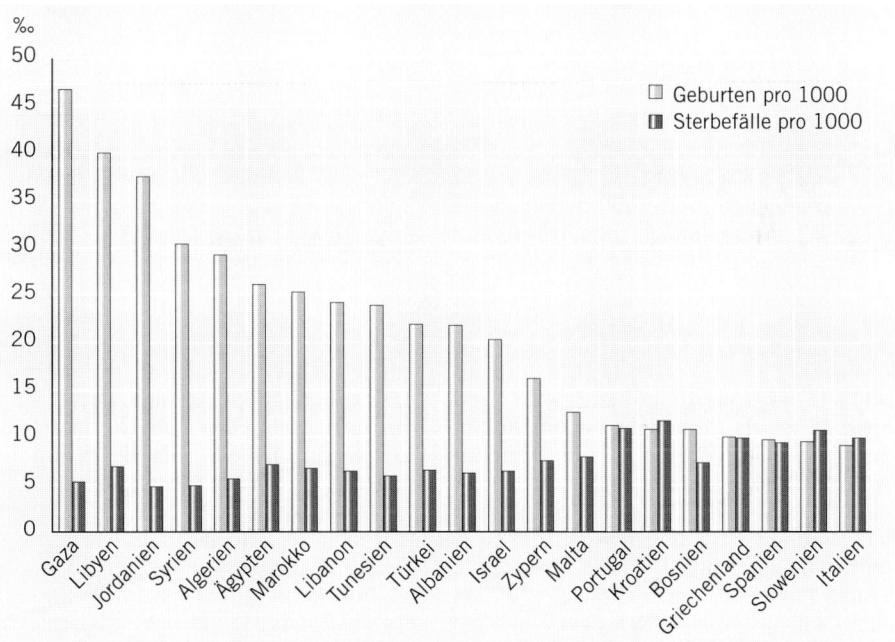

Quelle: UN World Population Prospects 1998.

Abb. 23: Natürliche Bevölkerungszunahme 1995–2000: *Die einzelnen Länder sind entsprechend der Höhe des natürlichen demographischen Wachstums angeordnet und deuten deshalb ihre Stellung im Modell des demographischen Übergangs an. Rechts von Portugal herrscht fast Nullwachstum.*

Land	Netto-Reproduktionsziffer[1]
Südeuropa	
Portugal	0,74
Spanien	0,74
Italien	0,61
Slowenien	0,70
Kroatien	0,79
Bosnien	0,75
Jugoslawien	0,95
Mazedonien	0,92
Griechenland	0,66
Malta	0,98
Nordafrika	
Marokko	2,16
Algerien	1,71
Tunesien	1,42
Libyen	2,72
Ägypten	1,66
Türkei/Levante	
Israel	1,38
Palästina	–
Libanon	1,42
Syrien	2,68
Türkei	1,48

[1] Die Netto-Reproduktionsziffer zeigt die Grenze zwischen Wachstum und Abnahme einer Bevölkerung besonders deutlich.

Tab. 7: Zahl der Mädchengeburten pro Frau 1998.

Quelle: Statistisches Bundesamt, Auslandsstatistik.

teln zur künstlichen Empfängnisverhütung. Ihre Anwendung begann in den städtischen Verdichtungsräumen und setzte sich jedoch in den südlichen Ländern des Mittelmerraumes nur langsam im ländlichen Raum fort. In den nördlichen Ländern kam ihnen jedoch eine wichtige Rolle in Bezug auf Verminderung des natürlichen Bevölkerungswachstums seit Beginn der 70er-Jahre zu.

Noch einprägsamer werden die räumlichen Unterschiede der langfristigen zukünftigen Bevölkerungsentwicklung durch die *Nettoreproduktionsziffer* aufgezeigt. Sie gibt die durchschnittliche Zahl von lebendgeborenen Töchtern an, die eine Frau im Laufe ihres Lebens gebären wird, wobei unveränderte altersspezifische Fruchtbarkeits- und Sterbeziffern unterstellt werden. Liegt dieser Wert unter 1, schrumpft eine Bevölkerung

langfristig, liegt er darüber, wächst sie. Der Mittelwert 1990/95 unterstreicht in fast dramatischer Weise den Rückfall der europäischen Mittelmeerländer, während die nordafrikanischen und vorderasiatischen noch für lange Zeit über eine sichere biologische Entwicklungsgrundlage verfügen (Tab. 7).

Als Ursachen für die Verringerung der Fruchtbarkeitsrate und der Nettoreproduktionsziffer wirken verbesserte Perspektiven der sozialen Sicherung, höhere Teilnahme der Frauen an regelmäßiger Erwerbstätigkeit, die Lockerung von religiösen Vorschriften in den christlichen Ländern des Mittelmerraumes und vor allem durch Gastarbeit, Tourismus und Medien selbst in Nordafrika vordringende europäische Leitbilder der Lebensgestaltung. Diese Einflüsse wirken zwar noch nicht generell auf die Bevölkerung insgesamt, aber Führungsschichten übernahmen sie während der letzten Jahrzehnte sehr schnell, obwohl auch für sie die sozialen Sicherungssysteme noch fehlen (Ibrahim 1996, S. 12).

Um die beschriebenen *Kausalzusammenhänge* der natürlichen Bevölkerungsentwicklung zu veranschaulichen und die Bedeutung der Altersstruktur für die demographische Entwicklung zu erläutern, seien einige *Länderbeispiele* angefügt. Nachfolgend werden Spanien und Italien, Länder im Norden des Mittelmeerraumes mit fast stagnierender Bevölkerungszunahme und spätindustriellem generativen Verhalten, betrachtet. Ihnen werden drei große Repräsentanten des mediterranen Südens und Ostens mit noch schnell wachsender Einwohnerzahl (Algerien, Ägypten und die Türkei) gegenübergestellt. Dabei ist innerhalb der Länder die räumliche Differenzierung der bevölkerungsgeographischen Grundprozesse zu beachten.

Spanien

Spanien ist ein Beispiel für einen sehr schnellen sozialen und demographischen Wandel seit dem Ende der Franco-Diktatur 1975. Viele traditionsbestimmte Lebensweisen wurden seitdem abgestreift. Die *Fruchtbarkeitsrate* sank sehr schnell ab. Mit 1,2 Kindern pro Frau kann die Bevölkerungszahl des Landes langfristig nicht konstant gehalten werden. Hierzu wäre mindestens eine Fruchtbarkeitsrate von

Bild 17: Büchertisch in Palma, Spanien: *Parallel zur Abnahme des natürlichen Bevölkerungswachstums vollzieht sich die Änderung beruflicher Orientierung, z.B. hinsichtlich höherer Bildung und Universitätsstudium, wie dieses Bild aus Spanien zeigt.*

2,1 Kindern notwendig. Auffällige Unterschiede zeigt ein demographisches Süd-Nord-Profil durch Spanien (1995): Während in Andalusien und Estremadura jede Frau (statistisch) noch 2,5 Kinder zur Welt bringt, sinkt dieser Wert in Galicien und Asturien auf 0,9. Deshalb gingen in den einzelnen Regionen Spaniens seit 1987 die *Geburtenüberschüsse* unterschiedlich schnell zurück. Diese Feststellung überrascht zunächst, da diese Daten dem Bild katholischer Länder widersprechen.

Die Ursachen der schnellen Abnahme der Geburtenüberschüsse sind im Detail vielgestaltig. Gemeinsam weisen sie jedoch auf eine schnelle Auflösung des *langjährigen Veränderungsstaus* während der Franco-Zeit hin. In nur wenigen Jahren vollzog sich seitdem ein Modernisierungsschub, für den andere Länder und Regionen Europas sehr viel mehr Zeit hatten. Die neue individuelle Freiheit, die zunehmende Be-

rufstätigkeit der Frau, ein Verschieben des Heiratsalters, eine geringere Wertschätzung von Ehe und Familie, der Übergang vom Ideal der Großfamilie zur Kleinfamilie, steigende Lebenshaltungskosten sowie geringe staatliche Unterstützung für die Kindererziehung sind Ursachen und Folgen dieses beschleunigten sozialen Wandels. Auch die hohe Arbeitslosigkeit (1997 bei 22 %) hatte daran Anteil. Letztlich bewirkte jedoch in erster Linie die neue Rolle der Frau in der Gesellschaft eine Begrenzung des Bevölkerungswachstums (Bild 17).

Die bevölkerungsgeographische Entwicklung wird durch einen Blick auf den Wandel der *Altersstruktur* Spaniens zwischen 1998 und 2025 noch deutlicher (Abb. 29). Beispiellos ist die Geschwindigkeit, mit der die Pyramide geradezu auf den Kopf gestellt wird. Die Jugend Spaniens wird in einem Vierteljahrhundert nur noch 15 % der Gesamtbevölkerung stellen. Mitteleu-

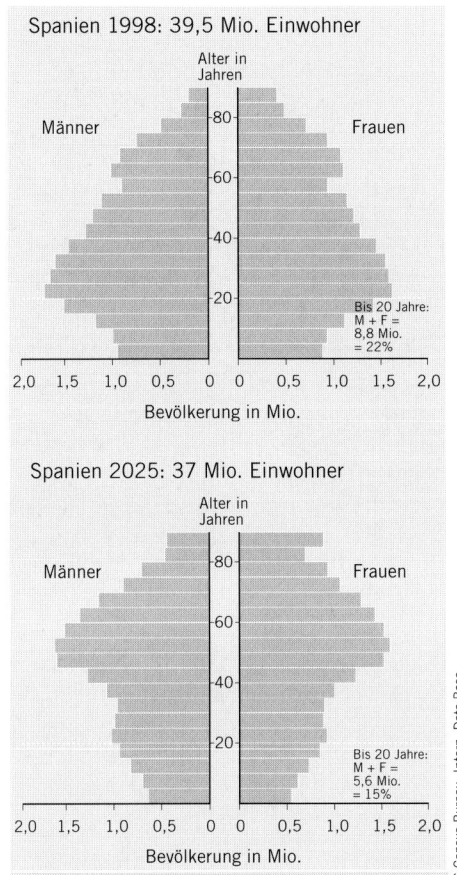

Abb. 29: Spanien. *Altersaufbau der Bevölkerung 1998 und 2025.*

Quelle: US Census Bureau, Intern. Data Base.

ropäisch ist heute schon die Höhe der Lebenserwartung (1994: Männer 75 Jahre; Frauen 81). Der bevölkerungsgeographische Wandel verlief so schnell, dass das neue demographische Spanienbild, zunehmend geprägt durch Überalterung und Schwund an jugendlicher Dynamik, in der Vorstellung Mitteleuropas noch nicht präsent ist (Gonzalvez Perez 1995).

Italien

In *Italien* begann der soziale und demographische Wandel früher als in Spanien, jedoch auch in starker regionaler Differenzierung. Um die Jahrhundertwende hielten sich die Geburtenüberschüsse bei 11‰ in Nord- und Mittelitalien sowie im Mezzogiorno noch die Waage. Wegen abnehmender Sterberaten stiegen sie danach im Süden

an, im Norden sanken sie trotz anhaltender Zuwanderung jüngerer Bevölkerungsgruppen aus den südlichen Landesteilen ab. Nach dem Zweiten Weltkrieg bestand noch immer ein großer regionaler Gegensatz der Geburtenüberschüsse: 14,3‰ im Süden gegen nur 4,5‰ im Norden und in der Mitte der Apenninenhalbinsel. In einigen der Nordregionen, z. B. in Ligurien, begann die natürliche Bevölkerungsabnahme schon zu Beginn der 70er-Jahre (vgl. Abb. 30). Die Regionen Friaul, Piemont, Aosta folgten bis 1975 und Venetien sowie die Lombardei zu Beginn der 80er-Jahre in die natürliche Bevölkerungsabnahme (King 1993a). Gleichzeitig hatte sich auch fast ganz Mittelitalien in diesen negativen Trend eingefügt: Der Sterbeüberschuss nahm weiter zu, obwohl die Zeit der Abwanderungsverluste aus diesen Regionen zu Ende gegangen war. Eine Ausnahme bildet Latium mit Rom als wichtigem Wanderungsziel besonders für die junge Bevölkerung. Nur der Süden Italiens erreicht noch positive natürliche Wachstumsraten, aber auch hier sinken die Kurven kontinuierlich ab. In den Gebirgsregionen Abruzzen/Molise liegen in jüngster Zeit die Sterberaten über den Geburtenraten. Das Gesamtniveau des natürlichen Wachstums sank hier bereits deutlich unter das Startniveau der norditalienischen Regionen nach dem Zweiten Weltkrieg. An der Spitze liegt noch immer das traditionell demographisch fruchtbare Kampanien. Allerdings müsste man hier die Kinderzahlen der illegal eingewanderten, statistisch meist nicht berücksichtigten Bevölkerung (Clandestini) hinzuzählen (Marokkaner, Äthiopier, Libyer).

Analysiert man die Entwicklung des generativen Verhaltens am Beispiel Italiens, so ist ein Vordringen von geänderten *Wertvorstellungen* vom Norden in den Süden zu erkennen. Heute beherrschen bereits überall auf der Apenninenhalbinsel spätindustrielle Leitbilder das Familienleben. Die traditionell generationenübergreifende Sozialbindung erscheint auch hier stark gelockert (Van Leeuwen-Maillet 1995). Die heute abgeklungene Emigration und Gastarbeit trug viel zu diesem Wandel bei. Auch der Mezzogiorno hat diese soziale und demographische Veränderung seit Beginn der 50er-Jahre durchschritten (Wagner 1991). Es ist abzusehen, dass innerhalb

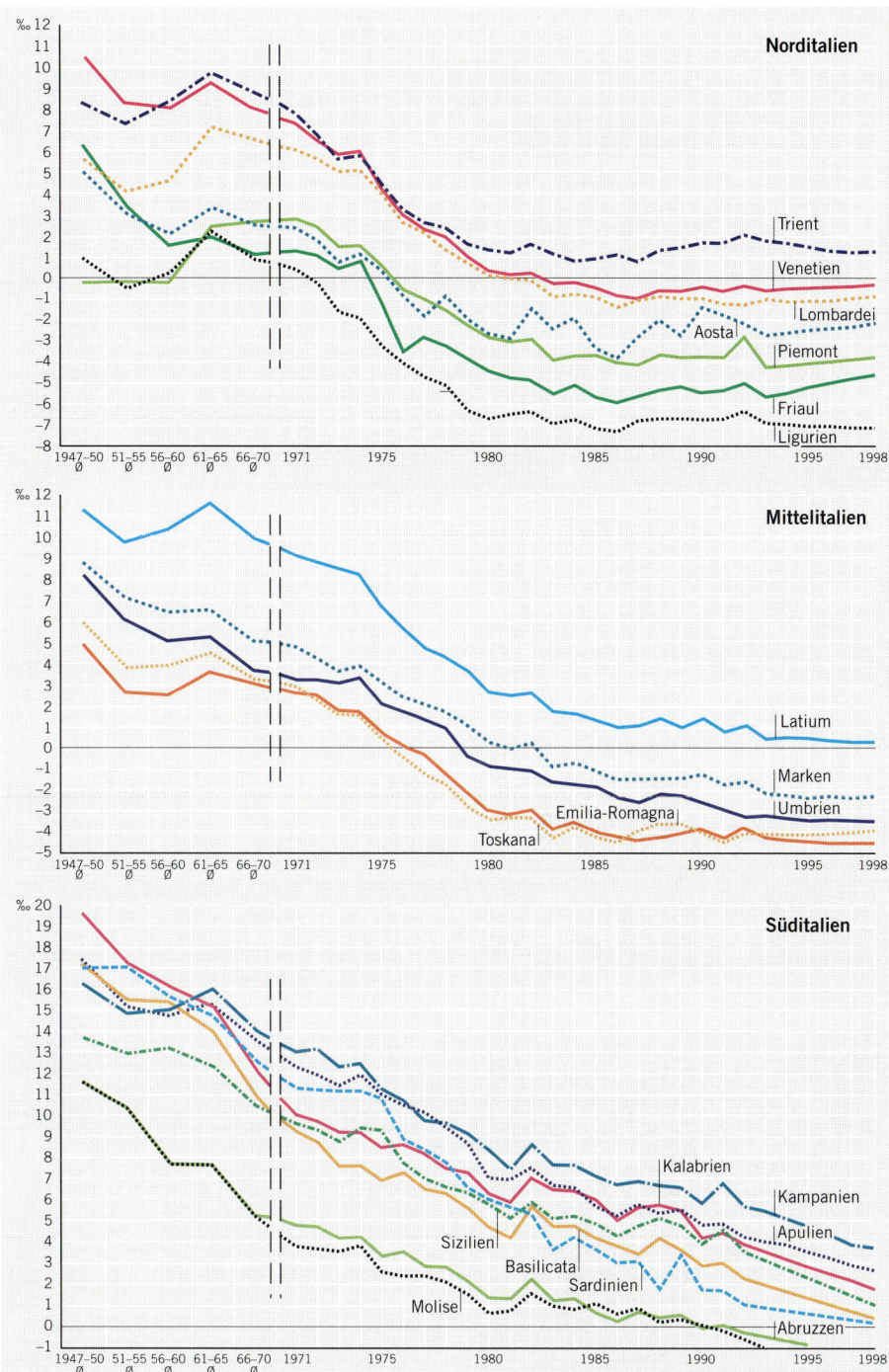

Quelle: Eurostat. Stat. Jahrb. der Regionen, versch. Jahrg..

Abb. 30: Geburtenüberschüsse in den Regionen Italiens 1947 – 1993: *Beim Vergleich der drei Abbildungen ist besonders bei Süditalien die wesentlich höher reichende Maßstabsskala zu beachten. Dennoch sinkt auch hier das natürliche Wachstum ab.*

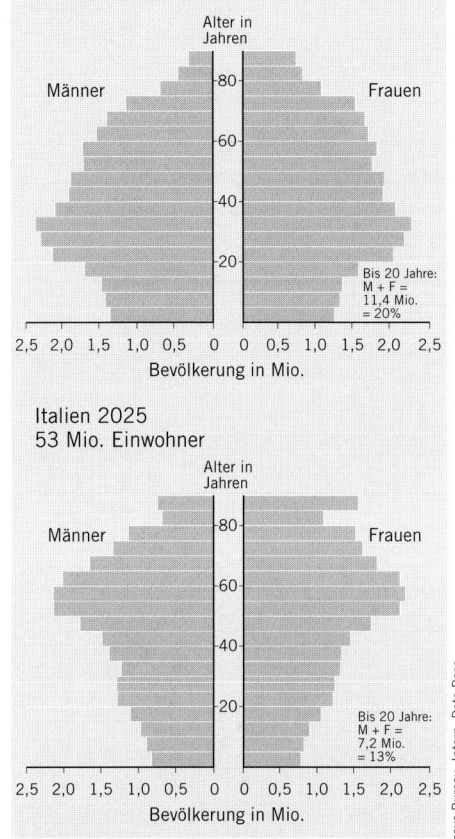

Italien 1998
57 Mio. Einwohner

Alter in Jahren

Männer — Frauen

Bis 20 Jahre:
M + F =
11,4 Mio.
= 20%

2,5 2,0 1,5 1,0 0,5 0 0 0,5 1,0 1,5 2,0 2,5
Bevölkerung in Mio.

Italien 2025
53 Mio. Einwohner

Alter in Jahren

Männer — Frauen

Bis 20 Jahre:
M + F =
7,2 Mio.
= 13%

2,5 2,0 1,5 1,0 0,5 0 0 0,5 1,0 1,5 2,0 2,5
Bevölkerung in Mio.

Abb. 31: Italien. Altersaufbau 1998 und 2025: *Die Zahl der unter 20jährigen nimmt absolut und prozentual ab.*

Quelle: US Census Bureau, Intern. Data Base.

der nächsten zwei Jahrzehnte *alle* italienischen Regionen die Phase der demographischen Stagnation oder sogar Schrumpfung erreicht haben werden. Diese Tatsache ergibt sich auch aus der niedrigen Nettoreproduktionsziffer von 0,61 (Anzahl der Mädchengeburten einer Frau). Bereits das Unterschreiten des Wertes 1,0 bedeutet den Beginn der Abnahme einer Bevölkerung.

Die Altersstruktur gibt weiteren Aufschluss. Sie ist durch eine kontinuierliche Abnahme der Jugendlichen gekennzeichnet (Abb. 31). Die unter 20-Jährigen bilden 1998 noch 20 % der Gesamtbevölkerung. Bis 2025 wird sich ihr Anteil auf 13 % verringern. Gleichzeitig steigt die Lebenserwartung, besonders bei Frauen (1994:

Frauen 80; Männer 77). Dieser Trend zeigt, dass Italien ebenso wie Spanien die postindustrielle Bevölkerungsweise mittel- und westeuropäischer Länder in wenigen Jahren erreicht haben wird. Innerhalb einer Generation hat sich damit das demographische Grundgefüge, das von Großfamilie, Kinderreichtum und vitaler Jugendlichkeit gekennzeichnet war, ins Gegenteil verkehrt.

Die *Konsequenzen* des an diesen Länderbeispielen sichtbar werdenden bevölkerungsgeographischen Gegensatzes zwischen dem Norden sowie dem Süden und Osten erschweren die Bestrebungen der neuen EU-Politik zur Einbeziehung des südlichen Mittelmeerraumes in eine Kooperation. Dabei empfindet man in Mittel- und Westeuropa die demographische Stärke Nordafrikas und des Nahen Ostens mental zunehmend als *Bedrohung*.

Algerien

Algerien hat die maximale Öffnung der Schere zwischen Geburten und Todesfällen erst nach 1980 überschritten. Seitdem wird der jährliche Geburtenüberschuss zwar kleiner. Das natürliche Wachstum der Bevölkerung liegt jedoch noch immer bei 2,35 (Mittelwert 1990/95). Selbst wenn dieser Wert weiter absinkt, wird sich die Bevölkerung Algeriens während der nächsten 30 Jahre verdoppeln. Das Heiratsalter liegt in Algerien noch niedrig. Die Kinderzahl pro Frau lag 1970 bei etwa 7. Heute bringt jede Algerierin statistisch noch 3,8 Kinder zur Welt (Mittelwert 1995/2000). *Jordanien*, wahrscheinlich auch *Libyen* und *Syrien* erreichen gegenwärtig noch höhere Werte. Die hohe *Nettoreproduktionsziffer* unterstreicht die noch langfristige biologische Wachstumskraft. Sie erreicht in Algerien 1,71 (Töchter je Frau), in Marokko 2,16, in Libyen 2,72 im Mittelwert 1990/95 (Côte 1995; 1996, S. 154).

Der Bevölkerungszuwachs stieg infolge verbesserter Gesundheitsvorsorge und sozialen Wandels sehr schnell: Die Sterberate lag 1950 bei 25 ‰, 1993 bei 6 ‰. Die Kindersterblichkeit (vor dem 5. Lebensjahr) erreicht allerdings mit 70 von 1000 Lebendgeborenen (1990/95) noch einen hohen Wert (Deutschland 1995: 7). In absoluten Zahlen ausgedrückt, bedeutet diese Tatsache, dass fast die Hälfte aller Sterbefälle

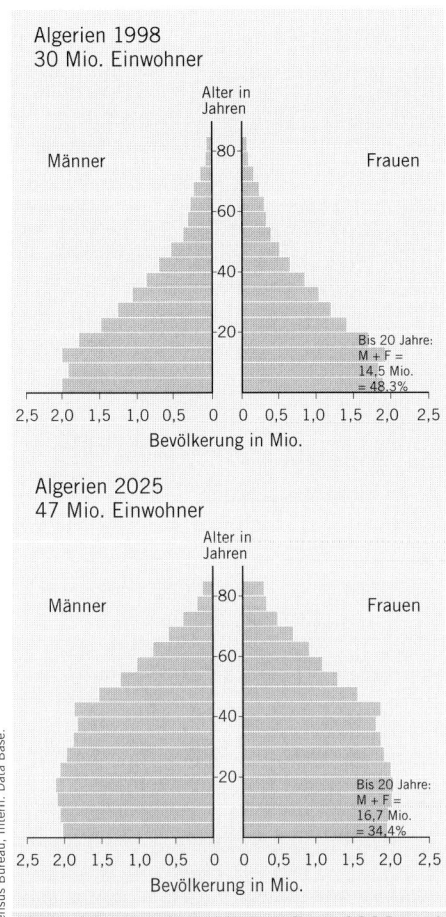

Algerien 1998
30 Mio. Einwohner

Alter in Jahren

Männer

Frauen

Bis 20 Jahre:
M + F =
14,5 Mio.
= 48,3%

Bevölkerung in Mio.

Algerien 2025
47 Mio. Einwohner

Alter in Jahren

Männer

Frauen

Bis 20 Jahre:
M + F =
16,7 Mio.
= 34,4%

Bevölkerung in Mio.

***Abb. 32: Algerien. Altersaufbau 1998 und 2025:** Die Zahl der unter 20-Jährigen nimmt absolut um 2 Mio. zu.*

Quelle: US Census Bureau, Intern. Data Base.

scheinlich bürgerkriegsbedingt, (vorübergehend) modifiziert. 48 % der Einwohner Algeriens sind 1998 jünger als 20 Jahre (1977: 57 %). Im Jahre 2025 wird diese Altersgruppe zwar nur noch 34 % stellen, abolut aber von 14 auf 16 Mio. Einwohner ansteigen. Politisch und sozial stellen diese Werte das Land noch vor unlösbare Aufgaben.

Ägypten

Ägypten wird innerhalb des Mittelmeerraumes als bevölkerungsgeographisch besonders belastetes Land angesehen. Die schmale landwirtschaftliche Ernährungsbasis der Nilauen (4 % der Landesfläche mit 99 % der Einwohner des Staates) kann die Versorgung der Bevölkerung nur mit den wichtigsten Grundnahrungsmitteln gewährleisten, obwohl die Anbauintensität zugenommen hat. Die Pro-Kopf-Erntefläche hat sich seit 1917 von 2000 m^2 auf 800 m^2 mehr als halbiert (Ibrahim 1996, S. 21). Zwei Drittel der benötigten Lebensmittel kommen aus Importen. Arbeitskräfteemigration (geschätzt werden ständig 4–5 Mio. Abwesende, vgl. Ibrahim 1996, S. 22; Meyer 1995) und eine Zunahme gewerblicher Arbeitsplätze, nicht zuletzt im Tourismus, sorgten für Alternativen. Außerdem gelang es seit zwei Jahrzehnten, Familienplanungsprogramme erfolgreich umzusetzen und das natürliche Wachstum zu halbieren. Ägypten gilt in dieser Hinsicht deshalb als Vorbild für den Nahen Osten. So erscheint die demographische Zukunft Ägyptens in etwas günstigerem Licht als diejenige der gleich schnell wachsenden algerischen Bevölkerung. Dennoch ist eine Zunahme der *Einwohnerzahl* Ägyptens innerhalb der nächsten 25 Jahre auf 95 Mio. sehr wahrscheinlich. Seit 1950 (20 Mio.) erfolgte bis 2000 eine Verdreifachung auf über 60 Mio. Jährlich wuchs die Bevölkerung Ägyptens um ca. 1 Mio. Menschen.

Der demographische Wachstumsprozess Ägyptens kann mit einem Blick auf die *Altersstruktur* präzisiert werden: Die Alterspyramide zeigt einen klassisch vorindustriellen Aufbau mit gleichmäßigem Zuwachs von unten. Damit sind (seit 1975 fast unverändert) 50 % der Bevölkerung jünger als 20 Jahre (2025 noch immer 35 %). Absolut nimmt die Zahl der unter 20-Jährigen

Algeriens auf Kinder unter 5 Jahren entfällt. Dies ist ein typisches Merkmal für ein Entwicklungsland (Arnold 1995, S. 67). Die *wirtschaftliche Situation* Algeriens und damit der für die heranwachsenden Jugendlichen bereitstehende Arbeitsmarkt lassen gegenwärtig keine expandierenden Tendenzen erkennen. Der Anstieg des generellen Bildungsstandes hat dagegen große Fortschritte gemacht und deshalb die Ansprüche an Beschäftigungs- und Einkommensniveau in die Höhe geschraubt.

Eine Gesamtbewertung der Bevölkerungsentwicklung in Algerien ergibt sich aus der *Alterspyramide* (Abb. 32). Der gleichförmige, typisch vorindustrielle Aufbau wird lediglich bei den unter 10-Jährigen, wahr-

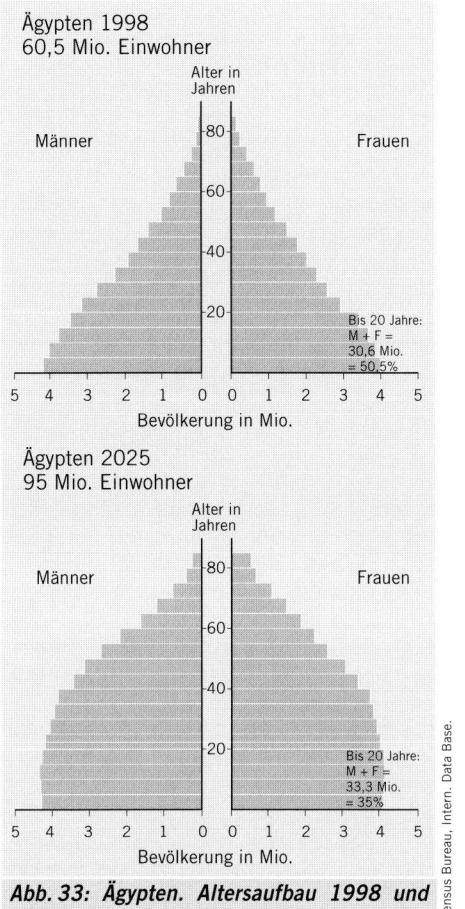

Abb. 33: Ägypten. Altersaufbau 1998 und 2025: *Der Anteil der unter 20-Jährigen schrumpft prozentual, nimmt absolut jedoch um 3 Mio. zu.*

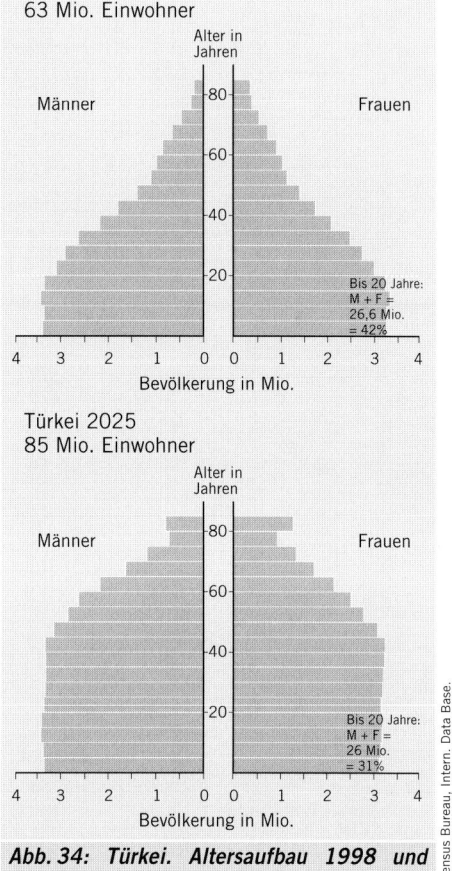

Abb. 34: Türkei. Altersaufbau 1998 und 2025: *Der Anteil der unter 20-Jährigen nimmt prozentual stark ab, bleibt jedoch absolut gleich hoch.*

von 30 auf 33 Mio. zu. Diese Ausgangssituation lässt den Gesamtaufbau für 2025 verständlich erscheinen (Abb. 33).

Türkei

In der *Türkei* nahmen im Vergleich zu Algerien und Ägypten während der 50er- und 60er-Jahre als Folge der seit 1922 betriebenen Verwestlichung die Geburten- und Sterberate schneller ab. Seit der Staatsgründung verfünffachte sich die Bevölkerungszahl. Die Kindersterblichkeit konnte durch medizinische Verbesserungen von 230 pro 1000 Lebendgeburten (1960) auf nur 55 (1995) bei abnehmender Tendenz reduziert werden. Gleichzeitig stieg die Lebenserwartung der Männer in der Türkei

auf 66 Jahre, die der Frauen auf 70 Jahre (1999). Bei ähnlich starkem Wachstum wie in Ägypten wird in der Türkei deshalb (trotz abnehmender Fruchtbarkeitsraten) um 2025 eine Einwohnerzahl von 85 Mio. sehr wahrscheinlich erreicht werden. Die Zahl der Kinder pro Frau sank seit 1970 von 5,3 auf 2,8. Die Nettoreproduktionsziffer (Zahl der Mädchengeburten pro Frau), der Indikator der langfristigen biologischen Bevölkerungsentwicklung, sank gegenüber Algerien und Ägypten stark ab und liegt bei 1,48 (1997). Im Vergleich zu den nördlichen Mittelmeerländern deutet er aber auf ein noch ungeschwächtes weiteres Bevölkerungswachstum hin (Pérouse 1995). Allerdings sind starke regionale

Unterschiede zwischen den westlichen, stärker urbanisierten und den noch mehr traditionell-ländlich geprägten ostanatolischen Teilen der Türkei zu beachten (Höhfeld 1995, S. 200).

Der *Altersaufbau* zeigt, dass 42 % der türkischen Bevölkerung jünger als 20 Jahre alt sind (1980: noch 50 %). Dieser Anteil wird zwar bis 2025 relativ auf ca. 30 % abnehmen, absolut bleibt er jedoch mit unverändert 26 Mio. gleich hoch (Abb. 34). Bis zu diesem Zeitpunkt bilden die Jugendlichen und die Erwerbsfähigen bis 40 Jahre eine blockartige, breite Grundlage von 52 Mio. Menschen. Vergleicht man damit die wirtschaftliche Entwicklung, so ist abzusehen, dass der Arbeitsmarkt die Nachfrage nach ausreichend Beschäftigungsmöglichkeiten in der Türkei vermutlich nicht decken kann. Das starke politische Streben nach Anschluss an die EU und den somit freien Zugang zu weiteren Arbeitsplätzen in der EU ist daher sehr gut zu verstehen. Hinsichtlich des generativen Verhaltens würde die Türkei vom Grundmuster Europas jedoch sehr deutlich abweichen.

Wanderungen – Ausgleich der wirtschaftsräumlichen Unterschiede?

Die seit Mitte des vorigen Jahrhunderts herrschende, alle Bevölkerungsschichten erfassende Mobilität vollzieht sich in dreierlei Hinsicht: *räumlich* als Arbeitsmigration, *sozial* über die Lockerung gesellschaftlicher Bindungen und *kulturell* durch Übernahme neuer Lebensstile. Räumliche und soziale Mobilität sind eng mit dem Wandel der Erwerbsstruktur verbunden. Ihrer großen Bedeutung entsprechend wird diesen Zusammenhängen ein eigenes Kapitel gewidmet. Zunächst ist hier jedoch auf die Folgen von Wanderungen für die Bevölkerungsstruktur einzugehen.

Generelle Merkmale
von Wanderungen im Mittelmeerraum

Räumliche Mobilität
Sie prägte als Arbeitsmigration zunächst die *nördlichen* Staaten des Mittelmeerraumes und vereinte hier sowohl Binnen- als auch Außenwanderung. Bisherige Lebenskreise wurden nicht nur aus augenblicklicher Not verlassen. Anregungen kamen auch aus den Erfahrungen älterer Generationen, die vor dem Ersten Weltkrieg und zwischen 1920 und 1940 in die Neue Welt ausgewandert und dort zu Wohlstand gekommen waren. Allerdings richteten sich die jüngeren Migranten ab 1950 nicht mehr nach Übersee, sondern auf die Arbeitsmärkte des wirtschaftlich erstarkenden Mittel- und Westeuropa. Aus der befristeten Gastarbeit wurde im Zeitablauf ein differenziertes Netzwerk von *Wechselwanderungen* zwischen Quell- und Zielgebieten. Obwohl das Motiv kurzfristiger Beschäftigung auch heute noch wichtiger Migrationsanlass ist, wurde der Wunsch nach ständigem Aufenthalt im Zielland immer stärker. Zu dieser Gruppe gehören auch politisch Verfolgte, die z. B. Algerien verlassen, um im Exil zu überleben.

Herkunftsgebiete der Abwanderer waren zunächst die wirtschaftlich zurückgebliebenen, meist peripheren Regionen mit Übervölkerung und unzureichenden agrarischen Existenzgrundlagen: Zur Abwanderung entschlossen sich, angelockt durch Werbung und Kontrakte, zunächst Menschen ohne Berufsausbildung. Später wanderten auch aus den wirtschaftlich bereits besser entwickelten Gebieten *qualifizierte Arbeitskräfte* ab. Seit den 70er-Jahren griff die Abwanderung auf den Maghreb und die Türkei über. Aus Ägypten gingen Arbeitskräfte in die wohlhabenden Staaten am Persischen Golf sowie aus Palästina nach Israel (Tagespendler). Seit Mitte der 80er-Jahre flochten sich Wanderungsströme aus West- und Ostafrika, aus Vorder- und Ostasien in die Migrationsbahnen des Mittelmeerraumes ein, oft mit dem Wunschziel, letztlich in einem der hoch industrialisierten Staaten Mittel- und Westeuropas Fuß fassen zu können.

Ökonomische Aspekte der Arbeitsmobilität
Kann in einer wirtschaftlich prosperierenden Region der Bedarf an Arbeitskräften nicht im Nahbereich gedeckt werden, wird

eine Nachfragesog-Wanderung in entfernteren Gebieten ausgelöst. Dort könnte im Gegenzug eine Angebotsdruck-Wanderung entstehen, weil Beschäftigungslosigkeit oder nicht als ausreichend angesehene Einkommenserwartungen anwachsen (Siebert 1993). Damit der Produktionsfaktor Arbeit mobil wird, die Arbeitsmigration tatsächlich beginnt, müssen die Einkommensunterschiede bekannt, dazwischen liegende Informationsbarrieren überwunden und rechtliche Auswanderungshindernisse beseitigt werden. Außerdem sind die Kosten der Emigration (Bahn-, Schiffs-, Flugticket) zu bezahlen. Ferner ist die Bereitschaft zu einer längeren Trennung von der Sicherheit des sozialen Umfeldes (also z. B. von der Familie) entscheidende Voraussetzung.

Bei den *ökonomischen Wanderungsursachen* wirken Push- und Pull-Faktoren fast untrennbar zusammen (Körner 1990). *Push*-Faktoren sind eine Reaktion auf den Mangel an Arbeitsplätzen im Herkunftsgebiet. In vielen Abwanderungsgebieten bot selbst die Landwirtschaft wegen hoher Geburtenüberschüsse keine Beschäftigung mehr (King 1997, S. 168). Der Agrarsektor war im Mittelmeerraum nach dem Zweiten Weltkrieg fast überall mit Arbeitskräften übersetzt, die Betriebsgrößen erwiesen sich als zu klein, Landmangel schränkte die Suche nach Anbauflächen ein, steigende Pachtforderungen überstiegen die Erträge und wenig ertragreiche Böden sowie ihre durch Übernutzung verursachte Zerstörung schmälerten den Existenzspielraum. Niederschlagsunsicherheit und Marktpreisschwankungen konnten unter solchen Umständen immer weniger durch geschickte Anpassung des Anbaus kompensiert werden. Die *Pull*-Faktoren basierten dagegen auf der Anziehungskraft erhoffter Arbeitsplätze in der Fremde. Oft waren die Erwartungen jedoch zu hoch gesteckt oder die Erfolgsberichte früherer Migranten übertrieben. In allen Fällen spielten subjektive oder gruppenspezifische Bewertungen eine wichtigere Rolle als objektive Kriterien.

Soziale Aspekte der Arbeitsmobilität

Alle räumlichen Bevölkerungsbewegungen sind mit *sozialem* Wandel verbunden. Zwar blieb für alle zeitlich begrenzten und endgültigen Wanderungsvorgänge im Mittelmeerraum bis heute eine starke Bindung an den ländlichen Raum erhalten. Sie drückt sich äußerlich in dem verbreiteten Bestreben aus, im Herkunftsdorf ein Haus für sich und die Kinder zu errichten. Trotzdem schwanden vererbte soziale Heimatbindungen und die traditionellen sozialen Sicherungssysteme verloren nach längerer Abwesenheit an Bedeutung. Im Zielgebiet versuchten die Emigranten zwar, durch Wahrung der engen Kontakte zu Verwandten und Bekannten ihren gesellschaftlichen Status zu sichern. Aber für viele führte die neue Lebenswelt zu *sozialem Abstieg*. Der soziale Wandel der Abwanderer rührt auch aus der Übernahme neuer Leitbilder des Zielgebietes. Je bereitwilliger diese Adaption erfolgte, desto stärker schwanden die Beziehungen zur kulturellen Welt der Herkunftsregion. Dies zeigt sich besonders, wenn jüngere, in Deutschland oder Frankreich aufgewachsene Kinder von Migranten als junge Erwachsene in die Heimat zurückkehren wollen, dort aber feststellen, dass sie inzwischen Fremde geworden sind. Die bekannte Distanz gegen die „Deutschtürken" in der Türkei oder gegen italienische Jugendliche, die nach ihrer Rückkehr in den Mezzogiorno als „Tedeschi" sozial nicht mehr integriert werden, unterstreicht die Vielgestaltigkeit des migrationsbedingten sozialen Wandels.

Ethnische Aspekte der Arbeitsmobilität

Die Arbeitsmigration führte in allen Teilen des Mittelmeerraumes und in den Zielgebieten zu *kulturell-ethnischen* Veränderungen, Abwehrreaktionen und Konflikten. Diese Feststellung trifft zunächst für die *Binnen*wanderung zu, die Menschen aus peripheren und südlichen Teilen nach Norden und in die großen Verdichtungsräume führte. Andalusier stießen dabei in Katalonien ebenso auf Ressentiments, wie Zuzügler aus dem Mezzogiorno in Piemont oder in der Lombardei auf Ablehnung trafen. Für die Zielländer der *internationalen* Arbeitsmigration Mittel- und Westeuropas muss aus heutiger Sicht konstatiert werden, dass die Integration der Gastarbeiter nur teilweise gelungen ist. Viele Zuwanderer bewahrten ihre ethnisch-kulturelle Eigenständigkeit auch bewusst und empfinden eine möglicherweise geringe Integration nicht nur negativ.

Ähnliche Prozesse vollzogen sich in Spanien und Italien, die dank ihrer wirtschaftlichen Stabilisierung zunehmend selbst zu *Einwanderungsstaaten* für Arbeitsuchende aus den islamisch-arabischen Kulturkreisen wurden. Zunächst suchen die neuen Migranten Arbeit in den südeuropäischen Ländern, dann versuchen sie, nach Mittel- und Westeuropa zu gelangen. Dabei entstehen bereits in den nördlichen Mittelmeerländern ethnische Konfrontationen. Die Gegensätze zeigen sich in vielen Stadtteilen und Wohnquartieren. Die Zuwanderung aus den arabischen und schwarzafrikanischen Ländern, schließlich auch aus Ostasien führte zu einer unübersichtlichen Verzahnung der Kulturen. Integration und Anpassung waren auch deshalb schwierig, weil viele Einwanderer illegal, ohne offizielle Einreisepapiere in die südeuropäischen Länder kamen. So mussten sie von vornherein Randgruppen in der Gesellschaft bleiben. Daraus ergaben sich wachsende Probleme auf mehreren Ebenen. Die neuen Einwanderungsländer versuchen einerseits wegen der hohen Arbeitslosigkeit im offiziellen Arbeitsmarkt und schneller Zunahme des inoffiziellen Sektors (Schattenwirtschaft) den Zuzug zu verringern. Andererseits gibt es in bestimmten Wirtschaftszweigen Italiens und Spaniens einen Mangel an Arbeitskräften. Deshalb nimmt in den unteren Lohnebenen (Landwirtschaft, Gastronomie) die ethnische Mischung der Beschäftigten auch hier zu.

Binnenwanderung – Zunahme der wirtschaftsräumlichen Disparitäten

Sie begann im Mittelmeerraum, teilweise als Vorstufe der Außenwanderung, gegen Ende des vorigen Jahrhunderts und erreichte nach dem Zweiten Weltkrieg einen immer größeren Umfang. Die *Ursachen* lagen, wie im Kapitel über die historische Bevölkerungsentwicklung dargestellt, im Beschäftigungsmangel in Hochgebirgen, Bergländern und abseits der urbanen Zentren, aber bereits auch im Arbeitskräftedefizit der wachsenden Industriegebiete Norditaliens, Kataloniens und des Baskenlandes (King

1997, S. 168). Eine *quantitative Erfassung* der Binnenwanderung ist schwierig, weil die meisten Abwanderungsvorgänge nicht gemeldet wurden. Eine Vorstellung von der Größenordnung der Binnenwanderung vermittelt Losi (1996, S. 119) mit dem Hinweis, dass in dem kurzen Zeitraum von 1955 bis 1970 ca. 25 Mio. Italiener ihren Wohnsitz innerhalb des Landes wechselten, also fast die Hälfte der Wohnbevölkerung. Weil die Bedeutung der Binnenmigration schon früh erkannt wurde, unterschied man in der Meldestatistik der meisten Mittelmeerländer *ortsanwesende* und wohnberechtigte, aber seit längerer Zeit nicht mehr anwesende Personen (*popolazione presente* und *residente*). Die Differenz dieser Zahlen gibt Einblicke in den Umfang der periodisch meist aus Gründen der Arbeitssuche abwesenden Einwohner, wie Achenbach für Tunesien zeigte (1979a).

Aus dieser kurzzeitigen Abwesenheit wurde vielfach durch Weiterwanderung in größere Städte mit noch besseren Arbeitsmöglichkeiten eine *Etappenwanderung*, die, über zwei und mehr Generationen verteilt, von der Binnenwanderung zur Gastarbeit ins Ausland führte und damit in die Emigration mündete. Die Binnenwanderung lässt sich für alle Länder des Mittelmeerraumes in *zwei Typen* fassen:

1) Abwanderung aus peripheren Räumen: Nach dem Zweiten Weltkrieg begann Abwanderung zunächst in den Gebirgen und in den wirtschaftlich wenig entwickelten Landesteilen. Ab 1960 machte der grundlegende Wandel in der Landwirtschaft immer mehr Menschen beschäftigungslos. Umgekehrt bewerteten jüngere Menschen die Chancen für besseres berufliches Fortkommen und die Verankerung in alten Sozialsystemen negativ. So verschieden die Ursachen waren, so variantenreich vollzog sich die Binnenwanderung. Kühne (1974) unterscheidet für Italien die Migration aus den Gebirgen ins Vorland, vom Süden in den industrialisierten Norden Italiens (Lombardei, Piemont), von den adriatischen Küsten zur tyrrhenischen Seite der Apenninenhalbinsel und aus ländlichen Gebieten in die kleineren und größeren Städte. Ähnlich vollzog sich die Entvölkerung großer Teile der Gebirgsräume im Norden *Grie-*

chenlands (Lienau 1989, S. 191 ff.). Nach McNeill (1992) endete in mehreren Hochgebirgsregionen die Besiedlung vollständig. Allerdings gibt es Gegenbeispiele, wie die algerischen und marokkanischen Gebirge zeigen (Achenbach 1973; Arnold 1995, S. 71).

Wesentliche Folge der Abwanderung aus Höhenregionen und peripheren Gebieten waren weitere Veränderungen in der Landwirtschaft und in der Siedlungsstruktur. Von verminderter Anbauintensität bis zum völligen Auflassen von Feldern lässt sich in allen Abwanderungsgebieten eine breite Palette beobachten (Bilder 18 und 19). So verschwand zunächst die Vielfalt der traditionellen Polykulturen. Dann verbuschten die arbeitsaufwendigen Terrassenkulturen an steilen Hängen. Trotzdem bluteten die Abwandererdörfer nur selten ganz aus. Einerseits blieben ältere Menschen zurück, andererseits pflegte man oft pietätvoll die leer stehenden Häuser oder baute sogar vom Lohn der Gastarbeit neue hinzu, selbst wenn sie meist leer blieben.

Positive Folge der Abwanderung ist zunächst die Verringerung der Arbeitslosenzahl. Rein rechnerisch steigt sogar infolge Abnahme der Einwohnerzahl der Pro-Kopf-Anteil am *Bruttoinlandsprodukt* einer Provinz (Wert aller produzierten Güter und Dienstleistungen). Die Rücküberweisungen von Löhnen, die in der Fremde verdient wurden, bescheren den Verwandten zusätzliche Kaufkraft. Wenn die Verdienste aus der auswärtigen Arbeit nur im Bau von Wohnhäusern angelegt werden, entstehen allerdings nur geringe positive Wirkungen und kaum neue Beschäftigungsplätze. Der Arbeitsertrag bleibt in diesem Falle „immobil". Die teilweise aufwendige und luxuriöse Ausstattung soll oft auch nur ein soziales Signal sein und den Erfolg der Arbeit in der Fremde dokumentieren. Nur wenn die Geldrücküberweisungen und Transferleistungen zu produktiven *Investitionen* im Herkunftsgebiet führen und neue dauerhafte Existenzgrundlagen schaffen (z. B. Handwerks- oder Gewerbebetriebe), ist von einem Wachstumsimpuls durch Arbeitsmigration zu sprechen. Nur dann tritt eine Verminderung der *wirtschaftsräumlichen Ungleichgewichte* ein. Gerade diese Folge der Binnenmigration blieb jedoch in allen Ländern des Mittelmeerraumes gering (King 1997, S. 174). Umfassender sind meist die

Bild 18: Aufgelassenes Gehöft in Kalabrien, Süditalien: *In jüngerer Zeit dienen leer stehende, ehemals landwirtschaftliche Gebäude auch neuer Nutzung als Zweitwohnsitze.*

Bild 19: Flurwüstung im Fangotal, Korsika: *Die Aufgabe von ökonomischen und ökologischen Grenzstandorten der Landwirtschaft führt zu Flurwüstungen, die von Sekundärvegetation überdeckt werden.*

sozialen Wirkungen. Traditionelle Gesellschaftsstrukturen werden infolge der neu übernommenen und in die Heimat mitgebrachten Lebensstile in wenigen Jahren verändert. Dabei ist die Tatsache interessant, dass Frauen selbst durch nur temporäre Abwanderung mehr neue Leitbilder des gesellschaftlichen und wirtschaftlichen Wandels vermitteln als Männer.

Die *negativen* Folgen überwiegen jedoch. Jede Abwanderung wirkt mehrfach *selektiv.* Zurück bleiben die Älteren. Sie verändern nicht nur statistisch die Altersstruktur. Vielfach behindern sie mit traditionellen Vorstellungen moderne Entwicklungen. Baucic hat diese bremsende Wirkung am Beispiel von Abwanderungsgebieten in Jugoslawien beschrieben (1972). Folgenschwerer ist der Verlust von jüngeren, gut ausgebildeten Menschen, die zur Eigenentwicklung der Heimatregion hätten beitragen können. Generativ führt die Abwanderung von jungen Frauen über den Aufschub des Heiratsalters und die Verringerung der individuellen Kinderzahl zu einer über Jahrzehnte wirksamen Verringerung der jüngeren Altersgruppen. Negativ ist vor allem,

dass eine mögliche Rückwanderung noch vor Erreichen der Altersgrenze meist nicht in die entlegenen Heimatdörfer führt, sondern in bereits besser entwickelte Regionen.

Vergleicht man aus dieser Rückschau die Folgen von fünf Jahrzehnten Abwanderung aus peripheren Gebieten des Mittelmeerraumes, so muss eine negative Bilanz festgestellt werden: Viele junge Menschen kehrten ihrer Heimat den Rücken und nahmen ihr damit entscheidende Entwicklungschancen. Dieser Verlust an „human capital" führte dazu, dass die umfangreichen Finanzhilfen (z. B. aus dem Europäischen Regionalfonds der EU) zur Verbesserung der Strukturgrundlagen in den peripheren Gebieten (Verkehrsinfrastruktur, Ausbildungsmöglichkeiten, Investitionsförderung, Subventionen zur Schaffung von Arbeitsplätzen) nicht sinnvoll genutzt werden konnten (Körner 1990; Dunford 1997).

2) Zuwanderung in Stadtregionen
 und Küstengebieten:
Die Binnenwanderer erhofften sich Arbeitsplätze und Aufstiegsmöglichkeiten in den

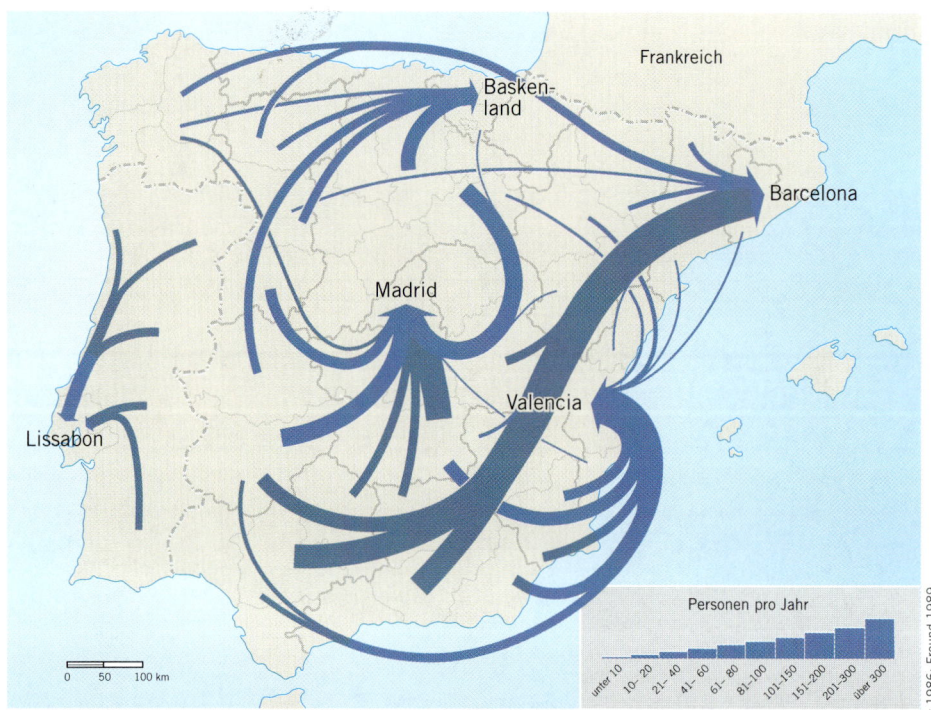

Abb. 35: Binnenwanderung auf der Iberischen Halbinsel 1961–1980: *Die Karte zeigt den wanderungsaktivsten Zeitraum (Migranten pro Jahr) und die relativ klare Zuordnung von Quell- und Zielgebiet.*

Quellen: Mertins 1986; Freund 1989.

größeren Stadtregionen und in den Küstenlandschaften. Der *städtische* Anteil der Gesamtbevölkerung nahm deshalb überall zu. Am Beispiel Spaniens profitierten besonders die großen Ballungsräume Madrid, Barcelona, Valencia und das Baskenland von dieser internen Wanderung (Abb. 35). Die *Verstädterungsprozesse* sind nicht nur Folge der reinen Land-Stadt-Wanderung, sondern auch Ausdruck eines vielschichtigen, längeren sozialen Wandels zu urbanen Lebensformen, zu denen nicht alle Migranten Zugang fanden. Viele gingen deshalb erfolglos wieder zurück in ihre Heimatdörfer. Aus diesem Grund ist der Vergleich von Zu- und Rückwanderung wichtig. Wie die beiden Karten *Tunesiens* für die besonders wanderungsaktiven Jahre 1975–1980 zeigen (Abb. 36), sind quantitativ mehr Menschen an der Migration zwischen Land und Stadt beteiligt als letztlich zur Zunahme der Einwohnerzahl in der Metropole beitragen. Qualitativ ist bedeutsam, dass mehr jüngere Menschen in die Städte ziehen und sich deshalb dort der Altersaufbau ändert und die Geburtenzahlen zunehmen.

Bis Mitte der 80er-Jahre wuchsen vorwiegend die *großen Stadtregionen* durch Zuwanderung. Sie richtete sich dabei nicht nur auf die älteren Kerne, sondern zunehmend auch auf die Randbereiche und Umlandgebiete. Diese Außenzonen nahmen bald auch sekundäre Wanderungsströme aus den Zentren der großen Städte auf (Suburbanisierung). Heute leben z. B. in den Großräumen Tel Aviv-Haifa und Athen ca. 35 % der Bevölkerung des jeweils gesamten Landes, in Kairo 20 %, Algier 22 %, Lissabon 19 %, Istanbul 22 %, Tunis 23 %, Amman 29 % und in Tripolis/Libyen sogar 60 %. Als *zweite* wichtige Zielregion der Binnenwanderung kristallisierten sich im Verlauf der zurückliegenden 50 Jahre im gesamten Mittelmeerraum die *Küstenniederungen* heraus. Dieser Trend begann bereits im vorigen Jahrhundert dort, wo der Verkehrsausbau durch Eisenbahn die Litoralzonen und Tiefländer erreichte und

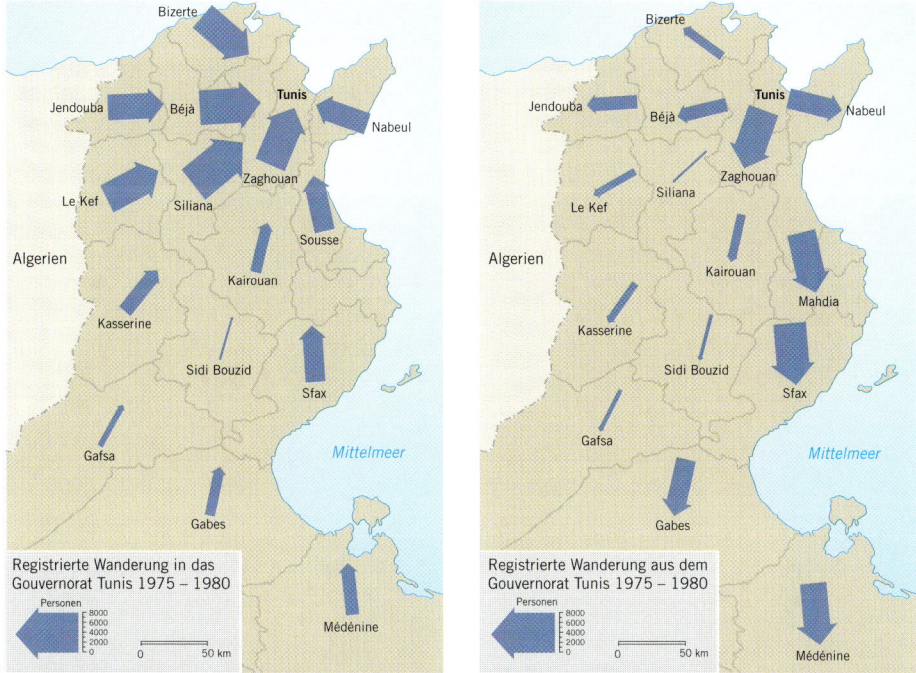

Quelle: Wagner 1984.

*Abb. 36: Tunesien. **Hauptstadtorientierte Migration 1975–1980:** Die Pfeile zeigen (ohne illegale Migration) nur die Migration (in Personen/Jahr) zwischen den einzelnen Gouvernoraten des Landes und dem Hauptstadtgouvernorat, vernachlässigt wurde die Wanderung zwischen den Gebietseinheiten.*

außerdem die in historischer Zeit oft mangelhafte Rechtssicherheit verbessert erschien. Nach dem Zweiten Weltkrieg stand hier nach endgültiger Bekämpfung der Malaria neuer Siedlungsraum zur Verfügung. Staatliche und private Trockenlegung von Feucht- und Sumpfgebieten und deren Umwandlung in kleinbäuerliche oder in großbetriebliche landwirtschaftliche Anbauflächen schufen bereits seit den 30er-Jahren interessante Migrationsziele. Die Maremmen und die pontinischen Küstenzonen Latiums in Italien, die Argolis in Griechenland, die Çukurova und andere Meeresbuchten im Süden der Türkei, die untere Medjerdaebene in Tunesien und die neuen Agrarkolonisationen am Rand des Nildeltas sind hierfür wichtige Beispiele (Meyer 1995). Diese Ansiedlungsmöglichkeiten veranlassten viele Einwohner von hoch gelegenen Bergstädten herabzuziehen und moderne und oft großzügige Marina-Siedlungen zu gründen (Popp/Tichy 1985). Die Zuwanderung verursachte mit Zunahme der Bevölkerungsdichte gravierende *Nutzungskonkurrenzen* und Überlastungen der küstennahen Ökosysteme. Aus Lagevorteilen wurden deshalb oft sehr schnell Nachteile (Tyrakowski 1985; Wagner 1990).

Außenwanderung –
Volkswirtschaftlicher Gewinn oder Verlust?
Die Emigration aus den Ländern des Mittelmeerraumes prägte wie vor dem Ersten Weltkrieg auch nach 1945 die wirtschaftlichen und sozialen Prozesse grundlegend. Die Wirren des Zweiten Weltkrieges hatten die frühere Auswanderung zum Erliegen gebracht. Der über 6–8 Jahre aufgestaute Wunsch zur Arbeitsemigration konnte erst ab 1946 wieder verwirklicht werden. Die Kurve der Auswanderer stieg deshalb sehr schnell an und erreichte bald wieder das Vorkriegsniveau. So verließen 1948 ca. 310 000 Italiener ihr Land. Die Auswanderung war wie vor dem Zweiten Weltkrieg die Antwort auf den Mangel an Arbeitsplätzen. Aber auch die *subjektiv* zunehmend als

schlechter empfundene Bewertung der eigenen Existenzlage förderte die Arbeitsemigration (Schulz 1997).

Herkunft und Ziele der Wanderungen

Die Herkunft der Auswanderer zeigt eine breite Palette und reicht von peripheren Gebirgen bis zu Metropolen. Die städtischen Auswanderergruppen setzten sich teils aus zuvor von ärmeren Landesteilen zugezogenen Personen zusammen (Etappenwanderung), teils aus Mitgliedern alter urbaner Familien. Letztere hatten bereits berufliche Erfahrungen aus handwerklichen, gewerblichen oder dienstleistenden Branchen. Trotzdem hatte die früher im Heimatland ausgeübte Beschäftigung meist nur untergeordnete Bedeutung bei der Auswahl des zukünftigen Arbeitsplatzes im Zielland.

Beispielhaft seien einige Abwanderungsgebiete besonders beleuchtet: In *Portugal waren* der Norden und der äußerste Süden (Alentejo, Algarve), beide Regionen mit bäuerlichen Kleinbetrieben, wichtige Quellgebiete von Arbeitsemigranten (Weber 1980, S. 233). Aus *Griechenland* kamen Gastarbeiter aus den Gebirgen des Nordens sowie von den ägäischen Inseln und kehrten nach 6–11 Jahren weitgehend auch dorthin wieder zurück (Lienau 1989, S. 202). Oft korrelierten, wie in *Spanien*, bestimmte Herkunftsgebiete mit spezifischen Zielregionen. Andalusier tendierten mehr nach Deutschland, Galicier in die Schweiz und Gastarbeiter in Frankreich

stammten überwiegend von der Ostküste Spaniens (Breuer 1982, S. 27; Mertins/Leib 1981). Mit 40 % kam ein hoher Anteil der Auswanderer Spaniens aus Galicien (Mertins 1986, S. 43). Auch in Spanien spielte die vorausgehende Etappenwanderung eine wichtige Rolle. So wandten sich viele Arbeitsuchende zunächst größeren Städten, wie Valencia, Barcelona und Madrid, zu, um später dann zur Gastarbeit nach West- und Mitteleuropa aufzubrechen. In *Italien* verlagerte sich die Herkunft der Gastarbeiter mehr und mehr in den Süden. Aus Tab. 8 ist im Verlaufe der verschiedenen Emigrationsphasen die Südverlagerung (Maximum 1956/65) der Herkunftsgebiete italienischer Auswanderer erkennbar.

Die *Ziele* der Auswanderung änderten sich stark. Während in der ersten und zweiten Emigrationsphase bis zum Ersten und dann bis zum Zweiten Weltkrieg Argentinien, Brasilien und die USA überwogen, Frankreich, Belgien und die Schweiz ab 1920 jedoch schon häufiger aufgesucht wurden, konzentrierte sich die Arbeitssuche ab 1946 mehr und mehr ganz auf West- und Mitteleuropa. Ab Mitte der 50er-Jahre zog die wachsende Hochkonjunktur der Industrieländer Europas immer mehr ausländische Arbeitskräfte an. Spanier und Portugiesen orientierten sich mehr nach Frankreich, Italiener teilweise auf die Schweiz. Ab 1960 strömten viele Arbeitsuchende in das westliche Deutschland. Abb. 37 zeigt die Nettomigration (Auswan-

| Periode | Auswanderer in % | | | |
	Nordwestitalien[1]	Nordostitalien[2]	Mitte[3]	Süditalien[4]
1916/25	27,5	17,5	19,6	35,4
1926/35	27,6	23,0	19,6	29,8
1946/55	12,2	25,4	23,4	39,0
1956/65	5,4	11,2	14,7	68,7
1966/75	10,5	13,9	14,2	61,4
1976/85	20,8	12,2	13,3	53,7
1986/95	18,8	9,3	20,0	51,9

[1] Lombardei, Piemont, Ligurien.
[2] Trentino, Venetien, Venedig, Julisch Venetien.
[3] Emilia-Romagna, Toskana, Umbrien, Marken, Latium, Abruzzen.
[4] Molise, Kampanien, Apulien, Basilicata, Kalabrien, Sicilien, Sardinien.

Tab. 8: Herkunft der italienischen Auswanderer 1916–1993. Die Tabelle zeigt, dass die Südgebiete bis in die 60er-Jahre immer mehr zur Emigration beigetragen haben, danach jedoch der Nordwesten und die mittleren Landesteile wieder steigende Verluste hatten.

Quellen: Sori 1979; Hertner 1987; ISTAT ab 1976.

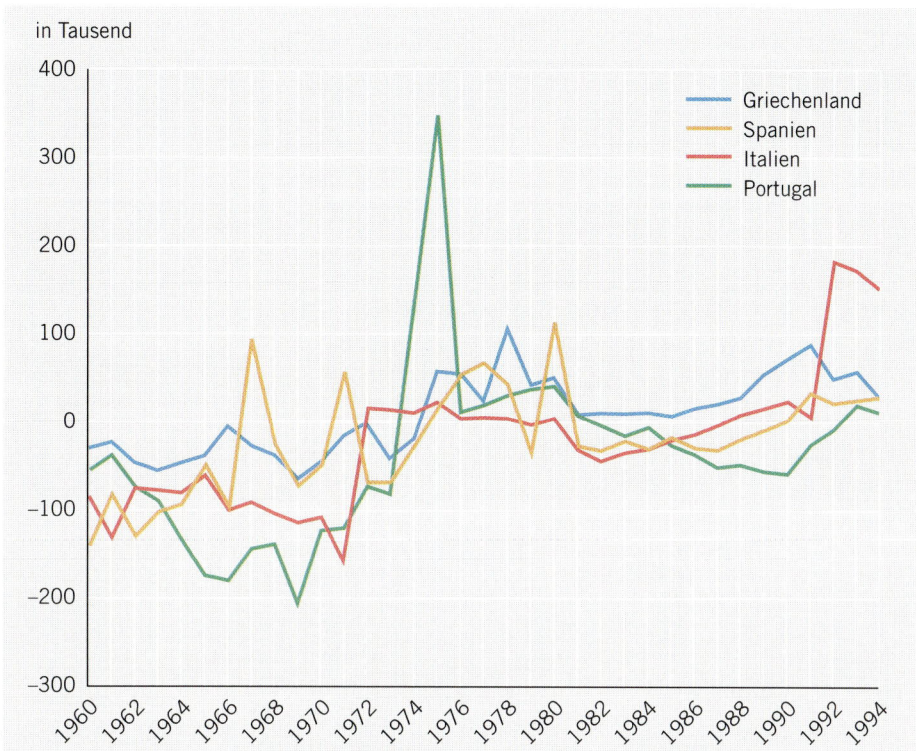

in Tausend

Quelle: Eurostat, Migration Stat. 1996, Serie 3 A, 1997.

Abb. 37: Bilanz der registrierten Aus- und Einwanderung 1960–1994: *Zwischen 1960 und 1975 ist die Bilanz negativ. Wirtschaftskrisen in den Zielländern, Remigration und langsame Zuwanderung aus Nordafrika lassen die Kurven oszillieren.*

derer minus Einwanderer) von Griechenland, Spanien, Italien und Portugal mit dem Ausland. Bis 1973 liegen die Kurven überwiegend im negativen Bereich. In Portugal kam es nach der „Nelkenrevolution" 1974 (Beginn der Demokratisierung nach Ablösung Gaetanos) zu einer starken Rückwanderungswelle. Ab 1976 schwankte die Bilanz der Migration in Abhängigkeit von den wirtschaftlichen Konjunkturphasen in den Quell- und Zielländern.

Verlauf der Arbeitsmigration – Regionale Beispiele

Bei der internationalen Wanderung unterscheidet man drei aufeinander folgende Phasen: Arbeitsmigration, Familienzusammenführung und *postindustrielle Migration*. Während die erste fast abgeschlossen ist, erreicht die zweite noch großen Umfang. Die dritte nimmt seit Anfang der 90er-Jahre schnell zu: Sie besteht aus *drei* Personengruppen: *Hilfsarbeiter*, die bereits von ehemaligen Einwanderern (Unternehmer, Gastronomen etc.) in deren Herkunftsland offiziell angeworben werden; *illegale Arbeitskräfte* nach privater Vermittlung zur Schwarzarbeit. Die bedeutendste und in Zukunft notwendigerweise stark wachsende Gruppe von Einwanderern besteht aus beruflich und sprachlich *Hochqualifizierten*, z. B. Architekten, Ingenieuren, Managern, Finanz- und Immobilienfachleuten und insbesondere Informatikspezialisten, auf der Suche nach noch höherem Lebensstandard (Glebe 1997; Freund 1998). Für diese Immigranten, die nicht nur für eine bestimmte Frist angeworben werden können, spielt erneut ein Pull-Faktor die entscheidende Rolle. Trotz gegenwärtiger Arbeitslosigkeit wird in absehbarer Zeit wegen des Geburtenrückgangs der Erwerbstätigenanteil zurückgehen (Struck 2000; Mammey 2000). Daraus ergibt sich ein

| Nationalität | Ausländerbevölkerung in 1000 | | | | | | | | | |
| | Deutschland | | Niederlande | | Schweiz | | Belgien | | Frankreich | |
	1978	1995	1978	1995	1978	1995	1978	1995	1978	1995
Griechen	306	360	4	6	9	7	24	20	–	–
Italiener	572	586	21	17	443	359	278	213	466	252
Portugiesen	110	125	9	9	8	135	10	23	823	649
Spanier	189	132	25	17	96	101	65	49	507	216
Türken	1 165	2 014	107	182	30	79	60	86	58	198
Jugoslawen[2]	610	797	14	30	38	294	5	8	–	52
Algerier	–	17	–	–	–	–	10	10	790[3]	6 14[3]
Marokkaner	29	82	64	158	–	–	81	–	300	572
Tunesier	19	26	2	2	–	–	5	6	147	206

[1] Südeuropäische offiziell gemeldete Wohnbevölkerung in den Staaten West- und Mitteleuropas.
[2] 1978: Ex-Jugoslawien; 1995: nur Serbien und Montenegro.
[3] ohne Algerier mit französischer Staatsangehörigkeit.

Tab. 9: Ausländerbevölkerung[1] 1978 und 1995.

Quelle: SOPEMI 1979 und 1997.

Mangel vor allem an bestens ausgebildeten Fachkräften in Mittel- und Westeuropa, der nur durch Einwanderung – nicht nur, aber *auch* aus den Ländern des Mittelmeerraumes befriedigt werden kann.

Die ersten Gastarbeiter brachen nach dem Zweiten Weltkrieg relativ spontan auf, um statt in der Neuen Welt in Mittel- und Westeuropa nach Arbeitsplätzen zu suchen. Hier verlangten wirtschaftliche Aufwärtsentwicklung und Vollbeschäftigung zusätzliche ausländische Arbeitskräfte. Der Abschluss bilateraler staatlicher Anwerbeabkommen sollte eine ungeregelte Zuwanderung verhindern. Die Bundesrepublik Deutschland schloss 1955 mit Italien, 1960 mit Griechenland und Spanien, 1961 mit der Türkei, 1964 mit Portugal und 1968 mit Jugoslawien Verträge, Frankreich, Belgien, die Niederlande und die Schweiz mit Spanien 1961. In diesem Rahmen wuchs die Zuwanderung aus dem Mittelmeerraum nach Deutschland bis in das erste Drittel der 70er-Jahre (Rudolph 1996, S. 169). Der Ölpreisanstieg sowie die damit verbundenen wirtschaftlichen Rückschläge und Anwerbestopps 1973 brachten ab 1976 einen leichten Rückgang, nochmals um 1983 infolge von finanziellen Rückkehrerprämien. Mit Beginn der wirtschaftlichen Rezession anfangs der 90er-Jahre sank die Zahl der Arbeitskräfte mediterraner Herkunft weiter. Gleichzeitig stieg die Rückkehr in die Herkunftsländer an und beendete damit die jüngste Phase

der Arbeitsemigration aus Portugal, Spanien, Italien und Griechenland. Dagegen steigt die Zahl der zu einem großen Teil illegalen Arbeitsmigranten aus Nordafrika. Gegenwärtig (2000) leben z. B. bereits ca. 2 Mio. von 15 Mio. Erwerbsfähigen *Marokkos* in EU-Staaten. Insgesamt erreicht die inzwischen in den Zielländern ansässig gewordene, aus den *Ländern des Mittelmeerraumes* stammende ausländische Wohnbevölkerung in den Staaten Mittel- und Westeuropas hohe Werte. Die Spitzenposition nimmt Deutschland mit 4,7 Mio. ein, gefolgt von Frankreich mit 2,7 Mio. (1995). 1995 betrug die Zahl der in Deutschland beschäftigten ausländischen *Arbeitskräfte* insgesamt 2,6 Mio., davon 1,7 Mio. aus dem Mittelmeerraum (43 % Türken, 27 % Personen aus dem früheren Jugoslawien, 14 % Italiener, 8 % Griechen (Sopemi 1997, S. 242). Tab. 9 gibt einen vergleichenden Einblick in die südeuropäische offiziell gemeldete Wohnbevölkerung in ausgewählten Staaten Mittel- und Westeuropas.

Nachfolgend wird je ein kurzer Überblick der jüngsten Migrationsprozesse (1950 – 1995) für Italien, für die Türkei und Ägypten gegeben.

Italien ist heute bereits zu einem Einwanderungsland geworden (Losi 1996, S. 119). Die Emigration aus Italien, welche bereits kurz nach dem Zweiten Weltkrieg den Umfang der 20er-Jahre erreicht hatte, hielt in dieser Größenordnung etwa bis 1967 an. Seit Beginn der 70er-Jahre nahm sie wegen wirtschaftlicher Rezession in Deutschland ab, jedoch auch, weil die Wirtschaft Italiens Fortschritte machte, besonders im Industriedreieck Piemont – Lombardei – Ligurien. Nur in jüngster Zeit (1998) ist eine leichte erneute Zunahme der italienischen Einwanderung nach Deutschland erkennbar, die der oben genannten postindustriellen Migrationsphase entspricht.

1995 lebten nach offizieller Registrierung 586 000 Italiener in Deutschland, 360 000 in der Schweiz, 213 000 in Belgien, 252 000 in Frankreich, 80 000 in Großbritannien, insgesamt also knapp etwa 1,5 Mio. im EU-Ausland, teilweise bereits in der dritten Generation. Hinzugerechnet werden müssen diejenigen Personen, welche im Zielland die jeweilige Staatsbürgerschaft erworben haben, sich hinsichtlich ihrer Nationalität jedoch als Italiener fühlen, sowie die nicht unbeträchtliche Zahl der illegal Zugewanderten. Insgesamt scheinen sich die Italiener in den genannten Zielländern stark integriert zu haben. Sie leben deshalb nirgends in sozialräumlicher, ghettoartiger Konzentration (Fassmann 1996, S. 43). Dazu trugen die Nähe zu den Herkunftsregionen, die kulturelle Verwandtschaft zum Zielland und die EU-Niederlassungsfreiheit bei.

Die *Einwanderung* nach *Italien* begann seit Mitte der 50er-Jahre. Viele ältere Emigranten aus Amerika kehrten zurück, um ihren Lebensabend in der Heimat zu verbringen. Eine zweite Gruppe sind Rückwanderer aus europäischen Ländern (Hertner 1987, S. 1008). Ab 1974 wurden in Italien mehr Einwanderer als Auswanderer gezählt (Abb. 38). Die Zu- und Rückwanderung nach Italien wächst seitdem ständig.

In der offiziell in Italien registrierten ausländischen Bevölkerung, ca. 1 Mio. 1995 (Sopemi 1997, S. 228), stellen die Europäer mit ca. 350 000 Personen die größte Gruppe. Sie vergrößerte sich nach der Aufhebung des Eisernen Vorhangs durch Zuwanderung aus Polen, Rumänien, Albanien und Ex-Jugoslawien stark. Die Zuwanderer aus Nord- und Westafrika sowie aus Ostasien bilden seit Mitte der 80er-Jahre die zweit- und drittstärksten Gruppen, danach folgen Südamerikaner. Die Marokkaner stellen mit fast 100 000 Personen das größte nationale Ausländerkontingent in

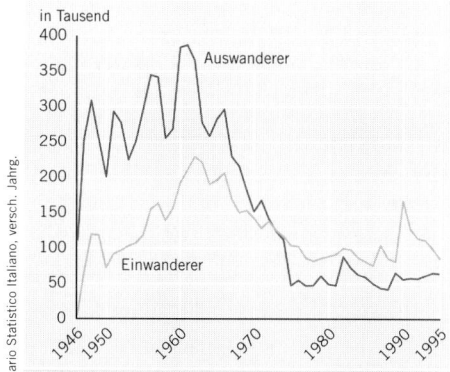

in Tausend

Quelle: Istat, Rom, Annuario Statistico Italiano, versch. Jahrg.

Abb. 38: Italien. Registrierte Aus- und Einwanderer 1946 – 1995: *Nicht erfasst ist die Einwanderung aus Nordafrika. Nach Schätzungen beträgt die Zahl der heimlichen Immigranten (clandestini) etwa eine Million.*

Italien. Die tatsächliche Zahl der Afrikaner und Asiaten liegt vermutlich wesentlich höher, schätzungsweise bei 1 Mio. (1997), weil viele illegal eingewandert sind (clandestini, heimlich Eingewanderte), sich auch nicht durch die verschiedenen Einwanderungsgesetze „legalisieren" ließen und schon deshalb Randgruppen der italienischen Gesellschaft bleiben. Diese Existenz in der Illegalität wurde möglich, weil die späteren Neuankömmlinge umfangreiche soziale Netzwerke früherer Immigranten aus ihrem Land vorfanden, sich hier einordnen und absichern konnten (Hillmann/ Krings 1996). Seit 1997 muss Italien nach In-Kraft-Treten des Schengener Abkommens strengere Gesetze anwenden, um die Zuwanderung an seinen Außengrenzen einzudämmen. Insgesamt blieb aber der Anteil der offiziell registrierten Ausländer mit 1,7 %, einschließlich der illegalen Migranten mit vielleicht 3 – 4 % an der Gesamtbevölkerung im Vergleich zu Deutschland, Österreich, Belgien (je etwa 9 % 1995) und Frankreich (6 %) deutlich niedriger (King 1993a; Brunetta/Rotondi 1996; Losi 1996, S. 137; Doomernik 1997; Costanzo 1999).

Das wichtigste Motiv zur Einwanderung aus Entwicklungs- und Schwellenländern nach Italien ist die Arbeitsuche. Auch wenn nur niedrige Lohnniveaus, meist ohne Arbeitsverträge und soziale Absicherung, oft in der Schattenwirtschaft (economia sommersa) oder in Nischenökonomien erreicht werden (King 1993 b), so kann wegen der günstigen Wechselkurse mit den in Italien verdienten Löhnen in der Heimat eine große Familie ernährt werden. Marokkaner und Tunesier sind wegen der Nähe zum Herkunftsland oft „Saisonpendler" besonders im Süden Italiens. Nach Krings (1995, S. 441), der drei Gruppen von Immigranten nach Italien unterscheidet, finden Unqualifizierte in der Landwirtschaft, in der Fischerei (Thunfischfang Siziliens), im Baugewerbe, in der Gastronomie jeweils mit regelmäßigen Unterbrechungen Beschäftigung. Eine zweite Gruppe ist im Dienstleistungsbereich tätig: Frauen aus katholischen Entwicklungsländern (Philippinen, Kolumbien), auch aus Somalia, Äthiopien oder Vietnam sind Haus- (domestica) oder Hotelangestellte. Philippinerinnen mit entsprechender Ausbildung finden als Krankenschwestern Beschäftigung. Eine dritte Gruppe, meist Männer, betätigt sich als Kleinunternehmer und Straßenhändler (vu cumprá): Senegalesen, die teilweise mit hoher Bildung einwandern, Marokkaner, Pakistaner, Ägypter. Alle versuchen eine andere, dauerhafte Beschäftigung im italienischen Arbeitsmarkt zu finden. Im Norden Italiens arbeiten Afrikaner auch längerfristig, meist in untergeordneten industriellen Bereichen oder im Handwerk (Losi 1996, S. 129). Ein weiteres Motiv der illegalen Einwanderung (Kurden, Albaner, Westafrikaner) an einsamen Küstenbuchten des Mezzogiorno ist nicht der Wunsch, in Italien zu bleiben, sondern der relativ lockeren Aufsicht italienischer Behörden zu entgehen und dann die Migration in die eigentlichen Zielländer Mittel- oder Westeuropas fortzusetzen, die sich gegen eine solche Auffangfunktion aus „Drittländern" oft vergeblich wehren.

Die *Türkei* wurde erst relativ spät, seit Anfang der 70er-Jahre Auswandererland. Zunächst emigrierten nur Männer, trotz des Anwerbestopps in Deutschland 1973 bald auch ganze Familien. 1995 lebten 3,4 Mio. Türken im Ausland, 5,2 % der Gesamtbevölkerung und 6 % der Erwerbstätigen. 1990/95 befanden sich 2,7 Mio. Türken und Kurden in der EU, davon 72 % (2,2 Mio.) in Deutschland, je 8 % in Frankreich und in den Niederlanden. Die Türken bilden in Deutschland mit 28 % die größte Gruppe von 7,2 Mio. Ausländern (1995), obwohl mehrfach finanzielle Rückkehrhilfen angeboten wurden (1981, 1990). Circa 300 000 Türken waren bis Ende 1999 deutsche Staatsbürger, davon etwa 160 000 Wahlberechtigte (1998). Der Zuwachs der türkischen Einwohner in Deutschland erfolgt stärker infolge der hohen Kinderzahlen als durch weitere Einwanderung. Türken leben in den Zielländern in überwiegend eigenen sozialen, ethnischen Netzwerken. Nach Fassmann (1996, S. 38) haben die engen sozialen, politischen und religiösen Gemeinschaften sowohl bei Türken als auch bei Kurden weiteres Wachstum durch Familienzusammenführung bewirkt. Diese soziale Zellenbildung ist angesichts der weiten Entfernung von der Heimat (z. B. in Ostanatolien) und der politischen Konfrontation zwischen Türken und Kurden eine wichtige Überlebensstrategie. Ein Motiv türkischer Auswanderer für den vorläufig endgültigen Aufenthalt in Deutschland ist auch der Widerstand gegenüber dem als zu laizistisch empfundenen türkischen Staat, von dem manche Emigranten die striktere Beachtung religiöser Vorschriften fordern. In Deutschland scheint dagegen die Erfüllung strenger islamischer Pflichten besser möglich als in der Türkei. Charakteristisch ist die im letzten Jahrzehnt verstärkte gesellschaftliche Eigenentwicklung der Türken in den Gastländern. Sie zeigt sich z. B. an dem fast ausgewogenen Geschlechterverhältnis der in Deutschland lebenden Türken (1994: 1 Mio. Männer, 0,9 Mio. Frauen). Die ursprünglichen Migrationspläne sahen zwar meist eine Rückkehr nach 4 – 7 Jahren vor, mit dort geplanter selbstständiger Tätigkeit in Handwerk und Einzelhandel. Soweit dieses Ziel nicht realisierbar erscheint, wird die wirtschaftliche Selbstständigkeit in Deutschland angestrebt (Sen 1997, S. 413). Die große Zahl von türkischen Unternehmern (1999 ca. 300 000) in Deutschland macht deutlich, dass viele der hier lebenden Türken ihre eigene türkische wirtschaftliche, soziale und kulturelle Identität entfalten.

Ägyptens Arbeitsemigration setzte um 1960 ein. Sie bildete für die schnell wachsende Bevölkerung ein entscheidendes wirtschaftliches Entlastungsmotiv. Zunächst wanderten bis Mitte der 70er-Jahre ca. 100 000 Akademiker (Lehrer, Ingenieure, Facharbeiter, vorwiegend aus Städten) nach USA, Kanada und Australien aus, darunter ein hoher Anteil an Kopten (Ibrahim 1996, S. 22). Ägyptische Lehrer wurden in dieser Zeit bereits in den Golfstaaten tätig. Nach Meyer (1991, S. 81 ff.) folgten weitere Zielländer und Wellen der Arbeitsemigration aus Ägypten: um 1975 Libyen, bis um 1980 Saudi-Arabien und die kleinen Golfstaaten, bis 1985 Irak. Hier fand die größte Anzahl von Emigranten Arbeit als Ersatz für die als Soldaten im Krieg mit dem Iran befindlichen Iraker. Insgesamt arbeiteten fast ständig 4 – 5 Mio. Ägypter zeitweilig im Ausland. Jeder von ihnen versorgte etwa vier Familienangehörige. Dadurch profitierte bis zum Beginn der 90er-Jahre ein Drittel der ägyptischen Bevölkerung von den Gastarbeiterüberweisungen

Die Folgen der Arbeitsemigration aus Ägypten werden folgendermaßen charakterisiert (Ibrahim 1996, S. 130; Meyer 1995a):

1) Der „brain drain" teuer ausgebildeter Arbeitskräfte behinderte die Wirtschaftsentwicklung in Ägypten.

2) Die Rücküberweisung von Auslandsverdiensten stützte zwar die nationale Zahlungsbilanz, wirtschaftliche Impulse blieben jedoch gering, da die meisten Erträge in den Konsum oder in die Wohnraumbeschaffung flossen.

3) Beides bewirkte in Ägypten Preissteigerungen mit negativen Folgen für die Kaufkraftschwächsten.

4) Die ab 1973 infolge der Ölpreisexplosion einsetzende Emigration von Ungelernten löste eine Verknappung von Arbeitskräften in den ländlichen Gebieten Ägyptens, einen Anstieg der Löhne und die Verringerung der Land-Stadt-Migration 1976 – 1986 aus. Eine Gegenentwicklung folgte seit Mitte der 80er-Jahre: Die Remigration überwiegend beruflich schlecht qualifizierter Männer steigerte das Arbeitskräfteangebot in der Landwirtschaft Ägyptens, das Reallohnniveau sank 1985 – 1991 um 60 % und die Abwanderung in Städte stieg wieder an.

5) Daran zeigt sich, dass die Arbeitsemigration ein Faktor der Instabilität in Ägypten ist, da Massenrückwanderungen infolge politischer und wirtschaftlicher Krisen in den Golfstaaten oft sehr plötzlich einsetzen und schnell zu einer Belastung des ägyptischen Arbeitsmarktes führen. Zumal jährlich ohnehin 500 000 Jugendliche eine neue Beschäftigung suchen.

6) Der durch längeren Auslandsaufenthalt erworbene höhere Lebensstandard der Remigranten verursachte soziale Anpassungsschwierigkeiten und Spannungen in den Heimatgemeinden. Besonders die aus den Erdölländern zurückkehrenden nun wohlhabenden Fellachen fanden nicht wieder zur genügsamen Arbeit in der eigenen Landwirtschaft zurück, sondern verzehren konsumorientiert ihr im Ausland verdientes Kapital (Ibrahim 1996).

Motive und Ursachen der internationalen Migration

1) Die *Arbeitssuche* und Verbesserung der Existenz sind in allen Ländern des Mittelmeerraumes nach wie vor der wichtigste Grund für die Auswanderung. Dieser Push-Faktor basiert auf dem Nord-Süd-Gefälle der Einkommen im Mittelmeerraum, umgekehrt aber auch auf den heute verbesserten Möglichkeiten für Bildung und Berufsqualifikation. Die in der EU freie Wahl des Arbeitsplatzes weckt auch in den südlichen und östlichen Staaten des Mittelmeerraumes die Hoffnung auf Arbeit, wenn auch in der Illegalität. Der Pull-Faktor wird kaum dadurch abgeschwächt, dass die Emigranten noch keine umfassende Kenntnis über die Zugangsmöglichkeiten zum Arbeitsmarkt im Zielgebiet haben. Die Familienzusammenführung wird angesichts zunehmender Restriktionen zu einem wichtigen Wanderungsmotiv. Hierbei spielt eine Rolle, dass mehr und mehr auch Frauen selbstständig an der Migration teilnehmen. Gleichzeitig wandern aber zunehmend Frauen auch aus dem Maghreb (Costanzo 1999), aus Äthiopien, Somalia, den Philippinen und Pakistan Arbeit suchend in den Mittelmeerraum, insbesondere nach Spanien, Italien und Griechenland. Zu einem wichtigen Ziel illegaler Arbeitsmigration wurden die neuen Intensivkulturen in der südspani-

schen Provinz Almería, die diesem einstigen Armenhaus in wenigen Jahren Reichtum beschert haben. Die Zuwanderer sind als billige Arbeitskräfte willkommen, menschlich stoßen sie als Fremde jedoch vielfach auf Ablehnung.

2) Neue *Wertvorstellungen* spielen als Wanderungsgrund zunehmend eine Rolle, soweit sie sich grenzüberschreitend ausbreiten und als anziehend empfunden werden (Hoffmann-Nowotny 1995). Damit wird verstärkt nicht nur die reine wirtschaftliche Existenzsicherung zum Migrationsanlass, sondern bei höherer Bildung ein wesentlich breiteres Motivspektrum: Bildung, berufliche Qualifikation, sozialer Aufstieg, ungehinderte kulturelle Daseinsäußerung. Auch Aspekte wie soziale Gerechtigkeit, Bewegungs- und Meinungsfreiheit entwickeln sich, besonders bei besser Ausgebildeten, zu vermehrt entscheidenden Emigrationsmotiven (King 1997, S. 174; Freund 1998). Sie veranlassen schon heute Mitglieder mittlerer und höherer Sozialschichten, die bereits über hohe Einkommen verfügen, zur Migration (Elitenwanderung hoch qualifizierter Berufsgruppen). Auf staatlicher Ebene ist diese Westorientierung im Wunsch der Türkei, Mitglied der EU zu werden, ebenso ablesbar wie in den Prozessen der „Verwestlichung" in den arabischen Ländern. Der dagegen entstandene starke Widerstand in diesen Staaten ist ein Beleg für die hohe Intensität der Orientierung auf die Leitbilder Mittel- und Westeuropas.

3) *Politische Migration* ist ein wichtiges Phänomen, das innerstaatlich wie international verläuft, aus gewaltsamen gesellschaftlichen Veränderungen resultiert und sich in ethnischer und religiöser Segregation und Selektion widerspiegelt. Erste Vertreibungen arabisch-berberischer Bauern und Nomaden lösten die nach Nordafrika einwandernden europäischen Siedler bereits im vorigen Jahrhundert aus. Aus den günstigen Ackerlandgebieten und Weidearealen wurden die Berber in die weniger siedlungsfreundlichen Gebirge zurückgedrängt. Ebenso ist die Einwanderung von Juden nach Palästina auch unter politischem Aspekt zu sehen. Sie führte ab

Aufenthalts-land	Anzahl der Nach-kommen in 1 000	Anteil an der Gesamt-bevölkerung in %
Libanon	350	10
Syrien	350	3
Westjordanland	550	35
Jordanien	1 400	33
Gazastreifen	750	75

Tab. 10: Nachkommen palästinensischer Flüchtlinge 1995.

Quellen: UNRWA = UN Relief and Works Agency for Palestine Refugees in the Near East.

1948 zur Vertreibung von ca. 700 000 bis 900 000 Palästinensern, deren Zahl im Nahbereich Israels bis heute auf 3,5 Mio. angestiegen ist (Tab. 10). Die Palästinenser, Moslems und Christen wahrten trotz des Lebens in der Diaspora und in Lagern ihr Nationalbewusstsein, seit einem Jahrzehnt die Grundlage des neu entstehenden Staates.

In noch größerem Umfang waren das Osmanische Reich und später die Türkei Ziel politischer Migration. Flüchtlingen aus der Donaumonarchie bot sich hier, insbesondere in Istanbul im 18. Jh., ebenso wie Vertriebenen aus Russland vor und nach der Revolution 1917/18 eine Zuflucht an. 4 Mio. Kaukasier und Tataren waren schon früher hierher geflüchtet, als ihre Heimat unter russische Herrschaft kam (Kirisci 1997, S. 166). Nach Auflösung des Osmanischen Reiches sahen nach Schätzungen 1,5 Mio. Türken keine Perspektiven in den neuen Balkanstaaten und flüchteten in das Kernland der Türkei, meist in dessen westliche Provinzen. Auch der Vater der modernen Türkei, Atatürk, wurde in Saloniki geboren. Während des Zweiten Weltkrieges kamen nochmals ca. 1,5 Mio. Türken als politische Flüchtlinge aus dem Balkan in die türkische Republik, allein aus Bulgarien knapp 1 Mio. (1950 und 1989). Der Bevölkerungsaustausch in der Ägäis 1923 war politisch verursacht: 500 000 Türken mussten Thrakien verlassen, das an Griechenland kam, ca. 1,5 Mio. Griechen wurden aus den Küstengebieten Kleinasiens vertrieben.

4) *Religiös* bedingt war der größte Teil der Vertreibung von Juden im Mittelmeerraum,

wenn dabei auch politische Ursachen mitgespielt haben. Thessaloniki, im Osmanischen Reich noch Saloniki, trug den Namen „Jerusalem des Balkans", weil sich hier anfangs des 16. Jh.s aus Spanien, Sizilien und Italien geflohene sephardische sowie aus Deutschland, Frankreich und Ungarn askenasische Juden angesiedelt hatten. In der zweiten Hälfte des 19. Jh.s prägten sie nicht nur die Kultur dieser Stadt, sondern schufen auch die Grundlagen für deren Industrialisierung. Von den hier zu Beginn des 20. Jh.s lebenden, noch immer Ladino sprechenden ca. 100 000 Juden wanderten große Teile nach dem Ende des Osmanischen Reiches nach Palästina. Die Reste fielen während der deutschen Besetzung 1942 dem Holocaust zum Opfer. Aus jüngster Zeit sind freiwillige Abwanderung und Vertreibung von Juden aus den islamisch geprägten Ländern Nordafrikas und der Levante nach deren staatlicher Unabhängigkeit zu nennen. In Marokko schrumpfte die Zahl der Juden auf unter 10 000, für Tunesien werden noch 20 000 (Tunis und Djerba) genannt (1998).

5) *Wohlstandsmigration* von Rentnern ist ein völlig neues Moment im Wanderungsnetzwerk des Mittelmeerraumes. Meist ist sie Nord-Süd-gerichtet, teils saisonal, zunehmend sogar definitiv. Sie hat zwar gegenwärtig gesamtmediterran noch sekundäre Bedeutung, scheint jedoch quantitativ und hinsichtlich der Aufenthaltslänge zuzunehmen. In Spanien wurde diese Alterswanderung bereits zu einem wichtigen Wirtschaftsfaktor. Die vornehmlich in den Fremdenverkehrsgebieten mit Daueraufenthaltserlaubnis lebenden Deutschen und Briten (1995 zusammen über 100 000) bilden jetzt schon vor den Marokkanern die größte Ausländergruppe in Spanien. 20 % der balearischen Inselbevölkerung sind Deutsche.

Kulturelle Aspekte der Arbeitsemigration
Während vor dem Zweiten Weltkrieg häufig ganze Familien ihre Heimat zu einem langen Aufenthalt in Übersee verließen, beschränkte sich die Arbeitsemigration nach dem Zweiten Weltkrieg zunächst nur auf *Männer* im berufsaktiven Alter von 20 – 40 Jahren. Die Abwesenheit sollte zeitlich begrenzt sein. In einer späteren Phase reihten sich auch *Frauen* ohne Familienbegleitung in den Emigrantenstrom ein. Griechische Frauen gehörten sogar zur Avantgarde in den ersten Jahren der Gastarbeit (Lienau 1989, S. 202). Entscheidend ist, wie sich der zunächst als zeitlich befristet geplante Aufenthalt im Gastland ausdehnte, das ganze Arbeitsleben umfasste und schließlich zu einem oft lebenslangen und *generationenübergreifenden* Dasein in der Fremde entwickelte. Wurde aus dem ersten Versuch eine längere, jedoch noch immer temporäre Arbeit im Ausland, folgten Familienangehörige. Der Migrationsverlauf paßte sich dem *Familienzyklus* an. Gingen die Kinder im Zielland zur Schule, mündete die Emigration bereits in einen längerfristigen Aufenthalt. Aus Arbeitsmigranten wurden *Einwanderer*. Das heiratsfähige Alter der Töchter, Militärdienst der Söhne, Arbeitslosigkeit oder Konjunkturschwankungen führten oft nur einzelne Familienmitglieder wieder ins Heimatland zurück. Erst das Rentenalter bildet für viele Arbeitsemigranten einen wichtigen Einschnitt, der nochmals eine Entscheidung zur Rückkehr oder zum Verbleiben im Gastland erzwingt.

Damit erweiterten sich auch Motive und Ziele der Migration. Das Leitbild wurde eine *industriegesellschaftliche Lebensform*, die in der Heimat nicht erreichbar zu sein schien. Die volle Integration in die Gesellschaft des Zielgebietes stellt dabei jedoch kein übergeordnetes Ziel dar. Selbst die dritte Generation der Auswanderer strebt heute in Deutschland volle Assimilation nicht an, dafür aber wesentlich mehr als nur wirtschaftliches Auskommen: rechtlich gesicherten Aufenthalt, Staatsangehörigkeit und soziale Sicherung bei gleichzeitig ungehinderter Entfaltung der nationalen, kulturellen Identität. Dieses Ziel scheint in Deutschland mit den neuen rechtlichen Grundlagen zum Staatsbürgerrecht leichter erreichbar zu sein. Das entscheidende Handicap auf diesem Wege, die Arbeitslosigkeit, versuchen viele durch den Schritt in die eigenständige Dauerbeschäftigung, in die unternehmerische Selbstständigkeit zu umgehen.

In Frankreich konnten sich die Einwanderer vor und während des Zweiten Weltkrieges schnell in das französische Gesellschaftssystem integrieren. Zumindest die älteren Algerier waren seit Geburt französische Staatsbürger. Mit 18 Jahren kann die französische Staatsbürgerschaft relativ leicht erworben werden. Es entspricht noch heute dem französischen Selbstverständnis, anpassungs- und leistungswillige Einwanderer auch in Staatsdienst und Wirtschaft offen aufzunehmen. Seit den 70er-Jahren gelang dies den Gastarbeitern aus Südeuropa in Frankreich jedoch nur noch teilweise. Die bisherigen Modelle der Assimilation sind nicht mehr wirksam.

Neben der Forderung nach Gleichberechtigung trat besonders in Frankreich das Verlangen nach dem „Recht auf Besonderheit" (droit à la différence). Begriffe wie „éthnie" und „communauté" (Gemeinschaft) belegen, dass die bewusste Segregation, zumindest die Isolierung, zum Teil sogar die Selbst-Ghettoisierung stärker wurden, während eine volle Integration nur von einem Teil der Immigranten angestrebt wird. Ein Grund für das Motiv der Ausländer, zunehmend unter sich bleiben zu wollen, ist auch darin zu sehen, dass zu viele Barrieren bestehen, am öffentlichen Leben des Gastlandes teilzunehmen. Sichtbar vollziehen sich diese Prozesse in bestimmten Stadtteilen oder randlichen Wohnquartieren der großen städtischen Verdichtungsgebiete wie Berlin, Hamburg, Paris, Lyon, Marseille, aber auch in kleineren Städten (Henkel 1998; Kemper 2000). In Deutschland sind in den historischen Kernen selbst kleiner Städte viele alte Häuser in das Eigentum türkischer Familien übergegangen. King (1997, S. 198) spricht von „Mediterranisation" in west- und mitteleuropäischen Städten. Die zunehmende soziale Eigenständigkeit dieser „Inseln", Viertel mit ethnisch besonderen Wohnweisen, der Möglichkeit freier, intensiver Pflege tradierter Lebensgewohnheiten und religiöser Vorstellungen, eigener Wanderungsdynamik (Gans 1992) und speziellen Möglichkeiten zu sozialem Aufstieg innerhalb dieser isolierten Gesellschaften bieten eine neue spezifische Lebenswelt, die im Herkunftsland in dieser Breite ebenso wie der materielle Lebensstandard nicht zu realisieren gewesen wäre. Mit der Ankunft im Zielgebiet begleiten die Migranten aber auch die Konflikte, „die sie schon im Herkunftsland ausgetragen haben. Die Idee des Multikulturalismus fördert diesen Sachverhalt, obgleich er ihn in bester Absicht verhindern will" (Hoffmann-Nowotny 1995).

Maghrebinier sind heute in Frankreich wie Türken in Deutschland bereits als eine nationale Gemeinschaft zu definieren, die „spezifische ethnische, kulturelle, religiöse und sprachliche Eigenschaften" besitzt, „hinreichend groß" ist und den Willen zur Erhaltung ihrer Identität hat (Empfehlung der Parlamentarischen Versammlung Nr. 1201/1993 des Europarates). Damit befinden sich die Einwanderer spätestens seit der dritten Generation auf dem Weg zu einer starken, bewusst empfundenen ethnischen Minderheit, obwohl zwei Drittel der Ausländer unter 18 Jahren in Deutschland geboren sind. Gleichwohl bewegen sich die Nachkommen früherer Arbeitsmigranten aus dem Mittelmeerraum in Frankreich und Deutschland in einer zwar eigenständigen soziokulturellen Sphäre. Diese ist jedoch von der Lebenswelt der neuen Heimat ebenso weit entfernt wie von der alten. Die innere Entfremdung von der Heimatkultur ist eine Folge des langen Aufenthaltes im Ausland und des ökonomischen Aufstiegs. Sie wird dann sichtbar, wenn sich Gastarbeiter zur Remigration entschließen und in ihrem Herkunftsland auf unerwartete Widerstände stoßen.

Folgen der Remigration

Aus der Arbeitsmigration, insbesondere der Rückkehr von Gastarbeitern, erhofften sich die Regierungen der Entsendestaaten *wirtschaftliche* Impulse, *soziale* Innovationen und dadurch einen Beitrag zur Verringerung des ökonomischen Abstandes zu den Industrieländern Mittel- und Westeuropas. Auch viele wissenschaftliche Untersuchungen zur Remigrations-Thematik gingen offensichtlich von dieser Vermutung aus (Lienau 1989; Struck 1985). Eine erste Einschätzung offenbart auch eine Reihe positiver Wirkungen: Die laufenden Lohnüberweisungen sowie der Kapitaltransfer der Rückkehrer stärkten die volkswirtschaftliche Devisenbilanz des Herkunftslandes. Die angestiegene Binnenkaufkraft sowie neues Konsumverhalten erweiterten das Warenangebot des Einzelhandels. Manche der erworbenen handwerklichen und maschinellen Fähigkeiten schlugen sich in der Gründung kleiner gewerblicher Betriebe nieder. Auch die Rückkehr in die Landwirtschaft förderte durch Kauf eines Traktors und Errichtung von Unterglaskulturen bessere Marktorientierung und durch Einführung neuer Anbauprodukte das Einkommensniveau. Die meisten Gastarbeiterverdienste flossen jedoch in den weit verzweigten Dienstleistungssektor, führten zur Gründung eines kleinen Geschäftes, traditionelle und moderne Formen des Handels kombinierend. Ein noch größerer Teil des durch Gastarbeit erworbenen Kapitals wurde jedoch nicht produktiv eingesetzt, sondern mündete in spekulativen Landerwerb, in den Hausbau, in Immobilienprojekte, in ansehensteigernde, prestigeträchtige Verbrauchsgüter oder erlagen der kontinuierlichen Verringerung durch Konsum. Versucht man die ökonomischen Wirkungen von Emigration und Remigration zu generalisieren, so ist in der Endbilanz wohl die *negative* Wirkung größer als die positive (Siebert 1993; Körner 1990). Immerhin wurden durch die Remigration die Undurchdringlichkeit traditioneller sozialer Schichtung gelockert und Aufstiegschancen eröffnet. Frauen bewahrten die im Gastland erlernte größere Freiheit und Selbstständigkeit. Industriegesellschaftliche Wertvorstellungen förderten den Willen zu eigener Bildung. Aktivität zu wirtschaftlicher Initiative entstand, formte neue Lebensstile und schuf damit die Grundlagen auch zur Verbesserung des ökonomischen Lebensstandards.

Eine nähere Betrachtung offenbart jedoch ein differenzierteres Bild und viele negative Konsequenzen der Remigration. Sie liegen überwiegend im sozialen Bereich und vor allem in der neuen ambivalenten Unsicherheit der nach langjähriger Arbeit im Ausland Zurückgekehrten, die sich nunmehr im Konflikt zwischen zwei verschiedenen Kulturen befinden, der eigenen traditionellen und der neu im Industrieland adaptierten. An zwei ausgewählten Beispielen sei diese Problematik erläutert.

Die Rückwanderung der „Deutschtürken" (Almançi, Deutschler) in die Türkei mündete nicht immer in volle soziale Reintegration in die Gesellschaft der ursprünglichen Herkunftsregion der Türkei. Höhfeld hat diese Situation eingehend beschrieben,

worauf nachfolgend Bezug genommen wird (1995, S. 214 – 223). Für die Älteren bedeutet sie Rückkehr in die alte Heimat, für die Jugendlichen Auswanderung in die Fremde, die sie bisher nur als Urlaubsland kannten. Sie erfordert Anpassung an andere Wertvorstellungen und Verzicht auf viele während der Gastarbeit angenommene, während des Aufwachsens in Deutschland erlernte Lebensformen. Viel Feingefühl wird den Remigranten abverlangt, um nach vielen Jahren der Abwesenheit erneut die ursprüngliche Sozialposition im Heimatdorf zu erlangen oder darüber hinaus aufzusteigen, wie es ihnen angesichts ihres Erfolges im Ausland ihrer Meinung nach zukommt. Schwierigkeiten haben die jüngeren, in Deutschland, Österreich oder in den Niederlanden geborenen Remigranten teilweise mit der türkischen Sprache, im zu frei empfundenen Umgang mit dem anderen Geschlecht, mit der bikulturellen deutschtürkischen Identität. Die Türkischkenntnisse heutiger Remigranten entsprechen oft dem ländlichen, teilweise veralteten Sprachniveau ihrer ausgewanderten Großeltern. Darunter leidet ihr Ansehen in der heutigen modernen städtischen Welt der Türkei. Die Studien des Essener Zentrums für Türkeistudien zeigen, dass angesichts der Eingliederungsprobleme viele Remigranten die Türkei gerne wieder verlassen und nach Deutschland zurückkehren würden.

Da die Arbeitslosigkeit in der Türkei größer als in Deutschland ist, insbesondere im Bauwesen und in der Landwirtschaft, finden viele Remigranten keine Beschäftigung. Andererseits streben sie nicht unbedingt wieder einen industriellen Arbeitsplatz an, der außerdem schlechter bezahlt wird als in Deutschland und weniger soziale Sicherung bietet. Obwohl dringend in der Türkei benötigt, werden so die im Ausland erworbenen technischen Fähigkeiten nicht genügend verwertet. Alternativ bieten sich nur die ohnehin schon übersetzten einfachen Branchen des Handwerks sowie des Dienstleistungssektors als Beschäftigungsbasis an. Das räumliche Ziel der Rückkehrer-Investitionen liegt zudem mehr in den urbanen, prosperierenden Küstengebieten. Sie versprechen höhere Renditen als die Binnenregionen, aus denen die Gastarbeiter ursprünglich abgewandert waren. Dort potenzieren sich deshalb die negativen Abwanderungsfolgen, sichtbar an aufgelassenen Landwirtschaftsflächen und leeren Häusern in den Dörfern (Struck 1985). Da sich viele Remigranten in den schnell wachsenden städtischen Verdichtungsgebieten niederlassen, werden die wirtschaftsräumlichen Disparitäten des Landes nicht gemildert. Aber gerade hierzu hatten die staatlichen Behörden von der Arbeitsemigration einen Beitrag erhofft.

Im Gegensatz zur Türkei investieren die Remigranten in *Marokko* ihr im Ausland verdientes Kapital nicht nur im urban-gewerblichen Bereich, sondern auch in der Landwirtschaft. So fördern zunächst die Überweisungen der noch abwesenden Gastarbeiter die zurückgebliebenen Familien. Die Rückwanderer suchen sich für ihre Existenzgründungen Orte und Branchen, die größere Rendite versprechen. Nach den umfangreichen Untersuchungen (Kagermeier/Popp 1995) in Nordmarokko bringen die Zurückkehrenden neue Konsummuster mit und ihre Kaufkraft bewirkt eine Ausweitung des Einzelhandelsangebotes. Im Ausland verdientes Geld und regelmäßige Altersrenten von zurückgekehrten Ruheständlern fließen auch in Marokko in die Gründung von kleinen gewerblichen Unternehmen: Cafés, Restaurants und Lebensmittelhandel. Gastarbeiterverdienste münden auch in größere Projekte des Wohnungsbaus. Diese werden allerdings nicht von Remigranten, sondern von ansässigen Immobilienhändlern betrieben, die es verstehen, das Gastarbeiterkapital zur weiteren Anlage an sich zu ziehen. Ein drittes wichtiges Investitionsziel ist im Erwerb landwirtschaftlicher Flächen zu sehen, meist heimatverbunden im ursprünglichen Abwanderungsgebiet, allerdings mehr in naturräumlichen Vorzugsgebieten und bewässer-

baren Arealen, die hohe und sichere Ernteerträge erwarten lassen. Diese agraren Einkünfte werden vielfach im Rahmen von Doppelexistenzen durch außerlandwirtschaftliche Tätigkeiten ergänzt. Bewertet man die in Nordmarokko eingetretenen Wirkungen, so sind zahlreiche neue wirtschaftliche Impulse und tragfähige soziale Veränderungen erkennbar (Berriane et al. 1996; Bencherifa/Popp 1998; Berriane/Hopfinger 1999). Ähnliche Feststellungen macht Aït Hamza (1997) über die Konsequenzen der Arbeitsmigration, der Geldüberweisungen und der Verwendung des im Ausland verdienten Kapitals in den Oasen Südmarokkos. Der Umbau traditioneller Organisationsformen, die Öffnung nach außen, Kaufkraftzunahme, Elektrifizierung, verbesserte Schulbildung, eine neue Dynamik der agrarischen Bewässerungskulturen, die Bedeutungszunahme des Handels, die gewandelte Rolle der Frauen, die Herausbildung neuer dörflicher Eliten und Chancen für sozialen Aufstieg deuten in den größeren, verkehrsmäßig gut erschlossenen Oasensiedlungen auf überwiegend positive Entwicklungsimpulse hin, welche zu einem großen Teil direkt oder indirekt die Arbeitsmigration bewirkte. Vielfach wurde damit ein „Oasensterben" verhindert. Trotzdem ist auch hier der soziokulturelle Wandel die Ursache für das Nebeneinander von zwei konträren Lebenswelten, zwischen denen Familie und Individuum wohl noch für mehrere Generationen eine sichere Orientierung suchen müssen.

Die Analyse der Bevölkerungsentwicklung im Mittelmeerraum und insbesondere der räumlichen Mobilität machte zahlreiche Querverbindungen zu Fragen des sozialen und erwerbsstrukturellen Wandels sichtbar. Diesen wichtigen Zusammenhängen muss sich deshalb das nächste Kapitel widmen.

SOZIALER WANDEL UND ERWERBSSTRUKTUR

Bild 20: Osterfest in Epirus, Griechenland: *Zum Osterfest kommen viele Gastarbeiter zu Besuch nach Hause in die Dörfer ihrer Kindheit und Jugend. Dabei wird der soziale Wandel und die zunehmende Entfernung von ihren ursprünglichen Lebenswelten deutlich.*

Überblick

■ Das Wachstum der Wirtschaft hängt nicht nur von ökonomischen Faktoren ab, sondern auch von der Veränderung gesellschaftlicher Strukturen und Verhaltensweisen. *Sozialer Wandel* ist in diesem Sinn meist freiwilliges Ausscheiden aus dem durch Geburt gegebenen sozialen Umfeld mit dem Ziel, in einer anderen, meist als höher empfundenen gesellschaftlichen Ebene Fuß zu fassen, um die eigene wirtschaftliche Existenz zu verbessern.

■ Sozialer Wandel ist aber auch *Vorbedingung* für jede innovative Entwicklung einer Volkswirtschaft und geht parallel mit der *Veränderung der Erwerbsstruktur*. Sie beginnt auch im Mittelmeerraum meist mit dem Verlassen landwirtschaftlicher Tätigkeit und Abwanderung aus ländlichen Gebieten sowie der Suche nach einer neuen Beschäftigung in Stadtregionen oder als Gastarbeiter im Ausland. Damit werden meist höhere Einkünfte erzielt, keineswegs aber immer sozialer Aufstieg. Oft folgt sozialer Abstieg.

■ In den *nördlichen* Ländern des Mittelmeerraumes sowie in Israel gestatten gesellschaftliche Veränderungen durch eigene *Leistung* soziale Aufstiege und waren wichtige Impulse für den Industrialisierungsprozess, auch wenn dieser im Vergleich zu Mittel- und Westeuropa historisch erst sehr spät einsetzte.

■ In einigen der *südlichen* und *östlichen* Länder des Mittelmeerraumes, besonders in den Rentierstaaten des Vorderen Orients hat sich die traditionelle Sozialstruktur erst in Ansätzen verändert. Etablierte Institutionen, die Verwurzelung in einem noch weitgehend patrimonialistischen Sozialsystem und die statusmäßige Zuweisung der gesellschaftlichen Stellung bremsen den sozialen Wandel.

Vernetzung des sozialen Wandels

Zu den wichtigsten Bedingungen der Chancen für die zukünftige Entwicklung des Mittelmeerraumes zählt der Wandel der Sozial- und Erwerbsstruktur. Seine aktuellen Veränderungen im Mittelmeerraum sind Teil und Ergebnis eines langen historischen Vorgangs, der die Emanzipation aus *kollektiv*-feudalen Ordnungen und den Übergang in *individuell*-demokratische Formen des wirtschaftlichen und politischen Lebens darstellt. Dieser Prozess scheint in den nördlichen Ländern des Mittelmeerraumes abgeschlossen zu sein, im Süden und Osten steht er dagegen teilweise noch am Anfang. Diese Feststellung bedarf jedoch einer regionalen und inhaltlichen Differenzierung: Die gesellschaftlichen Schichten und deren Mitglieder durchschreiten den sozialen Wandel unterschiedlich schnell. Die Art der Teilnahme an der Modernisierung formt sogar neue soziale Gruppen. Innovationsträger und Zögernde, Traditionsbindung und Neuerung stehen sowohl am Anfang (im Süden und Osten) als auch an ihrem Ende (im Norden des Mittelmeerraumes) eng nebeneinander. Auch das Bild von einer vertikalen Überschichtung von Wandel und Beharrung drängt sich auf: Höhere Sozialschichten, Bildungseliten und politische Führungsklientelen bewegen sich zuweilen bereits voll in modernen Lebenswelten, während den um ihre materielle Existenz ringenden unteren Gruppen keine Zeit bleibt, um Vorteile neuer sozialer Interaktionen zu bedenken.

Die soziale Entwicklung war in historischer Zeit immer gleichzeitig sowohl *Impuls* als auch *Hemmnis* wirtschaftlicher Aktivitäten. Sie bewirkte bis in die Gegenwart zugleich Aufschwung und Rückschläge der Wirtschaft. Soziale *Statik* und *Dynamik* sind in allen Teilen des Mittelmeerraumes eng miteinander verflochten (Colin 1991).

Die *soziale Struktur* eröffnet Einblicke in die mehr statische Basis: Herrschaftssystem, vertikale Schichtungen, soziale Netzwerke, deren Organisation und Grenzen, Familien- und Klientelbeziehungen, Altersaufbau und generatives Verhalten, Siedlungs- und Wohnformen, regionalkulturelle, religiöse, sprachliche, ethnische Differenzierungen sowie Lebensstile und Wertvorstellungen. Unter *sozialem Wandel* versteht man die *Dynamik* gesellschaftlicher Veränderungen, den zeitlichen sowie inhaltlichen Wandel dieser Strukturen, ihre normativen Ordnungssysteme, die Verteilung und Anwendung von Macht, die räumliche Mobilität, den Wandel von Erwerbstätigkeit, Berufsfeldern, Arbeitsbedingungen sowie die soziale Differenzierung und Individualisierung. Dabei ist wichtig, wie intensiv der soziale Wandel verläuft, wie schnell er sich ausbreitet (Diffusion) und ob er geradlinig, stufenförmig, verzweigt oder zyklisch ist (Hillman 1994). Entscheidend hängt der soziale Wandel im konkreten Lebenslauf vom Grad der allgemeinen und beruflichen Bildung ab.

Der soziale Wandel unterliegt im Mittelmeerraum der Steuerung durch vier, zunächst unabhängig erscheinende, gleichwohl eng verbundene Vorgänge:

1) Die *Befreiung* des Einzelnen aus kollektiven, gesellschaftlichen Bindungen eröffnet dem *Individuum* oder einzelnen sozialen Gruppierungen größere Entscheidungs- und Aktionsspielräume. Sie erleichtern soziale Mobilität, Aufstiege in höhere Schichten der Gesellschaft, die zuvor durch unüberschreitbare Barrieren und geburtsbedingte Zuweisung der sozialen Stellung blockiert waren.

2) Diese vergrößerten *sozialen Bewegungssphären* setzen die Erweiterung der *wirtschaftlichen* Grundlagen voraus, andererseits ermöglichen sie ihrerseits die Verbesserung der Einkommensmöglichkeiten. Sie basieren auf *Innovationen*, z. B. neue soziale Kontakte zu knüpfen, Aufgeschlossenheit zu entwickeln oder zu lernen, Wissen und Kapital *lang*fristig zu investieren; andererseits fußen sie auf der *Diffusion* neuer Ideen, d. h. ihrer räumlichen und sozialen Ausbreitung mit oft sehr unterschiedlicher *Adaption* (Übernahme) durch die verschiedenen Schichten, Gruppen und Individuen.

3) Der soziale Wandel korreliert eng mit der *demographischen* Entwicklung, insbe-

sondere mit dem generativen Verhalten, der Zunahme der Lebenserwartung und vor allem mit räumlicher Mobilität.

4) Sozialer und wirtschaftlicher Wandel setzen eine veränderte Form *politischer* und staatlicher Organisationsformen voraus. Hierarchisch-zentralistische Macht muss dezentralisiert werden, um ökonomische Impulse zu vervielfältigen. Im Mittelmeerraum lässt sich im historischen Längsschnitt gut beobachten, wie mit Zunahme der Autonomie gesellschaftlicher Gruppen und Demokratisierung volkswirtschaftliche Fortschritte eintraten.

Betrachtet man die *räumliche Ausbreitung* des sozialen Wandels, so ist zwar keine gleichmäßige, aber in der Regel doch eine von bestimmten Impulszentren nach außen fortschreitende Diffusion erkennbar. Dabei vollzogen sich viele Nachbarschafts- und Nachahmungseffekte zunächst *kleinräumlich* im Nahbereich des Innovationszentrums. Große Teile ganzer Dorfbevölkerungen entschlossen sich zur Arbeitsmigration und wandten sich bestimmten, gemeinsamen Wanderungszielen zu. Dies ist vor Ort daran zu erkennen, dass sich z. B. in Barcelona südspanische Dialekte ausbreiteten, in Athen die Einwanderer aus Epirus an ihrer Aussprache erkannt werden oder aus Deutschland in bestimmte Gemeinden des Mezzogiorno zurückkehrende Gastarbeiter den gleichen schwäbischen Dialekt, z. B. der Region Esslingen sprechen. *Großräumlich* übersprangen die Zündfunken des sozialen Wandels jedoch, gelenkt von Medien und aufgenommen von neuerungsfreudigen Einzelpersonen oder Familien weite Entfernungen. Eine wichtige Rolle spielte dabei der Tourismus (Bild 21). In den südlichen und östlichen Ländern des Mittelmeerraumes übernahmen meist die Hauptstädte die Rolle des Innovationszentrums. Zeitlich phasenverschoben drangen neue Lebensformen von hier bis in die äußersten Peripherien. Deshalb lässt sich heute selbst in nordsaharischen Oasen oder in hoch liegenden Gebirgsdörfern wohl keine Familie ohne Verhaltensweisen sozialer Veränderungen mehr finden.

Aus diesem Blickwinkel werden zwei Feststellungen wichtig:

Bild 21: Figuera da Foz, Portugal: *Der Fremdenverkehr bewirkte mit neuen Erwerbsmöglichkeiten eine Differenzierung altersgruppenspezifischer Lebensformen. Das Bild zeigt das Nebeneinander von traditioneller Arbeit und modernen Beschäftigungen im Hotelgewerbe.*

rung, differenzierten sozialen Wandel und konkurrenzfähige Industrialisierung erreicht hat.

Die Sicherheit der „arbeitslosen" Einkommen zu erhalten ist das Bestreben vieler Mitglieder staatlicher Institutionen und gesellschaftlicher Gruppen von Rentierstaaten und setzt voraus, dass sich ihre vorhandenen Strukturen nicht verändern. Damit werden nicht nur Bemühungen um die politische Liberalisierung und Demokratisierung, sondern auch um eine eigenständige Wirtschaftsentwicklung, insbesondere den Industrialisierungsprozess, basierend auf eigenen Leistungen, gehemmt. Zu diesen würde auch der Aufbau eines alle Gesellschaftsschichten erfassenden Steuersystems gehören, dessen Erträge neue ökonomische Impulse geben. Häufiger strebt man jedoch in einem Teil der südlichen und östlichen Länder extern die Erhaltung von Fremd-Alimentierung und Subventionen sowie intern die Konservierung von Privilegien und die ungestörte Teilnahme an der Staatsbürokratie an (Beck/ Schlumberger 1998).

Soziale Konflikte

Soziale Konflikte verletzen die Normen von sozialen Institutionen, die sich dagegen durch Sanktionen wehren. Konfliktsituationen reifen heran, wenn Mitglieder sozialer Gruppierungen mit den ihnen hier zugebilligten Bewegungsspielräumen nicht mehr zufrieden sind. Sie fühlen sich deshalb subjektiv in eine Krisensituation versetzt und suchen nach einem neuen Standort in der Gesellschaft. Generell leiteten soziale Konflikte auch in den Gesellschaften des Mittelmeerraumes den Übergang von mehr kollektiven Lebensformen in die *Individualisierung* ein. Die massenhafte Auswanderung ganzer Familien und Dorfgemeinschaften nach Übersee seit der zweiten Hälfte des vorigen Jahrhunderts zeigt, dass mit dem Aufbruchsentschluss zwar die Sicherheit in einer größeren Gemeinschaft aufgegeben wurde und Einzelschicksale begannen. Diese sozialen Konflikte waren jedoch letztlich nicht zerstörerisch, sondern innovativ und trugen durch Veränderung von sozialen Systemen zu neuen Aktivitäten der Gesamtgesellschaft bei. Je *intensiver* oder gewaltsamer soziale Konflikte ablaufen, desto radikaler und schneller findet der *soziale Wandel* statt. Wie oben betont, stehen soziale Konflikte in wechselseitig kausalem Zusammenhang mit wirtschaftlichen, demographischen und politischen Veränderungen. Nachfolgend wird versucht, an ausgewählten Prozessen sozialer Konflikte wichtige und häufige Grundlinien des gesellschaftlichen Wandels im Mittelmeerraum zu erläutern, um die in den vorausgegangenen und folgenden Kapiteln dargestellten Veränderungen in ländlichen Räumen, in Städten, in der industriellen und tertiären Wirtschaft verständlicher zu machen. Eine umfassende und systematische Darstellung des sozialen Wandels im Mittelmeerraum an sich ist hier allerdings nicht möglich.

Rollenkonflikte lösen den Beginn des sozialen Wandels aus: Die in der traditionellen Gesellschaft durch Status und Geburt zugewiesene Position wird verlassen, um Fähigkeiten, Leistungen und Eigeninteresse zur Grundlage des sozialen und wirtschaftlichen Aufstiegs zu machen (Bild 22). Dieser Konflikt entsteht, wenn an sich unvereinbare Rollen, nämlich bisherige und angestrebte in einer Person oder Gruppe vereinigt werden. Auch im Mittelmeerraum zeigt sich diese Situation bei der Nebenerwerbslandwirtschaft. Sie wird oft erst durch *definitives* Ausscheiden aus ländlich-agrarischen Verhältnissen und die folgende Arbeitsmigration nach Mitteleuropa beendet. Aber auch bei Gastarbeitern blieb die Bindung an die bisherige Existenz teilweise noch lange erhalten. Der Migrant musste sich damit in *zwei Welten* zurechtfinden. Sozial wollte er sich der Kontrolle der Heimatgemeinde entziehen, von der Gesellschaft des Zielortes wurde er (noch) nicht voll akzeptiert. Beruflich und wirtschaftlich trat er in eine typische *Doppelexistenz* ein. In vielfältiger Weise konnte man in allen Ländern des Mittelmeerraumes dieses bis zu drei Generationen übergrei fende schwierige Nebeneinander von bäuerlicher Arbeit im Herkunftsdorf und industriell-gewerblichem Erwerb im Zielgebiet beobachten. Um die großen Probleme sozialer Übergangsphasen zu verringern, bevorzugte man arbeitsextensiveren landwirtschaftlichen Anbau und versuchte den agrarischen Arbeitskalender an die vom Industriebetrieb des Ziellandes gewährte Urlaubszeit anzupassen. Erst nach Durchlaufen dieser Konfliktstrecke erfolgt eine endgültige Orientierung auf städtische und moderne Lebenswelten (Wagner 1990). Das endgültige Verlassen der ländlichen Herkunftsgemeinden und damit das Ende der sozialen Doppelexistenz deutet sich in aufgelassenen, verbuschenden Feldern und leer stehenden Häusern vieler Agrarlandschaften an (Bild 19).

Die Konflikte des sozialen *Rollenwechsels* umfassen, wie in allen Abwanderungsgebieten zu beobachten ist, oft mehrmaligen Wertewandel. Wenn Gastarbeiter aufwendige, luxuriöse Häuser in der Heimatgemeinde bauen, wollen sie damit nicht die alten Bindungen wahren. Sie versuchen im Gegenteil, mit diesem Schaueffekt den Daheimgebliebenen ihren sozialen Aufstieg, also ihre bewusste Distanz zu früheren sozialen Positionen zu demonstrieren. Die Nichtmigranten verwehren jedoch oft ihrerseits den solcherart Rückkehrwilligen die ehemalige soziale Nähe. Ihre Weigerung zeigt dann den wieder heimischen Emigranten definitiv den Abschluss des Durchgangs durch die Phasen des sozialen Wandels. Besonders dramatisch ist in dieser Hinsicht die Lage jugendlicher Remigranten. Im Gastarbeitsland, in dem sie nicht aufgewachsen sind, konnten sie nicht Fuß fassen. Da sie nach langer Abwesenheit die Sprache der elterlichen Heimat nicht beherrschen, misslingt ihnen aber auch die Wiedereingliederung in das alte Sozialsystem. Sie stehen also isoliert zwischen zwei soziokulturellen Welten und müssen den Prozess des sozialen Rollenwechsels mehrfach durchleben. Größeren Erfolg haben solche Remigranten, die mit Kapital und Ideen zurückkehren. Sie übernehmen innovative Führungsrollen, bereiten kreative Milieus vor und können deshalb ihren neuen sozialen Status durchsetzen, wie an Studien in Marokko gezeigt wurde (Berriane/Hopfinger 1999; Bencherifa/Popp 1999).

Bild 22: Marktplatz von Catania, Sizilien: *Viele Übergangspositionen vom Kollektiv zum Individuum lassen die Ansammlungen auf großen Plätzen erkennen.*

Versucht man weitere Merkmale von Rollenkonflikten, die in den sozialen Wandel führen oder ihn beschleunigen, stichwortartig zu markieren, so sind folgende Veränderungen gesellschaftlicher Positionen zu nennen:

1) Neue soziale Funktionen basieren auf *Leistung*, beruflicher Qualifikation und sind durch bewusste *Individualisierung* sowie Loslösung aus Gruppenzwängen gekennzeichnet. Diese im Norden des Mittelmeerraumes schon weit fortgeschrittene, eigentlich abgeschlossene Entwicklung bahnt sich im Süden und Osten weitgehend erst an. Hier ergriff sie besonders die jüngeren, städtischen, schulisch und beruflich immer besser ausgebildeten Bevölkerungsschichten.

2) Fortschreitender sozialer Wandel stärkt die *wirtschaftliche Konkurrenz* zwischen traditionellen Gruppen, deren Wirkungsbereiche ursprünglich wettbewerbsfrei waren. So setzt Kampf um Produktionsmittel ein, städtische Gruppen erwerben landwirtschaftliche Flächen. Verstädterung dehnt sich auf Agrarflächen aus. Sogar modern eingerichtete Bewässerungsareale fallen der Bebauung mit Hochhäusern, Gewerbebetrieben und Straßen zum Opfer. Touristische Nutzungen verdrängen bäuerliche Gruppen. Sozialer Wandel wird durch neue wirtschaftliche Funktionen raumwirksam und diese verursachen landschaftlich sichtbare Strukturveränderungen.

3) Leistungsorientierte Individuen streben nach *Führungspositionen*. Es bilden sich politische, technokratische, bürokratische und unternehmerische *Eliten*. Deren Ideen verbreiten sich schnell und werden nachgeahmt. In allen nordafrikanischen Staaten begann dieser soziale Wandel erst mit Beginn der Unabhängigkeit. Private Unternehmer treten nur langsam, aber zunehmend an die Stelle zentralistischer, staatlicher Wirtschaftstätigkeit. Am deutlichsten zeigen sich solche Erfolge in Tunesien und in der Türkei.

4) Soziale Mobilität über traditionelle Gruppengrenzen hinweg wird stärker, wenn *Erziehung* und *Bildung* neue *Wertsysteme* vermitteln. Ausgangspunkt hierzu war in den Maghrebländern nach Beginn der staatlichen Unabhängigkeit der Aufbau landesweiter Grundschulsysteme (Bild 23). In Tunesien gibt es heute fast keine Analphabeten mehr. 1996 gingen 99 % aller 6-jährigen Mädchen zur Schule. Auch in Algerien erreichte der Bildungsstand bei den unter 30-Jährigen ebenfalls einen sehr hohen Standard. In allen Staaten des Mittelmeerraumes nahm die Zahl der Universitätsabsolventen ständig zu. Da ein adäquater Arbeitsmarkt sehr schmal ist, treten sie allerdings in Konkurrenz mit Beschäftigten unterer Ebenen und verdrängen sie aus deren Berufsfeldern.

5) Sozialer Wandel vollzieht sich im ländlichen Raum, wenn traditionell kollektives in individuelles *Bodeneigentum* übergeht und Konflikte durch Ungleichheit der Besitzgrößen entstehen. Historisch gehörte landwirtschaftlich nutzbares Land in Nordafrika außerhalb der religiösen Stiftungen (Habous, Melk) einem Stamm gemeinsam. Um natürliche Bodenunterschiede auszugleichen, erfolgte eine zeitlich begrenzte Umverteilung der Nutzungsrechte. Später entwickelten sich daraus Eigentumsansprüche auf unterschiedlich große Flächen. Diese wirtschaftliche Differenzierung bedingte auch eine fortschreitende soziale Aufgliederung und förderte somit den gesellschaftlichen Wandel.

6) Der Einfluss der *Weltanschauungen* auf den gesellschaftlichen Wandel ist vielfältig. Mit wachsender Beschleunigung verliert die katholische Kirche in Südeuropa Einfluss auf soziale Lebensformen, besonders sichtbar beim generativen Verhalten, neuen Familienstrukturen und in der Säkularisierung übergeordneter Normen. Gleichzeitig fasst der Islam bis in die nördlichen Teile des Mittelmeerraumes Fuß. Er beeinflusst neben weltanschaulichen vor allem gesellschaftliche Daseinsformen und löst dadurch kulturelle Konflikte aus. Islamische Wertvorstellungen werden deshalb zukünftig in gewissen Bereichen wirtschaftliche Prozesse auch im Norden des Mittelmeerraumes mitbestimmen. In den Städten entstanden bereits islamisch geprägte Migranten-Wohnviertel mit sozialräumlicher Trennung von Einheimischen. Eine

Bild 23: Schüler südlich von Tunis: *Breite Grundschulbildung war seit der staatlichen Unabhängigkeit Tunesiens 1956 eines der wichtigsten und erfolgreich erreichten Ziele.*

wichtige Frage ist, inwieweit die Sozialstruktur der bisher laizistisch-islamischen Bevölkerungen (Türkei, Algerien, Bosnien) durch fundamentalistische Strömungen neu geformt werden könnte.

7) Soziale Konflikte und sozialer Wandel ergeben sich auch aus der Veränderung der *demographischen* Prozesse. Obwohl die natürliche Bevölkerungszunahme noch hohe Werte erreicht, weil die jugendliche Basis der Alterspyramide unverändert breit ist, nehmen auch im Süden und Osten des Mittelmeerraumes die Kinderzahl pro Frau und die (Netto-)Reproduktionsziffer ab, ein Zeichen für eine neue soziale Bewertung der Kleinfamilie, wie im vorangegangenen Kapitel zur Bevölkerungsentwicklung erläutert wurde. Die Zwei-Kinder-Ehe wird von der staatlichen Familienplanung Ägyptens und Tunesiens schon seit fast drei Jahrzehnten propagiert, obwohl die Altersrenten die traditionelle Absicherung der Eltern durch ihre Kinder noch längst nicht voll ersetzen.

(8) Die Änderung der *Rolle der Frauen* ist wichtiger Teil des sozialen Wandels. In den nördlichen Ländern des Mittelmeerraumes erlangten Frauen längst große Selbstständigkeit in allen Sparten der Berufswelt und in der Öffentlichkeit. Dabei darf man aber nicht übersehen, dass in allen romanischen Ländern die Frau bereits traditionell eine bestimmende Stellung in der Familie sowie in der lokalen Öffentlichkeit hatte. Auch im Süden und Osten konnten Frauen bereits in manchen Bereichen außerhalb der Familie eigenständig berufstätig werden. Nach statistischen Angaben stieg z. B. der Anteil der Frauen am Erwerbsleben in *Tunesien* von ca. 7 % (1960) auf 25 % (1990). Die heutigen Werte liegen sicher höher. Selbst seitens der Staatsführung wird seit 1997 die berufliche Emanzipation der Frau öffentlich propagiert. Tunesierinnen sind in allen Sozial- und Lehrberufen tätig, in der mittleren und höheren staatlichen Verwaltung, bei der Polizei, als Unternehmerinnen, im Rechtswesen, in Kunst und Kultur. Durch Gesetz wurde in Tunesi-

en die Polygamie verboten, jede Frau hat ein Recht auf Scheidung. Freilich ist der Weg noch weit, Frauen in allen Lebensbereichen stärkeren Einfluss zu gewähren. In Marokko entstand 1999 ein Aktionsplan für die „Eingliederung der Frau in die Entwicklung". Zahlreiche Frauengruppen versuchen besonders in den Städten bei der Verwirklichung des Planes mitzuwirken, der Alphabetisierung, Empfängnisverhütung, Gesundheitsförderung, Rechte von Frauen und Mädchen sowie ihr Eintritt ins Wirtschaftsleben umfasst. In *Ägypten* erlangten Frauen der Ober- und oberen Mittelschicht zwar ebenfalls Fortschritte in allen Bereichen der Bildung, doch ihr Anteil an der Berufstätigkeit (außerhalb der Landwirtschaft) ist noch gering (Ibrahim 1996, S. 13).

Wandel der Erwerbsstruktur

Industrialisierung und Veränderung der *Erwerbsstruktur* waren auch im Mittelmeerraum starke Motoren des sozialen Wandels. Alte Organisationsformen der Wirtschaft mussten aufgegeben werden, um neue, höherwertigere Technologien einzuführen. Gewandelte Produktionsverfahren ersetzten traditionelle Arbeitsrhythmen. Geringe Löhne zwangen viele Berufstätige, mehrere unterschiedliche Beschäftigungen anzunehmen, z. B. als Lehrer und Kellner tätig zu sein, also gleichzeitig in verschiedenen Erwerbs- und Sozialsystemen zu leben. Diese Problemkreise veränderten die sozialen Lebensumstände grundlegend sowohl über *Fernwirkungen* der Industrie in Mitteleuropa als auch räumlich *direkter*, von der relativ späten Industrialisierung zunächst in den nördlichen Mittelmeerländern selbst ausgehend. Von ihren ersten Anfängen in Oberitalien, fast gleichzeitig in Katalonien und im Baskenland, in nachfolgenden Phasen auch im Nordwesten der Türkei bahnten sich Industrie und Wandel der Erwerbsstruktur ihren Weg in die meisten großen städtischen Verdichtungsräume und verstärkten hier die soziale Dynamik. Seit dem Zweiten Weltkrieg setzte gewerblicher und sozialer Strukturwandel langsam auch in einzelnen Regionen im Süden des Mittelmeerraumes ein, wie im Kapitel zur Wirtschaft ausführlich erläutert wird.

Alle Staaten durchliefen den Prozess des Erwerbsstrukturwandels und der Transformation agrarischer Gesellschaften zur *Industrialisierung* und *Tertiärisierung* während der zurückliegenden 50 Jahre im Vergleich zu Mitteleuropa mit größerer Geschwindigkeit. Tab. 11 zeigt die Veränderungen der Erwerbsstruktur anhand der *ökonomisch aktiven Bevölkerung* (ca. 15–60-Jährige) 1960 und 1996 (Spalte 1 und 2), einschließlich der Arbeitslosen (Spalte 3). Für den hier zu diskutierenden Fragenkreis sollen die Daten Trend und Größenordnung veranschaulichen. Insofern können die auch bei Statistiken der International Labour Organization (ILO) und der Weltbank nicht vermeidbaren Erhebungsmängel hingenommen werden (Charme et al. 1993).

In *allen* Ländern ist ein Anstieg der *Erwerbspersonenzahl* festzustellen. Er resultiert im Norden aus der Tatsache, dass außerhalb der abnehmenden Landwirtschaft alle Berufstätigen vollständiger erfasst werden konnten, und aus zunehmender Berufstätigkeit der Frauen, im Süden und Osten überwiegend nur aus dem demographischen Wachstum. In Spanien und in der Türkei erfolgte eine Verdoppelung der Zahl der Erwerbspersonen zwischen 1960 und 1996, in Portugal, Italien und Griechenland nahm sie um ein Drittel zu. In Marokko, Algerien, Tunesien, Ägypten stieg die Zahl der Erwerbspersonen auf das Dreifache. Gleichzeitig nahm hier jedoch wegen der hohen Jahrgangszahlen der unter 30-Jährigen die Beschäftigungslosigkeit zu. Sie wird im Verlauf der kommenden Jahrzehnte die größte wirtschaftspolitische Herausforderung für die einzelnen Länder sein, wie bereits im Kapitel zur Bevölkerung ausführlicher dargelegt wurde.

Die Anzahl der Erwerbspersonen schließt nach der Definition der ILO und der Internationalen Arbeitsorganisation (IAO) die *Arbeitslosen* ein (Weltbankbericht 1998/99, S. 280). Sie sind in Tab. 11 als %-Werte hinzugefügt (Spalte 3). Die Feststellung ihres wirklichen Anteils ist sehr schwierig,

Quellen: Weltbankbericht; Daten der International Labour Organization (ILO) 1999.

Land	1960 Erwerbs-personen[1] in Mio.	1996 Erwerbs-personen in Mio.	1996 davon offiziell Arbeits-lose in %	1960 Ein-wohner in Mio.	1996 Ein-wohner in Mio.	1960 Erwerbs-quote[2] in %	1996 Erwerbs-quote in %
Portugal	3,0	4,8	7,5	8,8	9,8	32	50
Spanien	9,5	17,0	23,0	30,8	39,6	33	42
Italien	18,0	25,0	12,0	49,6	57,2	36	43
Griechenland	3,2	4,5	10,0	8,3	10,4	38	43
Marokko	3,4	10,0	17,0	11,6	27,0	29	40
Algerien	2,7	9,0	30,0	10,8	28,7	25	32
Tunesien	1,2	3,4	15,0	3,9	9,1	30	44
Ägypten	8,5	23,0	20,0	25,9	63,2	32	36
Syrien	1,2	4,0	–	4,5	14,5	26	27
Türkei	13,0	28,0	10,0	27,5	61,8	48	47

[1] Erwerbspersonen = ökonomisch in der Produktion von Waren und Dienstleistungen aktive Bevölkerung (Erwerbstätige + Erwerbslose), etwa zwischen 15 und 60 Jahren.
[2] Erwerbsquote: Anteil der Erwerbspersonen an der Einwohnerzahl eines Gebietes.

Tab. 11: Erwerbspersonen, Arbeitslose, Erwerbsquoten 1960 und 1996.

da es besonders im Süden und Osten des Mittelmeerraumes keine hinreichende Datenerfassung gibt. Arbeitslosigkeit wird bei Jugendlichen und jungen Erwachsenen meist zu niedrig geschätzt und liegt migrationsbedingt in den Städten deutlich höher als in ländlichen Gebieten, in Algerien wahrscheinlich bei über 60 % aller Altersgruppen der Arbeitslosen. Viele offiziell Arbeitslose tauchen jedoch in die Schattenwirtschaft und in halblegale Tätigkeiten ab, um ihre Existenz zu sichern. Außerdem werden Unterbeschäftigung und befristeter Erwerb unterschiedlich bewertet. Fast nirgends wird die Arbeit von Kindern registriert, die in den arabischen Ländern neben dem Schulbesuch noch hoch ist. In einer großen Zahl von Handwerksbetrieben und Kleingewerbeunternehmen älterer Stadtteile ist die Arbeit von Kindern in engen, dunklen Räumen, meist in drangvoller Enge noch zu beobachten. Trotz aller zweifellos berechtigten Kritik an Kinderarbeit ist jedoch festzustellen, dass sich für viele heranwachsende Jugendliche oft nur daraus eine spätere Beschäftigung ergeben hat. Die Beschäftigung im informellen Sektor ist in die Zahlen von ILO und IAO als Schätzung einbezogen. Die steuerlich nicht erfasste *Schattenwirtschaft* erreicht in allen Ländern des Mittelmeerraumes beachtliche Höhen und umfasst bis zu 25 – 30 % aller

Personen im erwerbsfähigen Alter. Ebenso hoch beläuft sich auch ihr vermuteter Beitrag zum Bruttoinlandsprodukt. Im südlichen und östlichen Teil des Mittelmeerraumes arbeiten wie in vielen Entwicklungsländern bis zu 50 % aller Erwerbstätigen als „Selbstständige" oder in kleinen Mehr-Personen-Unternehmen, vielfach abseits der staatlichen Aufsicht, oft auch in der Illegalität (Escher 1999). Die Beschäftigung der Schattenwirtschaft erstreckt sich zwar auf alle Wirtschaftssektoren, reicht aber besonders weit in die Dienstleistungen hinein. Denn hier kann sich jeder Ungelernte relativ leicht in den breiten Fächer der Händler- oder Serviceleistungen eingliedern. Dieser *zweite Arbeitsmarkt* ist im gesamten Mittelmeerraum ökonomisch sehr wichtig, da er flexibel ist, fast jedem Arbeitsuchenden eine Chance bietet und den staatlichen Behörden eine große Last abnimmt, auch wenn Lohnsteuerausfall zu beklagen ist. Angesichts der starken Bevölkerungszunahme in den südlichen und östlichen Ländern wird die Beschäftigung in der Schattenwirtschaft in Zukunft noch stark anwachsen. Der Abstand von halblegalen zu kriminellen Aktivitäten scheint bisweilen gering oder fließend zu sein.

Eine Veränderung der Sozialstruktur ergibt sich auch durch die 1960 – 1996 erfolgte Zunahme der *Erwerbsquote* (Tab. 11

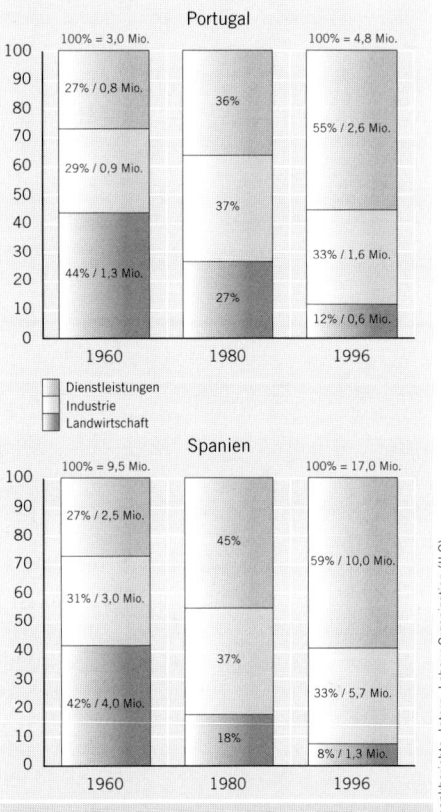

Abb. 39: Spanien, Portugal. Erwerbspersonen: *Die Angaben zeigen die Veränderung der Wirtschaftssektoren 1960, 1980 und 1996.*

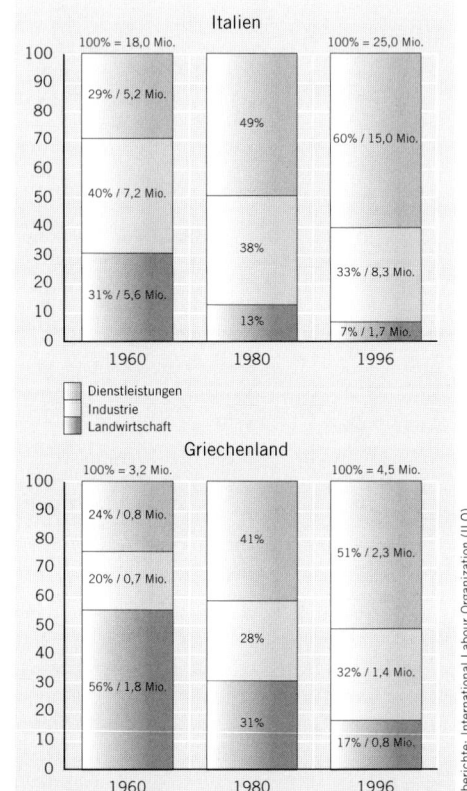

Abb. 40: Italien, Griechenland. Erwerbspersonen: *Veränderung der Wirtschaftssektoren 1960, 1980 und 1996.*

Spalte 6 und 7), die man trotz aller Vorsicht aus den gegeben Daten interpretieren kann. Am stärksten wuchs sie in Portugal, Spanien und Tunesien, jeweils wegen starker Zunahme arbeitsintensiver neuer Industrie und ebenso arbeitsintensiver Landwirtschaft. Einen etwa mitteleuropäischen Umfang erreicht die Erwerbstätigkeit in den nördlichen Mittelmeerländern. Die Zunahme des Erwerbstätigkeitsgrades beschreibt den Umfang des sozialen Wandels, soweit er mit Ausscheiden aus der Landwirtschaft begann und seitdem vom Beschäftigungszensus besser erfasst wird.

Den beschleunigten sozialen Wandel dokumentiert ferner die Veränderung der *Erwerbstätigkeit* in den einzelnen *Wirtschaftssektoren* (Abb. 39–43). Betrachten wir zunächst die *nördlichen* Länder Portugal, Spanien und Italien, die sich fast zügig an mitteleuropäische Verhältnisse angenähert haben, sowie Griechenland, Slowenien und Kroatien. Einschränkend ist zu bedenken, dass hier nur die *Zahl* der Arbeitskräfte registriert wird (ökonomisch aktive Bevölkerung). Sie korreliert nicht mit der ökonomischen Bedeutung der einzelnen Sektoren, die gewöhnlich als Beitragsanteil zum Bruttoinlandsprodukt angegeben wird. In der *Landwirtschaft* (mit Forst, Fischerei) ist zwischen 1960 und 1996 sowohl absolut von 13 auf 5 Mio. (Portugal, Spanien, Italien, Griechenland) als auch prozentual ein Rückgang der Erwerbstätigen von ca. 30% auf 10% zu erkennen. Beide Vorgänge dokumentieren den überaus schnellen agrarsozialen Wandel. Trotzdem ist nochmals auf die zahlreichen *Doppelexistenzen*, also die Nebenerwerbslandwirtschaft, zu verweisen, die in dieser Statistik nicht sichtbar wer-

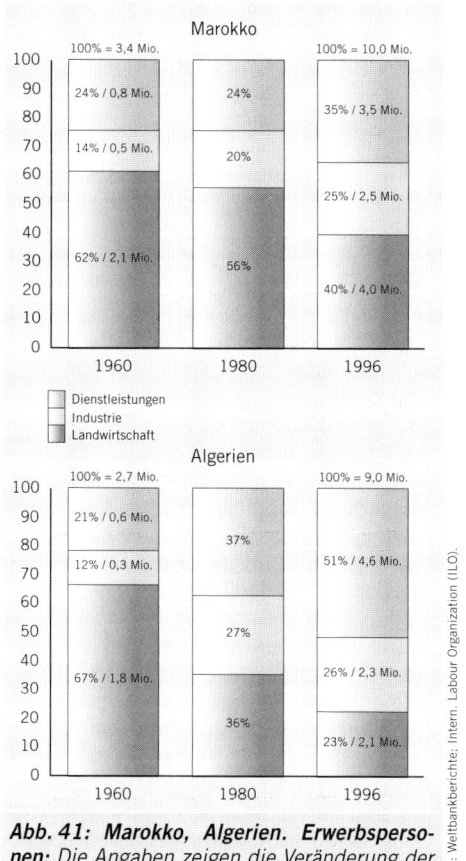

Abb. 41: Marokko, Algerien. Erwerbspersonen: *Die Angaben zeigen die Veränderung der Wirtschaftssektoren 1960, 1980 und 1996.*

Quellen: Weltbankberichte; Intern. Labour Organization (ILO).

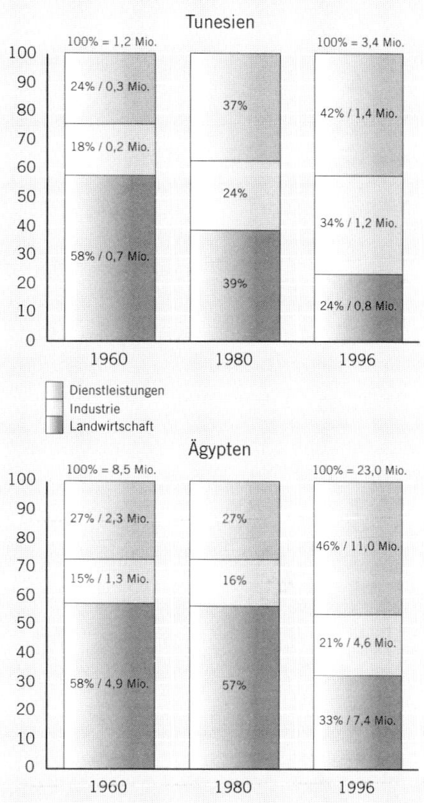

Abb. 42: Tunesien, Ägypten. Erwerbspersonen: *Die Angaben zeigen die Veränderung der Wirtschaftssektoren 1960, 1980 und 1996.*

Quellen: Weltbankberichte; Intern. Labour Organization (ILO).

den. Sie zeigen, dass der gesellschaftliche Transformationsprozess sehr vielschichtig und generationenübergreifend abläuft. Die Zahl der Arbeitskräfte in der Landwirtschaft ist in einigen Regionen der nördlichen Mittelmeerländer schon so stark abgesunken, dass trotz der Mechanisierung z. T. *illegale* Einwanderer aus Nordafrika als Arbeitskräfte benötigt werden, die durch keine statistische Erhebung erfasst werden.

Im *sekundären Sektor* (Bergbau, Verarbeitendes Gewerbe, Bau- und Energiewirtschaft) nahm die Zahl der Beschäftigten deutlich zu. Aber die Industrie schließt generell noch sehr viele handwerkliche, wenig produktive Betriebe ein und erreicht deshalb nur eine niedrige Wertschöpfung. Auch in diesem Sektor gibt es große regionale Unterschiede. Die Industrie in Norditalien, Katalonien sowie im Großraum Ma-

drid überschreitet hinsichtlich Produktivität die EU-Mittelwerte deutlich. Noch stärker variiert in dieser Hinsicht der *tertiäre Sektor*. Die hier inzwischen ebenso hohen Zahlen wie in Mitteleuropa sind allerdings anders zu bewerten. Sie umfassen selbst in den nördlichen Staaten eine größere Anzahl von wenig leistungsfähigen Branchen mit nur geringem Beitrag zum Bruttoinlandsprodukt. Hierbei ist an den Überbesatz mit Arbeitskräften in der öffentlichen Verwaltung, in Handel und Gewerbe sowie in der Gastronomie zu denken. Vor allem erreicht die Innovationsfähigkeit, also die Wirtschaftsaktivität mit hohen, impulsgebenden Multiplikatoreffekten, bislang nicht die Wertigkeit des Dienstleistungssektors mittel- und westeuropäischer Staaten.

In den *südlichen* und *östlichen* Ländern vollzog sich 1960 – 1996 ebenfalls eine

ßen auf die abweisende Haltung der Katalanen. Stärkere Kontraste und Zwänge im Sinne des sozialen Abstiegs bauen sich auf, wenn maghrebinische Familien auf Arbeitsuche nach Spanien und Italien kommen. In diesen beiden Ländern sind Sprachprobleme bereits unüberwindliche soziale Barrieren. Zusätzlich erwachsen zahlreiche andere gesellschaftliche Schranken, die in den Bewässerungsgebieten der Provinz Almería, Südspanien, jüngst zu handgreiflichen Konflikten zwischen Andalusiern und Marokkanern führten. Deutlich bessere Akzeptanz und fast gleichberechtigte berufliche und soziale Aufstiegsmöglichkeiten fanden die Algerier in Frankreich. Hier wirkt die politische und soziale Offenheit der ehemaligen Kolonialmacht nach. In *doppelter* Hinsicht erleben die aus Ägypten stammenden Arbeitsmigranten in Saudi-Arabien, Kuwait oder in den Emiraten den sozialen Wandel: Einerseits treffen sie auf andere ethnische und sprachliche Gruppen (etwa aus Ostasien), müssen die negative

Erfahrung des Fehlens sozialer Kontakte machen und werden von höher stehenden Einheimischen als Ausländer gesellschaftlich nicht akzeptiert. Andererseits erlaubt die Ansammlung des hohen Verdienstes nach der Rückkehr in die Heimat einen sozialen Aufstieg im Ansehen ihrer Verwandten und Nachbarn.

Die altansässigen *städtischen*, wohlhabenden *Oberschichten* durchschreiten im gesamten Mittelmeerraum einen relativ gleichartigen wirtschaftlichen und sozialen Aufstieg. Meist müssen sie jedoch *sozialräumliche Segregation* von anderen Sozialgruppen hinnehmen, wenn sie sich in teueren Villengebieten „guter" Wohnlagen ansiedeln. Nordafrikanische, muslimische und südeuropäische Eliten unterscheiden sich in dieser Hinsicht heute kaum noch. Die architektonische Ähnlichkeit ihrer aufwendigen Domizile weist ebenso darauf hin, wie die gleichen palisadenähnlichen Sicherungsinstrumente gegen räuberische Einbrecher.

Regionale Differenzierung des sozialen Wandels

Der soziale Wandel vollzieht sich innerhalb des Mittelmeerraumes zeitlich und inhaltlich sehr unterschiedlich. Nachfolgend seien vier Typen sozialstruktureller Veränderungen dargestellt.

1) Sozialstrukturelle Veränderungen im nördlichen Mittelmeerraum infolge der *kontinuierlichen Industrialisierung*:

Im Norden des Mittelmeerraumes erfasste der soziale Wandel nach Beendigung der faschistischen Phasen durch Demokratisierung alle Schichten der Bevölkerung. Er ist hier an der schnellen Übernahme neuer Leitbilder der Existenzsicherung, sozialer Beziehungen, Lebens- und Wohnformen ebenso abzulesen wie an der zunehmenden vertikalen Mobilität. Wesentliche Impulse leisteten dazu die Arbeitsemigranten durch Vermittlung neuer Wertvorstellungen und Lebensgewohnheiten. In *Italien* befindet sich der Prozess des sozialen Wandels in einer gleichmäßigen Endphase der Anpassung. Die Konflikte der 70er-Jahre zwischen Arbeitnehmern und Gewerkschaften

einerseits und den Unternehmern, damit auch mit dem Staat andererseits sind verebbt (Bild 24). Ihre Kompromisse wurden von allen Gesellschaftsschichten akzeptiert. Ein Teil der traditionellen politischen Eliten verlor ihren Einfluss. In der Zwischenzeit übernahmen die meisten mittleren und höheren Schichten der Gesellschaft ähnliche, übereinstimmende Ziele des Lebenswandels, der Mode, Auffassungen von Arbeit, Konsum, Freizeit und die hohe Bewertung von Bildung sowie beruflich ständiger Weiterqualifikation. Hierin zeigen sich kaum noch Unterschiede zu Mittel- und Westeuropa. Man spürt die historisch entstandene, wechselseitige kulturelle Nähe. In einigen Bereichen wie Mode und technischem Design erlangten italienische Vorstellungen sogar eine europa- und weltweite Führungsrolle. Alte Konflikte, entstanden aus dem historischen Kontrast zwischen dem Norden des Landes und dem Mezzogiorno, entflammten auf politischer Ebene zeitweilig allerdings mit neuer Schärfe (Lega Nord) und belebten einen

Bild 24: Demonstration in Kalabrien (1978), Italien: *Sozialpolitische Konflikte waren ein wichtiger Motor des sozialen Wandels in Italien zwischen 1970 und 1980. Foto: H. Heller.*

breit empfundenen Wunsch, die eigene soziale und politische Identität zu betonen.

Ähnlich problematisch erwies sich in dieser Hinsicht der schnelle politische Wechsel in *Spanien* und *Portugal*: Mit der Akzeptanz neuer Wertvorstellungen lösten sich aus dem festen Gefüge der traditionellen Gesellschaftsordnung neue soziale Gruppen. Dabei ist allerdings zu bedenken, dass mit dem Ende des Bürgerkrieges 1939 viele ab 1900 gleichmäßig angelaufene Stränge des sozialen Wandels blockiert worden waren und sich erst ab 1975 wieder frei entfalten konnten. Die Konflikte zwischen traditions- und modernisierungsorientierten Gruppen prägten die ersten Jahre nach dem Ende der Franco-Zeit in offenem gesellschaftlichen Dissens. Stärker beharrend wirkt jedoch das schichtengebundene Selbstbewusstsein im Süden des Landes, wo die politischen Eliten und das Großeigentum eine sie wechselseitig begünstigende Symbiose bilden.

2) Stark von *politischen Prozessen* beeinflusste sozialstrukturelle Veränderungen im Maghreb:

Im *Maghreb* begann der soziale Wandel erst nach der Kolonialzeit, konkret etwa seit Mitte der 60er-Jahre. Besonders abrupt vollzog er sich in *Algerien*, da mit dem Befreiungskrieg eine neue politische und bald darauf auch technokratische Elite entstand, die einen sozialen Umbau mit Hilfe überstürzter Industrialisierung unter Ausnutzung heimischer Energien (Öl, Gas) anstrebte (algerisches Entwicklungsmodell). Die schnelle Bevölkerungszunahme, Abwanderung in die Städte und deren hektisches Wachstum verwischten zwar alte soziale Strukturen, schufen ebenso schnell aber neue Gegensätze. Der Misserfolg der Industrialisierung und die Korrekturen der Entwicklungspolitik (Arnold 1995, S. 110) nahmen besonders den jüngeren, am französischem Bildungssystem leistungsfreudig geschulten Bevölkerungsschichten jede Chance. So befindet sich der soziale Wandel in einer gegenwärtig kaum lösbaren Krise und wird durch die Blockierung der Demokratisierung weiter erschwert. Der seit 1962 neu gebildeten, europäisch orientierten Oberschicht und der Staatsbürokratie stehen breite Unter- und Mittelschichten gegenüber, die tastend nach einem festen Standort innerhalb einer fortlaufend im Umbruch ohne sicheres Ziel schwebenden Gesellschaft suchen. Trotz des langjährigen Bürgerkrieges erlangte die moderne *Zivilgesellschaft* in Algerien im Vergleich zu anderen südlichen und östlichen Ländern des Mittelmeerraumes einen hohen intellektuellen Stand, der freilich in politischen Entscheidungen bislang kaum wirksam werden konnte.

In *Tunesien* entfaltete sich unter aufgeklärt-moderner Staatsführung schon seit Beginn der staatlichen Unabhängigkeit 1956 und nach dem Scheitern des Sozialismusmodells von Ministerpräsident Ben Salah 1969 eine relativ offene Volkswirtschaft, obwohl die von außen fließenden Renten wesentlich geringeren Umfang erlangten als im Vorderen Orient (Richardson/Waterbury 1996). Zwei Generationen hervorragend ausgebildeter technokratischer und wissenschaftlicher Eliten garantierten eine nahezu konfliktfreie Verzahnung älterer und moderner sozialer Systeme (Faath 1993). Ministerpräsident Bin Ali entschied sich zu Beginn seiner Regierung 1989 für eine schrittweise politische Öffnung gegenüber dem bisherigen Einparteiensystem und leitete eine breite wirtschaftliche Liberalisierung ein. Mit diesem Erfolg verband sich eine fortschreitende Verwestlichung, die ihrerseits traditionelle Lebensformen zu integrieren in der Lage war. Das Ergebnis ist eine selbstbewusste Zivilgesellschaft, die den kontinuierlichen Wertewandel sicher erfasst und damit von fundamentalistischen Strömungen weit entfernt zu sein scheint. Diese politische Liberalisierung war auch Voraussetzung für weitere Kredite durch den IWF und die Assoziierung mit der EU.

In *Marokko* sind Ansätze des sozialen Wandels zu beobachten (Ibrahim 1998). Die gesellschaftliche Wirkung der vorerst nur schwachen Industrie ist gering. Nach dem Tod König Hassans endet die paternalistische Herrschaft unter seinem Sohn Mohammed VI. Sein Ziel ist eine langsame, ausgewogene demokratische Öffnung nach innen und außen, insbesondere zur EU. Wenn der einst oppositionelle, aber parteilose Sozialist Youssoufi seit 1994 unter einem religiös legitimierten Herr-

scher die Regierung bildet, so ist dieser Kompromiss sicher noch kein Ergebnis eines umfassenden sozialen Wandels und garantiert nicht die Entwicklung einer Zivilgesellschaft. Dennoch können relativ große Gruppen eines neuen Bildungsbürgertums die gebotenen Freiräume ausfüllen und stellen mehr als nur eine Gegengesellschaft dar. Ein wichtiger Impuls auf den sozialen Wandel wird auch von den ca. 2 Mio. Gastarbeitern ausgehen, die vorübergehend in EU-Ländern arbeiten und ihre Bindungen zur Heimat wahren.

3) Sozialstrukturelle Veränderungen im Vorderen Orient gesteuert durch *nichtproduktives ökonomisches Verhalten* (Rentierstaaten):

In den Staaten des *Vorderen Orients* überwiegt die Erhaltung sozialer Strukturen alle Vorgänge des Wandels. Eine Ursache dafür liegt darin, dass die politische und wirtschaftliche Liberalisierung nur geringe Erfolgsraten erreichte, eine umfassende Demokratisierung fehlt und nur in Ägypten Ansätze aller drei Prozesse zu erkennen sind (Pawelka 1985, S. 439). Obwohl diese Ländergruppe rechnerisch über teilweise hohe Pro-Kopf-Einkommen verfügt und die technische Modernisierung der Infrastruktur beachtliche Fortschritte gemacht hat, wird der soziale Wandel noch stark gebremst. Der Grund liegt in der Dominanz staatsbürokratischer Macht und hoher Widerstandskraft traditioneller Sozialstrukturen. Schließt man sich der Theorie an, Ägypten, Syrien, Jordanien, Libanon und Palästina als (Semi-)Rentier-Staaten zu sehen, dann erklärt sich der geringe Fortschritt des sozialen Wandels aus der Abhängigkeit von externen Finanztransfers, d. h. von „Renten", die bereits erläutert wurden (Beck/Pawelka 1994). Wichtigstes Merkmal für Renten ist, dass für ihr Fortbestehen nicht zwingend monetäre Investitionen notwendig sind. Förderlicher ist stattdessen die *Aufrechterhaltung* der überkommenen Gesellschaftsordnung. Diese Auffassung vertreten auch die islamischen Fundamentalisten, die jedoch mit dieser Haltung eine noch gerechtere Aufteilung der Renten an die einzelnen traditionellen Gesellschaftsgruppen anstreben. Nur ist es allerdings äußerst fraglich, ob sich auf diese

Weise das angesichts der schnellen Bevölkerungszunahme notwendige langfristige ökonomische *Wachstum* einstellen kann (Lindner 1998).

Nach Beck/Schlumberger (1998) ist die soziale Struktur so zu charakterisieren: In einem Rentier-Staats-System ist die Aktivität der sozialen Gruppierungen auf weiteres *Rent-Seeking* und auf Klientelbildung, nicht auf eine politische oder wirtschaftliche Liberalisierung ausgerichtet, da die einzelnen Schichten und Gruppen sonst ihre einkommenssichernden Privilegien verlieren würden. Die Aufrechterhaltung und weitere Einwerbung der bei dieser Ländergruppe wichtigen externen politischen Renten setzt ein bestimmtes Verhalten der Staatsbürokratien voraus, das von den Subventionsgebern erwartet und deshalb entsprechend honoriert wird. Dieses Verhalten basiert seinerseits nur auf der *Stabilität* des Sozialaufbaus. Dessen tragenden Gruppierungen sind deshalb dauerhafte Privilegien zu garantieren. Etwas generalisiert formuliert besteht der *Sozialaufbau* aus vier Schichten, deren Interesse sich auf die Erhaltung ihrer Teilhabe an den von außen zufließenden Renten richtet, weniger auf innovative, wachstumsfördernde und eigenaktive Wertschöpfung. Es sind dies die

- *politische Führungsschicht* (Staatsbürokratie, Herrschaftsautonomie);
- *Oberschicht*: eine geringe Anzahl selbstständiger Unternehmer und Händler mit guten Beziehungen zum Staat, der Lizenzen vergibt, Steuern erlässt und bürokratische Probleme überwinden hilft; nicht die produktiven Tätigkeiten oder gewinnorientierte Investitionen stehen im Vordergrund, sondern absichernde Patronage-Beziehungen, unterstützt von starken familiären Bindungen (Clan-Interessen);
- *Mittelschicht*: diese Gruppe erwartet den Ausbau des Staatsapparates, der viele Arbeitsplätze bereitstellt, die sicherer sind als eine Tätigkeit im Privatsektor unternehmerischer Wirtschaft;
- *Unterschicht*: ihre Mitglieder hegen breites Interesse am Erhalt dieses Systems; selbst wenn sie informellen Tätigkeiten nachgehen oder arbeitslos sind, genießen sie doch die Segnungen der staatlichen Subventionen für Grundnahrungsmittel, die sie gegebenenfalls, z. B. bei plötzlichen Brotpreiserhöhungen, durch machtvolle Demonstrationen rückgängig zu machen verstehen.

4) Sozialstrukturelle Veränderungen in der Türkei durch *obrigkeitliche Ordnungssysteme*:

In der *Türkei* resultieren die wichtigsten Anstöße für den bis heute anhaltenden und von der Industrialisierung, der Gastarbeit und der Verstädterung getragenen sozialen Wandel aus der *Reformpolitik* des Staatsgründers Mustafa Kemal, später Atatürk. Zwischen 1926 und 1931 wurden per Gesetz die Rahmenbedingungen der traditionell islamisch geprägten Sozialstruktur grundlegend verändert. Dabei spielte zunächst die Erneuerung der wirtschaftlichen Verhältnisse keine Rolle. Vielmehr sollten sie durch den verordneten sozialen Wandel erreicht werden. Diese gravierenden Eingriffe von oben beseitigten das Kalifat (Sultanat) als staatliche und religiöse Führung (1924). Die Ausrufung der Republik nach westlichem Vorbild, der Ersatz der Scharia (religiöses Recht) und die Einführung des schweizerischen Zivil- bzw. des italienischen Strafrechts (1926), die Gleichstellung der Muslime mit Andersgläubigen, die Trennung weltlich-staatlicher und geistlicher Funktionen (Laizismus), die Abschaffung der Vielehe (1926), die Auflösung der Koranschulen zugunsten der allgemeinen Schulpflicht (1928) und die Einführung der lateinischen Schrift (1928) bedeuteten einen grundsätzlichen kulturellen Wandel. Auch wenn davon selbst in den Städten, noch weniger im ländlichen Raum, nicht alle Schichten der Bevölkerung erfasst wurden, so begann damit doch die Verwestlichung vieler Lebensbereiche. Atatürk versuchte die Barrieren zwischen den sozialen Schichten aufzuheben und allen gesellschaftlichen Gruppen und Ethnien, bei Erhaltung kultureller Identität, das gemeinsame Interesse zu vermitteln, sich am übergreifenden *Nationalgedanken* zu orientieren (Höhfeld 1995, S. 65). Viele traditionelle gesellschaftliche Strukturen blieben jedoch erhalten. Religion und nationales Bewusstsein sahen nicht alle Teile des Volkes als parallele Prinzipien, sondern hielten nach traditioneller Auffassung des Islam weiterhin an der Einheit von heiligen und profanen Dingen fest. Wenn deshalb bestimmte Ziele des Kemalismus auch nicht erreicht wurden, so setzte dennoch eine starke Beschleunigung des sonst wesentlich langsamer verlaufenen sozialen Wandels ein. Trotzdem ist heute nicht zu übersehen, dass soziale Desorientierung und Tendenzen zur Entwestlichung unter dem Einfluss fundamentalistischer Strömungen zunehmen (Tibi 1998, 2000).

Zusammenfassend ist festzuhalten, dass in den *nördlichen* Ländern des Mittelmeerraumes der soziale Wandel wesentliche Impulse zur Industrialisierung und Verstädterung gab und diese ihrerseits die gesellschaftliche Transformation weiter beschleunigten. Für breite Bevölkerungsschichten bildete die Arbeitsmigration den entscheidenden Anlass zu sozialer Neuorientierung. Gesellschaftliche Strukturen und Verhaltensweisen unterscheiden sich in Spanien und in Italien nur geringfügig von West- und Mitteleuropa. In vielen der südlichen Länder schränkt das Fehlen der gesellschaftlichen und politischen Liberalisierung individuelle und unternehmerische Leistungen dagegen noch stark ein. Aber sie wären auch hier die Grundvoraussetzung für die Bewältigung der entscheidenden Zukunftsaufgaben, nämlich der jetzt schon breiten und noch wachsenden jugendlichen Basis der Bevölkerung genügend Arbeitsplätze und Existenzmöglichkeiten zu geben. Der soziale Wandel hat in Tunesien und in der Türkei bereits entscheidende Phasen zur Zivilgesellschaft in Verbindung mit wirtschaftlichem Wachstum durchschritten. In den anderen Ländern gibt es hierfür noch große Barrieren. Besonders in den Rentierstaaten des Vorderen Orients hemmt eine noch überwiegend patrimonialistische und staatsbürokratische Gesellschaftsordnung den sozialen Wandel und die freie Entfaltung ökonomischer Aktivitäten.

MODERNE STADTENTWICKLUNG: VERSTÄDTE-RUNG UND FLÄCHENNUTZUNGSKONKURRENZ

Bild 25: Patras, Peloponnes, Griechenland: Die ursprünglich ländlichen Strukturen der Stadt Patras, Peloponnes, werden von in sich sehr ähnlichen Stahlbetongebäuden überbaut.

Überblick

■ Stadtentwicklung, sozialer Wandel und Veränderungen der Erwerbs- und Wirtschaftsstruktur verliefen auch im Mittelmeerraum seit dem Ende des Zweiten Weltkrieges in enger wechselseitiger Verflechtung und lösten flächenhafte Verstädterung aus. Sie erfolgte im Unterschied zu Mittel- und Westeuropa jedoch weitgehend ohne unmittelbar vorausgehende Industrialisierung.

■ Die jüngere Verstädterung vollzog sich in drei Typen: als Verdichtung in Küstenniederungen, am Rand sich erweiternder älterer Stadtregionen sowie in ländlichen Räumen, wo ältere Siedlungsstrukturen durch jüngere Verstädterung stark überformt wurden.

■ War das äußere Bild der Stadt des Mittelmeerraumes historisch von sozialer und baulicher Vielfalt mit variantenreichen regionalen Unterschieden geprägt, so erweckt die moderne Verstädterung den Eindruck von Nivellierung und Monotonie: Stahlbetonskelette, Hochhäuser, unfertige Geschossbauten und oft ausgedehnte Areale mit meist ungenehmigten, technisch primitiven Baumaßnahmen. Notwohnungen verleihen den jüngeren Stadterweiterungen ein in allen Teilen des Mittelmeerraumes fast einheitliches Aussehen.

■ Eine tiefer gehende Analyse der Stadt als Siedlungs-, Lebens- und Wirtschaftsform zeigt jedoch die nach wie vor großen Differenzierungen in den einzelnen Teilen des Mittelmeerraumes. Diese Tatsache widerspricht allen Theorien, die eine Konvergenz der Stadtentwicklung besonders zwischen den nördlichen und südlichen/östlichen Regionen postulierten. Verstädterung bedeutet trotz äußerlich sichtbarer Gemeinsamkeiten ein Fortbestehen sozialer Polarisierung und vielfältiger qualitativer Unterschiede des urbanen Bewusstseins.

Allgemeine Merkmale der Verstädterung

Das dominante Merkmal der jüngeren Siedlungsstruktur aller Mittelmeerländer ist die Verstädterung. Darunter versteht man eine Zunahme der in Städten lebenden Bevölkerung und das Wachstum der Flächen mit städtischer Bebauung sowie gewerblicher, industrieller, dienstleistender und verkehrlicher Nutzung. Zu unterscheiden ist davon der Prozess der *Urbanisierung*. Er beschreibt die Änderung von Lebensform und beruflicher Orientierung sowie den sozialen Wandel. Im Norden des Mittelmeerraumes, in Italien und Iberien, greifen heute wie in Mittel- und Westeuropa urbane Lebensformen über die verstädterten Areale hinaus in den ländlichen Raum mit weitgehend noch traditionell erscheinenden Siedlungsstrukturen aus. Auch in den meisten südlichen Staaten gehen zwar die Verstädterung und die ihr eigenen Bauformen mit zunehmender Geschwindigkeit in die ländlichen Gebiete über. Aber die hier oder am Rande von Stadtregionen in einer bereits betonierten Umwelt anzutreffenden Lebensweisen sind umgekehrt oft noch über eine Generation hinaus ländlich-traditionell geprägt. Grundsätzlich ist im Mittelmeerraum die bauliche Verstädterung Folge einer in allen Bevölkerungsschichten hohen Bewertung urbaner Lebensformen und Leitbilder. Sie lässt Migrationsmotive keimen und zum Abwanderungsentschluss heranreifen (Leontidou 1993).

Die *Verstädterung* im Mittelmeerraum weist drei primäre *Merkmale* auf:

1) Die in Städten lebende Bevölkerung nahm infolge der seit 1950 positiven Migrationsbilanz in allen Ländern zu. Dabei ist zu bedenken, dass Wanderungsvorgänge nie einseitig ausgerichtet waren, sondern immer Gegenströme und Rückwanderungen auslösten. Die Zahl der in die Städte Ziehenden war während der letzten 50 Jahre im Mittelmeerraum jedoch stets größer als diejenige der wieder in die ländlichen Wohngebiete Zurückkehrenden.

2) Die Mehrheit der aus ländlich-agrarischen Regionen in die wachsenden Stadtregionen übersiedelnden Personen bestand aus unteren Altersgruppen. Sie verjüngten die Altersstruktur der städtischen Zielgebiete, erhöhten die Geburtenüberschüsse und die natürliche Bevölkerungszunahme.

3) Schließlich deckte sich die Verstädterung mit der Expansion städtischer Funktionen und Nutzungen, mit dichter werdender Bebauung und steigenden Bodenpreisen. Alle diese Vorgänge überschreiten bis heute als zentrifugale Prozesse die administrativen Grenzen der Städte und greifen ins nähere und weitere Umland über.

Wenn nachfolgend die Entwicklung der ländlichen und städtischen Bevölkerungsanteile als Indikatoren des Verstädterungsprozesses benutzt werden, so sind einige methodische Vorbehalte zu beachten. Problematisch ist die Frage nach der Genauigkeit der *statistischen Daten*. Einerseits entziehen sich z. B. manche Land-Stadt-Wanderer aus verschiedensten Gründen einer Erfassung, bleiben deshalb *illegal* und tauchen in keiner Statistik auf. Andere Migranten halten sich nur befristet in einer Stadt auf, sind aber dennoch hier und im Melderegister ihrer Herkunftsgemeinde verzeichnet. Viele Staaten des Mittelmeerraumes unterscheiden deshalb zwischen anwesender Bevölkerung (popolazione presente) und wohnberechtigter Bevölkerung (popolazione residente). Außerdem weichen die Definitionen für städtische und ländliche Siedlungen in den einzelnen Staaten voneinander ab. Schließlich wurden aus administrativen und politischen Gründen besonders in den südlichen und östlichen Ländern durch Verwaltungsakte ländliche Siedlungen rechtlich zu Städten erhoben, obwohl sie noch überwiegend ländlich-agrarisch geprägt sind. Deshalb bewegt sich der Versuch, eine quantitative Vorstellung von Umfang und Zunahme der Verstädterung zu geben, in einer gewissen Unsicherheitszone. Dennoch sind die statistischen Angaben der UN World Urbanization Prospects immerhin so verlässlich, dass sie *Trend* und *Größenordnung* der Verstädterung belegen können (Tab. 12).

Die Abb. 45 zeigt ab 1950 eine Zunahme der Stadtbevölkerung. In Spanien und Italien verflachte deren Wachstum seit etwa

1980 auf hohem Niveau. Heute leben in diesen beiden Staaten bereits ca. drei Viertel der Bevölkerung in Städten. Der Anteil der ländlichen Bevölkerung sank seit 1950 kontinuierlich, hat sich jedoch teilweise bereits urbanen Lebensformen genähert. In allen südlichen und östlichen Ländern stieg der städtische Bevölkerungsanteil seit 1980 stark an. In der Türkei verzehnfachte sich die Stadtbevölkerung seit 1950. Auch im Süden leben heute 50–60 % der Bevölkerung in Städten und in stadtähnlichen Siedlungen. Stellvertretend für den Norden sowie Süden/Osten wird an den Beispielen Spanien und Türkei die Entwicklung der ländlichen und städtischen Bevölkerung gegenübergestellt (Abb. 46 und Abb. 47). Sie zeigen zwar eine Phasenverschiebung, aber insgesamt doch einen ähnlichen Verlauf. Die nördlichen Staaten des Mittel-

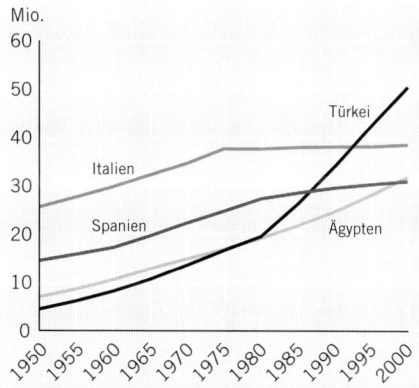

Quelle: UN World Urbanization Prospects.

***Abb. 45: Städtische Bevölkerung in Spanien, Italien, Türkei, Ägypten 1950–2000:** Die Kurven deuten an, dass sich der Bevölkerungszuwachs in der Türkei, auch wanderungsbedingt, stark auf die Städte konzentriert.*

Land	Anteil der Stadtbevölkerung in %					Jährliches Wachstum in %
	1950	1960	1980	1997	2030	1995/2000
Südeuropa						
Portugal	20	23	31	36	55	1,4
Spanien	52	57	74	80	84	0,4
Frankreich	56	60	72	75	80	0,5
Italien	54	59	69	67	76	0,2
Slowenien	20	28	48	63	79	1,2
Kroatien	22	30	45	64	81	0,9
Bosnien	13	28	42	49	70	6,1
Albanien	20	31	37	37	56	2,2
Griechenland	38	43	57	65	79	1,0
Nordafrika						
Marokko	26	29	41	53	66	2,9
Algerien	22	30	43	56	74	3,5
Tunesien	31	36	52	63	78	2,6
Libyen	18	23	69	90	92	3,9
Ägypten	32	38	45	45	62	2,6
Türkei/Levante						
Türkei	21	30	47	80	87	3,5
Syrien	30	37	46	53	70	4,3
Libanon	22	40	76	92	93	2,3
Israel	64	77	89	90	93	1,6
Jordanien	34	43	60	72	83	4,1
Gaza	50	68	90	94	96	2,0
Zypern	30	36	46	54	71	1,9

Tab. 12: Anteil der Stadtbevölkerung an der Gesamtbevölkerung 1950–2000 sowie jährliches Wachstum der Stadtbevölkerung 1995–2000.

Quellen: UN World Urbanization Prospects, The 1996 Revision 1998; UN Human Development Report 1999.

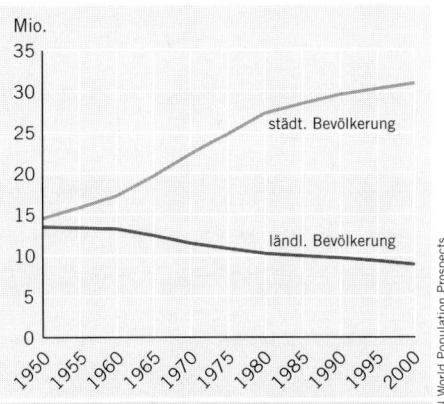

Abb. 46: Spanien. Stadt- und Landbevölkerung 1950–2000.

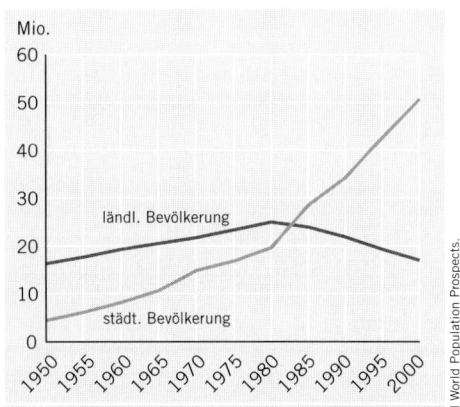

Abb. 47: Türkei. Stadt- und Landbevölkerung 1950–2000.

meerraumes haben die Verstädterungsquote Mittel- und Westeuropas längst erreicht, die südlichen und östlichen stehen *quantitativ* kurz vor diesem Ziel. Der entscheidende Unterschied ist jedoch in der *qualitativen* Diskrepanz des Nachhinkens der sozialen und wirtschaftlichen Entwicklung zu sehen. Insbesondere im Süden und Osten ist die Verstädterung deshalb in einem ganz anderen Licht zu sehen. Sie ist nur sehr eingeschränkt Ergebnis und Kennzeichen sozialer und wirtschaftlicher Entwicklungserfolge, sondern mehr das Resultat der Übervölkerung und nicht als ausreichend bewerteten Tragfähigkeit ländlich-agrarischer Herkunftsgebiete und Wirtschaftszweige. Die Aufblähung der Städte resultiert hier oft nur aus einer vergeblichen Hoffnung auf wirtschaftlichen und sozialen Aufstieg in städtischen Lebensräumen.

Nachfolgend seien die wichtigsten *Ursachen*, *Folgen* und *Verlaufsformen* der Verstädterung im Mittelmeerraum knapp skizziert, bevor im nächsten Abschnitt am Beispiel von Stadtregionen verschiedene Typen der Verstädterung dargestellt werden. Dies führt die Analyse historischer Ursachen der Genese von Stadt und Urbanität fort, engt sie jedoch auf die jüngste Phase der Stadtentwicklung und speziell auf die Verstädterung im Sinne der zentrifugalen Ausweitung vorhandener und Entstehung neuer städtischer Siedlungen ein. Vorwiegend wird dabei auf die endogenen Kräfte städtischen Wachstums und auf ihre regionalen sowie zeitlichen Unterschiede eingegangen. Die Motive und Zwänge zur Abwanderung aus ländlich-agrarischen Räumen wurden bereits im Kapitel über die gegenwärtige Bevölkerungsentwicklung behandelt.

Ursachen von Verstädterung und Urbanisierung

Die Verstädterung und Urbanisierung im Mittelmeerraum sind auf mehrere Ursachen zurückzuführen:

1) Die *Land-Stadt-Migration* ist der wichtigste unmittelbare Anlass der Verstädterung. Sie setzte in den nördlichen Ländern zu Beginn des 19. Jh.s ein und erlangte ihren Kulminationspunkt zwischen 1960 und 1980. Danach nahm sie wegen des schwächer gewordenen natürlichen Bevölkerungswachstums und infolge zunehmend höherer Einschätzung des Wohnwertes ländlicher Räume und dort angebotener Arbeitsplätze ab. Die südlichen und östlichen Staaten erlebten die Stadtwanderungen seit dem Ende des Zweiten Weltkrieges. Sie halten gegenwärtig an, da die meist unverändert hohen Geburtenraten einen hohen Abwanderungsdruck in den ländlichen Räumen erzeugen.

2) *Wirtschaftliches Wachstum* ist generell die wichtigste tiefere Ursache der Verstädterung. Die industriell geprägte Stadtentwicklung Mittel- und Westeuropas folgte diesem Pfad. Für einen relativ kleinen Teil der *gegenwärtigen* Verstädterung im nördlichen Mittelmeerraum, in Katalonien und Norditalien trifft dieses Modell ebenfalls zu. Städtische Agglomerations*vorteile* zogen Wirtschaftsunternehmen an. Ihrem Arbeitsplatzangebot folgten Migranten, randstädtische Wohnquartiere entstanden; Versorgungseinrichtungen, Infrastrukturen und damit weitere Anreize für neue industrielle Betriebe nahmen zu. Die Industrieansiedlung konzentrierte sich ab ca. 1900 zunächst auf den Rand der *alten* Stadtteile, z. B. in Mailand, Turin, Neapel, Barcelona oder Bilbao. Die modernere, postfordistische industrielle Entwicklung vollzieht sich dagegen auch an der Peripherie von Ballungsräumen und sogar außerhalb. So gibt es heute ein dezentrales Netz von Standorten moderner Industrie im ländlichen Raum, in deren Nahbereich ebenfalls Verstädterung beginnt und expandiert (industrial districts, Camagni 1993; Bathelt 1998).

3) Ohne *vorausgehende Industrialisierung* fand die neuzeitliche Stadtentwicklung in den küstenfernen sowie in den südlichen und östlichen Regionen statt. Damit zeigt sich im Vergleich zum Norden ein umgekehrter Zusammenhang. Die Ansiedlung von Industrie *folgte* der schon vorangeschrittenen Verstädterung. Sie ist die *Reaktion* auf die wachsende Nachfrage der städtischen und urbanisierten Bevölkerung nach industriell gefertigten Gütern (Leontidou 1990, S. 31). Dieser inverse Vorgang kann mit dem Modell der *Lebenszyklen von Regionen* erklärt werden: Die Geschichte des Mittelmeerraumes ist eine Geschichte der Entwicklung von Stadt und Urbanität. Bereits im 16. Jh. konzentrierten sich bedeutende Kapitalmengen in städtischen Wirtschaftsräumen (Mailand, Florenz, Pisa, Lucca, Neapel, Barcelona, Valencia, Dubrovnik, Saloniki, Istanbul) meist in der Hand von Kaufleuten. Auf der Grundlage dieses Handelskapitalismus entstand in Manufakturen und Verlagssystemen exportstarke Produktion, deren Erzeugnisse (Seide, Wolle, Baumwolle, Tuche, Stoffe) damals weltweit von den Agenturen Venedigs, Genuas und Pisas vermarktet wurden. Diese frühneuzeitliche Wirtschafts- und Sozialentwicklung des Mittelmeerraumes führte im 16. Jh. zu einem vorwiegend küstennahen, sehr dichten Städtenetz (Braudel 1998, I, S. 456 – 518).

4) *Historisch innovative Stadtwirtschaft* wurde in einer Art Langzeitwirkung ebenfalls zum Anlass jüngerer Verstädterung. Der politisch-wirtschaftliche Schwerpunkt war zu Beginn der Frühneuzeit aus dem Mittelmeerraum nach Nordwesteuropa und in den atlantischen Raum abgewandert. Die meisten der bis dahin vitalen mediterranen Städte überschritten ihren ersten Kulminationspunkt, verloren ihre wirtschaftliche Basis und sanken in einen ökonomisch niedrigen Rang ab. Wallerstein (1986) sieht sie sogar in eine Art *„Semi-Peripherie"* abgleiten. Er versteht darunter eine mittlere Position zwischen Städten in hoch entwickelten Staaten und wirtschaftlich schwachen Entwicklungsländern. Gleichwohl blieben trotz verminderter Wirtschaftskraft nicht nur die Städte des 16. Jh.s erhalten. Auch ihre urbane Lebensform behielt hohe Wertschätzung. Dennoch begannen die gewerblichen Potenziale dieser alten, lange stagnierenden Stadtkerne wieder zu wachsen und zu Industrieunternehmen aufzusteigen. Diese Entwicklung begann im Nordwesten Italiens, im südfranzösischen Ballungsgebiet um Marseille, im Baskenland Nordspaniens und im Großraum Barcelona kurz vor der Jahrhundertwende, umfassender jedoch erst nach dem Zweiten Weltkrieg. Die Verstädterung setzte jedoch auch dort ein, wo die Industrie nicht Fuß fasste. Sucht man nach den Ursachen der seitdem in allen Teilen des Mittelmeerraumes explosiven Verstädterung, dann sieht man in vielen Fällen eine gewisse Ähnlichkeit zu Entwicklungsländern. So stellt sich die Frage, was mehr und mehr Menschen veranlasst, in die Städte zu ziehen. Zwar fehlt der sekundäre Wirtschaftssektor als Motor nicht, sein Arbeitsplatzangebot beschränkt sich aber oft auf Handwerk und Kleingewerbe. Der noch wichtigere Impuls kommt von einem vielschichtigen Geflecht des *tertiären* Sektors. Er verursachte auch die kolonialzeitliche, europäische Verstädterung in Nordafrika,

die in der Mitte des vorigen Jahrhunderts begann.

5) Der *Dienstleistungssektor* spielte für die Attraktivität der Städte des Mittelmeerraumes allerdings eine *andere* Rolle als in Mittel- und Westeuropa. Er war hier als Träger von Zentralität, dem Überschussangebot städtischer Funktionen für das nähere und weitere Umland wesentlich schwächer. Deshalb erlangten auch Pendlerströme und das Einzugsgebiet des innerstädtischen Einzelhandelsangebotes nur eine bescheidene Reichweite. Andererseits aber übten die unteren Ebenen der Dienstleistungen, die einfachen Formen des Handels und Marktwesens, die vielfältigen Hilfsarbeiten in der Gastronomie, die ausgedehnten Übergangsbereiche zwischen Handwerk und Gewerbe eine sehr viel höhere Anziehungskraft auf Arbeit suchende Migranten aus. Zuwanderungswillige mussten hierfür keine großen Vorkenntnisse mitbringen. Man konnte sich im weiten Fächer dieser einfachen Dienstleistungen relativ leicht einen Arbeitsplatz suchen und von hier aus weiter hocharbeiten.

6) Die *Schattenwirtschaft* ist ein weiterer wichtiger Anlass zur Land-Stadt-Wanderung und damit der Verstädterung. Sie aktivierte Zuwanderung selbst wenn, wie in vielen Stadtregionen im Süden und Osten des Mittelmeerraumes, weder Industrie noch ein „sichtbares" Dienstleistungsspektrum reguläre Arbeitsplätze anboten. Der schnell wachsende *informelle Sektor* erfüllt die Erwartungen der Migranten oft viel schneller. Auch die Grenzbereiche zu den vielen nicht legalen Tätigkeiten, die ausgedehnten Sparten des Schmuggels, besonders mit Zigaretten, der ambulanten Händlerdienste auf Straßen und Plätzen, beide in festen mafiösen Organisationsformen, waren stets Motor zur Zuwanderung und damit auch der baulichen Expansion am Rande älterer Städte. Vielen Zuwanderern gelang es in kurzer Zeit, sich in das breite Spektrum informeller Tätigkeiten einzugliedern oder hier eine existenzsichernde Position zu finden (Leontidou 1990; 1993). Dieser Erklärungsansatz gilt zwar überwiegend für die Verstädterung in den südlichen Ländern, trifft jedoch, obgleich abgeschwächt, auch auf die nördlichen Regionen zu.

7) *Urbanität als Lebensform* und ihre hohe Wertschätzung sind eine weitere im Mittelmeerraum entscheidende Ursache für die Verstädterung (Leontidou 1996, 1997). Auch wenn diese in den einzelnen Kulturen der westlich-romanischen, der östlich-orthodoxen und der muslimischen unterschiedliche Gestalt hat, gilt sie doch übereinstimmend als höchstrangige Daseinsweise. Unverändert erwecken *städtische Lebenswelten* die Hoffnung, nicht nur die eigene wirtschaftliche Existenz zu verbessern, sondern auch am sozialen Aufstieg teilnehmen zu können. Beide Ziele erschienen bis an die Schwelle der Gegenwart nur in den urbanen Sphären von Städten realisierbar. In jüngerer Zeit entfalteten sich jedoch in den nördlichen Ländern des Mittelmeerraumes urbane Lebensformen auch in ländlichen Siedlungsräumen. Die speziell romanisch geprägte Kultur stark individualistischer Lebensgestaltung, die rational-dialektischen Denkweisen, das oft extrovertierte, vielfach lautstarke Abwägen von gegensätzlichen Argumenten, die Leidenschaft zu bisweilen endlos anmutenden Diskussionen in Familie und Öffentlichkeit, scheinen nur im Rahmen von Urbanität möglich. Eine Befriedigung dieser Neigung zur Selbstdarstellung erreicht man eher auf den Plätzen der Stadt, auf der Plaza, der Piazza, dem Corso und deren kleinen Wiederholungen in den wachsenden Verstädterungsquartieren, als auf ländlichen Dorfstraßen.

8) *Bildung* und *Ausbildung* spielten als Zuwanderungsmotive für Personen, die beruflich bereits eine gewisse Eingangsqualifizierung erlangt hatten, stets eine große Rolle. Die Aneignung von Wissen, Fähigkeiten und die folgenden Synergieeffekte sind Motive für Leben in der Stadt. Diese Auslesefunktion bildete bereits in antiken und mittelalterlichen Städten wichtige urbane Wachstumsimpulse, die während der Renaissance in den oberitalienischen Kommunen besondere Vielseitigkeit erlangten (Braudel 1998, I, S. 486).

9) *Führungsinstitutionen* politischer und gesellschaftlicher Gruppen hoben in den nördlichen Ländern des Mittelmeerraumes den Rang der einzelnen Städte erheblich an

und zogen Zuwanderer auf sich. Teilhabe an öffentlicher Macht ist auch heute nur hier erreichbar, setzte also eine Eingliederung in die städtische Gesellschaft voraus: Auch die nach außen unerkannten Bosse der verborgenen Macht der Geheimgesellschaften von Camorra bis Mafia pflegen solide urban-bürgerliche Lebensformen, um ihre Autorität in der eigenen Gefolgschaft zu wahren. In den muslimischen Gesellschaften der südlichen und östlichen Mittelmeerländer spielt die Hoffnung auf eine existenzsichernde Beschäftigung eine ebenso wichtige Rolle für die massenhafte Zuwanderung aus ländlichen Siedlungen. Aber es schwingt auch die religiöse Vorstellung mit, dass nur die Lebenswelt Stadt mit ihren großen Moscheen die Möglichkeit eröffnet, die Gebote des Glaubens vollständig erfüllen zu können (Grunebaum 1955, S. 139).

Folgen der Verstädterung

Versucht man die Folgen der Verstädterung im Mittelmeerraum zu charakterisieren, so drängen sich Beschreibungen auf, die den negativ empfundenen Vorgang der Zersiedlung kennzeichnen: ungeplant, kontrastreich, verdichtet, kostensteigernd, konfliktverursachend, umweltbelastend, monotonisierend, isolierend. Andererseits ist Verstädterung, wie die geschichtliche Entwicklung der Stadt zeigt, stets Voraussetzung für politische Entwicklung, wirtschaftliche Innovation und Expansion, geistige Aktivität und künstlerische Leistung gewesen. Die Folgen der Verstädterung können an folgenden ausgewählten Merkmalen beschrieben werden, die auf die gegenwärtige Verstädterung in allen Teilen des Mittelmeerraumes zutreffen:

1) Die Gemengelage unterschiedlichster, oft *konkurrierender Nutzungen* ist das meist entstehende Raummuster der ungeregelten, vielfach spontanen Verstädterung. Viele daraus folgende Konflikte mindern nicht nur die Wohnqualität, sondern sie beeinträchtigen auch die wirtschaftlichen Aktivitäten. Die Agglomerationsvorteile städtischer Räume schlagen deshalb oft schnell in Nachteile um, z. B. wenn der Verkehr auch in vielen industriearmen Verdichtungsräumen immer dichter wird und der Straßenausbau hinter dem Bedarf zurückbleibt. Der Anstieg der Verkehrsdichte löst Reibungsverluste durch Staus und Verminderung der Transportgeschwindigkeiten aus. Die trotz Schnellstraßen in allen Verdichtungsräumen herrschende Verkehrsmisere verschlechtert die Standortqualität für Industrie und Gewerbe sowohl im Kernbereich als auch in den Außenzonen. Folge ist die Verlagerung vieler städtischer Funktionen und Betriebe in das noch weiter entfernt liegende Umland, wodurch neue Verkehrsbelastungen entstehen. Dieser Vorgang ist gegenwärtig in allen Ballungsgebieten des Mittelmeerraumes zu beobachten. Konkret bietet sich hier das Bild des auf geringste Distanz konfliktreich ineinander verzahnten Nebeneinanders: Industriebetriebe, Bauerngehöfte, Hochhäuser, selbst errichtete, noch ungenehmigte, laienhafte Betonskelette, moderne Wohnblöcke aus spekulativer Kapitalanlage, Abfallhalden, landwirtschaftliche Intensivkulturen, Autobahnen, Schrottplätze, moderne Industrieanlagen, traditionelle Reparaturwerkstätten, Straßenmärkte mit Gelegenheitsangeboten, Minimarkets, Handwerksbetriebe, ambulanter Straßenhandel mit legaler und illegaler Ware. Fasst man zusammen, so ist die Gemengelage dominant, die funktionalräumliche Trennung und Zuordnung sind nur schwach ausgeprägt.

2) *Ohne Stadtplanung* verläuft in den meisten Teilen des Mittelmeerraumes die Verstädterung uferlos und unaufhaltsam. Da die Wohnverhältnisse meist nicht von der öffentlichen Hand gesichert werden, ist Eigeninitiative bei der Wohnraumbeschaffung unbedingt notwendig. Sie führt zu planlosem, illegalem Bauen. Eine große Anzahl der Bauaktivitäten im Umland der größeren Städte sind Schwarzbauten. Ihr Fortbestehen und ihre de facto eintretende Legalisierung beruht auf geringer Durchsetzungskraft der Bauverwaltungen oder – noch häufiger – auf klientelhaften Bezie-

hungen zwischen einflussreichen gesellschaftlichen Gruppen. Flächennutzungspläne und Bauvorschriften fehlen zwar nicht. Man hält sie aber vielfach nicht ein oder umgeht sie, weil zumindest in den romanischen Ländern der Ehrgeiz besteht, die individuellen Wünsche den gesetzlichen Regelungen voranzustellen. Aus einer ohne Leitbild ablaufenden Verstädterung ergeben sich schwerwiegende negative infrastrukturelle Konsequenzen: Die Versorgung mit Wasser und Strom erfolgt unkoordiniert. Entsorgungseinrichtungen fehlen vielfach. Trinkwasser- und Abwässerkreisläufe verzahnen sich besonders in den Verdichtungsräumen der südlichen und östlichen Länder des Mittelmeerraumes teilweise noch heute. Daraus resultieren gesundheitliche Belastungen. So ist ein Prozess vorprogrammiert, der mit dem außerwissenschaftlichen Begriff „Zersiedlung" negativ beschrieben wird, der aber tatsächlich die Chancen und möglichen Synergieeffekte von Verstädterung und Verdichtung grundlegend einschränkt, die Risiken für Menschen und Wirtschaft gleichzeitig erhöht.

3) *Kernstädte* unterliegen ebenfalls Veränderungen durch die Monotonie aktueller Verstädterung. Ihr Strukturwandel ist zwar angesichts der geringeren Bedeutung der städtischen Zentralität im Mittelmeerraum deutlich schwächer als in den Industrieländern Europas. Aber infolge Flächenknappheit werden auch hier alte Stadtteile und Wohnquartiere abgerissen, Gebäude aufgestockt, Hochhäuser errichtet, um Wohn- oder Gewerbeflächen zu gewinnen. Nicht nur in den großen Metropolen, sondern auch in kleineren Städten verdrängen vielstöckige Gebäude die alten ebenerdigen Wohnhäuser. Die Stahlbetonbauten und Glasfronten erzeugen innerhalb der alten Bausubstanz oft bizarre Gegensätze. Wesentlich stärker als in Mitteleuropa kontrastieren auf engstem Raum diese modernen Elemente im Stadtkern mit der historischen Stadtkultur. An Stelle der geschichtlichen und regionalen Vielfalt städtischer Bauformen tritt die Vereinheitlichung monotoner Stahlbetonarchitektur. Sie verwischt die vielen Sonderformen und gleicht die jüngere Innenstadtentwicklung im Norden und im Süden des Mittelmeerraumes

immer mehr aneinander an. Es gibt nur wenige Ausnahmen moderner, gleichzeitig architektonisch-künstlerisch ansprechender Neubauten im Stadtinneren (Bild 26).

4) *Industriedistrikte* bilden ein neues Element, meist am Rand der ausufernden Stadtregionen. Dabei handelt es sich um moderne, völlig neue Formen der Industrieansiedlung außerhalb der Verdichtungsräume in ländlichen, noch agrarisch geprägten Gebieten, die von den Agglomerations*nachteilen* der Kernstädte noch relativ unbelastet sind. Häufig siedelten sich hier moderne High-Tech-Branchen an, deren Betriebe im Interesse guter Zusammenarbeit möglichst große räumliche Nähe anstreben. Diese neuartigen Agglomerationen entstanden zunächst in Nordost-Italien und wurden dank ihrer starken wirtschaftsräumlichen Gestaltungskraft in der Literatur immer wieder behandelt und zur Formulierung neuer Standorttheorien benutzt (Garofoli 1992; Bathelt 1998). Neue Industr/eviere entwickelten sich auch in anderen Teilen des Mittelmeerraumes (Hadjimichalis/Vaiou 1990; García 1993; Leontidou 1997, S. 189). Mit diesem Typ der *industriellen Diffusion* setzte sich auch die Verstädterung in ländliche Räume fort und veränderte hier nicht nur ältere Siedlungszentren, sondern schuf neue Formen urbaner Strukturen abseits der großen Agglomerationen.

5) In den *Küstenniederungen* konzentrierte sich seit dem Ende des Zweiten Weltkrieges kontinuierlich ein zunehmend größerer Anteil an der Gesamtbevölkerung. Mit hoher Dichte der Verstädterung ist diese Veränderung bereits fast zirkummediterran die sichtbarste Folge neuer sozialökonomischer Verhaltensweisen. Im Kapitel Bevölkerung wurde die in allen Ländern des Mittelmeerraumes zu beobachtende küstenorientierte Zuwanderung ausführlich dargestellt. Die ökologisch sensibleren Landschaften in den litoralen Niederungen unterliegen somit einer immer stärker werdenden Belastung (Popp/Tichy 1985; Ante/Wagner 1988).

6) Der *soziale Wandel* ist sowohl Ursache als auch Folge der Verstädterung. Gesellschaftlicher Aufstieg, Übergang zu außerlandwirtschaftlichen Berufsfeldern, Verän-

Bild 26: Lissabon, Portugal: *Drei ältere Bauphasen in der Innenstadt werden durch ein hypermodernes Hochhaus ergänzt, dessen Stil die sonst im Mittelmeerraum verbreitete Betonmonotonie beleben könnte.*

derung der Erwerbsstruktur und höhere Einkommen sind seine Begleiter. Angesichts der Bedeutung des sozialen Wandels in den Ländern des Mittelmeerraumes erschien seine eingehende Behandlung in einem eigenständigen Kapitel dieses Buches notwendig. Die Verstädterung ist fast gleichzusetzen mit dem Prozess der gesellschaftlichen Veränderungen. Eine spezielle Folge wirkt auf die räumliche Ausdehnung der Stadtregionen besonders stimulierend: Die Migranten bringen ihre ländlichen, *traditionellen Denk- und Lebensformen* mit in die Stadt. Dazu zählt neben dem generativen Verhalten im Mittelmeerraum besonders das aus dem ländlichen Herkunftsgebiet gewohnte Wohn- und Hauseigentum. Dieses Ziel kann nur in noch freien Flächen am Stadtrand realisiert werden. Deshalb stimulieren diese Wohnwünsche in besonderer Weise die expansiv nach außen gerichtete Verstädterung. Bekannt sind diese spontan errichteten Wohngebiete als „bidon villes" in Nordafrika, als „barrios clandestinos" in Portugal, „viviendas marginales" in Spanien, „afthereta" in Griechenland, „geçecondus" in der Türkei. Nur durch diese periphere, spontane Wohnplatzsicherung ist das gewünschte gemeinsame Wohnen mit Verwandten und ehemaligen Dorfnachbarn möglich. Solche gemischt ländlich-verstädterten Lebensformen zeigen zwar trotz heute relativ guter Bausubstanz einen noch geringen Grad an tieferer Urbanisierung. Aber eine starke Dynamik veränderter Formen

von *Segregation* und *sozialräumlicher Gruppenbildung* in den neuen Wohnbereichen lassen erkennen, dass der soziale Wandel schnell voranschreitet.

7) *Urbane Lebensformen* gehen der Verstädterung zwar vielfach voraus, sind jedoch auch Folgen. Sie ergeben sich aus der Veränderung gesellschaftlicher Strukturen und Verhaltensleitbilder. Auf der Grundlage neuer Existenzformen setzen sich Kleinfamilie, Rückgang der Kinderzahlen, Zunahme der Lebenserwartung, qualitativ höhere schulische und berufliche Bildung, Elitenbildung und Innovationsfähigkeit durch. In den südlichen und östlichen Ländern kommt im Rahmen des sozialen Wandels und der politischen Liberalisierung ein Übergang zur *Zivilgesellschaft* hinzu. Sie garantiert die notwendigen Freiräume für die Entfaltung individueller Leistung und ist Voraussetzung für eigenständige wirtschaftliche Entwicklung. Diese enge Korrelation von Stadt-, Wirtschafts- und Gesellschaftsentwicklung begann im Norden des Mittelmeerraumes schon früh (Lombardei, Piemont, Südfrankreich, Katalonien). In den südlichen und östlichen Staaten sind vorerst nur Ansätze dieser Parallelität erkennbar.

8) Die Landwirtschaft, meist auf Restflächen innerhalb der Stadtregionen und im Umland noch überlebend, verändert sich durch die ungeregelt expandierende Verstädterung ebenfalls gravierend. Sie wird

zu teurer Intensivierung mit Hilfe von Unterglaskulturen und Chemisierung gezwungen. Sie schädigt damit langfristig ihre eigenen Grundlagen, die Böden und das Grundwasser. Der fast gleichzeitige Anstieg der Boden- und Pachtpreise verstärkt die Tendenz der Umwidmung landwirtschaftlicher in städtisch-gewerblich genutzte Flächen. Daneben verursacht auch die noch junge Verstädterung Altlasten durch nicht entsorgte Deponien. Die Verdichtung der Metropolitanräume dringt immer weiter in die Agrargebiete des Umlandes vor und verstärkt dort die Bereitschaft oder den Zwang zum sozialen Wandel.

9) Die *Zunahme der Stadtbevölkerung* ist eine regionale und landesweit festzustellende Folge der Verstädterung. Sie geht parallel zur Expansion der großen Ballungsgebiete, die flächenhaft über ihre Grenzen hinaus in bisher ländliche Gebiete ausgreift. Diese Tatsache zeigt ein Vergleich zwischen dem Wachstum des städtischen Anteils der Gesamtbevölkerung eines Landes und der Einwohnerzahl der großen Stadtregionen. Hierzu kann man den Tabellen des World Population Prospect der Vereinten Nationen relativ gute Trendhinweise entnehmen. Danach nimmt im *Süden* und *Osten* des Mittelmeerraumes die Stadtbevölkerung doppelt so schnell zu wie diejenige der gleichfalls wachsenden großen Stadtregionen. Die Verstädterung schiebt sich über die administrativen Grenzen der „Urban Areas" in das weitere Umland vor. In den *nördlichen* Ländern des Mittelmeerraumes ist dieser Verlagerungsvorgang wesentlich weiter vorangeschritten, hat bislang agrarische Gebiete überformt. Die daraus ableitbare *Schlussfolgerung* ist, dass sich die Bevölkerung des gesamten Mittelmeerraumes auf dem Weg in eine verstädterte Gesellschaft befindet. Im Norden ist dieser Prozess schon im Wesentlichen abgeschlossen, im Süden und Osten befindet er sich in vollem Gang.

Um die verschiedenen Verlaufsformen der Verstädterung erfassen zu können, konzentriert sich folgende Darstellung auf das Wachstum von Stadtregionen, die Nutzungsverdichtung in den Küstenniederungen und den Verstädterungsimpuls im ländlichen Raum.

Wachstum von Stadtregionen

In allen Staaten des Mittelmeerraumes wurden seitens der Raumordnungsbehörden „Stadtregionen" ausgewiesen. Sie umfassen nicht nur Städte bis zu ihrer administrativen Grenze, sondern beziehen die Gebiete mit flächenhafter, zusammenhängender städtischer Bautätigkeit, alle zersiedelten Areale ein und erfassen in der Außenzone auch verstädterte, vormals ländlich-agrarische Flächen. Freilich gibt es innerhalb des Mittelmeerraumes keine einheitlichen Kriterien für die Abgrenzung dieser Stadtregionen, deshalb sind Vergleiche schwierig. Auch die Einwohnerzahlen der einzelnen Stadtregionen unterliegen den oben genannten statistischen Vorbehalten. Insbesondere werden die illegal Zugewanderten darin nicht erfasst, obwohl sie nach Schätzungen ca. 10–15% der tatsächlichen Einwohnerzahl betragen. Im Süden und Osten ist der Anteil der nicht registrierten Einwohner noch höher. Trotzdem sei auch hier das Wachstum der Stadtregionen mit der Bevölkerungszunahme dokumentiert. In Abb. 48 wird die Bevölkerungsentwicklung in Stadtregionen 1950–2000 für den nördlichen

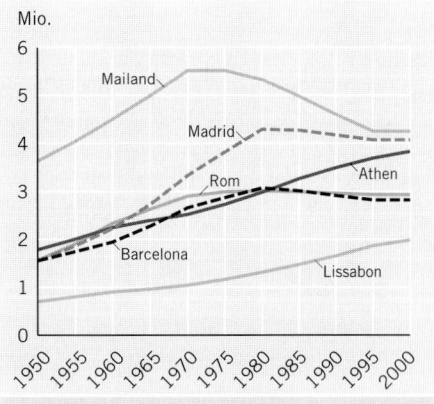

Abb. 48: Nördliche Stadtregionen. Bevölkerungsentwicklung 1950–2000.

Quelle: UN World Urbanization Prospects.

Teil dargestellt. Athen und Lissabon wachsen demographisch gleichmäßig weiter. In den anderen Stadtregionen erfolgte nach 1975 eine langsame Abnahme. Ein Teil der Bevölkerung zog ähnlich wie in Mitteleuropa aus den Kernbereichen der Städte in die Randzonen des Verdichtungsraumes und über seine Grenzen ins weitere Umland. Der Wohnfunktion folgten Gewerbebetriebe und industrielle Unternehmen über die Grenzen der Stadtregionen hinaus. Da sich dieser Prozess im Norden des Mittelmeerraumes im Nahbereich der vielen historischen Stadtkerne vollzog, entstand ein breit angelegtes, polyzentrisches und zugleich flächenhaftes *Verstädterungsnetz* mit vielen kleinen und einigen größeren Schwerpunkten etwa in der Poebene (Camagni/Salone 1993), in Latium, in Kampanien, im östlichen Teil Kataloniens (Barcelona), in der Rhôneachse und an der südfranzösischen Küste, in Katalonien, in den Großräumen Madrid, Valencia, Sevilla, Lissabon, Porto sowie um Thessaloniki und Athen. Die Bedeutungszunahme und die räumliche

Ausdehnung dieser Verdichtungsräume führten seit 1950 im Durchschnitt zu einer Verdopplung ihrer Einwohnerzahl. Damit blieb das Wachstum der einzelnen Stadtregionen im Norden des Mittelmeerraumes jedoch weit hinter denjenigen im Süden und Osten zurück.

Abb. 49 zeigt für die *südlichen* und *östlichen* Mittelmeerländer, dass die Bevölkerungszahlen der Stadtregionen mit wachsender Zuwachsrate ansteigen. Dabei ist das gleichmäßige, ohne Gegentrend verlaufende Ansteigen der Zunahmekurven sichtbar. Zwei entscheidende Unterschiede zum Norden des Mittelmeerraumes machen sich bemerkbar: Die Zuwanderung aus den ländlichen Räumen und die daraus resultierende Verstädterung konzentrieren sich im Süden und Osten auf nur wenige urbane Zentren der einzelnen Länder, meist auf die Hauptstädte (Primatstädte). Deren jährliche Wachstumsraten erreichten deshalb das Vielfache der nordmediterranen Stadtregionen. Im Zeitraum 1950 – 1995 lassen die Stadtregionen Casablanca, Tunis, Tripo-

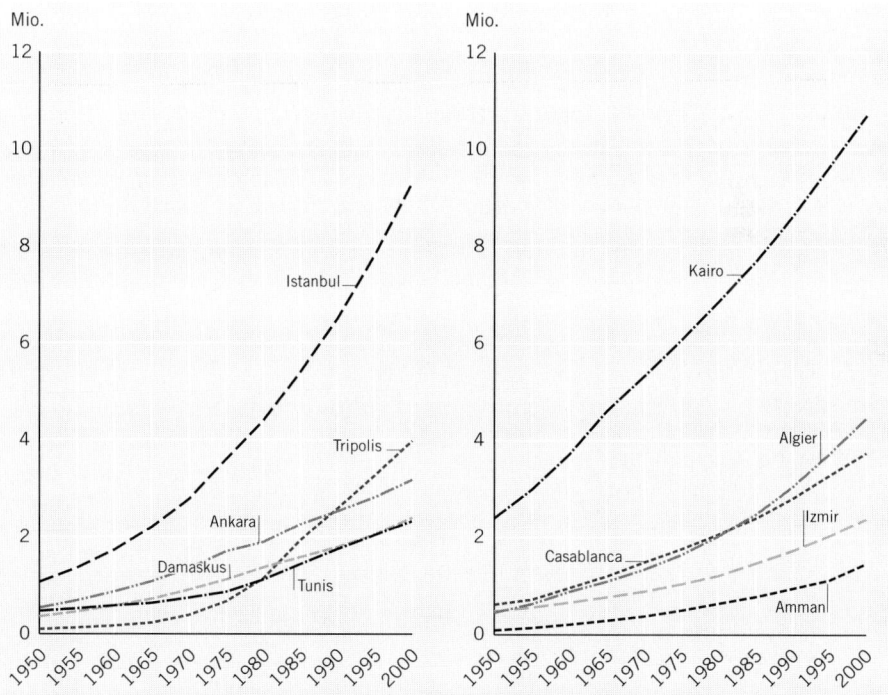

Abb. 49: Südliche Stadtregionen. Bevölkerungsentwicklung 1950 – 2000: *Der Maßstab ist identisch mit demjenigen der Abb. 48.*

lis, Kairo, Ankara, Izmir einen Wachstumsfaktor zwischen 5 und 6 erkennen (Troin 1990). Die Bevölkerung Algiers und Istanbuls verzehnfachte sich sogar. Dabei ist auch hier zu bedenken, dass die offiziellen, hier verwendeten statistischen Daten die illegal Zugezogenen nicht erfassen. Man geht nicht fehl, wenn deren Anteil hier bei 20 – 25 % vermutet wird. In der Karte zur Bevölkerungsverteilung im Mittelmeerraum kristallisieren sich diese Gebiete mit hohem Verstädterungsgrad anhand der höheren Dichtewerte besonders deutlich heraus.

An fünf Verdichtungsräumen sollen Ursachen, Verlaufsformen und Raumwirksamkeit der Verstädterung vergleichend skizziert werden: der Großraum Neapel als historisch älteste Metropole, Barcelona als Wirtschaftsraum mit industriellem Impuls, Athen als politisch junge und dennoch gewerblich bedeutende Hauptstadt, die Region Tunis als Beispiel der Koexistenz orientalischer und kolonialzeitlich-europäischer Stadtentwicklung, Kairo als demographisch größte Agglomeration des Mittelmeerraumes.

Großraum Neapel-Salerno
Seit der Antike war mit geringen Schwankungen bis zum Beginn des 19. Jh.s der Nahbereich des Golfes von Neapel, gestützt auf die vulkanischen Böden mit intensiver Bewässerungswirtschaft, Fruchtbaum- und Rebkulturen das am dichtesten besiedelte Gebiet. Um 1600 hatte Neapel die größte Einwohnerzahl (ca. 280 000) der Städte des Mittelmeerraumes (Braudel 1998, I, S. 508). Die gesamte Stadtregion (Area Metropolitana) erreichte durch Zuwanderung und Geburtenüberschüsse seit der Mitte des 19. Jh.s bis 1950 ca. 3 Mio., bis 1996 ca. 4 Mio. Einwohner, allerdings nicht ohne zwischenzeitlich große Verluste durch Auswanderung in die Neue Welt ab 1880 und in die Arbeitsemigration nach Mitteleuropa ab 1950.

Infolge der Bevölkerungszunahme strahlte die Verstädterung immer weiter in das Umland Neapels aus. Die Wachstumsspitzen und die Zuwanderungsströme, bald auch die Remigranten aus Mitteleuropa und die neuen Einwanderer aus Nordafrika konzentrierten sich nach außen, d. h. zunächst in die Randgemeinden Neapels, später in die übrigen Städte der Provinz Neapel, heute in das weitere Hinterland *„Area Metropolitana Neapel-Salerno"* (Abb. 50). Auch viele gewerbliche und industrielle Aktivitäten verlagerten sich vom alten Stadtzentrum und der Hafenzone Neapels in die östliche Peripherie der Küstenebene. Hier entstanden in enger Verflechtung mit alten dörflichen und städtischen Siedlungen Industrieparks, teilweise mit ausgelagerten, vielfach auch neuen, modernen Fertigungsbranchen. Die räumliche Nähe dieser Standorte förderte die interbetriebliche Kooperation und zahlreiche innovative Aktivitäten.

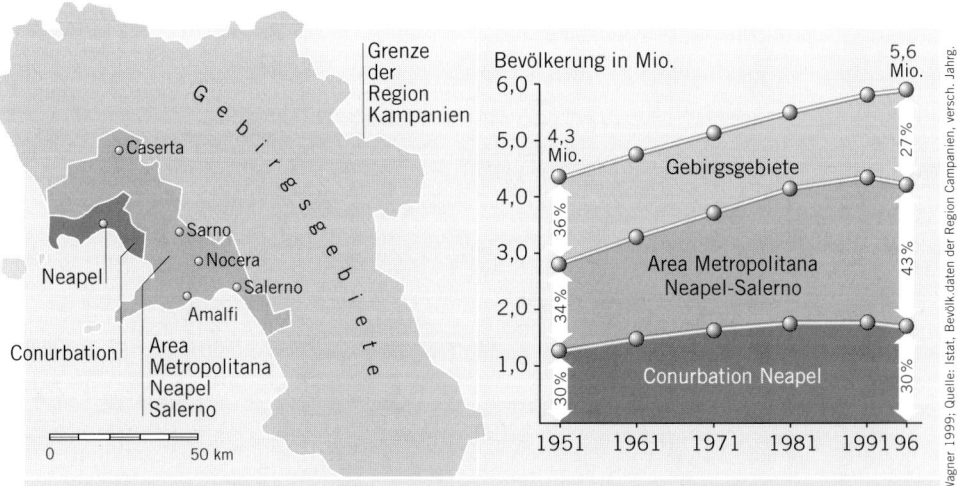

Abb. 50: Bevölkerungsentwicklung im Großraum Neapel: In der Area Metropolitana, also außerhalb des Verdichtungsraumes (Conurbation), nahm die Bevölkerung am stärksten zu.

Bild 27: Stadtregion Valencia, Spanien: *Ins Bewässerungsland vordringende städtische Bebauung setzt sich auch gegen agrarische Intensivkulturen durch.*

Voraussetzung war ein dichtes Netz neuer Regionalstraßen und Nebentrassen der Autostrada del Sole. Die nach außen dringende Verstädterung wird jedoch auch durch viele aufgelassene, teils zerstörte, teils fremdgenutzte Gebäude geprägt. Ein Flächenrecycling ist wegen komplizierter Eigentumsverhältnisse schwierig. Ein besonderes Merkmal der Verstädterung im Großraum Neapel sind die vielschichtigen, aber getarnten Aktivitäten der Camorra, die die tatsächliche Art der gewerblichen Nutzung eines Grundstücks oft verschleiern.

In der Area Metropolitana Neapel-Salerno lebten 1951 ca. 64 %, 1996 ca. 73 % der Einwohner Kampaniens. Dieser Verdichtung entspricht wie in vielen vergleichbaren anderen mediterranen Küstenebenen der Wandel von Agrarland zu Bauland (Bild 27). Die Boden- und Pachtpreise stiegen infolge der starken Nachfrage, der Boden- und Bauspekulation, teilweise in Verbindung mit Geldwäsche aus Schattenwirtschaft, Drogen- und Zigarettenschmuggel schnell an. Zunächst versuchten die Bauern den Gartenbau zu intensivieren und durch Senkung der Kosten sowie Vereinfachung der Fruchtfolgen die vordringende Verstädterung abzuwehren. Später

verkauften sie ihr Bodeneigentum und errichteten, oft ohne Genehmigung, auf den Restflächen Wohn- oder Gewerbebauten. Alte ländliche Gehöfte, städtische Hochhäuser, moderne Fabrikhallen, traditionelle Wohngebäude neben Foliengewächshäusern, Intensivkulturen, eingerahmt von Schnellstraßen, bilden ein parzellenscharfes und doch planloses *Mosaik sich verdrängender Nutzungen.* Die noch während der 50er-Jahre fast idyllische Agrarlandschaft um den Vesuv, vielfach als das Land, wo „die Zitronen blühn", besungen, mutierte zu einer verkehrsbelasteten, verstädterten, lärmreichen Außenzone Neapels. Abb. 51 zeigt das Vordringen der Verstädterung infolge Bevölkerungszunahme, Wohn- und Gewerbeflächenwachstum im nördlichen Umland Neapels zwischen 1955 und 1988 (Wagner 1985, 1990).

Fragt man nach den Ursachen der Verstädterung am Golf von Neapel, die Loda (1999) als Entwicklung zum „Städtearchipel" sieht, so öffnet sich ein *komplexes* Bild: Die seit der Antike nur zeitweilig abgeschwächte Urbanität erhielt mit der politischen Hauptstadtfunktion im Herrschaftsgebiet des Staufers Friedrich II., später als Teil des Königreiches Aragón und danach

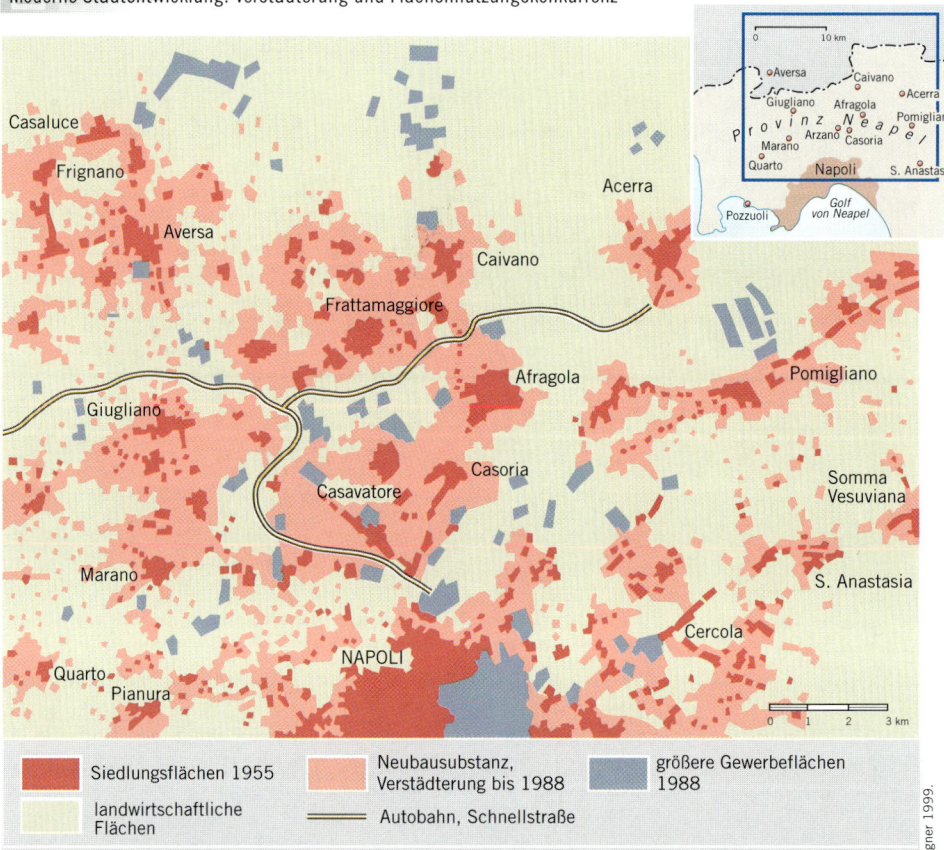

Abb. 51: Verstädterung nördlich Neapels: *Der Vergleich von Luftbildern 1955 und 1988 sowie einer Spot-Satelliten-Szene dokumentiert die expansive Verstädterung in der Pianura Napoletana.*

Quelle: Wagner 1999.

wieder als Metropole unter den Anjou und Bourbonen wichtige politische, geistige und gewerbliche Wachstumsimpulse, seit Beginn des 19. Jh.s auch im industriellen Bereich (Textilindustrie, Metallverarbeitung, Schiffbau). Diese Entwicklung wurde zwar durch die staatliche Einigung Italiens 1861 wegen der Konkurrenz durch die Industriemetropolen der Lombardei und des Piemonts stark gebremst, die wirtschaftliche Vitalität blieb nur stagnierend erhalten. Zu einer umfassenden modernen Industrialisierung kam es nicht mehr. Trotzdem nahm die Verstädterung zu. Der Arbeitsmarkt umfasste mehr und mehr einfache Handwerkszweige und Dienstleistungen. Der handwerklich-gewerbliche Kleinbetrieb dominierte, vielfach schon früh mit breiter Verwurzelung in der Illegalität, aber trotzdem oder vielleicht deshalb stets flexibel. Der Einfluss der Camorra bleibt im Dunkeln, ist aber gleichwohl doch überall spürbar. Mancher neue Industriebetrieb verdankt seine Existenz der Geldwäsche. Nach 1950 kamen im Zuge der regionalpolitischen Förderung durch den italienischen Staat und durch die EG einzelne moderne Unternehmen hinzu, z. B. die Autoproduktion (Pomigliano d'Arco) und viele mittlere und kleinere Betriebe der Gebrauchsgüterherstellung. Die alten fordistischen Großbetriebe (Schiffbau in Castellamare im Süden und Stahlherstellung in Bagnoli im Westen Neapels) wurden nach 1995 endgültig stillgelegt. Dagegen versuchten junge Unternehmer sich von traditionellen Bindungen wenig rationeller Ökonomie zu lösen und gründeten neue Betriebe: Textilherstellung, Kunststoffproduktion, Lebensmittel- und Konservenindustrie, Verpackungselemente, Elektroteilezulieferung, Telefongeräte. Eine Reihe dieser Unternehmen mit gutem Markenzeichen und hohen Exportzahlen arbeitet dennoch im Bereich der Schattenwirtschaft, weil die legale Steuerlast ihrer Einschätzung nach zu hoch wäre. Zahlreiche neue *Industriedistrikte* in der Außenzone der Verdichtungsregion beherbergen mittelständische Unternehmen der neu belebten, traditionsreichen Branchen Leder, Schuhe, Textil. Daneben bestehen weiter die vitale, gut organisierte Kriminalität, die vielen informellen Branchen des Dienstleistungsbereiches, der Überbesatz im Einzelhandel, die zahlreichen noch traditionellen Formen von kleinstbetrieblichen und arbeitsteiligen Produktionsprozessen und die großen sozialen Gegensätze. Dennoch lassen die Ansätze moderner Unternehmen und neuer durchgreifender Stadtpolitik sowie die schon von Goethe gerühmte mentale Flexibilität die zukünftige Entwicklung des Großraumes Neapel vorsichtig optimistisch erscheinen, auch wenn er den Vorsprung der mit der Weltwirtschaft eng verbundenen Wirtschaftsräume Mailand, Turin oder Barcelona wohl nicht wird einholen können.

Area Metropolitana Barcelona

Eine ähnliche, von innen nach außen gerichtete Entwicklung von Bevölkerung und ökonomischen Aktivitäten ist im Verdichtungsraum *Barcelona* zu beobachten. Diese Stadtregion gehört zu den wenigen des Mittelmeerraumes, deren urbanes Wachstum weitgehend von parallel verlaufender Industrialisierung begleitet wurde. Nach Bähr/Gans (1986) vollzog sich das Wachstum der Metropolitanregion folgendermaßen: Baumwollimporte belebten ab 1830 ältere Zweige der Textilherstellung. Die Reinvestition von Unternehmergewinnen förderte zusammen mit innovativer katalanischer Mentalität und importierten Technologien schnelles gesamtwirtschaftliches Wachstum. Andere Industriezweige traten hinzu, Metallverarbeitung, Chemie und Elektrobranchen. Deren Ansiedlung erfolgte bereits außerhalb der Stadt Barcelona und setzte den zentrifugalen, kleinflächig differenzierten Verstädterungsprozess in Gang, der bis heute anhält. Die Zuwanderung von Arbeitskräften machte neue Wohngebiete notwen-

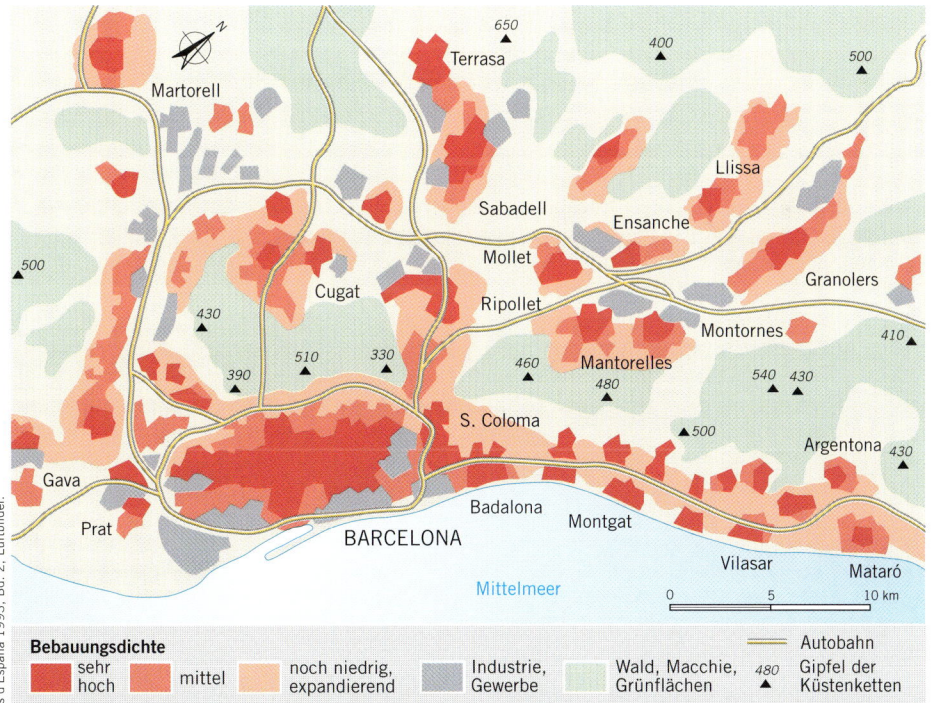

Bebauungsdichte

		noch niedrig, expandierend	Industrie, Gewerbe	Wald, Macchie, Grünflächen	Autobahn
sehr hoch	mittel				*480* ▲ Gipfel der Küstenketten

Abb. 52: *Area Metropolitana Barcelona 1995: Die Verstädterung griff ab 1950 schrittweise und differenziert durch Industriegebiete und die Reliefgliederung nach außen.*

Quelle: Atlas d'España 1993, Bd. 2, Luftbilder.

dig. Sie entstanden teilweise als selbstererrichtete Hüttenviertel (barracas), die später durch geplante Neubauquartiere mit angrenzenden Gewerbegebieten (colonias) in der Erweiterungszone um die Kernstadt ersetzt wurden. Das im Zweiten Weltkrieg geschwächte industriell-städtische Wachstum erholte sich nach 1945 schnell. 1953 schloss man Barcelona und 27 Nachbargemeinden zu einer Verwaltungseinheit zusammen, aus der 1966 die Planungsregion *Area Metropolitana de Barcelona* hervorging. Neben dieser Expansion der Verwaltungsreichweite wurden zahlreiche *Agglomerationsvorteile* wirksam: Die wirtschaftliche Liberalisierung 1959 und das Ende der Franco-Zeit 1975 lösten Phasen weiteren industriellen Aufschwungs und städtebaulicher Expansion aus, begleitet von der Erweiterung des Netzes regionaler und überregionaler Verkehrsinfrastrukturen und des Dienstleistungssektors. Vorteilhaft waren weiterhin gut ausgebildete Arbeitskräfte, leistungsfähige Versorgungseinrichtungen, die 1979 an Katalonien verliehene regionale politische Autonomie sowie das damit verbundene Recht, einen großen Teil des regionalen Steueraufkommens selbst zu investieren. Alle diese Faktoren zogen Auslandskapital an (Siemens, AEG, Fiat/Seat) und förderten eigenständige industrielle Gründungen. Grundlegende Wachstumsimpulse bewirkte jedoch die *katalanische Wirtschaftsmentaliät*, die sich nach Wegfall eines Teiles der zentralistischen Gängelung nun frei entfalten konnte. Bereits der frühe Beginn der Industrialisierung Barcelonas basierte auf dem ökonomisch orientierten Erwerbsstreben bürgerlicher Gruppen. Diesem stand in anderen Landesteilen der kastilisch-spanische Hidalgismus gegenüber, die seit der Reconquista psychisch vertiefte Abneigung höherer Sozialgruppen gegen eigene berufliche Tätigkeit, woran die kastilische Wirtschaft noch bis an die Schwelle der Gegenwart krankte.

Die offizielle Einwohnerzahl der Area Metropolitana de Barcelona verdoppelte sich von ca. 1,5 Mio. (1950) bis 1980 auf ca. 3 Mio. und sank danach nur unwesentlich ab. Heute greift die Verstädterung weit über die Grenzen der Planungsregion Area Metropolitana hinaus. Sie expandiert insbesondere nach Norden und Nordosten und verzahnt sich hier mit der tourismusbedingten Verstädterung an der Costa Brava. Deshalb kann man von einem Verdichtungsgebiet mit ca. 4 Mio. Einwohnern ausgehen. Gleichwohl ist angesichts der illegalen Einwanderung in die Industriegebiete Kataloniens ein noch höherer realer Wert anzusetzen. Die spontan ausufernde Verstädterung, durch das Fehlen rechtlich fixierter Bauvorschriften und wenig Planung geprägt, führte zu einer immer weiter ausgreifenden Überformung peripherer, vormals ländlicher Siedlungen (Abb. 52). Die ursprüngliche Hafen- und Küstenorientierung der Industrie wurde wegen Platzmangels und Nutzungskonflikten von einem Trend in das bergige Hinterland abgelöst. Standorte boten sich hier an vielen neu angelegten Straßen, Autopistas und Autobahnen. Die Agglomerationsvorteile der Region nehmen in Bezug auf Spanien insgesamt noch zu, trotz der gegenwärtig schon hohen Verstädterungsdichte. Noch in jüngster Zeit wurde eine große Zahl von neuen industriellen und dienstleistenden Wachstumsbranchen mit eigenaktivem und *innovativem Milieu* angesiedelt.

Agglomeration Athen

Als dramatisches Beispiel der Verstädterung mit vielen negativen Folgen ist die Agglomeration Athen anzusehen. Hier leben nach offiziellen Angaben gegenwärtig ca. 3,8 Mio. Menschen, also fast 40 % der Gesamtbevölkerung Griechenlands (1998: 10,5 Mio.). Die Sogwirkung des Großraumes Athen lockte seit 1950 (1,5 Mio. Einwohner) einen ungebremsten *Zuwandererstrom* an. Die erste Generation der neuen Stadtbewohner behielt mit dem ländlichen Verhalten die hohen Kinderzahlen bei und förderte so auch generativ die Bevölkerungzunahme der Metropole. Heute leben ca. 500 000 der nach Griechenland illegal zugewanderten Ausländer im Großraum Athen (OECD 1997, S. 112). Im zweiten, deutlich kleineren Ballungsgebiet Thessaloniki wurden 1995 fast 1 Mio. Einwohner gezählt. Im Verdichtungsraum Athen (0,3 % der Landesfläche) konzentrierten sich nach Lienau (1989, S. 239) schon 1975 in Abhängigkeit von einer seit der Gründung des modernen Staates stark *zentralistischen Staatsverwaltung* 90 % aller großen Industriebetriebe, fast 70 % aller gewerblichen Unternehmen und des griechischen Steueraufkommens, 60 % aller Ärzte des Landes. Fast alle großen Firmen Griechenlands, Banken und die weltweit agierenden Reedereien unterhalten ihre Hauptverwaltungen in Athen. Die gut erreichbare Lage konzentriert große Teile des Seeverkehrs aus dem östlichen Teil des Mittelmeerraumes auf Athen/ Piräus (Delladetsima/Leontidou 1995).

Die Verstädterung verlief in Griechenland sehr schnell. Während des Freiheitskampfes und nach erneuter Besetzung durch die Türken 1827 lebten nur 2000 Menschen in Athen. Den entscheidenden Wachstumsimpuls brachte die Verlegung der *Hauptstadtfunktion* von Nauplion 1833 an den historischen Standort in der Bucht von Piräus mit dem gleichzeitigen Beginn einer modernen, sich von osmanisch-orientalischer Stadtkultur abwendenden *planvollen Stadtgestaltung*. Frühzeitig entfalteten die politischen Agglomerationsvorteile Athens ihre volle Raumwirksamkeit (Lienau 1989, S. 240): Gewerbliche Standortentscheidungen, zu großen Teilen auch von ausländischem Kapital getragen, orientierten sich

aus betriebswirtschaftlicher Sicht für die Hauptstadtregion mit *Fühlungsvorteilen* zu den Regierungsstellen, da so die wichtigen persönlichen Beziehungen gut eingesetzt werden konnten. Von den aus Kleinasien nach Gründung der modernen Türkei, insbesondere aus Smyrna (heute Izmir) 1922 vertriebenen Griechen zogen ca. 300 000 nach Mittelgriechenland und Athen, meist wirtschaftlich aktive Gruppen mit innovativem Verhalten. Sie förderten die Selbstverstärkung der Agglomerationsvorteile, die trotz vielfältiger Bemühung der griechischen Raumordnungsbehörden um Dekonzentration bis zur Gegenwart anhält. Gewerbliche Entfaltung und Verstädterung verliefen also parallel. Diese Tatsache ist wegen der Agglomerationsnachteile zu beachten, die aus den zahlreichen *Flächennutzungskonflikten* resultieren (Leontidou 1990). Sie zeigen sich in der ungeordneten Bebauung, in hohen Bodenpreisen, in den Verkehrsproblemen und hoher Luftbelastung (Smog-Wetterlagen). Deren hohe Intensität führt in den Sommermonaten oft zu wochenlangen Einschränkungen im städtischen und wirtschaftlichen Leben der Metropole (Bild 28).

Bild 28: Athen, Griechenland: *Der Blick von der Akropolis zeigt die flächenhafte Verstädterung der Metropole.*

Versucht man die *Merkmale* der Verstädterung Athens zu erfassen, so zeigen sich deutliche Unterschiede zur Stadtentwicklung Mitteleuropas, aber auch Norditaliens: Nach Lienau (1989, S. 241) ist eine gewisse *Sonderstellung* der griechischen Metropole in der besonders ausgeprägten „Kluft zwischen Stadt und Land, in der Hereinnahme und Tradierung ländlicher Verhaltensmuster, in dem unkontrollierten Randwachstum, in der äußerst heterogenen Raumnutzung mit Funktionstrennung, dem Fehlen öffentlicher Grünanlagen für die Erholung und Regeneration der Luft und den speziellen Bauformen" zu sehen. An der Peripherie der Agglomeration kam es allerdings kaum zu ausgeprägten Slums und Elendsquartieren. Da die Zuwanderer im Zielgebiet die sozialräumliche Nähe von früher zugewanderten Verwandten und Bekannten aus der Herkunftsgemeinde suchten, konsolidierten sich auch die spontanen randstädtischen Wohngebiete gesellschaftlich in kurzer Zeit. Beziehungen über ein Klientelsystem zu Regierungsstellen erreichten oft schnell eine Legitimierung der zuvor ungenehmigt errichteten Wohnungen. Diesem Akt folgte dann auch die offizielle Ausstattung mit Infrastruktur (Straßen, Wasser, Strom, Versorgung), allerdings oft nur unzulänglich. Die Fortführung traditioneller ländlicher Lebensweisen ersetzte in gewissem Umfang das Fehlen anderer Sicherungssysteme. Leontidou (1990) hat am Beispiel der Entwicklung Athens zur Metropole 1950–1990 dargestellt, wie bis 1960 auch die *Industrie* im Kern zunahm, danach aber in die *Außenzonen* abwanderte und einem breiten Zustrom von tertiären und informellen Aktivitäten Zutritt verschaffte.

Kontrastreich steht dagegen jedoch das *modernistische* Bild der schnellen Erweiterung der ersten Häuser durch Aufstockung in die Höhe oder durch radikale Erneuerung der alten Bausubstanz durch Hochhäuser in einfacher Betonbauweise. Sie bedecken heute große Teile der Stadtfläche von Athen und geben ihr das eintönige, farblos-nüchterne Gesicht grauer Einheitsbauten. Bis heute schreitet die Monotonisierung der Stadt voran und verwischt alle früher vorhandenen Unterschiede. Wie im gesamten Mittelmeerraum erreichen diese Bauformen auch hier zunehmend eine übergreifende, fast geklonte Gleichförmigkeit. Im Unterschied zu allen anderen Stadtregionen mittelmeerischer Länder fehlt ältere Bausubstanz in den griechischen Städten, insbesondere in Athen, einer trotz antiker Wurzeln sehr jungen Stadt. Dieser Mangel an Vorbildern städtebaulicher, historischer Materialität und Ordnung überlässt einem unverwurzelten Modernismus ohne eigenes Gesicht ein freies Feld. Auch die Gebäude des heutigen Altstadtviertels Plaka stammen großenteils aus der Zeit nach 1920 (Ante 1988). So ist es verständlich, dass auch die jüngere Stadtentwicklung vom undifferenzierten, importierten Typ des Hochhauses bestimmt wird. Man kann Lienau zustimmen: „Insofern spiegelt das Stadtwachstum Athens eindrucksvoll die Mittelstellung, die Griechenland auch hierin zwischen den west- und außereuropäischen Industrieländern, wo Stadtwachstum vollkommen durchgeplant verläuft, und Entwicklungsländern einnimmt, wo einer wilden Ansiedlung keine nachträgliche Legitimierung und Integration in den Stadtkörper folgt" (1989, S. 244).

Hauptstadtregion Tunis

Die Verstädterung um den doppelten *orientalisch-kolonialzeitlichen* Kern von Tunis setzte bereits vor 1956, noch während der letzten Jahre des französischen Protektorates ein. 1946 lebten im Großraum Tunis (mit Bizerte und Nabeul) etwa 30 % der Bevölkerung Tunesiens. Dieser Anteil hielt sich bis heute (1998) prozentual auf etwa dem gleichen Stand (32 %). Aber absolut stieg er infolge starken natürlichen Bevölkerungswachstums von knapp 900 000 (1946) auf 2,8 Mio. (1998) an, also um ca. 1,9 Mio. Einwohner, damit fast um 70 %. Erste Zuwanderer aus ländlichen Räumen, vorwiegend jedoch aus den anderen tunesischen Städten kamen schon in den 30er-Jahren nach Tunis, um dort Arbeit zu suchen. 1966 war bereits ein Drittel der Wohnbevölkerung des Großraumes Tunis nicht dort geboren. Der wanderungsaktivste Zeitraum des Großraumes Tunis 1975–1980 ist im Kapitel Bevölkerung kartographisch dargestellt. Dabei wird deutlich, dass das Wanderungsvolumen größer als der Migrationsgewinn ist, weil sich während dieses Zeitraumes auch die übrigen tunesischen Städte

Bild 29: Stadtrandsiedlung von Tunis: *Der Ausbau ehemaliger Lehmhüttensiedlungen mit Elektrizität, Wasserleitungen und Kanalisation sowie Schulen, ärztlicher Versorgung und Buslinien hat bis 1995 ein relativ gutes Wohnumfeld entstehen lassen.*

(Sousse, Sfax, Gafsa) bereits einer breiten wirtschaftlichen Entwicklung erfreuten und viele Einwohner von Tunis dorthin wanderten. Zwischen den urbanen Zentren Tunesiens entwickelte sich eine ausgeprägte Wechselmobilität. Auch die in Tunesien relativ hohe allgemeine und berufliche Bildung förderte weitere aufstiegsorientierte Migrationsbereitschaft und die Neigung zu Umzügen zwischen den Oberzentren und Industrieregionen (Signoles 1987).

Stellt man die Frage nach den *wirtschaftlichen Ursachen* des jüngeren Stadtwachstums der Agglomeration Tunis, so ist zwar einerseits auf einige industrielle Anfänge während der Kolonialzeit zu verweisen. Die wichtigere Entwicklung erfolgte jedoch andererseits während der liberalisierten Wirtschaftsförderung ab 1970. Viele Impulse gehen sogar auf die jüngste Zeit zurück, wie von Englert eingehend dargelegt wurde (1993; 1997a; 1997b). Demnach verdreifachte sich bis 1996 die reale Wertschöpfung. Das jährliche Wirtschaftswachstum Tunesiens erreichte 1995–1997 fast 5 %. Daran haben die im Großraum von Tunis errichteten industriellen Unter-

nehmen einen entscheidenden Anteil, der sich in weiterer Zuwanderung, im Kaufkraftanstieg, in der Verbesserung von Wohnverhältnissen und Versorgungseinrichtungen und in einem insgesamt beträchtlichen urbanen Wachstum zeigte. Allerdings darf nicht übersehen werden, dass von der Entstehung größerer industrieller Unternehmen auch gewerbliche Kleinbetriebe und die offiziellen sowie informellen handwerklichen und dienstleistenden Bereiche stark profitierten und den attraktiven Arbeitsmarkt ausweiteten. Hier boten sich für breite Bevölkerungsgruppen neue Existenzmöglichkeiten.

Die Zunahme der Wohnbevölkerung schlug sich in fortschreitender Peripherisierung nieder. Ursache ist nicht nur die Zuwanderung aus ländlichen Räumen. Auch die Migration innerhalb des Ballungsgebietes trug zur Verstädterung seines Randbereiches bei (Signoles 1985). Nachdem die Europäer die neueren Stadtteile von Tunis ab 1956 verlassen hatten, zogen viele Tunesier in die frei gewordenen Häuser der schachbrettartig angelegten Ville Nouvelle um. In der orientalischen Altstadt sank von

1956 bis 1994 die Einwohnerzahl von 168 000 auf 80 000. Ursache war der Wunsch, in den äußeren Stadtteilen einen angenehmeren Wohnstandort zu finden (Abdelkafi 1989, S. 142; Wagner 1996). Schließlich verlor auch die ehemals euro-päische Neustadt zwischen 1984 und 1994 ca. 25 % ihrer Bewohner durch Wegzug an den Stadtrand. Auch wenn der dort ent-standene Wohnraum überwiegend sehr ein-fach ist, liegt die Ursache der Verstädterung durchaus in einem gewissen *Wohlstand*,

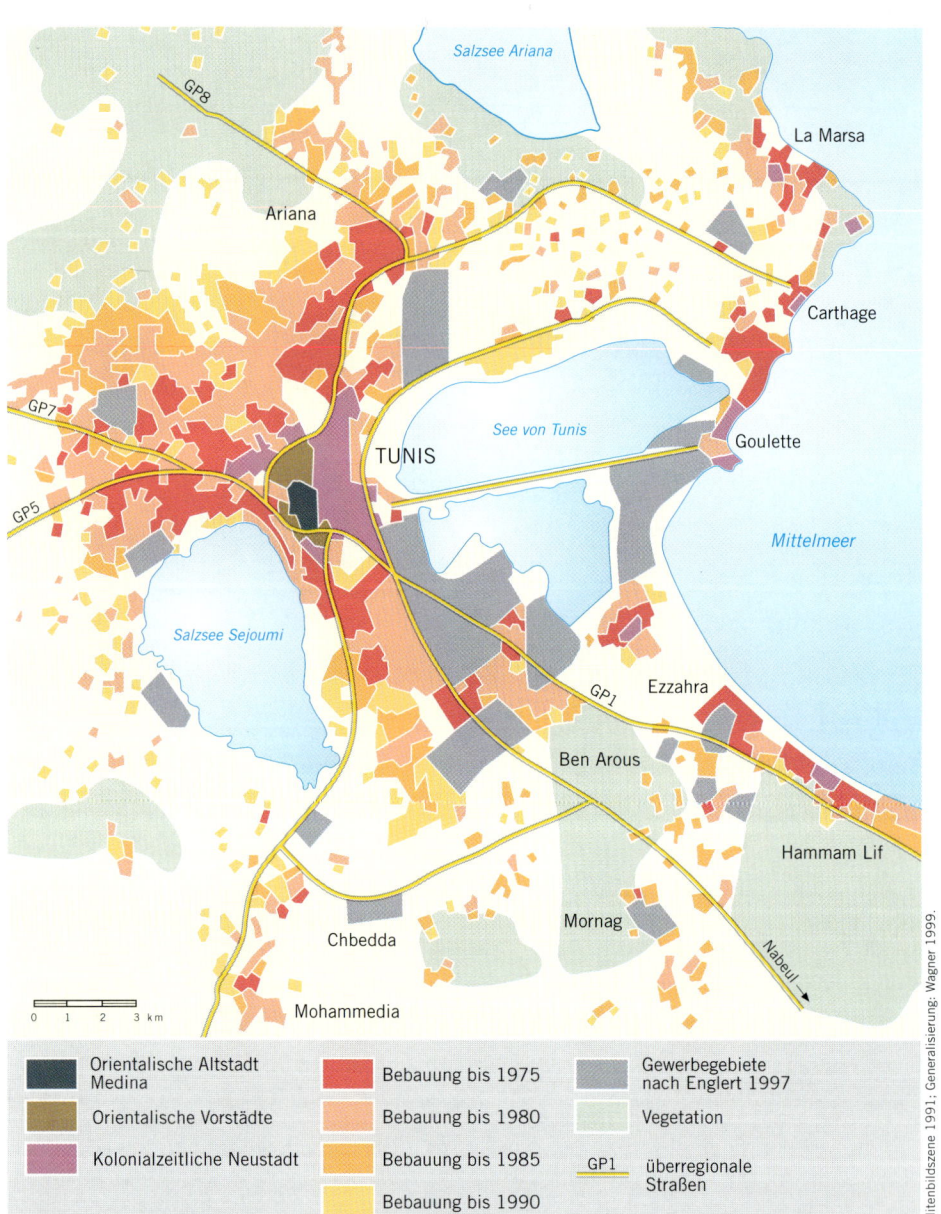

Salzsee Ariana

GP8

La Marsa

Ariana

Carthage

GP7

See von Tunis

TUNIS

Goulette

GP5

Mittelmeer

Salzsee Sejoumi

Ezzahra

GP1

Ben Arous

Hammam Lif

Mornag

Chbedda

Nabeul →

0 1 2 3 km

Mohammedia

■ Orientalische Altstadt Medina	■ Bebauung bis 1975	■ Gewerbegebiete nach Englert 1997
■ Orientalische Vorstädte	■ Bebauung bis 1980	■ Vegetation
■ Kolonialzeitliche Neustadt	■ Bebauung bis 1985	GP1 überregionale Straßen
	■ Bebauung bis 1990	

Abb. 53: Hauptstadtregion Tunis 1991: Die zeitlichen Phasen der Stadtexpansion lassen den orientalischen Kern, die kolonialzeitliche Neustadt, Stadterweiterungen nach der Unabhän-gigkeit 1956 und die jüngsten Verstädterungsgebiete erkennen.

Quelle: Spot-Satellitenbildszene 1991; Generalisierung: Wagner 1999.

den sich die Hauptstadtbevölkerung in den zurückliegenden Jahrzehnten erworben hat. Auch die Neuzuzügler aus anderen Gouvernoraten Tunesiens kommen heute bereits mit einem zuvor erlangten höheren sozialen und wirtschaftlichen Standard und errichten keine Lehmhüttensiedlungen mehr (Bild 29). Die nach außen vordringende Verstädterung wurde im Großraum Tunis von drei weiteren Faktoren unterstützt: ein teilweise mit Stadtbahnlinien gut ausgebautes *Nahverkehrsnetz* vom Zentrum in die neuen Großwohngebiete, neue *Gewerbegebiete* am Stadtrand und die moderne *Versorgung* durch Verbrauchermärkte. Die Karte der Verstädterungsphasen im Großraum Tunis (Abb. 53) zeigt die ineinander verzahnte, jedoch im Prinzip von innen nach außen vorangeschrittene Wohnbebauung. Dabei wird einerseits die Anlehnung an ältere Dorfkerne deutlich, andererseits sind neue staatlich geplante Wohnviertel in Blockbauweise auf bislang freien Flächen erkennbar. Daneben trat in den jüngeren Stadtrandsiedlungen auch privater Wohnungsbau mit hohem Qualitätsniveau.

Das Wachstum der *Metropole* Tunis basiert nicht auf einer industriellen Grundlage, sondern ist Folge breit entwickelter administrativer, gesellschaftlicher und politischer Funktionen und des höchsten Zentralitätsgrades des Landes. Trotz der relativ hohen Anzahl von weiteren, kleineren Städten in Tunesien ist Tunis eine typische Primatstadt. Aus der zunehmenden Verstädterung resultierten vielfältige *Agglomerationsvorteile*, die ihrerseits weitere Wachstumsimpulse gaben. Es ist jedoch fraglich, ob die bisher ausgewogene Entwicklung gewahrt werden kann, wenn Tunis als Metropole die Zahl von ca. 3 Mio. Einwohnern noch entscheidend übersteigt.

Metropolregion Kairo

Kairo ist neben Istanbul die bevölkerungsreichste Stadtagglomeration des Mittelmeerraumes. Ihre Entwicklungs- und Strukturprobleme erscheinen beängstigend groß und unlösbar. Um 1900 lebten etwa 1 Mio. Menschen in Kairo, innerhalb der nächsten 40 Jahre verdoppelte sich diese Zahl, um dann bis 1990 im Großraum Kairo die fünffache Größe zu erreichen (ca. 10 Mio.). Da dessen Bevölkerung jährlich um ca.

300 000 zunimmt, kann man für das Jahr 2000 ca. 13 Mio. Bewohner in der Agglomeration vermuten (Ibrahim 1996, S. 159). Da aber auch in den anderen Landesteilen Ägyptens die Bevölkerungszunahme hoch war, lag der Anteil der Metropolenbevölkerung stets etwa gleich bleibend bei etwa 20 – 25 %. Damit ist der Großraum Kairo neben Athen die größte „Primatstadt" innerhalb des Mittelmeerraumes. Die Einwohnerzahl Alexandrias, des zweitgrößten städtischen Verdichtungsraumes in Ägypten, erreicht nur ein Drittel (3,5 Mio.) Kairos, die übrigen Städte Ägyptens sind wesentlich kleiner.

Auch außerhalb der Agglomeration Kairo setzt sich die Verstädterung in einem Einzugsbereich von ca. 50 km nach Norden und Süden fort, mit nochmals ca. 3 Mio. Menschen. Seit Mitte der 70er-Jahre liegt die Wachstumsrate am Rande der Agglomeration Kairo mit jährlich 6 % wesentlich höher als diejenige der alten Kernstadt mit knapp unter 2 %. Die Verstädterung dringt also in die umliegenden Agrar- und Bewässerungsflächen vor, obwohl hier ein Bauverbot erlassen worden war. Dieses Wachstum resultierte bis heute überwiegend aus der anhaltenden Zuwanderung aus den ländlichen Nahbereichen der Agglomeration, aber auch aus anderen Teilen Ägyptens. Gegenwärtig geht der Anstieg der Bevölkerungszahl dagegen mehr auf den hohen natürlichen Zuwachs zurück. Die expandierende suburbane Zone wird durch planlose Siedlungsform(en) geprägt: kommerzielle Wohnblocks, in denen Angehörige der Mittelschicht als Mieter, häufig aber auch als Eigentümer auftreten, heruntergewirtschaftete Baublocks des staatlichen sozialen Wohnungsbaus, überwiegend aus der Nasser-Zeit, sowie schmale, vielstöckige Häuser, die z. T. illegal errichtet wurden. „Letztere sind in der Regel unverputzt und erwecken den Eindruck, als befänden sie sich noch im Bau. In der Tat werden sie auch oft nach Jahren noch weiter aufgestockt, wenn das entsprechende Kapital vorhanden ist. Dazwischen siedeln die Armen in slumähnlichen Behausungen" (Ibrahim 1996, S. 161).

Mit dem Beispiel der Agglomeration Kairo werden die *Probleme* aller großen Stadtregionen in den südlichen und östli-

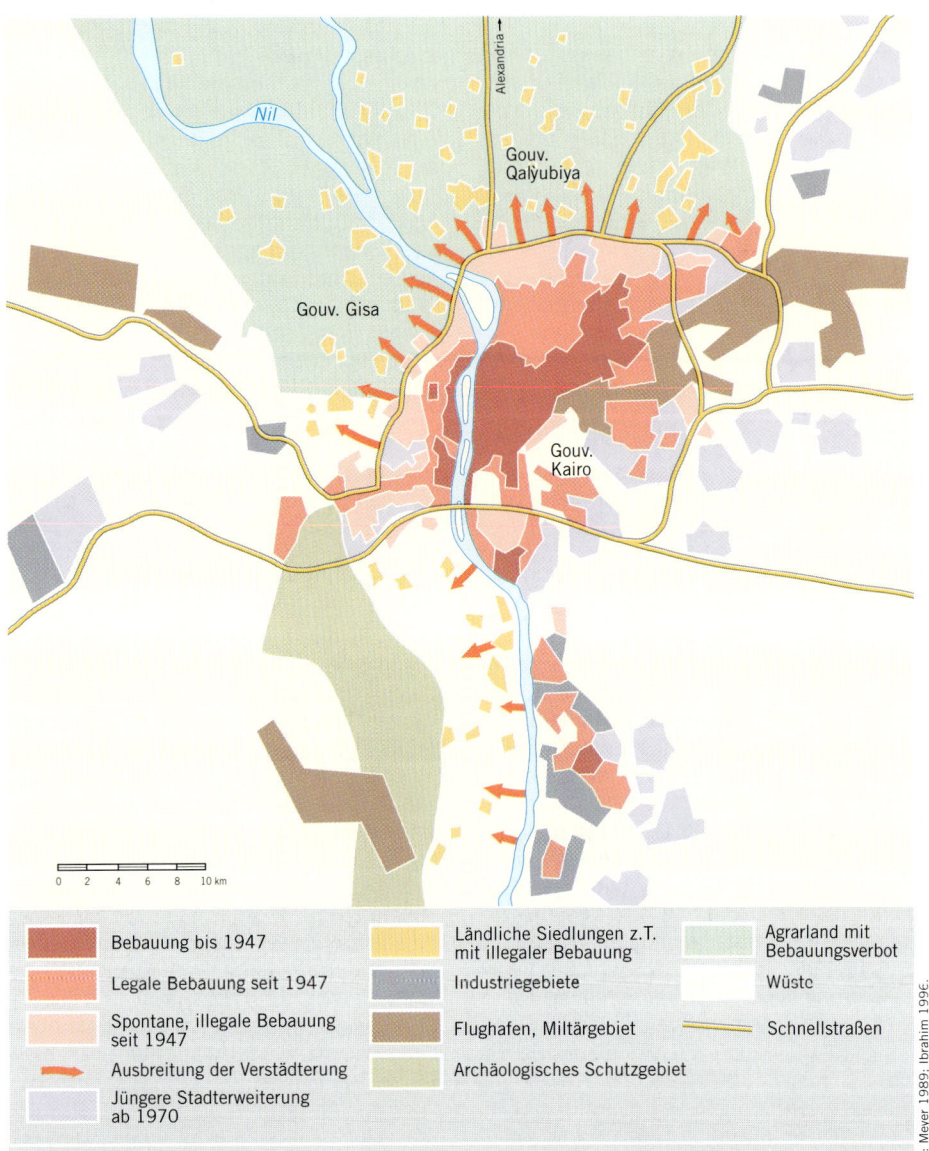

Nil

Alexandria →

Gouv. Qalyubiya

Gouv. Gisa

Gouv. Kairo

0 2 4 6 8 10 km

■ Bebauung bis 1947	▤ Ländliche Siedlungen z.T. mit illegaler Bebauung	▤ Agrarland mit Bebauungsverbot
▨ Legale Bebauung seit 1947	▨ Industriegebiete	□ Wüste
▨ Spontane, illegale Bebauung seit 1947	■ Flughafen, Militärgebiet	══ Schnellstraßen
➤ Ausbreitung der Verstädterung	▨ Archäologisches Schutzgebiet	
▨ Jüngere Stadterweiterung ab 1970		

Abb. 54: Großraum Kairo 1995: *Raumzeitliche Entwicklung und funktionale Gliederung.*

Quellen: Meyer 1989; Ibrahim 1996.

chen Ländern des Mittelmeerraumes mit jeder Art von Stadtplanung, Verkehrslenkung, Arbeitsmarktpolitik, Wohnraumbeschaffung, Trinkwasserversorgung und Abfallbeseitigung charakterisiert. Wenn man bedenkt, wie schwierig die Lösung solcher Fragen schon in den (sehr viel kleineren) Großstädten der Industrieländer ist, dann lässt sich erahnen, wie schwer diese Aufgaben in einem Entwicklungsland zu lösen

sind (Meyer 1989, S. 5). Durchquert man diese Agglomerationen, so drängt sich der Eindruck der Unregierbarkeit auf. Zur Verdeutlichung: Die Einwohnerdichte der Stadt Kairo beträgt ca. 32 000 Einw./km², in Berlin, zum Vergleich, nur 4000.

Die Karte der Expansion der bebauten Flächen (Abb. 54) zeigt die raum-zeitliche und *raumfunktionale Entwicklung* der Agglomeration Kairo nach Ibrahim (1996,

S. 162). Im Kern erkennt man die vor 1947 vorhandene historische Bebauung. Nach außen schließen sich die offiziellen Wohnflächen und daran besonders im Westen und Norden Areale illegaler Bebauung an. Von hier aus strahlt starke Verstädterung ins Agrarland aus, angedeutet durch schematische Pfeile. Von großer Bedeutung sind die Industrie- und Gewerbeflächen, die sich nach Süden auf einer Achse konzentrieren. Hier haben sich mittlere und große Unternehmen mit meist moderner Produktion angesiedelt. Neuere Anlagen befinden sich auch in größerem Abstand im westlichen Wüstengebiet. Die vielen wirtschaftlich für den Arbeitsmarkt wichtigen kleingewerblichen Unternehmen verteilen sich auf das gesamte Stadtgebiet. Diese Tatsache zwingt täglich Millionen von Arbeitskräften zu langen Pendlerwegen vom Wohnort durch dicht bewohnte Stadtteile zu ihren Arbeitsplätzen. Dieser Verkehr hat großen Flächenanspruch, erfordert hohen Zeitaufwand und verursacht ein vielseitig abträgliches Stadtklima, also bedeutende Agglomerationsnachteile. Eingehende wirtschaftsgeographische Spezialuntersuchungen (Meyer 1989, 1992, 1997; Ibrahim 1996) zeigen einerseits die Abhängigkeit der ökonomischen Basis, also des *produzierenden Kleingewerbes*, von den sich wandelnden politischen Rahmenbedingungen. Andererseits lassen sie erkennen, mit welchen Überlebensstrategien viele Kleinunternehmer, insbesondere in dem breit entwickelten *informellen Sektor*, den einbrechenden Krisen standhalten und neben der großen Industrie die ökonomische Basis dieses Ballungsgebietes sichern.

Damit stellt sich die Frage nach den *Ursachen* des ungebrochenen Wachstums, der seit Beginn der 50er-Jahre voranschreitenden Verstädterung und Verdichtung des Großraumes Kairo.

Generalisiert lassen sich folgende fünf Aspekte zusammenfassen:

1) Seit Beginn des 19. Jh.s löste die wieder wichtige *Hauptstadtfunktion* erste Wachstumsimpulse aus.

2) Der Aufbau wirtschaftlicher Aktivitäten während der *britischen Herrschaft* und im Verlaufe des Zweiten Weltkrieges verstärkten diesen Prozess.

3) Die *Wirtschaftsplanung* der Nasser-Zeit initiierte seit 1952 starke Zuwanderung aus den anderen Landesteilen.

4) Die Arbeitsemigration und deren Finanzrückflüsse seit Mitte der 70er-Jahre stärkten die Wirtschaft Kairos grundlegend. Ein Start in die Arbeitsemigration war am besten über Kairo zu organisieren. Dehalb ging diesem Entschluss meist eine Binnenwanderung in die Metropole voraus. Um 1985 waren 2,8 Mio. Ägypter im Ausland tätig (Meyer 1989, S. 15), von deren Verdienst etwa 30 % der Bevölkerung Ägyptens profitierten. Die Rückwanderung veränderte in Kairo Sozial- und Wirtschaftsstrukturen (Meyer 1990, 1997): Die Steigerung der Kaufkraft förderte Konsumwünsche und regte damit die Produktion an. Andererseits investierten zahlreiche Remigranten ihr Kapital in kleine Handwerks-, Gewerbe- und Industriebetriebe, in denen wiederum Arbeitsplätze für weitere Zuwanderer aus dem ländlichen Raum entstanden. Schließlich konnte mit einem Teil der Verdienste neuer Wohnraum gemietet werden, wodurch die Bautätigkeit in der Metropole Impulse erhielt.

5) Die *Industrie* konzentriert mit zunehmender Tendenz fast 60 % aller Industriebetriebe Ägyptens auf die Agglomeration Kairo. Sie nehmen fast 15 % ihrer Fläche ein. Seit der wirtschaftlichen Liberalisierung Anfang der 80er-Jahre erfolgte eine Modernisierung der staatlichen und privaten Unternehmen der chemischen und pharmazeutischen Industrie, des Maschinenbaus, der Eisen- und Stahlindustrie, der Automontage und des Eisenbahnwaggonbaus. Eine sehr bedeutende Stellung erlangte die Rüstungsindustrie mit hohen Exportraten in andere Entwicklungsländer.

Ibrahim macht deutlich (1996, S. 162), wie schwierig es ist, in der schnell wachsenden Metropole eines Entwicklungslandes die Agglomerations*vorteile* gegenüber den zunehmenden *Nachteilen* zu sichern. Es besteht die große Gefahr, dass die *Chancen der urbanen Verdichtung* von Flächennutzungskonflikten, Reibungsverlusten, ökologischen Belastungen, immer größer werdenden Erreichbarkeitsbarrieren und gesellschaftlichen Divergenzen aufgezehrt werden. Wenn es nicht gelingt, die Wirtschaft Ägyptens zu dezentralisieren, dann verliert die Agglomeration Kairo die an sich nur in urbaner Verdichtung erreichbaren ökonomischen und sozialen *Synergieeffekte*.

Verstädterung der Küstenniederungen

Ein *zweiter Typ* besonders dichter Verstädterung hat die Küstenniederungen erfasst und besonders dort zu hoher Konzentration geführt, wo Gebirgsketten tektonisch nur schmale Litoralzonen entstehen ließen. Bereits die Diskussion der gegenwärtigen Bevölkerungsverteilung hatte gezeigt, dass hier seit Beginn des Jahrhunderts Besiedlung und Bevölkerung kontinuierlich angestiegen sind. Nach dem Zweiten Weltkrieg und seit Ende der Malariagefahr schnellten die Bevölkerungszahlen infolge der Zuwanderung aus den Gebirgsprovinzen weiter in die Höhe und erreichen heute die für Küstenebenen weltweit höchsten Werte.

Die *Bevölkerung* der Küstenniederungen umfasste um 1988 bereits mit ca. 115 Mio. ein Drittel der Einwohnerzahl des Mittelmeerraumes (Grenon/Batisse 1988). Dieser Anteil ist seitdem gestiegen und könnte bis zum Jahre 2025 auf bis zu 220 Mio., also auf 45 % der im Mittelmeerraum lebenden Menschen anwachsen (Tab. 13). Mehr als die Hälfte davon wird in den Küstenlandschaften der südlichen und östlichen Mittelmeerländer leben. Die sich deshalb ausdehnende und verdichtende Siedlungsund Verstädterungsfläche wird die litoralen Ökosysteme und die küstennahen Teile des Mittelmeeres stark zusätzlich belasten.

So beginnt heute im *Süden Spaniens* ein zusätzlich durch den Tourismus dicht *verstädtertes Siedlungsband*, das sich fast ohne wesentliche Unterbrechung, jedoch mit polyzentralen Schwerpunktbildungen um Valencia, Tarragona und Barcelona an der iberischen Ostküste bis zur französischen Grenze zieht. Von hier aus verbindet die junge städtische Verdichtung alle älteren Zentren bis zur Rhônemündung. Die ursprünglich natürliche Landschaft wurde hier seit zwei Jahrzehnten von industriellen und touristischen Nutzungen verändert. Von Marseille zieht die Kette kleiner und größerer Städte, verknüpft durch Fremdenverkehrssiedlungen bis zur ligurischen Küste. Dort setzt sie nur an den Steilküsten streckenweise aus und wird dann bis zur Toskana wieder dichter. Südlich davon werden gegenwärtig die wenigen Lücken an den noch unverbauten Küsten in Latium und zwischen Rom und Neapel sukzessive geschlossen. Noch dramatischer erscheint die Verdichtung an der Ostküste Italiens von Rimini bis fast zur Südspitze Apuliens. Die Balkanküsten bieten das Bild einer wechselnd perlenschnurartigen Verdichtung städtischer und touristischer Zentren. In Griechenland verhindern steile, zum Meer abfallende Gebirgsmassive eine durchgehende Verstädterung. Dafür ballt sich das urbane Wachstum um so stärker in den Buchten zwischen den Halbinseln.

Im östlichen Mittelmeerraum vergrößern sich die überwiegend an den Küsten gelegenen aktiven städtischen Wirtschaftsräu

Jahr	Bevölkerung insgesamt in Mio.		Bevölkerung nur städtisch in Mio.	
1985	115		80	
2025	220		170	
	davon		davon	
	im Norden	im Süden u. Osten	im Norden	im Süden
	100	120	80	90

Tab. 13: Bevölkerung in den Küstenniederungen des Mittelmeerraumes 1985 und 2025 (Prognose).

Quellen: UNEP, The Blue Plan, 1988; UN World Population Prospects 1998.

me mit schnell wachsenden Einwohnerzahlen: Thessaloniki, Istanbul, Izmit, Izmir. An der türkischen Südküste setzt sich die teilweise stark tourismusgeprägte, seit Anfang der 70er-Jahre verstärkte Verstädterung mit nur noch kleinen Unterbrechungen und anschließenden Schwerpunktbildungen über die levantinische Küste bis zum Gazastreifen mit hohen Bevölkerungsdichten fort. Im Nildelta mit Kairo und Alexandria sowie 10 weiteren Städten wird eine Bevölkerungskonzentration von heute ca. 27 Mio., d. h. 43 % der Einwohner Ägyptens erreicht. Die junge Verstädterung eines Küstenstreifens westlich des Nildeltas, von Alexandria bis El Alamein, ist ein Versuch der Planungsbehörden, die schon weit fortgeschrittene Bebauung des wertvollen Bewässerungslandes in Zukunft zu verhindern. In *Nordafrika* konzentriert sich die Verstädterung noch auf bestimmte Schwerpunkte. Dazu gehört der Großraum um die libysche Hauptstadt Tripolis. Der Wohlstand breiter Bevölkerungsschichten, die umfassende Motorisierung und die niedrigen Benzinpreise ließen hier ein flächenhaft bereits ins Hinterland ausgreifendes Verstädterungsband entstehen. An der Ostküste Tunesiens durchdringen sich die jungen Ausläufer der wachsenden, sehr alten Küstenstädte bereits, wie z. B. zwischen Bizerte, Tunis, Cap Bon, Sousse, Monastir und Sfax. Hier entstand ein fast durchgehend verstädterter Raum mit ca. 5 Mio. Einwohnern. Weiter im Westen entwickelten sich um die kolonialzeitlich entstandenen Stadtkerne Annaba, Skikda, Bajaïa, Al-Djazâr (Algier), Mestghanem, Wahran (Oran) große, wachsende Stadtregionen, die weit in die ursprünglich rein landwirtschaftlich geprägten Areale vordringen. In Algerien lebt bereits mehr als die Hälfte der Bevölkerung in Städten des mediterranen Küstensaums.

Diese kurze Skizzierung darf jedoch die großen *Unterschiede* der Verstädterung an den einzelnen Küstenabschnitten nicht übergehen. Allein die gesellschaftlichen Hintergründe der Verstädterung bewirken ein äußerst facetten- und zugleich kontrastreiches Nebeneinander sehr unterschiedlicher baulicher und sozialer Prozesse. Dabei sind folgende Aspekte wichtig, um die Verstädterung der Küstengebiete beurteilen zu können:

1) Expansion der alten Küstenstädte:
Von hier aus strahlte die Verstädterung pionierhaft in die angrenzenden Küstensäume aus. Gewerbegebiete, Wohnflächen und Verkehrsareale okkupierten immer mehr aufgegebene Agrarflächen. Valencia und Barcelona geben hierzu ebenso gute Beispiele wie Neapel und Kairo, die oben näher betrachtet wurden.

2) Gründung neuer Verstädterungszellen:
Zahlreiche früher nur auf steilen Straßen erreichbare Gebirgsstädte legten unterhalb an der Küste Tochtersiedlungen an, seitdem gegen Ende des vorigen Jahrhunderts die Malariagefahr geringer wurde und die Verkehrserschließung begann. Diese „Marina-Siedlungen" (Monheim 1977) förderten die Ansiedlung von Gewerbe, Industrie und Dienstleistungen. Vor allem die jüngeren Bewohner der alten Bergstädte zogen herab, um die neuen Arbeitsmöglichkeiten zu nutzen.

3) Die große Bandbreite der
   sozialen Differenzierung:
Sie umfasst Luxusvillen der Côte d'Azur oder anderer spekulationsgesteuerter Litoralzonen mit den Freizeit-Wohnsitzen des europäischen Jet-Set mit geringen Einwohnerdichten bis zu wuchernden und übervölkerten Notwohnquartieren am Rande nordafrikanischer Städte. In den Flüchtlingslagern von Gaza leben auf engstem Raum über 1 Mio. Menschen zusammengedrängt in „städtischen" Quartieren, in denen Entwicklungsimpulse ersticken. Stark abweichend davon führten nur wenig nördlich davon die Verstädterungsvorteile hochmoderner Stadtarchitektur von Tel Aviv-Haifa zur Ansiedlung höchstwertiger High-Tech-Industrie (Bild 30).

4) Die breit angelegten Varianten
   der städtebaulichen Qualität:
Wo anfangs durch Zuwanderung kontinuierlich Lehmhütten- und Blechkanistersiedlungen oder „über Nacht" unerlaubte Wohngebäude (türkisch: gececondu) entstanden waren, verbesserte sich die Wohnsituation nach zwei bis drei Generationen. Bessere Baumaterialien, nachträgliche Ausstattung mit Infrastruktur (Trinkwasser, Abwasser, Strom, Schulen, ärztliche Versorgung, Le-

Bild 30: Tel Aviv, Israel: *Die Verstädterung mit hohen Agglomerationsvorteilen, aber auch mit wachsender Attraktivität weltweit vernetzter High-Tech-Industrie hat diesen Großraum zum wichtigsten Modernitätspol im östlichen Mittelmeerraum gemacht.*

bensmittelangebot und Verwaltung) machten diese Quartiere zu vitalen Stadtteilen (Bild 31). Hierzu trug auch die über verschiedene Phasen vollzogene stillschweigende Legalisierung der ursprünglichen Schwarzbauten wesentlich bei. Oft kann man angesichts der heutigen Wohnqualität den ursprünglichen Zustand kaum erahnen. Im Gegensatz zu den Spontansiedlungen um 1960 haben sich die Bewohner seitdem wenigstens erträgliche Wohnumfelder erarbeitet.

5) Unterschiedlich agierende
   soziale Gruppen:
Die Verstädterung der Küstensäume resultiert aus staatlichen Planungsentscheidungen für große Wohnquartiere mit Sozialwohnungen. Ebensolche Wirkungen erreichen Kapitalgesellschaften mit dem Bau von Wohnblöcken und ganzen Stadtvierteln am Rand der Stadtregionen. Zersiedlung von Landschaft und Lebensraum ist hier die irreversible Folge. Verstädterung der Küs-

ten resultiert auch aus dem Eindringen touristischer Wirtschaftszweige und deren Flächenansprüchen.

6) Aufeinanderprallen von
   Extremen der Flächenkonkurrenz:
In keiner Landschaft des Mittelmeerraumes hinterlässt die expandierende Verstädterung so harte Nutzungskonflikte wie in den oft nur sehr schmalen Litoralzonen. Geht man von den oben zitierten Werten zukünftig sehr hoher Bevölkerungsanteile aus, die in den Küstenniederungen leben, so wird deutlich, wie schmal der Übergang von Vorteilen zu Nachteilen städtisch-urbaner Lebens- und Wirtschaftsformen im Mittelmeerraum ist. Die Chancen ökonomischen Wachstums grenzen äußerst eng an die mit ihnen verbundenen Risiken.

7) Verordnungen zum Baustopp:
Die Behörden erließen Baustoppverordnungen oder erschwerten den Grundstückserwerb für Ausländer, um die nachteiligen

Konsequenzen der Verstädterung sensibler Küstenlandschaft zu mildern, wie in Mallorca. Damit konnte aber der Eigengesetzlichkeit eines in Gang gekommenen Verstädterungsprozesses nicht entgegengewirkt werden. Außerdem entsprach es seit Jahrhunderten nicht der Mentalität insbesondere der romanischen Bevölkerung im Mittelmeerraum, sich allzu schnell administrativen Geboten zu beugen. Man fand stets Möglichkeiten, Gesetze zu umgehen.

Tyrakowski hat (1985) die Verstädterung an der spanischen Ostküste mit *vier Problemkreisen* charakterisiert, die letztlich unverändert für alle Küsten des Mittelmeerraumes gelten: planloses Wachstum von Stadt- und Industrieflächen, Bodenspekulation im Vorfeld der touristischen Nutzung, Flächeninanspruchnahme für Verkehrsausbau und Intensivierung der Landwirtschaft. Diese Problematik führt über steigende Bodenpreise zu parzellenscharf widerstreitenden Interessen: Den verstädterungsbedingten Agrarflächenverlust versucht man durch teuere Anlage neuer Bewässerungsflächen in klimatisch nicht geeigneten Gebieten, z. B. im trockensten Südosten Spaniens bei Almería, auszugleichen. Die Verstädterung wird nirgends durch planerische Leitlinien gesteuert, der Nutzungswandel stört die Ökosysteme der naturräumlichen Grundlagen empfindlich, der Bestand der Küstenwälder wird ersatzlos reduziert, der Oberflächenabfluss von Niederschlägen dadurch beschleunigt und Überschwemmungen werden provoziert. „Insgesamt kennzeichnen Planlosigkeit, Gewinnmaximierung und Rücksichtslosigkeit gegenüber den natürlichen Bedingungen den momentanen Entwicklungsstand des spanischen mediterranen Küstensaumes" (Tyrakowski 1985, S. 25). Diese vor 15 Jahren getroffene Bewertung gilt heute für alle litoralen Verstädterungsbänder des Mittelmeerraumes in noch stärkerer Intensität (Driss et al. 1996).

Bild 31: Modernisiertes Gececondu-Viertel in Istanbul: Die früher einfachen Gebäude wurden mit zunehmendem Wohlstand aufgestockt und wohnlich verbessert. Foto: E. Struck.

Banken, meist durch große Handelsfamilien (Medici, Fugger, Welser). Daneben entstanden in Oberitalien auch öffentliche Banken der Städte für Geldverkehr (Giro). Die epochale Bedeutung dieses frühen italienischen Bankwesens sieht man am Fortbestehen der bis heute verwendeten Fachsprache.

6) Das Wachstum und der Reichtum der Städte schlugen sich in der prachtvollen Bausubstanz der italienischen *Renaissance* nieder. In Iberien spiegelte sich die Entdeckerzeit im plateresken Stil der Nachgotik sowie im emanuelischen Stil, Gotik/ Frührenaissance (Bild 35). Gleichzeitig ließ der Wohlstand der Städte weiteres Gewerbe entstehen.

7) Alle diese Impulse formten die *„Mittelmeerwirtschaft"* des 16. Jh.s (Braudel 1998, II, S. 730 – 741) als eine lange Welle der Konjunktur, die vom *Handelskapitalismus* über die Entfaltung *frühindustrieller Produktion* zum *Finanzkapitalismus* des ausgehenden 16. Jh.s führte. Davon wurden große Teile im Norden des Mittelmeerraumes erfasst und in die damalige Weltwirtschaft eingebunden. Viele der Errun-

genschaften dieser Zeit hätten den Mittelmeerraum in direkter Linie in die wirtschaftliche Moderne führen können.

8) Es bahnte sich jedoch eine umfassende *Krise* an, als die scheinbar reibungslose Koordination der sozioökonomischen Wachstumsfaktoren zerbrach: Das Anwachsen der im Umlauf befindlichen Geldmenge nahm infolge des Edelmetallimportes aus Amerika zwischen 1500 und 1600 zwar um ein Vielfaches zu. Gleichzeitig stiegen die Preise für Lebensmittel, insbesondere für Getreide im gesamten Mittelmeerraum bis zum Ende des 16. Jh.s stark an, steigerten zwar die landwirtschaftliche Produktion, verursachten jedoch auch Armut. Da gleichzeitig die Bevölkerungszahl im Mittelmeerraum von ca. 30 auf ca. 60 Mio. anstieg, konnte die notwendige Verdoppelung der Getreideernten nicht erreicht werden. Es kam zu folgenschweren Hungersnöten, obwohl speziell in Kastilien die Konsumwirtschaft und der prunkvolle Städte- und Palastbau blühten, bezahlt mit dem Silber, das über Sevilla aus Peru kam. Aber eine *eigenständige* innovative, selbsttragende produzierende Wirtschaft mit langfristigem Wachstum entstand nicht. Der hochwertige

Bild 35: Torre von Belem, Lissabon: *Dieses Bauwerk im emanuelischen Stil (1515) demonstriert die Westorientierung Portugals, die bis in die Mitte des 20. Jh.s wirksam war.*

Konsum musste kaum selbst erarbeitet werden. Im Habsburgerreich wanderte das „politische Silber" aus Spanien in die besonders aktiven Wirtschaftsräume, in die deutschen Reichsstädte, nach Flandern, in die italienischen Stadtwirtschaften und an die Levante-Küste zu investitionsfreudigen Unternehmern (Braudel 1998, II, S. 202). Die letzte Vertreibungswelle von Mauren und Juden aus Kastilien sowie die Staatsbankrotte der spanischen Könige, Folge unglücklicher Kriegspolitik, bremsten die Wirtschaft und ihre Fähigkeit zur Potenzierung ihrer Leistung – mit Folgen bis an die Schwelle der Gegenwart. Die Wirtschaft Iberiens ergriffen ab 1600 *Krisen*, Niedergang und Rückschritt. Eine Ausnahme machte lediglich der östliche Teil Kataloniens mit Barcelona. Auch die Wirtschaft Oberitaliens, Neapels und anderer kleinerer Territorien blühte auf. Aber auch hier

festigte sich ein entscheidendes Hemmnis, die Starrheit und geringe Wandlungsfähigkeit der sozialen Systeme.

Man muss zusammenfassen: Im Gegensatz zu Mittel- und Westeuropa konnten im Mittelmeerraum die wirtschaftlichen Errungenschaften der Frühneuzeit nur in einigen Regionen als Grundlage der späteren wirtschaftlichen Entwicklung genutzt werden. Die Abwanderung des politischen Schwerpunktes aus dem Mittelmeerraum nach Nordwesteuropa und in den atlantischen Raum sowie das Vordringen holländischer und englischer Handelsflotten ab 1600 mit modernen, schnellen Schiffen ließen viele mediterrane Fähigkeiten stagnieren. Überdies hatte der Amerika zu verdankende Wohlstand in Iberien die Neigung höherer Schichten der Gesellschaft zu produktiver Eigenleistung erlahmen lassen.

Wirtschaftliche Entwicklung im 19. Jahrhundert

Bergbauliche und energetische Grundlagen
Eine weitere Ursache für die späte Industrialisierung im Mittelmeerraum ist der Mangel an Energie und Rohstoffen. Dort wo sie auftreten, wurden sie vielfach unverarbeitet durch ausländische Kapitalgesellschaften exportiert. Die für den klassischen Prozess der Industrialisierung, wie z. B. in Mittel- und Westeuropa, entscheidende Kohle- und Erzbasis ist geologisch nur an wenigen Standorten des Mittelmeerraumes und in einer deutlich geringeren Wertigkeit ausgebildet. Deshalb erlangten Eisen- und Stahlerzeugung, neben dem aus Kleingewerbe entwickelten Maschinenbau der zweite wichtige Pfad der Industrialisierung, nur geringe Bedeutung. Folglich fehlen auch alle Branchen, die sich auf dieser schwerindustriellen Wurzel hätten entwickeln können. Bis auf die Vorkommen an der nordspanischen Küste (Kohle und Erz in Asturien bei Oviedo, Erz bei Bilbao im Baskenland, allerdings mit Kohleeinfuhr aus England) musste man beide Ressourcen importieren. Hydroenergie stand zunächst nur an den Gebirgsflüssen der Alpen und Pyrenäen zur Verfügung. In Oberitalien wurde sie zu einem wichtigen Im-

puls für die Industrialisierung. Erst die ab 1960 an den ganzjährigen Flüssen Spaniens und vereinzelt Nordafrikas angelegten Stauseen verbesserten die flächenhafte Stromversorgung. Eine wichtige Grundlage für Energiegewinnung und petrochemische Industrie bildeten die ab 1950 verwertbaren Erdgasfunde im Osten der Poebene sowie die Einfuhren aus Vorderasien ab Beginn der 60er-Jahre.

Die *mineralischen Rohstoffe* der Iberischen Halbinsel und Nordafrikas fanden zwar bereits frühes Interesse bei europäischen Montangesellschaften, aber nur als Ausfuhrgüter. Die englische Tinto Company förderte und exportierte seit ca. 1870 kupferhaltige Schwefelkiese aus der Provinz Huelva in Südspanien. Die marokkanischen Phosphatlager von Khouribga wurden ab 1907 durch Mannesmann ausgebeutet und erreichten um 1930 ca. 55 % der Weltförderung. Im Süden Tunesiens förderten französische Gesellschaften Phosphat, das man über Sfax verschiffte. Die Verarbeitung von Phosphat zu Düngemitteln in Marokko und in Tunesien begann erst seit den 70er-Jahren des 20. Jh.s (Müller-Hohenstein/Popp 1990, S. 174). Der Phosphatverkauf war lange einträglicher als die Ausfuhr von Agrumen und Gemüse. Erst in den letzten Jahrzehnten überstiegen die Einnahmen aus dem Tourismus die Einnahmen der Phosphatausfuhr. Insgesamt bewertet kann die Wirtschaftsentwicklung des Mittelmeerraumes wegen der wenig leistungsfähigen Rohstoffausstattung nicht dem klassischen Typ der Industrialisierung zugerechnet werden.

Entwicklung des Kleingewerbes

Eine gewisse Bedeutung erlangten in allen Mittelmeerländern *Handwerk* und *Kleingewerbe* für die spätere Industrialisierung. Die frühindustriellen Anfänge einer Kombination aus Kapitalverfügbarkeit, Arbeits- und Organisationserfahrung sowie bodenständiger Innovationskraft des Kleingewerbes bildeten besonders in Norditalien und in einigen anderen Stadtregionen eine indirekt wichtige Grundlage der Industrie. Die bis heute gültigen ökonomischen Vorteile lassen sich wie folgt zusammenfassen: Das unternehmerische Risiko liegt deutlich unter dem Industrieniveau. Kleinräumliche, innerstädtische Absatzmöglichkeit reicht als Basis aus.

Die flexible Anpassungsfähigkeit an eine schnelle Änderung des Marktes, neue Produktionsverfahren, Preise und Kosten entsprachen schon historisch der mediterranen Mentalität zu sicherer Abwägung von Gewinnchancen. Die Verflechtung mit der beginnenden Schattenwirtschaft gab viele Entwicklungsimpulse. Das Kleingewerbe garantiert bis zur Gegenwart große Erwerbsvielfalt unterhalb der Schwelle einer industriellen Produktionsweise. Auch das Handwerk konnte mit geringen Investitionen viele Ressourcen und Fähigkeiten einer Region aktivieren und bildete somit oft die Vorhut für spätere Industrie. Das erzeugte Warenangebot mobilisierte lokale Kaufkraft und förderte die Bereitschaft, Sparkapital zu investieren.

Diese *subindustrielle Entwicklung* der Wirtschaft nahm in den Städten des vorigen Jahrhunderts einen breiten Raum ein und hat bis zur Gegenwart hohe Bedeutung, oft als Zulieferer größerer Industriebetriebe. Intensiv wirksam ist nach wie vor die Verflechtung mit der Schattenwirtschaft. Das äußere Bild dieser vitalen, buntfarbigen Wirtschaftsform kann in allen Städten des Mittelmeerraumes studiert werden, in den Altstadtkernen, neueren Stadtvierteln oder am Rand der Ballungsräume. In diesen Betrieben arbeiten vielfach nur Familienangehörige, manchmal in sehr kleinen Räumen. Im spanischen Viertel Neapels, den Bassi, oder auch in türkischen oder nordafrikanischen Handwerkshöfen entstehen vollständige Produktreihen, teils finden auch nur einzelne Arbeitsschritte für die Endfertigung in der Industrie statt. Oft imitiert man nach Kaufhauskatalogen täuschend ähnlich modisches Schuhwerk oder Lederkleidung. Die Textil-, Leder-, Kunststoff- und Metallbranchen erreichen in diesen kleinen Betrieben eine breite Palette von flexibler, krisenresistenter Produktion. Auch in allen orientalisch-islamischen Städten, z. B. in Fès, Tunis oder Kairo, kann man vielfältige Übergangsformen von Handwerk und Manufakturen (Bild 36) zu industriellen Unternehmen beobachten (Ibrahim 1975; Meyer 1999; Signoles 1994; Wagner 1996).

Hemmnisse der Industrialisierung

Als wesentliches Hemmnis für einen frühen Beginn eigenständiger Industrialisierung im Mittelmeerraum wird die *geringe soziale Anpassungsfähigkeit* angesehen (Giri 1991, S. 6). Gesellschaftlicher Wandel wurde bis in die Mitte des 20. Jh.s vielfach auf Emigration reduziert. Nur wenige neue wirtschaftlich aktive und innovative Führungsgruppen wuchsen in eine Unternehmerfunktion. Dieser Mangel korrelierte mit schwacher Bereitschaft zur *langfristigen Investition* von Kapital in größere industrielle Produktionsabläufe. Stattdessen floss viel Kapital ins Ausland. Die Ursache dieses Verhaltens liegt auch in der noch nicht verklungenen Abneigung gegen die Risiken, Gewinne aus Gütererzeugung zu erwirtschaften. Verbreitet erschien es attraktiver, aus verliehenem Kapital, aus Landverpachtung oder aus indirekten Beteiligungen regelmäßige, fixierte Ertragsanteile („Renten") abzuschöpfen (Bobek 1962, S. 8; Dunford 1997). Auch Handwerk und Kleingewerbe hängen noch heute oft vom Kapital von Großhändlern oder „Patrons" ab, die Investitionen im industriellen Sektor wenig interessant finden (Wirth/Mensching 1989, S. 43).

Bild 36: Handwerk im Bazar von Tunis: *Die Produktion von Stoffen in größeren Mengen in der Medina basiert teilweise auf manufakturartiger Organisation.*

Auch die *Politik* sorgte im Mittelmeerraum, im Gegensatz zu Mittel- und Westeuropa, mehr für Hemmnisse gegenüber der Industrialisierung, statt sie zu fördern. Die 1861 erreichte staatliche Einigung Italiens ruinierte die bis dahin nicht unbedeutende Industrie Neapels, Hauptstadt des Königreiches beider Sizilien, wegen hoher Steuerbelastung und Konkurrenz der schon erfolgreichen norditalienischen Unternehmen. Die Folge war Kapitalflucht aus den zunehmend gewerblich geschwächten Randgebieten. Sie verloren durch die beginnende Auswanderung auch Arbeitskräfte mit möglicher Initiativkraft. So verstärkte sich die Abseitslage von Passivräumen, die von potenten Investoren umso mehr gemieden wurden. Das gleiche Bild zeigt der Nord-Süd-Vergleich insgesamt. Viele mögliche Ansätze des Übergangs vom kleineren und mittleren Gewerbe zu industrieller Produktion fielen während der Protektorats- und Mandatspolitik im Süden und Osten des Mittelmeerraumes der europäischen Importkonkurrenz zum Opfer. Frankreich und Großbritannien sahen in den von ihnen beherrschten Gebieten überwiegend Ergänzungs- und Absatzräume der mutterländi-

schen Industrie. Diese „Tradition" der Entmutigung autochthoner industrieller Aktivitäten ist im Süden und Osten bis in die Gegenwart zu spüren. Schließlich trug auch die koloniale Bildungspolitik in Nordafrika und im Orient wenig zur Genese unternehmerischer Eigeninitiativen bei. Dieses Handikap sollte erst in der zweiten und dritten Generation nach Erlangung der staatlichen Unabhängigkeit beseitigt werden.

Industrieregionen des 19. Jahrhunderts
Bis in die Mitte des 19. Jh.s herrschte in den Städten *Norditaliens* noch die traditionelle, handwerkliche oder durch Manufakturen geprägte Gewerborganisation vor. Nur an einzelnen Punkten begann die moderne Industrialisierung. So entstanden an der ligurischen Küste, in der Lombardei und in Piemont, in Mailand und Turin erste größere Produktionskomplexe des sekundären Sektors. Überlieferte *Arbeitserfahrung*, gewerbliche Leistungsfähigkeit durch bereits historisch gesammelte Kenntnisse von Betriebsorganisation, Märkten und Absatzwegen sowie die Konzentration von *Kapital* bildeten die wichtigste Basis für einen Wirtschaftsgeist, der einer technolo-

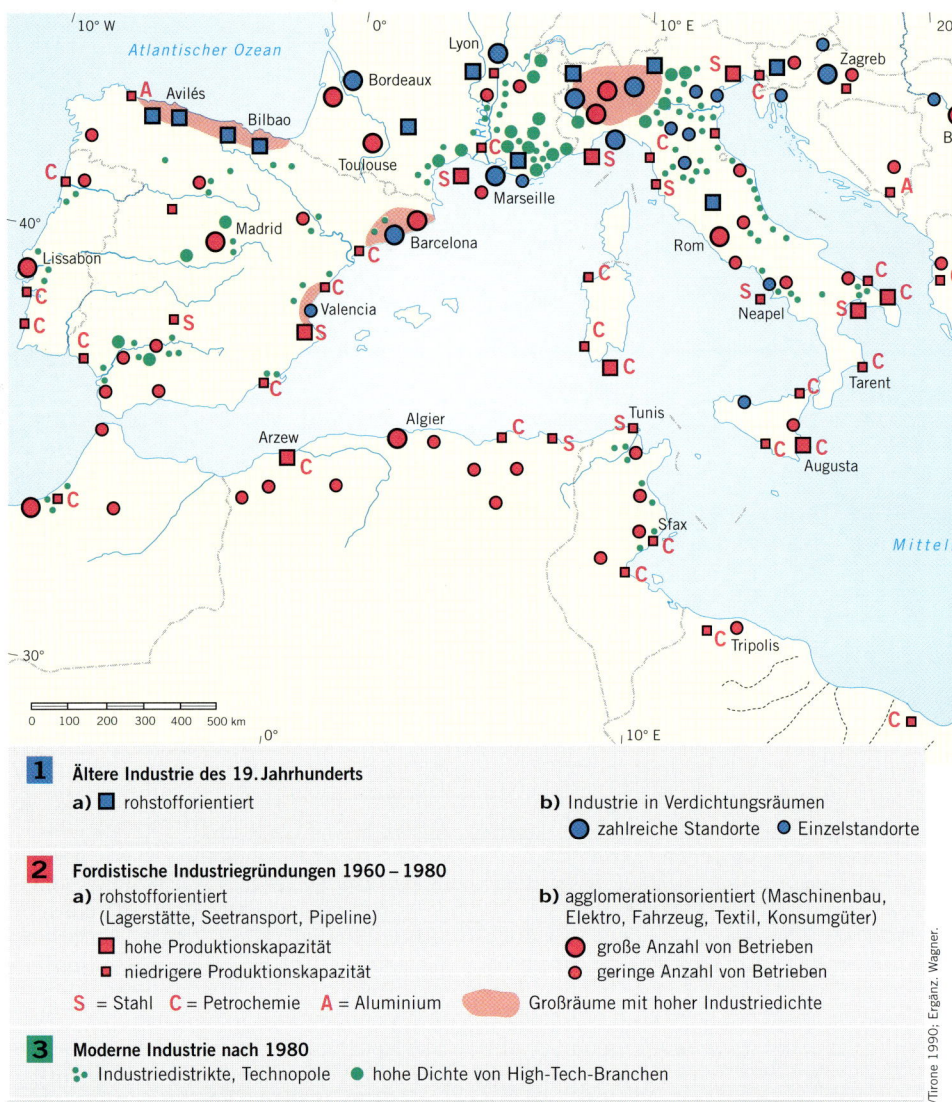

Abb. 56: Phasen der Industrialisierung 1800–1995: *Die Karte zeigt eine Typologie der historischen Industrieentwicklung. Einzelne der historischen Standorte des 19. Jh.s haben ihre Bedeutung verloren, andere sind neu entstanden.*

Quelle: Joannon/Tirone 1990; Ergänz. Wagner.

gisch entwickelten Produktionsweise entgegenkam. In der relativ hohen Kaufkraft der Bevölkerung in den Städten der Poebene, teilweise auch in der Toskana, sahen die ersten Unternehmer der Konsumgüterbranche eine sichere Chance. So konnten sich die *Textil-* und *Lederverarbeitungsindustrie* aus der traditionellen Tuch- und Seidenproduktion der Städte Padua, Vicenza, Bergamo, Vercelli, Novara, Florenz, Pisa und Prato entwickeln. Schnell kam es zu einer Differenzierung der Fertigungszweige. Zahlreiche Branchen des *Maschinenbaus* bauten darauf auf. Von den Gewinnen angezogen, floss auch *ausländisches* Kapital in diese aufstrebende Industrieregion mit Eisengießereien, Schiffswerften, Metallverarbeitungsbetrieben und Fahrzeugfabriken. Kohle musste importiert werden. Deshalb war das Eisenbahnnetz wichtig und hatte

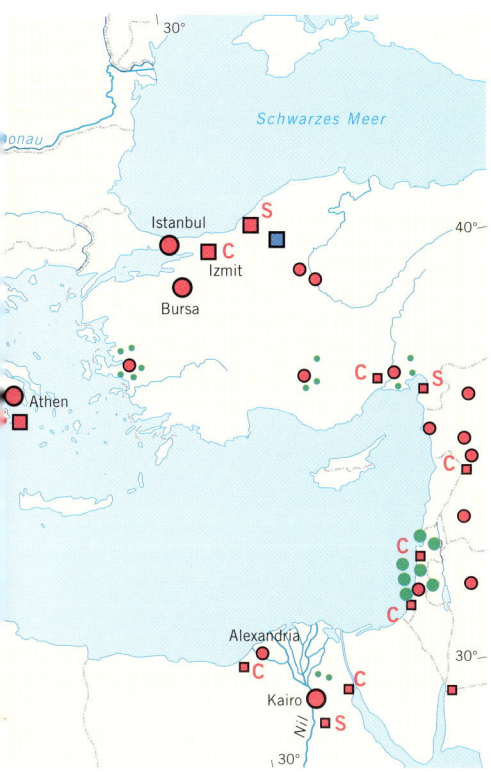

siedelten sich an und formten damit das bis zur Gegenwart einzige größere, klassische Schwerindustriegebiet Spaniens (Bild 37). Die teilweise veralteten Produktionsanlagen in den engen Gebirgstälern wurden später durch eine breite Palette anderer Branchen, Chemie, Elektro, Maschinen- und Schiffbau ergänzt. Den wesentlich jüngeren, ab ca. 1960 gegründeten modernen Stahlwerken blieb dieser Erfolg von Kettenreaktionen und Folgeindustrien versagt.

Eine ähnliche Entwicklungslinie wie der lombardische Industrieraum mit Kontakten zum Ausland durchlief auch *Katalonien*. Die spezifische Wirtschaftsaktivität der Katalanen initiierte einen großen Vorsprung vor anderen spanischen Provinzen, der wohl mitverantwortlich für die Rivalität gegenüber Madrid war. Katalonien übernahm noch vor der Mitte des 19. Jh.s technologische Innovationen aus Frankreich, die Kenntnis der Baumwollverarbeitung aus England und wurde damit zu einem führenden Zentrum der Textilindustrie des Mittelmeerraumes. Deren Mechanisierungsbedarf führte zur Genese des Maschinenbaus, der Metallverarbeitung und einiger früher Zweige der Chemieindustrie. Unternehmerische Initiative war auch hier entscheidende Kraft, zumal ihr schon sehr früh der Nachbau englischer Maschinen und damit die Adaption, aber auch die Weiterentwicklung wegweisender Technologien gelang. Innovationen dieser Art sollte besonders den „rohstofflosen" älteren Industrierevieren bis in die Gegenwart eine vitale Entwicklung erlauben.

Deutlich schwächer, aber dennoch nicht ohne Impulse verlief ab 1860 die industrielle Entwicklung in den bis 1918 noch zu Österreich-Ungarn gehörenden Gebieten Triest, Pula und Fiume (später: Rijeka) im nördlichen Balkan. Hafenorientiert entstanden hier als periphere Standorte Eisen- und Stahlverarbeitung, Schiffsbau und Chemie in Verbindung mit der starken Industrialisierung der Monarchie in Böhmen, an der Donau in Linz und in der Steiermark in Leoben/Donawitz. Eine ähnliche politisch-territorialherrschaftliche Förderung erfuhr die gewerbliche Wirtschaft zwischen 1840 und 1860 am *Golf von Neapel*. Die ersten Anfänge der Industrialisierung kamen aus

schon früh eine enge Maschendichte. Die nahen Hochgebirgsflüsse lieferten etwas später den elektrischen Strom. Nicht zuletzt bildete die seit Jahrhunderten zu hoher Leistungsfähigkeit gebrachte Landwirtschaft als Erzeuger von Nahrungsmitteln und textilen Grundstoffen eine wichtige Voraussetzung für die Industrialisierung dieses Raumes (Abb. 56).

Als weiterer industrieller Schwerpunkt des 19. Jh.s gilt die *baskisch-asturische Industrieprovinz* Nordspaniens mit Bilbao und Oviedo. Im Gegenzug zum Export der hochwertigen Biskaya-Erze nach Großbritannien gelangte bereits um 1850 englische Kohle nach Bilbao und lieferte die Energie für eisen- und stahlerzeugende Betriebe. Die fettreiche asturische Kohle war weniger gut geeignet. Der zweite Impuls ging nach Breuer (1982, S. 197) von der Initiative baskischer Unternehmer aus, die sich von der gegenüber ökonomischen Aktivitäten damals noch distanzierten kastilischen Grundhaltung psychisch unterschied. Breit gestaffelte Folgeindustrien

Bild 37: Alte Industrieanlagen bei Bilbao: *Das Baskenland ist eine der klassischen Schwerindustrieregionen des Mittelmeerraumes.*

der Textilbranche. Der im Königreich Süditalien garantierte Zollschutz ermöglichte ein schnelles Aufblühen. Ab 1830 gelang es der Regierung Neapel-Siziliens, französisches und englisches Kapital für die Errichtung eines Stahlwerkes in Bagnoli, von Maschinenfabriken und Schiffswerften zu interessieren. Seit der Einigung Italiens stagnierten diese Anfänge jedoch. Nur kleingewerbliche Betriebe bestimmten bis nach dem Zweiten Weltkrieg das industrielle Gesicht des italienischen Südens.

Versucht man die Industrie des 19. Jh.s im Mittelmeerraum zu charakterisieren, so treten *folgende Merkmale* in den Vordergrund: Die Industrialisierung begann *später* als in Mittel- und Westeuropa. Zudem entstand sie nicht primär aus eigener Kraft, sondern folgte vielmehr steigender Nachfrage der vorauseilend wachsenden Verstädterungsgebiete. Aber dennoch: Dort wo sie in Gang kam, erzeugte sie Wirtschaftswachstum mit hohen Produktivitätsfortschritten, bildete meist *räumliche Konzentration*. Diese Agglomerationsvorteile hatten durch Einbindung breiter Dienstleistungen und damit Zuwanderung von Arbeitskräften eine weitere Verstädterung zur Folge. Die Entwicklung dieser wenigen ökonomischen Akativräume löste Standortnachteile und Entzugseffekte in peripheren Gebieten aus und verstärkte damit ältere *wirtschaftsräumliche Ungleichgewichte*.

Wirtschafts- und Industrieentwicklung während der 60er- und 70er-Jahre

Die industrielle Entwicklung dieser Periode war von dem Versuch geprägt, ältere Formen der handwerklich-kleingewerblichen Erzeugung in großbetriebliche, fordistische Massenproduktion umzuformen. Als Ziel strebte man eine schnelle Produktivitätssteigerung durch hoch spezialisierte Arbeitsteilung sowie eine Zusammenfassung der vor- und nachgelagerten Produktionsstufen an. Die Verarbeitung vom Rohstoff bis zum

Enderzeugnis, einschließlich Forschung und Entwicklung sowie Vermarktung, erfolgte in strenger hierarchischer Kontrolle unter einem großen Konzerndach. Die räumlichen Konsequenzen dieser Organisation führten auch im Mittelmeerraum unter Weiterentwicklung der Vorteile älterer Standorte, wie in Barcelona und Mailand-Turin, *zunächst* zur Bildung großer urban-industrieller Verdichtungsräume mit starkem Bevölkerungswachstum. *Später* tendierten die Unternehmen dazu, zulieferende Zweigbetriebe in peripheren Gebieten zu gründen, teils staatlichen Zwängen folgend, teils um dort gewährte *Subventionen* und *Steuervergünstigungen* wahrzunehmen. Diese Peripherisierung war speziell in Italien auch eine Folge der während der 70er-Jahre gravierenden Auseinandersetzungen zwischen Gewerkschaften und Unternehmern. In den abgelegenen Standorten erhoffte man sich eine wesentliche Reduzierung der gesellschaftspolitischen Konflikte. In ländliche Gebiete verlagert wurden besonders die standardisierten Teile der Produktion, nachdem dort zuvor Infrastruktur, Verkehr, Energieversorgung, Gewerbegebiete mit öffentlichen Finanzmitteln verbessert worden waren. Ein weiterer Anlass, die industrielle Produktion aus den Verdichtungsräumen in periphere Regionen zu verlagern, ergab sich auch aus den Zielen der *Regionalpolitik*. Sie war bereits während der 60er-Jahre in den nördlichen Staaten des Mittelmeerraumes darauf angelegt, die *wirtschaftsräumlichen Unterschiede* der Arbeitsmärkte und Einkommensmöglichkeiten zu verringern und folgte darin auch den frühen Leitbildern der Europäischen Gemeinschaft. Man versuchte, Entwicklungspole im Sinne der Theorie von F. Perroux (1955) in peripheren Gebieten anzulegen, sie mit kopplungsfähigen Industrien auszustatten. Von ihnen wurde als Kettenreaktion die freiwillige Ansiedlung weiterer Unternehmen erhofft. Aus diesem Schneeballeffekt sollte sich ein selbsttragender regionaler Wirtschaftsaufschwung ergeben. Aus heutiger Sicht ist es einleuchtend, dass es der staatlichen fordistischen Industrie- und Raumordnungspolitik nicht gelingen konnte, wirtschaftliches Wachstum, Wohlstandsmehrung und *zugleich* den Abbau der großen räumlichen Einkommensunterschiede zu erreichen. Um die *Unterschiede* in dieser wichtigen Phase der industriellen Entwicklung darstellen zu können, werden nachfolgend Spanien, Italien, Algerien und die Türkei näher behandelt.

Verdichtung der Industrie im Nordwesten

In *Spanien* sollte nach dem Bürgerkrieg 1939 die Wirtschaft dezentralisiert werden, um die Arbeitsmärkte in den peripheren Landesteilen, z. B. in der Estremadura und in Andalusien, zu verbessern. Das 1941 gegründete *Instituto Nacional de Industria* (INI) errichtete staatliche Grundstoffindustrien (Bergbau, Hüttenwesen, Chemie). Diese Betriebe im Stahl- und Leichtmetallsektor, im Schiffbau, in der Rüstung, in der chemischen Industrie und bei der Strom-, Öl- und Gasversorgung, die alle zentral gesteuert wurden, waren jedoch organisatorisch sehr schwerfällig. Nach 1960 versuchte man durch neue *Entwicklungspläne*, die regional sehr unterschiedlichen Einkommen anzugleichen. Unter Einbezug der Landwirtschaft wurden in ländlichen Gebieten *Entwicklungspole* (polos de desarrollo und polos de promoción) mit der Hoffnung auf Folgeeffekte für die Ansiedlung von Zulieferbetrieben und Verarbeitungsunternehmen gegründet. Als solche Zentren erhielten Oviedo, Vigo, Valladolid, Burgos, Zaragoza im Norden und Córdoba, Sevilla, Huelva und Granada eine moderne Infrastruktur. Durch sog. Entlastungspole (polos de descongestión) gegenüber dem stark wachsenden Verdichtungsraum Madrid sollte die *Dezentralisierung* gefördert werden. Der privaten Industrie bot der Staat für die Ansiedlung in peripheren Räumen, vor allem in Provinzhauptstädten, viele finanzielle Anreize. Aber die staatlichen Subventionen und Dirigismen konnten die *ökonomischen Vorteile* der großen Ballungsräume nicht aufwiegen. Viele dieser neuen dezentralen Industrieparks blieben deshalb zwei Jahrzehnte lang fast leer.

Unter dem Blickwinkel der Verstädterung wurde das Wachstum *Barcelonas* bereits im Kapitel über die aktuelle Verstädterung diskutiert. Seit der Mitte des vorigen Jahrhunderts war der östliche Teil Kataloniens zur wichtigsten Wirtschaftsregion Spaniens geworden, während Madrid die politischen Funktionen beherbergte.

Die traditionell wirtschaftlich aktivere Gesellschaft in der Metropole Kataloniens hatte schon vor 1850 Industrien entstehen lassen. Später traten Metallverarbeitung und Elektrotechnik hinzu. Die erste Liberalisierung, noch während der Franco-Zeit, bewirkte die Ansiedlung von Auslandskapital (AEG, Siemens, Fiat/Seat). Es folgte der Ausbau der chemischen und pharmazeutischen Industrie (Bähr/Gans 1986). Zuwanderung aus Südspanien verdoppelte die Einwohnerzahl 1950–1980 auf 3 Mio. und schuf einen großen, relativ kaufkräftigen Markt. Erste Auslagerungen dieser noch fordistischen Phase erfolgten ins Hinterland bis nach Zaragoza. Diese räumliche Expansion leitete eine neue gewerbliche Entwicklung Spaniens ein: Das Erfolgsmodell *Barcelona* wurde in andere Landesteile „exportiert". Man sprach von einer „Katalanisierung" Spaniens. Neue Industrieregionen entstanden im Großraum Madrid, im Ebrobecken und an der gesamten Mittelmeerküste Spaniens. Barcelona übernahm durch transnationale Kooperation privater industrieller Unternehmen und der regionalen Verwaltung eine neue Rolle der Koordination mit anderen europäischen Regionen, z. B. mit Rhône-Alpes, Lombardei und Baden-Württemberg (Held 1993). Durch die Übertragung nationalstaatlicher Kompetenzen auf die EU entstand ein weiter ausgreifendes Aktionsfeld. Umgekehrt begann die Ansiedlung neuer, moderner High-Tech-Firmen in Katalonien. Insofern übernahm Barcelona innerhalb Spaniens wiederum die Führungsrolle, nun auf höherer, europäischer und, mit Blick auf historische Überseebeziehungen Spaniens nach Amerika, weltweiter Ebene. Die *Globalisierung* begann die alten, aber vielfältig modernisierten Industrieregionen zu vernetzen.

In der *Hauptstadtregion Madrid* etablierte sich neben den höchstrangigen administrativen und politischen Funktionen nun auch die Industrie. Um diesen Wandel zu verstehen, ist ein kurzer Blick in die Geschichte der spanischen Metropole notwendig. Erst 1561 war die bis dahin schwach befestigte, ursprünglich arabische Gründung Regierungssitz geworden. Von der Herrschaft Philipps II. bis zum Ende des Ersten Weltkrieges blieb ihre Struktur als Residenzstadt erhalten. Ihr soziales Gefüge bot wenig Spielraum für gewerblich tätige Gruppen. Die Anhäufung von Kapital und Macht induzierte zwar viele prachtvolle Bauten. Ökonomisch dominierte jedoch der Konsum, nie die Produktion, von lokalen Versorgungsbetrieben abgesehen. Regierung und Verwaltung, höfische und private Dienstleistungen, gesellschaftliche Selbstdarstellung des spanischen Adels, seit 1830 stärker werdender Einfluss des Merkantil- und Bildungsbürgertums (seit 1836 Universität in Madrid), ab ca. 1900 schließlich die Entfaltung der Finanzwirtschaft waren bis an die Schwelle der Gegenwart die wichtigsten Gestaltungskräfte. Eine Änderung begann mit dem Eisenbahnbau, der Madrid ab 1860 mit anderen spanischen Städten verband. Langsam begann die kastilische Isolation zu schwinden. Den ersten Ansätzen der Industrie um die Jahrhundertwende folgten weitere Impulse nach 1920. Aber Weltwirtschaftskrise und Bürgerkrieg stoppten diese Anfänge. Stürmisch verlief dann die Metamorphose Madrids nach dem Zweiten Weltkrieg. 1935 lebten 1 Mio. Einwohner in der Hauptstadt, eine Verdopplung war bis 1960 erreicht und eine weitere Million um 1970. Heute (1999) beherbergt die Agglomeration ca. 5 Mio. Menschen. Ziel der Zuwanderung waren die Arbeitsplätze der nach wie vor höchstzentralen Bereiche von Politik, Verwaltung, Bildung und Kultur, vor allem aber der breite Dienstleistungssektor mit vielen auch einfachen Arbeitsmöglichkeiten. Alle in Spanien tätigen Wirtschaftskonzerne unterhielten hier stets eine repräsentative Spitze. Die Industrie Madrids durchlief seit den 60er-Jahren eine Phase *nachholender Entwicklung*.

Wie oben zur Erklärung der aktuellen Stadtentwicklung im Mittelmeerraum dargelegt wurde, war die Industrie auch in Madrid nicht Ursache, sondern Folge der vorauseilenden Verstädterung und steigenden Güter-Nachfrage (Breuer 1982, S. 137). In dieser Konsequenz siedelten sich zahlreiche moderne Zweige des sekundären Sektors neben den älteren Dienstleistungen an. Metallverarbeitung und Maschinenbau verzeichneten die größten Zuwachsraten. Fahrzeugbau, Autozulieferindustrie, Elektrotechnik, Elektronik, Chemiesparten,

Textil-, Konfektions- und Lebensmittelindustrien folgten bereits während der staatlichen zentralen Wirtschaftsplanung.

Eine ähnlich *verdichtende Entwicklung* fand an der gesamten Küste zwischen Barcelona, Marseille und Genua statt. Die Landwirtschaft Südfrankreichs trat zusammen mit der zunächst punktuellen Industrieansiedlung in eine Phase der Intensivierung und Versorgung der wachsenden Stadtregionen. Den Schwerpunkt der Industrieansiedlung sahen die französischen Planer im Großraum *Marseille*. Ende der 60er-Jahre entstand im Zuge eines umfassenden Verkehrsausbaus in der Rhôneachse und in der Litoralzone das Hafengebiet von *Fos-Europort* westlich von Marseille für Schwerindustrie (Stahlkomplex mit 9000 Arbeitsplätzen, Chemieunternehmen, Luftfahrttechnik). Folgeindustrien sollten bis zu 40 000 weitere Beschäftigungsmöglichkeiten bereitstellen. Aber die Industrie hatte bereits andere, günstigere Konkurrenzstandorte. Deshalb blieben viele der mit hohem Kostenaufwand neu erstellten Gewerbegebiete im Umkreis der südfranzösischen Metropole zunächst ungenutzt. Auch die petrochemische Industrie am Etang de Berre zwischen Rhônedelta und Marseille erreichte nicht den von ihr erwarteten Umfang. Aber nur wenig später sollten die freien Areale im Zuge der Hinwendung der Industrie zur modernen Hochtechnologie einen sehr viel wertvolleren Standort darstellen.

Italien – Entwicklung des altindustriellen Kernlandes

Einerseits stärkte Italien seit Beginn der fordistischen Wirtschaftsentwicklung seine Rolle als wichtigstes Industrieland des Mittelmeerraumes. Mit der sehr schnellen Entfaltung von stark subventionierter, großbetrieblicher und intern hierarchisch organisierter, staatlicher Schwer-, Fahrzeug-, Maschinenbau- und Chemieindustrie entstanden andererseits große Probleme der *Überproduktion* und *Arbeitslosigkeit*. Sie entwickelten sich zu *gesellschaftlichen Krisen* weiter. Seit der faschistischen Periode der 30er-Jahre befand sich die Grundstoff-, Schwer- und Energieindustrie in der Hand *staatlicher Holdings*. Die wichtigsten waren zur Industrieförderung das IRI (Isti-

tuto per la Ricostruzione Industriale) und die staatliche Versorgungsgesellschaft für Erdöl und Erdgas ENI (Ente Nazionale Idrocarburi). Mit ihrer Hilfe sollten die Arbeitsmarktentwicklung vorangetrieben, die Auswanderung gestoppt und die *wirtschaftsräumlichen Gegensätze* zwischen Nord- und Süditalien gemildert werden. Speziell hierfür gab es nach dem Zweiten Weltkrieg zur Finanzierung von Infrastruktur und Industriebetrieben im Süden eine Fülle von immer wieder wechselnden steuerlichen und monetären Anreizen. Sie sollten privates Kapital in die schwach entwickelten südlichen Landesteile lenken.

Die höchste Dichte der gewerblichen und industriellen Arbeitsplätze liegt historisch bedingt bis heute im westlichen Teil der Poebene, in den Regionen *Lombardei* und *Piemont*, einem allerdings auch agrarisch sehr intensiv genutzten Gebiet. Es ist mit gewerbereicher Tradition sowie mit alten, weit ausgreifenden Handelsverflechtungen der leistungsstärkste Wirtschaftsraum der Apenninenhalbinsel. Moderne Innovationszentren entstanden in Mailand und Turin, aber auch in vielen kleineren Städten außerhalb der Agglomerationen (Garofoli 1983). In *Mailand* entwickelten sich Maschinen- und Fahrzeugbau, Elektrotechnik, Elektronik, Chemie zur differenziertesten industriellen Produktionspalette des gesamten Mittelmeerraumes. Die kontinuierliche Zunahme von Arbeitsplätzen bewirkte eine *Zuwanderung* höchstqualifizierter Arbeitskräfte aus anderen Landesteilen und ausufernde Verstädterung (Abb. 57). Die während dieser Zeit spontan in großem Umfang nach Norden strömenden Arbeitskräfte erleichterten der Industrie des Nordens, trickreich die raumordnungspolitischen Vorschriften zu umgehen und keine wesentlichen Investitionen in Süditalien vorzunehmen. Die Bevölkerungszahl des Großraumes Mailand stieg von 1,3 Mio. (1951) auf 4,5 Mio. (1999) an. Auch die weiter entfernt liegenden Gemeinden nahmen an diesem Zuwachs teil, denn die moderne Industrie sucht sich heute auch weit im ländlichen Raum liegende Standorte. Hervorragendes Image kam der Metropole seit 1950 auch als *Steuerungszentrum* der gesamten Wirtschaftsentwicklung zu. Alle großen privaten

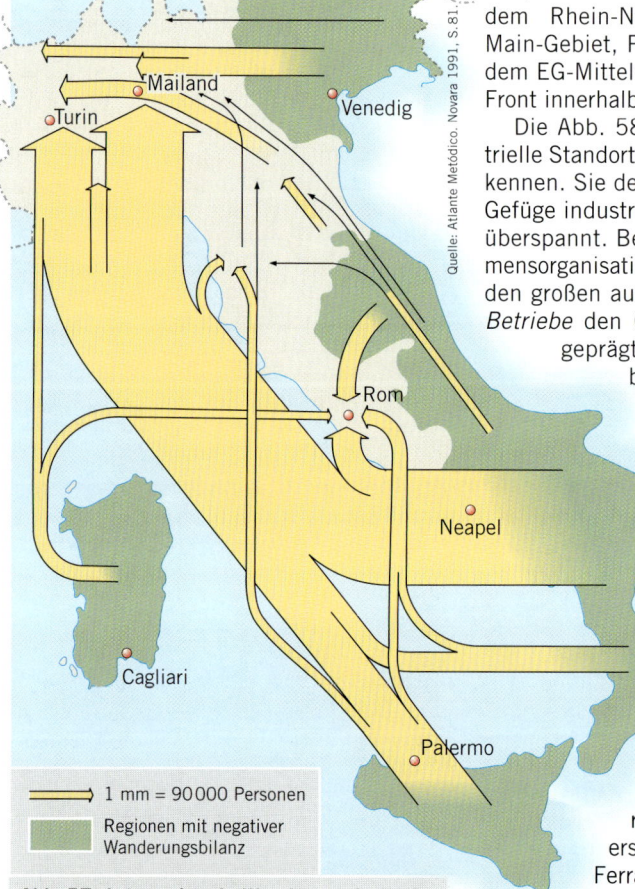

Quelle: Atlante Metódico. Novara 1991. S. 81.

1 mm = 90 000 Personen

Regionen mit negativer
Wanderungsbilanz

**Abb. 57: Interregionale Wanderung in Italien
1955–1970:** *Die Karte zeigt die Herkunfts-
und Zielgebiete und die Regionen mit negativer Wanderungsbilanz.*

Konzerne richteten hier ihre Hauptverwaltungen ein (Montedison, Pirelli, Falck, Bor-
latti, Phillips). In Mailand verbinden sich
heute High-Tech-Innovationen mit weltweit
bedeutendem Industrie- und Modedesign.
Der *Wirtschaftsraum Mailand-Turin* bildet
die südlichste Flanke des europäischen
Industriebandes, das sich über die Rhôneachse und die Rheinschiene bis nach Belgien, in die Niederlande und nach Südeng-
land erstreckt. Außerdem ist er sicher als
ein Knoten im Netz der Globalisierung von
Industrie und Dienstleistung zu sehen. Hinsichtlich Pro-Kopf-Einkommen, Ausgaben
für Forschung und Entwicklung, der Zahl
der Patentanmeldungen liegt die Lombar-

dei (neben Emilia-Romagna) mit München,
dem Rhein-Neckar-Gebiet, dem Rhein-
Main-Gebiet, Paris und London 40 % über
dem EG-Mittelwert und damit in vorderster
Front innerhalb Europas.

Die Abb. 58 lässt die vielfältige industrielle Standortkombination der *Poebene* erkennen. Sie deutet an, wie flächenhaft das
Gefüge industrieller Standorte die Poebene
überspannt. Betrachtet man die Unterneh-
mensorganisation, so zeigt sich, dass neben
den großen auch viele mittlere und *kleine
Betriebe* den Gang der Industrialisierung
geprägt haben. Besonders letztere
bereiteten mit *flexibler Anpassungsfähigkeit* die aktuelle dynamische Ent-
wicklung vor, die
im nächsten Ab-
schnitt einge-
hend darzule-
gen sein wird.
Auch die
übrigen vier
Industrieregionen
im Norden Italiens,
Emilia-Romagna,
Venetien, *Toskana* und
Marken, basieren auf ihrer
historischen Gewerbeerfah-
rung. Die in den 50er-Jahren
erschlossenen Erdgasfunde um
Ferrara/Ravenna hatten den Aufbau einer staatlichen chemischen
Industrie in klassisch-fordistischer Organisation induziert. Darüber weit hinausgehend strebten schon zu Beginn der 60er-
Jahre in der Toskana, besonders um Prato
und Lucca, die alten Textil- und Lederbran-
chen neue Produktions- und überbetriebli-
che Kooperationsformen an, die eine Blüte
der heutigen, postfordistischen Unterneh-
mensstruktur vorbereiten sollten.

Die Entwicklung der Industrie im *Mezzogiorno* verlief nach dem Muster der fordistischen Schwerindustrie und erzeugte besonders scharfe Formen des *ökonomischen*
und *sozialen Dualismus*. Darunter versteht
man das kontrastreiche, unverbundene Nebeneinander einerseits traditioneller, nur
wenig produktiver Betriebe; im Gegensatz
dazu entstanden andererseits kapitalintensive, hoch automatisierte Produktionsstätten. Nach dem Zweiten Weltkrieg versuch-

te die italienische Staatsführung den *Entwicklungsrückstand* des noch stark agrarisch geprägten und industriearmen Südens der Apenninenhalbinsel mit Sizilien und Sardinien durch umfassende staatliche Förderung zu vermindern. Starthilfe leisteten die staatliche *Cassa per il Mezzogiorno*, eine schon sehr bald zu bürokratische und deshalb äußerst schwerfällige Organisation zur Finanzierung von Entwicklungsprojekten, und der *Europäische Regionalfond* der EG. Im Verlauf von drei Jahrzehnten wurde die technische Infrastruktur entscheidend verbessert, und zwar durch Straßen- und Autobahnbau (Bild 38), flächenhafte Wasser- und Energieversorgungsnetze, Bildungseinrichtungen und allerdings nur teilweise geglückte Bodeneigentumsreformen. Große Steuervorteile, Kredite, Kapitalzuschüsse standen als weitere Anregungen zu privaten Gewerbeinvestitionen im Süden zur Verfügung. Seit 1957 verpflichtete der Staat alle öffentlichen Unternehmen des Nordens, 40 % ihrer Investitionen in den Süden des Landes zu lenken. Angesichts der geringen Neigung, dieser Auflage nachzukommen, erschöpfte sich dieses Ziel allerdings oft genug lediglich in der Errichtung großer Gebäudekomplexe mit prachtvollen Firmeninschriften. Genutzt wurden sie in vielen Fällen nicht. Ansonsten entstanden auf diese Weise überwiegend *kapitalintensive*, teuere großindustrielle Anlagen, weil nur so möglichst hohe Subventionen abzuschöpfen waren, deren Umfang sich nach der Investitionssumme richtete. Als Ergebnis findet man heute teilweise wieder stillgelegte große Kombinate der petrochemischen Grundstoffindustrie an den Küsten, verkehrsorientiert nahe zu den Tankerlinien des Öls aus dem Vorderen Orient bei Brindisi in Apulien, bei Augusta/Syrakus, Ragusa und Gela in Sizilien, Sarroch, Porto Torres in Sardinien. Die Zahl der neu geschaffenen Arbeitsplätze war gering, die erhoffte Kettenreaktion verarbeitender Betriebe blieb aus. Die relativ wenigen neuen hoch spezialisierten Arbeitsplätze konnten meist nicht an die beschäftigungslosen, aber wenig ausgebildeten Arbeitskräfte in den nahe gelegenen Dörfern vergeben werden. Vielmehr mussten gut qualifizierte Fachkräfte aus dem Norden zuziehen. Die Werke veränderten zwar die umgebende Landschaft durch Emissionen, sind allerdings heute teilweise

Bild 38: *Autobahnen im Mezzogiorno:* *Ein umfassendes Verkehrsnetz entstand seit 1960 im Süden Italiens und verringerte schrittweise die mentale Entfernung vom Norden.*

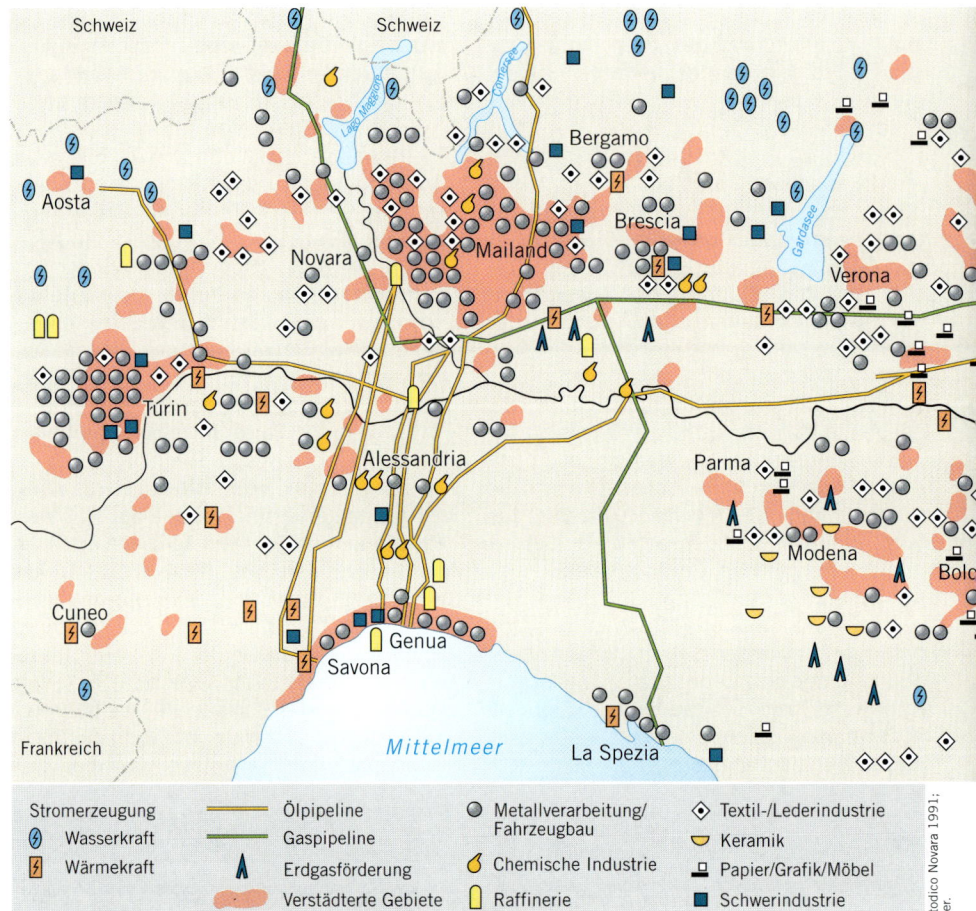

Quelle: Atlante Metodico Novara 1991;
Ergänzungen Wagner.

Abb. 58: Industrieregionen im nördlichen Italien 1997: *Die Karte zeigt die starke Konzentration der älteren Industrie. Jüngere Industriestandorte entstanden am Rand der Ballungsgebiete, aber auch in Streulage im ländlichen Raum.*

bereits wieder außer Funktion und wurden gelegentlich als „Kathedralen in der Wüste" bezeichnet, weil sich keine Folgeindustrie angesiedelt hat.

In Tarent wurde 1964 das zum staatlichen IRI-Konzern gehörende Stahlwerk in Betrieb genommen. Zu diesem Standort mussten nicht nur alle notwendigen Rohstoffe importiert werden (Energie, Roherz, Schrott), auch der erzeugte Rohstahl konnte nicht in Tarent verwendet werden, sondern war mangels Weiterverarbeitung vor Ort fast vollständig abzutransportieren. Nach mehrmaliger Erweiterung wurde die Anlage 1975 mit einer Produktionskapazität für Rohstahl von 10 Mio. t pro Jahr das größte Stahlwerk

der EG. Die Kaufkraft der zeitweilig ca. 12 000 Arbeitskräfte stärkte die übrige Wirtschaft der Stadtregion Tarent (Leers 1988). Aber ab 1980 mussten angesichts der Milliardenverluste bereits Erhaltungssubventionen gezahlt werden, da man den Stahl nicht mehr verkaufen konnte, weil an vielen Küsten des Mittelmeerraumes und weltweit neue konkurrierende Stahlwerke entstanden. Insgesamt beläuft sich die Summe der in den Stahlstandort Tarent direkt investierten Gelder bis 1999 auf rund 40 Mrd. DM. Mit dem gegenwärtigen Privatisierungsverkauf an den privaten Stahlkonzern Riva verbesserte sich die Problematik dieses isoliert liegenden Standortes nicht.

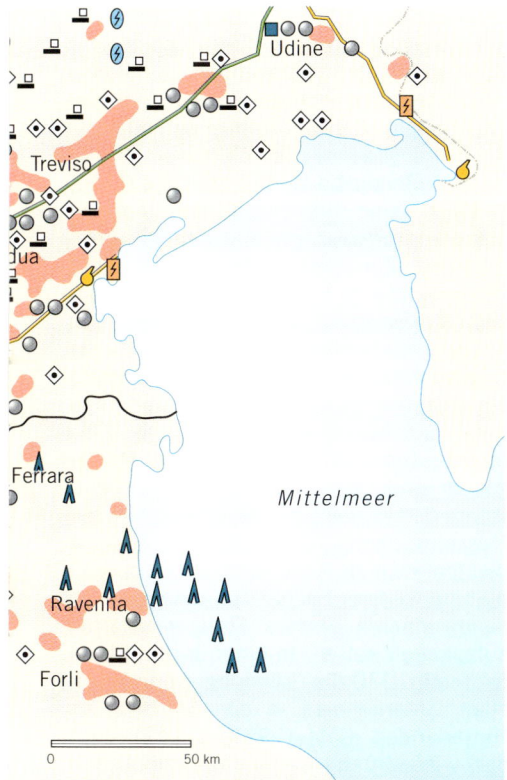

Fasst man zusammen, so fällt das Ergebnis der *fordistischen Industrialisierung* und der staatlichen *Dezentralisierungspolitik* unbefriedigend aus. Den stärksten Gewinn verbuchten die großen Ballungsräume. Die Arbeitsplätze im *Mezzogiorno* sowie in anderen peripheren Wirtschaftsräumen im Norden des Mittelmeerraumes sind seit 1951 trotz Bevölkerungszunahme zurückgegangen. Seit 1968 stagniert sogar die Zahl der Industriebeschäftigten. Im Gegenzug stieg die Bedeutung der statistisch nicht erfassten *Schattenwirtschaft*, in die viele Gewerbetreibende und Handwerker flüchteten, um den steigenden Forderungen des Fiskus zu entgehen. Man muss allerdings bedenken, dass in Italien durch Korruption und Schutzgelder an *Mafia*, Ndrangeta und Cosa Nostra viele Subventionen aus Rom und Brüssel in dunklen Kanälen verschwanden. Viele zunächst hoffnungsvolle Entwicklungsansätze im Süden mündeten schließlich in Investitionsruinen (Bild 39). Mit diesem geringen Erfolg bahnte sich auch das *Ende* der fordistischen, schwerfälligen Staatskonzerne, deren Privatisierung und damit ein völlig neues Standortverhalten der Industrie im nördlichen Teil des Mittelmeerraumes an.

Bild 39: Stillgelegter Chemiebetrieb in der Basilikata, Süditalien: *Auch dezentrale Kleinprojekte, hier im Tal des Basento bei Ferrandina, standen schon bald wieder still und boten keine Arbeitsplätze mehr. Aufnahme 1987.*

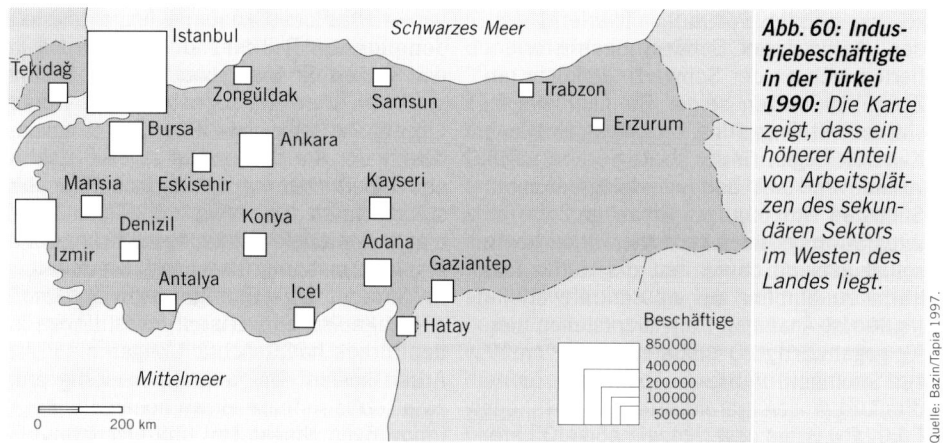

Abb. 60: Indus-triebeschäftigte in der Türkei 1990: *Die Karte zeigt, dass ein höherer Anteil von Arbeitsplätzen des sekundären Sektors im Westen des Landes liegt.*

Quelle: Bazin/Tapia 1997.

werblich-industriellen Standortvorteile im Westen der Türkei höher einzuschätzen als das Gebot der räumlich gleichwertigen Entwicklung aller Provinzen.

Versucht man die wirtschaftliche und industrielle Entwicklung der Türkei innerhalb des Mittelmeerraumes zu charakterisieren, so zeichnet sich eine mittlere Stellung zwischen den vorangeschrittenen Industrieländern Italien und Spanien, den rohstoffreichen, aber wenig Eigeninitiative entfaltenden Rentier-Staaten Vorderasiens und ressourcenarmen Entwicklungsländern ab. Die Türkei ähnelt zwar letzteren noch angesichts seiner hohen Agrarquote und der *regionalen Unausgewogenheit* ihres wirtschaftlichen Potentials (Abb. 60), nähert sich jedoch wegen der Erfolge in privatwirtschaftlich *innovativen Industrien* der ersten Gruppe (Bazin/Tapia 1997, S. 130).

Jüngere, postfordistische Industrieentwicklung im Norden

Die jüngsten Wandlungen begannen wiederum im Pionierland der Industrie im Mittelmeerraum, in Italien. Die klassischen industriegeprägten Wirtschaftsräume der Lombardei und Piemonts behielten ihre Spitzenposition, aber der Beitragsanteil zum nationalen BIP wurde geringer und manche der alten Branchen und Produktlinien verschwanden. Dafür entwickelten sich neue dezentrale, „postfordistische" Wachstumsräume, insbesondere im Nordosten Oberitaliens, in der Toskana und in Marken, sogar in einzelnen Regionen des Mezzogiorno, dann in Spanien und Portugal. Große Änderungen traten bei Produktionsweise, Arbeitsabläufen, Standortwahl, Marktbedeutung und Staatseinfluss ein. Insgesamt lassen sie sich unter zwei Aspekten fassen:

1) Makroökonomische Änderungen
der wirtschafträumlichen Struktur:
Die zunehmende *Globalisierung* von Produktion und Märkten bedeutete zugleich auch mehr Wettbewerb zwischen den Industrien der einzelnen Wirtschaftsgebiete des Mittelmeerraumes. Die *Deregulierung* verminderte die Staatsindustrie und die dauernde Subventionierung. Dieser Prozess vollzog sich in Italien langsamer, in Spanien sehr viel schneller, ähnlich überstürzt wie der gesellschaftliche Umbau in der Zeit nach Franco. Unter dem Einfluss der EU, des europäischen Binnenmarktes und des Weltwährungsfonds versuchte z. B. die Regierung in Madrid erfolgreich, die technologisch veraltete, zentralistische Staatsverwaltungswirtschaft abzubauen und in eine konkurrenzfähige Marktwirtschaft umzuwandeln. Die großen Staatskonzerne gingen in die internationale Privatisierung über. Überraschend tiefgreifend wandelte sich auch das Wirtschaftsbewusstsein der spanischen Bevölkerung von der traditionellen Patronage- und Privilegiengesinnung zu einem offenen Wettbewerbsdenken. Paradoxerweise nahm aber parallel zur Liberalisie-

rung der Ökonomie überall im Mittelmeerraum der Umfang der *Schattenwirtschaft* zu, d. h., ein Teil der kleinbetrieblichen Wirtschaft entzog sich dem Fiskus, geschätzt im Umfang von 20–30 %.

2) Mikroökonomische Änderungen der betrieblichen Struktur: Der vertikal-hierarchische Aufbau der fordistischen Konzerne erwies sich als produktivitätshemmend. Von kleineren, mehr horizontal strukturierten Betrieben erwartete man schnellere Innovationsflüsse. Die zunehmend kaufkräftigen Verbraucher erwarteten höhere *Produktqualität*. Dieser Markthintergrund veränderte sich zunächst in den wachsenden Verstädterungsgebieten im Norden des Mittelmeerraumes. Voraussetzung dafür war die *Aufgliederung der Großunternehmen* in zügig reaktionsfähige kleinere Einheiten, die mehr eigenverantwortliche Strategien der Kooperation und Arbeitsteilung zwischen Betrieben erlaubten. Sehr viel wichtiger wurden die Verantwortungsbereitschaft, Innovationsfähigkeit und Qualifikation des einzelnen Beschäftigten, die Steigerung von Motivation und Wissen. Diese postfordistischen ökonomischen Forderungen konnten besser in mittleren und kleineren, in stärker spezialisierten Betrieben erfüllt werden und außerhalb der großen strukturbelasteten altindustrialisierten Verdichtungsräume. Viele Unternehmen machten sich auf die Suche nach neuen Standorten, um dort die notwendige Zusammenarbeit mit Kooperationspartnern zu finden. Daraus ergab sich auch der Zwang zu einer neuen Art von staatlicher dezentraler Regionalpolitik (Garofoli 1992).

Die neuen Formen räumlicher Ordnung der jüngsten industriellen Entwicklung im Norden führten von räumlicher Konzentration zu regionaler Diffusion und lassen sich etwas generalisiert in drei Typen zusammenfassen:
1. Beharrung und Wandlung der älteren fordistischen Industrie;
2. Entwicklung der Hochtechnologie in neuen innovativen Zentren;
3. Entstehung junger Industriedistrikte abseits der alten Standorte.

Wandlungen der alten Industrie
Die *alte* Industrie *Italiens* in der Lombardei und in Piemont erzielte früher, wenn auch immer an der Spitze der Technologie stehend, Gewinn durch Massenproduktion in Großserien vom Fließband (Fahrzeugbau, Textilindustrie, Maschinenbau). Die Bedeutung dieser frühen Industriezentren ist heute nach wie vor unangetastet hoch. Aber organisatorische Änderungen ihrer betrieblichen Funktionen hatten räumliche Konsequenzen. Mit dem Ziel einer „lean production" wurden die großen Konzerne verkleinert, flexibler organisiert und räumlich dezentralisiert. Ausgegliederte Betriebsteile stellen höherwertige Produkte in räumlicher Nähe her, für geringerwertige, standardisierte Erzeugnisse (z. B. Kabelbäume) wurden neue dezentrale Zweigwerke, teilweise weltweit kostengünstige Zulieferer in peripheren Gebieten, z. B. in Entwicklungsländern zuständig. Die Zentrale des Unternehmens behielt ihre Verantwortung für Forschung, Marktanalyse und Absatz. Insgesamt also blieb unverändert die starke vertikale Integration bei *stärkerer räumlicher Streuung* der einzelnen Produktionsschritte.

Nur einige ausgewählte Beispiele sollen diese Entwicklung veranschaulichen: In peripherer Lage gründete der Autokonzern *Fiat* modern organisierte *Zweigwerke* mit dezentraler Entscheidungsbefugnis und höchst moderner Fertigungstechnik. Robotersysteme und Modulbauweise ersetzten das fordistische Fließband. In der Umgebung siedelten sich Zulieferbetriebe an, die ca. 50 % der Autoteile just-in-time aus geringer Distanz liefern. So entstanden bei *Sulmona* in den Abruzzen, 120 km östlich von Rom, 3000 Arbeitsplätze im Autobereich, 1000 im Bereich Elektronik und weitere in der Metallverarbeitung. Die gleiche Zahl von neuen Beschäftigungsmöglichkeiten schufen Fiat und weitere Unternehmen mit modernsten Produktionsverfahren in *Melfi* im Norden der Region Basilikata (100 km östlich von Neapel), in dem alten Armenhaus Italiens mit 5000 Arbeitskräften im Durchschnittsalter von 26 Jahren, weitere 2000 Arbeitsplätze im Zulieferbereich in Werksnähe. In der Nähe beider Gebirgsstandorte sank zwar die Bedeutung der Landwirtschaft, aber andere Gewerbe und Dienstleistungen profitierten von der neuen Kaufkraft. Aufstrebende industrielle Arbeitserfahrung wurde zu einem neuen Standortfaktor bei sinkender Abwanderung junger Menschen.

Auch in *Spanien* vollzog sich diese dezentralisierende Entwicklung, hier allerdings noch schneller und noch stärker von der Autoindustrie getragen. Die Übernahme der Autofabrik *Seat* durch *Volkswagen* führte zu neuen, modern und postfordistisch organisierten Produktionsstätten westlich Barcelonas in *Martorell*, zeitweilig mit 20 000 Arbeitsplätzen. Die früher teilweise erfolglos errichteten Gewerbegebiete im Norden Spaniens wurden jetzt zu willkommenen Standorten. In *Zaragoza* siedelte sich Opel an, in *Pamplona* Seat/VW, in *Valladolid* Renault und in *Vitoria* Mercedes. *Valencia* erschien interessant für ein großes Fordwerk.

Niedrige Lohnkosten und hohe Arbeitsqualität waren wichtige Standortkriterien. Fast alle Betriebe liegen in bisher industriearmen Regionen, sind technisch modern und arbeitssparend organisiert, gegenüber den Stammkonzernen weitgehend unabhängig und errichteten sich ihr eigenes System von Zulieferung und Entwicklungsforschung in räumlicher Nähe. Spanien wurde während des letzten Jahrzehntes zum drittgrößten Autohersteller und verfügt über die zweitwichtigste Zulieferindustrie für Autoteile Europas. 80 % der in Spanien verbauten Autoteile werden im Lande selbst produziert. Diese Tatsache zeigt, dass die moderne postfordistische Organisation wiederum in räumlicher Konzentration verläuft, aber an *neuen* dezentralen Standorten in Vergesellschaftung mit meist spezialisierten Kooperationspartnern. Sie schafft sich selbst weiter wachsende Umfelder, wie Wohngebiete, Schulen, Ausbildungsstätten, Versorgungseinrichtungen und Erholungsgebiete (Locke 1996).

Neue Standorte

Neue Firmen, meist im Bereich moderner *Hochtechnologie*, begannen die alten Industrieregionen mit ihren Agglomerationsnachteilen zu meiden. Aber an ihren neuen Standorten, z. T. in bisher ländlichen Gebieten, suchten sie dennoch wieder die räumliche Nähe zueinander, besonders in den Bereichen Forschung und Entwicklung und zur kostengünstigen gemeinsamen Nutzung von Versorgungs-, Infrastruktur- und Dienstleistungen. Es bildeten sich deshalb zwar dezentrale, gleichwohl konzentrierte Gemeinschaften moderner Industrie. Diese Neugründer planten und realisierten die für sie notwendigen Standortbedingungen selbst. Wichtig sind gute Beziehungen zu Forschungsstätten und regionalen Akteuren von Politik und Verwaltung. Die *räumliche Ordnung* dieser neuen Industrie ist zu umschreiben mit selbstständigen, kleinen und mittleren hoch spezialisierten Betrieben in enger Kooperation. In deren Gefolge setzten auch hier Verstädterung und sozialer Wandel ein.

Ein besonders wichtiges Beispiel dieser innovativen High-Tech-Entwicklung liegt zwischen *Nizza* und *Marseille* (Vaudour-Jouve 1997). Internationale Konzerne führen hier in engster Zusammenarbeit Niederlassungen der Weltraum- und Flugzeugtechnologie (z. B. Aérospatiale mit 7000 Beschäftigten in Marseille), Militärtechnik, Computerentwicklung, Meereswissenschaften in Verbindung mit Hochschulen, Forschungsinstituten und Technologieparks. Weitere entstanden auch nördlich und westlich von Marseille und der Rhônemündung (Pletsch 1997, S. 272). Die staatlich geförderten Standorte von Hochtechnologie, Medizin- und Biotechnik sowie Informatik in *Sophia Antipolis* bei Nizza/Cannes mit 1200 Unternehmen und 20 000 Beschäftigten der Kernbereiche (1999), das französische Silicon Valley, Montpellier (IBM mit 3500 Beschäftigten), Nîmes und Alès werden heute bereits als „route des hautes technologies" zusammengefasst (Abb. 61). Das äußere Bild dieser modernen Unternehmen hat nicht mehr die geringste Ähnlichkeit mit Betrieben in klassischen Industrieagglomerationen. Die enge Verflechtung von produzierenden und forschenden Aktivitäten, also die Verschmelzung der Wertschöpfung des sekundären und tertiären Sektors und dessen vielseitige Verbindungen zu den hier wachsenden Branchen von Banken, Versicherungen und einer breiten Tourismus- und Freizeitpalette weist auf die Zukunftsbedeutung dieses südeuropäischen „sunbelts" hin, der sich grenzüberschreitend von Südostspanien über Valencia, Barcelona, Südfrankreich, die ligurische Küste Italiens, die Lombardei (Mailand) einschließend mit einzelnen

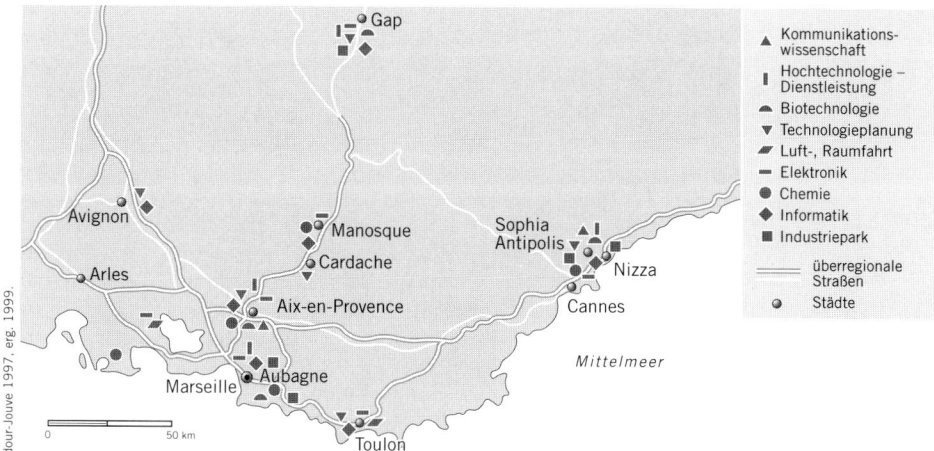

Quelle: Vaudour-Jouve 1997, erg. 1999.

Abb. 61: Technologieparks in Südfrankreich 1999: *Auch bei moderner Industrie fehlt der Trend zu räumlicher Konzentration nicht.*

Standorten als *„Romanischer Bogen"* bis Rom zieht (Joannon/Lees 1997; Europäische Kommission 1995, S. 199). In jüngster Zeit übernahm *Katalonien* eine besonders ausgeprägte Führungsrolle dieser High-Tech-Modernisierung. Etwa 2500 Weltkonzerne der unterschiedlichsten Branchen haben sich im letzten Jahrzehnt hier angesiedelt. Mit diesem Faktum preist die Regierung von Katalonien ihre Standortqualität an. Insofern ist dieser moderne Wirtschaftsraum der „Südpol" der zentraleuropäischen Wirtschaftsachse („Blaue Banane"), die sich längs Rhône und Rhein, Luxemburg, die Niederlande und Nordbelgien einbeziehend bis in den Südosten Großbritanniens erstreckt (Möller 1985).

Eine ähnlich innovative Entwicklung ist darin zu sehen, dass *Cannes* – neben seinen sonstigen bekannten Funktionen – zur Weltstadt der Kommunikation für *Immobilienmärkte* herangereift ist. Hier werden die höchstwertigen Grundstücke und Industrieflächen ganz Europas vermittelt, meist im informellen Kontakt. Insbesondere gelangen auch die durch Aufgabe alter Fabriken frei gewordenen Areale südeuropäischer Wirtschaftsmetropolen, wie Mailand, Madrid, Barcelona und Lissabon, zu neuen Eigentümern des sekundären, meist des tertiären Sektors. Darüber hinaus wird die Immobilienmesse Marché International des Professionnels de l'Immobilier (Mipim), die zu ihrem Dauerstandort Cannes gewählt

hat, von allen europäischen Stadtregionen zur Präsentation ihrer Standortvorteile genutzt, um zukunftsorientierte Unternehmen zur Ansiedlung zu gewinnen. Neben mediterranen werden hier begehrte Standorte in Frankreich, England und Deutschland angeboten.

Zur wichtigsten und erfolgreichsten Innovationsregion innerhalb des Mittelmeerraumes hat sich *Israel* entwickelt. Die Friedensschlüsse mit Ägypten und Jordanien erlaubten eine Reduzierung des Militärhaushaltes, vor allem aber die Konversion der weit vorangeschrittenen Militärtechnik im Bereich Elektronik, Softwareforschung und Hochtechnologie. Die freigesetzten, hoch qualifizierten Fachleute gründeten mit staatlicher Unterstützung Privatfirmen. Die Regierung richtete „Inkubatorenprojekte" ein, in denen für zwei Jahre Jungunternehmer mit nur 15% Eigenkapital ein High-Tech-Produkt ungestört zur Serienreife entwickeln und ausländischen Investoren präsentieren konnten. Die Zuwanderung aus der Sowjetunion führte seit Ende der 80er-Jahre zahlreiche hoch qualifizierte Techniker und Wissenschaftler von Weltrang nach Israel. Auch im Rahmen der eigenen Ausbildung liegt Israel mit Wissenschaftlern und Ingenieuren pro Einwohner an der Weltspitze. Der Staat fördert High-Tech-Projekte auf verschiedensten Ebenen, durch Langzeitdarlehen, Steuernachlässe, Imagepflege, Risikokapital und Finanzhilfen für Forschung und Entwicklung. Folge war die Genese einer breiten Gründermentalität. Der Pentium-Prozessor entstand großenteils in Israel, ebenso wie die Bildbearbeitungssysteme Elscint und Scitex, die MMX-Technologie, das Tecnomatix-CAD/CAM-System für Autoherstellungsverfahren und das Scitex-Farbdrucksystem. Das Ergebnis zeigt sich im hohen Anteil von High-Tech-Erzeugnissen am Export (40 %) insgesamt und in 80 % aller Industrieausfuhren. Alroi-Arloser (1999) kommentiert den Erfolg sinngemäß so: Jaffa-Apfelsinen fielen als Exportware hinter Java-Software weit zurück.

Israel ist heute eines der fünf führenden High-Tech-Länder der Erde. Nach den USA nimmt es den zweiten Platz in der Softwareentwicklung ein. Die großen Unternehmen der High-Tech-Branche wie Motorola, Intel, IBM, Microsoft, Siemens sehen in Israel wichtigste Quellen technologischer Innovation und gründeten hier Tochterunternehmen, Produktionsstätten und Forschungszentren. Die Deutsche Telekom ist mit 20 % bei Vocaltec beteiligt und vergab zahlreiche Entwicklungsaufträge an israelische Firmen. Die in diesen Industriebereich Israels geflossenen Auslandsinvestitionen stiegen von 1992 bis 1997 auf das Zehnfache (6,3 Mrd. DM). Intel baut gegenwärtig (2000) ein neues Werk in der Negev-Wüste. Das Zentrum der High-Tech-Industrie ist jedoch *Tel-Aviv*, wo sich das wichtigste innovative und kreative Milieu des östlichen Mittelmeerraumes entwickelt. Von ihm strahlen vielfältige Kooperationslinien und Innovationsimpulse weltweit aus. Damit zeigt die moderne industrielle Entwicklung, dass der Mittelmeerraum sich von einer marginalen zu einer Situation der *weltweiten Verflechtung* entwickelt hat und Teil der globalisierten Vernetzung ist (Daviet 1997).

Handwerksindustrialisierung und Industriedistrikte

Eine Art *Handwerksindustrialisierung* belebte auch alte Produktionsbranchen zu neuen *Industriedistrikten*. Italien liefert hier mit seinen klassischen Erzeugnissen Textil, Bekleidung, Leder, Möbel, Keramik vielfältige Beispiele.

Anlass waren der schnelle Nachfragewandel, die steigenden Ansprüche an hohen Qualitätsstandard und die zügige Anpassung der Produktion. Der Aufschwung kleiner und mittlerer Betriebe begann nach der großen Auseinandersetzung zwischen Unternehmern und Gewerkschaften Mitte der 70er-Jahre zunächst in der Lombardei und in Piemont. Danach griff die Expansion dieser industriellen *innovativen Milieus* auf den Nordosten Italiens, ferner auf Emilia-Romagna, auf die Toskana und sogar auf den Mezzogiorno über. Wichtige neue Standortkriterien waren nicht nur ökonomische Faktoren, sondern Vertrauen und Verlässlichkeit, Innovationspotenzial, Wissensweitergabe, Qualitätsstreben und ständig erneuerte, vielfältige Kooperationsbereitschaft. Die engen Kontakte mit Zuliefer- und Weiterverarbeitungsbetrieben machten auch abseits der alten Verdichtungsgebiete *räumliche Nähe* notwendig. Daraus entwickelten sich in Italien ca. 100 neue regionale Produktionsnetzwerke *außerhalb* der alten Ballungsräume mit etwa 1 Mio. Arbeitskräften, also 20 % der Beschäftigten des verarbeitenden Gewerbes. Diese neu entstandenen Industriedistrikte können nach Garofoli (1991, 1998) folgendermaßen definiert werden: Die hohe Unternehmensdichte basiert auf der räumlichen Nähe kleiner und mittlerer Unternehmen. Sie stellen Produkte der gleichen Sparte her oder sind daran durch Dienstleistungen, Kapitalbeschaffung, Logistik und Marketing beteiligt. Jeder Industriedistrikt umfasst oft mehr als 1000 hochspezialisierte Betriebe, die in flexibler Arbeitsteilung, aber auch in einem starken qualitätsfördernden Wettbewerb zueinander stehen. Auch die sozialen Umfelder sind entscheidend, die Bereitschaft der Beschäftigten zu hohem Engagement und ständigem Lernen. Der Erfolg des Distriktmodells liegt darin, dass die Vorteile *kleiner* Betriebe, also hohe Qualität und Fähigkeit zu schneller Reaktion auf Marktänderungen, und *großer* Unternehmen, vor allem sinkende Produktionskosten, kombiniert werden. Im Prinzip liegt ein Großkonzern vor, der in kleine, höchst anpassungselastische, aber stark getrennte Teilbereiche in räumlicher Nähe untergliedert ist. Es gibt nur keine darüber stehende Holding. Etwas vergröbert werden die Regionen mit einer Häufung dieser neuen Industriedistrikte als „Drittes Italien" bezeichnet (Brusco 1986; Goodman/Bamford 1989; Benko/Dunford 1991; Camagni/Salone 1993; Krumbein 1994; Pohl 1995; Loda 1997; Bathelt 1998; Maillat 1998). Hierfür einige Beispiele:

Die Provinz *Modena* ist heute eine der wohlhabendsten Provinzen Italiens. 4000 kleine und mittlere Betriebe für Strick- und Wollwaren entstanden hier in den letzten 20 Jahren, meist hoch spezialisiert, technologisch gut ausgestattet, arbeitsteilig, meist nur wenige Fertigungsschritte bearbeitend (Lazerson 1993; Bathelt 1998). Andere ehemalige Handwerksbranchen entwickelten sich zur Industrie, wie die Herstellung von Keramikfliesen, und erlangten weltweite Bedeutung. Auch Venetien und Friaul durchliefen eine Metamorphose vom Agrarland zur Prägung durch höchst leistungsfähige Industriedistrikte. In der Toskana lebten die alte Lederverarbeitung und Textilindustrie auf Grundlage jahrhundertealter Arbeitserfahrung, aber in modernem organisatorischen Verbund von sehr flexibel agierenden Klein- und Mittelbetrieben mit hohem Exportanteil wieder auf. Um 1960 hatte diese Entwicklung in *Prato*, nordwestlich von Florenz, bereits begonnen. Auch an der Ostküste Italiens entstand zwischen *Ancona* und *Pescara* ein dichtes Netz von zahlreichen, statistisch oft nicht

erfassten Miniunternehmen der Textil- und Lederbranche, deren Image, Umsatzwert und weltweite Absatzreichweite diejenigen der alten Großbetriebe gleicher Branchen im Nordwesten Italiens weit übersteigt. Auch in Süditalien, z. B. im alten Zentrum von *Neapel*, entstanden solche innovativen Milieus durch ständig marktangepasste Zusammenarbeit von Familien- und Heimbetrieben, im Grenzbereich zwischen Schattenwirtschaft und Großbetrieben (Wagner 1985, S. 73). Stützte man sich hier z. T. auf alte Traditionen, so wuchs in früher völlig peripherer Lage Apuliens zwischen *Matera* und *Tarent* seit 1980 ein dichtes Geflecht von Möbelindustrien, das den ländlichen Armutscharakter dieser Gebiete unerwarteterweise völlig umgestaltete. Von diesen abgelegenen Regionen hatte Carlo Levi 1960 geschrieben, Christus sei nicht bis hierher, sondern nur bis Eboli, knapp südlich von Neapel gekommen. Anlass der neuen Entwicklung war auch hier die Bildung eines innovativen und organisatorischen Milieus nicht von Großunternehmen, sondern durch kreatives Zusammenwirken von Kleinbetrieben, Geldgebern, Politikern, Bürgermeistern, ideenreichen Unternehmern und informellen Managern (Pyke et al. 1990; Signorini 1994; Telljohann 1994; Bergeron 1997).

Liberalisierung der Wirtschaft im Süden

Auch außerhalb der Länder mit älterer Wirtschaftsentwicklung besteht der Zwang zur Modernisierung der Industrie, ihrer Organisationsformen und zur Liberalisierung der Wirtschaftspolitik (Hopfinger 1996). Große Erfolge sind in dieser Hinsicht in Tunesien zu erkennen (Dlala 1994, 1997). Jahrzehntelang hatten Zollschutz und staatliche Reglementierung die tunesische Industrie vor dem Konkurrenzdruck des Auslandes geschützt. Seit Abschluss eines *Assoziierungsabkommens* mit der EU am 1. März 1998 werden auch die tunesischen Unternehmen schrittweise immer mehr dem Wettbewerb ausgesetzt und müssen deshalb ihren Leistungsstandard erhöhen. Bis zum Jahre 2006 fallen die bisherigen Handelsschranken weiter. Importe aus den EU-

Ländern werden dann zollfrei nach Tunesien gelangen. Entscheidend ist deshalb, dass die tunesische Industrie bis dahin ihre eigenen Innovationskräfte fördert. Ihre Erzeugnisse genügen zwar seit rund zwei Jahrzehnten den Anforderungen des eigenen Marktes (Importsubstitution), aber sie müssen zunehmend auch für den Export konkurrenzfähig werden. Diese Anpassung erfolgt seit einigen Jahren mit jährlichem Wirtschaftswachstum von ca. 4,5 % sehr erfolgreich, wenn auch viele ältere Industriebetriebe dabei aufgeben mussten. Sechs Voraussetzungen der Modernisierung bietet dieses Land bereits: *Ausländisches Kapital* kann frei in tunesische Unternehmen fließen. Die schon früher gute *Infrastruktur* wurde weiter verbessert (Telekommunikation, Straßen). Die *berufliche Ausbildung* zum Facharbeiterstandard, nach deutschem Vorbild organisiert, erzeugt adäquate fachliche Qualifikation. Die *Gewerkschaften* schwächten ihren Vorbehalt gegenüber fremden Einflüssen ab. Die Regierung *liberalisierte* das Bankensystem. Die Privatisierung von Staatsbetrieben (Phosphat, Raffinerie, Stahl, Fahrzeugbau, Nahrungsmittel) ist geplant. Davon macht die Weltbank die Gewährung von weiteren Krediten abhängig. Formen der *modernen Unternehmensführung* werden durch die an französischen Universitäten sehr gut ausgebildeten Führungskräfte eingeführt. Tunesien ist für ausländische Investitionen ferner wegen seiner politischen Stabilität, der klaren Rechtsverhältnisse, der guten Verwaltung und langen Maschinenlaufzeiten interessant. 1998 waren ca. 1500 Unternehmen aus Europa in Tunesien tätig mit ca. 300 000 Arbeitsplätzen für die rund 1,3 Mio. Beschäftigten des sekundären Sektors (1998).

Diese Vorteile haben bereits in der Vergangenheit trotz, vielleicht aber auch gerade wegen der geringen natürlichen Ressourcen zu einer positiven Wirtschaftsentwicklung geführt. Der Beitrag der Verarbeitenden Industrie zum Bruttoinlandsprodukt Tunesiens stieg von 12 % (1980) auf 21 % (1997). Auch die übrigen ökonomischen Indikatoren, wie Inflationsrate, Verschuldungsindex, sinkende natürliche Bevölkerungszunahme und Steuervergünstigungen, waren stets wachstumsfördernd. Die Einnahmen aus dem Tourismus halfen allerdings erheblich, weil sie eine meist positive Leistungsbilanz, die Summe aller außenwirtschaftlichen Güter- und Dienstleistungen, bewirkten (Englert 1997). Entscheidend ist ferner, dass Teilbereichen der tunesischen Industrie bereits der Sprung in einen neuen *Entwicklungszyklus* gelungen ist. Die Branchengliederung der Industrie Tunesiens ist heute nicht nur vielgestaltiger als um 1970, sondern ihr Schwerpunkt verlagerte sich auch von der traditionellen Lebensmittelindustrie auf leistungsfähige *Exportsparten*: Textil-, Bekleidungsindustrie, Elektrotechnik, Automobilzulieferung sowie Metall- und Kunststoffverarbeitung. Die Produktion erfolgt hier bislang hauptsächlich wegen der bis zu 50 % niedrigeren Herstellungskosten (Lohnveredelung). Die

Erzeugnisse vieler unter Zollfreiheit arbeitender Betriebe („Off-Shore-Unternehmen") gehen deshalb vorerst ausschließlich in den Export. Mit dem Engagement ausländischer Firmen gelangen jedoch viele technische und organisatorische Kenntnisse ins Land. Über 20 neue landesweit gestreute *Industriezonen* erlauben zukunftsweisendes betriebliches Management, unterschiedlichste Formen der Kooperation, Arbeitsteilung und Kosten sparende Exportlogistik. Dadurch stieg die Bereitschaft zu weiteren privaten Investitionen, auch zur Übernahme von unternehmerischen Risiken. Gleichzeitig verminderte sich die in anderen südlichen Mittelmeerländern noch verbreitete „Rentiermentalität", die auf sicheres, arbeitsloses Einkommen gegen Rohstoffexporte hofft und schöpferischer ökonomischer Eigenaktivität meist im Wege steht. Dieser wesentliche Teil des sozialen Wandels ist entscheidendes Kriterium für eine im Stadium der Modernisierung befindliche Industrie. Sie übernahm deshalb die *Vorbild*- und *Führungsrolle* nicht nur innerhalb des Maghreb, sondern für die meisten Länder Afrikas. Tunesien stellt deshalb wirtschaftlich heute bereits einen wichtigen Eckpfeiler des geplanten euro-mediterranen Wirtschaftsraumes dar.

Auch *Marokko* ist auf dem Wege der Wirtschaftsliberalisierung vorangeschritten und erreichte damit teilweise hohe jährliche Wachstumsraten. Allerdings blieben Schwankungen nicht aus, die partiell auf schlechte Ernten niederschlagsarmer Jahre zurückgingen. Die Wirtschaft konnte bislang ihren dualistischen Charakter zwar noch nicht abstreifen. Noch über 40 % aller Erwerbstätigen leben unmittelbar von der Landwirtschaft. Der Erfolg des produzierenden Gewerbes begann aber um 1990 mit verschiedenen von der Weltbank empfohlenen Maßnahmen zur *Stabilitätspolitik*, die das Haushaltsdefizit absenkten. Sein heute niedriger Wert ist für ein Entwicklungsland ebenso günstig wie das geringe Defizit bei der Leistungsbilanz. Sie profitiert von den Einnahmen aus dem Tourismus und den Geldüberweisungen der in Europa tätigen Gastarbeiter. Auch die Auslandsverschuldung konnte stark gesenkt werden. Die marokkanische Währung ist seit 1994 frei konvertierbar und die Gewinne der ausländischen Investoren können unbehindert ausgeführt werden. Folglich stieg das Interesse des Auslandskapitals aus Frankreich und Spanien an Standorten in Marokko. Das am 1. Januar 1997 in Kraft getretene Freihandelsabkommen mit der EU bildet ein wichtiges Sprungbrett für die gewerbliche Wirtschaft. Technische und soziale Infrastruktur konnten erheblich verbessert werden, einschließlich der Lieferung von elektrischem Strom aus Spanien und des Ausbaus der Wasserversorgung im Großraum Casablanca mit ca. 6 Mio. Einw. Ein Teil der 800 ehemaligen Staatsbetriebe ging an die Privatindustrie.

Betrachtet man die Palette der sich entwickelnden *Wirtschaftsbranchen* Marokkos, so fällt wie in anderen sich entwickelnden Ländern die Textilindustrie auf. Französische und spanische Firmen lassen hier kostengünstig produzieren. Daneben entstehen auch Betriebe der Elektrotechnik, Elektronik und Kraftfahrzeugmontage, z. B. durch Daewoo aus Südkorea und Fiat aus Italien. Neue Arbeitsplätze schufen in den vergangenen Jahren Nahrungsmittelhersteller, Banken, Baugesellschaften, Touristikunternehmen und die chemische Industrie, letztere mit Kapital aus Saudi-Arabien. Das industrielle Wachstum ist räumlich allerdings vorerst auf wenige Küstengebiete beschränkt. Die Großregion Casablanca – Mohammedia – Rabat – Salé – Kenitra bildet die Kernregion. Neu richtete man steuerbegünstigte Freihandelszonen in Tanger und in El Jorf Lasfar ein (200 km südwestlich Casablancas). In den übrigen Landesteilen bleibt der Anteil der modernen Industrie noch hinter den handwerklichen Gewerbesparten zurück.

Der innenpolitische Rahmen der Industrie wandelte sich mit der Ernennung von Yousouffi, einem Mitglied der Sozialistischen Union der Volkskräfte (USFP), nach dessen langjährigem Exil in Frankreich zum Ministerpräsidenten. Erste Prozesse der Demokratisierung und gesellschaftlichen *Liberalisierung* begannen und sollen unter dem neuen König Mohammed VI. seit 1999 verstärkt werden. Allerdings ist der Weg bis zu einer modernen Zivilgesellschaft noch weit, da die Oberschichten naturgemäß darauf achten, keine ihrer Einkommensprivilegien zu verlieren. Die vom König garantierte politische Stabilität bildet einen wichtigen positiven Standortfaktor für das Auslandskapital. Gleichwohl ist die Arbeitslosigkeit noch sehr hoch (25 – 30 %). Sie zwingt viele Menschen zur lebensgefährlichen Emigration über das Mittelmeer. Dennoch gilt die Wirtschaft Marokkos gegenwärtig (1999) als die liberalste und zum Weltmarkt am weitesten geöffnete der Volkswirtschaften aller arabischen Länder (Englert 1997).

Fasst man die Entwicklung in *Tunesien* und *Marokko* zusammen, so zeigen sich zwar in beiden Ländern noch starke Gegensätze zwischen modernen und traditionellen Wirtschaftszweigen. Aber die in vielen Bereichen vorangeschrittene Liberalisierung hat sich als entscheidender Motor der industriellen Entwicklung und der Zunahme ihrer Konkurrenzfähigkeit erwiesen. Trotz aller Hilfe von außen zeigen beide Staaten ein erhebliches Maß an *Eigenaktivität* und endogener Wachstumsfähigkeit. Hierin liegt ein wesentlicher Unterschied zu mehreren der Rentierstaaten im Nahen Osten.

Erdöl und Erdgas – Neue Grundlagen der wirtschaftlichen Entwicklung

Einen entscheidenden Impuls empfing die wirtschaftliche Entwicklung des Mittelmeerraumes durch die Entdeckung von Erdöl und Erdgas, deren Förderung in großem Maßstab unmittelbar nach dem Zweiten Weltkrieg begann, meist durch ausländische Ölgesellschaften. Italien (Erdgas) und Algerien (Erdöl) waren die Vorreiter, Libyen, Ägypten, Tunesien und Syrien folgten unmittelbar. Im gleichen Zeitraum begann die

Förderung in den hier nicht näher behandelten Regionen, in Saudi-Arabien, in den Golfstaaten sowie in Irak und Iran. Der sehr viel höhere Ertrag dieser Staaten sollte Wirtschaft und Politik des Mittelmeerraumes im weiteren Verlauf erheblich beeinflussen.

Aus den Abb. 62 und 63 ist der jeweilige *Förderumfang* von Öl und Gas der Anrainer des Mittelmeeres zu entnehmen. Während bei Erdgas Algerien stets die

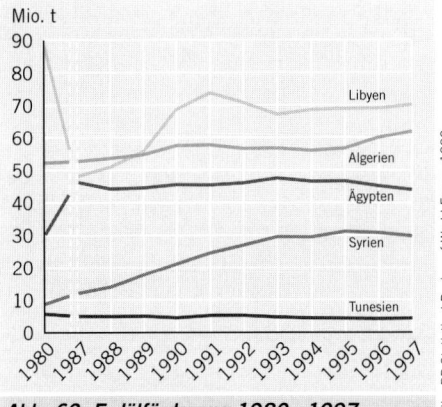

Abb. 62: Erdölförderung 1980–1997.

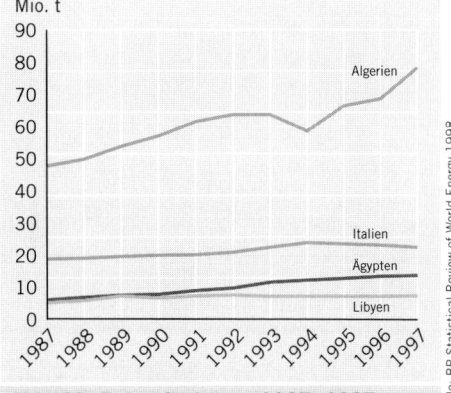

Abb. 63: Erdgasförderung 1987–1997.

Land	Anteil an der Weltförderung in %	Fördermenge in Mio. t	Reichweite[1] der Förderung in Jahren	Anteil an den Weltvorräten in %	Vorratsmenge in Mrd. t
Algerien	1,8	61,9	18	0,9	1,2
Tunesien	0,1	4,3	9	0,1	0,1
Libyen	2,0	70,2	55	2,8	3,9
Ägypten	1,3	43,9	12	0,4	0,6
Syrien	0,9	29,7	12	0,2	0,4
Italien	0,2	5,9	17	0,1	0,1
Mittelmeerraum	**6,3**	**215,9**		**4,5**	**6,3**
Zum Vergleich:					
Mittlerer Osten[2]	30,1	1 045,3	85	65,2	91,6[3]
Nordamerika/Mexiko	19,2	668,8	16	7,4	10,2
Zentral-/Südamerika	9,5	330,9	37	8,3	12,4
Russland	8,8	306,9	21	4,7	6,7
Europa	9,4	327,9	8	1,9	2,6

[1] Reichweite der Förderung bei jetzigem Förderumfang in Jahren.
[2] Reihenfolge nach Weltförderung: Saudi-Arabien 12,9 %; Iran 5,3 %; Vereinigte Arabische Emirate (VAE) 3,5 %; Kuwait 3,0 %.
[3] Reihenfolge nach Weltvorräten: Saudi-Arabien 25,2 %; Irak 10,8 %; Vereinigte Arabische Emirate (VAE) 9,4 %.

Tab. 14: Erdölförderung im Mittelmeerraum 1997.

Spitzenposition einnahm, wahrte Libyen bei der Erdölförderung seine Führung. Aber auch Ägypten folgte mit beachtlichen Mengen. So wichtig diese Rohstoffe für die einzelnen Staaten auch wurden, ihr Anteil an den *weltweiten* Werten liegt jedoch vergleichsweise niedrig (Tab. 14 und 15). Insbesondere hinsichtlich der nachgewiesenen Vorräte erreichen die Mittelmeerländer nur einen Anteil von knapp über 4 % bei Öl und Gas. Diese Tatsache macht deutlich,

dass der globale Preiskampf die kleineren Fördergebiete, zu denen die Staaten des Mittelmeerraumes gehören, benachteiligt. Der Mittlere Osten liegt mit 65 % und 33 % wesentlich weiter vorn. Aber diese Tatsache ist auch für den Mittelmeerraum politisch und wirtschaftlich von großer Bedeutung. Auch hinsichtlich der nach den heutigen technischen und ökonomischen Bedingungen errechneten Förderdauer von weniger als 20 Jahren sind die Vorräte an

Land	Anteil an der Welt-förderung in %	Förder-menge in Mio. t	Reichweite[1] in Jahren	Anteil an den Welt-vorräten in %	Vorrats-menge in Mrd. m³
Algerien	3,0	60,8[4]	55	2,6	3 700
Libyen	0,3	5,7	>100	0,9	1 300
Ägypten	0,5	10,6	66	0,5	800
Italien	0,9	17,5	15	0,2	300
Mittelmeerraum	**4,7**	**94,6**		**4,2**	**6 100**
Zum Vergleich:					
Mittlerer Osten[2]	7,5	150,1	>100	33,7	48 900[3]
N-Amerika/Mexiko	33,1	661,8	11	5,8	8 400
Zentral-/S-Amerika	3,9	78,9	70	4,4	6 300
Russland	23,9	477,9	85	33,2	48 100
Europa	12,4	247,7	20	3,8	5 600

[1] Reichweite der Förderung bei jetzigem Förderumfang in Jahren.
[2] Reihenfolge nach Welt-Förderung: Saudi-Arabien 2,0 %; Iran 1,9 %; Vereinigte Arabische Emirate (VAE) 1,8 %.
[3] Reihenfolge nach Welt-Vorräten: Iran 15,8 %; Katar 5,9 %; Vereinigte Arabische Emirate (VAE) 4,0 %; Saudi-Arabien 3,7 %.
[4] Öl-Äquivalente.

Tab. 15: Erdgasförderung im Mittelmeerraum 1997.

Quelle: BP Statistical Review of World Energy 1998.

Erdöl in den mittelmeerischen Fundgebieten eng begrenzt und zwingen zur intensiven Suche nach anderen Energie- und Devisenquellen. Etwas länger steht Algerien und Ägypten Erdgas zur Verfügung. Lediglich Libyen kann mit beiden Rohstoffen für längere Zeit rechnen. In allen Staaten des Mittelmeerraumes betreibt man zwar umfassende geologische Prospektionen, wie die Off-Shore-Gasfelder vor dem Nildelta zeigen. Das Absinken der Öl- und Gaspreise schließt jedoch immer mehr geringerwertige Lagerstätten aus. Die *Bedeutung* von Erdöl und Erdgas für den Süden des Mittelmeerraumes ist hier wie folgt zusammenzufassen:

1) Öl und Gas sind überwiegend für den Export wichtig. 1997 wurden von den 180 Mio. t in Nordafrika, also in Algerien, Tunesien, Libyen und Ägypten geförderten Erdöls 135 Mio. t ausgeführt, überwiegend als unverarbeiteter Rohstoff. Algerien schöpfte Mitte der 90er-Jahre 90 % seiner Devisen aus dem Export von Erdöl und Erdgas. Davon wurde etwa die Hälfte zur Abzahlung von Auslandsschulden sofort wieder abgezweigt. Trotz hohen Eigenbedarfs bilden auch in Ägypten Rohöl und seine ersten Verarbeitungsstufen mit knapp 50 % den größten Einzelposten am Exportvolumen. Die rückfließenden Devisen waren in der Vergangenheit im Sinne komparativer Kostenvorteile jedoch Grundlage für die Entfaltung vieler ökonomischer Aktivitäten am Nil. Aber der Preisverfall auf dem Weltmarkt bewirkt, dass bei gleich bleibenden Rohölexportmengen immer weniger Importgüter finanziert werden konnten (Verschlechterung der Terms of Trade). Der Außenhandelswert wird durch das seit Ende des Zweiten Weltkrieges entstandene Pipeline- und Tankerroutennetz dokumentiert, das die Lagerstätten mit den Exporthäfen, meist küstennahen Raffineriestandorten und den Verbraucherzentren verbindet (Abb. 64). Jüngstes Projekt ist der Bau einer Erdgasleitung aus dem Fördergebiet Hassi R'Mel in Südalgerien durch Nordmarokko, über die Straße von Gibraltar und durch Spanien bis zu den west- und mitteleuropäischen Gasnetzen.

2) Die Erdgas- und Erdölförderung sicherte auch den jeweils landeseigenen Bedarf an Energie durch den Versorgungsanschluss der Städte und ländlichen Siedlungen. Dabei wurde das Leitungsnetz randlich durch

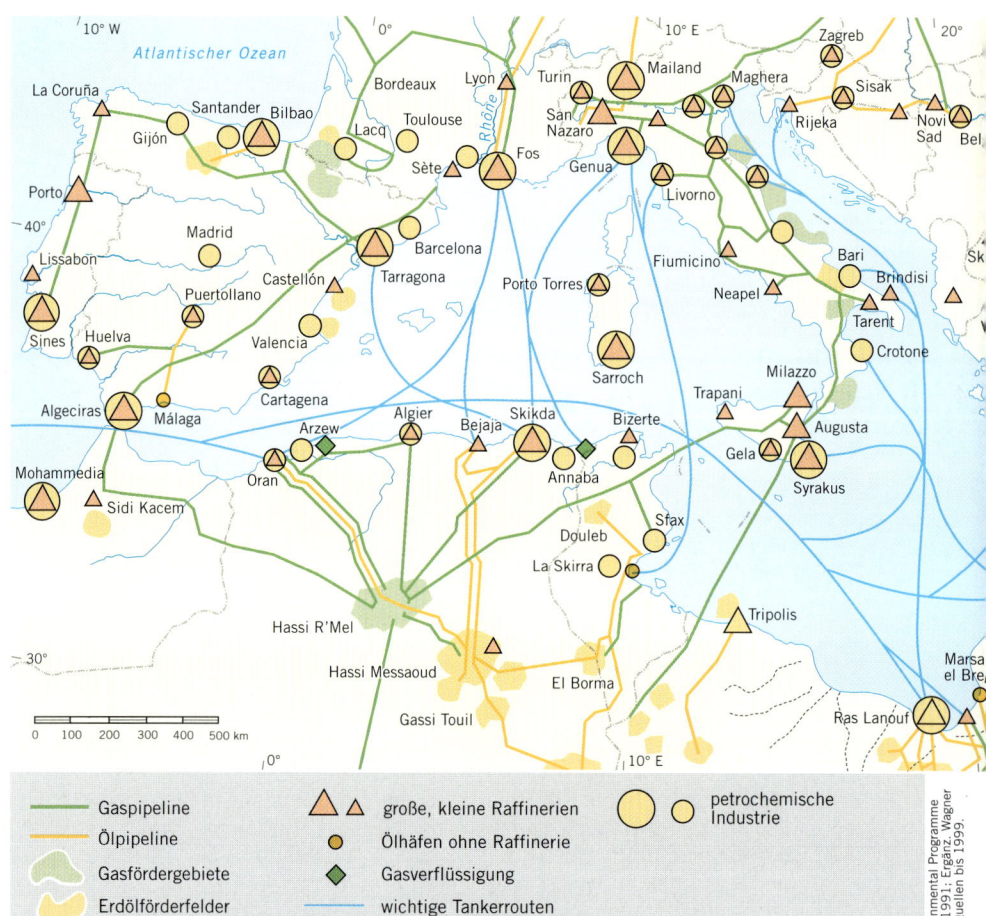

Abb. 64: Erdöl-, Erdgasförderung und Transportnetze 1998: *Die Karte zeigt die Beziehungen der Küsten des Mittelmeeres zueinander.*

Quellen: Environmental Programme 1990; Grenon 1991; Ergänz. Wagner aus aktuellen Quellen bis 1999.

Flaschengashandel erweitert, der auch die Haushalte in peripherer Lage erreicht. Die Errichtung zahlreicher Wärmekraftwerke mit Öl- oder Gasbasis hat nicht nur im Norden des Mittelmeerraumes, sondern auch in Nordafrika und im Nahen Osten für die flächenhafte, lückenlose Elektrizitätsversorgung aller Siedlungsgebiete, auch der saharischen Randbereiche, geführt. Auf dieser Energiebasis konnten sich zahlreiche traditionelle Handwerksbetriebe zu leistungsfähigen gewerblichen Unternehmen entwickeln und Zulieferfunktionen für größere Industriebetriebe übernehmen. Entscheidend ist dabei, dass in Nordafrika damit auch außerhalb der Städte dezentrale wirtschaftliche Entwicklungsimpulse mög-

lich sind. Ohne diese eigene Energiebasis wäre die industrielle Entwicklung im Süden nicht möglich gewesen.

3) Indirekt erlaubten die Devisenrückflüsse aus dem Erdöl- und Erdgasexport den Aufbau zahlreicher *Industrien.* Hierzu zählen die „industrialisierende Industrie" Algeriens ebenso wie die chemische Industrie in Tunesien und in Ägypten (Englert 1997; Côte 1997; Ibrahim 1996). Wie oben am Beispiel Algeriens bereits dargelegt wurde, wirkte das Petrokapital aber langfristig auch kontraproduktiv. Es gestattete zwar eine schnelle Errichtung von Fabriken und die Ausweitung industrieller Arbeitsmärkte unter Auslassung mehrerer Entwicklungs-

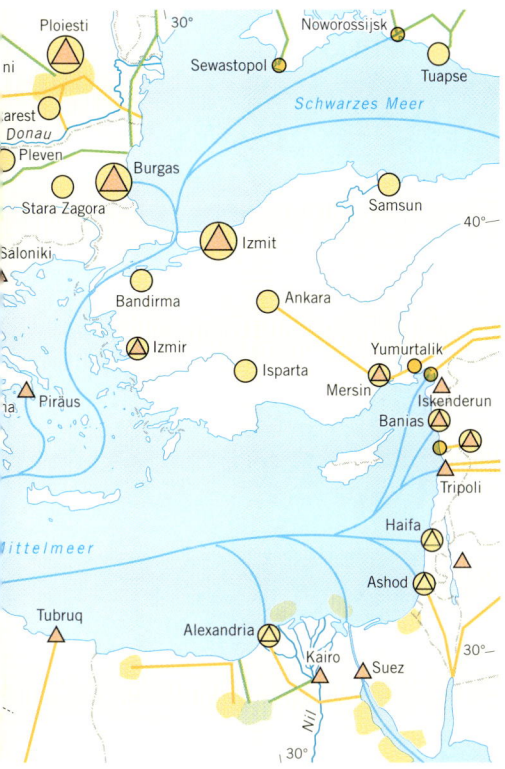

dazu notwendigen Leitungskader, sogar Fachkräfte der mittleren Ebene, mussten für viele Jahre aus Europa, vielfach aus Frankreich ins Land geholt werden.

Die starke *Abhängigkeit* von fremdem Know-how schuf vielfältige soziale und politische Probleme. Die grundlegende Enttäuschung über die nicht existenzsichernden Ergebnisse der *„importierten" Industrialisierung* dürften in Algerien und Ägypten eine wichtige Ursache für die fundamentalistischen Bewegungen und ihren Widerspruch gegen die Verwestlichung gewesen sein. In Tunesien sind die Gefahren einer zu starken Fremdbestimmung frühzeitig erkannt worden. Außerdem war das hier vorhandene breit gefächerte Kleingewerbe in der Lage, durch eigene Lernfortschritte kontinuierlich in industrielle Produktionsweisen hineinzuwachsen.

4) Eine weitere Wirkung der Öl- und Gasexporte ist in der *Kaufkraftzunahme* zu sehen. Das hohe Pro-Kopf-Einkommen in den Erdölexportländern zeigt diese Tatsache in weltweitem Vergleich. Der daraus resultierende hohe materielle Lebensstandard entspricht der aufwendigen Infrastruktur und den meist herausgehobenen Formen der Daseinsgrundfunktionen. Aber der Wohlstand dokumentiert nicht gleichzeitig auch einen hohen Stand der Entwicklung, weder in sozialer, noch in ökonomischer Hinsicht.

schritte. Aber dieser Entwicklung lagen keine eigenen Vorleistungen zugrunde. Vielmehr konnte man die notwendige Technologie, Maschinen und ganze Produktionsanlagen im Ausland kaufen. Auch die

„Rentenökonomien" –
Hinderungsgrund für eigenständige wirtschaftliche Innovation?

Das Vorhandensein von Rohstoffen muss nicht zwingend allgemeine ökonomische Entwicklung und speziell die Industrialisierung auslösen. Manche Länder des Nahen Ostens und des östlichen Mittelmeerraumes weisen trotz Ölreichtums Merkmale der Unterentwicklung auf. „Die Staaten des Vorderen Orients leben von den Renten, die das Erdöl nahezu ohne Gegenleistung abwirft – die einen mehr und direkt (ökonomische Renten), die anderen weniger und indirekt durch Zahlungen der Erdölförderstaaten (politische Renten) und Überweisungen der aus ihrem Lande stammenden Gastarbeiter (Migrantenrenten).

Dieses Rentensystem hat tiefgreifende Auswirkungen in politischer, wirtschaftlicher und sozialer Hinsicht und führte zu einem starken Staat ... Renten sind Einkommen, denen im Gegensatz zu unternehmerischen Gewinnen und Löhnen keine Investitions- und Arbeitsleistungen gegenüberstehen" (Beck/Schlumberger 1998, S. 128). In unterschiedlichem Umfang lassen auch Algerien, Tunesien, Libyen, Ägypten und Syrien rentierstaatliche Merkmale erkennen (Müller 1999).

Geldzufluss kann zwar Wohlstand bewirken, gleichzeitig aber auch die Entwicklung eigener Wirtschaftskraft verhindern.

Wie die oben beschriebene langfristig lähmende Wirkung des amerikanischen Goldes auf die Wirtschaft Spaniens im 16. Jahrhundert, löste in einigen Erdölländern der Rohstoffexport zwar einen im Verhältnis zur Bevölkerungszahl sehr großen Rückstrom an Kapital aus. Dafür wurden im Ausland Konsumgüter gekauft. Man brauchte sie nicht selbst zu erzeugen. Auch moderne Industrieanlagen und das zu deren Bedienung notwendige Fachpersonal konnten importiert werden. Aber es entfiel der an sich fruchtbare Zwang, das gewerbliche, technische und industrielle Know-how selbst zu entfalten. Damit wäre auch der soziale Wandel, wenn auch langsam, so doch konfliktärmer abgelaufen. Dieser würde die Änderung der Verhältnisse bewirken, die Voraussetzung für einen gleichmäßigen Rentenzufluss sind. Besonders diejenigen der arabischen Staaten, die über wenig eigene Ölförderung verfügen, sehen sich im Interesse der Weitergewährung von Unterstützungen (politische Renten) seitens der Öl- und Industrieländer zu Wohlverhalten veranlasst. Diese Haltung schließt die Wahrung des gesellschaftlichen und politischen Status quo ein und hemmt soziale und politische Liberalisierung. Beide wären jedoch entscheidende Grundlage für einen *eigenständigen* Industrialisierungsprozess.

Um an diesem Rentenstrom teilzuhaben ist für den einzelnen Bürger ebenfalls nicht seine persönliche Arbeitsleistung maßgebend, sondern seine soziale Position im hierarchischen Gefüge von Gesellschaft und Staat. Viele sind deshalb bestrebt, das individuelle „Rent-Seeking" zu verbessern. Denn: Die Administration gibt die eingenommenen Renten an die Mitglieder der verschiedenen Gesellschaftsschichten entsprechend deren Rangunterschieden weiter, und zwar als Gehälter, Privilegien oder allgemein als Subventionen, z. B. für niedrige Brotpreise. Dadurch wird das gesellschaftliche System stabilisiert. Leistung und Innovationsfähigkeit waren bislang keine Berechtigung für sozialen Aufstieg. Sozialer Wandel und politische Liberalisierung würden die bewährte Ordnung sogar destabilisieren. Solche Wirtschaftssysteme bezeichnet man als *Petrolismus* oder, wie bereits mehrfach angeführt, als *Rentierstaatssystem*. Ihre

stärkste Ausprägung erlangten sie in den Golfstaaten. In Kuwait, Saudi-Arabien und auch in Libyen wird die Dominanz der Erdölrente und des Staates als weitgehend noch ungebrochen angesehen, obwohl ein Umdenken angesichts der niedrigen Erdölpreise gegenwärtig erkennbar wird.

In anderen Ländern hängt die Öffnung für *unternehmerische Initiativen* und Eigenentwicklung vom Verhältnis der Renteneinkommen zum Ertrag aus eigener wirtschaftlicher Tätigkeit ab, z. B. vom Tourismus oder von Güterexporten (Beck/ Schlumberger 1998). Hierzu zählen die östlichen und einige der südlichen Mittelmeeranrainer, da ihre Erdgas- und Erdölressourcen begrenzt sind. In Erkenntnis der knappen Ölvorräte bemühen sie sich um die eigenständige Entwicklung ihrer Wirtschaft, um Liberalisierung, um Öffnung der alten Sozialstrukturen, um Leistungsbewusstsein durch Angebote von Bildung und beruflicher Qualifizierung der jüngeren Bevölkerungsgruppen. Selbst in *Algerien* liefen Rentenzuflüsse und Förderung eigenaktiver Wirtschaftskräfte immer parallel. Das rohstoffärmere *Tunesien* war seit der Unabhängigkeit noch stärker darauf angewiesen, Gewerbe und Industrie weitgehend selbstständig zu entwickeln, was erfolgreich gelang. Eine besondere Art von politischem Rentiersystem ist in *Palästina* erkennbar: Das Entstehen dieses Staates scheint gegenwärtig noch voll von externen finanziellen und politischen Zuwendungen abhängig zu sein. Die eigenen kreativen, unternehmerischen Aktivitäten sind jedoch schon in Sicht. Nähere empirische Untersuchungen in Palästina zeigten deshalb, dass das „Rentier-Modell" zur Erklärung von sozialökonomischen Entwicklungswegen nicht ausreichend ist (Lindner 1998, 1999). Vielmehr sind die kulturspezifischen Impulse des wirtschaftlichen Handelns zu berücksichtigen. Jüngere Untersuchungen machten deutlich, dass in *Jordanien*, das von vielen traditionellen Charakteristika eines „Rentier-Staates" (Entwicklungshilfe, Gastarbeitertransfers) gekennzeichnet ist, seit Beginn der gesellschaftlichen Liberalisierung eigenständige Unternehmeraktivitäten durch betriebliche Kooperationen mit Auslandsfirmen kräftige Entwicklungsimpulse ausgelöst haben (Kopp/Riedel 1998).

NATURRAUM: UMWELTDEGRADIERUNG UND REGENERATIONSPOTENZIAL

Bild 40: Macchienbrand auf Korsika: *Die Feuerfront springt nach Entzündung der Gase, die sich in Flammennähe aus den aromatischen Ölen der Blätter und Äste gebildet haben, meterweit voran.*

Überblick

■ Das subtropisch-wechselfeuchte *Klima* des Mittelmeerraumes mit Sommertrockenheit und Regen zwischen Herbst und Frühjahr birgt durch die räumlich unterschiedliche Mengenverteilung der Niederschläge und ihre nach Süden zunehmende Abweichung vom langjährigen statistischen Mittelwert hohe *Risiken* für den Landschaftshaushalt.

■ Der terrestrische *Wasserhaushalt* bildet einen zweiten Engpass, weil die Effizienz der Niederschläge durch Verdunstung und anthropogen beschleunigten Oberflächenabfluss stark reduziert wird. Zusätzlich wird er durch Bevölkerungszunahme, geändertes Konsumverhalten und Tourismus belastet.

■ Die *Vegetation* unterlag seit Beginn der Besiedlung starker Veränderung. Ihre heutige Zusammensetzung ist jedoch nicht eine optimal angepasste Endform, sondern wird durch intensive Degradierung weiter reduziert.

■ Prozesse der *Landdegradierung* folgen der Vegetationszerstörung. Verschiedene Formen von Raubbau führten zu großflächiger Störung und Zerstörung der Regenerationsfähigkeit des Landschaftshaushaltes.

■ Für die Zukunft des Mittelmeerraumes ist es von entscheidender Bedeutung, dass das empfindliche marine Ökosystem keiner weiteren Belastung ausgesetzt wird.

Klima – Übergreifend und differenzierend

In den vorangegangenen Kapiteln zur historischen Entwicklung, Verstädterung und aktuellen wirtschaftlichen Dynamik wurden bereits Fragen anthropogener Eingriffe in die *natürliche Landschaft* und deren empfindliche Ökosysteme berührt. Nachfolgend werden deshalb die wichtigsten physisch-geographischen Grundlagen und deren Empfindlichkeit gegenüber menschlicher Nutzung analysiert: Klima, Wasserhaushalt, Vegetation, Relief, die geoökologischen Regelkreise sowie das marine System Mittelmeer. Im Vordergrund steht dabei, die *Chancen*

und *Risiken* zu erläutern, die das natürliche Potenzial bietet. Damit wird zur Behandlung der Landwirtschaft im nächsten Kapitel übergeleitet.

Zu Beginn ist ein Blick auf die *großräumliche Einordnung* zu richten. Die subtropischen Winterregengebiete der Erde konzentrieren sich auf schmale Gebiete an den Westseiten und Südflanken der Kontinente. Lediglich im europäisch-nordafrikanisch-vorderasiatischen Raum reicht das subtropische Wechselklima, der Witterungskontrast zwischen sommerlicher Trockenheit und Re-

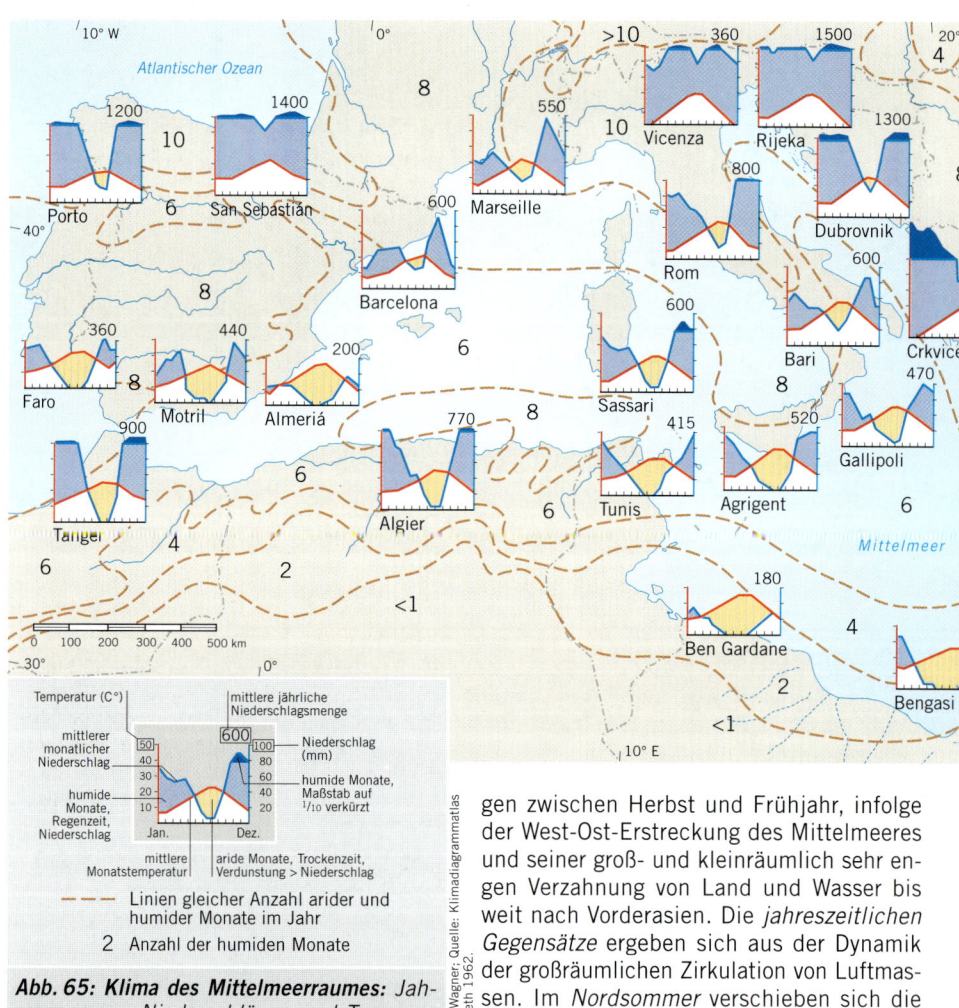

Abb. 65: Klima des Mittelmeerraumes: *Jahresgang von Niederschlägen und Temperatur sowie Zahl der humiden Monate.*

gen zwischen Herbst und Frühjahr, infolge der West-Ost-Erstreckung des Mittelmeeres und seiner groß- und kleinräumlich sehr engen Verzahnung von Land und Wasser bis weit nach Vorderasien. Die *jahreszeitlichen Gegensätze* ergeben sich aus der Dynamik der großräumlichen Zirkulation von Luftmassen. Im *Nordsommer* verschieben sich die Klimazonen über den Äquator mit der Innertropischen Konvergenz (ITC) nach Norden.

Den Mittelmeerraum überzieht deshalb bis auf seine nördlichsten Bereiche eine gleichmäßige Luftbewegung, die vom Azorenhoch, das im Sommer weit nach Osten reicht, sowie den ausgedehnten Hitzetiefs über der Sahara und über Vorderasien gesteuert wird. Besonders über dem östlichen Mittelmeer entwickeln sich dadurch konstante Windströmungen aus nördlicher Richtung, die Etesien, welche in den nach Nordafrika gerichteten Nordost-Passat übergehen. Diese Luftmasse ist weitgehend stabil geschichtet, sehr trocken, löst Wolken auf, überführt Reste eingedrungener Feuchtigkeit in einen gasförmigen Zustand und sorgt so für lang

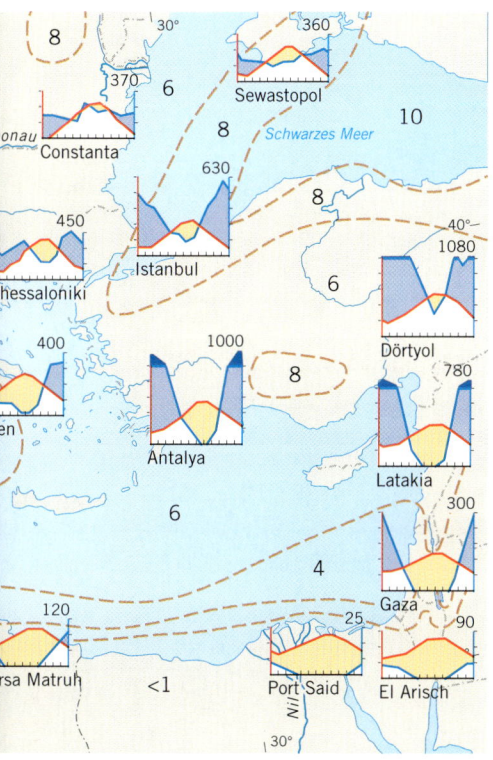

anhaltende, strahlungsreiche Trockenheit und hohe Temperaturen im Sommer.

Im *Herbst* und *Winter* verlagern sich weltweit die Klimazonen wieder nach Süden. Den Mittelmeerraum erfassen von Norden nach Süden fortschreitend die vom Atlantik eindringenden feucht-maritimen Luftmassen. Sie dringen oft in wenigen Tagen bis in den Osten vor und führen große Tiefdruckgebiete heran. Der südliche, meist

stark mäandrierende Saum dieser Westwinde, die planetarische Frontalzone, prallt auf die nach Süden zurückweichenden trockenen Passate. Da beide Luftmassen physikalisch sehr unterschiedlich sind, entstehen in diesem Kontaktbereich viele kleine und größere Turbulenzen, aufsteigende, sich schnell abkühlende Luftmassen und somit zahlreiche regenbringende Zyklonen.

Atlantische Tiefs entstehen im Golf von Biskaya und bei Gibraltar. Die westmediterranen Zyklonen bilden sich über den Balearen, dem Golf von Lion und dem Golf von Genua. Sie ziehen zusammen mit der feuchten Atlantikluft durch den Mittelmeerraum ostwärts (Vb-Wetterlage) bis in den nördlichen Balkan und nach Südosteuropa, wo häufig lang anhaltende Regenfälle großflächige Überschwemmungen verursachen. Im Laufe von Herbst und Winter dringt die atlantische Westwinddrift weiter nach Süden bis Nordafrika vor, schwächt sich jedoch ab. Auch in west-östlicher Richtung schwindet die Intensität der regenreichen Westwinde. Über der Sahara entwickeln sich im Winter Tiefdruckgebiete, die mit weiteren Tiefs über der Syrte und dem östlichen Mittelmeerraum in Verbindung stehen.

Versucht man, die klimatische Dynamik über dem Mittelmeerraum zu charakterisieren, so fällt zunächst der jahreszeitliche *Temperatur*unterschied zwischen trockenwarmen Sommern und kühlen Winterhalbjahren auf. Thermisch bedingt ist auch die innerhalb des Mittelmeerraumes nach Südosten zunehmende *Kontinentalität*. Dem maritimen Typ im atlantischen Saum (Portugal) stehen große Temperaturschwankungen zwischen Winterkälte und Sommerhitze in den kontinentalen und hochkontinentalen Regionen (Ostanatolien) im Osten gegenüber. Noch entscheidender ist die jahreszeitliche Verteilung der *Niederschläge*. Sie verursacht die *Saisonalität* von Oberflächenabfluss, Grundwasser, Vegetation, Landwirtschaft und verschiedenen außeragrarischen Wirtschaftszweigen (Tourismus). Die zeitlich-räumliche klimatische Differenzierung des Mittelmeerraumes kann an fünf Indikatoren erläutert werden:

1) Abb. 65 zeigt den *Jahresgang* des Klimas im Mittelmeerraum insgesamt anhand repräsentativer Klimastationen und lang-

jährig gemessener Monatsmittelwerte von Temperatur und Niederschlag. Da das Temperaturmaximum im Sommer und die höchsten Regenmengen zwischen Herbst und Frühjahr liegen, schneiden sich die beiden Kurven der Diagramme. Die hellblauen Flächen erfassen die humiden Monate, in denen mehr Regen fällt als verdunsten kann. Die dazwischenliegende gelbe Fläche kennzeichnet die Länge der trockenen (ariden) Periode. In dieser Zeit ist die potenzielle Verdunstung temperaturbedingt höher als die Niederschlagsmenge. Die Länge der sommerlichen Trockenzeit nimmt innerhalb des Mittelmeerraumes von Nordwesten nach Südosten zu. Während in San Sebastián ganzjährig Regen fällt, sind im Norden Ägyptens 12 Monate arid. Die über die Karte gelegten Linien zeigen die Abnahme der Zahl der humiden Monate (Isohygromenen) und damit den entscheidenden klimageographischen Nordwest-Südost-Gegensatz. Die in dieser Richtung zunehmende Trockenheit korrespondiert mit der entsprechend steigenden Gesamt-Verdunstung, der Evapotranspiration (Abb. 66).

2) Die *Niederschlagsmaxima* liegen im Norden des Mittelmeerraumes im *Herbst* und *Frühjahr*. In diesen Monaten liegen die Wachstumsphasen der Vegetation und der Landwirtschaft. Das vorübergehende Absinken der Niederschläge im Mittwinter des nördlichen Mittelmeerraumes resultiert aus der Fernwirkung eines länger über Mitteleuropa liegenden Hochs, das die feuchten Westwinde vom Atlantik blockiert und weit in den Süden abdrängt. Sie verursachen dort die typischen *Winterregen* mit Maxima im Dezember und Januar.

3) Die Summe des Niederschlags nimmt von Nordwesten nach Südosten ab. Dadurch werden in dieser Richtung die Chancen der Landwirtschaft mehr und mehr eingeengt. Allerdings unterliegen die Regenmengen starker Modifizierung durch das Relief. Die Staulagen an den Gebirgen und Hochgebirgen, fast zwei Drittel der mediterranen Festlandfläche, lassen die Niederschläge an der kantabrischen Küste Nordspaniens auf bis zu 3000 mm pro Jahr, im Süden Dalmatiens und in Montenegro sogar auf etwa 4500 mm (Station Crkvice), in den maghrebinischen Gebirgen Nordafrikas auf bis zu 1500 mm ansteigen. Deshalb liegen im Mittelmeerraum feuchte und dürregefährdete Gebiete oft sehr nahe nebeneinander, z. B. die regen- und schneereiche Sierra Nevada und das fast halbwüstenhafte Küstengebiet von Almería (200 mm Niederschlag).

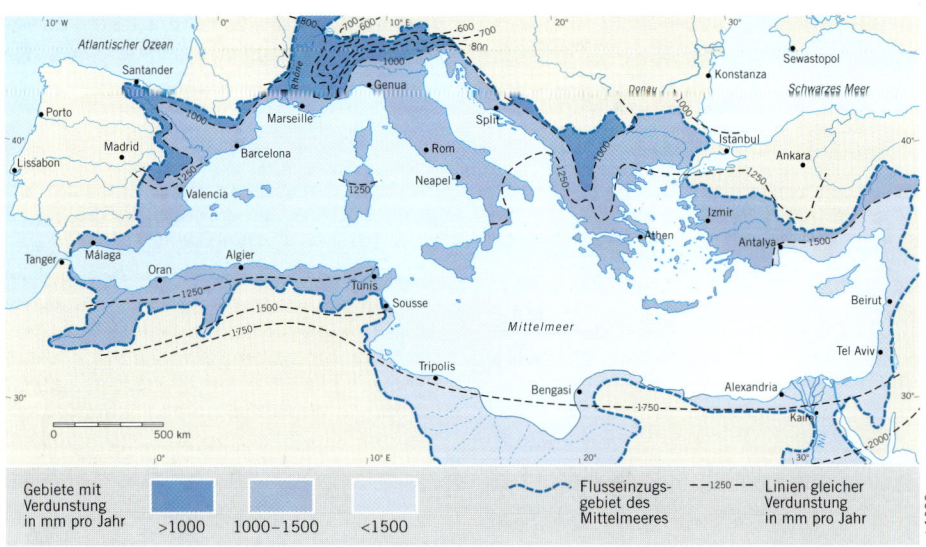

Abb. 66: Potenzielle Verdunstung im Mittelmeerraum: *Räumliche Differenzierung ihrer mittleren Werte in mm pro Jahr im Flusseinzugsgebiet des Mittelmeeres (Evapotranspiration).*

Quelle: Margat 1992.

4) Im Norden fallen die Niederschläge über eine längere Zeitspanne verteilt. Nach Süden konzentrieren sie sich mehr und mehr auf *Starkregen* (torrentielle Regen). Sie fallen in kurzer Frist mit hoher Menge und auf kleinen Flächen, können nur schlecht versickern und fließen deshalb schnell über die Bodenoberfläche ab. Dabei entfalten sie eine hohe Erosionskraft, besonders bei geringer Vegetationsdichte, an steileren Hängen oder in abtragungsanfälligem Boden- und Gesteinsuntergrund. Hierin ist ein entscheidendes *potenzielles natürliches Risiko* zu sehen, das durch anthropogene Eingriffe, z. B. Vegetationszerstörung oder Ackerbau, noch verschärft wird.

5) Ein noch größeres natürliches Risiko folgt aus der nach Süden und Südosten zunehmenden *Unsicherheit* der Niederschlagsereignisse. Diese Variabilität nimmt im Nord-Süd-Profil von 5 % bis auf 35 % zu. Um diesen Betrag schwanken die tatsächlich fallenden Regenmengen von Jahr zu Jahr, lassen die Erträge des Feldbaus entsprechend absinken und setzen die natürliche Vegetation trotz physiologischer Anpassung erheblichem Trockenstress aus. Abb. 67 zeigt die Niederschlagsschwankungen von Catania 1921–1970 (Gerold 1979). In 15 von 40 Jahren gab es deshalb in Ostsizilien erhebliche Missernten. In Israel ist es allerdings gelungen, Getreidesorten zu züchten, die auch mit 200 mm Regen noch rentabel angebaut werden können.

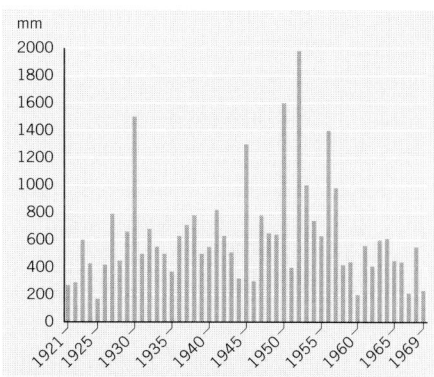

Quelle: Gerold 1979.

Abb. 67: Niederschlagsschwankungen der Station Catania, Sizilien, 1921–1969: Angaben in mm pro Jahr. Jahresmittel 740 mm, mittlere Abweichung 35 %.

Gravierend ist ferner, dass im Süden oft mehrere niederschlagsarme Jahre aufeinander folgen. In diesen *Trockenperioden* kann das verbrauchte Grundwasser nicht erneuert werden. Selbst die als Überjahresspeicher angelegten modernen Stauseen fallen dann trocken. Das Risiko der starken Niederschlagsschwankungen betraf historisch, wie im nächsten Kapitel näher dargelegt wird, besonders die kleineren Betriebe mit Trockenlandwirtschaft und die Pächter, die trotz schlechter Ernte gleich bleibend hohe Pachtgebühren entrichten mussten und deshalb in teilweise generationenübergreifende Schuldknechtschaft absanken.

Terrestrischer Wasserhaushalt

Ein Teil der tatsächlich fallenden Regenmengen verdunstet sofort, bevor die größere Menge in den *Oberflächenabfluss* und in das *Grundwasser* gelangt. Der terrestrische Wasserhaushalt wird durch Relief und geologischen Untergrund quantitativ und räumlich differenziert, ferner durch die örtliche, potenzielle Verdunstungshöhe, die Größe des Einzugsgebietes für Oberflächenwasser, die Hangneigung, den Grad der Vegetationsdichte, die Eigenschaften des Bodens zur Aufnahme von Sickerwasser und die im Zeitablauf sich ändernde Speicherfähigkeit. Diese Prämissen erklären die wichtigsten Flusstypen, die Prozesse der Oberflächenformung, also der Morphodynamik, wichtige Grundzüge der Degradierung der Böden und Ökosysteme, den Jahresgang des Grundwasserangebotes für die künstliche Bewässerung und einen Teil der Beschaffungstechniken zur Wassernutzung. Darüber hinaus zwang der terrestrische Wasserhaushalt die Menschen seit frühhistorischer Zeit, seinen Jahresgang genau zu erkunden, ihn sparend und effizienzsteigernd zu nutzen und somit zu großen kulturellen Leistungen zu gelangen.

Oberflächenabfluss – Räumliche Unterschiede

Entsprechend der oben erwähnten Modifikatoren kann der festländische Wasserhaushalt nach Formen des Oberflächenabflusses differenziert werden. Sie gliedern sich in *fünf* Gruppen.

1) Zuflüsse aus klimatisch humiden Gebieten:

Große Ströme kommen von außerhalb des Mittelmeerraumes. Hierzu zählen Rhône, Donau, Dnjestr, Bug, Dnjepr und Don. Hydrogeographisch kann der Mittelmeerraum nicht ohne die Gebiete um das Schwarze Meer betrachtet werden. Der Jahresgang dieser Flüsse wird von einer humid-atlantischen oder humid-kontinentalen, ganzjährigen Niederschlagsverteilung bestimmt. Der Nil erreicht das Mittelmeer als Fremdlingsfluss nach einer Laufstrecke von ca. 6600 km durch Feucht- und Trockensavannen sowie Wüstengebiete. Sein erstes Quellsystem liegt im ostafrikanischen Hochland und erhält nach Durchfließen der Sumpfflächen des Sudd im Süden Sudans

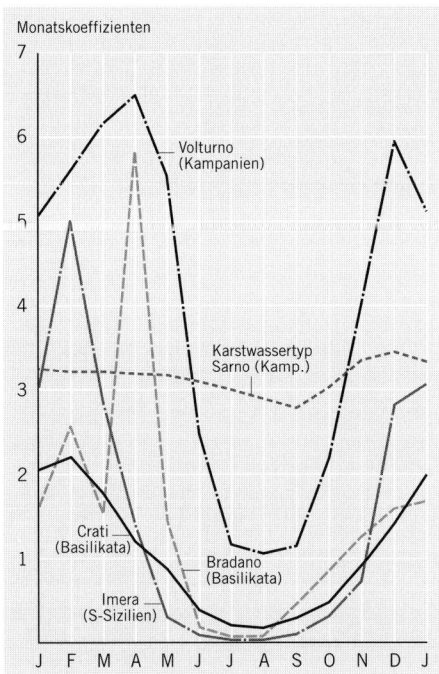

Abb. 68: Abflussrhythmen periodischer Torrenten in Süditalien.

Quelle: Wagner 1991.

eine relativ ausgeglichene Wasserführung, ein zweites in Äthiopien mit starken, monsunalen Sommerregen in hoher interannueller Variabilität, welche die ausgeprägte Saisonalität des Stromes mit Abflussspitzen zwischen August und Oktober bestimmen. Der Bau des Assuanstausees führte zwar zu einer besseren Verteilung der Abflussquerschnitte im Jahresgang, minderte jedoch die ins Mittelmeer mündende Wasserspende entscheidend und löste weitere Nachteile aus (Ibrahim 1996, S. 63; Margat 1995).

2) Ganzjährige Wasserführung:

Die Einzugsgebiete der mittelmeerischen Flüsse sind mit Ausnahme der Iberischen Halbinsel meist relativ klein. Hier wirkt sich die tektonische Zersplitterung des Mittelmeerraumes während des Tertiärs und die Kleinkammerung seiner Festlandflächen aus. Die ganzjährig längsten Flussläufe konnten sich auf der Iberischen Halbinsel entwickeln, gespeist von den im atlantischen Saum oder in den Pyrenäen hohen Niederschlagssummen. Jahreszeitlich ausgeglichenen Charakter hat auch das Flussnetz des Po in Oberitalien, dessen nördliche, alpine Seitenarme infolge der Schneeschmelze frühsommerliche Maxima beisteuern, während die südlichen Zubringer nur im Herbst und Frühjahr Wasser liefern. Fast ganzjährig fließende Gewässer entspringen in den Hochgebirgen Nordafrikas. Hierzu zählt das Flusssystem der Medjerda in Nordtunesien. In ihrem Einzugsgebiet verzögern die hier noch dichten Wälder den Abfluss, sodass auch im Sommerhalbjahr noch eine beachtliche Wassermenge dem Unterlauf zuströmt.

3) Karstwasserhaushalt:

Zu den ganzjährig aktiven Flusssystemen gehören auch diejenigen, die aus Karstquellen gespeist werden (z. B. Sarno in Abb. 68), da das unterirdische Einzugssystem gegenüber dem Niederschlagsjahresgang ausgleichend wirkt. Die Karstquellen bieten seit der Antike gute Voraussetzungen für künstliche Bewässerung von Agrarflächen in den Küstenebenen, da gerade während der trockenen Sommermonate eine ausreichende Wasserspende zur Verfügung steht. Das bedeutendste Beispiel für diesen Landschaftstyp ist die küstennahe Kulturlandschaft Kampaniens im Umkreis des Vesuv.

4) Periodische Wasserführung:
Die meisten der übrigen Flüsse sind nicht nur wesentlich kürzer, sondern ihr Fließverhalten unterliegt auch einem *jahreszeitlichen Rhythmus* in enger Abhängigkeit vom Niederschlagsgang. Nach Süden zu wird der Oberflächenabfluss infolge geringer werdender Vegetationsbedeckung und sich abschwächender Versickerungsrate immer schneller. Die starke Wasserführung und hohe Erosionsgefahr unterstreichen die mediterranen Bezeichnungen dieser periodischen, turbulenten Abflüsse: torrenti, arroyos, ramblas, bajados. Schon bald nach dem Ende der Regenzeit, in den frühen Sommermonaten, liegen die Talsohlen bereits wieder trocken. Nur ein Restgerinne findet sich in den Tiefenlinien zwischen den umgelagerten Schotterfächern. Die Kiesfelder nutzt man zur Gewinnung von Baumaterial, vielfach landet hier im Vertrauen auf regenzeitliche Entsorgung auch jede Art von Müll. Kurz nach den ersten herbstlichen Starkregen steigt der Abflussquerschnitt innerhalb weniger Tage abrupt an und kann bei Überschreiten der schützenden Steilufer zu verheerenden *Hochfluten* führen, die Siedlungen zerstören und jedes Jahr im Mittelmeerraum Menschenleben fordern.

5) Episodische Wasserführung:
In allen semi-, subariden und ariden Klimagebieten im Süden nehmen die *episodischen* Abflussrhythmen zu. Oft findet mehrere Jahre wegen zu geringer Niederschläge keine sichtbare Wasserführung auf dem Talboden der Wadis statt. Dabei ist allerdings nicht von genereller Wasserlosigkeit solcher Täler auszugehen. Das hygrische Geschehen liegt im oberflächennah fließenden *Grundwasser*. Vor Verdunstungsverlusten hier weitgehend geschützt, bieten die kies- oder sandreichen Sohlen auch nach längeren Perioden regenarmer Jahre noch Wasserreserven. In geschickter Anpassung hat der Mensch gelernt, diese Potenziale durch spezifische Entnahmetechniken zu nutzen. Brunnengalerien, unterirdische Wassersammelkanäle oder Querdämme, um das Bodenwasser an die Oberfläche zu zwingen,

oder landwirtschaftlicher Anbau direkt auf dem Talboden sind nur einige Möglichkeiten der vielseitigen Grundwassernutzung.

In den semi- und subariden Gebieten im südlichen Teil des Mittelmeerraumes sowie in den Übergangsregionen zum ariden Klima mit mediterranem Niederschlagsgang kommt es deshalb häufig zu exzeptionellen *Hochwasserkatastrophen*. Spitzenabflüsse dieser Art erreichen nicht selten die zehnfache Menge der normalen episodischen Querschnitte. Sie verursachen nicht nur große Schäden in der Kulturlandschaft und fordern viele Menschenleben; sie verändern durch Abtragung, Erosion und Umlagerung auch größere Reliefbereiche (Mensching et al. 1970; Gießner 1990).

Die Darstellung der räumlichen Differenzierung des Oberflächenabflusses ist durch einen Hinweis auf die historische Veränderung der Abflussregime seit der Antike infolge Abholzung und Vegetationszerstörung zu ergänzen. So erlangten die periodischen Abflüsse stärkere Jahresschwankungen. Bei den episodischen wuchsen Heftigkeit und Volumen des hygrischen Verlaufes. Natürliche und anthropogene Ursachen und Anlässe überlagern sich (May 1991).

Grundwasserdargebot –
Immer weniger nachhaltige Nutzung
Die Beurteilung der mediterranen Ökosysteme sowie der Chancen und Risiken aller auf dem Wasserdargebot basierenden Wirtschaftszweige setzt Einblick in die terrestrische *Wasserbilanz* voraus. Darunter versteht man Menge, Jahresgang und Verfügbarkeit von Oberflächen-, Boden- und Grundwasser, die nach der Primärverdunstung aus den Niederschlägen zur Verfügung stehen. Angesichts der Wasserknappheit infolge geringer Regenmengen, temperaturbedingt hoher Verdunstung und steigenden Bedarfes installierten alle Länder des Mittelmeerraumes während der letzten Jahrzehnte ein dichtes Netz von Messstationen zur Gewinnung klimatischer und hydrologischer Daten. Insofern besteht heute eine relativ gute Kenntnis der Wasserkreisläufe, ihrer Quantität und Qualität. Auch die daraus gewonnenen Lehren hinsichtlich sparenden Umgangs mit Wasser werden in wirksamer Weise propagiert. Dennoch bergen die hygri-

schen Engpässe unverändert hohe Risiken für die weitere Entwicklung der Wirtschaft im Mittelmeerraum. Mit erheblichem Aufwand fördern besonders die Regierungen der südlichen Mittelmeerländer die hydrologische Forschung. Im Vordergrund stehen Versuche, die territoriale und regionale Wasserbilanz zu erfassen. Damit will man die Regeneration von Grundwasserreserven und den Humanverbrauch besser aufeinander abstimmen. Gießner (1998) stellte Ergebnisse dieser Bemühungen für Tunesien dar.

Da das Mittelmeer und die ihm tributären Flusseinzugsgebiete jedoch eine hydrologische Einheit sind, wurden von internationalen Forschungsstätten auch *Gesamtanalysen* des mediterranen festländischen Wasserdargebotes erstellt. Sie basieren zwar deduktiv weitgehend auf den Theorien des Wasserkreislaufs, nähern sich aber dank der immer präziseren Datenlage einer zumindest befriedigend konkreten Beschreibung der Wirklichkeit. Vor allem konnten Trends und Größenordnungen ermittelt werden. Im Rahmen des Aktionsprogramms Mittelmeerraum „Plan Bleu" werteten in spezialisierten Forschungsinstituten in Südfrankreich Wissenschaftler verschiedener Fachrichtungen die nationalen wasserwirtschaftlichen Messreihen der Mittelmeerländer aus und kamen so zu einer in Tab. 16 verkürzt dargestellten *Modellrechnung* (Margat 1992, 1997).

Folgende Ausgangsfragen standen zur Diskussion: Wie viel Wasser steht besonders im trockeneren Süden für wirtschaftliche Nutzung zur Verfügung? Wie können die sicher auch in Zukunft nicht wachsenden Wasserreserven für die bis dahin vermutlich um etwa ein Drittel zunehmende Bevölkerung der Mittelmeerzuflüsse ausreichen?

Die Gesamtanalyse der Mittelmeerzuflüsse zeigt, dass die Gewässersysteme in den Einzugsgebieten jährlich $1100\,km^3$ Zufluss aus Niederschlägen und zusätzlich $80\,km^3$ Flusswasserimporte über Nil und Rhône aus anderen Klimaräumen außerhalb der Mittelmeerstaaten erhalten. Davon geht durch Gesamtverdunstung (Evapotranspiration) aus Flüssen, von den Landoberflächen und aus der Vegetation die Hälfte, etwa $600\,km^3$, relativ schnell verloren. Von der verbleibenden Menge, $604\,km^3$, fließen $520\,km^3$ oberirdisch, lediglich durch Wasserkraftwerke, sonst aber ungenutzt und über Boden- sowie Grundwasserhorizonte ins Meer. Es wird damit gerechnet, dass ein weiterer Teil des Wassers ($20\,km^3$) jetzt erst verdunstet, bevor es die endgültige Verwendung erreicht, z. B. aus Stauseen, aus Bewässerungskanälen, bei zunehmender Sprühberegnung in der Landwirtschaft oder durch Versickerung aus schadhaften Leitungen. Nur ca. 10 % ($63\,km^3$) der Ausgangsmenge stehen letztlich wirtschaftlichen Zwecken und einer Nutzung in Haushalt, Industrie, Tourismus und landwirtschaftlicher Bewässerung zur Verfügung. Parallel oder danach geht ein Teil davon wieder in die Verdunstung (z. B. nach Durchfließen von Bewässerungsgebieten, sichtbar an den Versalzungserscheinungen), ein Teil gelangt erneut ins Grundwasser.

	Einzugsgebiete Süden [1]		Einzugsgebiete Norden [2]		Mittelmeereinzugsgebiet insgesamt
	in km^3	in %	in km^3	in %	in km^3
Zufluss zum terrestrischen Wasserhaushalt[3]	84	100	520	100,0	604
Abfluss zum Meer	25	29	496	95,3	521
Verdunstung aus Vorräten, Stauseen, Kanälen	19	23	1	0,3	20
Entnahme für Mensch und Wirtschaft[4]	40	48	23	4,4	63
Einwohnerzahl[5] 1990–2025	95 > 180 Mio.		115 > 135 Mio.		

[1] Süden = Syrien, Libanon, Israel, Ägypten, Libyen, Tunesien, Algerien, Marokko.
[2] Norden = Spanien, Frankreich, Italien, Ex-Jugoslawien, Albanien, Griechenland, Malta, Zypern, Türkei.
[3] Effizienter Niederschlagsanteil.
[4] In dieser Tabelle unberücksichtigt sind die Wassermengen, die während und nach der Nutzung verdunsten und wieder ins Grundwasser oder in die Flüsse fließen.
[5] Einwohnerzahlen der ins Mittelmeer tributären Flusseinzugsgebiete.

Tab. 16: Terrestrische Wasserbilanz 1990.

Quelle: Daten aus Margat et al. 1992, S.13–15, Tab. 2, 3 u. Fig. 7.

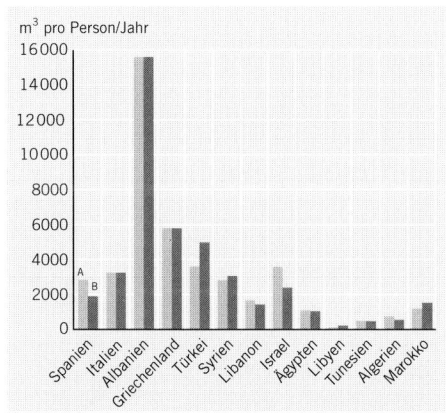

Abb. 69: Erneuerbare Wasserressourcen in m³ pro Einwohner 1990: *A = Land insgesamt, B = nur Flusseinzugsgebiete des Mittelmeeres. Gebietsinternes Oberflächen- und Grundwasser mit Ergänzung aus Niederschlägen sowie fallweise Zuflüsse aus Nachbarstaaten mit anderen Klimaten. Fossile Wasserreserven sind nicht berücksichtigt.*

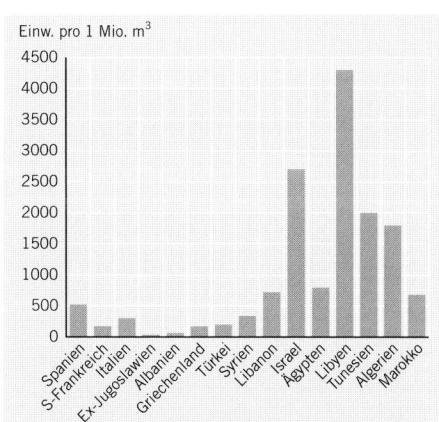

Abb. 70: Einwohnerzahl pro 1 Mio. m³ erneuerbares Wasser 1990: *Das Areal umfasst die dem Mittelmeer tributären Flusseinzugsgebiete. Gebietsinternes Oberflächen- und Grundwasser mit Ergänzung aus Niederschlägen sowie fallweise Zuflüsse aus Nachbarstaaten mit anderen Klimaten. Fossile Wasserreserven sind nicht berücksichtigt.*

Entscheidend sind die großen Unterschiede zwischen dem *Norden* und *Süden*. Der Wasseranteil der südlichen Länder ist infolge der geringeren Niederschläge wesentlich geringer als in den südeuropäischen Ländern. Der feuchtere Norden verfügt innerhalb des Mittelmeerraumes über etwa 80 %, der Süden nur über 20 % des Wasserangebotes.

Äußerst gravierend wirkt die Tatsache, dass aus der für Mensch und Wirtschaft entnommenen Wassermenge immer weniger ins Grundwasser zurückfließt. Das Wasser wird zunehmend bis zum letzten Tropfen, z. B. in Bewässerungsgebieten, verbraucht, deren Areal während der letzten Jahrzehnte stark angewachsen ist, wie im Agrarkapitel erläutert wird. Die davon zeugenden Salzausblühungen zerstören zusätzlich noch die Böden der Anbauflächen. Die expandierende Verstädterung geht ferner nicht nur mit einer Steigerung des Wasserverbrauchs einher. Sie führt auch zu einer Vermischung von Abwässern mit den Trinkwasserreserven in den Grundwasserhorizonten, die dadurch mit Krankheitserregern verseucht werden. Den Gegensatz zwischen dem Norden und Süden zeigt besonders klar das Verhältnis der Zahl der Verbraucher und der verfügbaren Wasser-

menge (Abb. 69, 70). Die Gebirgsregionen des Balkan zeichnet eine hydrologisch günstige Situation aus. In Israel und Nordafrika müssen sich dagegen immer mehr Menschen das Wasser teilen. Die bis 2025 zu erwartende Verdoppelung der Einwohnerzahl in den mittelmeerischen Flusseinzugsgebieten, also in den küstennahen Landesteilen der südlichen Mittelmeerländer, von 95 auf 180 Mio. führt zu Problemen, die mit den gegenwärtigen Wasserreserven und Versorgungstechniken nicht zu lösen sein werden. Die Abb. 71 zeigt, dass bis 2025 immer mehr Menschen mit der gleich bleibenden Wassermenge auskommen müssen.

Der zukünftig in einzelnen Ländern sehr angespannten Versorgung mit Wasser widmeten sich seit 1980 eine Reihe von gesamtmediterranen Forschungsprojekten. Sie zeigen, dass Israel, Ägypten, Libyen und Tunesien bereits jetzt von nicht erneuerbaren Grundwasserbeständen leben und Algerien, Marokko, Syrien und Spanien diese Grenze bis 2025 überschreiten werden (Maury 1990; Margat 1992, S. 164; Chabart et al. 1996, S. 395). Die zusätzliche Versorgung wird deshalb nur geleistet werden können, wenn man einen höheren Ausnutzungsgrad bei der agrarischen künstlichen Bewässerung und Verringerung des der Nutzung vo-

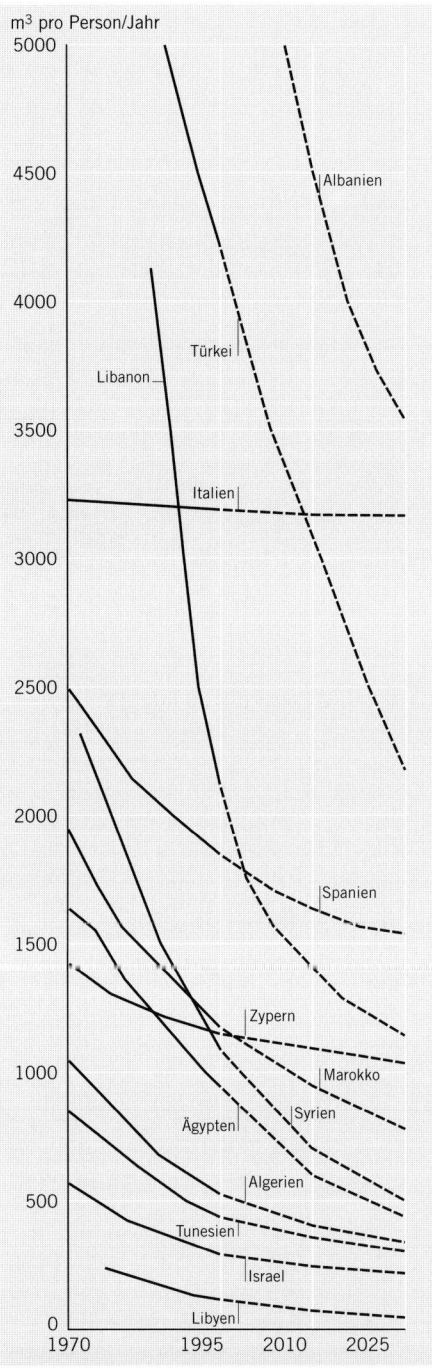

Abb. 71: Abnahme der verfügbaren Wassermenge 1970–2025: *Angaben in m³ pro Kopf und Jahr. Der zunehmende Wassermangel birgt große Zukunftsprobleme.*

Quellen: Margat 1992; Centre d'Activités Régionales du Plan Bleu, Sophia Antipolis 1995.

rausgehenden Wasserverlustes (z. B. aus Rohrleitungen und Kanälen) erreicht. Ferner erscheint eine Rückbesinnung auf landesübliche traditionelle Kenntnisse sparsamer Wasserverwendung erwägenswert. Auch die Mehrfachnutzung von Abwässern mit abgestuftem Nutzungswert und Wasserrecycling könnten Engpässe mildern, wie dies in westafrikanischen Ländern der Sahelzone schon geschieht. Abhilfe schafft außerdem die noch sehr teuere Meerwasserentsalzung. Die in Spanien und Süditalien erfolgten Versuche, durch offene Kanäle Wasser aus Überschuss- in Mangelgebiete überzuleiten (Tajo-Segura-Projekt und die Apulische Wasserleitung), waren zwar nur bedingt erfolgreich. Dennoch wird man die *kleinräumlichen* Unterschiede von Niederschlagshöhe und Grundwasserreserven zum Ausgleich durch geschlossene Wasserpipelines in Zukunft noch besser ausnützen müssen. Bereits die Römer beherrschten die Kunst des Wassertransports über größere Entfernungen perfekt, wie viele Aquädukte zeigen, z. B. die ca. 100 km lange, fast 1300 Jahre lang genutzte Wasserleitung zwischen dem Zaghouangebirge und Tunis. Auch wassersparende Methoden waren den Römern bereits geläufig (Achenbach 1973). Auf die länderspezifische und regionale hygrische Wasserbilanz wird auch bei der Behandlung der agrarischen Bewässerungswirtschaft eingegangen.

Als sehr problematisch erwies sich in den zurückliegenden Jahrzehnten die *Übernutzung* der *Grundwasservorräte.* In den oberflächennahen Grundwasserkörpern (phreatisches Grundwasser) werden die durch Pumpen entnommenen Mengen mittelfristig durch Infiltration von Regen-, Fluss- und Abwasser wieder aufgefüllt. Tiefengrundwasserhorizonte enthalten jedoch einen hohen Anteil an fossilen Wässern. Da sie aus Vorzeitklimaten der letzten Kalt- und Feuchtzeit stammen und seitdem nie in den terrestrischen Wasserkreislauf einbezogen waren, können sie nach Anzapfung unter aktuellen klimatischen Bedingungen nicht mehr ersetzt werden. In einigen südlichen Regionen des Mittelmeerraumes drang die Wassernutzung bereits in diese nicht mehr erneuerbare hygrische Substanz vor. Im Gefolge dieses Raubbaus brachen auch die oberen Grundwasserstockwerke zusammen und sanken ab. Folglich fielen viele Brunnen und Quellhorizonte trocken (Gießner 1998). In der weiteren Konsequenz drang vom Meer Salzwasser in die ausgepumpten Süßwasserhorizonte der Küstenebenen, so z. B. in den Buchten des Peloponnes sowie an der gesamten spanischen Ostküste (Conaker 1998, S. 225; Atlas Nacional de España 1996). Diese marine Mineralisierung schädigt die Bodenqualität der hier verbreiteten Spezialkulturflächen. In diesem Zusammenhang sind die regional allerdings großen Unterschiede der aktuellen Leistungsfähigkeit der Grundwassersysteme zu betonen. Diese Tatsache macht die Notwendigkeit deutlich, vor Einführung neuer wirtschaftlicher Nutzungen alle Elemente der regionalen und lokalen Oberflächen- und Grundwasserkapazität zu bilanzieren.

Reliefgenese, Tektonik und Erdbebenrisiko

Ein unabwendbares *Risiko* umgreift den Mittelmeerraum wegen seiner geologischen Lage in der tertiären *eurasiatisch-afrikanischen Bruchzone.* Die tektonische Dynamik verursachte im Tertiär räumlich eng benachbart Hebungen mit Gebirgsbildung und Steilküsten sowie Einbrüche tiefer mariner Becken. Eine Dreigliederung beschreibt die wichtigsten *Relieftypen* (Abb. 72):

1) Vom älteren *kristallinen Sockel* blieben nur Teile erhalten, Reste paläozoischer, karbonischer (variskischer) und älterer Gebirge: in Spanien (Iberische Masse) und Nordwest-Marokko als Basis der Meseten mit eingeebneten, flachen Landoberflächen (Rumpfflächen), teils von jüngeren Deckesedimenten überzogen (Ebrobecken, Nordafrika südlich des Atlas). Auch in Korsika, Sardinien und Kalabrien treten alte Kristalline an die Oberfläche (Tyrrhenische Masse), ebenso wie in Zentralanatolien ein bereits paläozoisch stabilisierter Block.

2) Stärker prägen den Mittelmeerraum jedoch die jungen Ketten der *alpidischen Gebirgsbildung.* Sie begann kreidezeitlich und hielt bis ins Jungtertiär an. Sie umfasst Pyrenäen, Iberisches Randgebirge, Sierra Nevada, die maghrebinischen Ketten, Alpen und Pontisches Gebirge sowie die Dinaridenbögen (Apennin, Balkan, Taurus).

3) Randbereiche der gleichzeitig entstandenen Senken füllten sich zu Sedimentbecken: Solche Schwemmlandebenen sind die Poebene, die Donauniederung und die Küstenhöfe im Mündungsbereich der Flüsse. Das festländische Relief durchzieht ein vielgliedriges Netz von *tektonischen Brüchen* und *Schwächezonen* und bildet den Rahmen für differenzierte Vertikalbewegungen. Daraus entstand ein Nebeneinander von Küstenebenen, Steilküsten, Bergland, Rumpfflächenresten, Hochgebirgsketten und von ihnen eingerahmten Becken. An den Verwerfungslinien ist der *Vulkanismus* des Mittelmeerraumes aktiv: Ätna, Stromboli, Vulcano, Santorin und der 1944 letztmals ausgebrochene Vesuv.

Die geologisch jüngeren, tertiären Zonen unterliegen bis heute den Fernwirkungen von Bewegungen der afrikanischen, arabischen, anatolischen und europäischen Platten. Hier wurzelt die Initialkraft für *Erdbeben,* die immer wieder menschliche Lebensräume zerstören. Die dramatischsten waren: Messina 1908, Avezzano-Abruzzen/Italien 1915, Erzincan/Türkei 1939, Agadir 1960, Skopje 1963, Kampanien 1980, Istanbul-Izmit/Türkei 1999 (Abb. 73). Seit 1900 wurden im Mittelmeerraum 60 große Erdbeben registriert, davon ca. 20 im Nordwesten der Türkei, in dem bevölkerungsreichsten, wichtigsten Wirtschaftsraum des Landes, der gleichzeitig das Gebiet stärkster plattentektonischer Dynamik im Mittelmeerraum ist. Die Erdbeben des 20. Jahrhunderts forderten im Mittelmeerraum mindestens 250 000 Menschenleben. Da das Erdbebenrisiko in den tektonisch geprägten Küstengebieten am höchsten, hier aber auch die Verstädterung am stärksten ist, wächst der Schadensumfang in diesen Gebieten überproportional. Zerstört wird besonders die ältere Bausubstanz, aber auch moderne Gebäude sind betroffen. Der Wiederaufbau erforderte meist

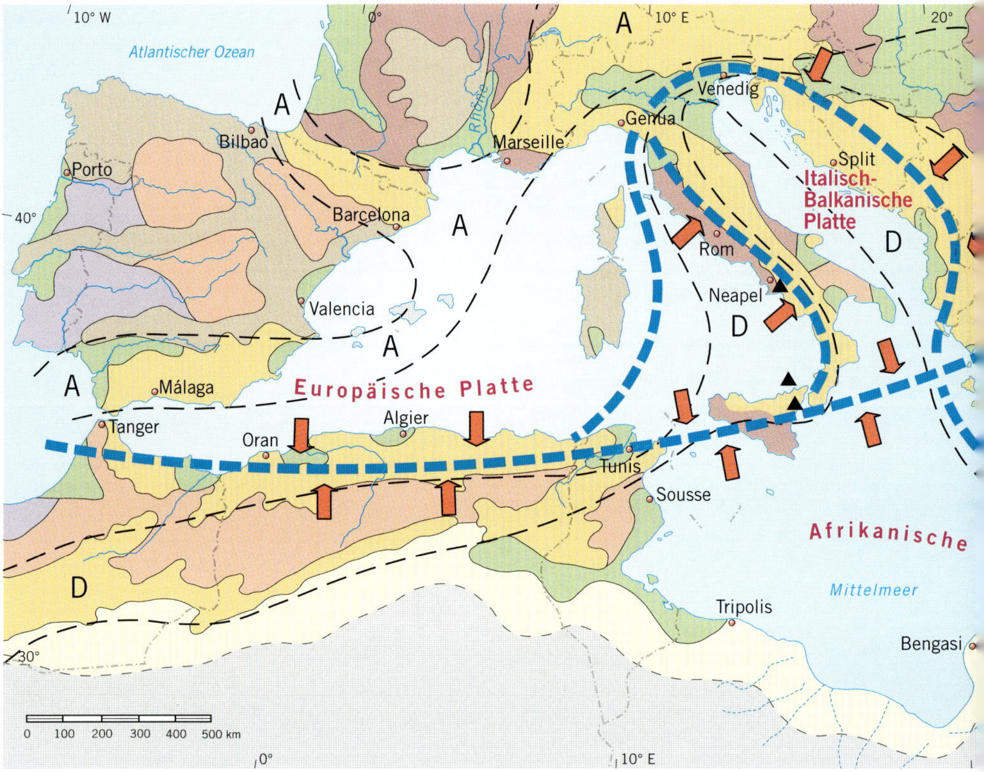

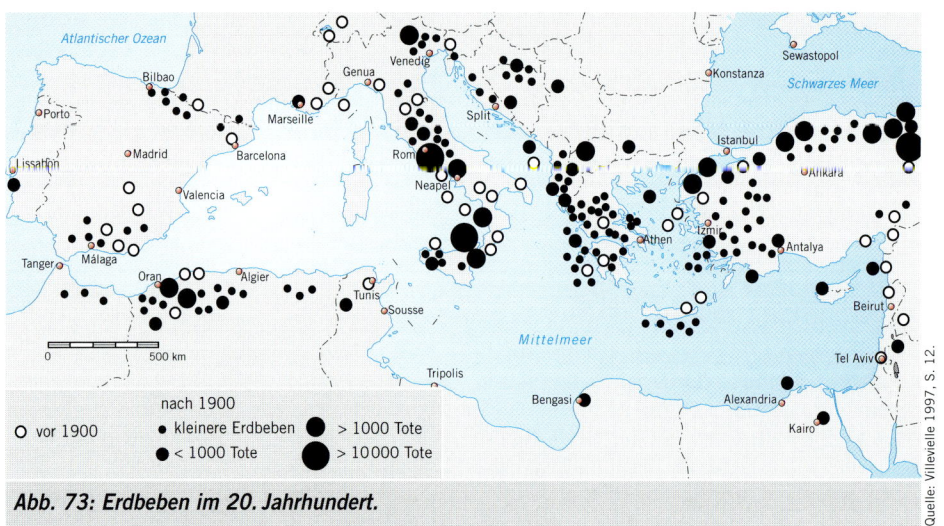

Abb. 73: Erdbeben im 20. Jahrhundert.

Quelle: Villevielle 1997, S. 12.

geraume Zeit, oft blieb er unvollendet. Während Industrie- und Verkehrsanlagen relativ schnell wieder funktionierten, liegen viele der zerstörten Dörfer und Städte in Westsizilien und im kampanischen Apennin seit Jahrzehnten in Trümmern. Die Bewohner leben in Notquartieren oder wanderten ab. Staatliche Hilfen versickern vielfach in falschen Kanälen. Folgenschwerer sind die psychisch-mentalen Schäden nach Erd-

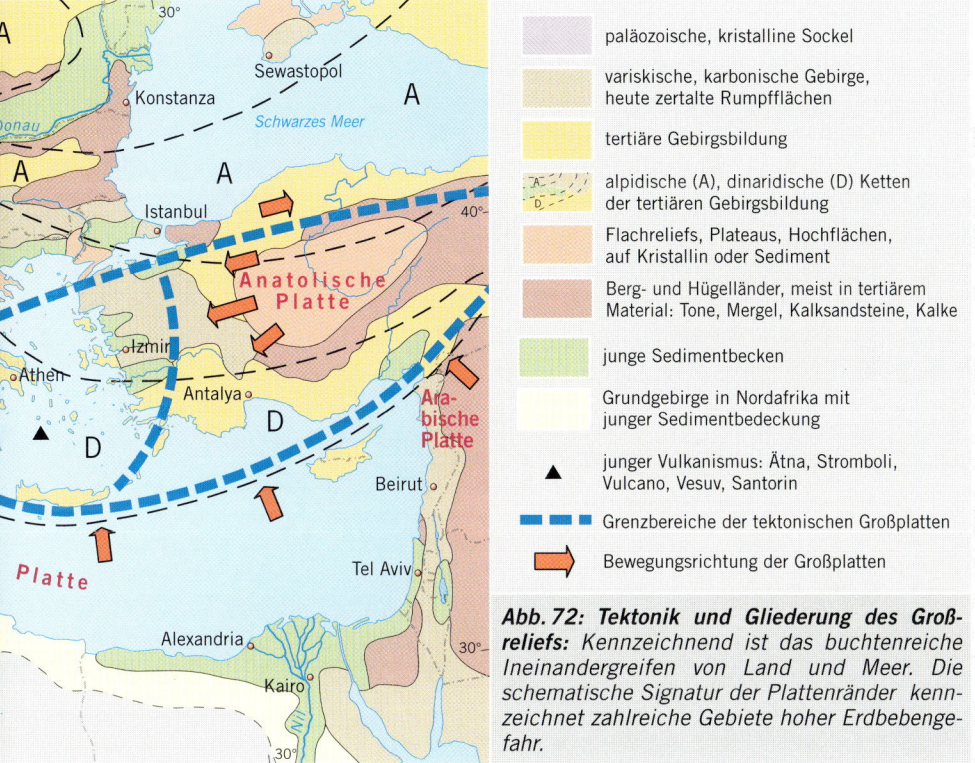

Legende:

- paläozoische, kristalline Sockel
- variskische, karbonische Gebirge, heute zertalte Rumpfflächen
- tertiäre Gebirgsbildung
- alpidische (A), dinaridische (D) Ketten der tertiären Gebirgsbildung
- Flachreliefs, Plateaus, Hochflächen, auf Kristallin oder Sediment
- Berg- und Hügelländer, meist in tertiärem Material: Tone, Mergel, Kalksandsteine, Kalke
- junge Sedimentbecken
- Grundgebirge in Nordafrika mit junger Sedimentbedeckung
- ▲ junger Vulkanismus: Ätna, Stromboli, Vulcano, Vesuv, Santorin
- Grenzbereiche der tektonischen Großplatten
- Bewegungsrichtung der Großplatten

Abb. 72: Tektonik und Gliederung des Großreliefs: *Kennzeichnend ist das buchtenreiche Ineinandergreifen von Land und Meer. Die schematische Signatur der Plattenränder kennzeichnet zahlreiche Gebiete hoher Erdbebengefahr.*

Entwurf: Wagner; Quellen: Wunderlich 1968; Branigan/ Jarrett 21975; Joannon/Tirone 1990; Villevieille 1997.

bebenkatastrophen, da sie den Mut zum Neubeginn lähmen (Geipel 1992).

Schwierig ist naturgemäß die Vorhersage von Erdbeben. So besteht in der Bevölkerung der bebengefährdeten Regionen ein *Bewusstsein der ständigen Gefahr.* Den Beben im Raum Istanbul-Izmit 1999 gingen seit 1970 immerhin 24 schwere Erd-

beben voraus. Gleichwohl fehlt es nicht nur in der Türkei an vorsorgenden baulichen Abhilfen und Strategien für zügigen Aufbau (Struck 1999). Es ist nicht zu übersehen: Das *Erdbebenrisiko* ist in großen Teilen des Mittelmeerraumes ein ernst zu nehmendes Hemmnis für die wirtschaftliche Entwicklung.

Zonale Gliederung der Landschaftshaushalte

Die Wechselwirkungen der bisher behandelten einzelnen Elemente des naturräumlichen Potenzials, Klima und Wasserhaushalt, führen in einem weiteren Schritt zu einer *Synthese.* Daraus kann die Unterscheidung von vier *zonalen Landschaftseinheiten* des Mittelmeerraumes abgeleitet werden. Ihre Abgrenzung resultiert aus der jeweiligen Zuordnung der naturräumlichen Prozesse und dem Verhältnis ihrer geoökologisch vernetzten Teilsysteme, also der hygrischen Grundlagen, der aktuellen Reliefgestaltung, der Vegetation und ihrer historisch-anthropogenen Veränderung. Dieses Vorgehen hat den Vorteil, einerseits die natürlichen Rahmenbedingungen zu charakterisieren, andererseits die Behandlung der Agrarnutzung im nächsten Kapitel vorzubereiten und schließlich grundlegend darzulegen, in welchem Umfang die *Wirtschaft* im Mittelmeerraum Grenzen der Leistungsfähigkeit physischer Landschaftshaushalte zu beachten hat. Die Karte der *klimageographischen Landschaftsgliederung* (Abb. 74)

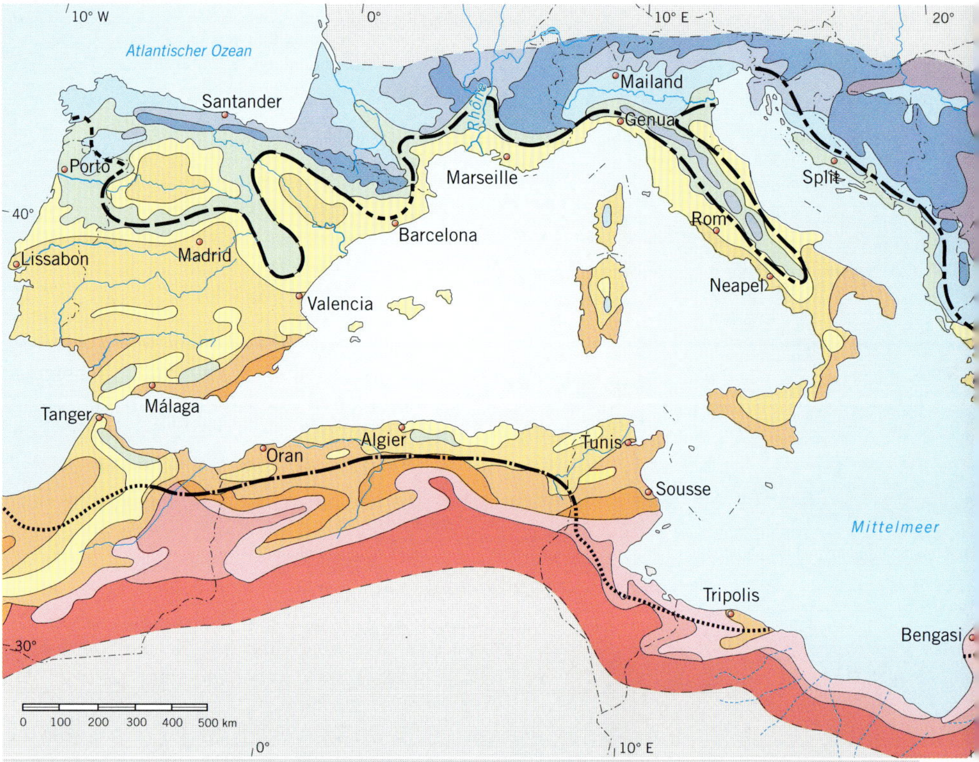

			bioklimatische Trockentage	Aride Monate	Grenze der Verbreitung des Ölbaums:
1		warmgemäßigt-kontinental, Summe kalter und arider Monate 2–4			▬ · ▬ · ▬ Sommerfeuchte und Winterkälte
2		humid, kalt, 1–4 Monate <10° C	0	0	▬ ▬ ▬ ▬ Sommerfeuchte
3		humid, kühl temperiert, kältester Monat 0–10° C	0	0	▬ ▬ ▬ Winterkälte
4		voll-humid, teilweise mit kurzer Trockenperiode	0	1–2	·············· Trockenheit
5		mediterran-humid	0–40	2–3	▬ ·· ▬ ·· ▬ Winterkälte und Trockenheit
6		vollmediterran-subhumid	40–75	3–4	
7		vollmediterran-semihumid	75–100	4–5	
8		mediterran-semiarid	100–150	5–6	
9		mediterran-subarid	150–200	6–7	
10		arid mit mediterranem Klimajahresgang	>200	7–9	
11		vollarid		9–10	
12		saharisch		>10	nicht bearbeitete Gebiete

Abb. 74: Klimageographische Landschaftsgliederung des Mittelmeerraumes.

Entwurf: Wagner; Quellen: Gaussen et al. 1962; Birot 1964; Lauer/Frankenberg 1986.

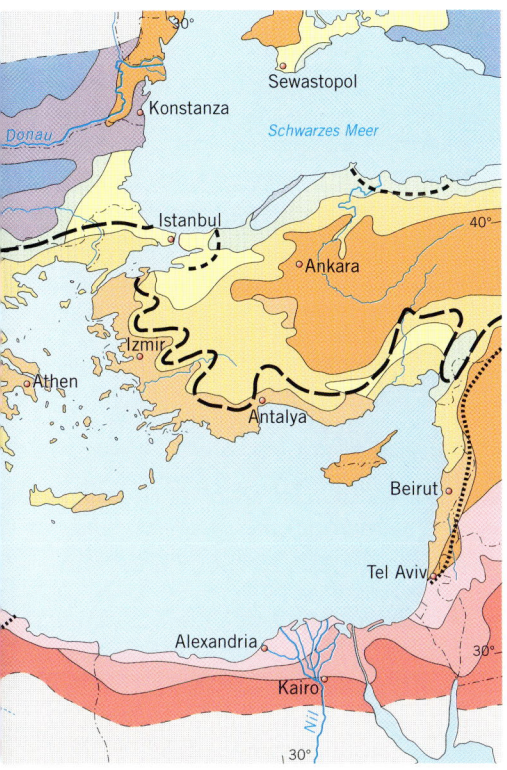

stellt mit der räumlichen Differenzierung des bioklimatisch *effizienten Feuchtedargebotes*, also der Bilanz Niederschläge minus Verdunstungsverluste, die *hygrischen und thermischen* Wachstumsbedingungen von Vegetation und Kulturpflanzen im Tiefland und in Höhenregionen dar. Die Karte verdeutlicht, dass das klimatische, zonale Grundschema des Mittelmeerraumes 'Winterregen – Sommertrockenheit' durch weitergehende, feingliedrige räumliche Unterschiede ergänzt wird. Sie sind in erster Linie eine Folge der horizontalen und vertikalen Gliederung des Reliefs (Schultz 1995, S. 339; Walter 1999).

Immerfeuchter Norden (mediterran-vollhumid)

Die Klimadiagrammkarte weist diese Region als *immerfeucht* mit Niederschlägen zu allen Jahreszeiten aus. Sie ist ständig atlantischen Luftmassen der Westwinddrift ausgesetzt, die an den bis 1000 m hohen, im zentralen Teil (Picos de Europa) bis zu 2700 m NN aufragenden asturisch-kantabrischen Gebirgen bis zu 2000 mm Regen

bringen. Auch der Südsaum der Westalpen, die Poebene und Istrien sowie Slowenien sind diesem witterungsklimatischen Raum zuzurechnen (Abb. 74, Signatur 3 und 4). Während Istrien ganzjährig Regen erhält, tritt in der Poebene infolge ihrer Lage im Schutz der Alpen etwa ein arider Monat auf. Im küstennahen Nordspanien fehlt diese Trockenphase vollständig. Der Landschaftstyp des immerfeuchten Iberien gleicht bis in viele Details des Jahresgangs, der Vegetation und der Landwirtschaft demjenigen der Bretagne, Cornwalls und Irlands. Expositionsbedingt wachsen an den feuchten, kühlen Nordhängen laubwerfende Baumarten (Eichen, Buchen), an den trockeneren und wärmeren Südhängen bereits immergrüne Steineichen. Die *Wasserführung* der Flüsse ist ganzjährig, teilweise durch die frühsommerliche Schneeschmelze im Gebirge bestimmt. Die *Böden* im immerfeuchten Norden bieten der Landwirtschaft ein tiefgründiges Humusprofil. Soweit die skizzierten naturräumlichen Grundlagen maßgebend sind, kann sich die *Landwirtschaft* auf ein breites Spektrum von Produkten und Fruchtfolgen mit großer ökologischer und ökonomischer Streubreite stützen. In der Poebene entfaltete der Agrarsektor schon im Hochmittelalter erste Intensivierungsstufen, die in der Frühneuzeit durch ausgedehnte ergänzende B*ewässerung* aus Schotterquellen (Fontanilizone) für Mais, Reis und Baumkulturen in höchst rentable Anbauformen überleiteten. Eine Gesamtbewertung des landschaftlichen *Ökosystems* kann von einer gewissen Stabilität ausgehen, die auch bei höherer Bevölkerungsdichte bis jetzt keine großflächige und grundsätzliche anthropogene Schädigung ihrer Substanz erlitten hat. Der Grenzsaum zur zweiten, südlich anschließenden Landschaftszone, den nordmediterranen Gebieten, ist sehr schmal und liegt meist unmittelbar am Südfuß der Gebirge.

Nordmediterrane Gebiete (mediterran-humid)

Zu diesem Landschaftstyp gehören große Bereiche der Nordmeseta, mittlere Abschnitte der Täler von Rhône und Garonne, die niedrigeren Montanstufen des Apennin, der nordgriechischen Bergzonen sowie Teile der Pontischen Ketten in Kleinasien

Bild 41: Terra Rossa in der Nordmeseta, Spanien: *Diese eisenhaltigen, deshalb roten Kalk-steinrotlehme sind meist fossile Böden aus früheren Klimaperioden.*

(Abb. 74, Signatur 5). Klimatisch sind 2–3 aride Monate charakteristisch und *zwei Regenmaxima.* Trockenheitsbedingt tritt eine sommerliche Ruhephase der Vegetation an bis zu 40 Tagen ein. Die Niederschläge nehmen teilweise schon den Charakter von Starkregen an, die Variabilität ist jedoch noch gering. Die zunehmende Intensität der Niederschläge verstärkt in den kastenartigen Tälern die Erhaltung der breiten Sohlen mit Schotterfächern und steil angeschnittenen Ufern. Der zunehmend hygrischen Saisonalität entspricht in kleineren Bächen und Flüssen eine klare periodische Wasserführung. Der Grundwasserfluss unterliegt während der trockenen Sommermonate jedoch noch keiner gravierenden Unterbrechung. Deshalb steht für ergänzende Feldbewässerung genügend Brunnenwasser zur Verfügung. Die Vegetation umfasst viele Übergangsformen. Die laubwerfenden Bäume und Sträucher (Zerreiche, Flaumeiche, Filzeiche) wechseln mit immergrünen Hartlaubbeständen und mediterranen Pinien. Entsprechend der sommerlichen Trockenphase sind die humusführenden oberen Horizonte der Böden bereits schwächer entwickelt, teilweise allerdings auch von der Abtragung degradiert. Trockenheitsangepasste Rohböden

auf Kalk (Xerorendzina) und erosionsanfällige Braunerden (terra fusca) engen den landwirtschaftlichen Spielraum pedologisch ein. Überwiegend als Relikt aus wahrscheinlich früheren, wärmeren Klimaphasen tritt die leuchtendrote, eisenhaltige Terra Rossa (Kalksteinrotlehm) hier schon ins Blickfeld (Bild 41). Sie ist wegen ihrer erdigen Lehmstruktur landwirtschaftlich gut bearbeitbar.

Der Engpass des Agrarsektors ergibt sich aus dem sommerlichen Mangel an Bodenfeuchte. Dennoch reichen die Frühjahrs-Niederschläge meist aus, um das Getreide Ende Mai mit guten Erträgen ernten zu können (Regenfeldbau). Trotzdem kommt es immer wieder zu Ernterisiken. Bei günstigem Relief und guter Erreichbarkeit von ganzjährigen Quellen und Brunnen spielt die Bewässerung eine wichtige Rolle. Während der letzten Jahrzehnte nahm im früher unbewässerten Anbau die mobile Feldberegnung zu, die durch Fernwasserleitungen aus Stauseen gespeist wird. Insgesamt engt die mediterran-humide Übergangszone die ökologische Streubreite wegen zunehmender Länge der Trockenzeit jedoch ein. Sie bietet aber wegen der weit ins Frühjahr reichenden und in den Bergländern noch stärker ausgeprägten Niederschlagsspitzen auch Vorteile, die stets von der Landwirtschaft ökonomisch durch variierende Nutzungsformen, insbesondere auch durch die Transhumanz, also den Wechsel von Sommer- und Winterweiden zwischen Gebirge und Niederung, geschickt ausgenutzt wurden.

Vollmediterrane Gebiete
(mediterran-sub- und -semihumid)

Das Klima der vollmediterranen Zone wird von 3 – 5 ariden Monaten geprägt. Damit liegt dieses Gebiet noch nördlich der klimatischen Trockengrenze (6 aride Monate). Die geringer werdende Feuchtigkeit setzt für alle naturräumlichen Prozesse nach Süden zu fortschreitend immer engere Grenzen. Deshalb unterscheidet man eine sub- und eine semihumide Variante (Abb. 74, Signatur 6 und 7). Die Niederschlagsmaxima liegen überwiegend im Winter und erreichen im langjährigen Mittel 500 – 600 mm. Angesichts der hohen potenziellen Verdunstung ist der effektive Oberflächenabfluss zwar schon gering, die Bündelung zu *Starkregen* und geringe Einsickerung bewirken jedoch trotzdem hohe Erosionskraft. Die *Variabilität*, also die Abweichung der tatsächlich fallenden Regensummen vom statistischen Niederschlagsmittelwert, erreicht 15 – 20 %. Darin liegt ein Risiko für Vegetation und Landwirtschaft. Die *Wasserführung* der Flüsse verläuft jahreszeitlich-periodisch, mit starken Schwankungen von Jahr zu Jahr. Ausgeglichener verhält sich der Grundwasserstand, der auch in den sommerlich trockenliegenden Torrentenbetten gewöhnlich nur wenig unter der Schotteroberfläche erreichbar ist.

Reliefdynamik

Die aktuelle *Oberflächenformung* des Reliefs ist unmittelbare Folge dieser Prämissen. Der Oberflächenabfluss entwickelt nicht nur für Schwebstoffe, sondern auch für Kies und Schotter jahreszeitlich wechselnd hohe Transportkraft. Die *flächenhafte* Abtragung geht an Geländestufen in turbulenten Abfluss über und steigert hier ihre Materialführung. Andererseits greift die *linienhafte* Eintiefung rückschreitend in die Einzugsgebiete zurück (Conaker/Sala 1998, S. 175 – 216). Bild 42 zeigt eine solche Situation in einem ehemaligen Getreidebaugebiet eines Trockenfeldes in Nordtunesien, das durch sich verlängernde Erosionsrinnen in einzelne Riedel aufgesplittert wird. Das typische Torrententtal macht Bild 43 deutlich. Die periodisch-stoßweise Wasserführung unterspült die

Bild 42: Rückschreitende Erosion in Nordtunesien: *Das Bild zeigt die Zerschneidung eines Flachreliefs im Bergland von Zaghouan.*

Bild 43: Torrentental bei Valencia, Ostspanien: *Die periodisch starke Wasserführung führt zu regenzeitlich umgelagerten Schotterfächern und seitlicher Unterschneidung steiler Ufer.*

Uferwände und versteilt sie. In dem breiten Kastental mäandriert der winterliche Abfluss. Verstärkt durch Vegetationszerstörung, Landwirtschaft und geringe Abtragungswiderstände des Untergrundes befördert die *Bodenabspülung* in tieferliegendem Gelände junge Sedimente, die ihrerseits immer wieder umgelagert werden. Aus der Summe dieser Prozesse resultiert die *Landdegradierung*, welche die zentralmediterranen Landschaftshaushalte extrem beeinträchtigt. Sie hat natürliche und anthropogene Ursachen (May 1991). Der nächste Abschnitt geht auf diese Steigerung der Morphodynamik näher ein.

Vegetation

Die stärksten dominanten Merkmale dieser Zone setzt die *Vegetation*. Dabei sind ihre heutige Zusammensetzung und Wuchsform von ihrer potenziellen und ihrer historisch-ursprünglichen Ausprägung zu unterscheiden. Der sommerlichen Trockenheit angepasst überwiegt die immergrüne *Hartlaubvegetation* (Sklerophyllen). Sie prägt die mediterrane *Fußstufe* bis 600 m NN im Norden und bis etwa 1000 m NN im Süden des Mittelmeerraumes. Mit ihr im Wettbewerb stehen an nördlichen, feuchteren und höheren Standorten auch *Weichlaubarten*

(Malakophyllen), z. B. Zistrose, Tymian, Lorbeer, laubwerfende Flaumeiche (Schultz 1995, S. 345–364; Walter 1999, S. 350). Merkmale der Hartlaubgewächse sind die Verdunstungsminderung während der trockenen Monate durch dicke Rinde, Kleinblättrigkeit, feste Blattgerüste, harzige oder wachshaltige Blattoberflächen und schnell reagierende Schließung der Spalten an der behaarten Blattunterseite. Tiefreichende Wurzeln erreichen auch entfernte Bodenwasserhorizonte, da gleichzeitig die Saugkraft in der trockenen Jahreszeit ansteigt und so lange Dürrezeiten überdauert werden können. Die Hartlaubgewächse verfügen über eine hydrostabile, also ausgeglichene, in allen Jahreszeiten an das Feuchteangebot angepasste Wasserbilanz. Obwohl Temperatur- und Feuchtemaximum zu verschiedenen Jahreszeiten liegen, ist die Wachstumsfähigkeit (Photosynthese) ganzjährig.

Wesentlicher und teilweise namengebender Bestandteil der mediterranen Fußstufe ist der *Ölbaum* (olea europaea). Seine Kältegrenze (Monatsmittel des kältesten Monats + 5° C) ist mit den immergrünen Hartlaubgewächsen identisch. Seine Trockengrenze deckt sich etwa mit den mediterran-subariden Gebieten (Abb. 74, Signatur 9). Die prähistorischen Naturformen des

Ölbaumes sind mediterranen Ursprungs. Weitergezüchtet dienten sie bereits in minoisch-mykenischer Zeit ab 2000 v. Chr. der Ölgewinnung. Seit ca. 600 v. Chr. durch die Phönizier im gesamten Mittelmeerraum ausgebreitet, bildet der Ölbaum die wichtigste Leitpflanze, das Wahrzeichen der mediterranen Kulturstufe und ein wichtiges Kriterium vieler Versuche, den Mittelmeerraum abzugrenzen. In gewissem Umfang ersetzen Ölbaumbestände ökologisch und mikroklimatisch den heute fehlenden Wald. Sein zahlreiches Vorkommen zeigt die enge Verzahnung natürlicher und agrargeographischer Standortqualitäten. Wegen seiner Widerstandsfähigkeit gegen Trockenheit konnte in der römischen Antike mit Hilfe des Ölbaumes die landwirtschaftliche Nutzung weiter als heute in die trockensten Regionen Nordafrikas und Vorderasiens vorgeschoben werden.

Der Olivenanbau war stets Grundlage für Wohlstand und Symbol friedlichen Zusammenlebens. Aus fremden Klimazonen wanderten seit der Expansion des Perserreiches und nochmals nach der Entdeckung Amerikas andere Nutzpflanzenarten wegen der für sie ebenfalls gut geeigneten ökologischen Rahmenbedingungen und ihres wirtschaftlichen Ertrages in die Fußstufe ein: Reis, Baumwolle, Zitrusgewächse, Johannesbrotbaum, Zuckerrohr, Papyrus, Akazien. Eukalypten gelangten etwa vor 100 Jahren aus Australien in den Mittelmeerraum (Conaker 1998, S. 213). Auch der Anbau von Mais, Kartoffel, Tomate, Tabak, Kiwi war ursprünglich unbekannt.

Entsprechend den natürlichen Standortbedingungen und den anthropogenen Eingriffen, unterscheidet die vollmediterrane Fußstufe vier Wuchsformen der tatsächlichen Vegetation (Walter 1999):

1) *Hartlaubwälder* erreichen baumhohe Wuchshöhen von bis zu 15 m und bestehen im feuchteren Westen aus Korkeichen (quercus suber, Bild 44) und Steineichen (quercus ilex), im Osten mehr aus Kermeseichen (quercus coccifera), ergänzt durch eine bodennahe Strauchschicht. Die im klimaräum-

Bild 44: Korkeichen, nordwestlich von Lissabon, Portugal: *Dort wo der Stamm rotbraun ist, wurde die knapp 10 cm dicke Korkschicht nach ca. 8 Jahren Wachstums gerade geerntet.*

lichen Vergleich schwierige Definition für „Wald" sollte folgende Merkmale einbeziehen (Gießner 1971, S. 390): flächenhaft geschlossene, verholzte Pflanzenformation; dichtes Kronendach; stockwerkartige Vegetationsschichtung; selbstregulierendes Ökosystem. Die geschlossenen Wälder fielen historisch weitgehend der Rodung zugunsten landwirtschaftlicher Flächen, dem Holzeinschlag für Bau- und Energiezwecke, der Holzkohlegewinnung, der Waldweide und dem Feuer zum Opfer. Nur Restbestände in ökologischen Grenzstandorten überlebten. Vergesellschaftet, oft auch in eigenen lichten Formationen treten Nadelbäume hinzu, besonders die Schirmpinie (pinus pinea) im maritimeren Westen und die Aleppokiefer (pinus halepensis) im kontinentaleren Süden und Osten des Mittelmeerraumes.

2) *Hartlaubstrauchformationen*, meist durch anthropogene Eingriffe aus mediterranem Wald degradiert, umfassen die *Hohe Macchie* (korsisch: mucchio = Zistrose), die weit verbreitet und variantenreich im gesamten zentralen Mittelmeerraum auftritt, mit aromatisch duftendem Blütenflor im Frühjahr und ganzjährig reich an intensiven ätherischen Ölen. Neben der Zistrose sind weitere immergrüne Buscharten wichtige Bestandteile, so Baumheide (erica arborea), Buchsbaum (buxus sempervirens), Erdbeerbaum (arbuteus unedo, Bild 45), Mastixstrauch (pistacia lentiscus), Wilder Ölbaum (olea oleaster), Rosmarin (rosmarinus officinalis), Wacholder (juniperus oxycedrus) und zahlreiche Ginsterarten.

3) *Zwergstrauchbestände* bilden die *Niedrige Macchie* (Monte Bajo). Durch menschliche Nutzungen weiter degradierte niedrige Zwergsträucher treten unter verschiedenen regionalen Bezeichnungen auf: in Spanien als Tomillares (Thymian), in Südfrankreich und Korsika als Garrigue, in Griechenland als Phrygana (Bild 46) und in Palästina als Batha. Die niedrigen und weitständigen Wuchsformen lassen weiteren Blütenpflanzen Lebensraum (Lavendel, Rosmarin, Salbei, Asfodelis).

4) *Felsdriften* bilden die vierte, noch weiter degradierte oder an bodenschwachen oder steilen Standorten verbreitete Pflanzenformation des vollmediterranen Klimas. Dazu gehören unterschiedliche Rasengesellschaften und Polsterbestände (May 1991).

Landschaftliche Höhenstufung

Da das Relief des Mittelmeerraumes zu sehr großen Anteilen aus Bergland, Hochflächen (Meseta in Spanien, Hochebenen in Algerien und in Inneranatolien) und Gebirgen sowie aus enger Verzahnung Land – Meer besteht, ist die Höhendifferenzierung von Vegetation und Bodennutzung zu beachten (McNeill 1992). Großräumlich trifft man eine *semihumid-humide Höhenstufung* mehr im Norden und Westen sowie bei Nordexposition an. Der mediterranen Fußstufe mit Steineichen und Pinien folgen ab 600–800 m NN im Bergland winterlich laubwerfende Arten (Flaumeiche, Edelkastanie). In der darüber liegenden montanen Stufe dominieren Buchen, Tannen und verschiedene Kiefernarten bis zur Waldgrenze (2000–2200 m NN). Höhenwärts steigen Zwergsträucher, Ginster und Rasen-

Bild 45: Erdbeerbaum, Korsika: *Diese immergrüne Buschart ist Bestandteil der im gesamten zentralen Mittelmeerraum in vielen Varianten auftretenden Hohen Macchie.*

Bild 46: Phrygana, Rhodos: Die Zwergstrauchformation entstand durch Weide, Holzentnahmen und Feuer.

gesellschaften an. Abb. 75 gibt ein stark schematisiertes Bild der Höhenstufung im Westen des Mittelmeerraumes. Im Süden und Osten sowie bei Südexposition herrscht eine *semiarid-aride Stufenfolge*. Die Steineiche, ergänzt durch Aleppokiefer, Phönizischen Wacholder, Zwergpalme und Johannesbrotbaum und ihre zu Macchien deformierten Sukzessionen klettern hier deutlich höher, bis in die submontane Stufe. Mit nach Süden zunehmender Trockenheit herrschen in diesen Höhen Grasgesellschaften der Trockensteppen, z. B. Halfagras, vor. In der darüber liegenden Montanstufe fehlt im Süden und Osten der sommergrüne

Laubwald. Stattdessen folgen Tanne und Zeder (cedrus libanotica und atlantica) in lockeren Beständen. Letztere ist jedoch nur noch in kleinen Restflächen anzutreffen, im Libanon, auf Zypern, im Atlasgebirge und im Aurès jeweils über 2300 m NN. Darüber erheben sich keine Matten und Grasgesellschaften wie im Norden des Mittelmeerraumes, sondern entsprechend der geringeren Niederschläge Dornkugelpolster (Tragant) und Trockenrasen.

In allen montanen Höhenstufen hat der Mensch die ursprünglich natürliche Vegetation stark verändert. Großflächige Reste der potenziellen, natürlichen Vegetation sind

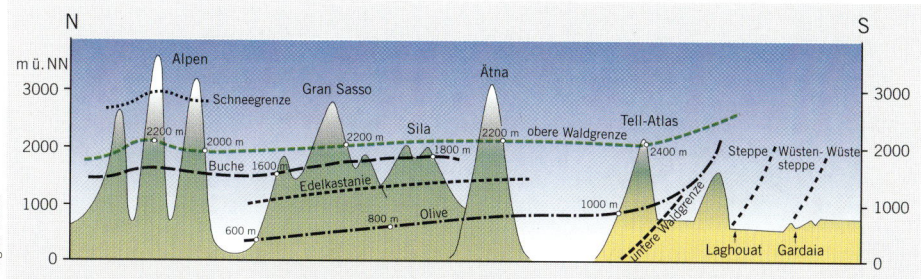

Quelle: Wagner 1991.

Abb. 75: Höhenstufen im Mittelmeerraum: Schematisches Nord-Süd-Profil.

Bild 47: Anthropogene Überformung der natürlichen Vegetation im Rifatlas, Marokko: *Nach Aufgabe von Ackerterrassen und Weideflächen in höher gelegenen Gebirgsregionen (hier in 1000 m NN) bildet sich eine Sekundärmacchie.*

deshalb im gegenwärtigen Landschaftsbild nirgends mehr anzutreffen. Insbesondere die submontane und die montane Höhenstufe unterlagen zeitlich wechselnd immer wieder anders akzentuierten Nutzungen. Ackerterrassen und Weideflächen erstreckten sich auch auf steilste Hänge, verschwinden jedoch heute nach Aufgabe der Landwirtschaft und Abwanderung unter Sekundärmacchie. Bild 47 zeigt eine anthropogen veränderte Landschaft im Rifatlas. Auch in den Randzonen der *mediterranen Steppen* und Hochebenen fiel die ursprüngliche Vegetation seit Jahrtausenden der anthropogenen Umwandlung zum Opfer. Hier setzte im östlichen Teil des Mittelmeerraumes der frühgeschichtliche Ackerbau ein, der in den Steppen durch Tierhaltung und in den angrenzenden Höhenwäldern durch Holzbeschaffung Ergänzung fand. Zu diesen frühen agrarischen Innovationsräumen gehören die Gebirgsumrahmung Mesopotamiens und Teile Anatoliens.

Semiarider, subarider und arider Süden

Von den vollmediterranen Landschaftstypen erfolgt mit zunehmender Länge der sommerlichen Trockenheit ein kontinuierlicher Übergang zu semiariden (Abb. 74, Signatur 8), subariden (Signatur 9) und schließlich zu ariden Gebieten (Signatur 10). Letztere sind noch Teil des Mittelmeerraumes, soweit der Niederschlagsjahresgang überwiegend Wintermaxima besitzt. Die Zahl der trockenen Monate steigt von 5–6 auf 7–9 und überschreitet damit die *agronomische Trockengrenze*. Der Umfang der bioklimatischen Trockentage verdoppelt sich von 100 auf ca. 200. Die räumliche Ausdehnung dieser drei Landschaftstypen erfasst Niederandalusien, die Südostküste Spaniens von Cartagena bis Málaga, den Süden Sardiniens, Siziliens, Kalabriens und Apulien, ferner Ostgriechenland, die West- und Südküste der Türkei sowie Israel. In Nordafrika werden die Hochebenen, Osttunesien und alle Küstengebiete bis Sinai von diesem Klimatyp geprägt. Seine Merkmale verschärfen die natürlichen Risiken durch Absinken der mittleren Niederschlagsmengen auf 500 bis 300 mm, ansteigende potenzielle Verdunstung auf über 1200 mm und die sich auf 25 % ausweitende Variabilität der tatsächlich fallenden Regen. Außerdem engen hohe Starkregenanteile, geringere Versickerungsraten und hohe Erosions- und Denudationskraft die Chancen des Feldbaus ein.

Der *Oberflächenabfluss* in den kleineren Tälern (Wadis) erfolgt nicht mehr regelmäßig jedes Jahr, sondern nur noch episodisch. Umso ökologisch und ökonomisch wichtiger ist ihr Grundwasser. Die *Bodenbildung* erreicht nur noch dünne Humushorizonte. Ackernutzung ist vielfach nur auf Böden möglich, die nach Hangabspülung in Niederungen sedimentiert wurden. Helle Steppenböden mit schneller Abnahme der natürlichen Regenerationsfähigkeit überwiegen bei noch stärkerer Trockenheit. Die Landwirtschaft wird zusätzlich durch die Bildung oberflächennaher *Kalkkrusten* und Salz- und Gipsanreicherungen im obersten Bodenhorizont erschwert, die sich ariditätsbedingt infolge geringer Niederschläge und aufsteigender Kapillarbewegung der Bodenfeuchte bilden. Wald- und Macchienbestände dünnen klimatisch bedingt aus, *Steppengras-Gesellschaften* nehmen immer größere Flächen ein. Artemisia-, Halophyten- und Halfabestände bieten sich für Weidenutzung an, letztere zusätzlich zur Zellulosegewinnung. Real sind beide Aktivitäten jedoch im Abklingen. Traditionell erreichten nomadische und halbnomadische *Tierhaltung* mit sporadischem Getreidebau eine optimale Anpassung an den klimatischen Jahresrhythmus. Auf ihre Vorteile wurde jedoch im Zuge der erzwungenen Sesshaftigkeit und folgender Abwanderung verzichtet.

Getreidebau ist in den feuchteren Teilen dieser südlichsten mediterranen Landschaften nur dann erfolgreich, wenn ein oder zwei *Brachejahre* eingefügt werden, die der Ansammlung von Bodenwasser dienen. Die Züchtung von Getreidesorten mit höherer Resistenz gegen Trockenheit verbesserte die Agrarproduktion, wie im Süden Israels am Rand des Negev. Nur der *Ölbaum* und *Mandelkulturen* reichen in Gebiete mit 200 mm Regenmittelwerten und vermögen längere exzeptionelle Trockenphasen zu überstehen. Moderne Obstarten werden durchweg bewässert, oft auch schon junge Olivenpflanzungen wie in Tunesien und Israel. Dabei versucht man mit der Tropfberegnung wassersparende Techniken weiter zu verbessern. Um das Anbaurisiko des ariden Standorts zu vermindern und den steigenden Nahrungsgüterbedarf zu decken, weitet man die *Bewässerungsanlagen* stark aus. Die damit zusammenhängenden Probleme des Abwägens komparativer Vorteile werden im Kapitel zur Agrarstruktur eingehend erörtert.

Degradierung des Landschaftshaushaltes

Aus der oben dargelegten Analyse der zonalen, regionalen und vertikalen Geoökosysteme des Mittelmeerraumes ist folgendes *Fazit* zu ziehen: Der mediterrane Landschaftshaushalt ist einerseits *naturbedingt* sehr *sensibel*. Er wurde andererseits seit prähistorischer Zeit mit zwar regionalen Unterschieden, aber insgesamt tiefgreifend über seine Regenerationsfähigkeit weit hinausgehend durch *anthropogene Eingriffe* gestört (Conaker/Sala 1998; Brandt/Thornes 1996).

Natürliche Sensibilität
mediterraner Ökosysteme
Die natürlichen Risiken und Störungsanfälligkeit der ökologischen Regelkreise werden besonders in *vier Teilsystemen* deutlich und bewirken spezifische Formen der Degradierung. Im Sinne eines *zusammenfassenden Überblicks* seien die oben bereits isoliert angesprochenen wichtigsten Punkte dieser Thematik nochmals zusammenfassend, die Wechselwirkungen hervorhebend, dargestellt:

1) Das *hygrische Risiko* nimmt im Rahmen des subtropisch-wechselfeuchten Klimas im Mittelmeerraum von Nordwesten nach Südosten zu und *mindert die Wirksamkeit des realen Feuchtedargebotes*. Ursachen dafür sind die saisonale Konzentration und die in geringer räumlicher Distanz unterschiedliche regionale Mengenverteilung der Niederschläge von Jahr zu Jahr, die Abweichung der tatsächlich zu erwartenden Regenmengen vom langjährigen statistischen Mittelwert (Variabilität) und die nach Süden zunehmende potenzielle Verdunstung in Abhängigkeit vom planetarischen Wandel des Temperaturanstiegs. In diesem Zusammenhang kommt es im südlichen Teil

zu exzeptionellen, großen Niederschlagser-
eignissen, die katastrophale Hochfluten mit
erheblichen Folgeschäden verursachen.
Mittel- und langfristig treten im Rahmen
von klimatischen Oszillationen Abfolgen von
Feucht- und *Trockenjahren* auf, deren Existenz bereits in frühen schriftlichen Quellen, z. B. im Alten Testament beschrieben
wurden. Konkrete Schäden treten ein, wenn
während einer Dürreperiode der Feuchte-
mangel nicht mehr durch den regionalen
Grundwasserhaushalt ausgeglichen wird.

2) Für *Relief und Boden* ergeben sich daraus zwei Konsequenzen: *Erstens* führt die
Abtragung zu linienhafter fluviatiler Erosion und zu flächenhaft-schleichender Denu-
dation. Der Anteil an *Starkregen* (torrentielle Niederschläge) bestimmt den Grad der
aktuellen Umgestaltung des *Reliefs*, die
Morphodynamik. *Zweitens* unterliegen in
allen Teilen des Mittelmeerraumes die oberen Horizonte der *Böden* natürlicher und
anthropogen verstärkter Abspülung mit Verlust organischer Bestandteile. Der Substanzverlust übersteigt die Regenerationsfähigkeit durch Verwitterung und Bodenneu-
bildung. Die seit ca. 2000 Jahren währende Agrarwirtschaft nutzte nicht nur den
Ertrag des Relief-Boden-Ökosystems, sondern zehrte an seiner Substanz und betrieb
Raubbau. Die *Bodenerosion* erreicht ihre
größte Intensität in den sub- und semihu-
miden Landschaften, also im zentralen Mittelmeerraum (Abb. 74, Signatur 6 und 7),
weil hier Niederschlagsmengen und Ab-
flusshöhen noch hoch, aber die schützende
Vegetationsdecke bereits gering sind. Schon
geringe landwirtschaftliche Bodenbearbeitung liefert Ansatzpunkte für degradieren-
de Prozesse (Gießner 1990, S. 38). Zu den
wichtigsten resultierenden Formen zählen
die Minderung der Versickerungs- und
Speicherkapazität, linienhafte Rillen- und
Grabenerosion, die Beseitigung der Humus-
schichten und Freilegung des Gesteins-
untergrundes, Lösungsvorgänge auf Kalk
mit Verkarstung, Skelettbodenbildung, Hang-
rutschungen in quellfähigem Untergrund,
Sedimentation von abgetragenem Material
am Hangende, Überschüttung bisher anders
genutzter Flächen, Akkumulation in den
Talböden, Transport von Schwebstoffen bis
ins Meer. Die Bedeutung der Bodenerosion

wird jedoch erst dann voll erkennbar, wenn
ihre historische Dimension seit der ersten
flächenhaft umfassenden Agrarnutzung berücksichtigt wird (Brückner 1986, 1992).

3) Die *Vegetation* unterlag historisch der
Störung und Zerstörung als Folge von
Überlastung der nur begrenzt leistungsfähigen, nur über längere Zeitspannen rege-
nerationsfähigen terrestrischen Ökosysteme (Deil 1993, 1997). Die heutige Vegetation im Mittelmeerraum ist deshalb nicht
als eine optimal angepasste Endform auf-
zufassen, sondern wird bei wachsender Inanspruchnahme weiter reduziert. Sie stellt
also nur ein *Übergangsstadium im Prozess
der weiteren Ökosystemstörung* dar. Eine
wesentliche Folge ist im Verlust der biologischen Vielfalt zu sehen (Deil 1993,
S. 25). Die flächenhafte Vegetationsver-
nichtung steigert die Bodenerosion nicht
nur linear, sondern wegen Vergrößerung der
Einzugsgebiete für Oberflächenwässer ex-
ponentiell. Umgekehrt beeinträchtigt ihre
Degradierung das Mikro- und Regionalklima.
Ob eine Umkehr dieses Prozesses der
Degradierung dauerhaft möglich ist, wird
man erst nach längerer Laufzeit der Auf-
forstungs- und Rekultivierungsprojekte
feststellen können.

4) Der *Wasserhaushalt* wurde in unmittelbarer Konsequenz von Vegetationszerstörung und demographischem Wachstum
zum wichtigsten Engpass, besonders in den
südlichen Teilen des Mittelmeerraumes. Er
verschärft sich angesichts geringeren Was-
seraufkommens, auch hier steigenden individuellen Verbrauchs und zunehmender
Bevölkerungszahl. Die Beschaffung von
sauberem Trink- und Brauchwasser und
schadarme Abwasserbeseitigung stellen
gegenwärtig entscheidende Handicaps der
wirtschaftlichen Entwicklung dar. Nicht
nur die interne Bevölkerungszunahme im
Süden und Osten von ca. 250 Mio. (2000)
auf ca. 350 Mio. (2025), sondern auch die
wachsende Inanspruchnahme aus Mittel-
und Westeuropa durch Tourismus und
landwirtschaftliche Exportproduktion auf
Bewässerungsbasis, hat zur Erschöpfung
großer Teile der oberen Grundwassersysteme geführt. Die Anzapfung fossiler Wasservorräte potenziert diesen Substanzverlust.

Bild 48: Talbildung, Wadi Kelt, östlich Jerusalems: *Die Degradierung der Vegetation auf den Hängen ist Folge von drei Jahrtausenden Weidenutzung.*

Das Zusammenwirken dieser vier Prozesse bestimmt die hochgradige natürliche Disposition mediterraner Geoökosysteme für eine *Landdegradierung*. Darunter versteht man abnehmende Leistungskraft, Zehrung an der Substanz, schwindende Fähigkeit der Ökosysteme zu Selbstregulierung und Regeneration. Realisiert wurde diese Entwicklung überall dort, wo die historisch mit unterschiedlicher Stärke erfolgten Eingriffe des Menschen in die regionalen Landschaftshaushalte die Grenze der Regenerationsfähigkeit dauerhaft überschritten. Es

ist jedoch zu beachten, dass selbst in mediterran-subariden Gebieten mit natürlicherweise geringer Vegetation die historische Beweidung zusätzlich degradierend gewirkt hat (Bild 48).

**Anthropogene Eingriffe –
Landschaftsgeschichte**
Die oben angesprochenen vier Formationen der Hartlaubvegetation des zentralen Mittelmeerraumes stellen sicher eine ökophysiologische Anpassung an die aktuellen klimatischen Bedingungen dar. Aber gleich-

zeitig müssen sie auch als Ergebnis einer – mit regionalen Unterschieden – mehrtausendjährigen intensiven Degradierung durch den Menschen gesehen werden (Schultz 1995, S. 346; Marchand 1997; Clark 1996, S. 276; Walter 1999). Für die Zukunft des Mittelmeerraumes ist das Problem der Vegetationsentwicklung von entscheidender Bedeutung und zwar nicht nur in *natur*räumlicher, sondern auch in *wirtschafts*räumlicher Sicht. Da die Art der Vegetationsdecke Oberflächenabfluss, Bodendegradierung sowie Grundwasserhaushalt steuert, entscheidet sie dadurch wesentlich mit über *Chancen* und *Risiken* der *ökonomischen Entfaltungsmöglichkeit* des Mittelmeerraumes. Die Beurteilung dieser Frage hängt einerseits von vermuteten Klimaänderungen ab (Le Houérou 1992; Jacobeit 1996), andererseits davon, ob die degradierten Vegetation durch Milderung des anthropogenen Eingriffes ihre ursprüngliche ökologische Funktionsfähigkeit wieder zurückgegeben werden kann. Wird es gelingen, die heutige Vegetation der mediterranen Fußstufe erneut zu komplexeren, dichteren, höherwüchsigen, widerstandsfähigeren Formationen zu regenerieren, um damit vor allem den Wasserhaushalt zu verbessern?

In Abb. 76 werden beide Prozesse angedeutet. Im *historischen Zeitablauf* erfolgte die *Degradierung* der Vegetation durch Rodung zur Gewinnung von Agrarflächen und Energie (Holz, Holzkohle), durch Feuer (May 1990; Moreno/Oechel 1994; May 1995; Marchand 1997), durch Weidewirtschaft sowie durch die künstliche Ausbreitung der waldbestandsähnlichen Nutzpflanzen (Olive, Kastanien, Zitrus, Obst). Diese Veränderung vollzog sich in starker *räumlicher Differenzierung* entsprechend dem Relief, der Höhenlage und Intensität des menschlichen Eingriffes (Gießner 1971; Müller-Hohenstein 1972; Mensching 1986; Grove 1996; Deil 1997; Villevielle 1997; Conaker/Sala 1998, S. 237–307).

Während der zurückliegenden 10 000 Jahre verlor die ursprüngliche potenzielle Vegetation etwa zwei Drittel ihrer ursprünglichen Fläche. Nur wenige Reste der einstigen Zusammensetzung sind heute noch zu finden, z. B. im vor Nutzung geschützten Nahbereich muslimischer Heiligengräber (Marabouts) in Nordafrika. Deil (1997) stellte mit dem Vergleich Nordmarokkos und Südspaniens dar, dass unterschiedliche Kulturen die Vegetationsstruktur sehr verschiedenartig verändert haben. Die wichtigsten, großräumlich wirksamen Phasen *historischer Landschaftszerstörung* im Mittelmeerraum werden im Folgenden genannt:

Während der römisch-byzantinischen wirtschaftsräumlichen Erschließung des Mittelmeerraumes setzten großflächige Rodungen mit folgender Bodenabspülung ein, die zur Versandung mancher Häfen, zur Veränderung und Versumpfung von Küsten mit beginnender Malaria führten.

Die Vertreibung der Küstenbevölkerung in das seitdem dicht besiedelte und gerodete Bergland durch die Invasion der Völkerwanderung und die Ausbreitung des Islams veränderten zahlreiche montane Geoökosysteme.

Die Ausweitung der Weidewirtschaft auf den iberischen Mesetaflächen vernichtete viele der von Strabo beschriebenen Waldbestände im Gefolge der christlichen Wiedereroberung Spaniens.

Die durch zu geringe Niederschläge bedingte krautreiche Steppe Inneranatoliens wurde durch Beweidung zu artenarmen Artemisiabeständen degradiert und durch Getreideanbau fast ganz beseitigt.

Die wirtschaftliche Hochkonjunktur des 16. Jh.s, ihr schnelles Bevölkerungswachstum, die auf Kosten der Waldflächen zunehmende Tierhaltung zur Wollgewinnung in der Frühneuzeit angesichts des prosperierenden und lukrativen vorindustriellen Textilgewerbes waren weitere großflächige Degradierungsphasen.

Durch die europäische Eroberung Nordafrikas wurden die bäuerlichen Berber in die Gebirge verdrängt, wo Agrarflächen selbst an steilsten Hängen angelegt werden mussten und starke Bodenerosion einsetzte. Am südlichen Rand des Mittelmeerraumes fielen bereits während der Kolonialzeit große Teile des nomadischen Steppen-Weidelandes der Umwandlung zu offenen, erosionsgefährdeten Getreideflächen zum Opfer.

Während des 19. Jh.s expandierten Agrarflächen auf Grund des hohen Bedarfes an Nahrungsgütern (Meurer 1986).

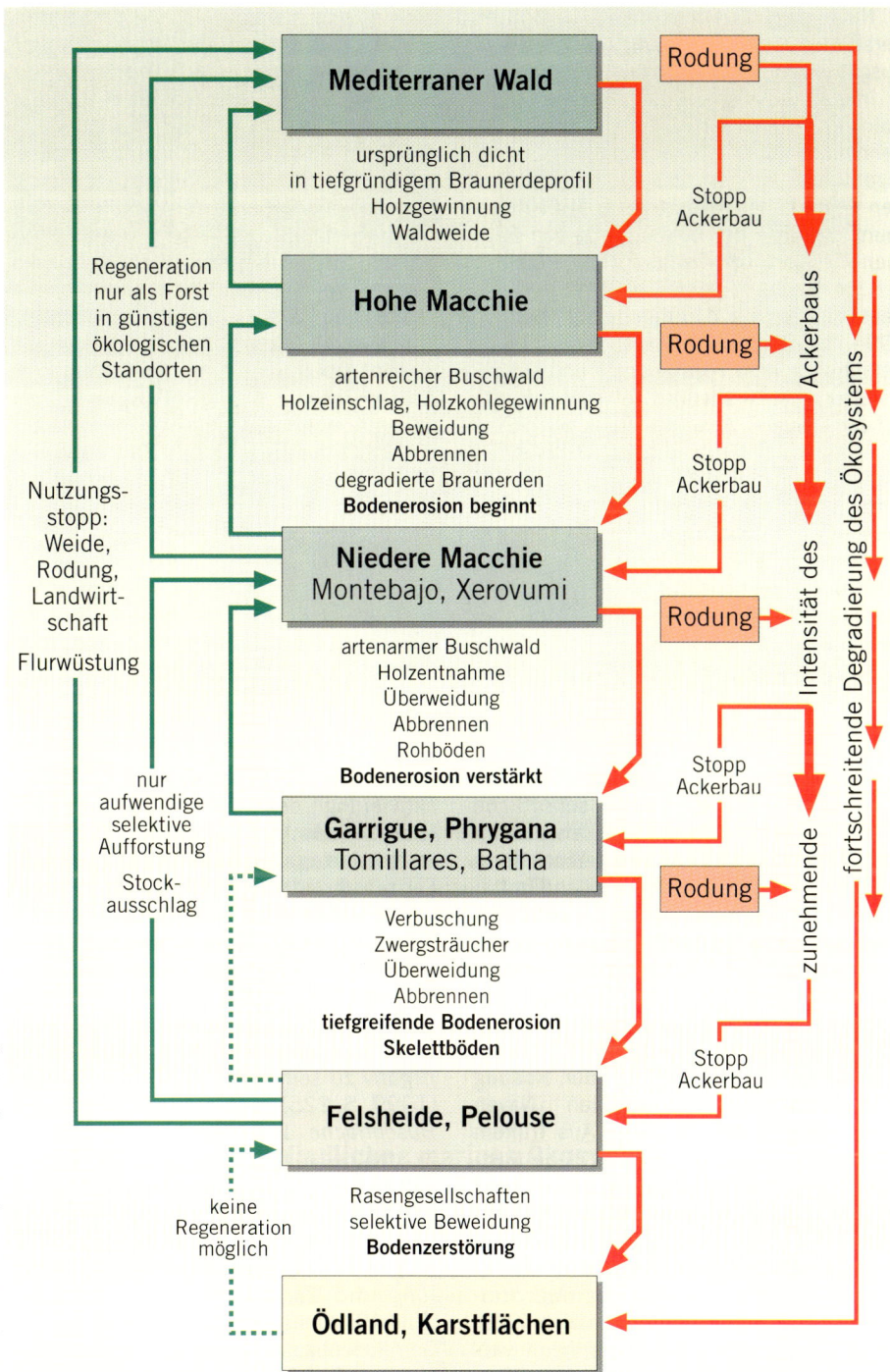

Abb. 76: Degradierung der Vegetation: *Schema der Zerstörung und der potenziellen Regeneration mediterraner Vegetation.*

Entwurf: Wagner 1999. Quellen: Braun-Blanquet 1934; Ehrig 1973; Wagner 1988; Geißner 1990; Marchand 1997.

Bild 50: Steilküste bei Lagos, Algarve, Südportugal: *Für die Vielfalt des Reliefs der Mittel-meerküsten ist die starke Durchdringung von Meer und Land charakteristisch.*

ckung (ca. 46 000 km, ohne kleine Inseln) mit meist nur schmalen litoralen Niederungen, das mit Ausnahme im Golf von Valencia, in der nördlichen Adria, in der ägäischen Inselwelt, in den Syrten vor Nordafrika und vor dem Nildelta weitgehende Fehlen von flachen Schelfflächen, die fast überall ausgeprägten steilen submarinen Hänge vor den Küsten, die Entstehung tiefer Becken (bis 3100 m südlich der Balearen, bis 3700 m im Tyrrhenischen Meer, bis 4000 m im Ionischen Meer, bis 4600 m südlich des Peloponnes, bis 3800 m im Levantinischen Meer bei Rhodos).

Die starke horizontale und vertikale Gliederung seiner Küsten und Becken sowie seine Lage im subtropischen Klima mit hohen Verdunstungsverlusten bilden den Rahmen für das komplizierte hydrologische Ökosystem des Mittelmeeres, insbesondere für seine Wasserbilanz, das Strömungsnetz seiner Wassermassen und deren Empfindlichkeit gegenüber anthropogenen Belastungen. Aufbau und Dynamik des marinen Systems werden im folgenden Abschnitt

dargestellt (Carter 1956; Gießner 1991; Huber 1993):

Wasserbilanz und horizontale Zirkulation

Infolge der sommerlichen Wärmeeinstrahlung liegt die Temperatur des Oberflächenwassers ca. 5°C höher als in vergleichbaren Breiten. Die potenzielle Verdunstung steigt deshalb im Süden und Osten des Mittelmeerraumes auf 1200–1700 mm, also auf das Vielfache der regionalen Niederschlagsmengen. Die Verdunstungsverluste sind jährlich etwa doppelt so groß wie die Menge des von den Flüssen zuströmenden Süßwassers. Seit dem Bau des Assuanstaudammes sank zudem die Wasserspende des Nils erheblich ab. Ein gewisser Mengenausgleich erfolgt aus dem Zustrom vom Schwarzen Meer durch den Bosporus ins Mittelmeer. Den entscheidenden Ersatz der Verdunstung leistet jedoch die Zufuhr von Atlantikwasser durch die Meerenge bei Gibraltar. Diese atlantische Wassermenge strömt dann mit 100 cm/Sek. (Carter 1956, S. 165) in den westlichen Teil des Mittelmeeres, verzweigt sich in getrennte Kreisläufe im Balearenbecken und im Tyrrhenischen Meer (Abb. 77). Östlich davon verlangsamt sich seine Geschwindigkeit kontinuierlich. Ein dritter Teil des Atlantikwassers strömt entlang der nordafrikanischen Küste nach Osten, mündet in verschiedene Kreisbewegungen, wird dabei langsamer, wärmer, sauerstoffärmer, produktionsschwächer, verdunstet und steigert dadurch seinen Salzgehalt. Insgesamt ist das Mittelmeer im Gegensatz zum Atlantik und zum Schwarzen Meer wegen niedrigen Nährstoffgehaltes planktonarm. Satellitenbilder zeigen diese Unterschiede anhand von kräftigen Farbdifferenzen. Lediglich die Flussmündungen (Ebro, Rhône) und die wenigen Schelfzonen sind reicher an biogenen Kreisläufen. Der horizontale Wasseraustausch im Mittelmeer wird durch die tektonisch bedingten Schwellen behindert. Die einzelnen Becken bilden deshalb fast getrennte marine Systeme (Huber 1993, S. 37).

Salinität und vertikale Zirkulation
Die Verdunstung ist wesentliche Ursache für den hohen und nach Osten zunehmenden Salzgehalt in der *Oberschicht* (Epilimnium) des Mittelmeeres. Dieser steigt von ca. 36‰ im Westen auf knapp unter 40‰ im Osten an. Im Atlantik liegt er nur bei 35‰, im Schwarzen Meer wegen der größeren Süßwasserzuflüsse lediglich bei ca. 18–20‰. Deshalb hat der Zustrom durch die Dardanellen in das Mittelmeer große Bedeutung als Nährstoffträger. Da mit der Salinität die Dichte des Wassers zunimmt, sinkt selbst ein Teil der mit 500 m nicht sehr mächtigen Schicht des aus dem Atlantik und aus den Flüssen stammenden Oberflächenwassers in bestimmten *Konvektionszonen* in die *Unterschicht* (Hypolimnium) ab. Diese Abtauchgebiete liegen meist am Fuße von hohen Küstengebirgen, über die im Winter kalte Luftmassen (Mistral in Südfrankreich, Tramontana im Apennin, Bora über der Balkanküste, Vardarac in Nordgriechenland) herabwehen, die Meerestemperatur reduzieren und so den Sinkvorgang verstärken. Das Tiefenwasser des östlichen Mittelmeeres stammt überwiegend aus Adria und Ägäis. Hier summieren sich Salzgehalt,

Sauerstoff- und Nährstoffarmut. Die geringe, gleich bleibende Temperatur verhindert ein erneutes Aufsteigen. Allerdings haben jüngere Forschungen gezeigt, dass sich die Dynamik des Tiefenwassers im östlichen Mittelmeer ändert (Roether 1998, 1999). Langsam strömt das *Tiefenwasser* nach Westen auf die nur 350 m unter NN liegende untermeerische Schwelle von Gibraltar zu und stürzt über diese infolge seines angereicherten Salzgehaltes sehr schnell in tiefere Atlantikschichten zurück. Die auch über den Jahreszeitenwechsel konstante Schichtung ist eine wesentliche Ursache für die biologische *Produktionsarmut* des Mittelmeeres und auch für die mit 80–100 Jahren lange Erneuerungsrate des Mittelmeeres und das Verweilen von Schadstoffen in den oberen Schichten (UNEP 1989, S. 7).

Das Mittelmeer erweist sich damit als ein einstrahlungsbedingt sehr warmes und salzreiches, sauerstoffarmes und deshalb produktionsarmes marines Ökosystem. Diese Eigenschaften beinhalten gleichzeitig, dass das Mittelmeer besonders empfindlich auf anthropogene Eingriffe reagiert.

Belastungen des marinen Ökosystems
Schadstoffe gelangen über Flüsse, direkt von Küsten und aus den zunehmend verstädterten, agrarisch intensiv genutzten, industrialisierten und zersiedelten Küstenniederungen ins Meer. Die *städtische* Bevölkerung der Litoralzonen hat sich 1960–1980 verdoppelt und geht einer weiteren Verdopplung bis 2025 entgegen (1980: 80 Mio.; 2025: 170 Mio.). Die von hier ausgehenden Belastungen lassen sich in *fünf* Gruppen zusammenfassen (Klug 1986; Europ. Investitionsbank 1990; Jeftic et al. 1990; Huber 1993; Villevielle 1997):

1) *Abwässer* strömen organisch und pathogen belastet (Mikroorganismen, Coli-Bakterien, Viren, Parasiten) heute etwa zu 70 % noch ungeklärt ins Meer. Mülldeponien mit nicht abbaubaren Kunststoffen haben vielfach engen Kontakt zur Uferlinie. Die größten und gefährlichsten Abwassermengen stammen von den nördlichen Anrainerstaaten. Strömungen tragen die Schadstoffe auch an bisher wenig belastete Küsten, z. B. in Nordafrika.

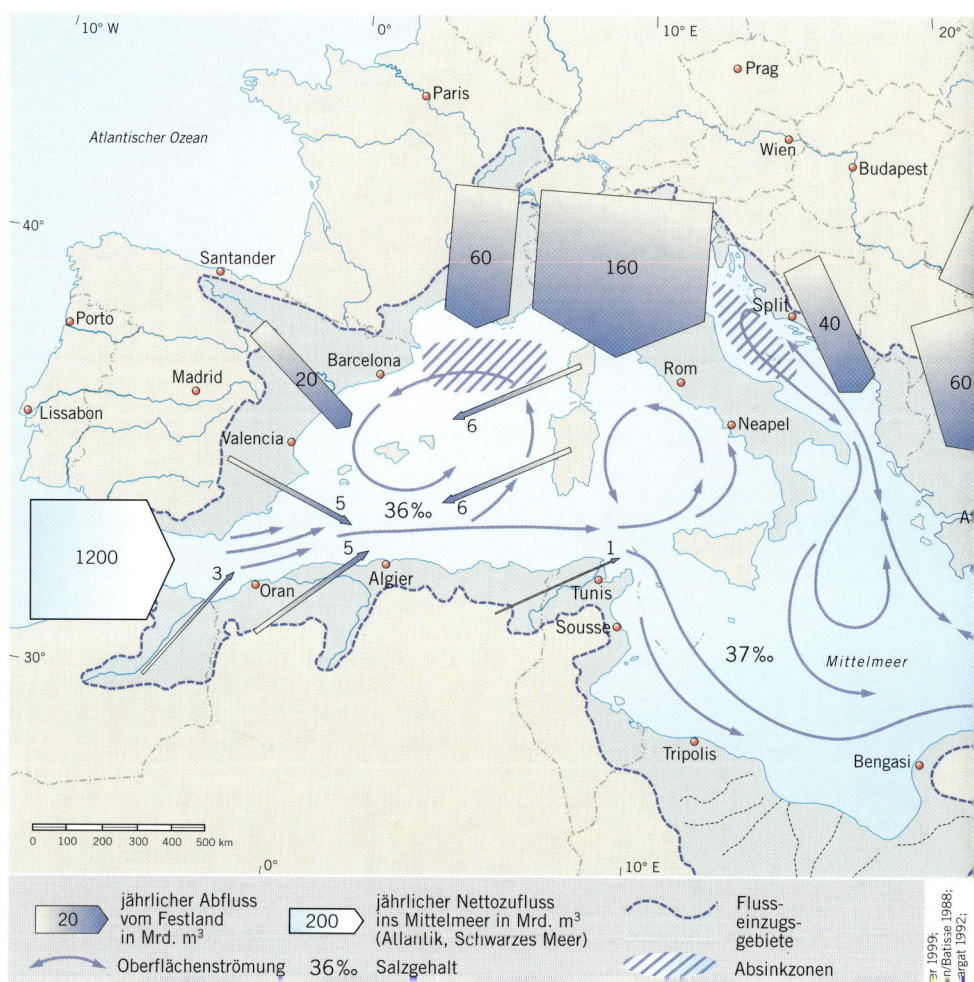

Abb. 77: Hydrographie des Mittelmeeres: *Süßwasserspenden, wichtige Meeresströmungen, Salzgehalt und Absinkzonen.*

Entwurf: Wagner 1999;
Quellen: Grenon/Batisse 1988;
Jeftic 1989; Margat 1992;

2) *Intensiv-Agrarflächen* verursachen den Eintrag von Pestiziden, Fungiziden, Phosphaten, Nitraten und organischen Kohlenwasserstoffverbindungen in die schnell reagierenden Küstengewässer. Sie überdüngen die Küstengewässer und steigern die Biomasseproduktion (Eutrophierung). Ihr Absterben mindert den Sauerstoffgehalt des Wassers.

3) *Industrieabfälle* der Schwerindustrie, Petrochemie, Textil-, Leder- und Papierindustrie wie Schwermetalle, DDT, Lindan, Dioxine, organische Chemikalien, Organochlorine, anorganische und toxische Materialien werden vielfach rechtswidrig im Meer entsorgt. Wasseranalysen ergaben hohe Belastungen durch Quecksilber, Blei, Kadmium, Kupfer, Chrom, PCB (Polychlorierte Biphenyle), Phenole, Tenside (Schaumbildung). Auch über küstennahe Luftbelastungen gelangen diese Stoffe ins Meer. Sie lagern sich in marinen Organismen ab und wandern über die tierische Nahrungskette zum Menschen. Außerdem beeinträchtigen sie die Photosynthese im Wasser. Auch die Wassererwärmung durch Kühlkreisläufe thermischer Kraftwerke spielt eine gewisse belastende Rolle. Die industriebedingten Wasserbelastungen erreichen vor den Fluss-

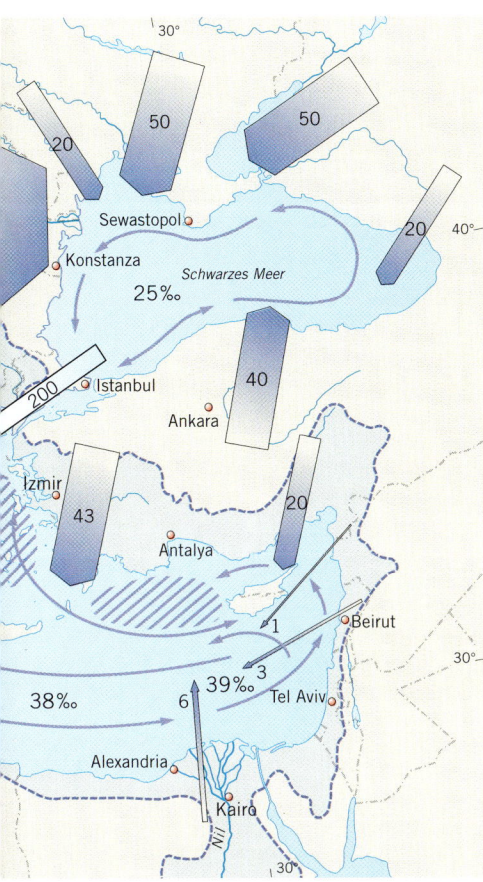

mündungen sowie bei Barcelona, Marseille, Genua, Livorno, Neapel, Triest, Athen und Istanbul ihre höchsten Werte.

4) *Erdöltransporte* bringen etwa ein Viertel des im Vorderen Orient geförderten Erdöls mit Tankschiffen nach Europa. Dieser Anteil wird zunehmen, wenn über die geplante Pipeline vom Kaspischen Meer weitere Ölmengen bei Ceyhan im Südosten der Türkei zur Verschiffung gelagert werden. Tankerunfälle, Ölreste von Tankspülungen (z. B. im Ionischen Meer), aromatische Kohlenwasserstoffe in Hafennähe, Raffinerieabfälle schädigen das marine Ökosystem seit ca. 7 Jahrzehnten.

5) Der *Tourismus* an den Mittelmeerküsten trug seit seinen Anfängen zur Belastung des Mittelmeeres bei. Die steigende Zahl der Urlauber, gesamtmediterran heute jährlich mehr als 150 Mio., übersteigt die Kapazität der Entsorgungstechnik. Dabei sollen gerechterweise diesbezüglich verbesserte Maßnahmen beim Bau neuer Hotelanlagen nicht übersehen werden.

Politik zur Rettung des marinen Ökosystems
Aus der Vielfalt der internationalen Politikziele seien hier nur einige wenige Beispiele herausgegriffen, um die Intensität zu zeigen, mit der man seit zwei Jahrzehnten die Sicherung des Mittelmeeres erreichen will. Dabei sind allerdings typisch mediterrane Koordinierungsschwierigkeiten, Korruption, das Umgehen der unterschiedlichen nationalen und neuen internationalen Rechtsvorschriften und viele Formen der Nachlässigkeit bei der praktischen Umsetzung nicht zu übersehen.

Seit 1976 legten die Staaten des Mittelmeerraumes mit Unterstützung der EU und der UNEP politische, rechtliche und technische Ziele zur Erhaltung der Funktionsfähigkeit des marinen Ökosystems des Mittelmeeres fest. Ein erster konkreter Schritt wurde mit dem *Mediterranean Action Plan* (MAP) seitens der Umweltorganisation der UNO (UNEP) geleistet. Er umfasst Programme zur Erforschung der Wasser- und Luftbelastung im Mittelmeerraum und zur Erstellung von Monitoring-Systemen, die Indikatoren für vergleichende Messungen der Wasserbelastung im Mittelmeer festlegen. Der gleichzeitig beschlossene *Blue Plan* zielt auf die wissenschaftliche Analyse sozioökonomischer Prozesse in den Ländern des Mittelmeerraumes. Heute beschäftigen sich ca. 200 Institute mit Anwendungsforschung zur Sicherung des Mittelmeeres. Seit 1995 fördert die EU besonders fünf Bereiche, die Abwasserklärung, sichere Mülldeponien, Gefahrstoffentsorgung, umweltgerechte Reglementierung der Öltransporte auf dem Meer und die Pflege küstennaher Meeresbiotope. Über das *Mediterranean Environmental Technical Assistance Program* (METAP I, II) werden in Südeuropa und außerhalb der EU in allen übrigen Staaten des Mittelmeerraumes Kredite für die Forschung und Durchführung folgender Projekte gewährt: integrierte Bewirtschaftung von Wasserressourcen, Beseitigung fester und gefährlicher Abfälle, Verhinderung von Meeresverschmutzung durch Öl und chemische Produkte, Umweltmanagement von Küstengebieten. Ferner fördert die EU seit 1995 im Rahmen von MEDA I die Finanzierung und den Bau von Meereswasserentsalzungsanlagen zur Sicherung der zukünftigen Trink- und Brauchwasserversorgung im Süden und Osten des Mittelmeerraumes. Ähnliche Ziele verfolgt das *Short and Medium-Term Priority Environmental Action Program* (SMAP). Dabei stehen die Trennung von Abwasser- und Trinkwassereinzugsgebieten, Katastrophenpläne bei Tankerunfällen, Maßnahmen zur Minderung des Oberflächenabflusses ins Meer und Abbau der Nutzungsüberlastung von Küstenniederungen im Vordergrund.

Versucht man zusammenfassend unter dem Blickwinkel von Chancen und Risiken der Entwicklungsfähigkeit der Wirtschaft den mediterranen Naturraum zu bewerten, so kristallisieren sich drei Befunde heraus:

Die klimatischen Risiken, insbesondere die Variabilität der Niederschläge und des Wasserhaushaltes belasten alle Zweige der mediterranen Landwirtschaft. Historisch führten diese einengenden Bedingungen zu umfassender Degradierung der Vegetation, der hygrischen Systeme und der Böden, letztlich zu Engpässen der Ernährungs- und Existenzsicherung.

Andererseits bieten die klimatischen Verhältnisse dem Agrarsektor auch Vorteile. Die milden Wintertemperaturen erlauben bis zur kältebedingten Höhengrenze der mediterranen Ökosysteme vielfach ganzjährigen Anbau. In der Vergangenheit resultierten daraus die über 2000-jährige Kontinuität der mittelmeerischen Kulturen und die hohe Bevölkerungsdichte. Gegenwärtig ist eine noch verbesserte Ausnutzung der kühleren Monate möglich. Die kaufkräftigen Märkte in Mitteleuropa nehmen alle subtropischen Herbst- und Winterernten, Gemüse, Südfrüchte und Obst, als Frischware bereitwillig auf. Anspruchsvolle Konsumgewohnheiten dieser entfernten Absatzgebiete werten die mediterranen Agrarsysteme und damit auch deren früher vielfach als limitierend eingeschätzten ökologischen Grundlagen mehr und mehr auf.

Negativ wirkt dabei allerdings, dass die nachfragebedingt wachsende Intensivierung der Bodennutzung, d. h. chemische Düngung, Pflanzenschutz und Mechanisierung der naturräumlichen Basis, also den Böden, dem Wasserhaushalt und der Vegetation in steigendem Umfang Schäden zufügt. Ein damit verbundenes Risiko zeigt sich deshalb mittel- und langfristig in einer Gefahr der Leistungsminderung der mediterranen Ökosysteme. Für ihre Nutzung einen ausgewogenen Mittelweg zu finden, ohne Raubbau zu treiben, d. h. ohne die Substanz des Landschaftshaushaltes anzugreifen, ist eine sehr schwierige Zukunftsaufgabe.

LANDWIRTSCHAFT:
WANDEL DES LÄNDLICHEN RAUMES

Bild 51: Sonnenblumenfeld bei Andújar, Südostspanien: Der Anbau von Sonnenblumen erweiterte die Ertragsbasis nicht bewässerbarer Agrarflächen durch die Erzeugung von Speiseöl.

Überblick

■ Trotz Verstädterung werden viele Regionen des Mittelmeerraumes noch dominant von der Landwirtschaft geprägt. Ihre Leistungsfähigkeit hing historisch von Anpassung an die naturräumlichen Grundlagen ab, ist bis in die Gegenwart aber von historischen Strukturen belastet. Das stärkste geschichtliche Hemmnis bilden Eigentums- und Betriebsstruktur, die vom schnellen sozialen Wandel der ländlichen Räume überholt werden.

■ Die Landwirtschaft profitierte vom Anstieg der Erträge und der Produktivität infolge neuer Fruchtfolgen, Mechanisierung, Chemisierung, verbesserter Bewässerungstechnik und weitreichender Absatzbeziehungen für die subtropischen Früchte.

■ Durch Vegetationszerstörung, Bodenerosion und hohen Wasserverbrauch aus Grundwasserkörpern schädigte die Landwirtschaft mit den sensiblen Geoökosystemen vielfach ihre eigenen Grundlagen. Ein großer Teil der Landdegradierung hat deshalb seine Ursachen in verschiedenen Formen der Übernutzung.

■ Die ländlichen Räume veränderten sich in den zurückliegenden 50 Jahren grundlegend: Verbesserte Erreichbarkeit durch Straßen, ausreichende Versorgung mit Trinkwasser und elektrischem Strom sowie mit umfassender sozialer Infrastruktur verliehen vielen früher unterentwickelten Gebieten große Chancen für die Zukunft. Auch die Industrie findet heute in ländlichen Räumen interessante Standortvorteile.

Eigentum, Betriebsstrukturen, Bodennutzungssysteme

Für das Verständnis der Landwirtschaft im Mittelmeerraum ist zunächst die Analyse der Eigentumsverhältnisse und Betriebsstrukturen wichtige Voraussetzung. Viele Probleme des Agrarsektors können nur hieraus erklärt werden, ebenso wie ein großer Teil der typischen Bodennutzungssysteme. Auch die Wandlungen der agrarsozialen Struktur und der ländlichen Räume insgesamt korrespondieren eng mit Grundeigentum, Pachtformen und Anbauverhältnissen. Ihr Flexibilitätsgrad beeinflusst die Dynamik der Erwerbsstruktur und diese die Migrationsbereitschaft oder Traditionsbindung.

Die komplizierten Eigentums- und Betriebsstrukturen sind die wichtigsten Prägekräfte der Landwirtschaft im Mittelmeerraum. Trotz vieler Reformversuche blieb ihr Grundcharakter erhalten und belastet deshalb die zukünftige Entwicklung des Agrarsektors. Anders als in den meisten Industrieländern und Agrargebieten der Mittelbreiten sind Bodeneigentum und landwirtschaftlicher Betrieb im Mittelmeerraum vielfach nicht identisch. Eigentumsflächen sind durch Verpachtung oft in viele Betriebe aufgeteilt. Umgekehrt setzen sich einzelne landwirtschaftliche Höfe aus Anteilsflächen mehrerer Grundeigentümer zusammen. Diese Verflechtung ist entscheidendes Entwicklungshemmnis der Landwirtschaft. Vielfältige *Agrarreformen* sollten durch Änderung der *Eigentums*verhältnisse und Einführung neuer Bodennutzungssysteme die historisch bedingte geringe Effizienz verbessern. Reformmaßnahmen wurden in großem Umfang nach dem Zweiten Weltkrieg in allen Ländern des Mittelmeerraumes in Angriff genommen.

1) Ziel war die Einrichtung genossenschaftlicher Betriebe. Damit wollte man nicht nur die Agrarproduktion verbessern, sondern auch historische, feudale Gesellschaftsstrukturen beseitigen. Aus heutiger Sicht schlugen diese Versuche in Algerien, Portugal, Jugoslawien, Albanien und Tunesien jedoch weitgehend fehl. Relativ dauerhaften Erfolg hatten nur die Kibbuzim in Israel.

2) Wichtiger war der Wunsch, durch Zerschlagung feudalistischen Großeigentums bäuerliche Familienbetriebe zu bilden. Ihm war besonders dann Erfolg beschieden, wenn gleichzeitig neuzeitliche Bodennutzung, oft mit Bewässerung eingeführt wurde. Damit sollte die *private* Initiative kleiner und mittlerer bäuerlicher Eigentümer gestärkt und der Beitrag der Landwirtschaft zum Volkseinkommen verbessert werden. Trotzdem ging ein Teil des neu erworbenen bäuerlichen Reformeigentums durch wirtschaftliche Misserfolge wieder verloren. Die neu geschaffenen Betriebe wurden aufgegeben. Die Reformen von Eigentums- und Betriebsstruktur verliefen langsamer als der *soziale Wandel* der ländlichen Bevölkerung. Deshalb machte die Abwanderung der Bauern aus der Landwirtschaft zahlreiche Reformmaßnahmen wieder wertlos.

Die gegenwärtigen *Eigentumsverhältnisse* in den Agrargebieten des Mittelmeerraumes sind historisches Erbe und basieren auf dem jeweilig geltenden *Bodenrecht*. Ausgehend von römischen Rechtsformen herrscht im Norden und Westen überwiegend individuelles Bodeneigentum vor. Eigentümer sind einzelne Personen, in neuerer Zeit mit Katastereintrag, jedoch auch Organisationen des öffentlichen Rechts wie Kirche, Stiftungen, Staat oder Genossenschaften. Demgegenüber dominierte traditionell im Osten und Süden unter dem Einfluss des Islams und früherer Kulturen kollektives Eigentum (Rother 1993, S. 140). Sippen, Stämme, Dorfgemeinschaften, religiöse Stiftungen (habous, waqf) waren die wichtigsten Träger des gemeinschaftlichen Bodeneigentums. Anbauflächen wurden jährlich neu unter die Bewohner eines Dorfes verteilt. Schlechte und gute Böden verursachten so keine wirtschaftlich-sozialen Unterschiede. Die regelmäßige Umverteilung ging bei höherer Bevölkerungsdichte jedoch langsam in längere Beibehaltung der *Nutzungsrechte* an bestimmten Parzellen über. So entwickelte sich ein Gewohnheitsrecht zu längerfristiger Nutzung. Auch ohne schriftlichen Kataster waren die Grenzen der Felder gut bekannt, teilweise versteint oder durch topographische Merkmale gekennzeichnet. Diese gewohnheitsrechtlichen Dauernutzungen verfestigten sich im Laufe der Zeit de facto zu einem konkreten Eigentumsanspruch, der auch an die Erben überging. Diese Entwicklung verursachte soziale Unterschiede, die sich bei Realteilung in dichter besiedelten Gebieten verschärften. In allen islamischen Staaten beeinflussten allerdings seit der Mitte des vorigen Jahrhunderts auch westliche Rechtsnormen die Eigentumsverhältnisse. In Nordafrika usurpierten seit Beginn der Kolonialzeit europäische Großfarmer traditionelles Gemeinschaftseigentum. Die postkolonialen Staaten setzten mit Verstaatlichung und Genossenschaftswesen nichtislamische Eigentumsrechte weiter durch.

Für den gesamten Mittelmeerraum ist der starke Gegensatz von sehr kleinem und sehr großem Grundeigentum kennzeichnend (Bild 52). Im westlichen Teil ist dieser Kontrast allerdings noch markanter als im östlichen. Die weit verbreitete *Realteilung* förderte die Eigentumszersplitterung. Agrarkrisen wirkten in solchen Gebieten besonders beschleunigend auf die Abwanderung. In diesen Zeiten konnten immer wieder wohlhabende städtische Bürger landwirtschaftliche Anwesen preisgünstig erwerben, um sie später profitabel zu verpachten. Umgekehrt setzten aber auch Perioden besserer Konjunktur landlose Tagelöhner, Pächter und Bauern mit zu kleinen Höfen in die Lage, Bodeneigentum zu erwerben (Vöchting 1951).

In *Spanien* herrscht auf der Südmeseta und in Andalusien noch heute das Großeigentum vor. Großenteils entstand es im Zuge der Wiedereroberung im 15. Jh. durch Landvergabe an den Adel. Bis in die Gegenwart gestalten Großeigentümer nicht nur die Landwirtschaft, sondern auch das soziale und politische Leben. Kleineigentum dominiert dagegen den Nordwesten und sommerfeuchten Norden Iberiens (Lautensach 1964, S. 192 f.). Nach 1950 führten Reformen zu Verkleinerung des Großeigentums. Es entstanden neue Dörfer mit neuen Bewirtschaftungsmethoden (z. B. Bewässerung) und steigender Agrarerzeugung. Viele der neu geschaffenen Betriebe waren jedoch zu klein und unrentabel und wurden deshalb wieder aufgegeben. Die Bauern wanderten in die Städte ab und die

Bild 52: Bäuerliches Gehöft in den Abruzzen, Italien: *Das äußere Bild gibt kaum Aufschluss über die Eigentums- und Betriebsform sowie über die Sozialstruktur und Größe.*

neu geschaffenen Betriebe fielen wieder zurück an die ehemaligen Großeigentümer (Tyrakowski 1987). Im Süden Portugals machte man nach 1974 die Latifundien zu Genossenschaften. Damit sollten nicht zuletzt auch basisdemokratische Ideen verwirklicht werden (Freund 1981). Aber auch hier ließ der wirtschaftliche Misserfolg die alten Eigentumsverhältnisse mit extensiven Anbausystemen ab Ende der 80er-Jahre wieder aufleben.

In *Italien* resultieren die größten Eigentumseinheiten im festländischen Süditalien sowie auf Sizilien und Sardinien aus der wechselvollen, oft fremdbestimmten Geschichte, die das Großeigentum begünstigte (Tichy 1985, S. 390 f.). Während in Mittelitalien auch mittelgroße Eigentumstitel auftreten, kontrastiert dazu das teilweise extrem kleine bäuerliche Eigentum in vielen Gebirgszonen, in allen Bergländern, in zahlreichen Küstenebenen sowie in der Poebene. Die Eigentumsreform begann bereits während der faschistischen 30er-Jahre, setzte sich nach 1950 fort und schuf bäuerliches Kleineigentum als Familienbetriebe für frühere Pächter und Landarbeiter. Manche Großeigentümer verstanden es jedoch, die enteigneten Flächen unrechtmäßig wieder an sich zu bringen. Diesen Zugriff erleichterten die Neubauern allerdings oft selbst durch Abwanderung, weil sie sich außerhalb der Landwirtschaft ein höheres Einkommen erhofften.

In den mediterranen Teilen des *Balkans* lebte nach dem Ende des Sozialismus das historische Kleineigentum wieder auf. *Griechenland* und große Teile der *Türkei* werden vom Kleineigentum ebenso geprägt wie viele Inseln im östlichen Mittelmeerraum oder im Küstensaum der Levante (Richter 1979). Während der Spätphase des Osmanischen Reiches wurden Teile des feudalen Großeigentums zerschlagen und in kleinere Bodentitel aufgeteilt. Auch die Neusiedlungsgebiete der Muhaçir, moslemischer Glaubensflüchtlinge, die aus den Randgebieten des sich auflösenden Osmanischen Reiches in die Türkei migrierten, bestanden aus bäuerlichem Kleineigentum (Höhfeld 1995, S. 83).

In *Ägypten* wechselten in historischer Zeit verschiedene Phasen unterschiedlicher Dominanz von Groß- und Kleineigen-

tum, je nach den Verfahren der Steuererhebung (Ibrahim 1996, S. 74). Mit der Bodenreform begann 1952 die Auflösung von Großeigentum in kleine bäuerliche Eigentumseinheiten, die später erneut in größere Staatsbetriebe zusammengefasst, neuerlich jedoch wieder privatisiert wurden (Meyer 1995 b).

In den mediterranen Teilen des *Maghreb* dominierte traditionell das bäuerliche Kleineigentum, insbesondere in den schwierig zu bewirtschaftenden Gebirgen. Mit Beginn der Kolonialzeit verdrängten europäische Kleinbauern sowie französische Großfarmer die berberischen Kleinbauern in das Bergland. Die europäischen Colons erreichten mit modernen Anbaumethoden große Erntemengen, während die nordafrikanischen Bauern in traditioneller Subsistenzwirtschaft verharrten. Mit Beginn der staatlichen Unabhängigkeit flüchteten die Europäer. In *Algerien* schuf man große Genossenschaften. Die Steigerung der Nahrungsmittelerzeugung blieb aber Wunschvorstellung. Deshalb stehen seit Mitte der 80er-Jahre Eigentum und Bewirtschaftung auf privater Basis wieder hoch im Kurs (Arnold 1995, S. 135). Heute erreichen modern ausgestattete Mittel- und Großbetriebe beachtliche Erfolge. Die Ernährung der wachsenden Bevölkerung kann allerdings von der algerischen Landwirtschaft nicht gesichert werden. In *Tunesien* leitete die staatliche Führung 1969 unter Führung des Wirtschaftsministers Benzallah eine vollständige Kollektivierung der Wirtschaft, damit auch des Agrarsektors ein. Dieses Vorhaben misslang jedoch wegen des allgemeinen Widerstandes vollständig. Heute stehen sich wieder überwiegend private (kleinbetriebliche) und in geringerem Umfang staatliche und genossenschaftliche Eigentumsformen (Großbetriebe) gegenüber.

Eine Sonderform des Bodeneigentums entwickelte sich in *Israel*. Freiwillig arbeitende Mitglieder bildeten einen Kibbuz, der als Gesellschaft des öffentlichen Rechts Eigentümer der Produktionsmittel Boden, Kapital, Maschinen etc. ist (Karmon 1994, S. 74). Durch moderne Organisation und durchgreifende Disziplin erreichte die Landwirtschaft Israels auf dieser Grundlage trotz der auch hier schwierigen naturgeographischen Bedingungen nicht nur die

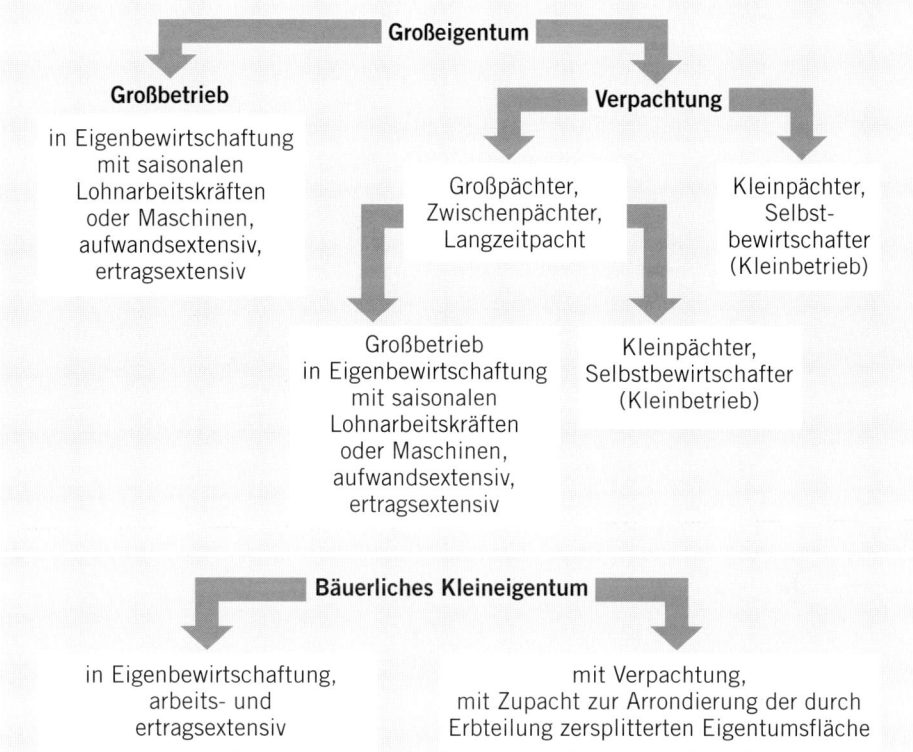

Entwurf: Wagner 1999.

Tab. 17: Eigentum und Betriebsstruktur im Mittelmeerraum.

weitestgehende Selbstversorgung, sondern auch erstaunlich hohe Exporterlöse.

Die *Betriebsstruktur* differenziert die Eigentumsverhältnisse. Ihre Kenntnis ist notwendig, weil nur so die hinter der sichtbaren Agrarlandschaft stehenden Akteure und ihre *Entscheidungen* erkennbar werden. Die inneren Zusammenhänge zwischen Eigentum und Betrieb werden in Tab. 17 schematisch verdeutlicht.

Das *Großeigentum* prägte als *Latifundium* bereits während der römischen Kaiserzeit die Landwirtschaft in Italien, Sizilien, Nordafrika, Spanien und auf dem Balkan (Kloft 1992, S. 205). Über die Jahrhunderte war in der mediterranen Agrarlandschaft das Latifundium eines der stabilen Elemente. Bewirtschaftet wird es als Großbetrieb oder in viele kleine Betriebe verpachtet. Der Bodeneigentümer lebt oft absentistisch in der Stadt. *Großbetriebe* wurden mit Hilfe von nur saisonalen Tagelöhnern, die im Umkreis des Gutes in großen Dör-

fern lebten, bewirtschaftet. Da seit einigen Jahrzehnten die menschliche Arbeitskraft infolge Abwanderung immer knapper wurde, stieg der Mechanisierungsgrad, der jedoch die Bodenerosion förderte. Die Großgrundeigentümer bewirtschafteten ihre Anbauflächen vielfach nicht selbst, sondern verpachteten die Flächen, um die Anbaurisiken abzuwälzen. Für die *Verpachtung* gab es zwei Möglichkeiten:

Über *Einzel*verträge erhielt eine Vielzahl landloser oder nur mit kleinem Eigentum ausgestatteter Bauern Anbauflächen. Entscheidend waren Zeitdauer und Auflagen der Pachtverträge. Waren sie kurz, hatte der Pächter kein Interesse an sorgsamer Bodenpflege und beutete die geliehene Fläche extrem aus. Verlangte der Verpächter ferner jährlich gleich hohe (fixierte) Pachtgebühren, lasteten die *Risiken* von Ernteausfällen und alle Kosten des Anbaus (Vieh, zusätzliche Arbeitskräfte, Geräte, Transportmittel, Gebäude) allein auf dem

Bild 53: Radialberegner bei Albacete, La Mancha, Südostspanien: *Ertragssteigerungen beim Getreide lassen sich vor allem durch mobile Formen der Beregnung der Saatflächen erreichen. Aufnahme 1988.*

Pächter. Die häufigen *Niederschlagsschwankungen* des mediterranen Klimas brachten den Pächter schnell in eine dürrebedingte Krise. Konnte er seine Pacht nicht bezahlen, verschuldete er sich, meist über Jahre und Jahrzehnte hinweg, oft bis zur nächsten Generation. Die wirtschaftliche wurde so auch zur sozialen und politischen Abhängigkeit. Solche Schuldknechtschaften sind bereits aus der vorantiken feudalistischen Agrargeschichte des östlichen Mittelmeerraumes als *Rentenkapitalismus* bekannt (Bobek 1959, 1962). Dabei wurden Boden und Vegetation ebenso durch Raubbau ausgebeutet wie die Arbeitskraft des Menschen. Die ökologischen Folgen dieser Wirtschaftsweise schlugen sich in der Schädigung der Landschaft nieder. Hierin zeigt sich eine mehrfache Wechselwirkung zwischen der Gesellschaftsordnung und den Ökosystemen. Dieser Zusammenhang wird als politische Ökologie gesehen (Geist 1992), die methodisch neu und wichtig ist.

Über einen *Pauschal*vertrag erhielt ein kapitalkräftiger Pächter größere Flächen. Diese bewirtschaftete er teils wiederum als Großbetrieb in eigener Regie, teils gab er sie an Endpächter weiter, die sie in oben beschriebener Weise nutzten. Damit entstand über mehrere Ebenen ein System von sozialen Abhängigkeiten. An deren Spitze erfolgte *Kapitalakkumulation*, an ihrem unteren Ende Ausbeutung von Arbeitskraft und Boden. Auf keinem dieser Horizonte erfolgten Investitionen oder Innovationen zur Modernisierung und Produktivitätssteigerung. Dieses Wirtschaftssystem schädigte in einzelnen Regionen über 2000 Jahre hinweg die ökologische Substanz.

Es darf allerdings nicht übersehen werden, dass zahlreiche Großbetriebe die traditionalistische Stagnation überwunden und viele Phasen der Modernisierung durchlaufen haben. Die herkömmliche aufwandsund ertragsextensive Getreidebrachwirtschaft fand im Futterbau und in darauf aufbauender Tierhaltung (Fleisch, Milch) eine ergänzende Grundlage. In Spanien stellten viele Großeigentümer ihre ehemals extensiven Trockenfelder auf Beregnung und Intensivkulturen um (Bild 53). Die Innovation des Sonnenblumenanbaus schuf eine neue ertragreiche Basis mit Absatz in den Speiseölfabriken. In Apulien, Griechenland, Tunesien, in der Türkei, im Ebrogebiet, in der Mancha Südkastiliens und in Andalusien hatten neue Dauer- und Baumkulturen (Wein, Agrumen, Kiwis, Oliven, Mandeln, Aprikosen, Pfirsiche) teilweise respektable wirtschaftliche Erfolge.

Das *bäuerliche Kleineigentum* stellt die zweite eigentumsrechtliche Säule im Mittelmeerraum dar. Überwiegend wird es von den Eigentümern selbst bewirtschaftet. Der eigenständige Familienbetrieb wird

Land		Betriebsgröße in ha					
		< 5	**5–10**	**10–20**	**20–50**	**> 50**	**Absolut**
Spanien	Betriebe in %	57,7	15,9	11,3	8,4	6,7	**1,3 Mio.**
	Nutzfläche in %	6,3	6,0	8,7	14,3	64,7	**24,7 Mio. ha**
Italien	Betriebe in %	77,4	10,9	6,3	3,8	1,6	**2,4 Mio.**
	Nutzfläche in %	14,0	13,4	15,7	20,3	36,6	**13,7 Mio. ha**
Griechenland	Betriebe in %	75,7	15,0	6,7	2,4	0,3	**0,8 Mio.**
	Nutzfläche in %	32,3	23,7	20,4	16,0	7,6	**3,5 Mio. ha**
Türkei	Betriebe in %	68,2	17,7	9,1	4,2	0,8	**3,8 Mio.**
	Nutzfläche in %	23,6	20,5	20,8	19,7	15,4	**21,7 Mio. ha**
Tunesien	Betriebe in %	45,4	22,1	18,8	9,7	4,0	**0,4 Mio.**
	Nutzfläche in %	8,4	12,6	20,1	22,8	36,2	**5,3 Mio. ha**
Land	**Feddan**	**<0,42**	**0,42–0,84**	**0,84–2,10**	**2,10–4,20**	**> 4,20**	**Absolut**
Ägypten	Betriebe in %	41,7	38,2	15,7	3,1	1,3	**2,8 Mio.**
	Nutzfläche in %	6,0	28,7	18,0	22,0	25,3	**2,7 Mio. ha**

Tab. 18: Betriebsgröße, Betriebe und Nutzflächen nach Größenklassen 1995.

Quelle: Medagri, Centre International Méditerranéen, Montpellier 1998.

bereits für die griechische Antike als komplexes System einer Oikos- oder Hauswirtschaft als kleinste Einheit der Polis beschrieben (Kloft 1992, S. 101). Bis zur Gegenwart blieben folgende Merkmale bestimmend: arbeitsintensive Selbstversorgung der Familie, gelegentlich mit zusätzlichen Lohnarbeitskräften, langsamer Übergang von der Subsistenzwirtschaft zur Marktproduktion, Zwang zu vielseitigem und flächenintensivem Anbau (Polykultur), eine Intensivierung wurde durch mehrere Ernten je Anbaufläche je Jahr erreicht, Realerbteilung verkleinerte den Betrieb, sicherte aber die Kinder ab, die über Heirat ihren Betriebsflächenanteil wieder arrondieren konnten, die Verpachtung entfernter und die Zupacht in der Nähe liegender Parzellen verminderte den Transportaufwand. Dennoch kam es bei Realteilung zu Verkleinerung und Betriebszersplitterung. Ländliche Armut und Auswanderung waren die Folge.

Wie Tab. 18 zeigt, ist der Kleinbetrieb in großen Teilen des Mittelmeerraumes dominantes, auch im Osten beherrschendes Element in der Agrarlandschaft. Fast überall sind 60–70 % der Betriebe kleiner als 5 ha. Demgegenüber nimmt die Größenklasse über 50 ha nur wenige Prozentpunkte ein, allerdings mit sehr großen Anteilen an der landwirtschaftlich genutzten Fläche. Verfehlt wäre es jedoch, die überwiegend geringe Betriebsgröße an sich für soziale und wirtschaftliche Notstände verantwortlich zu machen. Zweifellos schrumpfte die Zahl der Betriebe z. B. in Italien seit 1961 von 4,2 Mio. auf 2,5 Mio. (1996) erheblich. Gleichzeitig verließen viele Menschen die Landwirtschaft, weil die Erträge den wachsenden Bedürfnissen oder Erwartungen nicht mehr entsprachen. Die landwirtschaftliche Nutzfläche Italiens nahm deshalb von ca. 26 Mio. ha (1961) auf 13 Mio. ha (1995) ab. Besonders in der Bewässerungswirtschaft zeigt sich jedoch, wie auch in kleinen bäuerlichen Betrieben durch Spezialisierung des Anbaus, Einführung neuer Produkte, Aufnahme von Innovationen bei der Anbautechnik und verbesserte Marktorientierung eine gute Existenzbasis gefunden werden konnte. Da die großen mitteleuropäischen Absatzmärkte für subtropische Früchte verkehrsmäßig näher gerückt sind, haben auch die kleinen Betriebe eine gute Chance für die Zukunft.

Die *Bodennutzungssyteme* bilden die dritte Komponente der Agrarstruktur eines Gebietes. Unter diesem Begriff versteht man das *räumliche Nebeneinander* und die *zeitliche Abfolge* der einzelnen Anbauprodukte (Fruchtfolge oder Flächenwechsel). Dabei wird der jeweilige Bedarf eines Anbauproduktes an Fläche, der notwendige Aufwand an Arbeit, Kapital, Technik und Boden, der Abhängigkeitsgrad von geoöko-

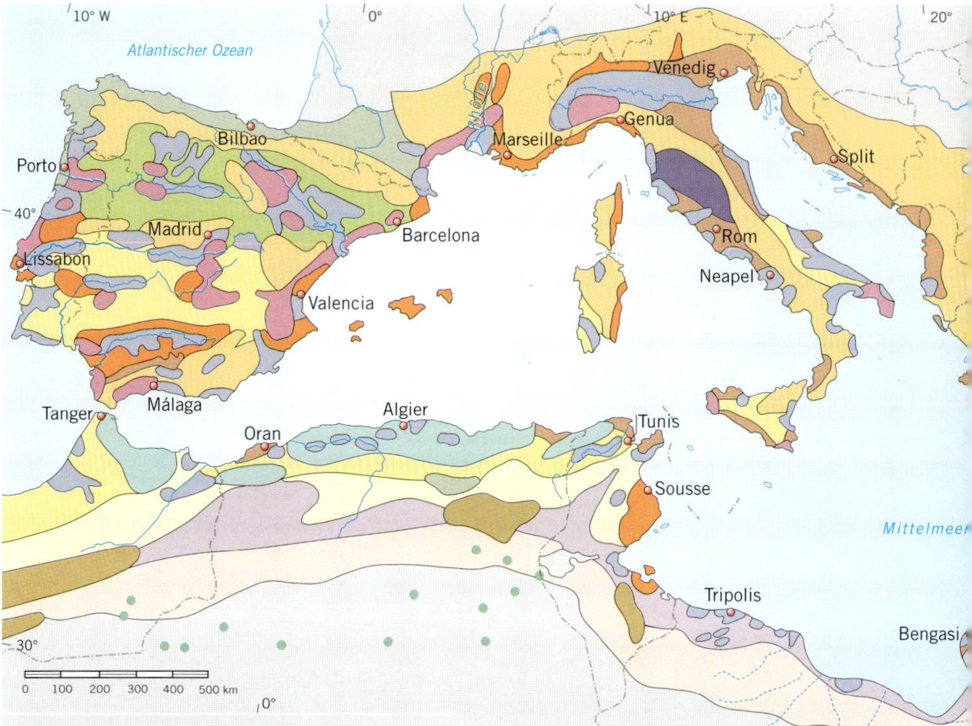

A) Mediterrane Bodennutzung

1. Bewässerungskulturen, Gemüse, Tomaten, Baumwolle, Reis, Mais, 3–4 Ernten pro Jahr, zunehmend moderne Irrigationstechnik, 80–100% Kulturlandanteil an der Gesamtfläche.

2. Spezialisierte Rebflächen, 50–60% Kulturlandanteil an der Gesamtfläche.

3. Spezialisierte Fruchtbaumkulturen, Agrumen, Pfirsiche, Aprikosen; Oliven, Haselnüsse, Pistazien unbewässert, 60–80% Kulturlandanteil an der Gesamtfläche.

4. Traditionelle Mischkulturen (Coltura mista, Mezzadria), in Auflösung durch Flurbereinigung, 80–100% Kulturlandanteil (Toskana, Umbrien).

5. Getreidebau, Weizen mit Feldfutter oder Hackfrüchten (Zuckerrüben, Türkei), mediterran-humid, vollmediterran-subhumid, 2–4 regenlose Monate, Kleinbetriebe, Rinderhaltung (Spanien), 40–60% Kulturlandanteil.

6. Getreidebau, Weizen-Gerste mit Feldfutter oder Hackfrüchten, teilweise noch Trockenbrache, voll-mediterran-semihumid, 4–5 regenlose Monate, teilweise beregnet, Großbetriebe, Mechanisierung, Dauerkulturen in Expansion (Sonnenblumen, Weinbau), Kulturlandanteil Türkei 50–70%, Spanien 40–60%.

7. Feldbau mit Weizen, Gerste, Mais, Leguminosen, Fruchtbäumen (Polykulturen), kleinflächige Bewässerung, Anbau-Innovation durch mobile Beregnung und Plastikfolien, 60–80% Kulturlandanteil.

8. Getreidewirtschaft ohne Baumkulturen (Inneranatolien).

9. Getreide-Brachwirtschaft mit Weizen, Gerste auf ehemals nomadischem Steppen-Weideland in Nordafrika, Großbetriebe, semiarid, subarid 5–7 regenlose Monate, 20–30% Kulturlandanteil an der Gesamtfläche.

B) Nichtmediterrane Bodennutzung

10. Nichtmediterraner Feldbau im Bergland und Gebirge, z.T. mit Fruchtbaumkulturen, 50–60% Kulturlandanteil an der Gesamtfläche.

11. Nichtmediterraner Feldbau in Höhenlagen oberhalb 600–800 m üNN, Baumkulturen, Kleinbetriebe, Tierhaltung mit sommerlicher Gebirgsweide; 20–30% Kulturlandanteil.

12. Gebirgslandwirtschaft, Kleinbetriebe, Poykulturen, Rinderweide, transhumante Schaf- und Ziegenhaltung, winterharte Baumkulturen, punktuelle Bewässerung, Nordafrika (Rifatlas, Djurdjura, Mogods, Kroumerie) und Südtürkei (Taurus), unter 20% Kulturlandanteil.

13. Gebirgslandwirtschaft im Bereich der agronomischen Trockengrenze (Nordafrika, Hoher Atlas, Bergland Aurès), Kleinbetriebe, Bewässerung in den Tälern mit Dattelpalmen. Transhumante Schaf- und Ziegenhaltung in Höhenlagen, unter 20% Kulturlandanteil.

14. Nichtmediterrane Landwirtschaft in winterkalten Steppen (Zentralanatolien), Getreide (Gerste, Weizen), 3–5 regenlose Monate, Kleinbetriebe, Schaf- und Ziegenhaltung mit sommerlicher Bergweide, nur 10% Kulturlandanteil an der Gesamtfläche.

15. Halbnomadische und transhumante Tierhaltung, Artemisia- und Halfagrassteppen, arid, 7–8 regenlose Monate. Getreide nur auf Regenverdacht.

16. Saharische Weidegebiete.

17. Oasenwirtschaft, Bewässerung, Intensivkulturen, Getreide, Gemüse, Dattelpalmen.

18. Nicht berücksichtigte Gebiete.

Ländergrenzen

Abb. 78: Bodennutzungssysteme im Mittelmeerraum.

Entwurf: Wagner; Quellen: Geländearbeiten Wagner; Birot 1964; Hütteroth 1982; Achenbach 1983; Tichy 1985; Joannon/Tirone 1990; Popp/Rother 1993; Nationalatlanten; Luftbilder, Satellitenszenen.

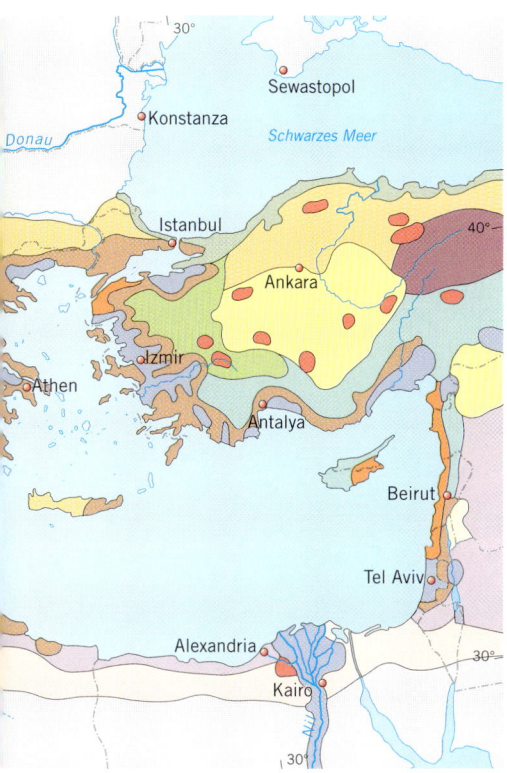

logischen und klimatischen Rahmenbedingungen und der Ertragsanteil verglichen. Erreicht dabei ein Produktionsteil Übergewicht als „Leitkultur", wirkt er namengebend. Der seit weit mehr als 2000 Jahren im Mittelmeerraum weit verbreitete *Getreideanbau* war zunächst Monokultur, meist überwiegend Gerste, Dinkel, Hirse, später der proteinreichere Weizen. Hinzugekommene Begleitprodukte des Getreides spielten anfangs nur eine untergeordnete Rolle (Bohnen, Linsen, Erbsen). Erst moderne Getreidefruchtfolgen ließen zu, dass neue Zwischen- und Hauptprodukte ins Blickfeld traten, z. B. der Nutzungswechsel mit Zuckerrüben, Mais, Intensivfutterbau oder Leguminosen (Feldfutter). Auch beim *Bewässerungsfeldbau* stehen meist einige Pflanzen im Vordergrund, z. B. Reis oder Baumwolle, andere ergänzen die Fruchtfolge im Interesse des Ausgleichs der Bodennährstoffe oder des Marktrisikos. Weite Verbreitung hatten im Mittelmeerraum seit der vorantiken Zeit die *Fruchtbaum-, Strauch- und Dauerkulturen* (Volk-

mar 1996). Sie waren zumindest traditionell meist durch Stockwerkanbau und Vielfalt auf der gleichen Anbaufläche als Polykulturen gekennzeichnet. Heute setzen sich mehr und mehr Monokulturen durch. Die *Tierhaltung* war im Mittelmeerraum früher weitgehend von der übrigen Landwirtschaft abgekoppelt und wurde als Schafhaltung und Transhumanzweide oder halbnomadische Lebensform mit jahreszeitlichem Flächenwechsel in Bergländern und Gebirgen betrieben. Seit einigen Jahrzehnten trat auch im Mittelmeerraum Viehzucht in enge innerbetriebliche Verbindung zum Pflanzen-, insbesondere Futteranbau. Die Bodennutzungssysteme sind auch daraufhin zu untersuchen, ob sie der Subsistenzwirtschaft (Selbstversorgung) dienen oder den Übergang zur Marktorientierung, also zu Überschussproduktion und Export vollzogen haben (Doppler 1994).

Die Bodennutzungssysteme zeigen auch deutlich, wie sich im Laufe der Jahrhunderte die *Veränderung* der Landwirtschaft in Abhängigkeit von Eigentumsformen, Betriebsgröße, Sozialstruktur, Innovationsbereitschaft, Mechanisierung, Markteinfluss, Nahrungsmittelbedarf und Agrarpolitik auf die Art des Anbaus ausgewirkt hat. Eine wichtige Frage ist ferner, in welchem Umfang die seit Beginn des Ackerbaus im Mittelmeerraum existierende Anpassung und Abhängigkeit vom hygrischen Klimagang, von der Trockenheit des Sommerhalbjahres infolge verbesserter Anbautechniken abgenommen hat. Zunehmende Bedeutung erlangt die Frage, welche geoökologischen Risiken heute den Agrarsektor bedrohen (Bodendegradierung, Übernutzung, Änderung der Grundwasserverhältnisse, Vegetationszerstörung). In den folgenden Kapiteln wird deshalb das Ziel verfolgt, die räumliche Vielfalt der Landwirtschaft des Mittelmeerraumes, deren *Modernisierung* sowie ihre zukünftigen Chancen und Gefährdungen zu analysieren. Dabei ist auch ihre zukünftige Leistung als Teil der *Gesamtwirtschaft*, ihr Beitrag zur Ernährungssicherung der einzelnen Länder sowie ihre EU-weite und globale Wettbewerbsfähigkeit bedeutsam. Die Karte der Bodennutzungssysteme (Abb. 78) gibt einen Überblick über die räumlich differenzierten Agrarlandschaftstypen.

Getreidewirtschaft – Traditionelle Ernährungsbasis

Getreideanbau prägte seit der Antike die Agrarlandschaften des Mittelmeerraumes, sowohl in Ebenen als auch in steilen Hanglagen der Gebirge. Seine gute Anpassung an den Wechsel zwischen feuchtem Winter und Frühjahr und trocken-heißem Sommer förderte seine Ausdehnung aus Mesopotamien ab 7000 v. Christus, nach Kleinasien im 5., in den übrigen Mittelmeerraum im 4. Jahrtausend vor Chr. Die Wachstumsphase des Getreides lag stets in den Niederschlagsmonaten mit reduziertem Temperaturniveau, die Reifephase im Frühsommer. Eine räumliche Modifikation ergab sich aus der von N nach S abnehmenden Feuchte: Die Zahl der Monate mit Regen sinkt ebenso ab wie dessen mittlere Jahresmenge. Ein weiteres Risiko kommt mit der nach Süden hin immer größer werdenden *Variabilität* (Abweichung vom langjährigen Mittelwert) der tatsächlich fallenden Niederschlagsmengen hinzu. So erhöht sich das Wachstums- und Ernterisiko für die Landwirtschaft, selbst für den weitgehend trockenheitsresistenten Gerstenanbau erheblich. Da nach Süden zu die Niederschläge außerdem mehr als Starkregen fallen, großteils oberflächlich abfließen und nur wenig einsickern, verstärkt sich die latente Dürregefahr. Im feuchten Norden dominiert bei genügendem Regen Getreide mit ergänzenden Feldfrüchten (*Regenfeldbau*). Traditionell spielte der Mais eine größere Rolle (Poebene, Nordspanien und Nordportugal). Weiter im Süden erzwingt die geringere Bodenfeuchte spezifische Maßnahmen zur Feuchtespeicherung (*Trockenfeldbau*).

Die Ernährung der wachsenden Bevölkerung war etwa seit der römischen Kaiserzeit nur durch Intensivierung des Getreideanbaus zu sichern. In die Anbaufolge schaltet man Brachezeiten ein, um die Bodenfeuchte möglichst lange zu speichern und somit die Getreideernten zu steigern. So bildete sich der so genannte *Trockenfeldbau* heraus (Abb. 78, Signatur 6 und 9). Hierbei wird der versickernde Teil des Regens durch verdunstungshemmende Bodenbearbeitung über ein oder zwei Jahre hinweg gespeichert. Der Anbau erfolgt dann erst im zweiten oder dritten Jahr, wenn die Felder wieder über ausreichende Wasser-

vorräte im Boden verfügen. Die Anzahl der Brachejahre hängt von der Menge und der Dauer der Niederschläge in den einzelnen Teilen des Mittelmeerraumes ab. Im Schema der Tab. 19 wird dieser traditionelle Rhythmus idealtypisch dargestellt. Während der periodischen *Trockenbrache* wird der Boden vor der Regenzeit umgebrochen, um das Einsickern des Regens zu erleichtern. Danach versucht man, die Verdunstung durch Pflügen und Walzen zu verringern, indem man die Kapillaren zerstört. Die auf das Anbaujahr folgende Weidebrache erlaubt extensive Viehhaltung. Tierische Zugkraft war trotz der vielen Tagelöhner notwendig. Mit dieser *Getreidebrachwirtschaft* drang der Ackerbau über die klimatische Trockengrenze hinaus in sehr regenarme Gebiete vor. Allerdings konnte nur alle drei Jahre eine Ernte eingebracht werden. In Spanien nannte man dieses Flächenwechselsystem deshalb „cultivo al tercio", in Italien „terziata".

Bereits in karthagischer Zeit propagierte man verschiedene Formen des Trockenfarmens mit dazwischengeschalteter Brache zur Feuchtespeicherung. Mit diesem System des Flächenwechsels wurden Sizilien und Teile Nordafrikas zu Kornkammern. Viel später dienten diese Methoden als Dry-Farming in den Trockengebieten von Nordamerika der Ausdehnung des Getreideanbaus. Nach der spanisch-französischen Eroberung Nordafrikas nutzte man mechanisierte Getreidebrachwirtschaft, um ehemalige nomadische Weideflächen der Steppen in Getreidefarmen umzuwandeln (Despois 1955, S. 365). Gegenwärtig gedeiht Getreide sogar bis in die randlichen Wüstengebiete des Negev in Israel mit nur 200–300 mm Niederschlag im Mittel. In feuchten Regionen oder generell bei zunehmender Bevölkerungsdichte musste die *Anbauintensität* weiter gesteigert werden. Mit einer Verkürzung auf einen nur zweijährigen Flächenwechsel („cultivo año y vez") steigerte man die Erntemenge in Spanien um ein Drittel. Diese jüngere Form der Getreidebrachwirtschaft verbreitete sich schnell und wurde während der großen modernen Argrarreformen seit den 30er-Jahren in Italien und Spanien angewandt. Damit wurde die Autar-

1. Jahr: Juli–September	2. Jahr: Oktober–August	3. Jahr: September–Juni
Nutzungssystem		
Weidebrache	**Trockenbrache**	**Getreideanbau**
lokale Weide, Transhumanz	Bodenlockerung vor Regen, danach Kapillar-Zerstörung zur Verringerung der Verdunstung	Bergland: Hafer, Gerste Ebenen: Weizen *Norden*/feuchter: Weichweizen *Süden*/trockener: Hartweizen
hygrisches System (Beispielrechnung)		
400 mm Niederschlag – 200 mm Verdunstung = 200 mm Speicherung im Boden	500 mm Niederschlag – 200 mm Verdunstung = 300 mm Speicherung im Boden + 200 mm aus Vorjahr = 500 mm Speicherung	300 mm Niederschlag – 200 mm Verdunstung = 100 mm Speicherung im Boden + 500 mm aus Vorjahr 600 mm stehen für Ge- treideanbau zur Verfügung
betriebliches System		
Arbeitsablauf, Arbeitsaufwand und Arbeitsspitzen		

Weide	Bodenauflockerung, Pflügen, Walzen, Kapillarzerstörung	Saat	Ernte

[1] Trockenfeldbau mit dreijährigem Flächenwechsel war seit der Antike im zentralen und südlichen Mittelmeerraum verbreitet (cultivo al tercio; terziata).

Tab. 19: Traditionelle Getreidebrachwirtschaft[1].

Entwurf: Wagner 1999.

kie der Grundnahrungsmittelproduktion angestrebt. Die inneranatolischen Hochflächen der Türkei wurden erst nach dem Zweiten Weltkrieg durch die Getreidebrachwirtschaft zu Ackerland (Höhfeld 1995, S. 121).

Versucht man zusammenfassend die Bedeutung der älteren Formen des Ackerbaus auf Trockenland, speziell der Getreidebrachwirtschaft zu bewerten, so zeigen sich Vor- und Nachteile. Ihre gute *Anpassung* an den *jahreszeitlichen Wechsel* zwischen Regen- und Trockenperiode und die Techniken der Feuchtespeicherung im Boden weisen die Getreidebrachwirtschaft über Jahrhunderte auch an der Trocken-grenze als wichtige Überlebensstrategie aus. Allerdings basierte dieses Anbausystem auf einem *großen Flächenbedarf*, da nur ein Drittel des benötigten Areals Erntefläche sein konnte. Daraus ergab sich bei zunehmender Bevölkerung die Notwendigkeit, durch Rodungen immer neue Parzellen zu gewinnen. Hierin liegt ein wesentlicher Grund für die historische Waldrodung im Mittelmeerraum mit Folgen wie Vegetationszerstörung, Bodenerosion und Schädigung des Wasserhaushaltes. Die *Leistungsgrenzen* des traditionellen Getreideanbaus waren eng gezogen, die Hektarerträge wegen Düngermangels stets niedrig. Neben der mageren Stoppelweide musste ein Teil

Bild 54: Moderne Fruchtfolge, Hochandalusien, Spanien: *Feldfutter und Hackfrüchte ergän-zen die traditionelle Getreidemonokultur.*

des Getreideertrages als Futter für die Zugtiere dienen. Diese begrenzte Ertragslage wurde bei schnell wachsender Bevölkerung Ende des 19. Jh.s ein wichtiger Grund für die Auswanderung.

Große Getreidebetriebe konnten Dürreperioden leichter überstehen als kleine. *Pachtbetriebe* litten noch schwerer unter trockenheitsbedingten Ernteausfällen. Die Grundherren verlangten bei Säumnis zusätzliche Zinsen. Diese Schulden kumulierten in vielen Agrarregionen nicht nur über Jahre, sondern oft über Generationen und sicherten so in diesen Fällen den Bodeneigentümern gleichmäßig zufließende Bodenrenten. Die Pächter versanken dagegen in ausweglose Abhängigkeit. Nur die Auswanderung bot noch ein Ventil. Spätfolgen dieses Feudalsystems wirken im Süden Italiens, Spaniens und Portugals in Gestalt des *Klientelismus*, der Beherrschung ländlicher Bevölkerungen durch lokale Potentaten bis in die Gegenwart. Auch nach dem Niedergang der alten Feudalsysteme entstanden immer wieder neue Abhängigkeiten nach traditionellem Muster, etwa bei der Umwandlung von Nomadenweiden in Bewässerungsflächen im Süden der Türkei (Kemal 1990).

Die schnell steigenden Bevölkerungszahlen zwangen jedoch trotz des bleibenden Trockenheitsrisikos zu weiterer Intensitätssteigerung. So entwickelten sich aus dem drei- oder zweijährigen *Flächen*wechsel des Getreidebaus mit Trockenbrache verschiedene Formen des *Nutzungs*wechsels auf der gleichen Parzelle. Nach dem Zweiten Weltkrieg traten an die Stelle des älteren Getreidebaus vielfältige Neuerungen, die teilweise durch staatliche Maßnahmen angeregt wurden, teilweise auf innovativen Aktivitäten der Bauern beruhten. Als wichtigste Elemente der Modernisierung des Ackerbaus ohne Bewässerung sind zu nennen:

1) *Modernisierte Fruchtfolgen* führten auf dem nicht bewässerbaren Trockenland zu höheren Gesamterträgen (Bild 54). In den feuchteren Teilen des Mittelmeerraumes bepflanzte man die bisherigen Schwarzbrachen mit verschiedenen Blattfrüchten, insbesondere Bohnen, Futterkräutern oder Klee, ohne die Funktion der Bodenfeuchtespeicherung für das Weizenjahr aufzuheben. Gestiegene Kaufkraft, die Änderung der Ernährungsgewohnheiten, insbesondere die höhere Nachfrage nach Fleisch und Milch,

machten die weitere Intensivierung des Feldfutterbaus (Futtermais, Luzerne) notwendig, um die *Tierhaltung* zu verbessern. Zuckerrüben, unterschiedliche Leguminosen und Ölsaaten erweiterten das Anbauspektrum je nach Bodenqualität, Feuchtedargebot und Innovationsbereitschaft der Bauern. Die modernen Fruchtfolgen lösten den jahrhundertealten Felder-Rhythmus ab. In den jüngeren Agrarkolonisationsgebieten mit günstigen natürlichen Wachstumsbedingungen oder künstlicher Beregnung entwickelten sich ertragsintensive Fruchtwechselwirtschaften (Freund 1977; Breuer 1990). Wechselanbau von Weizen, Gerste, Hirse, Dinkel mit Bohnen, Linsen, Erbsen war bereits in der hoch entwickelten römischen Landwirtschaft im 1. und 2. Jh. n. Chr. bekannt, geriet während des Mittelalters aber in Vergessenheit (Kloft 1992, S. 164).

2) Die *Mechanisierung* des Regen- und Trockenfeldbaus brachte eine weitere Ertragssteigerung. Sie begann – nach früheren Anfängen – etwa ab 1950 im Rahmen der Bodeneigentumsreformen. In den durch Trockenlegung und Melioration gewonnenen Neulandflächen, z. B. in den entsumpften Küstenlandschaften der italienischen Maremmen, im Unterlauf des Medjerdatales in Tunesien oder in der Mancha Südspaniens hielt die Argrartechnologie Einzug. Von den modernen Agrarräumen sprang der Mechanisierungsfunke in die traditionellen Latifundien über. Auch hier wurden nun erneut Arbeitskräfte durch Maschinen ersetzt und es folgten neue Phasen der Abwanderung aus ländlichen Gebieten. Die Mechanisierung steigerte andererseits die Bodenerosion. In Tunesien rechnet man mit jährlichem Verlust von 20 000 ha durch Bodenzerstörung infolge Maschineneinsatzes im Getreideanbau (Achenbach 1993).

3) *Agrarökologisch günstigere Areale* wurden bevorzugt genutzt. Von schwierigen Hanglagen zog man sich zurück. Viele alte Terrassen mit Feldern im Bergland wurden aufgegeben. Die geringe Rentabilität dieser Flächen ist die tiefere Ursache, die Abwanderung aus den Gebirgen unmittelbarer Anlass. Viele der ehemaligen Getreideflächen an Hängen der dinarischen Gebirge, des Apennin, Korsikas, der Sierra Nevada sowie der

nordafrikanischen Atlasketten sind heute längst verbuscht und damit einem Wüstungsvorgang anheim gefallen. In Italien schrumpfte die landwirtschaftliche Nutzfläche von ca. 26 Mio. ha (1960) auf 13 Mio. ha (1995). Demgegenüber entstanden z. B. in Inneranatolien durch Umbruch vormaliger Steppen, in Tunesien und Algerien durch Umwandlung bis dahin nomadischer Sommerweiden großflächige Ackerbaugebiete (Signatur 9 in Abb. 78).

4) Die *Hektarerträge* stiegen durch den Einsatz von *künstlichem Dünger* in allen gut bewirtschaftbaren Agrarregionen des Mittelmeerraumes erheblich an. Lagen ihre Werte in den 50er-Jahren noch bei 8 – 12 dz Weizen pro ha, so werden heute (1996) in Spanien und Italien über 30 dz/ha erreicht, in Marokko 20, in Algerien, Tunesien und in der Türkei nur etwas weniger (Med Agri 1998). Auch die chemische Schädlingsbekämpfung ist heute in allen Agrargebieten des Mittelmeerraumes weit verbreitet und verwendet noch Chemikalien, die in Mittel- und Westeuropa verboten sind. Ihre Nutzungsintensität überschreitet vielfach die ökolgisch und ökonomisch gebotene Grenze und führt zu Boden- und Ertragsschäden.

5) Durch *Beregnung* auf *Trockenland* konnten die Erträge der traditionellen Getreidefruchtfolgen gesteigert werden. Mit Fernwasser aus neu gebauten Stauseen und mobilem Beregnungsgerät konnte auch das Bergland erreicht werden. Marktgängige Produkte erweiterten deshalb auch hier das früher viel schmalere Anbauspektrum.

6) *Neue Nutzpflanzen* verbesserten auch ohne Beregnung die traditionellen Getreidefruchtfolgen. Hierzu zählt die *Innovation* durch *Sonnenblumen*, die große Teile des früheren Campo Secano (Trockenland) in Spanien erfasste. Sie wurden ebenso wie Fruchtbaumkulturen oder Feldgemüsesorten zu Grundlagen einer Industrie der Verarbeitung von Agrarprodukten. Breuer hat (1986, 1987) dargelegt, wie in vielen sommertrockenen Getreidebaugebieten Südspaniens ab Mitte der 60er-Jahre industrielle Unternehmen der Speiseölherstellung über Anbauverträge viele Bauern zur Einführung

schnell versickernden Niederschläge in Lösungsklüften gespeichert und phasenverschoben während der folgenden trockenen Sommermonate in die Ebenen abgegeben. Zahlreiche Bewässerungsgebiete an den spanischen und italienischen Küsten verdanken diesen Karstwassersystemen ihre seit der Antike oder dem Mittelalter intensive Gartenkultur.

Einige dicht besiedelte Gebiete, wie am *Golf von Neapel*, profitierten bereits in der römischen Kaiserzeit von der künstlichen Bewässerung (Campania felix). Sie wurde im 11. Jh. durch Reformklöster und im 17. Jh. durch Grundherren weiter entwickelt (Wagner 1967, S. 100). Im 18. Jh. entstand dann die kleinteilige bewässerte Landwirtschaft als wesentliche Grundlage der hier neben der Poebene höchsten Bevölkerungsdichte des Mittelmeerraumes. Betriebe mit einer Fläche von oft unter einem halben Hektar konnten mit Hilfe von *Stockwerkanbau*, einer großen Zahl von Fruchtarten (coltura mista), Zeile für Zeile wechselnd mit gut aufeinander abgestimmten Ernteterminen und unter Ausnutzung der milden winterlichen Temperaturen eine Großfamilie mit Arbeit und Nahrung versorgen und zusätzlich Markterlöse garantieren (Abb. 79). Die Aufsplitterung der Anbauflächen infolge Realerbteilung, extrem hoher Arbeitsaufwand, die Abhängigkeit der Bauern von der Preisgestaltung durch Zwischenhändler und oft nur kurzfristige (jährliche) Pachtverträge mit städtischen Grundeigentümern verursachten komplizierte Sozialverhältnisse. Die bewässerungsbedingt hohen Erträge garantierten trotzdem eine langanhaltende *Stabilität* der agrarsozialen Verhältnisse. Sie schützte die Menschen auch vor schweren Agrarkrisen. Erst nach dem Zweiten Weltkrieg begann infolge Gastarbeit und Ausscheiden aus bäuerlichen Existenzformen die grundlegende sozioökonomische Veränderung dieser traditionsbestimmten Bewässerungsgebiete. Man reduzierte die frühere Vielfalt des Anbaus durch arbeitssparende Monokulturen, z. B. Haselnüsse, und ermöglichte so Abwesenheit zwecks Arbeit in anderen Berufen (Wagner 1990).

Die *arabisch-maurische* Bewässerungswirtschaft, die an der Ostküste und im Süden der *Iberischen Halbinsel* im Mittelalter römische Anfänge wieder belebt hatte, erreichte eine hohe ökonomische Leistungsfähigkeit. Das Wasser wurde aus Brunnen und Flussableitungen gewonnen. Die aus Nordafrika stammenden Fördertechniken wurden in den Huertas (Vegas) von Murcia und Elche, später im gesamten Küstensaum weiterentwickelt. Sie fanden später in vielen Teilen des nördlichen Mittelmeerraumes Nachahmung. Der hohe Wert der Produktionsmittel Boden und Wasser spiegelte sich in den sehr komplizierten Eigentumsrechten bei Wasserverteilung, Nutzungsrechten verschiedener Personen auf der gleichen Parzelle und geteilten Pachten zwischen Boden und Bäumen. Die fast bis an die Schwelle der Gegenwart gültigen Wasserrechte in den Huertas von Valencia,

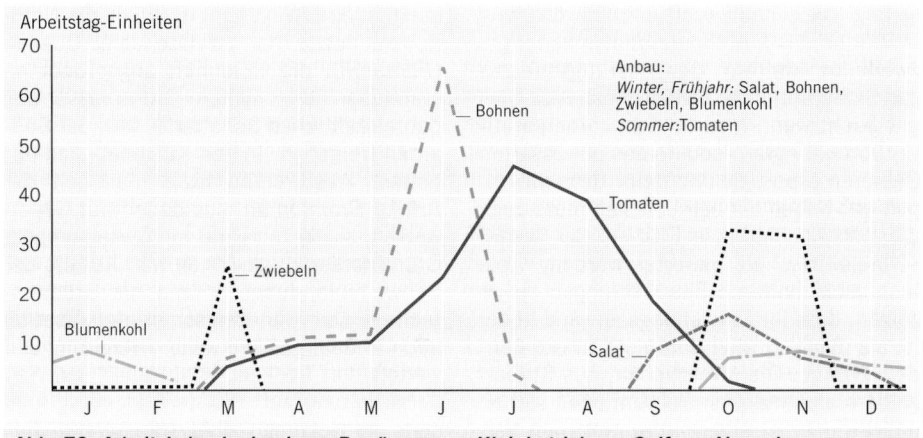

Abb. 79: Arbeitskalender in einem Bewässerungs-Kleinbetrieb am Golf von Neapel.

Bild 55: Traditionelle Bewässerung bei León, Nordspanien: *In diesem Kastental werden Ober- flächen- und Grundwasser gleichmäßig verteilt.*

Murcia und Elche an der spanischen Mittelmeerküste zeigen die enge Verflechtung der Wasserknappheit und der divergierenden Nutzungsansprüche.

Auch abseits der Küsten entwickelten sich kleinräumliche Inseln intensiven Bewässerungsanbaus. Auf *abgeleitetem Flusswasser* basierten auch die ersten Ausdehnungen von künstlicher Bewässerung auf ehemaliges Trockenland und vormalige Weideflächen im 19. Jh. Wasserbauliche Kenntnisse und die Fähigkeit zu gemeinschaftlicher Organisation bildeten dafür wichtigste Voraussetzungen. Bild 55 zeigt ein nördliches Nebental des Duero bei León (spanische Nordmeseta). Deutlich ist der Gegensatz zwischen der Trockenfeldlandwirtschaft auf der Hochfläche und den Intensivkulturen auf dem Boden des Kastentales. Das Wasser stammt von den Südhängen des Kantabrischen Gebirges (Picos de Europa) und reicht bis weit in die trockenen Sommermonate. Die agrarische Tragfähigkeit konnte so entscheidend erhöht werden.

Moderne Bewässerung

Die Bewässerungsprojekte der zurückliegenden drei Jahrzehnte veränderten die Agrarräume des Mittelmeerraumes entscheidend, obwohl sie nur einen kleinen Teil der landwirtschaftlich genutzten Flächen einnehmen (Popp/Rother 1993). Die wichtigsten Ziele, Verlaufsformen und Ergebnisse der jüngeren Bewässerungsprojekte im nördlichen Teil lassen sich mit folgenden *Aspekten* anhand von Fallstudien beschreiben. In den neueren Bewässerungsregionen wirken mehrere der hier aufgeführten Impulse zusammen. Dennoch ist die Dominanz eines Faktors meist klar erkennbar.

1) Existenz- und Ernährungssicherung:
Die moderne Bewässerungswirtschaft begann in den einzelnen Teilen des Mittelmeerraumes zu unterschiedlichen Zeitpunkten, mit kleineren Projekten teilweise schon in der Mitte des vorigen Jahrhunderts. Die wichtigsten Impulse empfing die Irrigation ab 1930, als die zunehmende

Auswanderung verarmter ländlicher Bevölkerung gestoppt, die ländliche Existenzsicherung verbessert und die Bereitstellung von Grundnahrungsmitteln aus landeseigener Produktion gesteigert werden sollte. Wie von den „Getreideschlachten" der faschistischen Italien und Spanien im Trockenfeldbau erhoffte man sich von der Ausweitung der Bewässerungsflächen einen dauerhaften Beitrag zur *Ernährungssicherung* und zur Arbeitsplatzbeschaffung.

Die ersten größer dimensionierten Bewässerungsgebiete entstanden an der Westküste Italiens nördlich und südlich von Rom in Latium nach 1930 (Krenn 1971; Dongus 1970). Nach 1945 folgten Meliorationen im Süden des Landes, nachdem es gelungen war, die Küstenniederungen von der Malaria zu befreien. In Spanien wurden ab 1930 große Güter enteignet und in kleine Betriebe aufgeteilt. Dabei bevorzugte man Flächen längs der großen Flüsse, die sich zur Bewässerung eigneten. In der Ebroniederung staute man die Flüsse der südlichen Pyrenäenhänge. Schritt für Schritt legte man in den Provinzen Rioja, Zaragoza, Navarra und Lérida Bewässerungsgebiete mit moderner Agrarkolonisation an (Mertins 1993). Nach dem Zweiten Weltkrieg wurden zahlreiche Stauseen im sommertrockenen Spanien sowie in Mittel- und Südportugal gebaut. Auch am Ebro, Duero/Douro, Tajo/Tejo, Guadiana und an fast allen Zuflüssen des Guadalquivir errichtete die Landwirtschaftsverwaltung seit den 50er-Jahren Kaskaden von Stauwerken zur Gewinnung von *Oberflächenwasser*.

Neue Bewässerungsgebiete setzten *Bodeneigentums-* und *Bodenbewirtschaftungsreformen* voraus. Sie verfolgten das Ziel, eine Betriebszersplitterung zu verringern, mit neuen Produkten die Bodenerträge zu steigern und so die Agrarstruktur zu verbessern. Die Eigentumsreformen waren jedoch sehr schwierig, da zuvor jahrhundertealte Sozialstrukturen gelockert werden mussten. Auch Gesetze halfen oft nur zögerlich, denn Grundeigentümer nutzten ihre gesellschaftlichen Beziehungen zur Umgehung der Reformgesetze. Trotzdem gelang es in Italien, Spanien und Portugal im Verlauf der 50er- und 60er-Jahre, größere Areale durch Reformmaßnahmen in Bewässerungsland umzuwandeln. Einsich-

tige Grundherren legten auf ehemaligem Trockenfeld und Weideland auf eigene Kosten Bewässerungsflächen an. Zwangsenteignete Flächen wurden zunächst von Reformgesellschaften verwaltet, melioriert und technisch für die Bewässerung vorbereitet. Danach entstanden durch Aufteilung bäuerliche Familienbetriebe zwischen 5 und 10 ha. Das Gebot des Anerbenrechts verhinderte die spätere Erbteilung in immer kleinere Anwesen (Tyrakowski 1987; Rother 1993, S. 151).

Wie in anderen Kulturräumen der Erde sah man im Mittelmeerraum in der Entwässerung von Sümpfen und in der Bewässerung ertragsarmer Trockenfelder fast mythische Ziele. Trotz großer Anstrengungen scheiterten viele Meliorationsvorhaben jedoch an technischen Problemen, organisatorischen Mängeln und wirtschaftlichen Fehleinschätzungen. Die hygrischen Potenziale der neuen Bewässerungsareale waren de facto häufig weniger leistungsfähig als zuvor berechnet. Gleichwohl dehnte man die Bewässerungsfläche immer weiter aus. Vor allem berücksichtigte man die Niederschlags*variabilität* nur ungenügend. Infolgedessen blieben viele der neu errichteten Stauseen nach mehrjährigen unterdurchschnittlichen Herbst- und Winterregen oft leer. Bei der Staudammplanung wurde ferner die starke Sedimentführung der Zubringerflüsse zu wenig beachtet. Das Volumen der Stauseen verringerte sich deshalb schnell und schmälerte die Wasserreserven für regenarme Jahre (Gerold 1982; Faust 1995).

Ein weiteres Problem war, dass die Bodeneigentumsreformen sowie die Anlage von Meliorationsgebieten länger dauerten als der soziale Wandel. Nach schwerfälliger und bürokratischer Fertigstellung eines modernen Bewässerungsareals sahen die zuvor interessierten Bauern bereits neue Ziele in den Städten, wo sie andere Berufe mit höherem Verdienst erhofften. Außerdem waren die neuen Betriebe oft viel zu klein und überlebten wirtschaftlich meist nur kurz. Fehlende Erfahrung als Betriebsleiter und eine Vielzahl von ungewohnten Problemen führten zu schnellen Misserfolgen. Enttäuschung und Abwanderung waren die Folge. Die modernisierten Anbauflächen fielen dann wieder an die ehemaligen Großgrundeigentümer zurück. Manche der ursprünglich hoch technisierten Irrigationsflächen liegen heute auch brach oder wurden von der Verstädterung oder dem Tourismus okkupiert.

2) Nationale „Innere Kolonisation"
und Aufwertung peripherer Gebiete:
Die in den 30er-Jahren begonnenen, nach 1950 fortgesetzten Maßnahmen der *Inneren Kolonisation* (in Spanien: Colonización y repoblación interior) verfolgten auch die wirtschaftliche, soziale und politische Aufwertung *peripherer Wirtschaftsräume* (Breuer 1982, S. 93). Die beginnende Migration in die Ballungsräume sollte durch Verbesserung der ländlichen Existenzmöglichkeiten gebremst werden. Große Fortschritte machte die Technik des *Wassertransportes* über größere Entfernungen in Wassermangelgebiete. Dort baute man Straßen und Siedlungen, plante eine Auswahl der anzubauenden Agrarprodukte und schuf im Voraus Einrichtungen für deren Vermarktung.

Eines der wichtigen Projekte zur Aufwertung peripherer Räume wurde seit 1952 als *„Plan Badajoz"* am mittleren Guadiana (Estremadura) durchgeführt (Abb. 80). Hier sollten nicht nur ehemalige Ödländereien, Trockenfelder und Weiden in Bewässerungsflächen umgewandelt werden. Man strebte auch eine besondere Vorbildfunktion an. Die bisher saisonal starken Schwankungen der Beschäftigung in der Landwirtschaft wollte man glätten. Große Bedeutung kam dabei dem Ausbau von Trinkwasserversorgung, Elektrizität, Straßen, Einkaufszentren, medizinischer Versorgung, Schulen und Stätten der berufliche Bildung zu. Viele neue Siedlungen mit gut ausgestatteten Zentren entstanden. Von der Landreform erhoffte man sich ein lebensfähiges, aktives bäuerliches Kleineigentum.

Mit der Errichtung von Überjahresstauseen im Einzugsgebiet des Guadiana stand auch in regenarmen Jahren genügend Wasser für Bewässerungszwecke im Gebiet des „Plan Badajoz" zur Verfügung. Aber es tra-

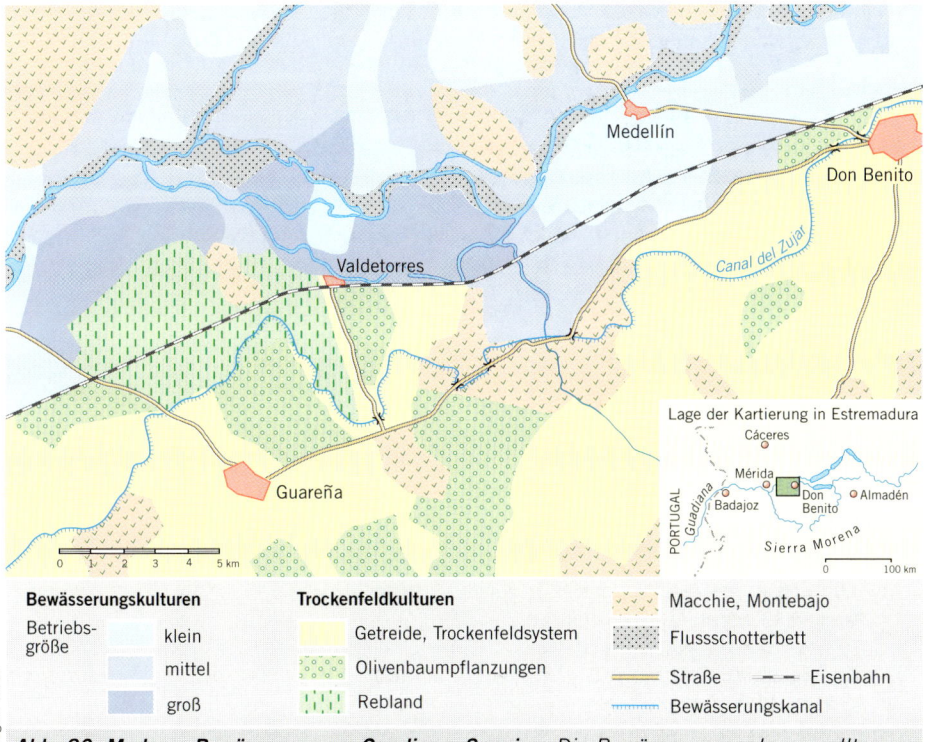

Abb. 80: Moderne Bewässerung am Guadiana, Spanien. *Die Bewässerungsanlagen sollten ursprünglich der Einführung des Baumwollanbaus dienen.*

Quelle: Wagner 1988.

ten unerwartete *wirtschaftliche Schwierigkeiten* auf. Man fand keine auf Dauer geeignete Anbaukultur. In den 50er-Jahren stand die Baumwolle im Vordergrund, die zur Grundlage von Textilindustrien werden sollte. Dieses Ziel konnte wegen Preisverfalls für Baumwolle auf dem Weltmarkt und preiswerterer Importe nicht erreicht werden. Deshalb stellte man auf Zuckerrübenanbau um, der wegen ausländischer Billigkonkurrenz ebenfalls nur geringe Gewinne brachte. Seit 1970 wechselte man zu Feldfutter- und Maiskulturen, um Milchviehhaltung zu betreiben. In einer vierten Phase folgte schließlich ein großflächiger Tomatenanbau für die Konservenindustrie. Sie stieß allerdings auf Konkurrenz aus fast allen anderen Mittelmeerländern. Angesichts des ruinösen gegenseitigen Wettbewerbs blieb stets eine wirtschaftliche Unsicherheit, die sich im Suchen nach neuen Produkten in ständiger Abhängigkeit von sich wandelnden Weltmärkten ausdrückt. Die Stabilisierung dieses peripheren Raumes ist trotz hoher Aufwendungen bis heute nicht erreicht worden.

Die rückblickende Bewertung von Erfolg oder Misserfolg aller großen Projekte der „Inneren Kolonisation" im Norden des Mittelmeerraumes muss ambivalent erfolgen. Zahlreiche neue Existenzmöglichkeiten und neue Arbeitsplätze haben die Lage der ländlichen Räume zweifellos verbessert. Die etwa seit Mitte der 80er-Jahre geringer gewordene Abwanderung in die großen städtischen Verdichtungsräume zeigt dies. Trotzdem gibt es viele wieder leer stehende Kolonistenhöfe, die von Planungsfehlern der dirigistischen Behörden, von der Unfähigkeit der neuen Bauern, aber auch von den schnellen Veränderungen der wirtschaftlichen Rahmenbedingungen zeugen.

3) Intensivierung des
Trockenfeldbaus durch Bewässerung:
Bewässerung auf privater Basis, d. h. außerhalb staatlicher Meliorationsprojekte verfolgte vor allem das Ziel, Trockenfelder durch Zusatzberegnung zu intensivieren. Die entscheidende Frage war dabei, wie das Gleichgewicht zwischen ökonomischem Gewinn und Schäden im Grundwasserhaushalt gewahrt werden konnte. *Fernwasserleitungen* erlaubten mobile Beregnung im

Bergland und in mittleren Gebirgshöhen, sogar in Hanglagen, wo bislang ein intensiver Anbau überhaupt nicht möglich war. Ein Beispiel aus Italien vom Osthang der Abruzzen in der Provinz Marken zeigt dabei die enge Verzahnung mit der Küste, wo eine Vielzahl neuer mittlerer und kleinerer Industriebetriebe zwischen Ancona und Pescara entstanden war. Hier konnten die Bauern als Tagespendler arbeiten und deshalb ihre traditionelle Betriebsstruktur beibehalten. Der Anbau neuer, auf den Küstenmärkten gut verkäuflicher Gemüsesorten profitierte von der dort gestiegenen Kaufkraft (Wagner 1992). Die für eine solche Umstellung gewährten Zuschüsse des EU-Regionalfonds erscheinen damit volkswirtschaftlich gut angelegt.

In den ehemals nur durch extensiven Getreidebau und Weide bewirtschafteten Provinzen der spanischen Meseta nahm die Bewässerung durch *Grundwasserbohrungen* stark zu (Müller 1993). Dabei sind Chancen und Risiken gegeneinander abzuwägen. Abb. 81 zeigt ein Gebiet bei Albacete in Südost-Spanien in der Landschaft La Mancha, wo durch Sprinkler- und Radialberegnung Mais, Sonnenblumen, Alfalfa und Luzerne erzeugt werden (Barth 1993, S. 69). Die Wirtschaftskraft dieser Region stieg gegenüber dem vormaligen Getreidebau mit geringen Hektarerträgen stark an. Gleichzeitig sank aber der Grundwasserspiegel seit den frühen 70er Jahren von 20 m bis heute auf 60 m. Da die Wasserentnahme die natürliche Grundwasserneubildung überwiegt, ist die Bilanz zwischen positiver Agrarproduktion und Störung des Grundwasserhaushaltes langfristig negativ. Mertins (1993) stellt für Spanien insgesamt fest, dass die Bewässerungsfläche schneller gewachsen ist als es angesichts der hydrogeographischen Gegebenheiten vertretbar gewesen wäre.

4) Agrobusiness auf Bewässerungsbasis:
Einige Gebiete des nördlichen Mittelmeerraumes mit künstlicher Bewässerung entwickelten sich über verschiedene Zwischenstufen zu unternehmerischem *Agrobusiness* auf Großflächen. Eine solche Produktionsänderung hat das ehemalige Meliorationsgebiet der *Maremma Etrusca* bei Tarquinia in der Provinz Viterbo/Latium

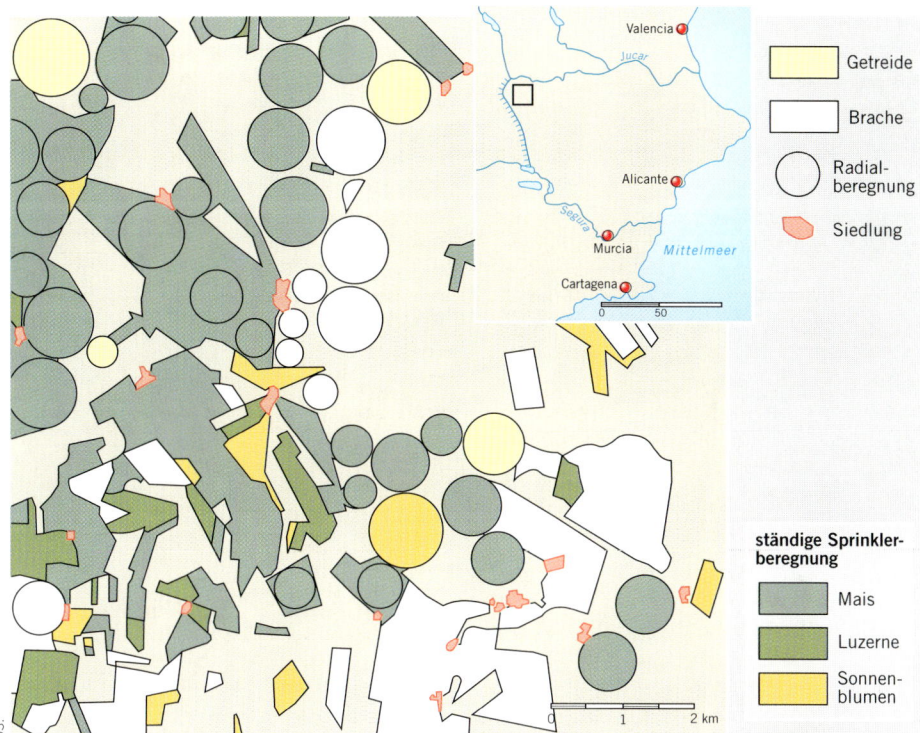

Getreide

Brache

Radial-
beregnung

Siedlung

ständige Sprinkler-
beregnung

Mais

Luzerne

Sonnen-
blumen

Quelle: Barth 1993

Abb. 81: Feldberegnung im Efeda-Projekt, La Mancha, Südostspanien: Im Trockenfeldbau konnten die Erträge von Getreide und neuen Nutzpflanzen schnell gesteigert werden, die Grundwasservorräte wurden jedoch übernutzt.

in Mittelitalien durchlaufen. Die während der 30er-Jahre hier angesiedelten Bauern gaben wegen geringer Rentabilität ihre zu kleinen Getreidebetriebe auf. Ihre Flächen wurden zu Großbetrieben des exportorientierten Gemüsebaus mit moderner Bewässerungstechnik zusammengelegt. Die aufgelassenen Gehöfte sind heute unbewohnt. An ihre Stelle wurden moderne Betriebsgebäude mit großen Lager- und Maschinenhallen gebaut. Die Flurbereinigung erlaubte die unterirdische Verlegung von Wasserrohren mit Zapfstellen für fahrbare Großberegner (Bild 56). Tropfbewässerung sowie das Aussprühen von Flüssigdünger und Pestiziden konnten somit rationell durchgeführt werden. Finanziert wurden diese teueren Einrichtungen durch staatliche sowie EU-Subventionen. Es entstand eine industrieähnliche Landwirtschaft mit privaten Einzelbetrieben mit 40–60 ha auf eigenen und gepachteten Flächen oder Großbetrieben in der Hand von Kapitalgesellschaften.

Jeder Betrieb wurde auf maximal zwei bis drei Produkte spezialisiert: Tomaten und Paprika für Konservenfabriken; Kartoffeln für Chipsfabriken; Karotten und Blumenkohl für Exportmärkte; Mais und Luzerne zu Intensivfutteranbau für die Milch- und Fleischproduktion. Die neuen Betriebe gelangten zu guter Rentabilität, nicht zuletzt weil die Investitionskosten aus Steuermitteln stammten. Auch der für die schnelle Vermarktung notwendige Straßenbau wurde öffentlich finanziert (Wagner 1992).

5) Modernisierung
   der traditionellen Bewässerung:
Die Bewässerungsgebiete der ersten Generation im nördlichen Mittelmeerraum (50er- und 60er-Jahre) werden heute modernisiert. Einerseits steht inzwischen fast überall Fernwasser über Pipelines aus Gebirgsstauseen zur Verfügung. Andererseits erfolgt die Finanzierung der kapitalintensiven Bewässerungstechnik über Zuschüsse und

Bild 56: Modernisierte Bewässerung bei Tarquinia, Region Latium, Italien: *Unterirdische Wasserpipelines mit Zapfstellen für mobile Beregner ersetzen alte Bewässerungskanäle aus Zement. Aufnahme 1991.*

langfristige günstige Kredite der EU. Auch der über drei Generationen vollzogene soziale Wandel, die dadurch geänderten Wertvorstellungen, die gewachsene Innovationsfähigkeit der Bauern und ihre Bereitschaft zu flexibler Anpassung an gewandelte Marktverhältnisse sind ein starker Impuls zur Modernisierung alter Bewässerungsanlagen. Ein Beispiel ist das Bewässerungsgebiet in der Küstenebene von *Metapont/ Tarent* und *Eufemia/Sibari* im äußersten Süden Italiens (Rother 1993). Der Anbau zeigt hier wie früher große Unterschiede auf geringster Distanz, aber mit neuen Produkten und in spezialisiertem Anbau: Agrumen, Tafeltrauben, Aprikosen, Pfirsiche, Kiwis, Erdbeeren, Wintergemüse (Salat, Blumenkohl, Fenchel), sommerliche Industriekulturen (Zuckerrüben, Tomaten). Positiv ist zu werten, dass unterschiedliche Formen der Wasserbereitstellung, wie Flussableitung, ältere und moderne, tiefere Brunnen, Fernwasser aus Stauseen und variantenreiche Bewässerungstechniken, stets mit gut angepassten Sparmethoden kombiniert wurden (Abb. 82). Günstig erscheint schließlich die Mischung unterschiedlich großer Betriebe. Diese zunächst positiv erscheinende Entwicklung lässt aber bei näherer Analyse auch drei Negativposten erkennen.

Dazu führt Rother (1993) aus:
Die Menge des zur Verfügung stehenden Wassers für Bewässerungsmaßnahmen wurde überschätzt. Die Schwankung der von Jahr zu Jahr fallenden Niederschläge erreicht im Süden Italiens bereits 30 %. Deshalb blieben die Stauseen häufig leer. Außerdem wurde immer mehr Wasser für den wachsenden Bedarf außerhalb der Landwirtschaft für die Industrieregion Tarent und den Küstentourismus abgezweigt.

Zur Ausweitung der Bewässerungsflächen trug auch das reichliche Angebot finanzieller Subventionen und verlorener Zuschüsse seitens der EU bei, die auch in „dunklen Kanälen" sehr willkommen waren.

Schließlich hinkte die zögerliche Verwirklichung der Bewässerungstechnik dem beruflich-sozialen Strukturwandel meilenweit hinterher. Nach nunmehr fast einem halben Jahrhundert sahen bereits die Kinder, meist die Enkel der Pioniergeneration ihr Lebensziel nicht mehr in der Landwirtschaft. Außeragrarische Beschäftigung bot die nahe gelegene Stadtregion Tarent. Der nunmehr paradoxe Mangel an Arbeitskräften musste durch zuwandernde marokkanische Hilfskräfte gedeckt werden. Damit mündet das ursprüngliche Ziel der Agrarreformpolitik von 1950, die Stärkung der

Bild 57: Bewässerung trotzt Verstädterung, Torre del Greco, Golf von Neapel: *Foliendächer für ganzjährigen Anbau stärken am Westhang des Vesuv die Landwirtschaft bei steigenden Bodenpreisen. Aufnahme 1991.*

bäuerlichen Grundschicht fast in ihr *Gegenteil*, nämlich in die erneute Entstehung einer schlecht bezahlten Tagelöhnerschicht.

6) Außeragrarische Nutzungskonkurrenz der Bewässerungswirtschaft:
In den traditionellen kleinbetrieblichen Bewässerungsgebieten änderte sich die Nutzung zunächst nur langsam. Seitdem einzelne Familienmitglieder als Gastarbeiter nach Norditalien oder ins Ausland gingen, versuchte man den bislang großen Arbeitsaufwand durch vereinfachte Fruchtfolgen zu verringern. Stärkere Wandlungen verursachte die expandierende Verstädterung. Auch Gewerbe, Straßenbau und Hotelsiedlungen des Küstentourismus nahmen der Bewässerung Flächen weg. Der dadurch einsetzende Anstieg der Boden- und Pachtpreise zwang zu höherer Rendite der Bewässerungskulturen durch Verringerung der Arbeitskosten, Steigerung der Erträge, Einführung von Exportprodukten, z. B. Blumen. Als Folgeschritt verbesserte man die winterlichen Anbaubedingungen durch immer mehr Foliendächer, um die im Spätherbst beginnende Hochpreissaison der mitteleuropäischen Gemüsegroßmärkte noch besser ausnutzen zu können (Bild 57). Auf diese Weise kann man im Süden Italiens

Quelle: Rother 1993.

Alte Flussgärten (giardini)

Bewässerung durch Oberflächenwasser

Oberirdisches Verteilungsnetz (canaletti)

Unterirdisches Verteilungsnetz (tubato)

Projektiert (fast vollständig durch betriebseigene [Tief-]Brunnen bewässert)

1960 Fertigstellung des Bewässerungsdistrikts bis zum Jahr 1960

Binnengrenze des Küstentieflands

Abb. 82: Bewässerungsflächen am Golf von Tarent, Süditalien 1960–1990: *Am Golf von Tarent wurde die Bewässerung seit 1950 stark erweitert. Trotzdem wanderten viele junge Menschen ab.*

und Spaniens Gemüsesorten anbauen, die früher erst im Frühsommer möglich waren. Im Landschaftsbild spiegelt sich dieser Prozeß in einer engen Verzahnung von städtischer Bebauung und gartenbaulicher Intensivnutzung wider. In einer letzten Phase der Entwicklung wird der Bewässerungsgartenbau von der Verstädterungswelle vollständig überwuchert. Wie Tyrakowski (1985) gezeigt hat, unterliegt an der gesamten spanischen Ostküste die traditionelle Bewässerung einer vielfältigen außerlandwirtschaftlichen Verdrängungskonkurrenz.

7) Agrarpolitische Impulse:

Der europäische Binnenmarkt verbesserte die Absatzmöglichkeiten von älteren Bewässerungsgebieten und ließ auch in *größerer Marktferne* neue entstehen, die durch Autobahnen besser an die mitteleuropäischen Märkte angebunden sind.

Die jüngste großflächige Neuentwicklung von Bewässerungsgebieten erfolgte seit etwa 20 Jahren im trockensten Südosten Spaniens zwischen Motril und Cartagena. Gastarbeiter investierten ihre Verdienste und begannen Gartenbau mit Intensivbewässerung (Geiger 1993, S. 57). Die Betriebe sind mit ca. 5 ha deutlich größer als in den traditionellen spanischen Huertas. Auch regionsferne Kapitalgesellschaften und Industriebetriebe kauften Land auf, um in größeren Betrieben kommerzialisierten Gemüseanbau zu betreiben. Folgende günstige Standortfaktoren waren entscheidend:

Wasser stand seit Errichtung des Überleitungskanals Tajo–Júcar–Segura (Trasvase) 1979 zur Verfügung, allerdings nicht in ausreichendem Umfang.

Das frostfreie Klima konnte genutzt werden, um ab November konkurrenzarm frisches Gemüse zu exportieren.

Seit dem EG-Beitritt Spaniens 1985 boten sich wesentlich erweiterte Absatzgebiete in Mitteleuropa an.

Neu gebaute Autobahnen verringerten die Abseitslage nach West- und Mitteleuropa.

Diese günstigen Bedingungen verbesserte man durch agrartechnologische Innovationen, vornehmlich durch wärmespeichernde und verdunstungshemmende Abdeckung der Anbauflächen mit Kunststofffolien (in-vernadores). Die meisten Plastikgewächshäuser sind heute beheizbar, um kühle Temperaturen im Januar zu kompensieren. Die Erntetermine können dadurch um vier Wochen vorgezogen werden. Der Knappheit und dem hohen Preis des Wassers begegnet kapitalintensive Tropfbewässerung, mit der auch Dünger und Pflanzenschutzmittel ausgebracht werden (fertirrigación). Die Gewächshäuser sind computergesteuert. Der Anbau löst sich mehr und mehr von der traditionellen Bodenpflanzung. Die Pflanzen werden künstlich ernährt, um die Zeit zwischen Saat und Ernte zu verkürzen.

8) Neue Anbauprodukte zur Steigerung der Bewässerungserträge:

Die Einführung und Ausbreitung neuer Anbauprodukte geben Anlass zur Modernisierung alter Bewässerungskulturen. Im Süden der *Pontinischen Küstenebene* (Provinz Latina im S der Region Latium), die bereits um 1935 trockengelegt worden war (Pontinische Sümpfe), lebten die relativ kleinen Bauernbetriebe zunächst vom Getreidebau. Dieser ging zurück, als Fernwasserleitungen, Tiefbrunnenbau und Verkehrserschließung eine einträglichere Landwirtschaft erlaubten. Unter Beibehaltung der geringen Betriebsgrößen stellte man auf ganzjährigen Intensivgemüsebau mit ständig erweiterter Anbaupalette um, größtenteils unter Foliendächern mit Tropfbewässerung und drei Ernten pro Jahr. Der Vertrieb erfolgt über Spezialspediteure in die Verdichtungsräume Rom, Norditaliens und Mitteleuropas mit LKW. In Fondi (östlich des Golfes von Gaeta) entwickelte sich der größte internationale Sammel- und Verteilermarkt Süditaliens für Gemüse. *Innovationen* gingen z.B. von einem zugewanderten deutschen Gemüsebaubetrieb bei Terracina aus („Latinexport", Stammunternehmen bei Hochstetten/Karlsruhe). Angebaut wurden zunächst auf eigenen Flächen, dann durch Anbauverträge mit italienischen Kleinbauern in das Umland expandierend Gemüsesorten, die bis dahin in Italien unbekannt waren: Kohlrabi, Radieschen, Rettiche. Die Wachstumszeiten betragen in den winterlich beheizten Foliengewächshäusern oft nur 6 Wochen. Die Ernten beginnen im November und dauern bis Juni. Ziel ist die tägliche Belieferung süddeutscher Gemüse-

Bild 58: Traditioneller Wasserstau in Südtunesien: *Auch einfaches Abfangen von Regenwasser an Hängen durch Dämme an ariden Standorten erfordert hohe Sachkenntnis.*

Großmärkte während des Winterhalbjahres mit ca. 8–10 LKW-Ladungen Frischprodukte über die Brennerautobahn. Daneben fassten auch großflächige Spezialkulturen Fuß, z. B. der Kartoffelanbau für nahe gelegene Chipsfabriken. Ihr großer Erfolg strahlte auch auf andere Teile Süd- und Mittelitaliens aus und löste dort den Beginn des industriellen Kartoffelanbaus aus. Diese Beispiele zeigen den schnellen Wandel der Landwirtschaft in den Meliorations- und Bewässerungsgebieten unter dem Einfluss der Produktwünsche aus weiter entfernten Absatzgebieten (Wagner 1992).

Bewässerung im Süden und Osten

Die künstliche Bewässerung ist hier weitgehend Grundvoraussetzung für intensivere landwirtschaftliche Nutzung. Traditionelle Formen des Trockenfeldbaus und der Weidetierhaltung vermochten stets nur bei geringer Bevölkerungsdichte die Ernährung zu sichern. Die Bevölkerung großer Städte konnte lediglich durch Getreideimporte und künstlich niedrig gehaltenen Brotpreis ernährt werden. In Oasen oder im Nahbereich der großen Ströme Nil, Jordan, Euphrat war seit Jahrhunderten die Ernährung nur durch Vollbewässerung möglich. Selbst in Gebirgen gab es bereits zu römischer Zeit künstliche Bewässerung, z. B.

im Saharavorland des Aurès und am Südrand der nordafrikanischen Atlasketten (Achenbach 1973). Alle Systeme orientieren sich gemäß jahrhundertelanger Erfahrung an den Leistungsgrenzen der Ökosysteme.

Typen der Bewässerungswirtschaft

Nachfolgend werden vier Typen der Bewässerungswirtschaft von kleinräumlich-traditionellen bis zu großflächig-modernen Formen im Süden und Osten des Mittelmeerraumes dargestellt.

1) Water-harvesting durch
   Speicherung des Hangabflusses:
Die Gewinnung von *Oberflächenwasser* zählt zu den ältesten Methoden, Wasser für den Ackerbau oder als Trink- und Brauchwasser zu speichern. In allen semiariden und ariden Gebieten des Mittelmeerraumes und seiner südlichen und östlichen Randgebiete wurde eine große Anzahl unterschiedlichster *Stautechniken* entwickelt. An Hängen, auf Gebirgsfußflächen und in Tälern bremsen kleine Dämme (Diguettes) den Abfluss von Niederschlägen und lassen ihn versickern (Bild 58). Im Feuchtbereich hinter diesen Dämmen ist kleinflächiger Anbau möglich. Diese Verfahren des *water-harvesting* können Niederschlags-

mängel und Variabilitätsrisiken lindern. *Impluvium-Systeme* wurden schon für römische Olivenkulturen des Maghreb beschrieben. In einem Raster quadratischer Wälle staut sich Oberflächenwasser und wird anschließend in das nächste, etwas tiefer liegende Impluvium gelenkt.

2) Überflutungsbewässerung:
Die Ableitung von *Flusswasser* bei jahreszeitlich regelmäßig wiederkehrenden Hochständen von Fremdlingsströmen wird seit frühgeschichtlicher Zeit genutzt. Sie bewässert nicht nur nahe gelegene, sondern auch Felder in größerer Entfernung über *Kanalsysteme*. Diese zunächst einfache Technik entfaltete hohe Innovationskraft für die wirtschaftliche und gesellschaftliche Entwicklung der Kulturen im Vorderen Orient. Der Zwang zur Exaktheit der Bewässerung ließ eine über Jahrhunderte stabilisierte sozialräumliche Ordnung entstehen, in die alle Bevölkerungsschichten integriert waren. Bewässerung setzte Landvermessung, Berechnung des Reliefgefälles, gerechte Wasserverteilung und eine wirtschaftlich-soziale Arbeitsteilung voraus. Davon gingen gesellschafts- und staatsbildende Kräfte aus, aber auch die Ausbildung von Macht und politischer Abhängigkeit. Wittfogel (1962) hat die Entstehung der Staaten im Vorderen Orient (Mesopotamien und Ägypten) auf „hydraulische Kulturen" zurückgeführt. Nicht nur die landwirtschaftliche, sondern die gesamte kulturelle, politische und staatliche Entfaltung im Südosten des Mittelmeerraumes war eng mit der zunehmenden Fähigkeit verbunden, die *knappe Ressource* Wasser immer effizienter zu nutzen.

3) Grundwassernutzung in Oasen:
Die *kleinflächige* traditionelle Bewässerung auf Grundwasserbasis reicht sowohl auf römische als auch auf frühe arabische Kulturen und auf die späteren Kenntnisse mittelalterlicher, arabischer Agronomen zurück. Weitere Erfahrungen brachten die „Andalusier" nach Nordafrika mit, Muslime, die am Ende der christlichen Wiedereroberung (Reconquista) seit 1500 aus Südspanien nach Marokko und Tunesien (Cap Bon, Tebourba, untere Medjerda) vertrieben wurden. In kleinflächigen, *traditionellen Bewässerungsgebieten* von Oasen nutzen an der Südgrenze des Mittelmeerraumes Fellachen mit über Jahrhunderte erprobten Methoden kleine gepachtete oder eigene Flächen (Bild 59). Wasser wird über Brunnen, artesische Systeme oder in selteneren Fällen aus unterirdisch angelegten Kanälen gewonnen: In bis zu 10 m tiefen, oft mehrere Kilometer langen Stollen, *Foggara*, wird Grundwasser gesammelt und langsam schräg an die Oberfläche geführt, wo es in die Oasen mündet. Im Übergangsbereich der nordafrikanischen Gebirge zur Sahara wird noch heute auf diese Weise Grundwasser aus den Schotterflächen und Schuttfächern angesammelt (z. B. westlich Erfouds in Südmarokko). Diese Technik zählt zu den ebenso alten wie komplizierten Formen der Wasserzuleitung über große Distanzen. Die Knappheit des Wassers führte einerseits zur intensiven Nutzung der nacheinander durchflossenen Parzellen, andererseits zu einem ausgeklügelten Wasserrecht. Gleichzeitig versuchten die Eigentümer der verschiedenen Produktionsfaktoren (Arbeitskraft, Kapital, Wasser und Boden), einen möglichst hohen Gewinn zu erzielen. So entwickelten sich als verschiedene Bewirtschaftungsformen die Eigennutzung der Anbaufläche, längerfristige Geldpacht oder Teilpacht. Ein Teilpächter erhält oft nur ein Fünftel des Ertrages (Khammessat; arab. khamsa = fünf), während die übrigen Anteile den Inhabern der Rechtstitel über Boden und Wasser zustehen. Jeder Bodeneigentümer kann auch zusätzlich als Tagelöhner (Khammes, Chérik) arbeiten und erhält je nach Art der Anbaukultur einen bestimmten Teil der Ernte.

Das Interesse so unterschiedlicher sozialer Gruppen sowie die Bevölkerungszunahme erzwangen eine ständige Intensivierung der Bewässerungswirtschaft. Zusätzlich wachsender außeragrarischer Bedarf an Wasser (Siedlungserweiterung, Gewerbe, Industrie, Tourismus) machte *Tiefbohrungen* notwendig. Früher nicht erreichbare Wasserhorizonte, oft auch fossile, d. h. seit der letzten Kalt-/Pluvialzeit unangetastete Reserven werden heute aus so großen Tiefen gefördert, dass mit einer ausgleichenden Grundwasserneubildung in überschaubarer Zeit nicht mehr gerechnet werden kann. Infolgedessen brechen die höher liegenden Grundwasserhorizonte zusammen,

Bild 59: Oasenstadt Tineghir, Südmarokko: Über Jahrhunderte erprobte Methoden effizienter Wasserverwendung waren und sind am äußersten Südrand des Mittelmeerraumes Grundlage einer hohen Bevölkerungsdichte. Aufnahme 1994.

nehmen versickerndes Brackwasser auf und die älteren Brunnen eines Bewässerungsgebietes fallen trocken. In zahlreichen küstennahen Bewässerungsgebieten hat die steigende Ausräumung des Grundwassers zum unterirdischen Eindringen von Meereswasser geführt. Die Grenzfläche (Interface) zwischen Salz- und Süßwasser dringt landeinwärts vor und zerstört damit den Grundwasserhaushalt z. B. in der Argolis Griechenlands und in den Litoralzonen Syriens und Israels (Jungfer 1998). Viele der älteren Bewässerungsgebiete werden deshalb aufgegeben.

Dennoch zeigen neuere Untersuchungen, dass traditionelle Bewässerungssysteme *modernisierungsfähig* sind (Popp 1997). Reicht das Wasser aus und steht Kapital von außen, etwa durch Gastarbeiter, zur Verfügung, können sich Sozialstruktur und Anbauziel erneuern. Außerhalb der speziellen Oasenregion wandelt sich z. B. die traditionelle Bewässerungswirtschaft des Nildeltas zu zeitgemäß rentablen Nutzungsweisen (Ibrahim 1996). Auch die mediterranen Formen der küstennahen Bewässerung im Maghreb, hier insbesondere in Cap Bon/Tunesien und in den Küstenbuchten und Ebenen Algeriens und Marokkos, erlangen unter dem Einfluss gestiegener landeseigener Kaufkraft oder des Exportes neue Absatzziele (Popp 1993). Auch die stadtnahe, bewässerte, marktorientierte Landwirtschaft im Umkreis der Städte Alexandria, Kairo, Tunis, Annaba, Skikda, Algier und Oran zählt zu den neuen Wachstumszweigen des Bewässerungsgartenbaus. Sesshaft werdende Nomaden konnten den Verlust an Erträgen aus der Tierhaltung ebenfalls durch einen, wenn auch langsamen Übergang zur Bewässerungswirtschaft ausgleichen (Le Coz 1990, S. 71).

4) Moderne Bewässerung:
Anfänge der *großflächigen* Bewässerungswirtschaft lassen sich im Süden des Mittelmeerraumes erst in die Mitte des vorigen Jahrhunderts datieren. Sie bot angesichts der immer schneller wachsenden Bevölkerung im Gegensatz zu anderen Zweigen der Landwirtschaft die beste Möglichkeit, Ernährungssicherheit und Importsubstitution zu steigern.

Während der Kolonialzeit wurden in *Nordafrika* außerhalb der traditionellen Oasen großflächige moderne Bewässerungsgebiete angelegt. Die Protektoratsverwaltung verfolgte in *Marokko* eine „Politik der Staudämme" zur Stromgewinnung und Intensivierung der Agrarwirtschaft besonders in der Gharb-Ebene nördlich von Rabat und bei Marrakesch (Haouz- und Tadlaebene), meist allerdings zu Gunsten der europäischen Colons (Le Coz 1990; Müller-Hohenstein/Popp 1990, S. 95).

In *Tunesien* errichtete die Protektoratsregierung vor der staatlichen Unabhängigkeit erste größere Staudämme mit Kraftwerken und dem Bau von Bewässerungsnetzen im einzigen, ganzjährigen Flussgebiet des Landes, der Medjerda (Mensching 1962; Achenbach 1971). Die komplexe Koordinierung der wasserbautechnischen Maßnahmen mit Aufforstung, Erosionsschutz, Förderung des tunesischen Kleineigentums, Einführung von Produkten für die heimischen Märkte zur Ernährungssicherung begann allerdings erst durch den tunesischen Staat nach 1956.

In *Israel*, dem Land mit der seit Jahrzehnten technisch modernsten und hygrisch effizientesten Bewässerung des Mittelmeerraumes, wurden vor der Staatsgründung 1948 nur 18 % der landwirtschaftlichen Nutzfläche bewässert. Heute liegt der Anteil bei ca. 50 %, ist zwar leicht rückläufig, aber der Ausnutzungsgrad des Wassers steigt infolge der immer weiter verbesserten Sparmethoden (Eichenauer 1993; Karmon 1994, S. 108).

Kritische Grenzstandorte der Bewässerungswirtschaft

Je *knapper* der Faktor Wasser aus klimatischen, hydro- und geoökologischen Gründen angesichts der steigenden Nachfrage und im Hinblick auf die Kostenrelationen wird, desto mehr sind bei allen *Großprojekten* der künstlichen Bewässerung im Süden und Osten des Mittelmeerraumes folgende drei Einschränkungen zu bedenken:

1) Als *knappes Gut* ist Wasser in ökologischer und in ökonomischer Sicht zu werten, da es infolge der Niederschlagsunsicherheit nicht von Jahr zu Jahr in gleichem Umfang verfügbar ist. Außerdem ist seine Beschaffung im Verhältnis zum Produktionsertrag oft zu teuer. Die besten Voraussetzungen bietet als Fremdlingsfluss der Nil. Auch die küstennahen nordafrikanischen Gebirge erhalten noch relativ hohe winterliche Regenmengen (700–1000 mm). Bereits knapp südlich davon dominiert der nur *periodische Abfluss*, der größere Entnahmen aus dem Grundwasser nicht ausgleichen kann (Achenbach 1993, S. 166). Die starken Schwankungen des Niederschlags erklären die regional unterschiedliche Versorgung mit Bewässerungswasser. Der geringe Füllungsgrad vieler Talsperren erlaubte oft über mehrere Jahre hinweg keine Bewässerung.

Diese Indizien zeigen, dass die moderne Bewässerungswirtschaft nicht ohne *Staudämme* und *Verteilungssysteme* auskommt. Ihre Aufgabe ist es, den irregulären Abfluss zu sammeln, den Oberflächenabfluss mehrerer Jahre mit unterschiedlichen Niederschlagsmengen auszugleichen, Wässer mit unterschiedlichem Salzgehalt zu mischen, eine Aufteilung des gestauten Wassers für Landwirtschaft, Trinkwasserbedarf, Industrie und Tourismus zu leisten und durch Errichtung eines landesweiten Verbundsystems die Gebiete mit Wasserüberschuss (Gebirge, größere Flusstäler) mit den Wassermangelregionen zu verbinden (Achenbach 1993, S. 166).

2) Eine *Bewertung der Wasserpotenziale* ist in keinem der nordafrikanischen Länder bis heute eindeutig möglich (Gießner 1998). Dieser Aspekt ist in den semiariden südlichen Teilen des Mittelmeerraumes wesentlich wichtiger als im Norden. Zwar sind meist gute Angaben zur Menge des Oberflächenwassers verfügbar (Regenmengen, Abflussquoten der Flüsse, Verdunstung). Aber die Daten über Regenerationshöffigkeit des Grundwassers sind unzulänglich. Genauere Kenntnisse wären notwendig, bevor man immer neue Bewässerungsgebiete anlegt. Hinsichtlich der Tiefenwasservorräte wäre nicht nur eine genaue Erfassung der Leistungsfähigkeit der einzelnen wasserführenden Schichten dringend erforderlich, sondern auch die zentrale Überwachung ihrer Erschließung. Die besondere Gefahr liegt bei der Nutzung fossiler Grundwässer mit hohem Salzgehalt darin,

dass dieser mit der Bewässerung auf die Felder gelangt.

Über gute Gesamtkenntnis des Wasserhaushaltes und seiner limitierenden Faktoren verfügen der hydrologische Dienst und das Nationale Agronomische Institut in Tunesien. Die Schaffung eines eigenen Ministeriums für hydrologische Fragen zeigt, wie ernst die Frage einer ausreichenden und regional weit reichenden Wasserversorgung genommen wird (Achenbach 1993, S. 168). Aber trotzdem ist auch in Tunesien eine Übernutzung durch Landwirtschaft, Tourismus, Gewerbe und steigendem Haushaltsbedarf nicht zu übersehen. Entscheidend ist die Frage des *ökologischen Grenznutzens*. Er zeigt an, ob jede zusätzliche Verwendung von Wasser für die Landwirtschaft noch einen mindestens ebenso großen Zuwachs an Wertschöpfung einbringt. Häufig nimmt jedoch der Ertragszuwachs im Verhältnis zu jedem weiteren Intensivierungsschritt ab. Dies gilt auch für die Menge des hochgepumpten Wassers, das im Grundwasserbereich nicht mehr regeneriert werden kann.

3) Die *mentale Rezeption der Wassermangelsituation* und das Verhalten bei der Verwendung der knappen Wasservorräte ist wichtiger als die hydrologisch-quantitative Bilanzierung. Die traditionelle Oasenwirtschaft konnte auf der jahrhundertealten Erfahrung mit der Knappheit des Produktionsfaktors Wasser unter Einhaltung strenger Sparsamkeitsregeln existieren. Auch die kleinbäuerliche Bewässerungswirtschaft etwa im Gebiet der Halbinsel Cap Bon in Nordost-Tunesien zeichnete sich durch bewusste Vorsicht bei der Anzapfung oberer Grundwasserschichten aus. Gerade diese Zurückhaltung bewirkte eine hohe Leistungsfähigkeit (Pérennès 1993). Dies gilt sowohl für kleinbetriebliche Kolonialgebiete als auch für die ältere vorkoloniale Landwirtschaft (Achenbach 1983). Betrachtet man jedoch jüngere und größere Bewässerungsgebiete und deren Relation von Wasseraufwand (Menge, Effizienz, Kosten) und Produktionsertrag, so hat man den Eindruck, dass Motorpumpe und Tiefbrunnen die fälschliche Vorstellung von der Unbegrenztheit der Ressource Wasser vermittelt hätten. Insgesamt sollte das Wasser vor-

wiegend dorthin gelenkt werden, wo bei sparsamster Verwendung der volkswirtschaftlich und sozial höchste komparative Nutzen zu erreichen ist.

Bewässerungsgroßprojekte

Nachfolgend werden für den Süden und Osten des Mittelmeerraumes einige moderne Bewässerungs*groß*projekte vorgestellt. Ihre Auswahl richtet sich nach sechs wichtigen Motiven ihrer Entstehung.

1) Kombination traditionelle
   Agrarstruktur mit moderner
   Bewässerungstechnik:

Dabei strebt man an, ohne eigentumsrechtliche und grundlegende soziale Veränderungen, aber durch Flubereinigung, mit Verlegung von Rohrsystemen und dem Bau von Brunnen und Wegen die Bodenbewirtschaftung auf Bewässerungsbasis zu verbessern. Bei etwa gleich bleibenden Betriebsgrößen entstanden auf diese Weise in *Marokko* fast 1 Mio. ha bewässerbare Flächen (Popp 1990, 1993), die nach staatlichen Anbauplänen genutzt werden, um Zuckerrüben, Baumwolle, Zuckerrohr, Ölpflanzen, Viehfutter oder Frühgemüse zu erzeugen. Diese Meliorationsgebiete liegen z. B. an der unteren Moulouya im Nordosten Marokkos (Mittelmeerküste), in der Landschaft Gharb am Atlantik sowie im nördlichen Vorland des Hohen Atlas. Das hierzu notwendige Wasser stammt aus den fast 25 Staudämmen, die landesweit in Marokko seit 1950 errichtet wurden („Politik der Staudämme"). Im Prinzip trifft dieser agrapolitische Ansatz auch für viele neuere Bewässerungsgebiete in *Tunesien* zu: Man versucht, die traditionellen Betriebe zu erhalten, aber die Fellachen über die Bewässerung zu effizienterer und marktorientierter, von staatlichen Agrarbehörden geplanter Bodenbewirtschaftung anzuleiten und alle Voraussetzungen dafür zu bieten.

2) Genossenschaftliche Großbetriebe:

Sie setzen die Beseitigung vorhandener agrarsozialer Strukturen voraus. Dieser Typ ist in *Algerien* häufig anzutreffen. Ab 1980 errichtete man 25 größere Staudämme und eine große Zahl kleiner Rückhaltebecken (Arnold 1995, S. 142). Sie dienen zwar in erster Linie der Versorgung der wachsenden Stadtbevölkerung mit Trinkwasser, beliefern jedoch auch große neue Bewässerungsflächen. Aber Erfahrungsmangel, Organisationsdefizite, schlechte Qualifikation der Arbeitskräfte und Fehler bei der Vermarktung der Agrarprodukte lassen die Erfolge der Bewässerungsprojekte fraglich erscheinen. Von der bewässer*baren* Fläche wird offensichtlich nur ein Teil tatsächlich genutzt (Côte 1993). In *Tunesien* und in *Marokko* hatten die wenigen *großen* staatlichen Irrigationsvorhaben offenbar größeren Erfolg.

3) Neulandgewinnung:
Besonders in Ägypten verfolgte man dieses Ziel, vornehmlich am östlichen und westlichen Rand des Nildeltas (Meyer 1995 b). Mit der „Grünen Revolution" des Staatspräsidenten Sadat sollte das zusätzliche Wasserangebot des Assuan-Hochdamms (1971 fertiggestellt) Verwendung finden. 1978 bis 1995 wurden zwar 430 000 ha Neuland erschlossen. Während des gleichen Zeitraumes gingen aber ca. 800 000 ha altes Agrarland wegen unsachgemäßer Bewässerung, Versalzung, Vernässung, Alkalisierung und Versandung verloren (Ibrahim 1996, S. 60). Diese Tatsache zeigt die Problematik dieses Hochdammbaus. Einen Teil des Neulandes übereignete der Staat erfolgreich kleinen Bauern. Die wesentlich größeren Staatsfarmen (je etwa 2500 ha) wurden mit modernster, aus den USA importierter Technik der Radialberegnung ausgestattet, um die Selbstversorgung des Landes mit Nahrungsmitteln sicherzustellen. Aber die neue Technik wurde nicht beherrscht und eine ökonomische Rentabilität nicht erreicht. Aus heutiger Sicht gelten die Bewässerungsgroßbetriebe auf Neuland deshalb als Fehlschlag. Im Rahmen der jüngeren ägyptischen Liberalisierungs- und Privatisierungspolitik versuchte man mit hohem finanziellen Aufwand, die Staatsbetriebe zu privatisieren, teils als Familienunternehmen, teils unter Leitung von Kapitalgesellschaften, die nun – am Ende eines langen Weges – Anzeichen befriedigender Effizienz erkennen lassen (Meyer 1995b).

4) Stauseeprojekte:
Eines der flächenmäßig größten und wahrscheinlich *international politisch* folgenschwersten wasserwirtschaftlichen Großvor-

haben zur Intensivierung der Landwirtschaft wird am östlichen Rand des Mittelmeerraumes, im *Südostanatolien-Projekt* verwirklicht (GAP = Güneydogu Anadolu Projesi) (Abb. 83). Die Bewässerung von 1,6 Mio. ha ehemaligen Regenfeldbau- und Weidegebiets und die Anlage von Kraftwerken zur Stromgewinnung sind die wichtigsten Ziele des Atatürk-Stausees (Höhfeld 1995, S. 136). Ein Drittel der jährlichen Abflüsse von Euphrat und Tigris wird in die neuen Bewässerungsgebiete fließen. Dieser Verbrauch löste heftige Widerspüche Syriens und Iraks aus, die ebenfalls Bewässerungsprojekte planen (Jungfer 1998; Struck 1994). In einer mündlichen Vereinbarung war 1987 festgelegt worden, dass die Türkei pro Sekunde mindestens 500 Kubikmeter Wasser an Syrien abgeben sollte. Um den Atatürk-Stausee sowie etwa 20 weitere am Euphratoberlauf wird die traditionelle Agrarlandschaft in bewässerbare Flächen für Industrie- und Exportkulturen umgewandelt. Die Reiserzeugung soll verdoppelt werden. Ferner strebt man die Diversifizierung der übrigen landwirtschaftlichen Produktion sowie die Marktorientierung der kleinen bäuerlichen Gehöfte an. Die Baumwollverarbeitung in sehr modernen Fabriken, auch für weltweit tätige Modekonzerne (Boss, Bennetton) löste wirtschaftliches Wachstum aus.

5) Bewässerung als integraler
Bestandteil der Gesamtwirtschaft:
Die wirtschaftlich und technisch vielseitigste Einordnung des bewässerten Agrarsektors ist in *Israel* anzutreffen. In keinem Land des Mittelmeerraumes hat die künstliche Bewässerung so große wirtschaftliche Bedeutung und einen so großen Anteil an der landwirtschaftlichen Nutzfläche (Donkers 1998). Die wassersparenden Techniken, die heute weltweit Anwendung finden, stammen überwiegend aus Israel. Wassermangel, hohe Kosten für Wasserbautechnik, schwieriger werdende Export-Chancen bei Obst, Gemüse und Blumen bewirkten eine Stillegung eines Teiles der Bewässerungsfläche, die jedoch jederzeit wieder aktiviert werden könnte (Eichenauer 1993, S. 138). 80 % der pflanzlichen Produktion Israels und 100% der Tierhaltung basieren auf der künstlichen Bewässerung (Karmon

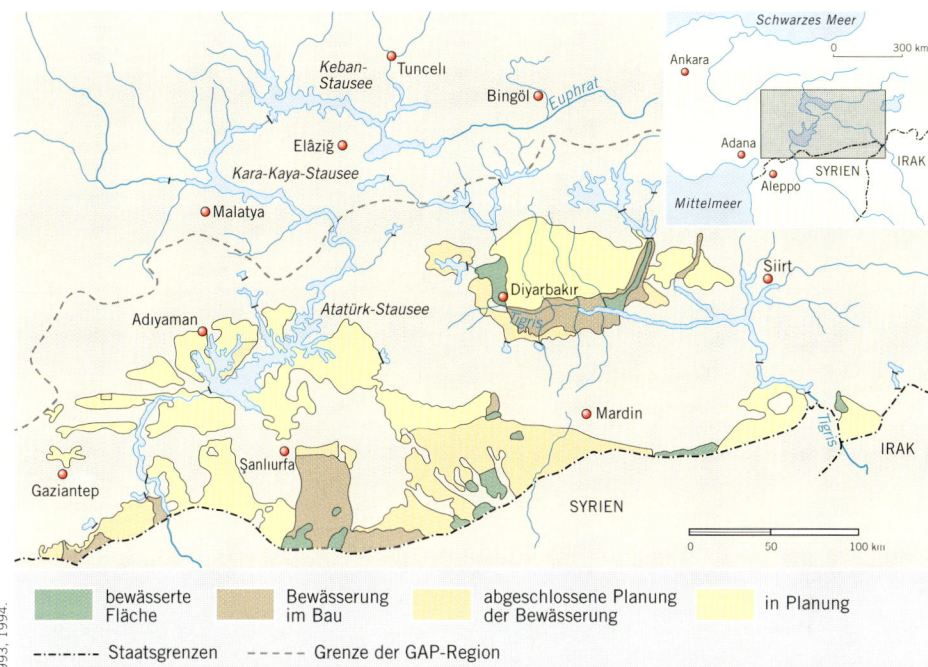

Quellen: Struck 1993, 1994.

bewässerte Fläche

Bewässerung im Bau

abgeschlossene Planung der Bewässerung

in Planung

Staatsgrenzen — — — — Grenze der GAP-Region

Abb. 83: Bewässerungsgebiete der Türkei: *Im Südosten der Türkei (GAP-Region) erlaubt der Staudammbau Stromgewinnung und Bewässerung; er könnte auch ein politisches Machtmittel werden.*

1994, S. 108). Seit über 100 Jahren nutzt man im Gebiet Israels die künstliche Bewässerung zur Steigerung der landwirtschaftlichen Erträge. Aus den zunächst kleinen, isolierten mit Brunnenwasser bewässerten Flächen entstand im Zuge der zionistischen Besiedlung des Küstensaums ab 1922 zwischen Libanon und Gazagebiet eine geschlossene Bewässerungszone. Seit Mitte der 60er-Jahre wird sie durch die „Landeswasserleitung" zentral versorgt. Dieses Verbundsystem (Rohrdurchmesser 1,20 m bis 2,70 m) erhält Wasser aus dem See Genezareth (Kinneret), der ursprünglich 39 % des Wassers der Jordanquellen erhielt, 200 m unter dem Meeresspiegel liegt und einen hohen Salzgehalt aufweist. Die nationale Wasserpipeline führt bis in die Negev-Wüste, wo jenseits der agronomischen Trockengrenze Beregnungsflächen angelegt werden konnten. Die Tatsache, dass der Sechs-Tage-Krieg (Juni 1967) wesentlich durch die Auseinandersetzungen zwischen Syrien/Jordanien und Israel um das Wasser der Jordanquellen ausgelöst

wurde (Karmon 1994, S. 112; Donkers 1997), zeigt die große politische Bedeutung der Wasserfrage. Aber diese prekäre Abhängigkeit veranlasste die Wasserbehörden, alle Grundwasservorräte, Oberflächenabflüsse, sogar gesammeltes Regenwasser, entsalztes Brack- und Meerwasser und geklärtes Brauchwasser genauestens zu erfassen und einer detaillierten Reglementierung zu unterwerfen. Die Abb. 84 zeigt die geschlossene Bewässerungsfläche und lässt ihre enge Verzahnung mit urban-gewerblichen Arealen erahnen. Die Bewässerungswirtschaft Israels macht deutlich, welche Chancen die effiziente und nachhaltige Nutzung von Wasser für die Landnutzung im nordafrikanischen und vorderasiatischen Teil des Mittelmeerraumes haben könnte.

6) Bewässerungsprojekte im ökologisch-ökonomischen Grenzertragsbereich:

Zu den insgesamt *ökologisch* am wenigsten abgesicherten und *wirtschaftlich* äußerst *zweifelhaften* staatlichen Großprojekten ist

Landeswasserleitung

Überregionale Hauptleitung

Regionale Nebenleitung (Auswahl)

Größe der Bewässerungsfläche

☐ 100 – 200 ha
☐ 200 – 500 ha
☐ 500 – 1000 ha
◯ >1000 ha

Alter der zugehörigen ländlichen Siedlungen

vor 1922
1922 bis 1948
nach 1948

● Städte
International Grenze
Feuereinstellungslinie 1967
Waffenstillstandslinie 1949 (ohne Jerusalem)

SYRIEN

LIBANON

Golan

See Genezareth

Mittelmeer

(Samaria)

Palästinensische

Westbank

JORDANIEN

Autonomie-

gebiete

(Judäa)

Totes Meer

Gazastreifen

ÄGYPTEN

| 0 | 10 | 20 | 30 km |

Abb. 84: Bewässerungsflächen in Israel: *Die ungleiche Verteilung von Wasser an die verschiedenen Bevölkerungsgruppen bietet Anlass zu politischen Konflikten.*

Quelle: Eichenauer 1993.

der Bau des *großen künstlichen Flusses* in Libyen zu zählen. Angesichts des schnellen Bevölkerungswachstums stieg der Wasserbedarf stark an. Er soll durch Ausbeutung von fossilen Grundwasserreserven in den saharischen Wüstengebieten des Kufra-, Sarîr- und Fezzânbeckens gedeckt werden (Schliephake 1997). Der Selbstversorgungsgrad mit Grundnahrungsmitteln erreichte um 1990 nicht einmal einen Wert von 40 %. Deshalb begannen die staatlichen Behörden Rohrleitungen mit 4 m Durchmesser über Entfernungen von 600 – 800 km zu bauen, von denen um 1998 etwa zwei Drittel fertig gestellt waren. Die Prospektionen gehen davon aus, dass mit diesen Mengen 400 Jahre lang 200 000 ha Bewässerungsland in den küstennahen Gebieten mit der höchsten Bevölkerungsdichte des Landes zwischen Benghazi (Bingâzî) und Tripolis beliefert werden können. Angeblich wollen die libyschen Behörden noch mehr, etwa 400 000 ha bewässern und damit die vorhandene Bewässerungsfläche verdoppeln (Medagri 2000, S. 231).

Dieses wohl größte staatliche Einzelvorhaben der Bewässerungswirtschaft im Mittelmeerraum lenkt den kritischen Blick auf ökologische, soziale und agrartechnische Folgeprobleme. Sie ergeben sich durch Auspumpen der Grundwasserkörper in den Quellgebieten, aus dem schnellen Anstieg des Lebensstandards sowie aus der Frage, mit welchen Methoden und Besitzformen (Kleinbetriebe oder Staatsfarmen) die zukünftig bewässerbaren Areale bewirtschaftet werden sollen. Trotz der Größe des Projektes kann angesichts der starken Bevölkerungszunahme (1995 ca. 5,5 Mio.; 2025 ca. 12 Mio.) das Ernährungsproblem nicht gelöst werden.

Gesamtbewertung der Bewässerung

Aus der Tab. 20 wird der Zuwachs an Bewässerungsfläche innerhalb der beiden letzten Jahrzehnte ersichtlich. Vorreiter ist der östliche Teil des Mittelmeerraumes, insbesondere die Türkei. Aber auch das Wachstum in Spanien, Südfrankreich und Griechenland ist beträchtlich.

Quellen: Medagri, Centre International Méditerranéen, Montpellier 2000; Weltbank, Weltentwicklungsbericht 1998/99.

Land	Bewässerungsflächen in 1000 ha 1971–1975	Bewässerungsflächen in 1000 ha 1996/97	Anteil am Ackerland in % 1996/97
Portugal	630	650	30,9
Spanien	2 700	3 600	25,2
Frankreich	1 600	1 600	8,7
Italien	2 400	2 700	32,5
Albanien	300	350	60,3
Griechenland	850	1 400	50,0
Südeuropa	**8 480**	**10 300**	–
Ägypten	2 900	3 300	100,0
Libyen	200	450	25,0
Tunesien	200	380	13,1
Algerien	250	550	7,3
Marokko	1 000	1 250	14,3
Nordafrika	**4 550**	**5 930**	–
Türkei	2 000	4 200	15,7
Syrien	550	1 200	25,0
Jordanien	30	80	32,0
Israel	175	200	57,7
Türkei/Levante	**2 755**	**5 680**	–
Mittelmeerraum	**15 785**	**21 900**	–

Tab. 20: Bewässerungsflächen 1971 – 1975 und 1996/97 sowie Anteil am Ackerland 1996/97.

Eine zusammenfassende Wertung der gegenwärtigen Bewässerungswirtschaft hat vier Prozesse festzuhalten.

1) Stagnation und Rückgang:
Die älteren Bewässerungsgebiete sorgten über Jahrhunderte hinweg für eine hohe landwirtschaftliche Tragfähigkeit bei steigender Bevölkerungsdichte. Heute sinkt die Bedeutung dieser älteren Bewässerungsgebiete. Verkehrsferne Lage, Abwanderung der Bauern in Städte und Industriegebiete, fehlende Bereitschaft zu Innovationen und Investitionen sind ebenso Ursache für die negative Entwicklung wie schwierige naturräumliche Grundlagen, geringe Wasserreserven, schlechte Wasserqualität, wechselnde Schüttungen und für die Modernisierung der Anbauflächen ungeeignetes Relief.

2) Verdrängung durch Flächenkonkurrenz:
In allen Küstenebenen des Mittelmeerraumes dehnen sich Verstädterung und Gewerbenutzung auf Bewässerungsland aus. Mit dem damit verbundenen Anstieg des Bodenpreises kann nur durch Intensivierung und Spezialisierung bei gleichzeitiger Verringerung des Arbeitsaufwandes Schritt gehalten werden. Die Ausbreitung von Foliendächern zur Wachstumsförderung ist ein sichtbares Kennzeichen dieses Vorgangs. Das weitere Vordringen anderer Nutzungen auf Bewässerungsflächen wird dadurch jedoch nicht aufgehalten.

3) Leistungssteigerung
  durch exogene Impulse:
Sie wird durch Einführung von industrie- und exportmarktorientierten Anbauprodukten erreicht, die in vielen modernisierten, großflächigen Meliorations- und Bewässerungsgebieten des Mittelmeerraumes zu beobachten ist. Erfolgreich waren in dieser Sicht fast ausschließlich privat bewirtschaftete Großbetriebe (Agrobusiness). Der Betriebsgewinn hängt von hohen Hektarerträgen, frühen Ernteterminen und geringen Kosten für die Produktionsmittel Wasser und Arbeit ab. Der Markt verlangt hochwertige Produkte gleicher Qualität in großer Menge. Die Voraussetzungen für beide Ziele waren bislang nur durch hohe *Subventionen* zu erreichen. Die gesicherte Beliefe-

rung mit ausreichenden Wassermengen, abhängig von Überjahresstaudämmen, Rückhaltebecken, Tiefbrunnen, Erschließung fossiler Wasservorräte, Fernwasserleitungen, technisch modernen Verteilersystemen und geringem Wasserpreis basiert auf der Investition öffentlicher Mittel. Anders ausgedrückt: Die Anbaubetriebe haben nur einen Teil der tatsächlichen Entstehungskosten aufzubringen, die anderen Teile trägt die Volkswirtschaft.

Diese Lastenteilung ist zu akzeptieren, wenn der Bewässerungsanbau *komparative Vorteile* nutzt, also z. B. direkt oder indirekt über Export und Devisenrückfluss zur Ernährungssicherung beiträgt. Es treten jedoch auch negative Folgen ein, wie Überproduktion bei Preisgarantien trotz Konkurrenz ähnlicher Anbaugebiete, spekulative Kapitalanlagen städtischer Investoren in modernen Bewässerungsgebieten, unumkehrbare Ausbeutung von Grundwasserkörpern und ökologische Schadfolgen, deren Kosten wiederum der Staat insgesamt zu tragen hat.

Die moderne Organisation der Bewässerung bewirkte zwar eine betriebliche Effizienz- und Ertragssteigerung pro Flächeneinheit; aber aus volkswirtschaftlicher und geoökologischer Sicht sind manche der neuen großen Bewässerungsgebiete jedoch fragwürdig.

4) Leistungssteigerung
  durch endogenen Wandel:
Folgende Voraussetzungen sind zu nennen: Die agrarsoziale Struktur ändert sich nicht grundlegend, d. h., die junge Generation bleibt dem Hof durch Arbeits-, aber insbesondere durch Innovationskraft verbunden. Neue Anbauprodukte finden regionale Absatzmärkte, in denen durch industrielles, gewerbliches Wachstum Nachfrage und Kaufkraft gestiegen sind, in denen gleichzeitig aber auch Nebenerwerbsarbeitsplätze für die Bewässerungsbauern entstehen. Subventionierte moderne Bewässerungstechnik ist dabei auch in kleinen Betrieben sinnvoll, weil Abwanderung verhindert und u. U. sogar die agrarische Existenz in Berglandgebieten durch den Einsatz mobiler Beregner erhalten und verbessert werden kann (Wagner 1992; Struck 1990; Geiger 1993).

Dauerkulturen – Modernisierung der Landwirtschaft

Für Mitteleuropäer sind subtropische Frucht-bäume und Sträucher, Agrumenpflanzungen und Olivenhaine ein Symbol mediterraner Landschaften. Maler und Dichter beschrieben sie in leuchtenden Farben, obwohl Ackerbau und Bewässerung ebenso zu den prägenden Merkmalen mittelmeerischer Agrarräume gehören. Die Dauerkulturen fanden gleichnishaft auch Eingang in die Schriften der drei großen Religionen. Ölbaum und Weinrebe symbolisieren bis in die Gegenwart zahlreiche gesellschaftliche Normen und Werte wie Sieg, Frieden und Wohlstand. Öl und Wein prägten Haushalt und Kultus in der antiken Welt (Kloft 1992, S. 104, 164). Selbst die weniger verbreiteten Feigen-, Maulbeer-, Granatapfelbäume und die deutlich jüngeren, verschiedenen Zitrusarten standen ihnen in mythischer Interpretation kaum nach. Wahrscheinlich erlangten die Baumkulturen eine so hohe Einschätzung, da sie, wie der Ölbaum, bis in die südlichsten Areale des Mittelmeerraumes der Trockenheit widerstanden, trotzdem guten Ertrag brachten und auf diese Weise die Ökumene, den Lebensraum erweiterten. Als die Juden Palästina erreichten, fanden sie neben Weinreben bereits ausgedehnte Olivenkulturen vor und sahen in ihnen einen Teil des Gelobten Landes (Volkmar 1996). Ölbäume und Reben überstanden den vielfachen Kulturlandschaftswandel im Mittelmeerraum seit der klassischen griechischen Zeit bis zur Gegenwart als gleich bleibend dominante Leitkulturen.

Versucht man aus geographischer Sicht wichtige Merkmale der Dauerkulturen zu erfassen, so stehen folgende Eigenschaften im Vordergrund: Sie reduzieren ökologische Risiken, steigern die Agrarproduktion und prägen den sozialen Wandel.

Dauerkulturen mindern *natürliche* Risiken an durch Klima, Relief und Boden bedingten Grenzstandorten und verfügen so über eine große *ökologische Streubreite*. Die tiefen Wurzeln überwinden auch extreme sommerliche Trockenheit. Langjährige Baum- und Strauchkulturen gedeihen auch noch dort, wo die Bodenfeuchte für annuellen Ackerbau zu gering ist und die jährlichen Niederschlagsschwankungen zu groß sind. In den höheren Höhenstufen der Bergländer und Gebirge sichern Dauerkulturen vielfach gleichmäßigere Erträge als die einjährigen Pflanzen. Außerdem garantieren sie höheren Bodenschutz und verringern die Erosionsgefahr.

Dauerkulturen gleichen *wirtschaftliche* Risiken bei Ernte- und Marktpreisschwankungen aus. Auch ohne Bewässerung wirft der Poly- und Stockwerkanbau höhere Gewinne pro Flächeneinheit ab als unbewässerte Feldpflanzen. Er ermöglicht eine schnellere Steigerung der Bodenproduktivität in Gebieten mit zunehmender Bevölkerungsdichte. Gerade dort stand in der Vergangenheit auch genügend Arbeitskraft zur Verfügung, um die aufwendige Kultivierung der Mischbestände zu bewerkstelligen. Die Einführung von Dauerkulturen überwand historisch die einfache Selbstversorgungswirtschaft insoweit, als ihre Früchte konservierbar waren und zu überregionalen Märkten transportiert werden konnten. Dadurch wurden klimatische Grenzstandorte in wirtschaftsräumliche Austauschbeziehungen eingebunden. Die jüngeren Reinkulturen von Fruchtbäumen boten nicht nur betriebliche, sondern, auf größere Gebiete bezogen, auch volkswirtschaftliche Vorteile. Dauerkulturen leisten in ihrer modernisierten Form in allen Ländern des Mittelmeerraumes einen steigenden Beitrag zum Bruttoinlandsprodukt.

Dauerkulturen sichern die *soziale* Struktur über ihre wirtschaftliche Risikominderung besser als die traditionellen Getreidemonokulturen mit nur saisonaler Beschäftigung. Die Vielfalt der Mischkulturen bietet fast ganzjährig Arbeit und Existenz für eine Großfamilie (Bild 60). Diese stabilisierende gesellschaftliche Kraft prägt auch ganze Regionen. So entwickelte sich eine intensive Form der Mischkultur in großen Teilen Mittelitaliens, besonders in der Toskana mit der Betriebsform der *Mezzadria* (Halbpacht; Signatur 4 in Abb. 78). Sie basierte auf enger Kooperation zwischen städtischer und bäuerlicher Bevölkerung. Stadtbürger waren seit dem Mittelalter zunehmend zu Eigentümern landwirtschaftlicher Flächen des Umlandes geworden, die sie an Bauern gegen die Hälfte der Ernte von

Bild 60: Traditionelle mediterrane Mischkultur, Toskana: *Stockwerkartiger Anbau von Oliven, Wein, Unterkulturen und Getreidebrachwirtschaft bildeten eine Basis der mediterranen Landwirtschaft seit der Antike. Aufnahme 1989.*

Reben und Ölbäumen verpachteten. Um ihre Anteile zu steigern, versuchten die Pächter durch Misch- und Stockwerkanbau mit möglichst vielen Fruchtarten die Erträge anzuheben. Bei schlechten Ernten trugen Verpächter und Pächter das Risiko gemeinsam. Aber insgesamt stieg die agrarische Tragfähigkeit von Umbrien, Toskana und Emilia entscheidend: Die in der Frühneuzeit schnell zunehmende Stadtbevölkerung konnte ernährt werden (Sabelberg 1975). Eine ähnliche Wirkung hatten die Maulbeerkulturen in der Poebene Italiens: Mit ihren Blättern fütterte man Seidenraupen, deren Gespinst in den norditalienischen Städten die Seidenweberei förderte und damit Arbeit und jahrhundertelang auch soziales Ansehen ermöglichte.

Baumkulturen spiegeln auch den *sozialen Wandel* wider. Als während der 60er-Jahre im Bewässerungs- und Gemüseland Süditaliens plötzlich Haselnussmonokulturen angepflanzt wurden, resultierte das aus der Tatsache, dass sich die Bauern entschlossen hatten, die Landwirtschaft zu verlassen, um in Gewerbe und Industrie mehr Geld zu verdienen, gleichzeitig aber die agraren Nutzflächen beizubehalten. Die

neuen Dauerkulturen reduzierten den Arbeitsaufwand und ermöglichten dadurch längere Aufenthalte der Gastarbeiter in Mitteleuropa. Die Zeit des Jahresurlaubs genügte, um die Ernte einzubringen. Die gute Lagerungsfähigkeit der Haselnüsse vereinfachte außerdem die Vermarktung gegenüber den schnell verderblichen Bewässerungsfrüchten erheblich. Wegen ihrer hohen Markterlose erbrachten die Haselnüsse ebenso hohe Gewinne wie der frühere Gemüseanbau. Eine ähnliche, jedoch noch längerfristig konzipierte Kombination wirtschaftlicher und sozialer Gesichtspunkte bahnt sich in östlichen Teilen der Türkei an, wo die Agrarnutzung großflächig durch Pistazienpflanzungen ersetzt wird, die erst nach 20 Jahren Gewinn bringend Früchte tragen. Wenn die bisherigen Bauern in andere Berufe und in Städte abwandern, dennoch aber der Landwirtschaft verbunden bleiben, so garantieren sie mit den neu heranwachsenden Dauerkulturen ihren Kindern eine doppelte wirtschaftliche Existenzbasis.

In Anlehnung an diese Merkmale lassen sich – etwas generalisiert – im Mittelmeerraum *drei Nutzungsweisen* bei Dauerkulturen beobachten:

1) Die *Mischpflanzung* in mehreren Schichten übereinander (coltura promiscua, coltura mista) ist sehr arbeitsintensiv. Fruchtbäume bildeten das oberste Stockwerk. Zwischen ihren Stämmen rankten Reben, und beide zusammen überwölbten mehrere Straucharten sowie jahreszeitlich wechselnde Bodenfrüchte. Mit dem Laub konnte das Vieh wenigstens ergänzend gefüttert werden. Selbst kleine Anbauflächen boten auf diese Weise Gewähr für ausreichende Fazetten mit vielen unterschiedlichen Früchten. So konnte trotz hohen Pflegeaufwandes eine gute saisonale Verteilung der verfügbaren bäuerlichen Familienarbeitskraft organisiert werden. Historische Beschreibungen dieser vielfältigen Bodennutzung in kleinen Betrieben existieren aus der griechisch-römischen Antike (Kloft 1992, S. 164) ebenso wie aus Hochmittelalter und Frühneuzeit (Braudel 1998).

2) Die *Kombination von Fruchtbaumkulturen* (oft Oliven) mit extensivem *Getreideanbau* (seminativo arborato) war im Mittelmeerraum sehr verbreitet. Dabei leistet das fallende Laub als natürliche Düngergabe eine wenn auch spärliche Beihilfe zur Bodenverbesserung. Beide Kulturen ergänzen sich arbeitsmäßig in einer betrieblichen Einheit ideal und liefern eine ausreichende Breite an Nahrungsgütern zur Eigenversorgung. Jüngere landwirtschaftliche Entwicklungsprojekte in Nordafrika propagierten diese Einbindung der traditionellen Baumkultur in den Feldbau, um die agrare Tragfähigkeit zu erhöhen, z. B. im zentralen Rifatlas Marokkos (Graul 1982).

3) Zur jüngeren Entwicklung zählen die sich ausweitenden *spezialisierten Dauerkulturen* (coltura spezializzata, culture arbustive). Ihre aktuelle Expansion in allen Teilen des Mittelmeerraumes zielt auf höhere Rentabilität. Die Verknappung der landwirtschaftlichen Arbeitskraft, die Steigerung des Bodenwertes und die Notwendigkeit des Maschineneinsatzes zwangen zum Übergang von Mischformen zu Reinkulturen. Modernisierte, spezialisierte und maschinenfähige Ölbaum-, Reb-, Agrumen-, Haselnuss- und Mandelkulturen erlauben eine ökonomisch günstigere Zuordnung der Produktionsfaktoren Arbeit, Boden, Kapital, um eine Minimalkostenkombination zu erreichen. Großflächige spezialisierte Ölbaumkulturen wuchsen bereits flächenhaft in historischer Zeit in Apulien, entstanden während der Kolonialzeit im Umland von Sfax in Tunesien sowie ausgedehnt auf der Meseta in Spanien (Bild 61). In jüngerer Zeit traten Guave und Mango in Israel, Kiwi in Italien hinzu.

Bild 61: Ölbaum-Spezialkulturen bei Jaén, Südostspanien: *Großpflanzungen dienen der industriellen Speiseölgewinnung. Aufnahme 1990.*

Die seit Jahrtausenden im östlichen Mittelmeerraum beheimatete Pistazie erlebt heute eine Renaissance als Marktfrucht. Die Mechanisierung ersetzte einen großen Teil der zu teuer gewordenen manuellen Arbeit. Anstieg von Ertrag und Rendite kann durch weitere Verbesserungen erhöht werden, so durch Züchtung von Dauerkulturpflanzen für besonders trockene Standorte, Anbau von konsumorientierten Varietäten, verbesserte Pflege- und Schutzmaßnahmen, Verringerung der Nachernteverluste, qualitätserhaltende Lagerung und Konservierung, Verkauf nur in Zeiten besonders hoher Marktpreise. Damit wurde aus der traditionellen Mischkultur über eine Reihe von Entwicklungszyklen ein wichtiger moderner Zweig der Landwirtschaft (Pratt and Funnell 1997).

Der *Ölbaum* ist seit dem 3. Jahrtausend v. Chr. im südlichen Vorderasien als Kulturpflanze bekannt. Olivenöl war bereits hier Nahrungs-, Beleuchtungs-, Tausch-, Zahlungsmittel und Kulturgut. Im 2. Jahrtausend v. Chr. erfolgte seine Ausbreitung nach Kleinasien und Griechenland. Um 1000 v. Chr. war er neben Weinstock, Feige, Pistazie und Mandelbaum in Palästina weit verbreitet (Volkmar 1996, S. 94). Mit der hellenischen Kolonisation im 7./6. Jh. v. Chr. kam er nach Italien, in die Provence und zur Iberischen Halbinsel. Während der römischen Kaiserzeit kultivierte man große Ölbaumhaine bis zu den südlichen Atlasketten des Maghreb. In die kargen Kalkflächen mussten zuvor heute noch im Luftbild erkennbare Pflanzlöcher für Ölbäume geschlagen und Boden eingefüllt werden. Im 16. Jh. gelangte die Olivenkultur weiter nach Mexiko, Peru und Südafrika. Das Wirtschaftsziel der Olivenkultur war seit dem frühen Altertum bis zur Gegenwart angesichts der extensiven Tierhaltung stets die Fettlieferung (Fruchtfleisch und Kern). Die in historischen Ausgrabungen überall präsenten Ölmühlen belegen diese Funktion. Seit Jahrzehnten hat die mediterrane Olive auch den wachsenden Konsumwunsch nach hochwertigen pflanzlichen Speiseölen in ganz Europa zu befriedigen. Die Produktionssteigerung von Olivenöl folgt diesem Marktbegehren trotz seines hohen Preises und der Konkurrenz anderer Pflanzenöle in allen Ländern des Mittelmeerraumes teils durch Flächenzunahmen, mehr noch mit Steigerung der Erträge (Tab. 21). So stieg die Olivenölproduktion während der letzten 30 Jahre in Spanien und Italien um 50 %, in Griechenland, Marokko und Tunesien um 100 %. Auch die Erzeugung von Speiseoliven nahm fast überall zu.

Den Charakter der mediterranen Agrarlandschaft bestimmt der Ölbaum in vielen Küstenzonen und auch in Binnenregionen, wo man in ihm erneut ein Produktionsziel mit überregionalem Absatz sieht. Seine Verbreitung bestimmt das vollmediterrane Klima. Eine Kältegrenze setzt der Norden, da der Olivenbaum längerfristig eine Minimumtemperatur von $-7°$ C nicht verträgt. Deshalb stößt er auch in der mediterranen Fußstufe der Vegetation auf eine Höhengrenze, die im Norden des Mittelmeerraumes bei 600 m, im Süden bei 800 m NN liegt. Gegen den Trockengrenzsaum öffnet sich ein breiteres Übergangsgebiet. Je nach ökonomischem Standortwert wird der Ölbaum hier auch bewässert (Israel, Tunesien).

Die zweite flächenmäßig wichtigste Dauerkultur des Mittelmeerraumes, der *Wein*, tritt sowohl als Teil der Coltura mista auf, als auch in wachsendem Umfang in spezia-

Land	Olivenölproduktion in 1000 t			
	1961–1965	1971–1975	1981–1985	1991–1995
Spanien	397	446	506	566
Italien	422	552	609	621
Griechenland	181	245	320	360
Türkei	102	116	93	88
Tunesien	74	146	104	161
Marokko	21	38	33	48

Tab. 21: Olivenölproduktion 1961–1995.

Quelle: Medagri, Centre International Mediterrannéen, Montpellier 1998. S. 15 ff.

Bild 62: Traditioneller Weinbau auf Ischia, Süditalien: Viele kleinbetriebliche Terrassenkulturen in schwierigen Lagen fielen wegen geringer Rendite und Abwanderung der Winzer in andere Berufe wüst.

Bild 63: Massenweinanbau in der Mancha, Südspanien: Großflächige Rebkulturen auf früheren Getreideflächen steigern die Wirtschaftskraft peripherer Gebiete im Mittelmeerraum.

lisierten Betrieben (Signatur 2 in Abb. 78). Bergländer und Steilhänge mit Terrassierung sind Standorte des kleinbetrieblichen Rebbaus (Bild 62). Viele dieser schwierigen Lagen fielen wegen geringer Rendite und Abwanderung der Winzer in andere Berufe wüst. Großflächiger Anbau nahm dagegen zu. Kapitalstarke Unternehmen und Genossenschaften wandelten seit dem Beitritt der einzelnen Mittelmeerländer zur EU auch ausgedehnte Areale früher anderer Agrarnutzung in hoch mechanisierte Wein-

bauflächen um (Bild 63). Dennoch hatte die Qualitätsweinerzeugung bislang, von Ausnahmen abgesehen, nur begrenzten Erfolg. Im Vordergrund steht neben dem Eigenverbrauch die Erzeugung von Massen-, Dessert- und Süßweinen für den Export, wie z. B. in Spanien. Nur herausragende Traditionsmarken (Port, Jerez, Chianti) tragen die Namen der Herkunftsgebiete in die ausgedehnten Absatzregionen. Die Gesamterzeugung von Wein sank in allen Teilen des Mittelmeerraumes seit 1970 (Medagri

des und der Böden bilden eine zweite negative Konsequenz der extensiven Weidewirtschaft im gesamten Mittelmeerraum. Diese Schäden mit Folgen für die Degradierung des Wasserhaushaltes sind im Rückblick als unumkehrbar zu bewerten. Erst seit den Maßnahmen der inneren Kolonisation widmete man viele ehemalige Weideflächen dem Getreidebau, dem teilweise bewässerten Feldbau, nachdem zuvor schon die Wanderung der Herden durch LKW-Transporte ersetzt worden war.

In *Italien* wanderten die Herden über Triftenwege (trattaturi) zwischen Abruzzen und toskanischen Niederungen. Im Spätmittelalter und erneut im 16. Jh. expandierte die Weidewirtschaft beträchtlich wegen merkantilistischer, frühindustrieller Interessen Norditaliens an der Wollproduktion. 1447 gründete auch im Mezzogiorno der aragonische König Alfons V., der gleichzeitig Süditalien beherrschte, die *Dogana*, einen der spanischen Mesta vergleichbaren Zusammenschluss adeliger Herdenbesitzer. Im Königreich Neapel entwickelte sich die Wanderschäferei in der Frühneuzeit mit Millionen von Schafen zwischen dem Apennin und den Winterweiden in Apulien unter staatlicher Aufsicht und zur Förderung von wirtschafts- und fiskalpolitischen Interessen (Sprengel 1971).

Die Herdenwanderungen auf dem *Balkan* bilden sozial und siedlungsgeographisch eine Zwischenform von Fernweidewirtschaft und Halbnomadismus. Auch in der *Türkei* gab es sommerliche Gebirgsweiden und ergänzende Winterweiden in den ausgedehnten Beckenlandschaften und Küstenniederungen. Die Formen der Tierhaltung stammen von den im 11. bis 14. Jh. aus dem Osten kommenden vollnomadischen Turkmenen, die das anatolische Hochland schrittweise erschlossen haben. Langsam entwickelte sich daraus eine halbnomadische Lebensform. Die große politische Unsicherheit während des Osmanischen Reiches hat zudem seit dem Mittelalter mobile Typen der Landnutzung gegenüber dem stationären Feldbau immer wieder begünstigt. Das Ausweichen mit Herden in unzugängliche Rückzugsgebiete erwies sich als gute Schutzstrategie. Die im vorigen Jahrhundert begonnene staatliche Ansiedlungspolitik beendete viele Formen der mobilen

Viehhaltung, insbesondere als die ehemaligen Winterweiden an den warmen Südküsten infolge deren Umwandlung in Ackerbau- und Bewässerungsgebiete verloren gingen (Hütteroth 1982, S. 205; Höhfeld 1995, S. 88; Scholz/Schweizer 1989).

Voraussetzung für alle Arten von freier Weidewirtschaft ist, dass zu allen Jahreszeiten genügend *Flächen* zur Verfügung stehen und nicht von konkurrierenden Wirtschaftszweigen beansprucht werden. Diese Situation änderte sich mit Beginn moderner Ökonomien grundlegend. Daraus folgte zunächst die Reduzierung und schließlich das Ende dieses Zweiges der Landwirtschaft im Mittelmeerraum. Insbesondere die Winterweiden in den Küstenniederungen gingen an intensive Bewässerungswirtschaft, Verstädterung, Verkehrs- und Industrieflächen, vielfach auch an den Fremdenverkehr verloren. Allerdings protestieren Hirten bis in die Gegenwart auf ihre Art immer wieder gegen diese Okkupation. In Korsika werden z. B. zahlreiche Waldbrände in der Nähe touristischer Einrichtungen Herdenbesitzern des Landesinneren zur Last gelegt. Andererseits erließen viele Staaten seit den 30er-Jahren in bestimmten Gebirgsbereichen Weideverbote, um die Vegetations- und Bodenerosionsschäden zu reduzieren. Insgesamt überlebten nur Reste der traditionellen Herdenhaltung in Bergländern und Gebirgen.

Je schärfer sich von Norden nach Süden der Gegensatz zwischen Trocken- und Regenzeit akzentuiert, desto mehr stößt man auf Relikte nomadischer Lebensformen. Der *Nomadismus* gewährte außerhalb der Oasen die ursprünglich einzige Form einer flächenhaften Erschließung von ariden Gebieten am Rande der Ökumene. Er war ursprünglich durch völliges Fehlen von Sesshaftigkeit gekennzeichnet. Seine Leistungsfähigkeit bestand in der Bereitschaft zu schneller flexibler Anpassung an die hygrischen Schwankungen und die regional und jährlich unterschiedlichen Regenmengen. Die vollmobile Tierhaltung erreichte den existenziell notwendigen Futterausgleich nur durch jahreszeitlich-regelmäßigen Wechsel von Herden und ihren Besitzern zwischen Winter- und Sommerweiden. Scholz (1995) unterscheidet für den Süden und Osten zwei räumliche Typen: *Horizontale* Wanderungen verbanden Weidegebiete und Tränkestellen über größere Distanzen, z. B. im östlichen Teil Nordafrikas (Libyen). *Vertikale* Wanderungen dominierten in den nordwestafrikanischen, maghrebinischen Gebirgen zwischen Halfagras- und Halophytensteppen der Hochflächen und den Fußstufen mit Halbwüstenvegetation im südlichen Vorland (Arnold 1995, S. 131, 156). Noch zu Beginn der Kolonialzeit drangen die Nomaden bis zur Mittelmeerküste vor. Aber seit der kontinuierlichen Umwandlung der Hochlandsteppen Algeriens in allerdings stark dürregefährdete Getreideflächen durch die eingewanderten französischen Colons gingen die wichtigen Sommerweiden verloren. In Tunesien mussten die Nomaden schon gegen Ende des vorigen Jahrhunderts einen Teil ihrer Weiden in den Niederen Steppen der Ausbreitung von Getreide und Olivenbaumpflanzungen (Sahel von Sfax) überlassen. Dadurch ging die volle Mobilität in halbnomadische Wirtschaftsweise mit festen Dörfern und Ackerbau über.

Nach Erlangung der politischen Unabhängigkeit schränkten die politischen Behörden im Maghreb den Nomadismus durch verschiedene Programme der Sesshaftmachung weiter ein. Ursache war die später revidierte Vorstellung, der Getreidebau könne trotz der Niederschlagsschwankungen die Ernährungslage verbessern. Ein weiteres wichtiges Ziel war während der Kolonialzeit die „Pacification" (Befriedung) der nomadischen Stämme und deren Einordnung in die staatliche Administration. Nach der Unabhängigkeit sollte mit dem Übergang von der halbnomadischen Wirtschaftsweise zu festen Siedlungsplätzen die Schulpflicht gesichert und die infrastrukturelle Versorgung gewährleistet werden (Zghal 1967). Diese Maßnahmen bewirkten eine tief greifende Änderung des ländlichen Raumes nicht nur hinsichtlich der agrarischen Nutzung, sondern auch der völlig neuen Siedlungsstruktur. Letztlich trat auch ein grundlegender sozialer Wandel durch Bedeutungsminderung der Stammesorganisation ein. Die Schulbildung trug dazu wesentlich bei. Aus Abb. 85 geht hervor, dass die ländlichen Schulstandorte entscheidende räumliche Ansatzpunkte dieser Innovationen waren. Der von Côte (1998) übernommene Kartenausschnitt aus dem

Quelle: Côte 1998.

Abb. 85: Sesshaftwerdung und Siedlungsentwicklung im südlichen Ostalgerien 1950 – 1970: *Hier wurden die ehemaligen Nomaden seit der Unabhängigkeit zur Sesshaftigkeit und zu Getreidebau gezwungen.*

südlichen Ostalgerien (Region Khenchela – Cheria – Tebessa) zeigt eine Entwicklung auf, deren erste Phase der jüngeren Siedlungsentwicklung und gesellschaftlichen Veränderung Ende der 60er-Jahre beschrieben worden war (Wagner 1971).

Die moderne *stationäre Viehhaltung* hat nach dem Zweiten Weltkrieg im Mittelmeerraum Fortschritte gemacht, zumal Milch- und Fleischproduktion wegen Änderung des Konsumverhaltens ansteigen mussten. Aber dennoch blieben gravierende Unterschiede zwischen dem Norden und Süden erhalten. An der Fleischproduktion pro Kopf kommt dies zum Ausdruck (Tab. 22). Insgesamt

Land	Durchschnittliche Fleischproduktion in kg pro Kopf und Jahr	
	1961–1965	1991–1995
Spanien	40	51
Italien	27	44
Griechenland	11	16
Türkei	10	9
Marokko	8	8
Algerien	4[1]	9
Tunesien	8	9
Ägypten	4	3

[1] Der Wert für Algerien 1961/65 liegt zu tief, da der Befreiungskrieg erst 1962 zu Ende ging.

Tab. 22: Fleischproduktion, Schaf-, Rind- und Schweinefleisch 1961–1965 und 1991–1995.

Quelle: Berechnung nach Daten von Medagri, Centre international Méditerranéen, Monpellier 1998.

reicht außer in Spanien in keinem der Mittelmeerländer die Milch- und Fleischproduktion aus, um den Bedarf zu decken.

Diese Daten können in gewissem Umfang auch die Gesamtbedeutung der Tierhaltung im Mittelmeerraum darstellen. Den europäischen Ländern kommt die Schweinefleischerzeugung zu Hilfe, die in den muslimischen Staaten fehlt. Nicht enthalten ist die Kleintierzucht (z. B. Geflügel), die einen guten Teil der privaten Fleischversorgung ausmacht. In Spanien gelangten einzelne Sparten der Rinderzucht zur Intensivierung, in Norditalien, aber auch in anderen Teilen der Apenninenhalbinsel gab der zunehmend in die Getreidefruchtfolgen eingefügte Feldfutterbau Impulse für die Stallviehhaltung von Rindern. In den nord-afrikanischen Ländern versuchte man immer wieder die intensive Großtierhaltung durch Versuchsprojekte im Zuge der Entwicklungshilfe zu fördern. Außerdem eröffneten geoökologisch-weidewirtschaftliche Untersuchungen neue Möglichkeiten, die traditionelle Rinderhaltung zu verbessern (Meurer 1993). Mit Ausnahme von Israel und Spanien können Fleischproduktion und Milcherzeugung in den südlichen Ländern die Selbstversorgung nicht gewährleisten. Nur ständige Importe befriedigen die Nachfrage. Der Konsum für Fleisch liegt im Norden bei ca. 100 kg/Kopf/Jahr, im Süden bei 20 kg/ Kopf/Jahr. Diese beiden Werte zeigen die sehr unterschiedliche Bedeutung der Tierhaltung innerhalb des Mittelmeerraumes.

Landwirtschaft – Chancen und Risiken

Die Landwirtschaft des Mittelmeerraumes stellt in Gestalt seiner vier wichtigsten Bodennutzungssysteme das Ergebnis einer teilräumlich 3000 Jahre während An-passung an natur- und sozialgeographische Rahmenbedingungen dar. Unter konkurrierenden Markteinflüssen, politischen Determinanten und im Rahmen des agrarsozialen Wandels befindet sie sich heute jedoch in einem schnellen Veränderungsprozess. Die Landwirtschaft ist einerseits gegenwärtig nicht in der Lage, die besonders im Süden und Osten stark wachsende Bevölkerung mit *Grundnahrungsmitteln* zu versorgen. Hinsichtlich ihrer *exportfähigen* Agrarprodukte leidet sie andererseits unter höherer Leistungsfähigkeit weltweit zunehmender Konkurrenzräume. Von diesen Zwängen zur Intensivierung getrieben, überschreiten viele Zweige der mediterranen Landwirtschaft das Limit ihres ökonomischen und ökologischen Grenznutzens.

Gegenwart und Zukunft der Landwirtschaft belastet die traditionsbestimmte Eigentums- und Betriebsstruktur. Obwohl die Zahl der zu kleinen Höfe seit ca. 1950 zurückgegangen ist, leidet die Mehrheit der Betriebe außerhalb der Bewässerungsgebiete unter Flächenmangel. Dieser erweist sich in der zunehmenden Konkurrenzsituation des europäischen Binnenmarktes und der neuen Welthandelsordnung (WTO) als *Entwicklungshemmnis*. Unvermeidbar wirkt das naturgeographisch bedingte, von Norden nach Süden zunehmende Trockenheitsrisiko als ökologisch-ökonomische Grenzertragslinie. Gleichzeitig gefährdet aber die modernisierte Landwirtschaft selbst ihre physischen Grundlagen stärker als früher durch Chemisierung, Bodendegradierung, Vegetationszerstörung und Übernutzung des Grundwassers.

Die *ländlich-agrarischen* Räume des Mittelmeerraumes werden nur mit geringen regionalen Unterschieden von starkem sozialen Wandel und schneller wirtschaftlicher Neubewertung geprägt. Der relative Anteil der Beschäftigten im Agrarsektor sank seit 1960 stark. Die zurückkehrenden, ehemals aus ländlichen Gebieten stammenden Gastarbeiter wenden sich oft Städten zu. Einzelne ländliche Gebiete und Städte bilden das Ziel größtenteils inoffizieller Zuwanderung aus Ländern südlich des Mittelmeeres. Sie füllt in einigen südeuropäischen Regionen das Defizit an einheimischen Arbeitskräften in der Landwirtschaft und im kleinen Gewerbe bei niedrigstem Lohnniveau. Die Abwanderung aus den Agrargebieten richtete sich zunächst auf die größeren Zentren, seit Mitte der 80er-Jahre auch auf die Provinzhauptorte. Auch in ländliche Räume drang die meist unkontrollierte Verstädterung und Urbanisierung vor, im Norden und Osten des Mittelmeerraumes stärker, in Nordafrika schwächer. Parallel dazu verlief etwa in den 50er-Jahren eine Verbesserung der technischen Infrastruktur (Versorgung mit Wasser, Elektrizität, Verkehrswegen, Kommunikationsmitteln). Teilweise bieten die ländlichen Räume neue industrielle Standortvorteile. Besonders in den nördlichen Teilen entwickelten sich neue „Industrie-Distrikte" und innovative Milieus in früher ländlich geprägten Gebieten.

Die *Getreidebausysteme* decken den Grundnahrungsmittelbedarf nicht vollständig. Zwar stiegen die Hektarerträge seit dem Zweiten Weltkrieg in vielen Teilen des Mittelmeerraumes auf etwa das Dreifache, ein weiteres Wachstum dürfte jedoch betrieblich und volkswirtschaftlich teurer sein als der dadurch erzielte Zugewinn. Dennoch setzten sich gegenüber der traditionellen Getreide-Brachwirtschaft ertragreichere Fruchtfolgen durch. Die traditionelle *Bewässerungswirtschaft* konnte in allen Teilen des Mittelmeerraumes durch marktorientierte und technische Innovationen eine bedeutende Leistungssteigerung erreichen. Moderne Irrigation kommt heute auch in Gebieten des bisherigen Trockenfeldanbaus zur Anwendung. Diese Expansion verstärkte allerdings den Wassermangel. Zunehmende Produktionskosten und starke Nutzungskonkurrenz von Seiten außeragrarischer Wirtschaftszweige (expandierende Verstädterung, Verkehrsflächen, Gewerbe- und Industrieareale, Tourismus etc. mit steigenden Flächenansprüchen und Bodenpreisen) stellen jedoch den bisherigen ökonomischen Wert der Bewässerungswirtschaft in Frage. Ohne Subventionen der öffentlichen Hand für Straßen, technische Infrastruktur, Staudämme, Pumpstationen und Fernwasserleitungen könnte sie weitgehend nicht mehr existieren. Aber diese staatlichen Aufwendungen bleiben betrieblich ebenso unberücksichtigt wie die „Folgekosten", die die moderne Bewässerungstechnik in Gestalt eines degradierten Landschaftshaushaltes und überdimensionierter Chemisierung der Böden hinterlässt. Die gute Erreichbarkeit der mitteleuropäischen Gemüsekonsumenten mit ihrer auch im Winter hohen Kauf-

kraft und die guten transalpinen Verkehrswege bilden auf absehbare Zeit wichtige externe Impulse für eine weitere Ausdehnung der künstlichen Bewässerung sowie den Anbau unter Plastikfolien und Glasflächen.

Die typisch mediterranen *Reb- und Fruchtbaumkulturen* (Poly- und Stockwerkanlagen, coltura mista) wurden zwar in großem Umfang durch spezialisierte ertragsintensive Kulturen mit absatzorientierter Massenproduktion ersetzt (Wein, Obst, Zitrus, Haselnüsse). Angesichts sinkender Transportbarrieren konkurrieren jedoch weltweit und mit wachsendem Erfolg subtropische und tropische Anbaugebiete anderer Klimagebiete der Erde.

Die traditionelle *Tierhaltung* hat historisch zur Degradierung des Regelkreises Vegetation – Boden – Wasserhaushalt in allen Landschaftstypen und Höhenstufen wesentlich beigetragen, konnte jedoch bislang nur begrenzt durch moderne marktorientierte Systeme ersetzt werden. Fleisch- und Milchproduktion erreichen den Selbstversorgungsgrad nicht und müssen deshalb durch Importe ergänzt werden.

Außenhandel und Agrarpolitik verändern die Landwirtschaft zusätzlich. Die Versorgung mit Grundnahrungsmitteln kann zwar durch Import vervollständigt werden, ausfuhrschwache Länder müssen jedoch ihre geringen Deviseneinnahmen speziell hierfür verwenden und sind daher nicht in der Lage, sie besser innovativ zu nutzen. Weitere Möglichkeiten bietet der Ausbau von mediterranen Spezialkulturen, aus deren Einnahmen Basisnahrungsgüter (z. B. Getreide) preiswerter erworben werden, als man sie auf eigenen Flächen erzeugen kann (Ausnutzung „komparativer Kostenvorteile"). Die Marktordnungen Brüssels benachteiligen gegenwärtig noch zahlreiche Länder, die nicht EU-Mitglieder sind. Deshalb mehrt sich der Wunsch südlicher Staaten des Mittelmeerraumes, über bilaterale Verträge bessere Handelskonditionen mit den EU-Ländern zu erhalten.

Speziell im *Norden* hat sich die Landwirtschaft seit 1965 in vierfacher Weise verändert:

1) Die Zahl der *Beschäftigten* sank bis 1996 von 13 Mio. auf 6 Mio. (Portugal, Spanien, südliches Frankreich, Italien, Slo-

wenien, Kroatien, Bosnien, Albanien, Griechenland), ihr Anteil an der Gesamtzahl der Erwerbspersonen verringerte sich im Durchschnitt von 30 % auf 10 %.

2) Der *agrarsoziale Wandel* vollzog sich, eingebettet in die gesamtgesellschaftlichen Veränderungen, mit fast atemberaubender Geschwindigkeit. Zeitweilig und in bestimmten Regionen kann der Mangel an Arbeitskräften in der Landwirtschaft nur durch *Zuwanderer aus Nordafrika* ausgeglichen werden. Höherer Kapitalaufwand (Maschinen, Bewässerungstechnik, Chemisierung) ersetzte einen großen Teil der menschlichen Arbeitskraft. Die Nebenerwerbsbetriebe nahmen zunächst zu, werden sich jedoch im Zuge des sozialen Wandels wieder vermindern.

3) Die Vielfalt des traditionellen Anbaus wurde verringert und durch *spezialisierte Kulturen* abgelöst. Sie verlangen überregionale Vermarktung, deren Bedeutung gegenüber dem früher dominanten lokalen Absatz erheblich größer wurde. Die Erträge beim Grundnahrungsmittel Getreide stiegen zwar an, der Selbstversorgungsgrad erreicht jedoch nur 80 % (1995).

4) Starke Rückwirkungen auf die mediterrane Landwirtschaft resultieren nicht nur aus dem Wandel des Nachfragesektors der mitteleuropäischen Märkte, sondern sind ebenso eine Folge veränderter Konsumgewohnheiten der sich wandelnden Gesellschaften in den nördlichen Mittelmeerländern selbst.

Im Süden und Osten sank zwar die Zahl der in der Landwirtschaft Beschäftigten ebenfalls relativ von ca. 60 % auf im Durchschnitt 35 % (Marokko, Algerien, Tunesien, Libyen, Ägypten, Israel, Jordanien, Libanon, Syrien, Türkei). Diese rechnerische Bilanz ergibt sich aber auch aus dem starken Wachstum der nur wenig produktiven Teile des tertiären Sektors. Infolge der schnellen Bevölkerungszunahme ist jedoch ein Anstieg der absoluten Zahl der in der Landwirtschaft Tätigen von ca. 20 Mio. auf 30 Mio. erfolgt. Die landwirtschaftlich genutzte Fläche und die agrarische Produktivität nahmen nur geringfügig zu. Insofern blieb die Armut am unteren Rand des Existenzminimums in vielen Teilen des ländlichen Raumes weitgehend erhalten.

Gravierende Probleme ergaben sich ferner aus dem Wandel der Bodennutzung selbst. Die kolonialzeitlichen Exportkulturen (Wein, Oliven, Agrumen, Baumwolle) stießen auf zunehmende mediterrane und weltweite Konkurrenz. Insbesondere verlangte der stark gewachsene, demographisch bedingte Bedarf an Grundnahrungsmitteln die Förderung der Eigenversorgung, für die alle geeigneten Flächen herangezogen werden mussten. Da sie außer in der Türkei bislang bei weitem nicht erreicht werden konnte, belastet in den südlichen und östlichen Ländern der Agrarsektor die volkswirtschaftliche Bilanz noch erheblich.

TOURISMUS: WIRTSCHAFTLICHE IMPULSE UND SOZIO-KULTURELLE PROBLEME

Bild 64: Tourismus in Solobreña bei Motril, Südspanien: *Auch wenn siedlungsstrukturelle Änderungen landschaftlich noch erträglich sind, verschleiern sie die gravierenderen wirtschaftlichen und sozialen Konsequenzen.*

Überblick

■ Der Tourismus setzte im Mittelmeerraum im frühen 19. Jh. ein, als wohlhabende Sozialgruppen der Industrieregionen Europas, zuerst Engländer, später auch alle anderen Nationen, die als exotisch empfundenen Küstenlandschaften der *Côte d'Azur* und der *Riviera* als Winteraufenthalt und für gesamteuropäische *gesellschaftliche Kontakte* entdeckten.

■ Der *Massentourismus* expandierte mit zunehmendem wirtschaftlichem Wohlstand ab 1950. Die wichtigsten Reisemotive waren Erholung, hohe Sonnenscheinsicherheit und Stranderlebnis. Kultur und Bildung spielten nur bei dem bis zur Gegenwart quantitativ unbedeutenden Studienreisetourismus eine Rolle.

■ Der schnell wachsende Massentourismus mit gegenwärtig jährlich ca. 160 Mio. Urlaubsgästen brachte *ökonomische Vorteile* durch wachsende Devisenzuflüsse, Belebung der Arbeitsmärkte und durch Impulse zur Entstehung neuer Wirtschaftszweige.

■ Nachteile ergaben sich durch die Nutzungsverdichtung in den Küstenniederungen, durch *Flächenkonkurrenzen*, Verzahnung mit der Verstädterung und wegen vielfältiger Überlastung der naturräumlichen Grundlagen, besonders wegen des hohen Wasserbedarfs. Hier stößt der Massentourismus des Mittelmeerraumes auf unüberwindliche *Wachstumsgrenzen*.

■ Probleme lösten die *sozio-kulturellen Einflüsse* auf die Bevölkerung der Tourismusgebiete aus. Trotzdem kann dem Massentourismus eine Alleinschuld an Kulturkonflikten, von tragischen Einzelereignissen abgesehen, auch in den noch stärker traditionsgeprägten Gesellschaften im Süden und Osten des Mittelmeerraumes nicht zugeschrieben werden.

Geschichtliche Entwicklung und Motivwandel

Zwei Motive führten zu frühen Reisen in den Mittelmeerraum: die Annäherung an die Zeugnisse der Antike und das romantische Landschaftserlebnis. Neben der Beobachtung der natürlichen Umwelt, wie sie etwa Goethe während seiner Reisen (1786–88) eingehend schilderte, war das *urbane* Milieu interessant. Eine Vorform des modernen Fremdenverkehrs begann im ersten Drittel des 19. Jh.s, als reichere Sozialgruppen aus den aufstrebenden Industriegebieten und Stadtregionen Mittel- und Westeuropas das wintermilde Klima an der Côte d'Azur, an der ligurischen Küste, an der Riviera und etwas später an der toskanischen und der nördlichen adriatischen Küste entdeckten und hierher zu Kuraufenthalten kamen (Reynolds-Ball 1914). In diesen Modebädern wurden jedoch auch die exklusiven *gesellschaftlichen Kontakte* zwischen Europas Prominenten, für Adel, Großbürgertum, Industrielle, zu Ansehen gelangte Künstler, Literaten, Dichter und auch Politiker interessant. Keineswegs stand anfangs das Baden im Meer auf dem Wunschkatalog. Cannes und Nizza, Monte Carlo, Bordighera, San Remo (ab 1850) und Rapallo, zeitweilig Triest, Viareggio, Rimini (ab 1840), mit langer Tradition aber auch Ischia, Sorrent und Taormina (ab 1880) schmückten sich mit Promenaden, Casinos und mondänen Hotels. Viele Orte wurden erst durch den Anschluss ans Eisenbahnnetz erreichbar. Erste berühmte Versuche von Winteraufenthalten machten auch Mallorca bekannt, wenn auch die persönlichen Erfahrungen oft schlecht waren (Frédéric Chopin, George Sand).

Erst am Anfang des 19. Jh.s entstand der Begriff „Tourismus", bereits kritisch die wachsende Manie zu weiten Reisen der reicher werdenden Industrie-Bourgeoisie charakterisierend (Dawes/D'Elia 1995, S. 13). Nach dem Ersten Weltkrieg entdeckte man zunehmend auch die sommerlichen Badefreuden an sandigen Stränden. Obwohl die faschistischen Regime in Europa, insbesondere auch in Italien, organisatorisches Reisen förderten (opera nazionale dopolavoro), um die soziale Gleichstellung der gesellschaftlichen Gruppen zu propagieren, erreichte der Tourismus im Mittelmeerraum wegen schwieriger Bedingungen bei Grenzübertritten und Devisenmängel kaum größeren Umfang. Ein Neubeginn erfolgte nach dem Ende des Zweiten Weltkrieges mit der ersten Welle wirtschaftlichen Wohlstands. Bahn- und Busreisen und etwas später die individuelle Motorisierung führten seit den 1950er-Jahren viele urlaubshungrige Menschen an die oberitalienischen Seen, an die Strände der Adria und der Toskana, bald auch an die Costa Brava und nach Istrien. Die alten Seebadeorte mussten durch schnelle Hotelbauten erweitert werden. Aus dem individuellen Reisen erwuchs schrittweise der Massentourismus.

Fast gleichzeitig setzte der Bildungstourismus ein. Seine Ziele waren die Erkundung von Land und Leuten, kunsthistorische Bildung, das Erlebnis der Landschaft, aber auch Einblicke in soziale und wirtschaftliche Lebensgrundlagen. In quantitativ kleinem Umfang blieb diese Reiseform bis heute erhalten, hat sich vielfältig spezialisiert und erfüllt wohl näherungsweise das Anliegen des Kulturkontaktes. Im Vordergrund steht allerdings mehr die „Besichtigung" fremder Kulturen. Persönliche Begegnungen mit den Menschen der Zielgebiete, mit ihrem Denken, Handeln, den Vorstellungen und existenziellen Problemen der Bewohner in den besuchten Regionen kommen dabei schon aus Zeitmangel zu kurz.

Seit Beginn der 60er-Jahre expandierte der stationäre, preiswerte Fremdenverkehr an Südfrankreichs Küsten westlich der Rhônemündung bis nach Südspanien, auf die Balearen und entlang der jugoslawischen Küste. Der Badeaufenthalt trat in den Vordergrund. Charterflüge erschlossen ab 1970 die Ostküste Tunesiens um Sousse und Monastir, später, nach Eröffnung des dortigen Flughafens, auch Djerba. Gleichzeitig eroberte der Massentourismus Südspanien, Südportugal, Marokko, Griechenland und ab 1980 auch die südlichen Küsten der Türkei.

Der Massentourismus definiert sich aus der Sicht der *Reisenden* als zeitlich begrenzter Erholungsaufenthalt in einer exotisch gewünschten Welt unter wesentlicher Beibehaltung gewohnter Konsumniveaus, dennoch mit vorübergehender Änderung des persönlichen Lebensstils sowie mit davon abweichenden *sozialen Erlebnissen* als Freizeitgestaltung. Der Aufenthaltsort ist deshalb im Prinzip gleichgültig, der Urlaub findet auch mental ubiquitär statt. Die Entscheidung zwischen Dalmatien, türkischer Südküste, Tunesien, Südspanien oder Marokko fällt nach anderen Gesichtspunkten als der Eigenart der Zielgebiete, denn die aufgesuchte Freizeitwelt der Hotellerie, der Strände, der Gastronomie und sonstiger Attraktionen ist heute überall weitgehend identisch. Die seltenen über die Grenzen der Hotelghettos hinausreichenden Ausflüge variieren dieses Grundbild kaum. Eine gewisse Abweichung mag man vielleicht beim Inseltourismus in der Ägäis feststellen.

Für die *Anbieter* der Urlaubsgebiete sind die Touristenströme Kaufkrafttransfers, Wettbewerb um Marktsegmente, Devisen gegen Konkurrenten und Konkurrenzregionen, um an diesen *externen Einkommensquellen* oder an diesen speziellen Formen des Exports (von Sonne und Wärme)

möglichst umfassend teilzuhaben (Montanari/Williams 1995, S. 5).

Der Massentourismus wird durch moderne Varianten nur wenig verändert, z. B. durch Wanderreisen, den Agrotourismus (Urlaub auf dem Bauernhof), Tauch- und Jagdaufenthalte, Kutterkreuzfahrten oder Wüsten- und Trekkingtourismus. Eine neue, ökologisch besonders problematische Form stellt der Golf- und Tennistourismus dar, weil er große Flächen und viel Wasser beansprucht. Neue Akzente setzt schließlich auch das Bestreben, die Saison zeitlich zu entzerren, um die Hotelkapazitäten besser nutzen zu können. Diesem Ziel kommt der auf das Winterhalbjahr konzentrierte Langzeiturlaub von Rentnern entgegen. Alle diese speziellen Angebote bewirken jedoch im Vergleich zu den 160 Mio. Menschen, die gegenwärtig jährlich als Urlaubsgäste in den Mittelmeerraum einströmen, keine grundsätzliche Veränderung. Eine neue wirtschaftlich bedeutende Spielart entwickelt sich in Gestalt des Messe- und Kongresstourismus, der seit einigen Jahren betont in die Mittelmeerländer vordringt.

Expansion des Massentourismus

Die quantitative Bedeutung des Tourismus im Mittelmeerraum seit 1970 ergibt sich einerseits aus seinem mit ca. 35 % hohen Anteil am *weltweiten* Fremdenverkehr. Andererseits belegen die Einreisedaten in die einzelnen Staaten ein immer ungünstigeres Verhältnis zur Zahl der Einwohner in den relativ kleinen für den Tourismus geeigneten Räumen. So standen 1999 auf den Balearen den ca. 700 000 Ansässigen etwa 20 Mio. Touristen gegenüber. Zu beachten ist ferner der Nord-Süd-Gegensatz: 80 % der internationalen Touristen verbringen ihren Urlaub in den nördlichen Tourismusgebieten (Südfrankreich, Spanien, Portugal, Kroatien, Griechenland), im Süden und Osten vorerst nur 20 %. Die in den Tabellen verwendeten Daten erfassen nur die Touristen im engeren Sinn (Urlauber). Andere Publikationen nennen wesentlich höhere Einreisezahlen, weil sie alle grenzüberschreitenden Personen, z. B. die des Transportwesens, einbeziehen.

Den Nord-Süd-Gegensatz zeigen die (in unterschiedlichem Größenmaßstab) angelegten Diagramme der Abb. 86 und 87. Ursachen für den hohen Attraktivitätsgrad des nördlichen Mittelmeerraumes sind die räumliche Nähe zu den Herkunftsgebieten der Urlauber, die individuelle Erreichbarkeit (wachsender Zeitaufwand wegen der Verkehrsstaus wird in Kauf genommen), der höhere Bekanntheitsgrad und die mental größere Aufgeschlossenheit für die Kultur des südlichen Europa. Entscheidend für die touristische Bedeutung Spaniens und Italiens waren und sind die größere Küstenlänge sowie die hier schon vor 1970 vorhandenen und laufend vermehrten sowie qualitativ stets verbesserten Beherbergungsmöglichkeiten. Dennoch erfreuen sich die meisten südlichen und östlichen Länder seit 1970 deutlich höherer Zuwachsraten. Lagen sie im Norden, von vergleichsweise hohem Niveau ausgehend, bei ca. 4 – 5 % pro Jahr, so wuchsen die Über-

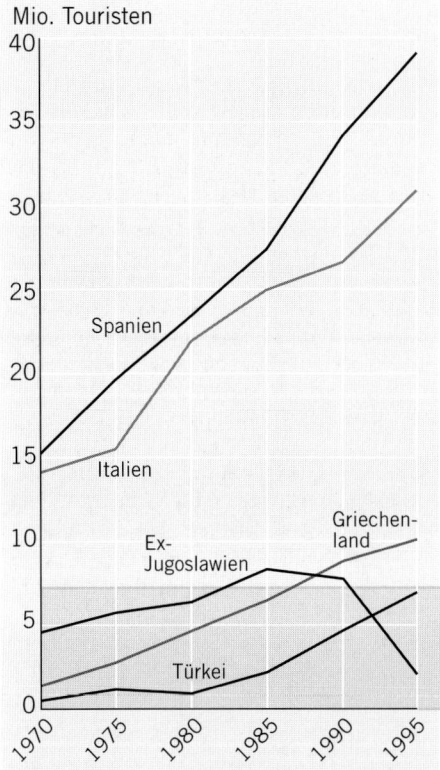

Mio. Touristen

Abb. 86 (links): Einreisen von Touristen 1970–1995: *Nicht erfasst werden Einreisen von Geschäftsreisenden, Remigranten und sonstigen Grenzübergängern. Insofern liegen die hier genannten Zahlen niedriger als in anderen Publikationen.*

Abb. 87 (unten): Einreisen von Touristen 1970–1995: *Nicht erfasst werden Einreisen von Geschäftsreisenden, Remigranten und sonstigen Grenzübergängern. Insofern liegen die hier genannten Zahlen niedriger als in anderen Publikationen. Um einen Größenvergleich zu erleichtern, wurde in dieses Diagramm nochmals die Türkei aufgenommen.*

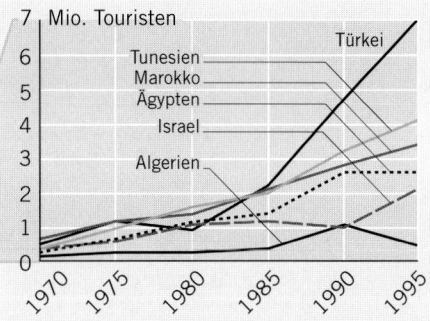

Land	Deviseneinnahmen aus dem internationalen Tourismus in Mrd. US-$						Außenhandelsbilanz: +/– in Mrd. US-$ (gerundet)
	1970	1975	1980	1985	1990	1995/97	1996
Spanien	1,6	3,4	6,9	8,1	18,6	21,0	–21,0
Italien	1,6	2,5	8,9	8,7	19,2	26,0	+48,0
Ex-Jugoslawien	0,3	0,7	1,1	1,0	2,7	–	
Griechenland	0,2	0,6	1,7	1,4	2,5	4,0	–17,0
Südeuropa					**43,0**	**51,0**	
Türkei	–	0,2	0,3	1,4	3,3	7,0	–20,0
Israel	0,1	0,2	0,9	1,1	1,3	2,7	–9,0
Ägypten	–	0,3	0,6	0,9	1,5	3,8	–10,0
Tunesien	0,1	0,3	0,6	0,5	1,0	1,2	–2,0
Algerien	–	–	–	1,0	1,5	–	+2,0
Marokko	0,3	0,4	0,4	0,6	1,2	1,4	–3,5
Nordafrika/Türkei/Levante					**9,8**	**16,1**	

[1] Die Beträge geben die unmittelbaren Einnahmen aus dem internationalen Tourismus an, ohne die von den Fremdenverkehrseinrichtungen durch vor- und nachgeordnete Erwerbszweige erzielten zusätzlichen Gehälter, Löhne und Gewinne.

Tab. 23: Devisen-Einnahmen aus dem internationalen Tourismus 1970–1995/97 und Außenhandelsbilanz 1996[1].

Quelle: Lanquar et al. 1995, ergänzt durch jüngere Angaben des Yearbook of Tourism Statistics der World Tourism Organization (WTO); Außenhandelsbilanz nach Weltentwicklungsbericht 1999/2000.

nachtungszahlen während der letzten beiden Jahrzehnte im Süden und Osten im Mittel jährlich um 10 bis 20 %. Allerdings schwanken die Steigerungskurven beträchtlich. Plötzlich eintretende politische Ereignisse unterschiedlichster Art oder auch Naturkatastrophen verursachten bisweilen innerhalb eines Jahres große Rückschläge. Die Touristen weichen in diesen Phasen oft in andere Länder des Mittelmeerraumes aus und ändern damit die Rangskala des Beliebtheitsgrades der Urlaubsziele.

Außerhalb des Mittelmeerraumes liegende Tourismusregionen profilieren sich zunehmend zu Konkurrenten. Dabei werden von den Urlaubern größere Entfernungen hingenommen, weil der Gesamtkostenaufwand oft niedriger ist und das Image teilweise höher bewertet wird (z. Zt. z. B. die Karibik). Die länger werdende Freizeit, eine bisher nicht gekannte Mobilität und der wachsende Anteil höherer Altersgruppen der Bevölkerung Mittel-, West- und Nordeuropas mit ihrer ungebrochenen Urlaubsbereitschaft werden auch in Zukunft die mediterranen Fremdenverkehrsgebiete fördern.

Zugenommen hat angesichts des schnellen sozialen Wandels auch der *Binnentourismus* der Italiener und Spanier. Er erlangt bereits sogar bei höheren Sozialgruppen in den südlichen und östlichen Ländern des Mittelmeerraumes größere Bedeutung. Um die zukünftige Konkurrenzfähigkeit ihres touristischen Angebotes zu sichern, investieren gegenwärtig besonders Spanien, Griechenland und die Türkei hohe Summen in die Qualitätsverbesserung ihrer Fremdenverkehrseinrichtungen, z. B. in die technische Ausstattung der Hotels, in die Wasserver- und -entsorgung, die Schulung der Mitarbeiter, die Unterhaltungsmöglichkeiten, die Vorbereitung neuer Zielgebiete und die Entzerrung der touristischen Saison (Syriopoulos 1995; Montanari 1995b; Gómez 1995).

Wirtschaftliche Impulse

Für alle Staaten des Mittelmeerraumes bildet der internationale Massentourismus seit seinem Beginn in den 1950er-Jahren einen zunehmend wichtigeren Wirtschaftsfaktor. Die im Rahmen seiner Aktivitäten erzielten Einnahmen sind mit Exporterlösen und Gastarbeiterüberweisungen vergleichbar. Einige Länder können mit Hilfe der Tourismusdevisen ihr Außenhandelsdefizit mindern, zeitweilig sogar ausgleichen. Diese Möglichkeit ist besonders für die Staaten wichtig, die auf die Einfuhr von Erdöl und Erdgas und, wie bei Ägypten, Tunesien und Marokko, zusätzlich auch auf den Import von Grundnahrungsmitteln angewiesen sind.

Die Einnahmen aus dem Tourismus werden auf verschiedenen Ebenen wirksam. Zunächst sind die Wachstumskurven der unmittelbaren *Devisenzuflüsse* zu beachten (Tab. 23). Davon entfallen, selbst ohne Berücksichtigung Südfrankreichs, mehr als zwei Drittel auf die nördlichen Staaten des Mittelmeerraumes. Allerdings konnten die südlichen und östlichen Länder ihre Tourismuseinkünfte während der letzten zwei Jahrzehnte deutlich schneller steigern. In der letzten Spalte der Tab. 23 werden für 1996 die Bilanzen des Außenhandels aufgeführt. Spanien konnte z. B. in jenem Jahr sein Exportdefizit rechnerisch mit den Deviseneinnahmen aus dem internationalen Tourismus ausgleichen und damit eine positive Leistungsbilanz abschließen. Griechenland, der Türkei, Israel, Ägypten und Marokko gelang es 1996 jedoch nicht, mit den Deviseneinnahmen aus dem Tourismus ihre Außenhandelsdefizite zu decken.

Ferner können die Deviseneinnahmen aus dem internationalen Tourismus am *Bruttoinlandsprodukt* der einzelnen Länder gemessen werden, um ihre volkswirtschaftliche Bedeutung zu beschreiben (Tab. 24). Dabei werden die Devisen-Einnahmen (Spalte 1) im Verhältnis zum Bruttoinlandsprodukt (Spalte 2), also zu dem Wert aller innerhalb des Landes erzeugten Güter und geleisteten Dienste ausgedrückt (Spalte 3).

Auch der Vergleich zum *Export* zeigt die Bedeutung der Deviseneinnahmen aus dem internationalen Tourismus. Um eine Größen-

Land	Tourismus- devisen in Mrd. US-$	Bruttoinlands- produkt in Mrd. US-$	Tourismus- devisen in % vom BIP	Beitrag der Land- wirtschaft zum BIP in Mrd. US-$
Spanien	21,0	531	3,9	15,9
Italien	26,0	1 145	2,2	34,2
Griechenland	4,0	119	3,3	3,6
Türkei	7,0	181	3,8	30,6
Israel	2,7	92	2,9	3,6
Ägypten	3,8	75	5,0	12,0
Tunesien	1,2	19	6,3	2,7
Algerien	–	46	–	12,2
Marokko	1,4	33	4,2	6,6

Tab. 24: Tourismusdevisen im Verhältnis zum Bruttoinlandsprodukt 1997.

Quellen: Weltentwicklungsbericht 1999/2000; Yearbook of Tourism Statistics der World Tourism Organization (WTO).

Land	Gesamt- export in Mrd. US-$	Tourismusdevisen in Mrd. US-$	in % vom Export	Wichtigste Exportgüter in Mrd. US-$	
Spanien	85	21,0	24	Maschinen, Fahrzeuge	54,0
				Agrarprodukte	12,0
Italien	218	26,0	12	Maschinen, Fahrzeuge	78,0
				Textilien	37,0
Griechenland	5,7	4,0	70	Industriegüter	2,8
				Agrarprodukte	1,2
Türkei	23	7,0	30	Textilien	5,7
				Agrarprodukte	1,4
Israel	20	2,7	13	Produkte verarbeit. Industrie	8,0
				Maschinen	6,0
Ägypten	5,2	3,8	73	Erdöl, Erdgas	2,5
				Textilien	0,6
Tunesien	5,5	1,2	22	Textilien	2,7
				Phosphat	0,7
Algerien	12,2	–	–	Erdöl, Erdgas	11,7
Marokko	7,0	1,4	20	Agrarprodukte	1,7
				Halbwaren (Düngemittel)	1,6
				Konsumgüter	1,5

Tab. 25: Tourismusdevisen im Verhältnis zum Export 1997.

Quellen: Weltentwicklungsbericht 1999/2000; Yearbook of Tourism Statistics der World Tourism Organization (WTO).

vorstellung zu haben, kann man den Tourismus, bzw. das von ihm angebotene Gut, z. B. Sonne, Erholung und Freizeitgestaltung, mit dem Wert des Exportes eines Landes vergleichen. Tab. 25 zeigt durch Vergleich der Spalten 1 und 2 die bereits z. T. große Bedeutung des Fremdenverkehrs, wobei Ägypten und Griechenland mit 70 % Spitzenwerte erreichen (Spalte 3). Allerdings sind die Ausfuhrleistungen der Wirtschaft noch gering. Auch im Verhältnis zur jeweils wichtigsten und zweitwichtigsten Exportbranche erlangte der internationale Tourismus in einzelnen Staaten einen immer höheren Stellenwert. Fast allen Ländern fließen aus dem Tourismus höhere Devisensummen zu als aus dem wichtigsten Exportgut der eigenen Wirtschaft. Nur in Spanien und Tunesien rangieren die Einnahmen aus dem internationalen Tourismus gegenwärtig an zweiter Position, weil in beiden Staaten einzelne Industriezweige große Exporterfolge erreichen.

| Land | Anteil am BIP 1999 | | | | |
| | Reise und Tourismus (R. u. T.) | | Produzierendes Gewerbe in Mrd. US-$ | Beschäftigte in R. u. T. | |
	in Mrd. US-$	in %		in Mio.	in %
Portugal	23,0	19,4	37,9	0,9	19,5
Spanien	138,0	22,7	175,3	3,3	24,3
Italien	205,5	16,1	355,0	3,7	18,4
Griechenland	23,6	18,3	28,5	0,6	16,3
Türkei	35,9	16,4	50,7	3,5	15,8
Frankreich	228,5	14,8	391,0	3,6	14,7
Deutschland	251,0	10,8	714,0	3,0	8,9

Tab. 26: Wirtschaftliche Gesamtbedeutung von „Reise und Tourismus" 1999.

Quellen: World Tourism Organization (WTO 1999) und World Travel & Tourism Council (WTTC 1999).

Um die volkswirtschaftliche Bedeutung des Tourismus insgesamt erfassen zu können, sind alle Erträge und Verdienste, die im *Gesamtbereich* der Fremdenverkehrswirtschaft erzielt werden, zu berücksichtigen. Hierzu zählt vor allem die Zunahme von *Arbeitsplätzen*, der Anstieg der Wertschöpfung in allen für den Fremdenverkehr notwendigen Versorgungseinrichtungen, in Einzel- und Großhandel, in Handwerk und Kleingewerbe, wie in der Bauindustrie und den Transportunternehmen (Busse, Taxis). Viele Berufe und Existenzmöglichkeiten entstanden neu, zahlreiche alte wurden revitalisiert, in Nordafrika z. B. ein Teil der Teppichknüpferei, der traditionellen Töpferei und des Kunsthandwerks. Diese Ausweitung reicht weit in den informellen Sektor und in die Schattenwirtschaft. Hier bildete sich spontan eine breite Palette von Erwerbsmöglichkeiten, so etwa im Straßenhandel, im ambulanten, teilweise aggressiven Strandverkauf und in vielfältigen Formen des Zwischenhandels. Die gelegentlich professionell betriebene, oft hochgradig spezialisierte Kleinkriminalität in den Fremdenverkehrsgebieten ist ebenfalls zu einer sicheren Existenzbasis geworden. Nicht erfassbar, gleichwohl wirtschaftlich bedeutend, sind die Schutzgelder, mit denen Teile der Touristikbranche erpresst werden. Da diese Summen zwecks Geldwäsche in verschiedenen Wirtschaftszweigen wieder investiert werden, tragen auch sie schließlich ebenfalls zur Schaffung von Arbeitsplätzen bei.

Für 1999 gibt die WTO (World Tourism Organization) für die wichtigsten Tourismusländer des Mittelmeerraumes die in Tab. 26 aufgeführten Werte an, die eine ungefähre Vorstellung der wirtschaftlichen Gesamtbedeutung aller Branchen von Reise und Tourismus geben. In Spalte 1 wird deren Wertschöpfung (R. u. T.) in Mrd. US-$ ausgedrückt. Sie leistet in einzelnen Ländern wesentliche Beiträge zum Bruttoinlandsprodukt, die in Spanien über 20 % liegen, in den anderen Ländern nur wenig darunter (Spalte 2). Auch im Vergleich zu dem in Spalte 3 aufgeführten Produzierenden Gewerbe (Handwerk, Industrie), trägt der Fremdenverkehr erheblich zur nationalen Wertschöpfung bei (Papatheodorou 1999).

Die Einkünfte aus dem Tourismus allein können allerdings die wirtschaftliche Bedeutung nicht voll erfassen. Einerseits sind im Sinne einer Gegenrechnung die Aufwendungen zu bedenken, die der Staat für den Bau der notwendigen Infrastruktur zu leisten hat, also für Straßen, Wasser- und Energieversorgung, für Entsorgungseinrichtungen, Flugplätze oder Ausbildungseinrichtungen (Poirier 1995; Kagermeier 1999). Andererseits sind aus geographischer Sicht weitere Bereiche zu berücksichtigen, in denen sich negative Folgen des Fremdenverkehrs zeigen. Sie relativieren die aus ökonomischer Sicht zunächst weitgehend positiv erscheinenden Konsequenzen z. T. erheblich, wie bereits der folgende Aspekt zeigt: Durch die Veränderungen und zusätzlichen Belastungen der Siedlungsstruktur stellen sich vielfältige *nachteilige Folgen* ein, die man zwar in geldwerten Daten kaum erfassen kann, die aber dennoch die einzelnen Volkswirtschaften langfristig belasten.

Nutzungsverdichtung und Flächenkonkurrenzen

Der Massentourismus veränderte das *Siedlungsgefüge* der Küstenniederungen durch neue Standortentscheidungen, expansive Flächenansprüche und landschaftsverändernde Bauformen. Seit den 1960er-Jahren konnte die zeitweilig überstürzt angestiegene touristische Nachfrage nur durch den zügigen Bau der notwendigen Hotels, gastronomischen Einrichtungen, von Ferienhaussiedlungen, Freizeitanlagen und Campingarealen befriedigt werden. Vieles blieb wegen der gebotenen Eile und infolge mangelhafter Planung unvollendet. Verkehrsinfrastrukturen, Versorgungs- und vor allem Entsorgungsinstallationen unterblieben oft für viele Jahre. Es entstanden grobe Betonkomplexe, oft ohne ausreichende Verkehrsverbindungen zu den vorhandenen Siedlungen (Bild 65). Das touristische Wachstum okkupierte mit unkoordinierter Bebauung und klotzigen Bettenburgen bis dahin ruhige Strände, ursprünglich abgeschiedene Buchten, steile Felsenküsten ebenso wie die Randbereiche von Küstenorten. Schließlich machte der touristische Bauboom auch vor den alten, früher gemütlichen Zentren kleiner Städte nicht Halt (Bild 66). So opferte man auch den

verträumten Charme der alten Seebäder der toskanischen und dalmatinischen Küste grundlegend durch grobe Ersatzbauten. Unter dem Druck der Nachfrage entstanden monotone, dem Massenphänomen der Gästeströme jedoch durchaus entsprechende Ghettosiedlungen. Erst bei der jüngsten Hotelgeneration bemühte man sich um eine anspruchsvollere architektonische Gestaltung, die aber dann häufig in pompösen Prunk ausartete. Seine Übersteigerungen sind auch in den jüngsten Tourismusprojekten Tunesiens und Marokkos zu beobachten. Dadurch wird besonders hier der *sozialökonomische Kontrast* zwischen den wohlhabenden Herkunftsländern der Touristen und den wirtschaftlich noch schwachen Entwicklungsländern penetrant vor Augen führt.

Die internationale *Immobilienwirtschaft* okkupierte seit den 70er-Jahren weitere, z. T. auch entlegene Areale, um Appartementsiedlungen, Bungalows, Golf- und Sportplätze sowie Jachthäfen zu errichten und kommerziell zu vermarkten. Das große Interesse von Deutschen, Franzosen, Engländern und Skandinaviern am Erwerb von Zweitwohnsitzen und die neue, sich ge-

Bild 65: Hotelkomplexe in Torremolinos, Spanien: *Die Invasion des Massentourismus der 70er-Jahre überforderte die neu entdeckten Sonnenküsten im Süden Spaniens. Nur das eilige Hochziehen monotoner Übernachtungsstätten konnte quantitativ den Bedarf decken.*

Bild 66: Hotelbauten im Zentrum von Alcudia auf Mallorca: In der jüngsten Phase des mediterranen Massentourismus wurden auch die ursprünglich kleinen familiären Hotels im Zentrum durch große Appartementbauten ersetzt. Aufnahme 1998.

genwärtig noch erweiternde Form der massenhaften Migration von Rentnern an die wintermilden mediterranen Küsten verursachten auch soziale und politische Wandlungen früher ruhiger Küstenorte. Gegenwärtig leben auf Mallorca etwa 2,5 Mio. Winterurlauber. Allein ca. 70 000 deutsche Immobilienbesitzer sind Neubürger auf Mallorca. 30 % der traditionsreichen Fincas wurden an Ausländer verkauft.

Die tourismusbedingte Bautätigkeit verzahnt sich flächenhaft mit Verstädterung, Industrie- und Gewerbeflächen sowie mit verschiedenen Formen der Intensivlandwirtschaft. Der Bodenpreisanstieg machte aber auch bestimmte wirtschaftliche Nut-

zungen unrentabel Nutzungskonkurrenzen lösten folgenreiche Konflikte um die gleichen Standorte und Flächen aus (Tyrakowski 1985; Höhfeld 1989), in deren Gemengelage unumkehrbare Landschaftsschäden in den litora- len Ökosystemen entstanden. Mehrfach wurden Baustopps verhängt. Sie konnten jedoch den Prozess der Zersiedlung und sozialen Verfremdung nicht ändern. Die negativen Folgen beeinträchtigten auch die siedlungsgeographisch sehr eigenständigen Regionen im Süden Tunesiens und Marokkos. Der Tourismus veränderte selbst in Oasen am Nordrand der Sahara die traditionsreiche Bausubstanz.

Wechselwirkungen mit dem Ökosystem

Die touristische Bebauung belastet grundlegend und dauerhaft die *ökologischen Grundlagen* der Küstenlandschaften. Entscheidende Voraussetzung für den uneingeschränkten Betrieb aller Fremdenverkehrsgebiete im Mittelmeerraum ist die Verfügbarkeit von *Wasser*. Der steigende Bedarf stößt aber sowohl in einigen nördli-

chen, vor allem aber in den südlichen und östlichen Tourismuszentren an ein immer knapper werdendes Angebot. Wie im Kapitel über die naturräumlichen Grundlagen eingehend dargelegt wurde, sind dafür geringe Niederschläge, deren große Schwankungen von Jahr zu Jahr, nur begrenzte Grundwasserneubildung und technische

schaft erreichen und so den sozialen Wandel nachdrücklicher vorantreiben, so Satellitenfernsehen, Gastarbeit, deren erfolgverkündende Signale, nicht zuletzt auch alle Ebenen von Bildung und beruflicher Qualifikation. Vergleicht man die vorliegenden jüngeren Studien zum Problem der *Akkulturation*, so ist festzuhalten, dass die speziell durch den Tourismus ausgelösten Veränderungen weder im positiven noch im negativen Sinne überzeichnet werden sollten (Popp 1999).

Allerdings verdienen zahlreiche Aspekte Beachtung, die besonders in den jüngeren Fremdenverkehrsgebieten die Lebenswelten und sozialen sowie aktionsräumlichen Verhaltensweisen der vom Tourismus Betroffenen stark verändern. Eine knappe Auswahl sei angeführt: Da lediglich die *besser Ausgebildeten* in den Genuss einer höheren Beschäftigung mit besseren Verdienstmöglichkeiten gelangen, die Hilfskräfte nur in weniger attraktiven Beschäftigungen „hinter den Kulissen" für geringe Löhne arbeiten, entstehen neue einkommensbedingte soziale Gegensätze. Innerhalb der *Familien* von Tourismusbeschäftigten werden überkommene hierarchische Ordnungen gelockert, weil Ehefrauen und heranwachsende Jugendliche mit eigenen Einkommen bisher ungewohnte Eigenständigkeit erlangen. *Frauen*, die in Hotels arbeiten, stehen jedoch in einer neuen sozio-kulturellen Konfliktsituation, weil diese moderne Tätigkeit nicht uneingeschränkte Anerkennung in breiteren Bereichen der Bevölkerung findet. Es konnte bei spezifischen Untersuchungen zu diesem Fragenkreis auch „langfristig keine Änderung durch einen gewissen Gewöhnungseffekt in der Öffentlichkeit hinsichtlich dieser schlechten Reputation der Tätigkeit im Tourismus für Frauen festgestellt werden" (Moser-Weitmann 1999, S. 89). Allerdings zeigten diese Analysen auch, dass es Schattierungen sowie viele Übergangsformen gibt und die Skizzierung eines Schwarz-Weiß-Bildes der Realität nicht gerecht wird. Unterschiede im Geschlechterverhältnis sind je-

doch unübersehbar: Frauen sind im ökonomischen und sozialen Umfeld größeren Problemen ausgesetzt als junge Männer, die mit größerer gesellschaftlicher Zustimmung viel freier und unkritischer traditionelle Werte aufgeben.

Im Gegensatz zu diesen mehr passiven Wirkungen löst der Tourismus auch bewusste Veränderungswünsche aus, die sich in der *Nachahmung* bis in äußere Formen der Lebensgestaltung äußern. Spezifische Imitationseffekte zeigt der Binnentourismus, soweit er sich in südlichen und östlichen Ländern des Mittelmeerraumes von der herkömmlichen Gestaltung arbeitsfreier Zeiten löst. Mitglieder höherer Einkommensgruppen, also der Mittel- und Oberschichten, streben z. B. in Tunesien Gewohnheiten der europäischen Gäste an und buchen einen Aufenthalt in den gleichen „europäischen" Hotels wie die eingeflogenen Urlauber. Ihre Motive hierfür sind die bewusste Adaption vorgeführter Verhaltensweisen und Kleidungsmuster, die Inanspruchnahme von als angenehm empfundenen versorgenden Dienstleistungen, der Erholungseffekt, aber auch der Wunsch nach persönlichen Kontakten zu einer international erscheinenden Gesellschaft (Pfaffenbach 1999, S. 60).

Dient der Tourismus im südlichen und östlichen Mittelmeerraum der *Verständigung* zwischen Kulturen oder beschwört er zunehmend Konflikte herauf (Huntington 1998)? Weder das eine, noch das andere trifft hier zu. Er bewirkte vielmehr eher ein Nebeneinander als ein Miteinander von Touristen und Einheimischen. Die Analyse von kontaktfördernden und -hemmenden Faktoren (Pfaffenbach 1999) zeigt letztlich stärker multikulturelle Indifferenz statt Kulturkontakt. Diese Einsicht eröffnet jedoch weiterer Forschungsbedarf: Man wird noch mehr *lokale Akteure* im interkulturellen Tourismussystem untersuchen müssen, wie es bereits erfolgreich in einer jüngst erschienenen detailreichen Studie geschehen ist (Popp 1999).

RÄUMLICHE DISPARITÄTEN: STAATLICHE RAUMORDNUNG

Bild 67: Tägliches Warten auf Arbeit in Évora im Alentejo, Portugal: Noch immer verfügen besonders im Süden und Osten des Mittelmeerraumes viele Menschen über keine dauerhafte Existenzsicherung. Aufnahme 1990.

Überblick

■ Gegenwärtig gibt es weltweit keinen vergleichbaren Großraum mit ähnlich großen sozialökonomischen Unterschieden auf so geringe Distanz. Reiche Regionen wie die Lombardei und einige der einkommensschwächsten Gebiete der Erde, z. B. Albanien oder die nordafrikanischen Gebirge, liegen sehr nahe beieinander. Das Fortbestehen dieser wirtschaftsräumlichen Ungleichgewichte ist das *größte Zukunftsrisiko* des Mittelmeerraumes.

■ Auch innerhalb der Länder verschärften sich trotz vielfältiger Gegenmaßnahmen während der letzten Jahrzehnte die Kontraste zwischen *Aktiv-* und *Passivräumen*. Die wichtigste Konsequenz war die Emigration jüngerer, aktiver Bevölkerungsgruppen, früher aus den nördlichen, heute aus den südlichen Teilen des Mittelmeerraumes.

■ Die *Ursachen* wirtschaftsräumlicher Gegensätze sind vielfältig: Zu nennen sind physisch-geographische Engpässe, nicht aufgeholte wirtschaftliche Entwicklungsrückstände, veränderungsresistente soziale Verhaltensweisen und politischer Egoismus bereits prosperierender Volkswirtschaften und Regionen. Generell ist die eigengesetzliche Verschärfung von Disparitäten stärker als der Ausgleichsversuch der Regionalpolitik.

■ Die entscheidende Frage ist, ob und wie periphere Gebiete aus eigener Kraft oder durch Hilfe von außen ihren sozio-ökonomischen Rückstand aufholen können. Zwar gibt es bereits abseits liegende Regionen, in denen innovative Milieus entstanden sind. Eine umfassende Minderung wirtschaftsräumlicher Gegensätze ist jedoch weder national noch im Mittelmeerraum insgesamt erkennbar.

Räumliche Disparitäten – Grundproblem der Regionalentwicklung

Ein Ergebnis der historischen, wirtschaftlichen und industriellen Entwicklung im Mittelmeerraum war ihre ungleiche räumliche Verteilung und Intensität. Hinsichtlich Wirtschaftskraft, Beschäftigungsmöglichkeiten und sozialem Wandel nahmen die Unterschiede der Mittelmeerstaaten seit Beginn des Jahrhunderts immer weiter zu. Bezogen auf die hoch entwickelten Wirtschaftsräume Mittel- und Westeuropas könnte man Südeuropa als *Semi-Peripherie*, Nordafrika und Teile des Vorderen Orients als *Peripherie* sehen (Wallerstein 1985; Matzat 1993; Nitz 1993; Benyaklef 1997). Auch innerhalb der mediterranen Länder verschärften sich die Kontraste zwischen ökonomischen *Aktiv-* und *Passivräumen*. So drängt sich die Frage auf, ob es auf Dauer typische Gewinner- und Verliererregionen geben wird (Benko/ Lipietz 1992).

Lässt sich durch Regionalpolitik ein Ende regionaler Depressionen erreichen? Wichtige Folgen der Disparitäten wurden bei der Analyse der Emigration im Kapitel über die gegenwärtige Bevölkerung diskutiert. Die Auswanderung verstärkte die vorhandenen *wirtschaftsräumlichen Gegensätze* noch. Seit dem Ende des Ersten Weltkrieges trat das Problem der regionalökonomischen Ungleichgewichte in das allgemeine Bewusstsein. Deshalb versuchte man in der Folgezeit immer wieder mit unterschiedlichen regionalpolitischen Maßnahmen, allen Menschen gleichwertige Lebensbedingungen zu verschaffen (H. Arnold 1995). Aber die relativ geringen Erfolge dieser Bemühungen sind offensichtlich. Gegenwärtig gibt es auf der Erde keine vergleichbare Region mit ähnlich auseinander klaffenden sozialökonomischen Gegensätzen auf so geringer Distanz wie im Mittelmeerraum. Vergleichbar wäre eventuell noch das Lohngefälle an der Grenze zwischen Deutschland und Polen. Der wachsende Unterschied zwischen Reichtum und Armut fördert sogar Abwehrreaktionen der wohlhabenden Bevölkerungsgruppen im Norden des Mittelmeerraumes gegen den armen Süden. Diese Haltung zeigt sogar den Wunsch nach weitgehender, auch politischer Abgrenzung. Die Bereitschaft zur Solidarität wird nicht zuletzt durch die wachsende Zuwanderung aus Nordafrika geschmälert. Viele Politiker und Wissenschaftler neigen dazu, die Zunahme der wirtschaftsräumlichen Kontraste im Mittelmeerraum als unabwendbar hinzunehmen und deshalb eine „passive Sanierung" zu empfehlen.

Wirtschaftsräumliche Disparitäten – Ursachen und Verlaufsformen

Vielfältige Ursachen

Die Ursachen der wirtschaftsräumlichen Kontraste wurden im Rahmen der bisher behandelten Themen dieses Buches bereits mehrfach angesprochen. Hier ist deshalb nur eine *Zusammenfassung* notwendig. *Politisch* stand der Norden des Mittelmeerraumes seit dem Hochmittelalter in engerer und intensiverer Beziehung zu Europa als der Süden und empfing somit von dort eine Fülle von Impulsen. Wie das Kapitel zur politisch-territorialen Entwicklung zeigte, erfuhr die Wirtschaft im Norden durch die *staatliche Förderung*, wenn auch mit großen regionalen Unterschieden, bereits während verschiedener historischer Perioden stärkere Anregungen und Freiräume als in den von Herrschaft und Rentensystemen geprägten Territorien des Südens und des Osmanischen Reiches. Der *soziale Wandel* begann im Norden in innovativen Stadtregionen relativ früh. In einzelnen Gebieten setzten bereits während der Renaissance eigenständige, in die Moderne führende wirtschaftliche Wachstumsprozesse und gesellschaftliche Veränderungen ein. Sie mündeten in eine vergleichsweise zwar späte, dennoch wirksame Industrialisierung, wie in Oberitalien, in Südfrankreich, etwas abgeschwächt in Katalonien und in den Adria-Hafenstädten der österreichisch-ungarischen Monarchie. Diesen Impulsen folgte eine räumlich innerhalb des Mittelmeerraumes stark phasenverschobene Veränderung der *Erwerbsstruktur*. Sie vollzog sich auch in von Abwanderung veränderten peripheren Gebieten. Die *Bevölkerungsentwicklung* begünstigte den Norden zunächst durch hohe Wachstumsraten und Wanderungsgewinne. Gegenwärtig beginnt hier wegen der immer geringer werdenden Geburtenzahlen die Nachfrage nach Arbeitsplätzen unter den Bedarf zu sinken, sodass neue Zuwanderung notwendig wäre, um in bestimmten, meist untergeordneten Branchen die offenen Stellen besetzen zu können. Dagegen leiden viele der peripher liegenden Gebiete und insgesamt große Teile des Südens und Ostens unter ständig zunehmendem Mangel an Beschäftigungsmöglichkeiten bei gleichzeitig weiterhin nur schwacher wirtschaftlicher Entwicklung. *Soziokulturell* entstand in wichtigen nördlichen Regionen eine innovative und aktive Wirtschaftsmentalität, während die christlich-orthodoxe Zivilisation im Osten und die islamische im Süden nur geringe Anstöße zur Entfaltung gewinnorientierter ökonomischer Aktivitäten einzelner Unternehmer in modernen, produzierenden Bereichen gaben. Brennpunkte von Neuerungen waren stets die *Städte*.

In den für die Gegenwart entscheidenden Zeitphasen seit Beginn der Frühneuzeit erzeugten jedoch weitgehend nur die nördlichen urbanen Zentren des Mittelmeerraumes Wissens- und Handlungsinnovationen. Durch den weit reichenden Fernhandel der politisch potenten Führungsstädte Venedig, Genua, Pisa und deren Niederlassungen auch im Süden und Osten des Mittelmeerraumes sowie ihres Austauschs mit Mittel- und Westeuropa profitierten die Wirtschaftszentren des Nordens entscheidend. Demgegenüber beschränkte sich die islamisch-orientalische Stadtkultur trotz auch ihres Fernhandels letztlich nur auf lokale und regionale Bedarfsdeckung. Vor allem die produzierenden Branchen überschritten fast nirgends das Niveau des Handwerks und erreichten bestenfalls die Organisationsform von Manufakturen oder Verlagssystemen. Nach der politischen Unabhängigkeit der jungen Staaten entwickelten sich bislang nur wenige erfolgreiche, international konkurrenzfähige Industrien

Schließlich darf nicht übersehen werden, dass der Norden des Mittelmeerraumes umfassend günstigere *naturräumliche Grundlagen* für seine Landwirtschaft nutzen konnte. Der Süden war auch historisch stärkeren hygrischen Unsicherheitsfaktoren und Trockenheitsphasen mit vielschichtigen Konsequenzen für Ernährungssicherung und agrarische Betriebs- und Nutzungssysteme ausgesetzt. Wie in den Kapiteln zu den ökologischen Grundlagen und der Landwirtschaft ausführlich erläutert, leiden die südlichen und östlichen Länder angesichts *zunehmender Bevölkerung* wegen der klimatischen Variabilität unter wachsenden *Defiziten* der *Grundnahrungsmittelerzeugung*. Hierin sind wesentliche Ursachen gegenwärtig wachsender wirtschaftsräumlicher Disparitäten zu sehen.

Wendet man den Blick auf die *innerstaatlichen wirtschaftsräumlichen Disparitäten*, so erkennt man, dass meist politische Entscheidungen und Entwicklungen bestimmte Regionen favorisiert, andere benachteiligt haben. Diese Tatsache zeigt besonders die unausgewogene Einbeziehung einzelner Gebiete in die jungen *Nationalstaaten* des 19. Jh.s. Ein wesentlicher Anteil an der Fortdauer wirtschaftsräumlicher Gegensätze innerhalb der Länder des Mittelmeerraumes ist der unglücklichen Kombination einesteils staatlicher Industrieplanung in Entwicklungspolen der 60er-Jahre, andererseits neoklassischer Hoffnung auf eigenständige Ausstrahlungseffekte und die nicht erfolgte Folgeansiedlung weiterverarbeitender Betriebe anzulasten. Speziell diese Defizite wurden in zahlreichen wissenschaftlichen Untersuchungen eingehend erörtert (Rother 1987; Garofoli 1992; Gans 1992; Miosga 1995; Serageldin 1996; Kappel 1997; Bohle 1997; Dunford 1997).

Einheitliche Verlaufsformen

Um die sozioökonomischen Unterschiede der Staaten des Mittelmeerraumes dokumentieren zu können, bieten sich als vergleichbare Kriterien an: räumliche Einkommensunterschiede, ihre zeitliche Veränderung und die vom Entwicklungsprogramm der UN verwendeten Indikatoren zum „human development". Alle darauf beruhenden statistischen Angaben sind mit Er-

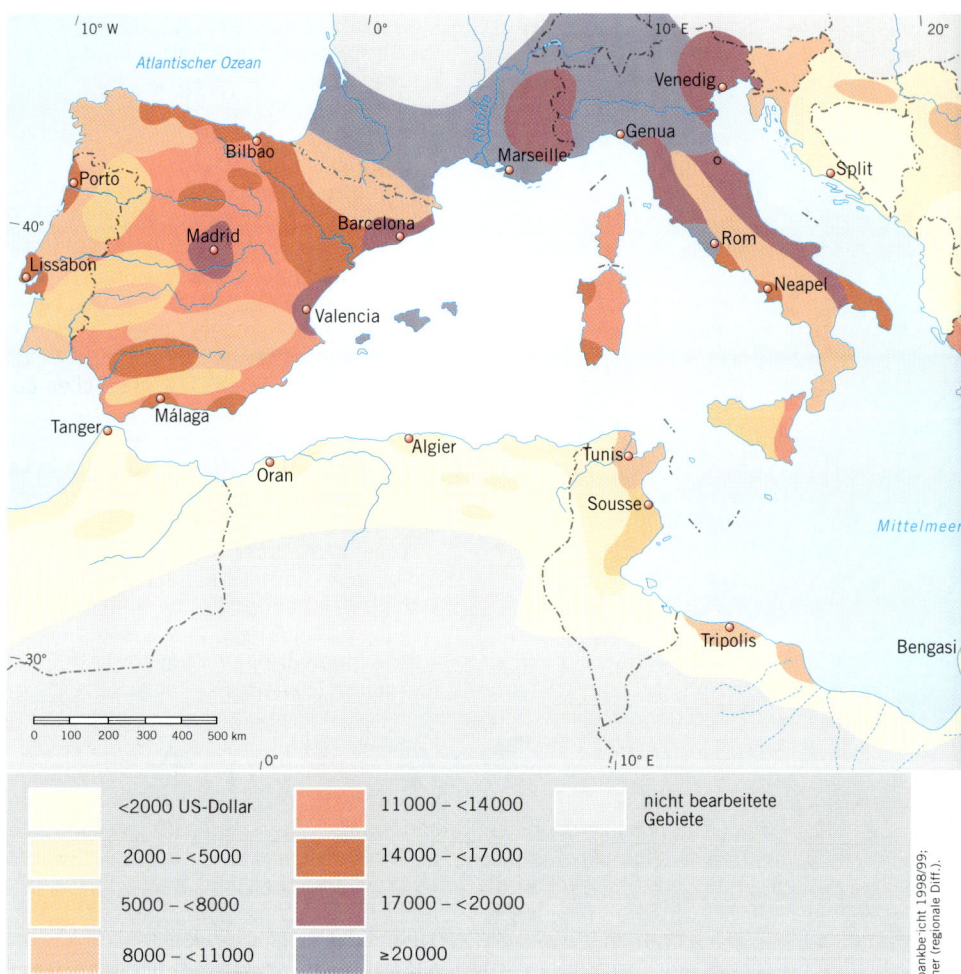

Abb. 88: Pro-Kopf-Einkommen 1997: *Die räumliche Verteilung zeigt die großen Unterschiede innerhalb des Mittelmeerraumes.*

Quellen: Weltbankbericht 1998/99; Berechn. Wagner (regionale Diff.).

hebungs- und Interpretationsmängeln behaftet. Dennoch seien sie hier verwendet, um eine Vorstellung der Dimension sozioökonomischer Disparitäten zu geben.

Die regionale *Einkommensverteilung* zeigt große wirtschaftsräumliche *Unterschiede* innerhalb des Mittelmeerraumes. Das Pro-Kopf-Einkommen ist die Resultante aus Wirtschaftskraft und Einwohnerzahl. Ein Profil durch den Mittelmeerraum weist im Norden eine positive, im Süden dagegen eine zunehmend negative Korrelation dieser beiden Größen aus. In Abb. 88 werden die absoluten Werte des regionalen Bruttosozialproduktes, also die Summe der

Wertschöpfung von Produktion und Dienstleistung aus in- und ausländischer wirtschaftlicher Tätigkeit (durch die Einwohnerzahl der einzelnen Regionen dividiert) kartographisch dargestellt. Die Karte zeigt, dass die Wirtschaftskraft selbst der ökonomisch schwächsten Gebiete Spaniens, Italiens und Griechenlands größer ist als die höchsten Werte in Nordafrika oder im östlichen Teil des Mittelmeerraumes (außer Israel). Da das Bevölkerungswachstum im Süden und Osten während der nächsten zwei Jahrzehnte noch hoch sein wird, die Wirtschaft hier jedoch wesentlich langsamer wächst als die Einwohnerzahlen, zeich-

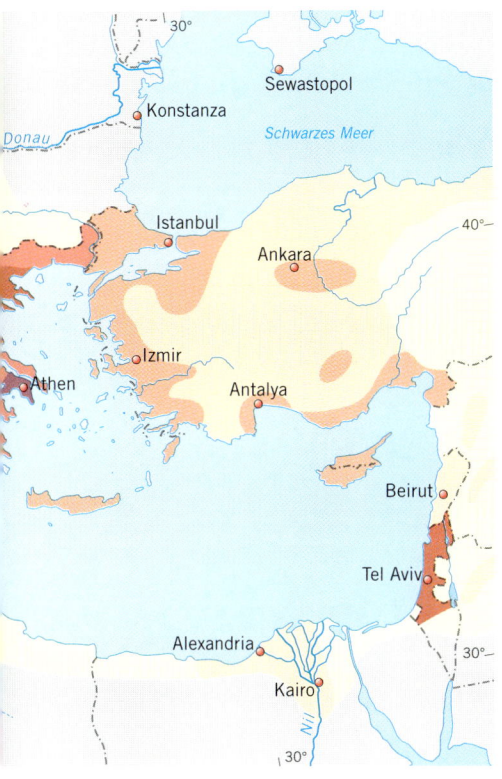

net sich eine Zunahme der ökonomischen, der sozialen sowie der politischen Gegensätze zwischen einzelnen Regionen und Staaten ab. Auffällig sind die starken Kontraste zwischen Griechenland und dem Westen der Türkei einerseits sowie den Balkanstaaten andererseits. Wenn man im Interesse des weltweiten Vergleiches die absoluten Werte des Pro-Kopf-Einkommens mit zusätzlichen Parametern verrechnet (Wechselkurse, Kaufkraftparität zum US-$), verschärfen sich die wirtschaftsräumlichen Gegensätze noch. Dies zeigen die neueren Berechnungen der Weltbank, bei denen die Preisparität für einen großen „Warenkorb" (ca. 700 Produkte und Dienstleistungen des täglichen und mittelfristigen Bedarfes) herangezogen wurde (vgl. Tab. 27, Spalte 3 und 4). Auch danach erreichen die südlichen und östlichen Länder des Mittelmeerraumes nur etwa ein Drittel der Wirtschaftskraft und des Wohlstandes der nördlichen Anrainer.

In Abb. 89 wird die Abweichung des Pro-Kopf-Einkommens vom Mittelwert des Mittelmeerraumes 1962/1997 dargestellt. Im Gesamtverlauf fallen die fast durchgehend *ansteigenden* Kurven der südeuropäischen Länder (Italien, Spanien, Portugal) und die meist *fallenden* Kurven der Staaten im Süden und Osten des Mittelmeerraumes auf. Die Erdöl exportierenden Staaten (Algerien, Libyen) litten unter Preisschwankungen und sinkenden Erlösen, die übrigen (Marokko, Ägypten, Tunesien) unter dem schnellen Anstieg der Bevölkerungszahlen. Das zunächst starke wirtschaftliche Wachstum Jugoslawiens verfiel ab ca. 1980 wegen der konfliktreichen politischen Entwicklung. Der Wert für Israel liegt relativ niedrig, da mit der Westbank die palästinensische Bevölkerung mit niedrigem Einkommen statistisch einbezogen ist. Insofern ist zu bedenken, dass die zur Verfügung stehenden Daten nur Landesmittelwerte sind, die alle internen räumlichen und gesellschaftlich bedingten Einkommensunterschiede verschleiern.

Das Bruttosozialprodukt als regionales Klassifikationsmerkmal zeigt allerdings weitgehend nur ökonomische Aspekte. Unklar bleibt dabei, in welcher Weise das Volkseinkommen verwendet wird und wie sich dies auf die Lebenssituation der Bevölkerung eines Landes auswirkt. Das UN-Entwicklungsprogramm (United Nations Development Program, UNDP) hat deshalb seit 1990 einen weiteren Indikator erarbeitet, mit dessen Hilfe auch soziale Aspekte in die Bestimmung der Wohlfahrtsunterschiede zwischen Staaten einbezogen werden. Der *Human Development Index* (HDI) berücksichtigt neben dem Einkommen (Lebensstandard) auch die Lebenserwartung (Ergebnis von Gesundheitsfürsorge und Erleichterungen im Erwerbsleben) und den Bildungsstand, also den Erwachsenenbildungsgrad und die Zahl der absolvierten Ausbildungsschritte. Der HDI-Wert zeigt, wie weit ein Land noch von bestimmten Zielen der menschlichen Entwicklung entfernt ist, z. B. von einer Lebenserwartung von mindestens 85 Jahren, Zugang zu Bildung für alle Bürger, Lebensstandard entsprechend 40 000 Dollar Kaufkraftparität (vgl. Human Devlopment Report 1998, S. 107). Der höchste Wert einer Variable liegt bei 1, der geringste bei Null. Kanada erreicht weltweit mit 0,960

Land	BSP pro Kopf [1] in US-$	Rang in der Welt	BSP zu Kauf- kraftparität [2] in US-$	Rang in der Welt
Südeuropa				
Griechenland	12 010	24	13 080	25
Albanien	750	84	–	–
Kroatien	4 610	36	–	–
Slowenien	9 680	27	12 520	26
Italien	20 120	17	20 060	16
Frankreich	26 050	11	21 860	11
Spanien	14 510	23	15 720	22
Portugal	10 450	26	13 840	23
Nordafrika				
Marokko	1 250	70	3 130	70
Algerien	1 490	67	4 580	54
Tunesien	2 090	59	4 980	51
Ägypten	1 180	72	2 940	72
Türkei/Levante				
Israel	15 810	22	16 960	19
Jordanien	1 570	64	3 430	68
Palästina[3]	1 200	–	–	–
Syrien	1 150	73	2 990	71
Libanon	3 350	46	5 990	48
Türkei	3 130	48	6 430	43
Zypern	–	–	–	–

[1] BSP pro Kopf = Bruttosozialprodukt ist die allgemeinste Kennzahl für das Einkommen eines Landes, also die Wertschöpfung von Inländern aus inländischen und ausländischen Quellen.
[2] BSP zu Kaufkraftparität (KKP) = das zum Wechselkurs der Kaufkraftparität in US-$ nach der „Atlas-Methode" (= Drei-Jahres-Durchschnitt der Wechselkurse) umgerechnete BSP. Beim Wechselkurs der KKP hat ein internationaler Dollar die gleiche Kaufkraft beim inländischen BSP wie der US-$ beim BSP der Vereinigten Staaten. Vgl. Weltbankbericht 1998/99, S. 278.
[3] Gazastreifen, Westjordanland (Westbank).

Quelle: Weltbankbericht 1998/99.

Tab. 27: Bruttosozialprodukt pro Kopf 1997.

den höchsten HDI, Sierra Leone mit 0,185 den niedrigsten Rang. In Abb. 90 wurden die wichtigsten Staaten des Mittelmeerraumes aufgenommen. Die Grafik macht zweierlei deutlich: Einerseits erreichen die nördlichen Länder des Mittelmeerraumes bereits fast die Höchstwerte, die südlichen Länder lagen 1995 noch deutlich, meist zwischen 25–40 % darunter. Andererseits macht der Kurvenverlauf ab 1960 deutlich, dass die südlichen und östlichen Staaten aufgeholt haben. Lediglich Ägypten und Marokko scheinen den relativen Abstand zu den nördlichen Ländern des Mittelmeerraumes noch nicht verringert zu haben.

Die Weltbank- und UNDP-Daten wurden hier verwendet, um eine vergleichende Einordnung der Mittelmeerländer nicht nur zueinander, sondern auch in die weltweite Abfolge zu erhalten. Man mag berechtigterweise kritische Einwände gegenüber einfachen statistischen Korrelationen zur Feststellung des Entwicklungsstandes und damit des relativen Unterschiedes der einzelnen Staaten oder Regionen innerhalb des Mittelmeerraumes haben. Aus diesem Grunde wird nachfolgend versucht, an drei regionalen Beispielen insbesondere weitere Gesichtspunkte der wirtschafts- und sozialräumlichen Unterschiede innerhalb einzelner Staaten eingehender darzustellen.

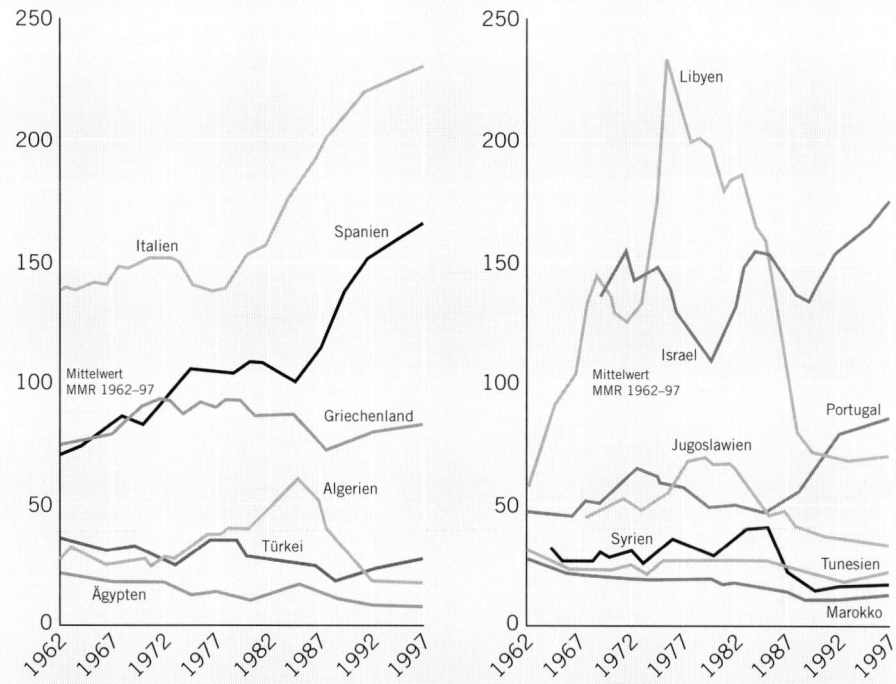

Quelle: Dunford 1997; Weltentwicklungsbericht 1998/99.

Abb. 89: Pro-Kopf-Einkommen 1962–1997: *Zeitliche Entwicklung in den einzelnen Staaten im Verhältnis zum Mittelwert des Mittelmeerraumes (1962/1997 = 100).*

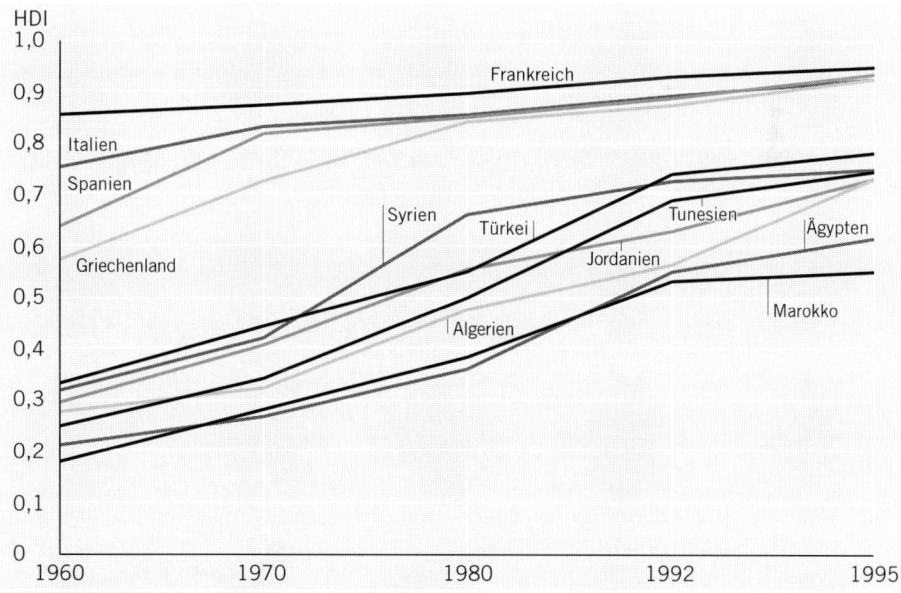

Quelle: UNDP 1998.

Abb. 90: Nord-Süd-Gegensatz 1960–1995: *Die Darstellung basiert auf der Entwicklung des Human Development Index (HDI = Lebenserwartung, Bildung, Einkommen, Kaufkraftparität. Höchstmöglicher Wert = 1,0).*

Regionale Beispiele

Küsten und Binnenland

Ein generelles Phänomen wirtschaftsräumlicher Gegensätze zeigt die unterschiedliche Entwicklung in *Küstengebieten* und *Binnenregionen* des Mittelmeerraumes. Im Verlaufe der Jahrhunderte verlagerte sich die Rollenverteilung von *Wachstums- und Schrumpfungsdynamik* zwischen diesen beiden Wirtschaftsraumtypen mehrfach und spiegelte damit langwellige Auf- und Abstiege im Sinne *regionaler Lebenszyklen* wider. Dieser Wechsel durchlief folgende wichtige Phasen: Die vom jeweiligen Mutterland ausgehenden griechischen, phönizischen und karthagischen Kolonisationen im 8. Jh. v. Chr. bevorzugten die Küsten und entwickelten dort durch Siedlungsgründungen Innovationszentren mit starker Ausstrahlung auf das Umland. Die maurischen Invasoren entwickelten ab dem 8. Jh. n. Chr. mit ihrer erprobten Bewässerungstechnik die Küstengebiete Spaniens weiter zu blühenden Landschaften im Kontrast zu den trockenen Mesetahochflächen und verschärften damit den wirtschaftsräumlichen Unterschied, der teilweise bis heute geblieben ist. Im Gegensatz dazu sahen sich viele Bewohner der Küsten während des Mittelalters vielfältigen militärischen Angriffen und Eroberungen ausgesetzt und zogen sich in sichere Bergregionen zurück. Später machte die Malaria Teile der litoralen Niederungen zu siedlungsfeindlichen Zonen. Erst ihre erfolgreiche Bekämpfung, die Trockenlegung vieler meeresnaher Sumpfgebiete und die Verkehrserschließung durch Eisenbahn- und Straßenbau werteten die Küstenlandschaften seit den 30er-Jahren des 20. Jh.s wieder auf. Nach dem Zweiten Weltkrieg wurden sie im gesamten Mittelmeerraum zum wichtigsten regionalen Ziel der Abwanderer aus den Berg- und Gebirgsgebieten. Die Intensivierung von Verstädterung, Industrie und Agrarnutzung bewirkte mit starkem regionalen Wirtschaftswachstum den Wohlstand an der Küste, während in vielen inneren Landesteilen gravierende Existenzprobleme entstanden. Diese Diskrepanz wird wohl auch im 21. Jh. die Bevölkerungsverteilung und die grundsätzlich bleibenden wirtschaftsräumlichen Gegensätze bestimmen. Allerdings sind punktuell wegweisende Veränderungen erkennbar. Die Verdichtung der Litoralzonen entwertete einige Vorteile ihrer Wirtschaftsstandorte durch massive Agglomerationsnachteile und Flächenkonkurrenzen. Manche der alten einst ertragreichen Industrien verloren an Bedeutung und sanken nach Stilllegung zu Schrottplätzen herab. Moderne Wirtschaftsimpulse und Industriezweige verlagerten sich nicht nur aus den großen Verdichtungsräumen, sondern auch von den Küstenniederungen weg in weniger verdichtete, ländliche Gebiete, die mehr Bewegungsspielraum zur Gestaltung innovativer Milieus bieten. Klein- und Mittelbetriebe, durch starke intraregionale Verflechtungen miteinander verbunden (Arbeitsteilung, Spezialisierung), wirtschaften hier insgesamt ebenso erfolgreich wie bisherige Großbetriebe in Ballungsräumen (Camagni 1991). Am Beispiel neuer Betriebsgründungen im Landesinneren wurde diese jüngste Entwicklung im Industriekapitel eingehend besprochen (Popp/Tichy 1985; Dunford 1997).

Der Südwesten der Iberischen Halbinsel – Ende der Abseitslage?

Innerhalb Südeuropas sind die dünn besiedelten Regionen im Südwesten der *Iberischen Halbinsel*, Estremadura und Teile Andalusiens sowie Gebiete in Zentralportugal und das Alentejo, die wirtschaftlich am schwächsten entwickelten Räume. Sie fallen hinsichtlich zahlreicher Merkmale seit Generationen nicht nur hinter den nationalen Durchschnitt zurück, sondern auch gegenüber den EU-Mittelwerten. Aus Tab. 28 sind neben diesen beiden Vergleichsdaten auch die Unterschiede zur wohlhabendsten Region des Landes zu entnehmen. Das Alentejo bildet mit den niedrigsten Pro-Kopf-Einkommen fast das Schlusslicht aller Wirtschaftsräume der EU. Nur Albanien und Makedonien sowie Ostanatolien leiden unter noch schlechteren Bedingungen. Die Arbeitslosenquoten dürften für Portugal in Wirklichkeit höher als die offiziellen Schätzdaten sein. Über diese einfachen statistischen Angaben hinaus belegen zahlreiche weitere Umstände die Unterentwicklung im Südwesten der Iberischen Halbinsel. Hierzu zählt in erster Linie die seit einem Jahr-

Land	Pro-Kopf-Einkommen in ECU EU 15 = 100 (1994)	in Kaufkraft-standard[2]	Arbeitslosen-quote 1996	Einwohner-dichte 1996
Andalusien	47	57	32,4	81
Estremadura	44	54	30,2	26
Katalonien	76	93	18,7	190
Madrid	78	95	20,6	626
Spanien	**62**	**76**	**22,3**	**78**
Nordportugal	38	58	7,0	165
Mittelportugal	35	55	4,1	72
Alentejo	34	53	12,3	20
Algarve	48	74	9,1	69
Lissabon	56	87	8,9	277
Portugal	**43**	**67**	**7,4**	**108**
Basilikata	58	67	19,4	61
Kalabrien	53	61	25,0	138
Sizilien	61	70	24,0	197
Lombardei	113	131	6,3	373
Italien	**88**	**102**	**12,1**	**190**
Peloponnes	41	57	6,0	50
Epirus	31	43	11,2	39
Thessalien	44	60	7,6	53
Attika	53	73	11,9	915
Griechenland	**48**	**65**	**9,7**	**79**

[1] Kennwerte für Gebiete im nördlichen Mittelmeerraum (NUTS-Ebene II) weisen eine räumliche Benachteiligung oder bisher endogene Schwäche aus.
[2] Kaufkraftstandard (KKS) in % vom EU-Mittelwert.

Tab. 28: Indikatoren peripherer Wirtschaftsräume 1994–1996[1].

Quelle: Eurostat, Regionen 1997.

hundert erfolgende Abwanderung von Arbeitsuchenden. Der heutigen Zahl der stark überalterten Bevölkerung der Region *Estremadura* (Provinzen Cáceres und Badajoz) von ca. 1 Mio. steht seit 1950 eine ebenso große Menge meist junger Menschen gegenüber, die ihre Heimat auf Dauer verlassen haben. Die Zahl der Arbeitsplätze nahm im gleichen Zeitraum ab. Ursachen waren das Ausbleiben von Investitionen in Gewerbe und Industrie, der Niedergang der kleinbetrieblichen Landwirtschaft, die Mechanisierung der landwirtschaftlichen Pacht-Großbetriebe (Estanzien, Cortijos, Latifundien). Die modernen Bewässerungsprojekte des „Plans Badajoz" am Guadiana konnten die hoch gesteckten Entwicklungsziele wegen zu hoher Produktionskosten nicht erreichen, wie im Agrarkapitel erläutert wurde. Auch die Rodung der Stein- und Korkei-

chen in den lichten Dehesa-Wäldern zugunsten der Anpflanzung von schnellwüchsigen, allerdings stark wasserzehrenden Eukalyptusbäumen während der Franco-Zeit brachte keine neuen wirtschaftlichen Impulse, dafür aber gravierende Erosionsschäden an den Böden. Die Versuche des Fremdenverkehrs in den schönen Renaissancestädtchen Medellín, Mérida und Albuquerque blieben sehr bescheiden. Auch die Projekte zu geführten Wanderungen für Rucksacktouristen auf den ehemaligen Herdenwanderwegen (Cañadas) der Fernweidewirtschaft (Transhumanz) konnten die Einkommenssituation erwartungsgemäß nicht verbessern. Das Einfließen staatlicher Fördergelder und die Subventionen aus Brüssel verfehlten die von ihnen erhofften Investitionen, obwohl die Ausstattung mit Infrastruktur, der Bau von Straßen,

Wasserleitungen und Energienetzen die äußeren Umstände deutlich verbessert haben.

Portugal erhielt 1989 – 1993 jährlich 3,5 Mrd. DM, seitdem jährlich 5,4 Mrd. DM Fördermittel aus dem Regionalfond der EU. Leider gelangten diese Mittel im *Alentejo*, neben dunklen Kanälen, nicht in eine breite Förderung von Arbeitsplätzen, sondern in landwirtschaftliche Intensivprojekte ausländischer Unternehmer, die mit Agrar-High-Tech Edelexporte erzeugen (Himbeeren, genveränderte Weintrauben, Zimmerbambus, Eukalyptusholz für die Zelluloseproduktion). Deren Gewinne bleiben nicht in der Region, wohl aber die anderswo längst verbotenen Rückstände der Agrarchemie. Das verstärkt betonte Subsidiaritätsprinzip, also die Respektierung der örtlichen Entscheidungsbasis, verminderte die Kontrollbefugnis Brüssels über die Zuschussverwendung und förderte die Korruption. Viele der aufwendig errichteten Gewerbe- und Industrieparks im Alentejo stehen nach vielen Jahren noch immer leer und die Arbeitslosen warten, wie früher, täglich auf den Plätzen der kleinen Städte auf eine Beschäftigung (Bild 68).

Aufschlussreich sind auch die historischen Perspektiven: Estremadura, das Land jenseits des Flusses Duero, galt schon in der Frühneuzeit als peripherer Wirtschaftsraum, der auch aktiven Menschen kein Auskommen bot. Tausende von „Extremeños" wanderten im 16. Jh. in die Neue Welt aus, vielleicht auch weil sie die hohe Kunst von Überlebensstrategien ihrer kargen Heimat gut gelernt hatten. Die meisten Conquistadoren des 16. Jh.s stammten von hier, viele z. B. aus der kleinen Stadt Trujillo (Sierra de Guadalupe). Der kurzfristige Rückfluss von Gold und Silber konnte lang andauerndes Wirtschaftswachstum nicht erzeugen. Die wirtschaftliche Schwäche dieser peripheren Großregion im Südwesten der Iberischen Halbinsel dauerte fort. Dennoch darf sie nicht als naturbedingt oder unüberwindbar angesehen werden. Bereits den Mauren war es gelungen, über Jahrhunderte hinweg, zumindest in Teilbereichen Südspaniens blühende städtische Gewerbe mit der Agrarwirtschaft des Umlandes in fruchtbarer Symbiose zu verknüpfen und damit höhere ökonomische Leistungen zu erreichen als im christlichen Norden Spaniens. Insbesondere Andalusien zehrte davon bis ins 18. Jh., als dieser Landesteil noch mehr als ein Drittel des Volkseinkommens Spaniens erzeugte und damit vor Katalonien rangierte. Aus der

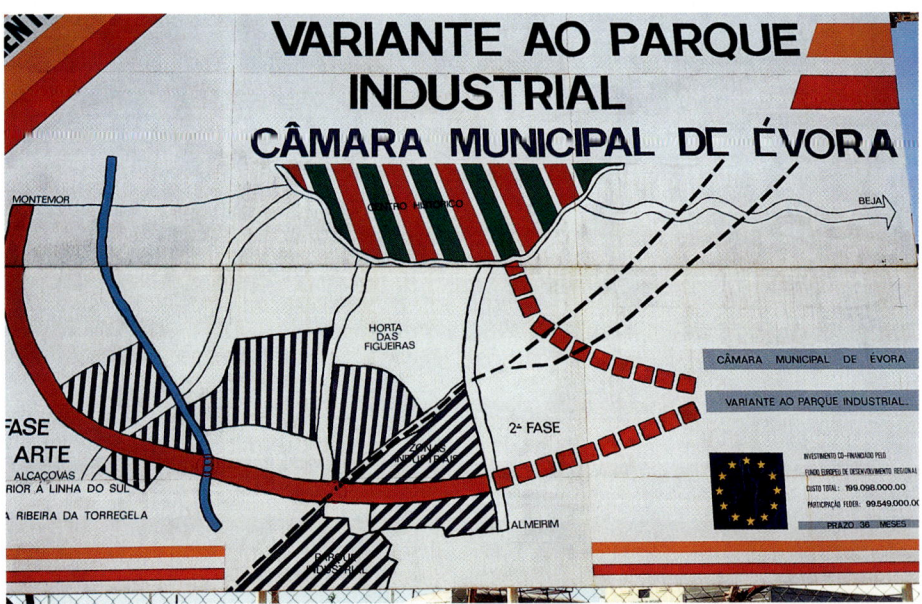

Bild 68: Gewerbepark in Évora, Alentejo, Portugal: *Trotz der großzügigen Infrastruktur wurden die vorhandenen Flächen nicht voll genutzt. Aufnahme 1990.*

Erinnerung daran resultiert auch ein Teil des Selbstbewusstseins Andalusiens und sein Streben nach Autonomie (Geiselhardt 1985).

Es kann nicht übersehen werden, dass auch die geringe *Bereitschaft* zu *sozialem Wandel* dazu beiträgt, die Entwicklungsfähigkeit eines Gebietes dauerhaft zu hemmen. In Südspanien, aber auch in anderen peripheren Regionen des Mittelmeerraumes spielt in dieser Hinsicht das Fortleben nur geringer Neigung zur Veränderung feudaler Lebens- und Wirtschaftsformen eine Rolle, wie im Kapitel zum sozialen Wandel dargelegt wurde. Bodeneigentum, dessen Verpachtung und die daraus erzielten, meist vom klimatischen Ernterisiko unbeeinflusste Sicherheit der in gleich bleibender Höhe eingeforderten Grundrenten bildeten wichtige Motive der Bodeneigentümer, keine grundlegenden sozialen Änderungen zuzulassen. Seit der Reconquista gelang es in Südspanien Großgrundeigentümern, mit geringem Aufwand aus der Landwirtschaft hohe Gewinne zu ziehen. In gewissem Umfang verhinderte auch die Abneigung höherer Sozialgruppen der spanischen Herrengesellschaft gegenüber unmittelbar produzierender Erwerbstätigkeit viele mögliche Wandlungen des wirtschaftlichen Aktionsrahmens (Hidalgismus). Angesichts dieser lang andauernden gesellschaftlichen Unbeweglichkeit und des durch sie bedingten Veränderungsstaus erfasste seit dem Ende der Franco-Zeit auch weite Kreise der Bevölkerung in peripheren Gebieten eine sehr schnelle soziale Neuorientierung. Viele traditionelle Leitbilder verschwanden in kurzer Zeit und machten auch in abgelegenen Räumen neuen Zielen der Lebensgestaltung Platz. So ist hier zukünftig mit Zündfunken für neue wirtschaftliche Prozesse zu rechnen.

Süditalien – Opfer staatlicher Vereinigung?

Ein Kernproblem der peripheren und schwachen Wirtschaftsregionen birgt die Frage, ob sie mit den gleichen Übergangskriterien, Methoden und Geschwindigkeiten in das gemeinsame Europa integriert werden können wie die Wohlstandsräume. Diese Unsicherheit trifft besonders auf Italien zu, dessen südlicher Landesteil, der Mezzogiorno, dem Norden der Apenninenhalb-

insel und damit auch Europa noch relativ fern steht.

Im Gegensatz zu den Staaten insgesamt kann die Bevölkerung eines Landes*teiles* nicht für sich selbst sprechen. Sie ist auf die Vertretung ihrer Interessen durch die nationale Regierung angewiesen, die diesen Wunsch politisch oft nur unwillig oder mangels hinreichender Kenntnisse verfälscht darstellt. Hierin ist eine wesentliche Ursache der weiteren Verschärfung von wirtschaftsräumlichen Disparitäten zu sehen. Die Solidarität mit besonderen Lebensstilen peripherer Regionen bedarf in Europa noch weitgehender Verbesserung. Auch viele Norditaliener bringen der Bevölkerung des Mezzogiorno eher Abneigung als Verständnis entgegen. Die separatistischen Gruppierungen und Parteien der Poebene, wie die Lega Nord, sehen im Rückstand des Südens der Apenninenhalbinsel eine entscheidende Ursache der wirtschaftlichen Probleme Italiens insgesamt. Die Lega Nord trat nicht zuletzt deshalb seit Mitte der 80er-Jahre mit Forderungen nach politischer Eigenständigkeit des Nordens auf. Ihr Ziel war, den armen Süden aus dem Staatsverband weitgehend abzusondern, um so dem Norden und der Mitte des Landes einen unbelasteten Weg in das zukünftige Europa zu ebnen. Der nur geringe Abstand der hoch entwickelten Wirtschaft in der Poebene, seiner Sozialstruktur sowie seiner Kultur zu Mitteleuropa machte das Ziel der Abkoppelung vom vermeintlichen Armenhaus des Südens zeitweilig mehrheitsfähig. Dabei sah man nur die 26 Mio. Einwohner des Nordens (ca. 46 % der Bevölkerung Italiens), distanzierte sich sogar in gewissem Umfang vom mittleren Italien (ca. 10 Mio. Einwohner), obwohl dort im zurückliegenden Jahrzehnt eine bemerkenswerte wirtschaftliche Gesundung eingetreten ist (Matzat 1993).

Das innerstaatliche wirtschaftliche Nord-Süd-Gefälle Italiens, historisch entstanden und in den vergangenen Jahrzehnten weiter gewachsen, ist heute so groß wie in keinem anderen Land der EU. Geht man von einem Indikator aus, der die Bruttowertschöpfung, den Industrialisierungsgrad, die Arbeitslosigkeit, den Energieverbrauch und den Pkw-Bestand je Einwohner erfasst, so erreichten die süditalienischen Regionen

1996 nur ca. 60–70% des EU-Mittelwertes. Piemont, Lombardei und Emilia-Romagna liegen mit bis zu 130 % deutlich darüber, Ligurien, Venetien, Friaul, die Toskana, Latium und Marken konnten während des letzten Jahrzehnts den Durchschnittswert nach oben überschreiten. Der Nordosten und die Mitte (das „Dritte Italien") holten wirtschaftlich stark auf. Trotz der umfassenden Hilfe für den Mezzogiorno nach dem Zweiten Weltkrieg verringerte sich seine relative ökonomische, soziale und politische Abseitslage nicht. Selbst seit 1980 sanken die Einkommens des Südens weiter ab (Abb. 91). Es ist deshalb verständlich, wenn für die Mezzogiornobevölkerung Rom und Europa mental nach wie vor sehr weit entfernt sind (Monheim 1974; Bagnasco 1977; Kehr 1984; Loda 1989; Pohl 1995).

Vielfältig sind die *Erklärungsversuche* der Nord-Süd-Gegensätze in Italien. Rein ökonomische Konstrukte reichen dazu nicht aus, ebenso wenig wie die immer wieder angeführten, nach Süden zunehmenden naturräumlichen Risiken. Aber auch der Hinweis auf *Kriminalität* als Ursache für die Erfolglosigkeit der Wirtschaft des Südens ist unzulänglich. Wenn über Mafia, Cosa Nostra und Ndrangeta berichtet wird, dann entsteht der Eindruck, die süditalienischen Untergrundorganisationen seien deshalb so stark, weil man durch Schmuggel, Drogenhandel, Geldwäsche, Schutzgelder und die Umleitung von staatlichen und internationalen Finanzhilfen ungefährdet viel Geld verdienen könne. Zweifellos sind dies auch wichtige Fakten. Die Geheimgesellschaften sind jedoch ein viel komplizierteres System, das zwischen staatsfernen Gruppen der Bevölkerung, differenzierten Klientelsystemen sozial Abhängiger und immer wieder überraschend entlarvten Spitzen der Gesellschaft eingebunden ist. Ein wichtiger Grund für die fortdauernde Abseitslage ist zweifellos die Gesellschaftsstrukur, die bei hohen Lebenshaltungskosten und niedrigen Gehältern fast alle Arbeitnehmer, auch Staatsbeamte, dazu zwingt, in der *Schattenwirtschaft* einen zweiten oder dritten Job zu suchen. Von hier ist der Schritt zu einer Doppelexistenz auch im Randspektrum des Mafiageschehens nicht groß. Viele Umstände fördern die Neigung, an den kriminellen Kreisläufen der Untergrundökonomien teilzunehmen, die ihrerseits mit der offiziellen Wirtschaft eng verflochten sind. Norditalien wurde von diesem parasitären Wurzelgeflecht des Südens längst durchwachsen. Kräftige Ausläufer ranken bereits weit nach West- und Mitteleuropa. Die Selbstverständlichkeit von Korruption und Amtsmissbrauch auf allen Ebenen der aufgeblähten öffentlichen Verwaltung resultiert aus den Schwierigkeiten individueller Existenzsicherung. Jahrhundertealtes Misstrauen gegenüber den meist nicht eingelösten Versprechungen der staatlichen Behörden in Rom verklärt viele Delikte, fördert geradezu Eifer und Wettstreit, Gesetze und Verordnungen der Obrigkeit zu umgehen. Schon Goethe beschrieb in seiner *Italienischen Reise* am 12. März 1787 fasziniert die herausragende intellektuelle Fähigkeit der Neapolitaner, schnell Möglichkeiten zu ersinnen, neu erlassene Gesetze ebenso gut straflos zu umgehen wie die alten.

Der Nord-Süd-Gegensatz Italiens basiert auf vielfältigen Ursachen, die weit in die Geschichte zurückreichen. Immer wieder musste Süditalien seit der Antike kulturelle, wirtschaftliche, politische und demographische *Fremdeinwirkungen* von außen erleiden. Eine einheitliche soziale und wirtschaftliche Entwicklung war dem Mezzogiorno deshalb im Gegensatz zum Norden Italiens stets versagt. Die Summe der historisch aufgehäuften, bis heute nachwirkenden Entwicklungshemmnisse ist deshalb unübersehbar. Ihre wichtigsten Folgen sind: die Schwäche des stadtbürgerlichen Mittelstandes, nur geringe handwerkliche und gewerbliche Innovationen aus eigener Kraft, feudale Strukturen im Sozialaufbau und beim Bodeneigentum. An die Stelle von Investition in Gewerbe und Produktion trat seit Jahrhunderten bis zur Gegenwart fortdauernd die Kapitalflucht in Immobilien und Handel, vor allen Dingen besonders ins Ausland (Vöchting 1951; Schinzinger 1970). In Norditalien verlief die Entwicklung entgegengesetzt und fast stets innovativ: Die Städte waren spätestens seit der Renaissance schöpferische Mittelpunkte der sie umgebenden Wirtschaftsräume und später Standorte eigenständiger, erfolgreicher Industrialisierung.

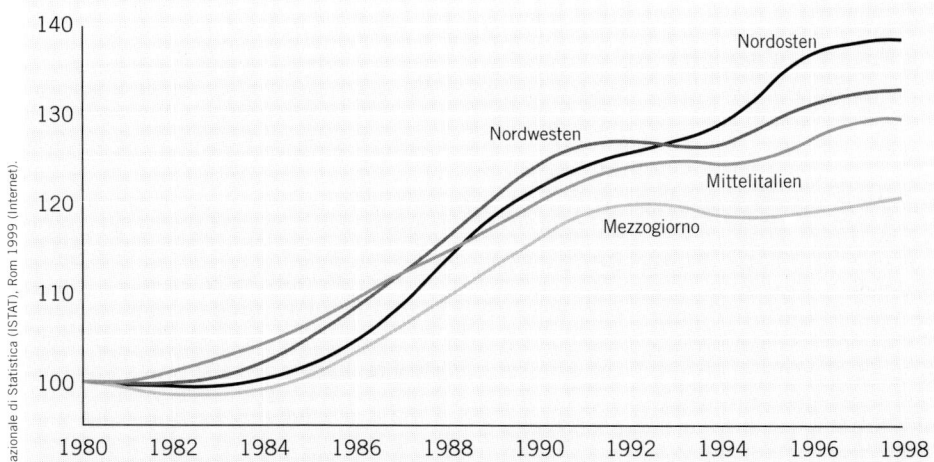

Quelle: Istituto Nazionale di Statistica (ISTAT), Rom 1999 (Internet).

Abb. 91: *Einkommensentwicklung in Italien 1980–1998:* *Die Entwicklung des Nord-Süd-Gegensatzes beim Bruttoinlandsprodukt zu festen Preisen (1980 = 100) zeigt eine weitere Zunahme des sozio-ökonomischen Abstandes zwischen Nord und Süd.*

Auch die *staatliche Einigung Italiens* 1861, von der Bevölkerung des Südens zunächst enthusiastisch begrüßt, bescherte dem Mezzogiorno nicht den erhofften wirtschaftlichen Gleichstand. Im Gegenteil: Sie wirkte sogar bremsend. Die florierende Landwirtschaft und erste Industrien der Provinz Neapel wurden der vernichtenden norditalienischen Konkurrenz ausgesetzt. Deshalb blieben Agrarsektor und produzierendes Gewerbe schon vor der Jahrhundertwende hoffnungslos zurück. Daraus folgte die Massenauswanderung, die 1880–1920 ein Drittel der Bevölkerung ins Ausland, besonders nach Amerika trieb, wie im Kapitel zur historischen Bevölkerungsentwicklung beschrieben wurde. Ein entscheidender Fehler war die anpassungslose Übertragung von Steuergesetzen und Verwaltungsprinzipien des piemontesischen Musterstaates auf die völlig anders gearteten Lebens- und Wirtschaftsräume des Südens. Ein Bewusstsein gesamtstaatlicher Einheit und Zusammengehörigkeit entstand so weder im Norden Italiens noch im Mezzogiorno. Hierin liegt der wichtigste Ursachenkomplex für das bis heute bei der Südbevölkerung weit verbreitete *politische Misstrauen* gegenüber der Regierung in Rom, zunehmend wohl auch gegenüber den EU-Behörden in Brüssel. Deren Richtlinien orientieren sich bestenfalls am Gesamtstaat Italien. Auf die spezifische *Regionalkultur*, die historisch gewordene Eigenständigkeit des Mezzogiorno nehmen sie ebenso wenig Rücksicht wie nach 1861 die junge nationale, italienische Zentralregierung auf den Süden ihres neu geschaffenen Einheitsstaates (Reimann 1976; Wagner 1991).

Die Bedingungen der *natürlichen Umwelt* beeinträchtigen die Entwicklungsfähigkeit des Mezzogiorno zweifellos stark, sie bieten aber auch Vorteile. Einerseits fallen nicht jedes Jahr die für die Landwirtschaft notwendigen Regenmengen. Diese Unsicherheit traf seit Jahrhunderten besonders die kleinbäuerlichen Pächter hart. Trotz der Missernten mussten sie die vorher vertraglich festgelegten Pachtzinsen an die Bodeneigentümer, oft absentistische Städter, entrichten. So gerieten sie in Verzug und schließlich in generationenübergreifende Schuldknechtschaft. Aus ihr entwickelten sich klientelhafte Abhängigkeiten vom Grundherren, die noch heute bei politischen Wahlen zu spüren sind. Andererseits erlauben die milden Wintertemperaturen und die seit den Finanzhilfen der 60er-Jahre im trockenen Sommerhalbjahr verfügbaren Bewässerungsmöglichkeiten gute Anbau-, Ertrags- und Exportchancen für den Gemüseanbau in den seit einem halben Jahrhundert malariafreien Litoralzonen. Hinderlich erwiesen sich jedoch die weltweit zunehmenden Konkurrenzgebiete mit gleichen Ausfuhrprodukten.

Seit 1950 wurde mit umfassenden *Subventionen* versucht, Industrie in den Mezzogiorno zu lenken, wie im Kapitel über die industrielle Entwicklung dargelegt wurde. Viele Betriebe des Nordens, selbst die staatlichen Unternehmen, versuchten jedoch, diese Finanzhilfen *nur* als Mitnahmeeffekte auszunutzen und gründeten moderne, hoch automatisierte und deswegen arbeitsplatzarme Betriebe im Süden. Oft entstanden auch nur leer gebliebene Werkhallen, weil die Masse der Finanzhilfen vorschriftswidrig in die nördlichen Mutterbetriebe der Poebene flossen. Diese öffentlichen Initiativen hatten bei der Jugend, die heute der Alternative Auswanderung generell skeptischer gegenübersteht als ihre Eltern in den 60er-Jahren, Hoffnung auf Beschäftigung vor Ort geweckt, die nun enttäuscht wurde. Die Jugendarbeitslosigkeit erreicht heute im Mezzogiorno regional mit bis zu 50 % Spitzenwerte in der EU. Auswege bietet nur für einen Teil der jungen Arbeitsuchenden die Schattenwirtschaft, obwohl sie bereits zu einem wichtigen Teil der Ökonomie Süditaliens geworden ist. Sie fügt dem offiziellen Bruttoinlandsprodukt vermutlich bereits ein Drittel hinzu, ohne einen Beitrag in die Steuerkasse des Staates zu leisten. Eine Rückkehr in die Landwirtschaft erscheint vielen Jugendlichen aus sozialen Gründen und wegen der dort niedrigen Einkommen nicht möglich. Außerdem wirken hier bereits viele illegale Einwanderer (clandestini) aus Nordafrika, insbesondere aus Marokko, die für weniger als die Hälfte des normalen Lohnes arbeiten. Viele Jugendliche sehen sich in einer *ausweglosen sozialen Lage* blockiert: Im Mezzogiorno geboren, als Gastarbeiter in Deutschland aufgewachsen, nun in die Heimat zurückgekehrt, sind sie weder hier noch dort verwurzelt, geschweige denn willkommen.

Gibt es eine Möglichkeit, im Sinne des *„Regionallebenszyklus"* Süditalien wieder in einen Aufwärtstrend zu lenken? Historische Beispiele ermutigen. Sizilien und Unteritalien standen während der Normannen- und Stauferherrschaft (bis 1250) und insbesondere unter Friedrich II. wirtschaftlich, kulturell und staatsrechtlich den meisten anderen europäischen Regionen voran. Erst danach folgte ein schneller Abstieg. Heute bieten sich folgende Wege an:

1) Die Anfänge eigenständiger neuer „industrieller Distrikte" zeigen, dass hier Erfolge erreichbar sind. Insoweit würden sogar paradoxerweise einige der Ideen der Lega Nord, regional autonome Entwicklung zu stärken, Bestätigung finden. Sie könnte die bisherige irrationale Mischung aus Misstrauen gegenüber dem Norden und mitleiderheischenden Klagen durch Selbsthilfe ersetzen. Im Sinne der *Regulationstheorie* würde dies Abbau der Dirigismen von oben und größere Flexibilität der übergeordneten staatlichen Verwaltung als Makrostruktur bedeuten; infolgedessen mehr Freiheit für Entscheidungen auf der unteren Ebene, also für das gewinnorientierte Handeln der lokalen Unternehmer.

2) Diese Neuorientierung schließt ein, das *Regionalbewusstsein* der Bevölkerung eines peripheren Wirtschaftsraumes stärker zu ermutigen und nicht, wie im Mezzogiorno Italiens seit Jahrhunderten geschehen und im Zuge der gegenwärtigen Europapolitik wiederholt wird, von außen zu dirigieren, einzuengen, zu überformen oder nicht zu respektieren.

3) Wichtige Impulse für die wirtschaftliche Entwicklung des italienischen Südens gehen zur Zeit von den kleineren und mittleren Unternehmen aus, da sie flexibler und innovativer auf Marktänderungen reagieren können als große Betriebe. Eine Stärkung dieser, im Handwerk und Kleingewerbe des Mezzogiorno ohnehin verbreiteten und verwurzelten Fähigkeit könnte wirtschaftliche Milieus aufbauen, die ihrerseits weitere Wachstumskräfte auslösen (Rother 1982, 2000; Wagner 1991, 1993; Bergeron 1997).

Abseitslage Ostanatoliens – Unabänderlich?
Das Staatsgebiet der Türkei ist ein weiteres anschauliches Beispiel für die Existenz und das Fortbestehen wirtschaftsräumlicher Disparitäten. Naturräumliche, ökonomische, soziale und kulturelle Gegensätze prägen dieses Land. Folgt man der eingehenden Darstellung Hütteroths (1982, S. 492) und

der Analyse Strucks (1987) sowie einigen jüngeren Untersuchungen (Höhfeld 1995, S. 73ff.; Bazin 1997), so sind drei Ursachenbereiche ausschlaggebend: Die *physisch-geographischen Grundlagen*, insbesondere die Reliefgliederung gestatten im Westen des Landes, in den Küstenniederungen eine günstigere landwirtschaftliche Entwicklung als in den Gebirgen und auf den Hochplateaus in Ostanatolien, dessen Beckenlandschaften sogar höher liegen als die zentraltürkischen Steppen. Lange kalte Winter, kontinentale trockene Sommer und weniger fruchtbare Böden behindern die agrare Bodennutzung im Osten erheblich. Der Kulturlandanteil nimmt von Westen nach Osten bis auf ca. 20 % der jeweiligen Provinzfläche ab. Bereits *historisch*, in griechischer, später in byzantinischer Zeit entwickelte sich die Wirtschaft in den westlichen Teilen Kleinasiens, insbesondere an der Ägäisküste relativ gleichmäßig gut. Der Osten lag lange im Einflussbereich der Mongolen, später konnte sich die Verwaltung des Osmanischen Reiches nur langsam gegen die ostanatolischen Stämme durchsetzen. Als im 19. Jh. die Industrieländer Westeuropas Interesse an verschiedenen Rohstoffen und den Absatzmärkten des Osmanischen Reiches hatten, profitierten wiederum besonders die Hafenstädte am Mittelmeer und ihre Wirtschaft, also der Westen des Landes. In den östlichen Landesteilen konnte sich auch die junge Regierung der modernen Türkei ab 1923 anfangs nur zögerlich durchsetzen.

Erst seit Beginn der 30er-Jahre begann die junge türkische Republik die inneren und östlichen Landesteile wirtschaftlich durch Infrastruktur und Entwicklungspole zu fördern. Davon erwartete man eine eigenständige Ansiedlung von Folgeindustrien durch private Unternehmer. Mehr als nur symbolische Bedeutung hatte die Verlegung der Hauptstadtfunktion von Istanbul nach Ankara 1923. Nach dem Zweiten Weltkrieg trugen die Marshall-Plan-Kredite erheblich zu einer Mechanisierung der Landwirtschaft in Zentral- und Ostanatolien bei. Da deshalb jedoch viele Arbeitsplätze wegfielen, konnte hinsichtlich der Beschäftigungsmöglichkeiten der West-Ost-Kontrast nicht gemildert werden. Zudem blieb der Ertrags- und Einkommenszu-

wachs der Landwirtschaft im Westen des Landes stets größer. Im Osten siedelten sich zwar auch produzierendes Gewerbe und Industriebetriebe an und die Zahl der im sekundären und tertiären Sektor Tätigen stieg. Aber ein sehr viel stärkeres Wirtschaftswachstum konzentrierte sich auf die großen Verdichtungsgebiete im Nordwesten der Türkei mit Istanbul, Izmit und Bursa, hier großenteils auf die früher schon gewerblich geprägten Küsten- und Provinzstädte (Stewig 1999).

Seit den 70er-Jahren verbesserte man die Infrastruktur der östlichen Regionen umfassend durch Straßen, flächenhafte Energieversorgung, Bildungs- und Gesundheitseinrichtungen sowie Wohnungsbau erheblich. Davon profitierten ländliche Räume und die größeren und mittleren Zentralen Orte. Besonders sie zogen private Industrie an und fingen einen Teil der Abwanderung aus dem ländlichen Raum schon hier auf. Die Staudämme des großen Entwicklungsprojektes GAP (Güneydogu Anadolu Projesi) an Euphrat und Tigris sollten die Elektrizitätsversorgung der gesamten Türkei wesentlich verbessern und im Südosten der Türkei besondere wirtschaftliche Impulse für Bewässerung und Kleingewerbe geben. Auf diese Weise versuchte man, durch Wohlstandsangleichung auch den ethnischen Gegensatz zwischen der türkischen und kurdischen Bevölkerung zu vermindern.

Analysiert man die demographische Dynamik als Gesamtindikator der Entwicklung in den westlichen und östlichen Teilen der Türkei, insbesondere die Bevölkerungsverteilung, ihre unterschiedliche Dichte und die bis heute anhaltende, von Ost nach West und vom Binnenland an die Küsten gerichtete Wanderung, so wird das Fortbestehen wirtschafts- und sozialräumlicher Disparitäten deutlich. Trotz Verbesserung der technischen und sozialen Infrastruktur kann nicht übersehen werden, dass der weitaus größere und durch Migration noch zunehmende Teil der Bevölkerung im Westen des Landes lebt. Die dort herrschende starke Verstädterung und Kaufkraftkonzentration unterstreichen diese Tatsache. Deshalb sehen auch die Industrie, das Gewerbe und die Dienstleistungen hier bessere Standort- und Marktbedingungen. Die westtürkischen Küsten bieten außerhalb der überfüllten Ballungsgebiete noch vielfältige günstige Ansiedlungs- und Erweiterungsflächen. Außerdem wird in der Westorientierung innerhalb der Türkei eine wachsende Möglichkeit gesehen, sich durch betriebliche Kontakte immer stärker der EU zu nähern, obwohl politisch noch zahlreiche Hürden zu überwinden sein werden. Die Liberalisierung der Wirtschaftspolitik, seit Mitte der 80er-Jahre von der Regierung Özal forciert, förderte diese Bestrebungen und wertete die Standortvorteile der westlichen Landesteile erneut weiter auf. Seit Gründung der marxistisch-leninistischen Arbei-

terpartei Kurdistans 1978 (PKK) schreckte die Spirale der Gewalt im Südosten der Türkei viele private Unternehmer ab, dort ihr Kapital zu investieren (Struck 1998). Das staatliche Planungsinstitut schätzt, dass 70 % der südostanatolischen Bevölkerung mittlerweile an der Armutsgrenze leben. Gegenwärtig sind in Diyarbakir wahrscheinlich mehr als 60 % der Einwohner arbeitslos, der Lebensstandard bewegt sich auf einem niedrigen Niveau. Insoweit prägen die Türkei, trotz vieler Gegenmaßnahmen, noch immer wirtschafts- und sozialräumliche Unterschiede, die in absehbarer Zeit nicht behebbar zu sein scheinen (Höhfeld 1995, S. 78).

Raumordnung und regionalpolitische Ziele

Die aufgeführten Beispiele zeigen, dass die umfassenden regionalpolitischen Maßnahmen zur Abschwächung wirtschaftsräumlicher Disparitäten im Mittelmeerraum keine befriedigenden Erfolge hatten. Durch Maßnahmen *von oben* konnten in den strukturschwachen Regionen weder wirtschaftliche Stabilität noch Eigenständigkeit verbessert werden. Fasst man die angewandten entwicklungspolitischen Konzepte zusammen, so dominierten in der Vergangenheit folgende, von den entwickelten Gebieten in die Peripherien eingreifende, also für sie von außen wirkende *sektorale* Eingriffe (Krätke 1996, S. 254 f.). Bezeichnendes Ergebnis war dabei, dass zwar strukturelle Verbesserungen eintraten, gleichzeitig aber viele neue Nachteile entstanden. So förderte der an sich positive Ausbau der Infrastruktur (Straßen, Wasser-, Energieversorgungsnetze, Bildungseinrichtungen) die Abwanderung von Arbeitskräften. Die Subventionierung von Investitionen lief oft auf einseitige ökonomische Spezialisierung hinaus (z. B. Entwicklung des Tourismus, Ausbau hochtechnologisierter Bewässerungswirtschaft). Ähnlich wirkte die Ansiedlung von arbeitsintensiven Unternehmen der Billiglohnindustrie (z. B. Elektro- und Textilbranche). Einerseits entstanden neue Arbeitsplätze. Da die neuen Unternehmen meist in der nicht mehr innovativen Endphase des Produktlebenszyklus standen, lösten sie andererseits jedoch kaum die spontane Grün-

dung weiterer Betriebe aus. Diese Methoden der *räumlichen Arbeitsteilung* konnten das wichtigste Handicap nicht beseitigen, die *einseitige Abhängigkeit* der peripheren, strukturschwachen Gebiete von den schon entwickelten Industrieregionen. Diese negative Entwicklung war auch eine Folge der Tatsache, dass die Nationalstaaten des Mittelmeerraumes überwiegend nicht föderalistische, sondern eine zentralistische Organisation der politischen Zuständigkeit und Verwaltung besitzen. Auch wegen der schwankenden Interessenlage, oft auch infolge konkreter Mängel der regionsexternen Entscheidungsträger in den fernen Hauptstädten an Kenntnissen über die tatsächlichen Probleme in den peripheren Landesteilen, konnte dort eine dauerhafte und zunehmende wirtschaftliche Stabilität nicht erreicht werden.

In jüngerer Zeit wurden deshalb auch im Mittelmeerraum Konzepte der *selbsttragenden, endogenen Entwicklung* favorisiert (Stöhr 1985; Garofoli 1992). Sie verfolgen zwei Ziele:

1) Zunächst ist der Abbau einseitiger Abhängigkeit der schwach entwickelten Regionen von den national und international wirtschaftlich starken Gebieten zu erreichen, ohne sie dabei zu isolieren, abzukoppeln oder sich selbst zu überlassen. Erhoffter Endpunkt ist die Erlangung der Wettbewerbsfähigkeit mit konkurrierenden

Regionen innerhalb und außerhalb des Mittelmeerraumes.

2) „Entwicklung" wird hier nicht auf nur eine Impulsebene bezogen (z. B. Tourismus oder Betriebe als verlängerte Werkbänke). Man versteht vielmehr darunter einen integralen Prozess, der möglichst viele gebietsinternen Potenziale und die hier vorhandenen Fähigkeiten fördern soll. Man versucht, umfassend wirtschaftliche, soziale, kulturelle, politische und naturräumliche Strukturen der bisher wenig entwickelten Region zu verbessern. Die Chancen, auf diese Weise den Entwicklungsrückstand aufzuholen, liegen darin, die hier lebenden Entscheidungsträger zu einem komplexen *Zusammenwirken* anzuregen. Für die wirtschaftsschwachen Regionen im Mittelmeerraum bedeutet diese Forderung vor allem, die *lokalen Akteure* politikfähig zu machen, sie einander zuzuführen, sie zur Kooperation zu bewegen, übersteigerte Eigeninteressen zu mindern, Klientelsysteme abzubauen, gegenseitiges Vertrauen zu entwickeln und die Regionsvorteile den Interessen der Zentralregierung voranzustellen. Voraussetzung ist die Formung von *Regionalbewusstsein*. Sein Mangel ist das entscheidende *Entwicklungshemmnis* peripherer Gebiete des Mittelmeerraumes.

In den randlichen, schwächer entwickelten Wirtschaftsräumen der nördlichen Staaten des Mittelmeerraumes lassen sich erste Erfolge der Strategien zur *endogenen Entwicklung* beobachten. Sie resultierten aus den zunächst rein politisch orientierten *Regionalismusbewegungen* und dem Streben nach Autonomie gegenüber dem staatlichen Zentralismus (Reimann 1984; Lipp 1984). Nach langen Auseinandersetzungen wurden einigen der peripheren Gebiete, meist auf der mittleren Verwaltungsebene, schließlich begrenzte Formen autonomer Administration und politischer Selbstbestimmung gewährt (z. B. Süditalien, Sizilien, Sardinien, Baskenland, Andalusien, Balearen, Korsika). Die vollständige Durchsetzung des *Subsidiaritätsprinzips* konnte bislang jedoch nirgends erreicht werden. Damit könnten alle regionsbezogenen Entscheidungen in die einzelnen Regionen verlagert und den zentralistischen Behörden entzogen werden. Folgende weitere Methoden würden die eigenständige, wirtschaftliche Entwicklung peripherer Regionen im Mittelmeerraum unterstützen: Verminderung von Kapitalexport zugunsten der Investition innerhalb der einzelnen Regionen; Verbesserung beruflicher Qualifikationen und des Wissenstransfers, Synergieeffekte durch Konzentration moderner Betriebszweige in Gewerbeparks und Industriedistrikten (Bergeron 1997) und die Unterstützung betrieblicher Kooperation mittlerer und kleinerer Betriebe, die schnell auf Nachfrageänderungen reagieren können. Wie das Kapitel über die industrielle Entwicklung zeigte, lassen sich Beispiele solcher neuen *Produktionsmilieus* als Ansatzpunkte für eine eigenständige Regionalentwicklung in verschiedenen peripheren Gebieten beobachten. Ihre Anfangserfolge reichen allerdings noch nicht aus, um die regionalen Disparitäten *innerhalb* einzelner Staaten zu vermindern. Auch eine Beseitigung der nach wie vor gravierenden, wohl auch noch zunehmenden großräumlichen sozio-ökonomischen Unterschiede innerhalb des Mittelmeerraumes insgesamt, also zwischen den nördlichen Staaten einerseits und den östlichen sowie südlichen andererseits, ist vorerst noch nicht erkennbar.

ENTWICKLUNGSPERSPEKTIVEN: EUROPA-ORIENTIERUNG UND REGIONALE KONFLIKTE

Bild 69: Nationalstaatliche Selbstdarstellung in San Gimignano, Italien: *Die Dominanz der Nationalstaaten verstärkte die wirtschaftsräumlichen Unterschiede und Regionalkonflikte im Mittelmeerraum und fordert zu einer übergreifenden Ausgleichspolitik der EU heraus.*

Überblick

■ Historisch wurde die Mittelmeerwelt politisch von drei jeweils in sich universellen Zivilisationen und Kulturwelten geprägt, dem lateinisch-christlichen Westen, dem orthodox-griechischen Osten und der islamischen Welt im Süden. Ihre Grenzen waren fließend, territorialpolitische Grenzen untergeordnet.

■ Trotz der Konfrontation zwischen diesen Sphären gab es wechselseitige politische, wirtschaftiche und kulturelle Impulse. Mittel- und Westeuropa nahmen in historischer Zeit vom Mittelmeerraum wahrscheinlich mehr Anregungen auf als sie ihm geben konnten.

■ Besonders tiefgreifende und langfristig wirksame politische Konflikte entstanden im Mittelmeerraum mit der Entstehung nationalstaatlicher Grenzen, im östlichen Teil besonders infolge der Auflösung des Osmanischen Reiches.

■ Politische Dynamik und Krisen des Mittelmeerraumes vollziehen sich ethnisch in regionalen, gesellschaftlich in nationalen und wirtschaftlich vorwiegend in internationalen Dimensionen.

■ Die neue Mittelmeerpolitik der EU strebt im Rahmen einer euro-mediterranen Partnerschaft an, Hilfe bei der wirtschaftlichen Entwicklung im Süden und Osten zu leisten, die Transformation zu modernen Zivilgesellschaften zu unterstützen und Wege zu einer erneuten Einheit des Mittelmeerraumes zu bahnen

Divergente Ziele der Politik

Eine Zusammenschau der in den vorausgegangegen zwölf Kapiteln dargelegten Chancen und Risiken der Entwicklung des Mittelmeerraumes mündet in eine Betrachtung der zukünftigen politischen Perspektiven. Versucht man die historischen Grundlinien des *politischen* Geschehens zu erfassen, so ist Braudel (1990, S. 95) zu folgen, wenn er sagt, die Mittelmeerwelt sei „die Konfiguration dreier kultureller Gemeinschaften, dreier großer und dauerhafter Zivilisationen, dreier grundlegender Lebensstile, Denkentwürfe, Glaubensweisen, Alltagspraktiken". Diese drei Sphären, der römisch-christliche Westen, das orthodoxgriechische Universum im Osten und die islamische Welt im Süden, behaupteten sich, oft unabhängig von territorialen Grenzen, sich bekämpfend, ergänzend und durchdringend über Jahrhunderte bis in die Gegenwart. Mitteleuropa war mit diesen drei Kulturwelten des Mittelmeerraumes auf vielfache Weise verbunden und nahm wahrscheinlich vom Süden mehr als es geben konnte, sowohl wirtschaftlich als kulturell: Die wichtigsten Transferleistungen fanden während der Nordexpansion des Römischen Reiches, der Völkerwanderungszeit, der Ausdehnung des Islam nach Westen und Norden, der kaiserlichen Herrschaft im Hochmittelalter und der globalen Habsburgmacht im 16. Jh. statt. Nachdem der politische Schwerpunkt in der Frühneuzeit aus dem Mittelmeerraum nach West- und Nordwesteuropa und in den atlantischen Raum gewandert war, schrumpften zwar die *wirtschaftlichen* Kontakte, unverändert blieb jedoch das Interesse des Nordens an der *Kultur* und den Lebenswelten des Mittelmeerraumes hoch.

Im 19. Jh. begann auch das politische Interesse der europäischen Staaten am Süden und Osten des Mittelmeerraumes wieder zu wachsen. Folge waren das Zurückdrängen der türkisch-islamischen Macht im Balkan und die imperialistischen, territorialen Eroberungen in Nordafrika. Zusammen mit der Auflösung des Osmanischen Reiches und der Konstruktion seiner Nachfolgestaaten entstand ein breit vernetztes Spektrum *politischer Konfliktzonen*: das wirtschaftliche Interesse der Industrieländer an den Erdöllagerstätten des Nahen Ostens, die Entstehung des Wohlstandsgefälles innerhalb des Mittelmeerraumes und neue Spannungsfelder zwischen islamischer Kultur und westlicher Zivilisation.

Heute konzentrieren sich die wichtigsten politischen Fragen auf das Verhältnis Europas zu den Ländern in Mittelost und in Nordafrika, also auf die *Mena-Staaten* (*M*iddle-*E*ast and *N*orth *A*frica). Die Mittelmeeranrainer dieser Staatengruppe sind wirtschaftlich überwiegend noch schwach, obwohl einige von ihnen über große Rohstoffvorräte verfügen. Die Verbesserung der ökonomischen Lage wird durch *zwei* Hemmnisse erschwert:

Fast überall dominiert der Staat die wirtschaftlichen und gesellschaftlichen Kräfte und engt deshalb den Spielraum für notwendige *private* Aktivitäten ein. Zwar verbalisieren die Regierungen immer wieder ihr Streben nach *Demokratisierung* und ihr Eintreten für gesellschaftlichen *Pluralismus*, um den Erwartungen der Industrieländer, des Weltwährungsfonds und der UN-Charta zu entsprechen. Dies zeigen ritualisierte Parlaments- und Präsidentenwahlen sowie die jüngsten Versuche der herrschenden Parteien, künstlich eine (realiter wirkungslose) politische Opposition aufzubauen. Jedoch bleibt ihre Furcht vor zu weit gehender gesellschaftlicher Liberalisierung, also vor dem Entstehen einer Zivilgesellschaft und deren innenpolitischen Folgen vorerst groß.

Weiterhin mindert die Gefahr der *Destabilisierung* der politischen Systeme durch fundamentalistische Bewegungen die Chancen der wirtschaftlichen Gesundung. Umgekehrt argwöhnen viele religiöse muslimische Führer, westliche Investitionen bewirkten automatisch kulturelle Überformung und politische Bevormundung durch Europa, die USA und Israel. Das Dilemma der EU besteht darin, dass sie den politischen *Transformationsprozess* nicht fördern kann, wenn die politischen Führungsgruppen der Mena-Länder ihre Interessen gefährdet sehen (Schlotter 1998).

Die nachfolgenden Überlegungen widmen sich deshalb zunächst den neuen Zielen der EU-Politik für den Mittelmeerraum.

Ferner stellt sich die Frage nach Abschätzung ihrer Erfolgschancen sowie nach den Antworten Europas auf die sozialen und wirtschaftlichen Probleme des Mittelmeerraumes, die fast ausnahmslos auf Mittel- und Westeuropa zurückwirken. Anschließend wird eine Analyse ausgewählter regionaler Konflikte im Mittelmeerraum versucht (Schmieder 1969; Khader 1994; Gillespie 1997; Zippel 1999).

Neue Mittelmeerpolitik der EU

Erste Anfänge europäischer Politik für die südlichen und östlichen Anrainer des Mittelmeeres sind in den präferenziellen Handelsabkommen zur Verbesserung des gegenseitigen Warenaustausches zu sehen, die ab 1970 zwischen der damaligen Europäischen Gemeinschaft und Ägypten, Jordanien, Syrien und dem Libanon geschlossen wurden. Ab 1972 wurden erste Ansätze einer koordinierten Mittelmeerpolitik der EG sichtbar, die jedoch immer wieder Rückschläge erlitt, z. B. infolge der Ölkrisen 1972 und 1979. Die EG-Erweiterung auf Spanien und Portugal (1986) brachte den Ländern im Süden des Mittelmeerraumes erneut Nachteile, da bei gleichen, konkurrierenden Agrarprodukten die Transportwege wesentlich länger waren.

Unmittelbare Anlässe für eine Intensivierung der Mittelmeerpolitik gingen von der politischen Neuordnung Europas nach Auflösung des Ost-West-Gegensatzes aus. Einerseits förderte die geplante Osterweiterung der EU die Bedenken Spaniens, Portugals, Italiens und Griechenlands, zu viele Subventionen der EU könnten nach Ostmitteleuropa umgeleitet werden und deshalb Südeuropa verloren gehen. In Madrid und Rom ist die mentale Distanz zu Polen oder Ungarn größer als zu Nordafrika (Raffone 1998). Andererseits wuchs in Spanien und Italien die Furcht vor einer Bedrohung aus dem Süden. Sie richtet sich auf die meist illegale Einwanderung von Arbeitsuchenden aus Nordafrika, die Verschärfung regionaler Konflikte im Nahen Osten, auf die Zunahme des Drogenhandels, das Erstarken des internationalen Terrorismus und die Gefährdung der Versorgung mit Öl und Gas (Jünemann 1999, S. 40). Man kam zur Auffassung, die Sicherheit vor diesen Problemen sei nicht durch Abwehrhaltung, sondern nur durch eine mit den südlichen und östlichen Ländern des Mittelmeerraumes gemeinsam formulierte politische Zielsetzung zu erreichen. Daraus entstand Ende der 80er-Jahre in Anlehnung an das umfassendere Modell der KSZE in Italien, Spanien und Frankreich der Wunsch nach einer „Konferenz für Sicherheit und Zusammenarbeit im Mittelmeerraum" (KSZM). Seit 1990 begannen auch in der EU-Kommission Versuche, eine neue Mittelmeerpolitik auf Grundlage der „Nachbarschaft" zu konzipieren.

Sie fußte nicht zuletzt auf der Erwartung, ein zukünftiger euro-*mediterraner* Wirtschaftsraum werde wirtschaftlich erstarken, weil der Europäische Binnenmarkt damit von 380 Mio. Einw. auf ca. 700 Mio. Verbraucher anwachsen würde. Andere Wirtschaftsblöcke, z. B. Nafta, Mercosur, Apec, wären deutlich kleiner. Das Interesse der Staaten im Süden und Osten an der neuen Mittelmeerpolitik der EU stieg mit diesen Zielen an, weil aus ihrer Sicht dadurch die vom Schengen-Abkommen (gegen unwillkommene Zuwanderung) ausgelöste stärkere Abriegelung der jetzigen EU-Außengrenzen und vor allem die für sie negativ erscheinende Wirkung der Europäischen Währungsunion wieder gemildert würden.

Fast parallel entwickelten die Staaten des Mittelmeerraumes in Zusammenarbeit mit der Umweltorganisation der UN, der UNEP, seit Mitte der 80er-Jahre ein gemeinsames Konzept zur Sanierung des Mittelmeeres, eines der am stärksten gefährdeten ökologischen Systeme der Erde. Mit dem *„Blue Plan for the Mediterranean"* schuf man in kooperativer Forschungsinitiative die Grundlage für die Sicherung des Meeres, der Küstenlandschaften und des gesamten Mittelmeerraumes (Grenon/Batisse 1988). Die Vereinbarungen fußen vor allem auf der Pflicht zur Vermeidung grenzüberschreitender Umweltschäden.

Tiefere Ursachen für eine neue EU-Mittelmeerpolitik umfassen folgende Teilfragen:

1) Es sollte nun endlich die überfällige Beseitigung letzter Reste *imperialer Politik* Europas in Nordafrika, im Balkan und in Nahost erreicht werden. Einige der andauernden *ethnisch-nationalen* Konflikte im Mittelmeerraum erschienen durch Einbindung in ein euro-mediterranes Umfeld besser lösbar zu werden. Hierzu zählen auch die Beziehungen der EU zu den Balkanstaaten, die wegen der aktuellen Konflikte vorläufig ausgeschlossen blieben.

2) Der südliche und östliche Teil des Mittelmeerraumes steht angesichts des stärker werdenden Energiemangels der Industrieländer im Brennpunkt weltweiter, aber auch europäischer *Rohstoffinteressen* (Wallerstein 1991). Hier stellt sich auch die Frage nach dem Verhältnis der EU zur Politik der USA im östlichen Mittelmeerraum.

3) Entscheidende Herausforderung für die Konzeption einer neuen EU-Mittelmeerpolitik ist ferner die Tatsache, dass den Mittelmeerraum eine höher werdende *Armutsbarriere* durchzieht, deren Milderung als Voraussetzung zur Lösung vieler der oben genannten Probleme gilt. Die Einkommensniveaus im Süden erreichen teilweise nur 10 % des EU-Durchschnitts. Diese sozialökonomischen Gegensätze werden besonders gravierend zwischen Nachbarländern wie Spanien und Marokko sowie Israel und Ägypten deutlich. Gegenwärtig wächst das Wohlstandsgefälle nach Nordafrika noch. Es ist – mit wenigen Ausnahmen – größer als zwischen der EU und Osteuropa. Dadurch wächst der Wunsch von Armutsflüchtlingen und Arbeitsuchenden zur Migration nach Norden weiter.

4) Ferner entstand infolge der religiösen, speziell fundamentalistischen Veränderung des politischen Bewusstseins in islamischen Ländern *Misstrauen zwischen den Kulturen* (Huntington 1998), das durch Dialogbereitschaft (Reissner 1999) und eine neue Mittelmeerpolitik wieder abgebaut werden soll. Ferner hofft man auf leichtere Lösung einer Vielzahl weiterer Konflikte: Zunehmender *Wassermangel* wird mehr und

mehr zum Anlass zwischenstaatlicher Auseinandersetzungen.

5) Die *Umweltbelastung* im Mittelmeer und in den Küstenlandschaften hat nicht nur lokale Konsequenzen, sondern auch Fernwirkungen für die Wirtschaft Europas. Die Sicherung des marinen Ökosystems, des weltweit am stärksten belasteten Randmeeres der Erde, kann nur durch Anstrengungen aller Anrainerstaaten im Rahmen einer gemeinsamen euro-mediterranen Politik erreicht werden.

6) Schließlich muss sie versuchen, das immer größer werdende Problem der *Marginalisation* der südlichen und östlichen Teile des Mittelmeerraumes zu verringern.

Alle diese Problemkreise machen deutlich: Die EU ist gezwungen, ihre südliche Peripherie intensiver zu unterstützen (Nuscheler 1992; Amoroso/Gallina 1994; Aoudia 1996; Jünemann 1999).

Europäische gegen amerikanische Interessen?

Weltweit wächst gegenwärtig die *strategische Bedeutung* des Mittelmeerraumes, besonders für die USA (Pawelka 1998, 1999). Die Rohstoffmangelsituation hebt die Absicherung der Lagerstätten des Nahen Ostens und der neu entdeckten Vorräte im Kaspischen Meer in höchste Priorität. Jede weitere Destabilisierung des Mittelmeerraumes würde auch die Belange aller Industrieländer beeinträchtigen. Bislang war diese Region unwidersprochen eine dominante politische und wirtschaftliche Einflusssphäre der USA. Aber mehr und mehr wachsen auch europäische Interessen: ungefährdeter Zugang zu Ölvorräten, Frieden zwischen Israel und Palästina, wirtschaftliche Unterstützung der im sozioökonomischen Transformationsprozess begriffenen Staaten an der Südperipherie der EU und Kontrolle der Zuwanderung aus Nordafrika. Die Sicherheit in diesem Teil des Mittelmeerraumes erweist sich als wichtig, weil hier ablaufende Konflikte zunehmend weiter ausgreifen und die Wirtschaft Europas belasten. Die Politik der EU zeigte deshalb in jüngster Zeit, beeinflusst von Frankreich, selbst gegenüber dem Irak und besonders Iran neue Nuancen in Gestalt größerer Dialogbereitschaft. Umgekehrt finden die zivilisatorischen Ordnungen Europas in den Staaten im Süden und Osten des Mittelmeerraumes mehr Akzeptanz als diejenigen der USA. Möglicherweise könnten deshalb die Europäer in vielen pragmatischen Politikbereichen erfolgreicher zur Stabilität und Entwicklung des östlichen Mittelmeerraumes beitragen als das fern liegende Amerika (Bistoli 1995).

Euro-mediterrane Partnerschaft

Diese politischen Akzentverschiebungen zwangen die EU, eine neue Gesamtstrategie vor allem gegenüber den nicht zur EU gehörenden Mittelmeerländern anzustreben. Die seit den 60er-Jahren abgeschlossenen nur bilateralen Verträge reichen hierfür nicht aus. Die zukünftige *euro-mediterrane Partnerschaft* soll auf mehr *multilateraler Kooperation* zwischen Brüssel und allen Staaten des Mittelmeerraumes basieren. Dabei werden die regionalen Unterschiede und spezifischen Interessenlagen der einzelnen Länder zu berücksichtigen sein. Übergeordnetes Ziel ist die Einbindung aller Teile des Mittelmeerraumes in ein Garantiekonzept für Frieden, Stabilität und Wohlstand durch Sicherung der Menschenrechte, einer nachhaltigen wirtschaftlichen Entwicklung, der Minderung gegenwärtig noch zunehmender Armutsprobleme in vielen südlichen Regionen und Vermeidung von Konflikten zwischen den unterschiedlichen Kulturen und Zivilisationen (Solana 1997).

Diese zunächst noch sehr unverbindlichen Leitbilder der Zusammenarbeit wurden im Rahmen der *Konferenz von Barcelona* (27./28.11.1995) erstmals präzisiert, auf den Tag genau, als im Jahre 1095 Papst Urban zum ersten *Kreuzzug* aufrief und damit eine lange Phase tief greifender Konfrontationen im Mittelmeerraum eröffnete. Die Deklaration von Barcelona im November 1995 schließt 13 süd- und ostmediterrane, nicht zur EU gehörende Staaten ein (Marokko, Algerien, Tunesien, Ägypten, Israel, Jordanien, Libanon, Syrien, Türkei, Malta, Zypern sowie die palästinensischen Autonomiegebiete, Libyen ab 1999). Obwohl auch die Ziele des „Barcelona-Prozesses" zunächst nur einen mehr

deklamatorischen Klang hatten und einige Länder, so die Mittelmeeranrainer des Balkans, nicht beteiligt sind, liegen nach einer Laufzeit von ca. 5 Jahren doch bereits erste konkrete Ergebnisse vor. Sie umfassen folgende Bereiche („Körbe"):
1) politische und Sicherheitspartnerschaft;
2) Wirtschafts- und Finanzpartnerschaft;
3) Zusammenarbeit in sozialen, kulturellen und menschlichen Beziehungen (Nienhaus 1999, S. 93).

Politisches Sicherheitssystem im Mittelmeerraum

Die Milderung der wirtschaftsräumlichen Ungleichgewichte im Mittelmeerraum erscheint am besten durch vorausgehende politische Sicherheit und Stabilität erreichbar. Eine 1999 beschlossene „Euromediterrane Charta für Frieden und Sicherheit" soll deshalb der Konflikt*vermeidung* dienen. Dabei finden die Prinzipien der OSZE, der UNO und des Weltsicherheitsrates Anwendung. Allerdings mangelt es noch an der Realisierung einer „Gemeinsamen Außen- und Sicherheitspolitik" (GASP) in der EU selbst. Zu ihren Zielen gehören Achtung des Selbstbestimmungs- und Völkerrechts und der territorialen Integrität, Strategien zur Beilegung von Streitigkeiten durch politischen Dialog sowie die Bekämpfung der zunehmenden illegalen Einwanderung und der internationalen Kriminalität. Allerdings bewerten Israel, Syrien und Palästina die Terrorismusbekämpfung noch sehr unterschiedlich.

Sehr schwierig waren Vereinbarungen über regionale Rüstungskontrolle, Abrüstung und Nichtweitergabe von Massenvernichtungswaffen. Schneller einigte man sich dagegen über Analyse- und Präventionsmethoden zur Früherkennung sich anbahnender regionaler politischer Konflikte. Die Diskussion um die Schaffung der OSZE-ähnlichen „Konferenz für Sicherheit und Zusammenarbeit im Mittelmeerraum" (KSZM) schreitet voran. Der langfristige Erfolg politischer Sicherheitsmaßnahmen wird jedoch nicht primär von der unmittelbaren Mitwirkung der EU abhängen, sondern von zunehmender Bereitschaft und Fähigkeit der einzelnen Regierungen, bereits auf regionaler, zwischenstaatlicher Basis Konflikte selbstständig zu lösen, z. B. Ägäiskonflikt,

Zypernfrage, Wassermanagement und Friedensprozess in Nahost (Weidenfeld 1996, 1997; Derrisbourg 1997; Catranis 1998).

Aufschwung durch Freihandel?

Der soziale und wirtschaftliche *Transformationsprozess* in den südlichen und östlichen Mittelmeerländern kann durch Wohlfahrtsfortschritte erreicht werden, die von den *drei Wirtschaftssektoren* ausgehen. Bis zum Jahre 2010 soll eine *Freihandelszone* geschaffen werden, welche die EU und 12 süd- und ostmediterrane Staaten mit einer Gesamtbevölkerung von ca. 700 Mio. Einw. umfasst und von Finnland bis Jordanien und von Irland bis Marokko reichen wird. Der weitgehend freie Austausch von *Industriegütern* ist im Mittelmeerraum zwar jetzt schon möglich, er nutzt vorerst jedoch nur den europäischen Industriestaaten. Der freie *Agrarhandel* ist für die geplante Freihandelszone zunächst noch nicht vorgesehen. Dabei hätte der Export von Agrarprodukten für den Süden des Mittelmeerraumes große komparative Vorteile. Aber die Widerstände Italiens und Spaniens gegen die ungehinderte Einfuhr von für sie konkurrierenden Landwirtschaftserzeugnissen sind groß. Einerseits protestieren die Bauern Europas, andererseits wird auf die noch stark agrarisch geprägten ostmitteleuropäischen EU-Aspiranten Rücksicht genommen. Große Probleme bestehen, weil in allen Ländern des Mittelmeerraumes viele gleiche Produkte konkurrierend angeboten werden: Zitrusfrüchte, Olivenöl, Tomaten, Gemüse, Schnittblumen, Frühkartoffeln, Erdbeeren. Erschwerend kommen Umweltbelastungen hinzu, welche der Transport der Agrarprodukte erzeugt. Dennoch wird die EU mehr Agrarimporte aus den Mittelmeerdrittländern zulassen müssen, weil die Industrieländer im Gegenzug später auch ihre *Dienstleistungen* in den dort wachsenden Absatzmärkten anbieten wollen.

Die Verwirklichung der geplanten Freihandelszone setzt die Überwindung weiterer Widerstände voraus, die Angleichung und Reduzierung der *Zölle* zwischen den neuen EU-Partnern und den Mittelmeerdrittländern in Nordafrika und in Nahost sowie eine Ausweitung des wechselseitigen Handels dieser Staaten untereinander. Er umfasst bislang nur etwa 5 % ihres Import-/ Exportvolumens. Dieser Anteil ist so niedrig, weil ihr gegenseitiges Angebot an Ausfuhrgütern weitgehend identisch ist. Marokko, Algerien, Tunesien, Syrien und Ägypten sind mit mehr als 50 % ihres Exportes und Importes auf die EU hin orientiert. Fast 70 % der bisherigen Importe der EU aus den Mittelmeerdrittländern setzen sich bislang nur aus Öl, Gas, Textilien und Obst/ Gemüse zusammen. Erst langsam folgen technische Erzeugnisse, z. B. Zulieferteile für die Autoproduktion, wie Kabelbäume und Kunststoffteile, deren Produktion seit einigen Jahren aus den Industrieländern nach Nordafrika verlagert wurde. Die *Asymmetrie des Nord-Süd-Handels* zeigte sich im Durchschnitt 1993/1998 daran, dass die EU jährlich Waren für ca. 50 Mrd. ECU in die südlichen und östlichen Länder des Mittelmeerraumes exportierte, davon ca. 50 % in die Türkei und nach Israel. Im Gegenzug importierte die EU aus diesen Staaten nur für ca. 35 Mrd. ECU, davon über 50 % aus der Türkei (Textilien), Algerien und Libyen (Öl, Gas). Weltweit warten jedoch noch zahlreiche *Konkurrenzgebiete* auf ihre Chancen, ähnliche Produkte wie die Anrainer im Süden und Osten des Mittelmeerraumes in die EU exportieren zu dürfen und erfreuen sich dabei der Unterstützung durch die Welthandels-Organisation (Tovias 1997). Als gegenwärtig jüngst verfügbarer Datensatz sei das Jahr 1997 in Abb. 92 und 93 dargestellt. Güter für 41 Mrd. ECU exportierten die Mittelmeerdrittländer in die EU, im Gegenzug importierten sie im Umfang von 65 Mrd. ECU. Den Ausgleich in der Leistungsbilanz leisteten einige von ihnen über Kredite, andere über zusätzliche Einnahmen aus dem Tourismus (Türkei, Tunesien, Israel).

Geringerer Einfluss des Staates

Die *Deregulierung*, also die Minderung der Eingriffe des Staates in die Wirtschaft sieht die EU als entscheidende Voraussetzung für den Anstieg der Wettbewerbsfähigkeit im Süden und Osten des Mittelmeerraumes. Dazu begannen in der Türkei, in Tunesien, Marokko, Ägypten und Jordanien Maßnahmen der *Strukturanpassung*, die folgende Schwerpunkte umfassen und von der EU finanziell unterstützt werden (Förderprogramme MEDA I): Liberalisierung im Bereich des Finanz-, Bank- und Kreditwesens sowie bei der Preispolitik, Förderung marktwirtschaftlicher Prinzipien, Stärkung privater Investitionsbereitschaft, besonders in Klein- und Mittelbetrieben, Steigerung der Qualität produzierter Güter, Vereinfachung von Steuer-, Zoll- und Devisenvorschriften, Erleichterung von Kapitalbeteiligungen für ausländische Investoren und Rückkehr von „Fluchtkapital" in das Heimatland sowie Bekämpfung von Korruption.

Diese Veränderungen verursachen in den betroffenen Staaten zunächst Unzufriedenheit und Widerstand, wenn Arbeitsplätze, ererbte Privilegien, Preisgarantien, nationale Subventionen, z. B. für Grundnahrungsmittel, entfallen. Auch die Privatisierung bisher staatlicher Betriebe, Haushaltskürzungen und die geforderte Sparpolitik lösen Proteste aus. Diesen Tendenzen zu begegnen bedarf es sensibler Aufklärung. Insofern sind Strukturanpassung und Deregulierung ein langfristiger Prozess, dessen soziale Kosten nur durch zunehmende Exporte, d. h. konkret sichtbare Erfolge ausgeglichen werden können. Erst steigende Einkommen werden die Vorbehalte und die Besorgnis vor den Maßnahmen der Strukturanpassung dämpfen.

Idealziel multilaterale Kooperation
Wirtschaftliche, *technische* und *finanzielle Kooperation* fußten bisher auf den *Assozi-*

ierungsverträgen und *Kooperationsabkommen*, die seit den 70er-Jahren abgeschlossen wurden und mit Beginn des „Barcelona-Prozesses" verstärkt Anwendung finden (Tab. 29). Wichtigstes Ziel ist der Übergang von bilateralen zu einer mehrseitig orientierten Form der Zusammenarbeit. Sie erleichterte bereits den Export der Mittelmeerdrittländer nach Europa. Eine besondere Vorbild- und Nachahmungsfunktion ging von den Assoziierungsverhandlungen mit Ägypten aus. Dadurch sahen sich andere arabische Staaten ermutigt, ihre Bemühungen zu gesellschaftlicher Transformation und wirtschaftlicher Strukturanpassung voranzutreiben. Auch die Intensivierung der über das Militärische hinausgehenden Zusammenarbeit zwischen der Türkei und Israel im Bereich Technologie, Wassermanagement und bilateralem Handel wirkt als Katalysator für die Ziele der euro-mediterranen Partnerschaft. Beson-

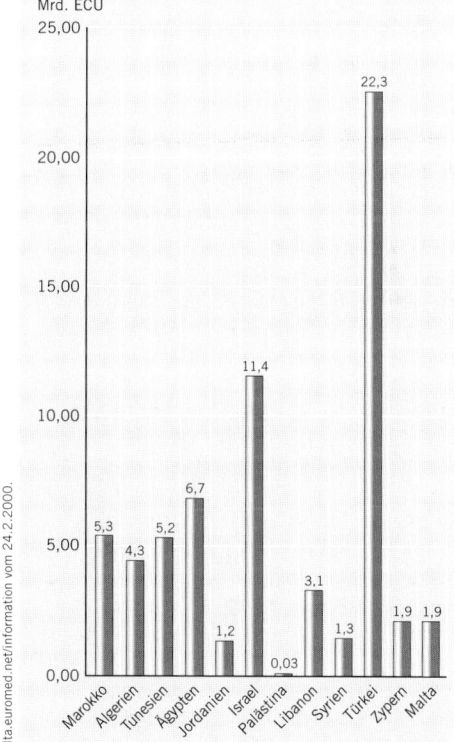

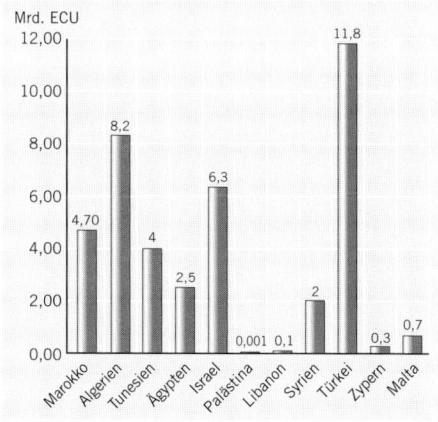

Quelle: www.malta.euromed.net/information vom 24.2.2000.

Abb. 92: Exporte aus Mittelmeerdrittländern in die EU 1997: *Gesamtsumme: 41,2 Mrd. ECU.*

Quelle: www.malta.euromed.net/information vom 24.2.2000.

Abb. 93: Importe aus der EU in Mittelmeerdrittländer 1997: *Gesamtsumme: 64,9 Mrd. ECU.*

Türkei	1964 Assoziierung; Zollunion 1.1.1996
Malta	1971 Assoziierung
Zypern	1973 Assoziierung
Israel	1995 Assoziierung
Slowenien	1996 (Interimsabkommen)
Marokko	1996 Assoziierung
Jordanien	1997 Assoziierung
Palästinensische Autonomiebehörde	1997 (Interimsabkommen)
Tunesien	1998 Assoziierung

Kooperationsabkommen abgeschlossen und Assoziierungsverhandlungen im Rahmen der euro-mediterranen Partnerschaft im Gange in folgenden Ländern:

Ägypten	1977
Algerien	1976
Libanon	1977
Syrien	1977

Tab. 29: Verträge zwischen der EU und Mittelmeerdrittstaaten 1999.

Quelle: Eurostat 1999.

ders interessant sind weitere, zunächst regionale Kooperationsabkommen, die durch die neue euro-mediterrane Partnerschaft angeregt und intensiviert wurden. Angeführt durch Ägypten erfolgte eine Wiederbelebung der *Arabischen Liga* im Hinblick auf den bilateralen Handel. 18 ihrer 22 Mitglieder vereinbarten, bis 2008 alle gegenseitigen Handelsbarrieren abzubauen. Auch der Golf-Kooperationsrat (Saudi-Arabien, Bahrain, Vereinigte Arabische Emirate, Oman, Kuwait, Katar) drängt darauf, bis 2002 eine regionale Freihandelszone zwischen diesen Petromonarchien zu errichten. Nach sechsjähriger Laufzeit der neuen Mittelmeerpolitik ist erkennbar, dass vor allem die Staaten Nordafrikas verstärkt eine engere Bindung an die EU auf den Ebenen von Wirtschaft, Kulturaustausch und Entfaltung pluralistischer Gesellschaftstrukturen anstreben.

Die Inhalte der Kooperationen sind langfristig auf *sechs Schwerpunkte* der Förderung hin angelegt: Umwelt, Wasserpolitik, Industrieförderung, Energie, Verkehr und Kommunikationsmedien. Konkrete Erfolge konnten im Rahmen des MEDA-I-Programmes seit 1995 durch Ausbau der materiellen Infrastruktur und des Technologietransfers erreicht werden. Diese Maßnahmen aktivierten vielfältige private, wirtschaftliche Aktivitäten. Besonders seit Beginn des „Barcelona-Prozesses" wurden in Nordafrika und in Nahost der Straßenbau, die

Planung einer zirkummediterranen Autobahn, Flughafenausrüstungen, Nahverkehrssysteme (z. B. Stadtbahn im Großraum Tunis), Energieversorgungsnetze, Trinkwasserleitungen, Abwasser- und Kläranlagen in großen Städten, die Planung einer interstaatlichen Meerwasserentsalzung im östlichen Mittelmeerraum unter technischer Leitung Israels, Einrichtungen zur Berufsbildung, der Bau von Technologie- und Gründerzentren, eine Verwaltungsvereinfachung, die Modernisierung des monetären Zahlungsverkehrs, die Erprobung arbeitsteiliger Produktionsprozesse, die Zusammenarbeit der Industrie- und Handelskammern und verschiedene Formen der Tourismusentwicklung unterstützt und vorangetrieben.

Für den gesamten Mittelmeerraum liefen Projekte zur *Umweltsicherung* an, die im „Short and Medium-Term Priority Environmental Action Programme" (SMAP) koordiniert werden. Sie zielen auf eine ausreichende Wasserversorgung, die Trennung von Abwasser- und Trinkwassereinzugsgebieten und die Belastungsminderung des Mittelmeeres, Reduzierung der Vegetationszerstörung, der Landdegradation und Bodenerosion. Katastrophenschutzpläne sollen bei Tankerunfällen helfen. Alle diese Einzelmaßnahmen werden von einem „Integrierten Management der Küstenzonen" zusammengefasst, das mit sachlichen Empfehlungen und Finanzhilfen weit in die nationalen Raumordnungsbefugnisse eingreift. Ziel ist der *Abbau der Nutzungsüberlastung* in den sensiblen küstennahen Landschaften.

Die finanziellen Aufwendungen der euromediterranen Partnerschaft umfassten im Zeitraum 1995 – 1999 etwa 80 % des Aufwandes, den die EU für ihre Osterweiterung vorgesehen hat. Anschaulich unterstreichen diese Daten, dass die EU etwa ausgewogen die zukünftigen Mitglieder in Osteuropa und die Staaten in Nordafrika und im Osten des Mittelmeerraumes fördert.

Sozialer und humanitärer Ausgleich

Dem sozialen und humanitären Ausgleich ist der dritte „Korb" von Maßnahmen der euro-mediterranen Partnerschaft gewidmet. Dabei handelt es sich um die schwierigsten Schritte der Überwindung geschichtlich entstandener Gegensätze. Langfristig sollen die Armutsschranken im Mittelmeerraum auch durch Förderung eines besseren Verständnisses zwischen den Kulturen und Religionen gesenkt werden. Angesichts der erneut aufflammenden ethnischen Konflikte, Vertreibungen und weltanschaulichen Differenzen (Huntington 1998) ist die wechselseitige Anerkennung kultureller Leistungen eine sehr schwierige Aufgabe, zugleich aber eine entscheidende Voraussetzung für den Erfolg einer gesamtmediterranen Politik. Ebenso kompliziert ist das Ziel, die traditionellen Sozialstrukturen zu *„Zivilgesellschaften"* umzuformen. Problematisch ist bei diesem Versuch, dass man Eingriffe von außen in autonome Lebensformen vornimmt. Fraglich ist ferner, ob soziale Veränderungen mit Anreizmitteln erfolgreich beschleunigt werden können. Im Kapitel über den sozialen Wandel wurde dargelegt, wie umfassend ererbte Leitbilder und patrimonialistische Strukturen (Bild 70) in vielen südlichen und östlichen Ländern des Mittelmeerraumes, teilweise auch in südlichen Regionen Spaniens und Italiens noch wesentliche Daseinsgrundfunktionen bestimmen. Diese traditionellen Sozialstrukturen verhindern zwar individuelle soziale Aufstiege und damit wichtige Voraussetzungen für wirtschaftliche Entwicklung. Aber es ist die Frage zu stellen, ob man diese langfristig ablaufenden Prozesse fremdgesteuert von außen forcieren sollte.

Bild 70: Djemaa el Fna in Marrakesch, Marokko: *Die Entstehung moderner Zivilgesellschaften steht im Süden und Osten des Mittelmeerraumes vielfach noch am Anfang und bedarf der Möglichkeit zu bruchloser Entwicklung ohne hektische Einwirkung von außen.*

Versucht man eine *zusammenfassende Bewertung* der neuen EU-Mittelmeerpolitik, so sind folgende Aspekte zu nennen: Alle Maßnahmen, die sich auf eine Stärkung der endogenen Potenziale, also die Belebung eigener Entwicklungskräfte in den Mittelmeerdrittländern richten, sind uneingeschränkt positiv und deshalb zu fördern. Einzukalkulieren ist allerdings, dass der angestrebte Wegfall der Zölle die Staatseinnahmen zunächst vermindert. Bei der Forderung nach Liberalisierung und Aufbau demokratischer Systeme sind sensible Reaktionsweisen zu bedenken. Selbst die von Europa immer wieder gegebenen Empfehlungen zur Änderung traditionsbestimmter Lebens- und Gemeinschaftsformen zugunsten moderner Zivilgesellschaften werden nicht nur von führenden Eliten, sondern

besonders von großen Teilen der arabischen Bevölkerung bereits als westliche Bevormundung empfunden, die Abwehrreflexe auslöst (Jünemann 1999, S. 61). Wenn dennoch Demokratisierung als langfristig entscheidende und einzige Entwicklungsbasis anerkannt wird, so muss gleichwohl mit vorübergehender Destabilisierung, mit Rückschlägen, Reibungsverlusten und hohen sozialen Folgekosten gerechnet werden. Insofern wird die Politik der EU im Süden und Osten des Mittelmeerraumes nur erfolgreich die großen sozio-ökonomischen Unterschiede abbauen können, wenn sie langfristiger als bisher konzipiert wird. Es erscheint unrealistisch, bereits für 2010 eine für die Mittelmeerdrittländer erfolgreich funktionierende Freihandelszone zu erwarten.

Regionen politischer Dynamik und Krisen

Die politische Dynamik vollzieht sich im Mittelmeerraum auf *fünf* Ebenen: *regional* durch Autonomiebestrebungen (Baskenland und Korsika), *national* im Dissens gesellschaftlicher Gruppen über die Zukunftsentwicklung (Algerien), *international* wegen grenzüberschreitender politischer Konflikte und Integrationsziele (Türkei), *kulturräumlich* infolge fortdauernder tiefgreifender zivilisatorischer Kontraste (Israel – Naher Osten) und *weltpolitisch* im Interessenspielraum zwischen Großmächten und kleineren Staaten, zwischen Industrie- und Erdölländern. Nachfolgend seien für jeden Typ ausgewählte Beispiele dargestellt. Die Dauerhaftigkeit dieser Konfliktfelder läßt ahnen, wie fern ein abschließender Erfolg der neuen Mittelmeerpolitik der EU sein wird.

Baskenland und Korsika –
Regionale Autonomie oder Zentralismus?
Beide Regionen kennzeichnet eine seit Jahrzehnten andauernde Auseinandersetzung einer Gebietsbevölkerung mit der zentralistischen Staatsverwaltung. Ursache der Konflikte war anfangs die Weigerung der Regierung, das historisch ererbte und bis in die Gegenwart als eigenständig empfundene, meist durch eine besondere Sprache

zum Ausdruck kommende Regionalbewusstsein der Bevölkerung zu respektieren. Politisch strebten die *regionalistischen Bewegungen* meist die Befugnis zur selbstständigen Entscheidung über ihre kulturellen und wirtschaftlichen Angelegenheiten an, also eine begrenzte regionale Autonomie innerhalb des ansonsten zentralistisch regierten Staates. Dabei handelt es sich um Rechte, die in föderalistischen Staaten wie in der Bundesrepublik Deutschland und in anderen älteren Industrieländern als *Regionalkultur* und politische Grundmaxime völlig selbstverständlich sind (Lipp 1984). Die Nationalstaaten des Mittelmeerraumes, aber auch Frankreich prägte jedoch bis zum Ende der 60er-Jahre noch politischer und administrativer *Zentralismus*. Gegen ihn artikulierten sich sukzessive stärker gewordene Proteste. Die Basken, ein nicht-indogermanisches, im Norden der Iberischen Halbinsel und in den Westpyrenäen lebendes, von den späteren Invasionen nur gering beeinflusstes Volk (1996: 0,9 Mio.; Spanien 39,3 Mio.) mit eigenständiger Sprache und vielen Dialekten (Euskera), genossen bis zur Französischen Revolution Sonderrechte. Die letzten Autonomierechte wurden ihnen von Franco 1939 entzogen wie auch die Verwendung der eigenen

Sprache untersagt wurde. Dagegen kämpfte seitdem die ETA (Euzkadi ta azkatasuna
= Baskenland und Freiheit). Erst nach
Francos Tod konnte sich das politische
Selbstverständnis wieder freier artikulie-
ren. Die baskisch-nationalistische Partei
Herri Batasuna (Einiges Volk) kämpfte um
Autonomie und nationale Rechte, die ETA
verfolgt mit terroristischen Mitteln separatistische Ziele (Waldmann 1990). Seit Errichtung der spanischen Demokratie erhielt
das Baskenland zwar wieder ein weitgehen-
des Autonomiestatut (offizielle Regional-
sprache, Regionalregierung, Polizei, Steu-
erautonomie, Kultur, einige wirtschaftliche
Bereiche). Viele Basken wünschen jedoch
einen unabhängigen Staat. Andere sehen
dieses Ziel erst erreichbar, wenn in einem
vereinten Europa die nationalen Grenzen
ohnehin an Bedeutung verlieren. Seit der
neuen Verfassung von 1978 gewährte Spanien sehr fortschrittlich und mehr und
mehr föderalistisch orientiert auch anderen
Landesteilen umfassende Autonomierechte, weshalb Spanien als Staat der autonomen Regionen und Gemeinschaften gilt
(Nohlen/Gonzales 1992).

Schwieriger ist die Situation *Korsikas*.
Trotz wechselvoller politischer und militärischer Einflüsse von außen blieben die kor-
sische Kultur und Sprache als italienischer
Dialekt erhalten. Seit 1768 politisch zu
Frankreich gehörend, sind Autonomiebestrebungen, separatistische Bewegungen
sowie die Existenz der nationalistischen
Terrororganisation Front de Libération Nationale de la Corse (FLNC) Zeichen für den
Willen zur Eigenständigkeit. Durch Anerkennung als selbstständige raumordnungs-
politische Programmregion innerhalb Frankreichs und große finanzielle Aufwendungen
kam der Staat diesem Ziel sehr entgegen.
Im Gegenzug schwächten die Arbeitsemigration der Korsen selbst sowie die von
außen kommende Überformung durch den
Tourismus das Regionalbewusstsein durch
kulturelle Nivellierung erheblich. Die Unei-
nigkeit der Widerstandsbewegungen degradierte schließlich die früher hohen Ziele zu
einer Mischung aus Korruption, Klientelwesen und Terror aller offiziellen und informellen politischen Kräfte des regionalen
Bewusstseins. Eine Problemlösung ist deshalb noch weit entfernt.

Algerien – Gesellschaftlicher Dissens
Die Beziehungen Europas zum Maghreb
waren seit Gründung der EU infolge der besonderen historischen Bindungen Frankreichs und Spaniens an Nordafrika sehr
intensiv. Dazu trugen von Anfang an die Öl-
interessen ebenso bei wie das frankophone
Bildungswesen und die nach Norden gerichtete Arbeitsmigration. Zu einer weiteren
wichtigen Beziehung entwickelte sich der
Tourismus, der Tunesien und Marokko seit
drei Jahrzehnten wirtschaftlich stärkt. Trotz
der staatlichen Selbstständigkeit und eigener Ressourcen blieb der Maghreb von Europa nicht nur ökonomisch stark abhängig.
Als noch bedeutsamer sind die an Europa
orientierten sozialen Veränderungen zu
werten.

Gravierend belastet der innenpolitische
Konflikt *Algeriens* die Stabilität im westlichen Mittelmeerraum und die Beziehungen
zu Europa. Den Partnern im Norden, insbesondere Frankreich, gelang es trotz der traditionell engen Bindungen selbst nach einem Jahrzehnt des Bürgerkrieges nicht,
zum Frieden beizutragen. Dafür sind verschiedene Ursachen ausschlaggebend. Die
Krise in Algerien ist Folge einer unbewäl-
tigten Kolonialzeit und des Misserfolgs vieler vergeblicher Versuche der Anpassung
an die Moderne (Lerch 1997). Die ent-
täuschte Hoffnung auf Wohlstand durch
den Zusammenbruch des Modells der „in-
dustrialisierenden Industrie" führte ab
Mitte der 80er-Jahre zur Entmutigung der
jungen Bevölkerung und förderte den men-
talen sowie tatsächlichen Widerstand gegen die Verwestlichung (Tibi 1995). Auch
die negativen Folgen des unter dem Staatspräsidenten Boumedienne eingeleiteten,
als islamisch bezeichneten Sozialismus
belasten die Wirtschaft bis heute. Die Trennung von diesem sozialistischen Erbe
erwies sich als äußerst schwierig. Zusätzlich kontraproduktiv wirkten für die un-
rentable, staatlich-zentralistische offizielle
Wirtschaft die vitalen Schattenökonomien,
Korruption, Bestechungsklientele und die
parallelen Schwarzmärkte, die aber ihrerseits vielen Menschen nach wie vor die
einzige Überlebensstrategie bieten. Liberalisierung und Privatisierung, von Weltbank
und EU gefordert, steigerten den Kampf
zwischen einzelnen Gruppierungen um die

neu zugänglichen Existenzmöglichkeiten. Sie förderten den Protest gegen die Regierung ebenso heraus wie die harten Auflagen des Internationalen Währungsfonds (IWF) von 1994. Unübersehbar verschärfen auch ethnische und soziale Spannungen zu den Berberisch sprechenden Bevölkerungsgruppen (Tamazigh) die Innenpolitik, seitdem durch Gesetz 1998 das Arabische zur alleinigen Amtssprache wurde. Damit sehen die Berber ihre Identität bedroht und der kulturelle Pluralismus Algeriens erscheint gefährdet (Kratschwil 1996). Protest kommt auch von Befürwortern eines säkularen algerischen Staates, die befürchten, die Dominanz des Arabischen, der heiligen Sprache des Korans, könne den Forderungen nach einem Religionsstaat entgegenkommen. Umgekehrt gaben steigende Massenarbeitslosigkeit, Wohnungsnot, Mängel der Infrastruktur, z. B. die unzulängliche Trinkwasserversorgung, die Preisanstiege und die Brutalität des Militärs gegen erste Demonstrationen genügend Nahrung für das Entstehen massiven Widerstandes (Müller-Mahn 1995). Die Protestbewegung der Islamischen Heilsfront (Front Islamique du Salut, FIS) brauchte keine besonderen politischen und ökonomischen Programme. Es genügte, die Regierung als korrupten Statthalter des Westens anzuprangern (Faath 1993; Ruf 1998).

Der Bürgerkrieg zwischen der FIS, ihrem militärischen Arm (Armée Islamique du Salut, AIS), den Bewaffneten Islamischen Gruppen der GIA (Groupes Islamiques Armées) und der Staatsmacht sowie den vielen von ihr zur Selbstverteidigung Bewaffneten verbreitete nicht nur Tod und Verwüstung in grauenhafter Eskalation, sondern trieb auch Tausende der Elite, gut Ausgebildete, Intellektuelle, Ärzte, Ingenieure, Wissenschaftler und Künstler in die Emigration und schwächte damit sowohl die Wirtschaft als auch das moralische Bewusstsein zur Selbsthilfe. Diese bereits formierte Zivilgesellschaft ist besser qualifiziert und motiviert als in anderen arabischen Ländern. Im Gegenzug schwindet die Hoffnung auf Beistand von außen. Denn die Algerier haben seit ihrem Befreiungskrieg 1956–1962 schmerzliche Erfahrungen mit dem Unterschied gemacht zwischen dem, was die Europäer sagen, und was sie

tun (Bild 71). Insoweit bleiben die hohen Ziele der neuen EU-Mittelmeerpolitik für die verschiedenen Gruppierungen der Gesellschaft in Algerien zunächst noch sehr realitätsfern. Positive Impulse brachte in den letzten Jahren die leicht positive wirtschaftliche Entwicklung, wie im Kapitel zur Wirtschaft dargelegt wurde. Angesichts der Misserfolge der internationalen Staatenwelt, regionale Konflikte zu lösen (Bosnien, Kosovo, Nahost), ist es fraglich, ob selbst nahe stehende Mächte wie Frankreich entspannend in die algerische Politik eingreifen können. So bietet sich als langwieriger Ausweg nur die Zuwendung zum inneren Dialog, zur Entemotionalisierung der Debatte zwischen Staatsmacht und islamischen Fronten, deren mildere, die FIS, sich von ihren radikaleren Ablegern zu distanzieren beginnt. Hoffnungsvoll ist jedoch die Entwicklung in den Nachbarstaaten Algeriens: In Tunesien, etwas zögerlicher in Marokko, erreichte die schwierige Modernisierung der früher auch hier klientelistischen Rentenstaatssysteme gangbare Pfade zu einer demokratischen Zivilgesellschaft (Elsenhans 1991; Faath 1987, 1989, 1993; Arnold 1995).

Türkei – Beispiel für internationale Konflikte

Vergleicht man die verschiedenen politischen Krisenfelder des Mittelmeerraumes, so bildet die Türkei wegen der Verflechtung innen- und außenpolitischer Konflikte einen besonderen Schwerpunkt. Als eine Ursache dafür wird die seit Entstehung der modernen Türkei ab 1923 divergente gesellschaftliche Entwicklung zwischen der vom Staatsgründer Kemal Atatürk verordneten Westorientierung einerseits und bleibender Verwurzelung breiter ländlicher und städtischer Bevölkerungsgruppen in islamischen Lebensformen andererseits genannt. Die führenden Schichten des Landes sahen die Türkei schon früh weitgehend nicht mehr als Land im Übergangsbereich zu Asien, sondern durch zahlreiche wechselseitige Bindungen in der Moderne des Westens verankert. Dieses Bewusstsein drang nach den ersten Jahren der Arbeitswanderung nach Deutschland auch in Teile der ländlichen Bevölkerung vor. Eine weitere Festigung dieser Ausrichtung nach Westen bewirkte das stürmische Wachstum der

Bild 71: Soldaten-Friedhof Collo, westlich von Skikda, Algerien: Der siegreiche Befreiungs-krieg Algeriens 1956–1962 prägt heute nur noch das politische Bewusstsein der Älteren. Die jüngeren Generationen stehen zahlreichen neuen gesellschaftlichen Konflikten gegenüber.

Wirtschaft während der Regierungszeit Tur-gut Özals 1983–1993. Seit dem Ausklang des Kalten Krieges und dem Ende der Sowjetunion begann jedoch plötzlich ein grundlegender Wandel des Umfeldes der türkischen Außenpolitik und – oft in enger Verknüpfung – eine Steigerung innenpoliti-scher Probleme (Steinbach 1998).

1) Verhältnis zu Mittelasien:
Die Öffnung nach Osten beflügelte *pan-türkische* Bestrebungen als Gegenkraft zur Westorientierung. Die ethnische, sprachli-che, kulturelle und geschichtliche Verwandt-schaft mit den Ländern südlich des Großen Kaukasus und in Mittelasien wurde in neu-er Weise wahrgenommen und fand breite Resonanz im Versuch, wirtschaftliche Akti-vitäten in Aserbaidschan, Kasachstan, Us-bekistan, Turkmenistan und Kyrgistan zu entfalten. Ankara strebte eine Schwarzmeer-Kooperationszone und die Einbindung der Kaspiregion an, wenn auch bislang nur mit geringem konkreten Erfolg. Die mittelasia-tischen Staaten versuchen ihre Zukunft eher durch Übereinkommen mit Moskau zu sichern. Dennoch sieht sich die Türkei wie-der als Mittler zwischen Europa und Mittel-asien. Dieses Ziel wird höher eingeschätzt als die Interessen Ankaras auf dem Balkan,

wo immerhin ca. 9 Mio. Moslems leben (Kramer 1996; Tibi 1998).

2) Beziehungen zu Israel:
Seit 1996 entwickelten sich in beiderseiti-gem Interesse intensive Kontakte zwischen der Türkei und Israel. Die Zusammenarbeit bezog sich zunächst auf taktische, militä-risch und rüstungstechnisch moderne Be-reiche. Unübersehbar bleiben aber die ge-meinsamen langfristigen Interessen an einer strategischen Partnerschaft. Türkei und Isra-el erscheinen als fast natürliche Partner, da sie beide in unmittelbarer Nachbarschaft keine Freunde haben. Ankara hatte schon früh den jungen Staat Israel diplomatisch anerkannt. Die intensive Annäherung seit Mitte der 90er-Jahre ist auch Folge der Zurückhaltung der Europäer gegenüber dem türkischen Streben nach Vollmitgliedschaft in der EU. Über die rein militärische Zusam-menarbeit gehen in jüngster Zeit auch Ver-suche hinaus, das Euphratwasser zur Linde-rung des hygrischen Defizits in Israel einzu-setzen. Erste Projekte, Wasser in großen Schlauchflößen über das Mittelmeer zu transportieren, waren erfolgreich. Sollte sich dieses Verfahren auf Dauer bewähren, er-schiene damit auch die Entspannung Israels mit Syrien und Irak erleichtert.

3) Auseinandersetzung mit Syrien und Irak:
Ein Teil der politischen Konflikte mit diesen beiden Staaten basiert auf dem konkurrierenden Interesse an der Nutzung von Euphrat- und Tigriswasser. Die Türkei beansprucht für das auf 1,3 Mio. ha geplante Bewässerungsgroßprojekt GAP und für Stromgewinnung in Südostanatolien nördlich der syrischen Grenze, die beide wiederum der Befriedung des Kurdengebietes dienen sollen, mit 14–18 Mrd. m^3 etwa die Hälfte des Euphratwassers. Syrien fordert jedoch wesentlich mehr (Jungfer 1988). Gegenwärtig gibt die Türkei noch zwei Drittel von Euphrat und Tigris an Syrien und Irak weiter. Aber eine weitere politische Verschärfung des Wasserkonfliktes ist absehbar, obwohl die Türkei hydrologisch-technisch die stärkere Position hat. Das politische Kräftegleichgewicht könnte sich auch der Wasserfrage wegen verschieben (Steinbach 1998). Ein weiterer Konflikt schwelt zwischen der Türkei und Irak/Syrien mit dem Kurdenproblem.

4) Kurdenproblem:
In enger Verflechtung innen- und außenpolitischer Konsequenzen für die Türkei drängten Teile der kurdischen Bevölkerung seit Beginn der 90er-Jahre auf die Erfüllung ihres alten Problems, das historisch mehrere Phasen durchlief (Struck 1996, S. 551; 1998): In der östlichen Peripherie des ausklingenden Osmanischen Reiches versuchten gegen Ende des 19. Jh.s kulturell, ethnisch und religiös unterschiedliche Gruppen (Schiiten, Sunniten, Christen) eigenständige Herrschaftsgebiete mit unterschiedlich expansiven Tendenzen zu errichten. Kurdische Stämme lebten im entlegenen Gebirgsland des Südostens, fern der Verwaltung und Staatsautorität. Seit 1900 hatte allerdings bereits die Intelligenz der städtischen Kurden in Istanbul, unter dem Einfluss westlicher Ideen, Autonomierechte für ihr Volk gefordert. Dieses Ziel respektierte nach Auflösung des Osmanischen Reiches der Friedensvertrag von Paris 1920 lediglich durch Einrichtung einer Kommission. Mit dem Zerfall der habsburgischen, osmanischen und zaristischen Reiche entstanden zwischen dem Balkan und Zentralasien künstliche Staatsgrenzen mit nur geringer Rücksicht auf ethnische Unterschiede, wie im Kapitel zur historischen Entwicklung der jungen Nationalstaaten dargelegt wurde. Deren tektonische Sprengkraft sollte erst sehr viel später in vollem Umfang aufbrechen und nicht nur Ostanatolien, sondern den gesamten östlichen Teil des Mittelmeerraumes in eine politische Dynamik versetzen.

In Konflikt mit dem jungen türkischen *laizistischen* Staat gerieten die Kurden erst, als sich Teile von ihnen 1925 für die osmanisch-islamische Tradition und gegen den Säkularismus des Staates entschieden und von dessen Militär geschlagen wurden. Diese Aufstände werden weniger als kurdisch-national, sondern mehr als Widerstand der kurdischen Stämme gegen die Staatsautorität der jungen Türkischen Republik gesehen (Hütteroth 1982, S. 278). Nach dieser Niederlage flohen viele Familien und Stämme in Siedlungsgebiete jenseits der neuen Grenze nach Irak und Iran. Die 1978 gegründete marxistisch-leninistische Arbeiterpartei Kurdistans (PKK) forderte, von ihren Lagern in Syrien aus kämpfend, die Autonomie eines sozialistischen Kurdenstaates, wogegen die türkischen Sicherheitskräfte mit Härte reagierten. Tragische Folge war, dass „die Grenze zwischen der kurdischen Bevölkerung und den Anhängern der PKK immer mehr verschwamm" (Struck 1998, S. 289), die kurdische Sprache 1983 verboten und viele kurdische Siedlungsgebiete zerstört wurden (Dittmann 1993). Der Konflikt eskalierte bei gleichzeitig steigender internationaler Kritik, in deren Rahmen Kurden und PKK weitgehend völlig gleichgesetzt werden, zur stärksten Belastung der Türkei seit ihrer Gründung 1923. Ankara hält die Gewährung kultureller Rechte zur Wahrung kurdischer Identität für möglich, sieht weitergehende Formen der Autonomie oder föderale Strukturen jedoch als völlig unerfüllbar an. Aktuelle Folgen ergaben sich aus der jüngsten Phase des Kurdenproblems indirekt für den Tourismus in der Türkei, der zuletzt (1998) 26 % der Exporterlöse und 17 % des Bruttosozialproduktes einbrachte und 1999 einen gravierenden Rückgang erlitt. Schwerer wiegend ist der allerdings jüngst gemilderte Vorbehalt der EU gegen eine Vollmitgliedschaft der Türkei, solange die aus europäischer Sicht vorhandenen Menschenrechtsverletzungen nicht abgeklungen sein werden.

5) Ägäiskonflikt zwischen Natopartnern:
Seit Jahrzehnten steigern sich in bestimmten zeitlichen Abständen die Spannungen zwischen der Türkei und Griechenland anlässlich tatsächlicher oder vermeintlicher Grenzverletzungen im Nahbereich der griechischen Inseln, die nur wenige Kilometer vor dem kleinasiatischen Festland liegen, oft innerhalb von wenigen Tagen zu militärischen Drohungen. Daran erkennt man die hohe Sensibilität des beiderseitigen Verhältnisses in diesem Raum. Die 3. *Seerechtskonvention* wurde 1994 ohne die erhoffte Zustimmung der Türkei verabschiedet. Griechenland hatte 1978 angekündigt, seine Hoheitsgewässer auf 12 Seemeilen auszudehnen, wodurch alle türkischen Ägäishäfen von internationalen Gewässern abgeschnitten worden wären (Struck 1996, S. 551). Außerdem sind die allerdings vagen Hoffnungen beider Staaten auf Erdölfunde in den Ägäisgewässern berührt. Zwar strebt man beiderseits nach akzeptablen bilateralen Vereinbarungen. Die letzte militärische Konfrontation 1996 an einem unbewohnten Felseneiland nördlich der Insel Kos zeigt jedoch ein latent verbleibendes Konfliktfeld (Axt/Kramer 1990). Annäherungen scheinen sich jedoch aus den positiven Emotionen nach der schnellen griechischen Hilfe während der Erdbeben des Sommers 1999 im Großraum Istanbul zu ergeben.

Auch der *Zypernkonflikt* war bisher nicht lösbar. Unter osmanischer Herrschaft hatten Türken und Griechen der Insel keine grundsätzlichen Probleme miteinander. Erst nach der Annexion durch Großbritannien ergaben sich Spannungen. Für den Anschluss an Griechenland kämpfte ab 1952 eine Untergrundarmee. Nach der staatlichen Unabhängigkeit Zyperns 1960 verschärfte sich die griechisch-türkische Konfrontation, die 1963 zur Zwangsumsiedlung der türkischen Zyprer und 1974 zur militärischen Besetzung des Nordteils der Insel durch die Türkei und zur Ausrufung der nur von Ankara anerkannten Türkischen Republik Nordzypern 1983 führte (Hahn/Wellenreuther 1996). In der Zwischenzeit sind ca. 60 000 Türken aus Anatolien nach Nordzypern eingewandert, bei einer Gesamtbevölkerung von etwa 120 000. Der größte gemeinsame Nenner beider Inselteile scheint das wechselseitige Misstrauen zu sein, jeweils gestützt von Athen und Ankara. Hier stellt sich der neuen Mittelmeerpolitik der EU die große Aufgabe, Vertrauen aufzubauen. Die Republik Zypern, de facto jedoch nur der südliche, aber wirtschaftlich sehr dynamische Teil steht seit 1998 in Verhandlung über eine Vollmitgliedschaft in der EU. Seine Bevölkerung sieht sich zu Europa, nicht zum Orient gehörend (Gürbey 1988; Wellenreuther 1994; Axt/Brey 1997; Brey 1998).

6) Beziehungen der Türkei zur EU:
Das wichtigste politische Thema in der Türkei betrifft seit einem Jahrzehnt das Streben Ankaras nach Vollmitgliedschaft in der Europäischen Union (Struck 1998). Die Türkei ist Mitglied der Nato und des Europarates seit 1949 und assoziiertes Mitglied in der Westeuropäischen Union (WEU) seit 1954. Sie sicherte während des Kalten Krieges die Südostflanke Europas. Insofern ist die Türkei außenpolitisch seit einem halben Jahrhundert stark an Europa gebunden. Breite Teile der sozialen Oberschichten sind seit Gründung der modernen Türkei auf Europa ausgerichtet, ebenso viele der 1,5 Mio. aus Deutschland in die Türkei zurückgekehrten ehemaligen Gastarbeiter. Deutschland ist der wichtigste Handelspartner der Türkei. 800 deutsche Firmen arbeiten in der Türkei. Zahlreiche Wissenschaftsorganisationen vertiefen die seit Jahren blühende Zusammenarbeit auf verschiedensten Forschungsgebieten der Natur-, Geistes-, Wirtschafts- und Ingenieurwissenschaften. Daneben ist aber nicht zu übersehen, dass seit Gründung der Türkei als laizistischer Staat die Bevölkerung islamisch ist und zunehmend religiöse und fundamentalistische Auffassungen auch in städtischen Schichten wieder Verbreitung finden. Auch eine Tendenz zu panturkischen Ideen ist nicht zu übersehen (Steinbach 1996; Tibi 1998). Gerade diese Aspekte werden jedoch in Europa überbetont und damit die Beitrittsverhandlungen verzögert.

Außerdem sieht sich Europa durch das starke demographische Wachstum sowie der auch daraus resultierenden Zuwande-

Bild 72: Meeresenge der Dardanellen: *Die Dardanellen sind wie der Bosporus unverändert eine politisch und strategisch wichtige Meeresstraße, die im Hinblick auf einen möglichen Tankertransport des Erdöls aus Aserbaidschan erneut strategisch wichtig werden könnte.*

rung bedroht. Viele traditionelle gesellschaftliche Verhaltensweisen der Migranten entsprächen nicht dem in Europa vorangeschrittenen sozialen Wandel. Diese jüngst verstärkten politischen Spannungen stehen in prägnantem Kontrast zu den Zielen der neuen Mittelmeerpolitik der EU, die im Rahmen des „Barcelona-Prozesses" versuchen soll, auch durch Förderung von Vertrauen eine neue gesamtmediterrane Einheit zu formen. Umso mehr muss die EU auf die unterschiedlichen Kräfte des östlichen Mittelmeerraumes individueller als bisher eingehen, sie respektieren, aber dennoch zu multilateraler Zusammenarbeit führen.

Die politischen Konflikte zwischen der Türkei und ihren Nachbarräumen erreichen nicht nur regionale, sondern haben *weltweite Bedeutung*. Für die USA waren während des Kalten Krieges u. a. die elektronischen Horchposten auf dem fast 6000 m hohen Ararat in Ostanatolien wichtig. Von hier konnten die Militärs den gesamten Süden der UdSSR überwachen. Heute stehen die mutmaßlichen, großen Erdölreserven unter dem Kaspischen Meer im Vordergrund des Interesses. Vorwiegend US-amerikanische und saudi-arabische Ölgesellschaften sicherten sich die Förderrechte. Der Transport wäre, wie bereits betont, am besten durch einen Pipelinebau durch Ostanatolien zur türkischen Südküste nach Ceyhan im Golf von Iskenderun gegen alternative Wege durch Südrussland oder Iran zu sichern (Wagner 1996) und könnte die zeitweilig unsicheren Lieferungen über die Ölpipeline aus Irak verbessern. Die insofern geostrategisch nach wie vor wichtige Lage der Türkei veranlasst die USA, die EU zur Aufnahme der Türkei als Vollmitglied zu drängen (Bild 72). Washington kritisiert deshalb auch eine angebliche Überbewertung des Themas Menschenrechte, des Demokratiemangels und der Kurdenfrage in der Türkei durch die Europäer. Washington mahnt die Europäer, die strategische Bedeutung der Türkei nicht zu unterschätzen und verweist auf die bereits seit langer Zeit bewährte Westorientierung Ankaras. Hierin kommt unverändert die starke Stellung der USA als Hegemonialmacht im Vorderen Orient zum Ausdruck (Pawelka 1994; Pawelka-Wehling 1999).

Israel/Palästina –
Kulturelle Konfrontation in Nahost

Der Nahost-Konflikt unterscheidet sich von anderen politischen Krisenherden des Mittelmeerraumes durch die längere Dauer und seine *weltweite Dimension*:

1) Er begann bereits vor mehr als 100 Jahren in der Endphase des Osmanischen Reiches. Zunächst wanderten einzelne christliche Gruppen, später überwiegend Juden aus verschiedenen Kulturtraditionen nach Palästina ein und befanden sich zunehmend in religiöser, ethnisch-sozialer, wirtschaftlicher und politischer *Konfrontation* gegenüber der seit mehr als 1000 Jahren autochthonen arabisch-palästinensisch-christlich-jüdischen Bevölkerung.

2) Die globale Bedeutung dieser Konfliktzone resultiert aus weltweiter Unterstützung für Juden nach vielen älteren Pogromen, insbesondere aber nach dem Holocaust in Deutschland während der Nazi-Herrschaft. Andererseits hatten die westlichen Großmächte an der langfristigen Stabilisierung der *Erdölregion* im Mittleren Osten ein steigendes, globales Interesse (Tibi 1991; Pawelka 1994, 1998; Pawelka-Wehling 1999).

Die Immigration von Juden nahm seit der Jahrhundertwende schnell zu, nachdem während des zweiten Zionistenkongresses in Basel 1903 Uganda als Zielgebiet abgelehnt und stattdessen Palästina für die Errichtung einer *öffentlich-rechtlich gesicherten Heimstätte* für Juden angestrebt wurde. Die europäischen Mächte hatten indirekt ab 1870 dieses Ziel vorbereitet, als sie den Sultan in Konstantinopel aufgefordert hatten, dem Land Palästina zum Schutz der heiligen Stätten einen Sonderstatus zu gewähren. Die Balfour-Deklaration Großbritanniens verstärkte 1917 diesen Wunsch, obwohl sie den Juden nur eine „Heimstatt" in Aussicht stellte. Als die Engländer nach dem Ende des Osmanischen Reiches ab 1918 die Mandatsmacht übernahmen, vermieden sie jedoch alles, was zu einer vollen staatlichen Souveränität hätten beitragen können. Gleichwohl erlangten die jüdischen Siedlungskolonien schnell eine breite, wirtschaftlich und technisch nach westlichem Vorbild hervorragend organisierte, meist agrarische Grundsicherung. Ihre wachsende räumliche Ausdehnung wurde militärisch gut geschützt und bot mit der hebräischen Sprache und dem Zionismus den aus unterschiedlichsten Staaten Eingewanderten eine gemeinsame kulturelle Identität. Die umfangreiche finanzielle Unterstützung aus Europa und Amerika sicherte vor allem den Landkauf, der überwiegend von zionistischen Organisationen getätigt wurde. Aber auch die rentenkapitalistische Abhängigkeit, in die palästinensische Bauern und Nomaden infolge der überlegenen, erfolgreichen Wirtschaft der Siedler gerieten, brachte den jüdischen Kolonien Eigentumstitel an Grund und Boden (Wirth 1989, S. 271). Darauf weisen die Palästinenser heute mit Nachdruck hin und widersprechen allen Darstellungen, der Landkauf sei in jedem Falle reell verlaufen.

Die sprunghafte und zugleich flächenhafte Expansion neuer Lebensweisen und Siedlungsformen in Palästina verstärkte den *kulturellen Kontrast* zur orientalisch-islamischen Gesellschaft der arabischen Einwohner immer mehr. Die ansteigende Zuwanderung führte zu ersten Konflikten und Aufständen bereits 1920, 1929 und 1937. Den Juden stand 1918 eine noch zehnfach größere palästinensische Bevölkerung gegenüber, wie im Kapitel über die aktuelle Bevölkerungsentwicklung dargelegt wurde. Kurz vor der Ausrufung des Staates Israel 1948 lebten 630 000 Juden neben 1,2 Mio. muslimischen und 150 000 christlichen Arabern in Palästina (Karmon 1994, S. 65). Während des ersten israelisch-arabischen Krieges nach der Staatsgründung Israels 1948 wurden über 400 palästinensische Dörfer zerstört, nur ca. 100 waren danach noch von Arabern bewohnt (Abdulfattah/Kopp 1996, S. 577). Etwa 700 000 Palästinenser wurden vertrieben oder flohen, weil sie in einer Gemengelage jüdisch-moslemischer Siedlungen keine Perspektiven für sich sahen. Diese frei gewordenen Flächen dienten der Aufnahme von überlebenden Juden aus den Vernichtungslagern in Deutschland sowie der wachsenden Zahl von Immigranten aus anderen Staaten. Planmäßige Siedlungspolitik führte kontinuierlich zur „Judaisierung" großer Teile

Palästinas, nach den weiteren Kriegen auch in der Westbank, deren Fläche vor Beginn des Friedensprozesses um 1990 bereits zu zwei Dritteln in israelischer Hand war. Heute (1999) leben in Israel 5,7 Mio. Einwohner, davon 18 % Palästinenser mit israelischer Staatsangehörigkeit, sowie in den besetzten Gebieten weitere 2 Mio. Araber (ohne israelischen Paß). Auch wenn der natürliche Zuwachs der arabischen Bevölkerung hoch ist und diese teilweise westliche Lebensformen übernimmt, nicht zuletzt, weil fast die Hälfte ihrer Arbeitskräfte in Israel beschäftigt ist, verstärkt nicht nur der politische und religiöse, sondern auch der grundlegend *kulturelle Unterschied* den bisweilen unauflösbar erscheinenden Konflikt. Die schwierigste Frage betrifft die Zukunft der bis 1999 generativ auf ca. 3,6 Mio. angewachsenen Zahl der ursprünglich etwa 700 000 vertriebenen und geflüchteten Palästinenser.

Eine Zuspitzung erfuhr der Dualismus in jüngster Zeit infolge der starken Unterschiede der *wirtschaftlichen Entwicklung.* Obwohl die palästinensische Autonomiebehörde weltweit umfassende Aufbauhilfe erhält und wenigstens eine Initialphase palästinensischen Unternehmertums erkennbar ist (Lindner 1999), blieb ihre ökonomische Eigenaktivität noch gering. Stattdessen vermehrten sich die Hinweise auf die Entwicklung einer Rentenökonomie, die von hohen Geldzuflüssen von außen abhängig ist. Demgegenüber durchlief gerade in jüngster Zeit die Wirtschaft Israels eine besonders intensive Wachstumsphase, wie im Kapitel zur Wirtschaft erläutert wurde. Sie umfasst viele zukunftsorientierte Industriezweige in weltweiter Verflechtung, mit denen selbst die modernen gewerblichen Initiativen der Palästinenser nicht annähernd konkurrieren können. Belastend kommt die Benachteiligung der arabischen Landwirtschaft in der Westbank hinzu, weil ihr von den Wasserressourcen Palästinas nur ein kleiner Teil zugebilligt wird (Hadi 1995; Ben Amin 1995).

Abgesehen von diesen sozio-ökonomischen Gegensätzen wird der Nahost-Konflikt noch tiefer gehend von grundsätzlichen *weltanschaulichen Unterschieden* geprägt. Religiös-gesellschaftliche Auffassungen stoßen unvereinbar aufeinander: Der Islam gibt weder eine rechtliche, noch eine na-

tionale Idee für eine weltliche Staatsorganisation vor. Die „Umma" (Gemeinschaft) umfasst vielmehr universalistisch alle sich zum Islam bekennenden Gläubigen ohne Wertung ethnischer Herkunft, sozialer Stellung oder nationaler Zugehörigkeit. Seit der Entstehung moderner Staaten im Vorderen Orient, insbesondere seit der Gründung Israels, drang der Loyalität verlangende *Nationalstaat* allerdings auch in den Nahen Osten vor. Mit ihm ergaben sich Probleme für alle orthodox-religiösen Gruppen, also auch für strenggläubige Juden, die bislang keine „Staatsbürgerschaft" anerkennen. Tibi resümiert (1993, S. 12), „daß der islamische Fundamentalismus ein Phänomen der Krise in islamischen Gesellschaften ist; er bringt die Krise der Verpflanzung der ursprünglich europäischen Institution des für Muslime fremden säkularen Nationalstaates ... in den islamischen Ländern zum Ausdruck".

Das Problem ist deshalb umso größer, weil sich der moderne Nationalstaat in der Dritten Welt wegen vielfältiger Fehlentwicklungen und Misserfolge in einem Akzeptanz-Dilemma befindet, wie Algerien zeigt. Dennoch scheint die Lösung des Nahost-Konfliktes, insbesondere die Friedensregelung zwischen Israel und Palästina nur durch eine Hinwendung zum *säkularen Staat* möglich zu sein. Tibi sieht das Ende des Konfliktes, wenn auf beiden Seiten eine Trennung von Politik und Religion erfolgt und eine loyale, nationale „Citizenship" akzeptiert wird. Dieser Weg ist gleichwohl schwierig, weil viele junge Nationalstaaten der islamischen Welt weder den Übergang von der Tradition zur Modernisierung, noch den damit als automatisch erreichbar verkündeten höheren Wohlstand erlangt haben. Wahrscheinlich war die dafür notwenige Zeit noch zu kurz.

Obwohl dieser Einigungsweg schwierig ist, birgt er für den Nahen Osten *große Vorteile* für die Gesamtregion (Israel, Palästina, Jordanien, Libanon, Syrien und Ägypten). Abdulfattah und Kopp (1996) sehen folgende positive Perspektiven: Die politische Stabilisierung ermöglicht einen *Markt* für gegenwärtig 30 Mio. Einwohner (mit Ägypten: 95 Mio.), dessen Chancen durch die Einbeziehung in die neue Mittelmeerpolitik der EU noch steigen würden. Die knappen Vorräte der wichtigsten und notwendigsten Ressourcen dieses Raumes, des Wassers und des *Agrarpotenzials*, könnten durch mehrseitige Abstimmung effizienter genutzt werden. Die bereits in Israel und Jordanien gut entwickelten *Infrastrukturen* und *Dienstleistungen* (medizinische Versorgung, moderner Handel, Finanzen, Bankwesen, Verkehrstechnologie und Tourismus) lassen sich in bewährter Organisation auf den gesamten Vorderen Orient ausdehnen. Die partiell bislang unterschiedlich entwickelten *Bildungseinrichtungen* könnten wechselseitig zugänglich gemacht werden. Mit dem ägyptischen *Arbeitsmarkt* stehen migrationserfahrene, gut qualifizierte Arbeitskräfte zur Verfügung. Spezialisierte Kader modernster Industriebranchen bis hin zu allen Formen von High-Tech sind in Israel vorhanden und stehen für Innovationsaufgaben in allen Levanteländern bereit. Der besonders in Israel durch seine weltweiten Verflechtungen vorangeschrittene *Industrialisierungsprozess* könnte neue Standorte und industrielle Milieus auch in den Nachbarländern erzeugen. Nach der Grenzöffnung könnte sich der Gesamtraum zu einer hoch attraktiven *Fremdenverkehrsregion* mit breiten Angebotsspektren zwischen Archäologie und Strand entwickeln. Ein Teil der Touristenströme würde von den überfüllten Hotelküsten des westlichen Mittelmeerraumes zur Levante wechseln, sobald politische Ruhe und Stabilität herrschen. Unter diesen Bedingungen wird der mittelmeernahe Teil des Vorderen Orients mit Israel und Palästina im Kern, auch durch Hilfestellung seitens der neuen euro-mediterranen Politik, ein Wirkungsfeld *internationaler Kooperation* mit hohen Synergieeffekten (Energiegewinnung, Erdölverarbeitung, Meereswasserentsalzung, Ausbau der Verkehrstechnologie). Mit dieser *Vision* erlangt der Nahe Osten erneut seine jahrtausendealte *Brückenfunktion* zurück und könnte die innere Konfrontation durch den gemeinsamen Weg von der Tradition in die Moderne überwinden.

Die neue Mittelmeerpolitik sollte, um mit Amos Oz zu sprechen, ihren Beitrag zur Lösung des Nahost-Konfliktes auch vor der historisch weit zurückreichenden Verantwortung des christlichen Europa für einen großen Teil der Leiden beider Konfliktparteien leisten.

Weltpolitische Einbindung des Mittelmeerraumes

Nachdem der Schwerpunkt weltpolitischer Aktivitäten im Gefolge der Entdeckung Amerikas während der Frühneuzeit nach Nordwesteuropa und in den atlantischen Raum abgewandert war und das Osmanische Reich die östlichen Mittelmeerländer blockiert hatte, schien das Interesse der modernen Staaten am Mittelmeerraum zu ruhen. Erst zu Beginn des 18. Jh.s dokumentierte *Großbritannien* während des Spanischen Erbfolgekrieges seinen im Mittelmeerraum wachsenden Machtanspruch durch die Einnahme Gibraltars (1704), das es bis heute hält, wenn auch nicht mehr aus strategischen Gründen. 100 Jahre später eroberte England die Insel Malta (1800), besetzte Zypern (1878) und Ägypten (1882), sicherte so den Weg nach Indien und bezog den Mittelmeerraum in die „pax britannica" ein (Braudel et al. 1990, S. 115).

Frankreichs Interessen richteten sich seit dem Einmarsch in Algerien (1830) ebenfalls auf Herrschaft im Süden des Mittelmeerraumes. Sein spektakulärster Erfolg war der Bau des Suezkanals (1869). London kaufte 1875 jedoch einen großen Teil der Aktien der Suezgesellschaft, erreichte die politische Neutralisierung des Kanals (1888) und wurde somit zu seinem wichtigsten Nutznießer. Nach der Nationalisierung der Schifffahrtsstraße durch Ägypten (1956) vermehrten während des Kalten Krieges die wirklichen Großmächte, die USA und die UdSSR ihre Präsenz im Mittelmeerraum, während Frankreich und Großbritannien ihren politischen Einfluss, weitgehend auch ihre dauerhafte militärische Präsenz im Mittelmeerraum reduzierten.

Bis zur Gegenwart bewahrten besonders die *Amerikaner* als Nichtanlieger ihr steigendes Interesse am östlichen Mittelmeerraum. Ihr Ziel konzentrierte sich auf die Garantie der Erdölversorgung sowie seit den 60er-Jahren auf die Sicherheit Israels und gewährleistet damit auch die Vorstellungen aller Industrieländer. Politisch wurde dieses Ziel durch klassische *Hegemonialpolitik* der USA gegenüber den schwachen Staaten im Osten des Mittelmeerraumes sowie des Nahen und Mittleren Ostens erreicht. Nach dem Entstehen einer möglichen Gegenmacht in Gestalt der Organisation der Erdölexportierenden Länder (OPEC) wurden die Staaten des Vorderen Orients durch die Lieferung von Technologie und Konsumgütern an die westliche Industriewelt gebunden. Die Ölländer entwickelten sich als Rentierstaaten, deren Gesellschaft, politische Strukturen, Wirtschaftsweise und Wohlstand direkt von den Erdöleinkommen abhängig wurden. Um dieses System des „Petrolismus" und seine Legitimität zu erhalten, sorgten die verantwortlichen sozialen Eliten für eine konfliktlose Verzahnung ihrer Staaten in das Weltwirtschaftsgefüge. Umgekehrt bewirkte die Gewährung von regelmäßigen Finanzhilfen (politischen Renten) an die rohstoffarmen arabischen Länder deren Gefolgstreue.

Folgt man Pawelka (1998, S. 119ff.), so gelang es den USA seit den 60er-Jahren, dieses Gesamtsystem wechselseitiger Abhängigkeiten durch Verflechtung in die westliche Wirtschaft *politisch* zu umfassen und mit ihren *Kontrollsystemen* zu durchdringen. Dadurch verminderte sich die revolutionäre Dynamik der Region und die panarabische Einigungsidee wurde durch Fraktionierung geschwächt. „Gegen Ende der 70er Jahre bildete sich im Nahen Osten eine auf die USA zentrierte Hierarchie von Klientelbeziehungen heraus. An der Spitze stand der privilegierte Klient Israel, dann folgten Ägypten an der zweiten Stelle und die anderen arabischen Staaten in abgestuften Rängen" (Pawelka 1998, S. 115f.).

Alle Staaten des Nahen Ostens waren bestrebt, ihre eigene Position in diesem System zu sichern. Das Sinken der Erdölpreise leitete mit der Minderung ihrer Finanzkraft nicht nur die Verstärkung der Abhängigkeit der Erdölförderländer von den USA und ihren westlichen Verbündeten ein, sondern auch der Semi-Rentierstaaten (z. B. Ägypten). Viele ihrer Gastarbeiteremigranten verloren ihren Arbeitsplatz in den Golfstaaten und mussten zurückkehren. Die Summe der bisher hohen Lohnüberweisungen sank. Die deshalb aufkommenden ökonomischen Krisen nutzte das Weltwirtschaftssystem zur weiteren Verschärfung *politischer Dependenz* der Staaten in Nordafrika und im Vorderen Orient. Unter dem Leitbild der entwicklungspolitischen Hilfe für wirtschaftlichen und gesellschaftlichen Wandel („Transformation") erzwangen Weltbank und Internationaler Währungsfonds (IWF) den Beginn tiefgreifender innenpolitischer Strukturreformen in den Mittelmeerdrittstaaten, die Privatisierung, Öffnung der Märkte für Importe sowie den Zugang von Investitionen und Ideen aus den Industrieländern. Wichtigstes Ziel ist gegenwärtig die wirtschaftliche Aktivierung erstarkender Zivilgesellschaften. Aber auch darin bleibt eine weltpolitische Abhängigkeit der südlichen und östlichen Länder des Mittelmeerraumes von westlichen Industriestaaten erhalten. Dies zeigt die heftige antiwestliche Reaktion der fundamentalistischen Bewegungen.

Die Einbindung des östlichen Teils des Mittelmeerraumes in die Weltpolitik könnte sich jedoch wieder ändern. Da die westlichen Erdölreserven schwinden, steigt die Bedeutung der Ölstaaten am Persischen Golf, da nur sie noch über große Vorräte verfügen. Nach Vorausberechnungen steigt bis um 2010 ihr Anteil am Ölmarkt auf über 50 %. Gleichzeitig wächst nicht nur die Weltbevölkerung, sondern auch die Nachfrage der erstarkenden großen Volkswirtschaften Indien und China. Damit vermehren die Ölstaaten ihre Kontrolle über den Preis und ihre geopolitische Macht. Die westlichen Industrieländer haben dann nur noch geringen Zugang zu Erdölreserven, die zu 90 % in der islamischen Welt liegen. Diese Entwicklung mag von der Erdölregion auch auf die übrigen Länder mit muslimischer Bevölkerung im Mittelmeerraum ohne Erdöl ausstrahlen. Ob sie auch deren wirtschaftliche Stellung stärkt, ist zu bezweifeln. Inwieweit unter dieser Konstellation ein Zusammenwirken der Länder des Mittelmeerraums sich zu einem in sich funktionsfähigen und hinsichtlich der Einkommen ausgewogenen Wirtschaftsraum entwickeln kann, wie ihn die EU anstrebt, bleibt eine offene Frage. Auch die in den Mittelmeerraum hineingreifende Globalisierung von Kapital, Produktion, Güteraustausch und Ideen könnte eine weitere Verschärfung des Kontrastes von Gewinner- und Verliererregionen zwischen Südeuropa, Nordafrika und Vorderem Orient bewirken.

Kulturelle Unterschiede

Tradition und Moderne

Wohlstand und Armut

Einblicke

**Kulturelle
Unterschiede**

Fernand Braudel, der große französische Historiker, Soziologe und Ökonom, ein letzter Universalgelehrter, der den Mittelmeerraum zur Zeit Philipps II. umfassend beschrieben hat, charakterisierte die *historischen* weltanschaulichen, kulturellen und zivilisatorischen Lebenswelten zwischen Südeuropa, Nordafrika und Vorderasien (1987, S. 95, 96) folgendermaßen: „Abgesehen von ihrer gegenwärtigen staatlichen Gliederung ist die Mittelmeerwelt die Konfiguration dreier kultureller Gemeinschaften, dreier großer und dauerhafter Zivilisationen, dreier grundlegender Lebensstile, Denkentwürfe, Glaubensweisen, Alltagspraktiken ... Ihre Grenzen verlaufen über Staatsschranken hinweg, denn diese sind für sie bloße Kostümierung, lediglich ein Gewand."

Diese Kulturkreise beschreibt Braudel hinsichtlich ihrer räumlichen Reichweite, ihres exogenen Konfliktpotenzials, betont aber auch ihre Anpassungsbereitschaft sowie ihre Fähigkeit zu innerem Wandel. „Drei Zivilisationen: da ist einmal der Okzident, vielleicht besser: die christliche Welt, genauer: die römische Welt, denn Rom war und ist das Zentrum dieses alten lateinischen, dann katholischen Universums geblieben ..., so als wäre es Rom in der Neuzeit beschieden, das Reich Karls V., in dem die Sonne nie unterging, in seinem ewigen Wandel zu bewahren. Der zweite Kulturkreis ist der Islam, der auch unermeßlich groß, von Marokko über den Indischen Ozean hinaus bis zur Insulinde reichend, die von ihm im 13. Jahrhundert nach Beginn der christlichen Zeitrechnung zum Teil erobert und bekehrt wurde. Der Islam dem Okzident gegenüber, das ist wie Hund und Katze, man könnte sagen: ein Gegenokzident, mitsamt den Zweideutigkeiten, die jeder tiefe Gegensatz in sich birgt, der zugleich Rivalität, Feindschaft und Austausch ist ... Heute ist nicht sogleich offensichtlich, wer sich hinter der dritten Figur verbirgt. Es ist das griechische, orthodoxe Universum: die Balkanhalbinsel, Rumänien, Bulgarien, fast ganz Jugoslawien und Griechenland ..." Im Hintergrund, zugleich im Mittelpunkt des Letzteren steht, besonders gemäß eigenen Selbstverständnisses wieder starker das Zentrum der orthodoxen Kirchen, der Patriarch von Moskau, das „Dritte Rom", das seine Abgrenzung gegenüber dem Vatikan in letzter Zeit mehrfach deutlich gemacht hat.

Kommen hierbei von Grund auf angelegte kulturelle und weltanschauliche Unterschiede zum Ausdruck, so hebt Braudel zusätzlich die vielfältigen regionalen und zeitlich begrenzten, dennoch folgenschweren Konflikte heraus (1990, S. 105): „Solche Zusammenstöße, die einen kurz (Marathon, Lepanto), die anderen lang (die drei Punischen Kriege, die Kreuzzüge), werfen ein grelles Licht auf jene dumpfen, gewaltsamen, wiederholten Auseinandersetzungen, die sich die Zivilisationen liefern und die, genauso wie einige weitere Kriege und Schlachten, deren bedeutsamste wir hätten erwähnen können (die Schlacht von Jerez 711, in der Tarik die Westgoten vernichtend schlug, oder die Schlacht von Poitiers 732; oder die Einnahme von Konstantinopel 1453...), über die Beteiligten und die betroffenen Orte hinausweisen. Auf der einen Seite steht das ganze Abendland (Griechen und lateinische Welt), auf der anderen der ganze Orient. Die Tragweite des Konflikts läßt den Zusammenprall um so heftiger, dröhnender ausfallen."

Indem er die Konfliktereignisse näher beschreibt, deutet Braudel die Möglichkeiten und Folgen für den Mittelmeerraum an, die

ohne diese Schlachten hätten eintreten können (1990, S. 105):
„In Marathon retten die Griechen eine in Umsturz schwebende
westliche Welt. Rom erschüttert, indem es Karthago vernichtet,
den gesamten Orient. Die Kreuzzüge sind ein weiteres Beispiel für
dieselbe starre Gesinnung. Eine wuchtige Entgegnung des Islam
darauf ist die Besetzung Konstantinopels durch die Türken 1453.
Lepanto setzt zu einem späteren Zeitpunkt (1571) nochmals das
Wohl der ganzen, von der türkischen Flotte und den Seeräuber-
schiffen der Barbaren gegängelten mediterranen Welt aufs Spiel ...
Zivilisation, das heißt also soviel wie Krieg und Haß, ihre dunkle
Seite, die sie halb überschattet. Sie züchten sich ihren Haß, sie
zehren, sie leben davon."

Nimmt man diese Sicht *Braudels* wahr, wonach die Zivilisationen
historisch allzu oft tatsächlich nichts anderes als Verkennung, Verachtung, Verabscheuung des anderen gewesen seien (1990, S. 106),
so drängt sich die Frage auf, ob diese Aspekte nicht doch zu einseitig seien. Selbst Braudel räumt die Ausstrahlung *befruchtender
Impulse*, kultureller Werte und Erfahrungen, den Austausch von
Techniken und Ideen über die Grenzen ein. Vielleicht speziell auch
nur aus wirtschaftsgeographischem Blickwinkel, sind die grenzüberschreitenden Innovationsströme zwischen den Kulturen mindestens
ebenso wirksam gewesen wie die konfliktbedingten Reibungsverluste. Es gibt viele Beispiele dafür, dass wechselseitige Anregungen
und Übertragungen sowohl geistesgeschichtlich bedeutsame als
auch ökonomisch wichtige Entwicklungen gefördert haben.

Aus gegenwärtiger politischer, besonders aus arabischer Sicht
ergibt sich eine etwas anders akzentuierte, vielleicht noch weiter
gehende Interpretation der historischen wechselseitigen Befruch-
tung zwischen den Kulturen im Mittelmeerraum. Der Botschafter
der Arabischen Republik in Deutschland, *Mahmoud Kassem*, weist
darauf hin, dass in Europa die evolutionäre Kraft anderer Zivilisationen noch heute weitgehend übersehen oder negiert werde
(1998, S. 156 – 158): „Wie Arnold Toynbee völlig richtig erkannt
hat, vertraten westliche Philosophen und Historiker immer die
Ansicht, es gebe nur eine Zivilisation, nämlich die westliche, da
sie in der modernen Geschichte eine vorherrschende Rolle spielte.
Andere Zivilisationen sind entweder in der Wüste verschwunden
oder haben sich dem Hauptstrom der modernen westlichen Zivilisation angeschlossen. Laut Toynbee beruht diese Sichtweise auf
drei illusorischen Vorstellungen: Die Illusion des Westens, daß
sich alles nur auf ihn bezieht, die Illusion, daß sich der Osten nie
verändert, und die Illusion des Fortschritts als eine linear fortschreitende Entwicklung ... In bezug auf die Illusion des Westens,
er sei Dreh- und Angelpunkt aller Dinge, hört man immer wieder,
daß der Islamismus ein Werkzeug westlicher Ideologie sei."

Kassem verweist dabei auf die merkwürdigen Beziehungen zwischen dem CIA der USA zu den afghanischen Mudjahidin. Versucht hier der Westen, den islamischen Fundamentalismus partiell
zu stärken, um dessen Übertreibungen als Instrument für seine
hegemonistische Politik zu nutzen? *Kassem* beklagt, dass der
Westen die Furcht vor dem Islamismus fördere: „Die gegenwärtige
Kampagne gegen den 'islamischen Terror' und die Tatsache, daß
der Islam als aktuelle Bedrohung der Zivilisation hingestellt wird,
weisen im Kern keine religiösen Motivationen auf. Sie werden

weder durch den religiösen Eifer mancher Gruppen innerhalb der westlichen Gesellschaften angetrieben, noch durch das, was als die Exzesse und barbarischen Grausamkeiten mancher 'islamischer' Praktiken oder Strafaktionen angesehen wird; noch weniger durch eine unbegründete Angst vor einer 'islamischen Rückeroberung' der westlichen Welt oder deren streng bewachten Jagdreviere in der Dritten Welt.„

Bild 73: Katholische Kathedrale St. Vincent de Paul in Tunis: Schwierig ist die Stellung der christlichen Kirchen in arabisch-islamischer Umwelt. In Tunesien ist die Zahl ihrer Anhänger in der postkolonialen Zeit auf ca. 10 000 geschrumpft. Das Wirken der Kirchen dient heute weniger der Mission, sondern mehr sozialen Zielen und dem besseren gegenseitigen Verstehen der Religionen.

Diese Kritik aus arabischer Feder sollte die *westliche Politik* nachdenklich machen und herausfordern, über ihre Ziele in Nordafrika und in Vorderasien nachzudenken. Die neue Mittelmeer-Politik der Europäischen Union bietet hierfür einen geeigneten Rahmen. Die religiösen Gemeinschaften des Westens, die meisten *christlichen Kirchen* scheinen am Beginn eines Weges zur Neuorientierung ihrer Leitbilder in Bezug auf den Islam zu stehen.

Die westliche Welt wird allerdings auch außerhalb der im engeren Sinne fundamentalistischen Strömungen einem *zielbewussten Islam* gegenüberstehen. Diese Tatsache unterstreicht *Kassem*, wenn er sagt (1998, S. 163): „Moslems, die in der heutigen Welt versuchen, eine islamische Gesellschaftsordnung oder zivilisatorische Identität zu schaffen, gehen in ganz bestimmter Weise an den Koran heran. Sie lehnen manche traditionellen, historischen, linguistischen und philologischen Interpretationen aus der Vergangenheit ab und lassen bestimmte Verse im entscheidenden Moment auf die einzelnen und die Gesellschaft wirken. In diesem Zusammenhang werden die Zitate aus dem Koran zur Bestätigung und Rechtfertigung einer Revolution als einer rein islamischen. Es ist nicht die Aufgabe des Moslems, die Weisheiten des Koran gegebenen oder übernommenen Gesellschaftssystemen anzupassen. Die Offenbarung enthält eine revolutionäre Ideologie, die die

Umformung der Gesellschaft und die Befreiung der Menschen aus der Unterjochung in humane Systeme zum Ziel hat." Folgt man dieser Zielbeschreibung, so wird man die Zukunft im Süden und Osten des Mittelmeerraumes, seiner Gesellschafts- und Wirtschaftsentwicklung stets unter diesem religiös orientierten Blickwinkel sehen müssen.

Aus westlicher Sicht sieht der amerikanische Politikwissenschaftler *Samuel Huntington* die zukünftigen Auseinandersetzungen noch weiter reichend, in weltweiter Dimension. Seine Theorie prognostiziert die deutlichsten Konfliktlinien nicht mehr zwischen politischen Systemen, sondern zwischen den verschiedenen *Zivilisationen* und *Kulturen*: Nachdem die politisch-ideologischen Kontraste des Kalten Krieges zwischen Ost und West abgeflaut sind, treten kulturelle Gegensätze wieder stärker ins Blickfeld. Sie basieren im Kern darauf, dass im Westen die Eigenständigkeit des *Individuums* betont wird, in den Kulturen Südostasiens und in der islamischen Welt jedoch mehr die Gemeinschaft Vorrang hat, in deren Hierarchien sich der Einzelne einzuordnen hat. Eine weitere Ursache sieht Huntington in der *Modernisierung* der gegenwärtigen Lebenswelten, soweit sie bis zur *Entwurzelung* aus traditionellen Denkweisen und Sozialstrukturen geführt hat. Huntington sieht die aktuellen kulturellen Auseinandersetzungen zwischen westlicher und islamischer Kultur in historischer Kontinuität: „Der Konflikt zwischen liberaler Demokratie und Marxismus-Leninismus im 20. Jahrhundert war ein flüchtiges und vordergründiges Phänomen, verglichen mit dem kontinuierlichen und konfliktreichen historischen Verhältnis zwischen Islam und Christentum. Manchmal stand friedliche Koexistenz im Vordergrund; häufiger war das Verhältnis eine heftige Rivalität oder ein heißer Krieg unterschiedlicher Intensität ... Jahrhundertelang war das Schicksal der beiden Religionen ein stetes Auf und Ab von mächtigen Vorstößen, Pausen und Gegenstößen" (1998, S. 335). Kritisch ist gegenüber dieser Sichtweise allerdings anzumerken, dass es immer wieder auch viele Kriege innerhalb der beiden Kulturkreise gegeben hat und sogar partiell wechselnde christlich-islamische Koalitionen. Außerdem sollte nicht übersehen werden, dass die wechselseitigen kulturellen Anregungen und Impulse stets weniger auffällig waren und ihre Wirkung auf beiden Seiten wohl auch ungern zugegeben wurde.

Nicht nur im Abendland gab es dagegen zahlreiche Versuche, die Gemeinsamkeiten der Kulturen zu sehen. *Nagib Mahfuz*, ägyptischer Schriftsteller, Nobelpreisträger der Literatur 1988, hat 1959 in seinem Buch „Kinder unseres Viertels" (Awlad Haritna), das in den meisten arabischen Staaten wegen Blasphemie verboten ist, zunächst nur das einfache, alltägliche Leben der Menschen einer Familie in einem Stadtteil von Kairo geschildert. Im Hintergrund scheinen aber allegorische Anklänge an dem von allen drei Buchreligionen geprägten Teil der Religionsgeschichte auf. Die jüngeren Mitglieder der von *Mahfuz* geschilderten Familie tragen Züge von Moses, Jesus und Mohammed. Die sensible Reaktion der für die Reinheit der muslimischen Religion Verantwortlichen zeigt die gegen Mahfuz 1989 von Scheich Omar in New Jersey (USA) ausgesprochene *fatwa*.

Mit einem umfassenden Ansatz versucht *Bassam Tibi*, selbst in zwei Kulturen stehend, die Kontroverse zwischen der islamischen

Kultur, speziell deren fundamentalistisch-politischer Strömung und der westlichen Moderne zu beschreiben. Seine Grundanschauung sollte hier beachtet werden, weil sie der konkreten Situation besonders im Mittelmeerraum gerecht wird. *Tibi* sieht eine tiefe Krise der islamischen Welt, ausgelöst durch deren Auseinandersetzung mit der Moderne, die vom Westen, von Europa und Amerika mit dominantem Anspruch die muslimische Kultur bedrängt (2000, S. 175): „Der politische Islam ist ein Produkt des islamischen Dilemmas mit der kulturellen Moderne. Islamische Fundamentalisten sind keine Traditionalisten. Sie weisen nicht die Moderne als Ganzes zurück. In ihrem Streben nach einer islamischen politischen Ordnung wollen sie die materiellen Errungenschaften für sich nutzen", aber ohne deren kulturelle Einbindung übernehmen zu müssen. Man kann *Tibi* folgen, wenn er die Moderne in zwei Dimensionen, in einer kulturellen und in einer institutionellen, sieht (2000, S. 168). Letztere ist tatsächlich weitgehend globalisiert und umfasst mit dem internationalisierten System der Nationalstaaten, den Verflechtungen der Weltwirtschaft, den Organisationen der UNO, mit dem Weltwährungssystem auch die islamische Zivilisation und ihre Staaten. Dagegen ist die kulturelle Dimension nicht universalisiert, sondern stellt sich in räumlicher Differenzierung unterschiedlicher Weltanschauungen dar, die sich wechselseitiger Dominierung zu entziehen versuchen. Diesen Aspekt erläutert Tibi (2000, S. 173), wenn er sagt: „Um es ganz deutlich zu machen: Es gibt keine Weltkultur, sondern strukturelle Vernetzungsprozesse (Globalisierung), die mit der Parallelität kultureller Fragmentation verbunden sind. In bezug auf moderne Wissenschaft und Technologie erkennen die Muslime ebenso wie andere nicht-westliche Menschen auf der einen Seite die zentrale Bedeutung von Wissenschaft und Technologie als Potential für ihre eigene Entwicklung an. Auf der anderen Seite versperren sie sich der Einsicht, daß Wissenschaft und Technologie nicht wertfrei, sondern gesellschaftlich konstruiert sind." Wissenschaft und Technologie sind durch ihre lange historische Entwicklung in Europa abendländisch-westlich geprägt. Dabei wurden auf dem Weg über die maurische Kulturtradition in Spanien und die normannisch-staufische Zivilisation in Süditalien-Sizilien früher durchaus auch Impulse rationalen Denkens aus der muslimischen Geisteswelt ins europäische Mittelalter übernommen. „Das Dilemma, in dem sich der moderne Islam im Umgang mit der kulturellen Moderne befindet, ist daher vor allem ein Dilemma des islamischen Fundamentalismus in seinem unermüdlichen Bemühen, die techno-wissenschaftliche Dimension der Moderne für den Islam zurechtzustutzen und gleichzeitig die damit verbundene Weltsicht, das heißt das kulturelle Projekt der Moderne zurückzuweisen" (2000, S. 170).

Dieses Streben der islamischen Fundamentalisten nach „Entwestlichung des Wissens" sieht *Tibi* als „islamischen Traum von der halben Moderne" (2000, S. 171). Die moderne westliche Kultur wird im politischen Islam als aggressiv, zu dominant, als imperialistisch, als zu unzulänglich für die irdische Daseinsgestaltung, in geistlicher Sicht als zu wenig Sicherheit bietend empfunden. Nach *Tibi* „spiegelt die gegenwärtige islamische Debatte über technologisches und wissenschaftliches Wissen ein Bedürfnis nach *Gewißheit* gegen die *Zweifel* der kulturellen Moderne" (2000, S. 168), gegen deren Reflexivität und Problemorientierung wider. Dieser Gegensatz erscheint Tibi sachlich nur überwindbar, wenn „kulturübergreifende Moralität", Säkularität und Rationalität Menschen mit verschiedenen kulturellen Hintergründen vereinen (2000, S. 176).

Wohlstand und Armut

Die den Mittelmeerraum prägenden, daseinserschwerenden Kontraste sind an statistischen Indikatoren nur annähernd zu erfassen, weil diese das weitere gesellschaftliche Umfeld nicht sichtbar machen. Literarische Texte bieten dagegen vielfach eine breitere Palette von Einblicken. Verglichen seien hier schriftstellerische Schilderungen von zwei *Städten* mit langer historischer Tradition, denen aber unterschiedliche politische und wirtschaftliche Erfolge beschieden waren. *Heinz-Joachim Fischer* beschreibt *Mailand* innerhalb des Wirtschaftsraumes der westlichen Poebene als bedeutende, glänzende Metropole (1999, S. 71, 72): „Prosperität durch entwickelte Landwirtschaft und Agrarindustrie, blühende Unternehmen unterschiedlicher Größe und ein hochentwickelter tertiärer Sektor mit erfolgreicher Verbindung zwischen Produktion und Dienstleistung sind charakteristisch für die tüchtigen Lombarden und machen die Lombardei mit Mailand als Mittelpunkt von Norditalien zu einem führenden Wirtschaftszentrum in Europa ... Es fällt schwer, für die Lombardei ein gemeinsames Kennzeichen zu finden. Für die Lombarden ist das einfacher. Sie sind fleißig, tüchtig, praktisch veranlagt; so haben sie es zu Wohlstand und einem der höchsten Pro-Kopf-Einkommen in Europa gebracht. Reich sind sie also, nicht weil die Natur sie mit Bodenschätzen beschenkt hat, sondern durch der Hände und des Kopfes Arbeit."

Fischer sieht in Mailand in verschiedenster Hinsicht die eigentliche Hauptstadt Italiens (1999, S. 75): „Wirtschaftlich, weil es der nordwestitalienischen Wirtschaft gutgeht, besser noch, als die Statistiken ausweisen. In der Tat brummt es schon auf dem Wege nach Mailand, im Wirtschaftsraum von Genua nach Triest, von Turin nach Bologna. Ununterbrochen schaffen schwere Lastwagen Güter hin und her, anders als südlich des Apennin. Links und rechts der dicht gezogenen Autobahnen sind in den vergangenen zehn, fünfzehn Jahren blitzsaubere Fabriken entstanden. Der norditalienische Wirtschaftsraum mit seinen 26 Millionen tüchtigen Piemontesen und Ligurern, Emilianern und Venetiern, mit eben den knapp 9 Millionen Lombarden und Mailand in der Mitte ist ein Gewinn für die Euro-Gemeinschaft. Ausdruck findet das im Selbstbewußtsein der Geschäftsleute, die mit schnellem Schritt und elegantem Äußeren im Umkreis des Hohen Doms einträglichen Tätigkeiten nachgehen."

Im Kontrast zu dieser erfolgreichen Metropole steht eine Schilderung der kleinen Stadt *Tartus* an der syrischen Mittelmeerküste, Endpunkt einer stillgelegten Ölpipeline aus Kirkuk bzw. Basra, jedoch schon in assyrischer Zeit von Hafenfunktionen lebend, eine der vielen Küstenstädte der Phönizier, im Hellenismus wieder erblühend, später ein Fixpunkt des römischen Städte- und Straßennetzes und 1100–1291 eine Kreuzfahrerbastion. Hätte

Bild 74: Stadtbild von Bursa: *Im westlichen Teil der Türkei ergänzen sich seit Beginn der Öffnung des Landes gegenüber europäischen Einflüssen und zunehmender Industrialisierung westliche und traditionelle Lebensformen. Dennoch wirken hinter den modernen Fassaden auch traditionell-religiöse Prinzipien in der Wirtschaft und Gesellschaft.*

Tartus wie Beirut, Bursa oder andere Städte des Mittelmeerraums aufblühen können? Wer verhinderte den wirtschaftlichen Erfolg? Waren die hier lebenden Menschen nicht aktiv genug? *Paul Theroux* beschreibt diese Stadt, ihren alten ummauerten Kern mit außen liegenden neuen Wohnquartieren folgendermaßen (1998, S. 533): „Ich ging durch den Ort und überlegte, was sich eigentlich verändert hatte. Die Leute wohnten immer noch zwischen Ziegenkot und stinkenden Abfallhaufen, sie schrubbten ihre Wäsche in Waschzubern und hängten sie vor ihren Fenstern auf, wo das Sonnenlicht durch die Torbögen fiel. Kinder spielten in den engen Gassen, in denen stinkende Abwässer in offene Kanäle flossen. Ratten huschten zwischen den Ziegelmauern herum; in einem verfallenen Kirchenschiff hing Wäsche. Auch innerhalb der Stadtmauer gab es alte und neue Teile, die aber kaum voneinander zu unterscheiden waren. An vielen der alten Häuser hatte man Zimmer, Treppenaufgänge, Deckengewölbe und kleine Zellen angebaut. Die Männer saßen unter den Bögen des Stadttores. Wahrscheinlich hatte man hier an der syrischen Küste schon immer mehr oder weniger so gelebt: dem Anschein nach in wildem Durcheinander, tatsächlich aber durchaus wohlgeordnet: jedes Fleckchen wurde genutzt, man war geborgen im Gemäuer der eigenen Häuser hinter der Mauer der alten Stadt, die aussah wie eine Bienenwabe." Diese literarische Beschreibung geht nicht explizit auf die Ursachen der Not und die deformierte soziale Entwicklung ein. Aber indirekt wird diese Frage überaus deutlich gestellt. Wie bei anderen wirtschaftsräumlichen Disparitäten, z. B. innerhalb Italiens, wird man regionalen Ausgleich zwischen Wohlstand und Armut nur erreichen können, wenn zentralistische Strukturen abgebaut und statt deren die regionalen Fähigkeiten besser gefördert werden, die wichtigste Grundlage für eine größere Selbstverantwortung sind. Viele Beispiele moderner wirtschaftlicher Entwicklung bestätigen diese positive Folge der Dezentralisierung.

Der soziale Wandel, sein Vordringen westlicher Normen in den Mittelmeerraum, insbesondere in die moslemischen Gesellschaften ist an der *Rolle des Individuums* abzulesen, geschichtlich an seiner Einordnung in traditionelle Gruppen, gegenwärtig in dem Zwiespalt zwischen *liberalistischer* Selbstbestimmung oder bewusster Orientierung an *religiösen* Leitbildern. *Jamil M. Abun-Nasr* beschreibt die politische Stammesstruktur im vorkolonialen Tunesien, mit vollkommener Unterordnung des Einzelnen (1984, S. 200): „Das Interesse, das die tunesischen Herrscher vor allem seit dem 17. Jahrhundert daran zeigten, Juden, Andalusier und Djerbis zu fördern und mit ihnen zu kooperieren, stützt die These, daß sie, um politische Stabilität zu erreichen, ein Gleichgewicht entgegengesetzter Kräfte zu schaffen suchten ... Diese Aufrechterhaltung der Macht durch Herstellung eines Gleichgewichtszustandes zwischen entgegengesetzten Kräften kann man am besten durch das Verhalten der Herrscher den Stämmen gegenüber veranschaulichen." Dieser Feststellung folgt eine Schilderung des Verhältnisses der tunesischen Beys als absolute Herrscher gegenüber den verschiedenen in Tunesien in differenzierten Rangunterschieden lebenden Stämmen: „Die tunesischen Herrscher versuchten, die Praxis der tribalen Gesellschaft auf die tunesische Gesellschaft anzuwenden, um ein Gleichgewicht der Kräfte zwischen den verschiedenen Gruppen zu schaffen. Sie stützten sich auf die Türken, um die Macht über die Tunesier aufrechtzuerhalten, aber gleichzeitig rekrutierten sie (neben den Mizârqiyya) [speertragende] einheimische Truppen, um Rebellionen der Türken vorzubeugen. Die militärische Macht der europäischen Staaten zwang die Deys und Beys des 17. Jahrhunderts, den europäischen Kaufleuten die Erlaubnis zu erteilen, sich in Tunesien niederzulassen und Handel zu treiben. Aber sie schufen gleichzeitig auch Konkurrenten in Gestalt europäischer Juden, die völlig vom Willen des Herrschers abhingen, da sie zwar tunesische Untertanen waren, aber nicht zur tunesischen Gesellschaft gehörten ... Die Beys schufen, sei es nun bewußt oder unbewußt, Rivalen für diese Familien: Sie errichteten hanafitische Moscheen und Madrasas, um das Ausbildungspotential der malikitischen Institutionen zu brechen, förderten die Ansiedlung der Andalusier [aus Spanien vertriebene Muslime] inmitten der städtischen und ländlichen Gemeinden und ermöglichten es den Djerbis, ihre Insel zu verlassen und in den tunesischen Städten Handel zu treiben."

Diese Analyse lässt historisch den nur engen Entfaltungsspielraum ethnischer Gruppen und wirtschaftlich tätiger Individuen erkennen. Im Kapitel zum sozialen Wandel dieses Buches wurde die relativ weit vorangeschrittene Zivilgesellschaft Tunesiens skizziert. Aber dennoch ist auch hier die Frage zu stellen, inwieweit sich der Einzelne der muslimischen Gesellschaft verpflichtet fühlt oder bereits im westlichen Individualismus verwurzelt ist. Hierzu eine Stellungnahme zur Situation der „Integristen" in *Tunesien* von *Moncef Moalla* (1989, S. 16): „Die muslimischen Integristen sind in erster Linie religiöse Fundamentalisten, auch wenn sie daneben Einfluß auf die nationale Politik nehmen und politische Forderungen stellen. Sie bestehen auf der Einhaltung der Lehre und dem Respekt vor den Werten des Islam, und sie reagieren damit, wie in Selbstverteidigung, auf eine Gesellschaft, die sich in kaum mehr als 20 Jahren von einer traditionellen und religiös geprägten in eine Nation verwandelt hat, deren Gesetze nur noch teilweise von islamischen Grundsätzen, dafür sehr viel mehr vom Code Napoleon, und westlichen Werten geprägt sind. Es verwundert deshalb auch nicht, daß nach Schätzungen nur noch weniger als 50 Prozent der Bevölkerung praktizierende Moslems sind ... Dennoch lehnen die Fundamentalisten das moderne Leben nicht etwa ab. Sie predigen weder die Gewalt noch Fremdenfeindlichkeit. Sie versuchen lediglich, der mächtigen westlichen Kultur und jenen Lebensweisen, die ihnen durch die modernen Massenmedien, durch die Künste, durchs Reisen und wohl auch durch die Touristen vorgelebt werden, ein anderes Lebensmodell entgegenzustellen, das in Tunesien von derselben Toleranz geprägt sein soll, die unsere Gäste seit jeher kennen."

Die Stellung des Individuums in der Gesellschaft offenbart den Status des gesellschaftlichen Wandels zwischen Traditionsbindung und moderner Zivilgesellschaft. Zwei Aspekte seien hier aus verschiedenen Kulturkreisen herausgegriffen: Inwieweit bewirken *Bildung* und *Leistung* die Möglichkeit des sozialen Aufstiegs? Einer Situationsbeschreibung *Richard Brüttings* folgend (2000, S. 342) sind selbst in Italien, in einer vergleichsweise weit fortgeschrittenen Sozialstruktur, noch traditionelle Determinanten für den gesellschaftlichen Aufstieg maßgebend: „In der italienischen Gesellschaft fehlt weitgehend der auf Verdienst, auf Ansehen, auf Studium, Konkurrenz usw. beruhende Wettkampf um gesellschaftliche Positionen. Bei wirtschaftlichen, kulturellen und gesellschaftlichen Führungsgruppen liegt oft keine Auswahl aufgrund von Verdienst vor, sondern eine Kooptierung aufgrund einer Empfehlung ... Beim Kampf um soziale Positionen besteht kaum Chancengleichheit, sondern die Posten werden durch Austausch von Vergünstigungen bzw. aufgrund von Vereinbarungen zwischen Familien vergeben." In diesem *Familismus* wirken letzte Formen historischer Clanstrukturen nach, deren Hierarchien und Abhängigkeitssysteme noch bis ins politische Geschehen der Gegenwart nachwirken.

In islamisch geprägten Ländern des Mittelmeerraumes hat die Familie gegenüber der Öffentlichkeit eine noch sehr viel größere Bedeutung bewahrt. Sie wird besonders an der Rolle der Frau deutlich. Während in den nordmediterranen Gesellschaften die Familie auf matriarchalischen Prinzipien beruht und der Frau und Mutter bis heute eine starke Stellung zuweist, räumt die muslimische Familie der Frau nur begrenzte, die Sphäre des Haushaltes betreffende Entfaltungsspielräume ein. In vielen sie existenziell betreffenden Fragen hatte die Frau bis fast an die Schwelle der Gegenwart keinen oder nur geringen Einfluss.

Assia Djebar, Friedenspreisträgerin des Deutschen Buchhandels 2000, aufgewachsen in zwei Kulturen, setzte sich in ihrem umfassenden literarischen Werk seit 1959 mit dem Prozess der Selbstfindung von Frauen in Nordafrika intensiv auseinander. 1965 schrieb sie nieder, wie eine ältere Frau ihre frühen Ehejahre (etwa um 1920) ihren Urenkeln schildert (1999, S. 149): „Ich wurde mit zwölf Jahren verheiratet. Als einziges Mädchen war ich von meinem Vater verwöhnt worden. Da war ich nun in meinem neuen Heim und konnte rein gar nichts: weder Brot kneten noch mit dem Couscous-Sieb umgehen ... Und ich hatte keine Ahnung von der

Wollverarbeitung! Was ist denn schon eine Frau wert, die davon nichts versteht? Eines Tages bringt mein Schwiegervater seiner Alten eine Tonne Wolle mit, und sie teilt sie zwischen ihren vier Schwiegertöchtern auf, mich eingeschlossen. Jede mußte alles allein machen: die Wolle waschen, schlagen, säubern, dann kämmen und spinnen und schließlich etwas weben, sei es ein Gewand für den Gemahl oder aber …'' „Und alles das hast du gelernt?" rief Houria. „Mit zwölf Jahren?" „Wißt ihr, meine Mädchen, was mir am allerschwersten gefallen ist? Morgens früh aufstehen! Wie ich damals schlafen konnte, wie ich in eurem Alter schlafen konnte … Eines Tages, ich weiß nicht warum, bin ich erst um acht aufgewacht, um acht Uhr, könnt ihr Euch das vorstellen?" … „Meine Schwiegermutter, empört über meine Faulheit, sagte zu meinem Mann: 'Hol den Vater her! Wir haben doch keine Prinzessin ins Haus genommen!' Natürlich hatte sie recht … Ich wache also auf, ich gähne, ich strecke mich, als ich plötzlich meinen Vater hinter der Tür meines Zimmers husten höre. Ich springe aus dem Bett. Am ganzen Leib zitternd, lasse ich ihn herein." *Assia Djebar* hat seitdem in vielen Variationen die Suche der Frau nach ihrer Identität in der islamischen Gesellschaft und in den kulturellen Überschneidungsbereichen mit der europäischen Moderne dargestellt, insbesondere am Beispiel der Exilerfahrung.

In Ländern mit in Richtung einer Zivilgesellschaft fortgeschrittenen Entwicklung der sozialen Ordnung, z.B. in Tunesien, wo bereits viele Frauen in zahlreichen Sparten des öffentlichen Lebens berufstätig sind, ergeben sich individuell besondere Konflikte zwischen Festhalten an alten Traditionen und Übergang zu neuen Formen der familiären Arbeitsteilung. *Hager Fekih* schildert diesen Zwiespalt im Leben einer tunesischen Hausfrau (1989, S. 13): „Manchmal denkt sie daran, wie anders ihr Leben verliefe, wenn sie berufstätig wäre, in einem Büro, einem Labor, in einem Klassenzimmer. Sicher hätte ihr Leben dann einen anderen Rhythmus, aber es wäre sicher auch nicht leichter. Schulaufgaben nachsehen, Tränen trocknen, die Aufgaben einer Mutter würden ihr bleiben. Und es sind wichtige Aufgaben. Ihr Mann sagt immer, ohne ihre Intelligenz, ihr Geschick und ihre Hingabe könne er sich sein Familienleben gar nicht vorstellen. Und sie selbst? Heiter und gelassen nimmt sie den Platz ein, von dem sie weiß, daß er weniger wichtig erscheint als er in Wirklichkeit ist."

Wie aber sieht dort die konkrete Alltagswelt für den einzelnen Menschen und die ihn umgebende Familie aus, wo die westliche und die islamisch Kultur heute unmittelbar nebeneinander, in enger sozialer Verzahnung und Überschichtung existieren, wo Menschen lernen müssen, in oder mit zwei Kulturen zu leben. Die von Süden nach Norden gerichtete Wanderung von Arbeitsuchenden führt in den Städten Südeuropas Menschen aus unterschiedlichen Kulturen auf wohnliche Tuchfühlung eng zusammen. Wie reagieren die angestammten Bewohner? Wie leben die Zuwanderer? Mehrfach beschreibt Paul Theroux in seiner Analyse der Küstenlandschaften des Mittelmeerraumes solche Formen des Aufeinandertreffens. Er sieht die Konfrontation als stärkere Kraft. Aus seiner Sicht harrt das gegenseitige Verstehen noch der vollen Entfaltung. Das von ihm geschilderte Beispiel Marseilles zeigt dies (1998, S. 125):

Bild 75: Altstadt von Bastia, Korsika: Verfallende Wohnviertel der nordmediterranen Städte, hier in Bastia/Korsika, bieten den Zuwanderern aus Nordafrika und ihren Familien preiswerten Wohnraum. Aus der ethnischen Mischung entwickelt sich durch Abwanderung der ursprünglichen Bewohner eine mehr und mehr homogene Sozialstruktur der Immigranten.

„Die Stadt mutete mich in ihrer Größe und Vielgestalt an wie die Mittelmeermetropole schlechthin ... Hier sahen die Zigeuner genauso traurig aus wie in Spanien, wo sie von Reisejournalisten gnadenlos romantisiert und von den Einheimischen verfolgt werden.

Im Mittelmeerraum bringt man den Zigeunern genauso viel Verachtung entgegen wie im übrigen Europa. Das Gleiche gilt für die Marokkaner und Algerier, die angeblich für Marseilles kriminellen Ruf verantwortlich sind. Doch waren hier sämtliche Rassen vertreten; Araber sah man genauso oft wie Franzosen, es gab Griechen, Spanier und Italiener, groß gewachsene, stolzierende Tuaregs in blauen Gewändern, Berber aus Tunesien, Senegalesen, die Handtaschen und Uhren verkauften. Viele Araberinnen bettelten; sie hockten da und hatten statt eines flehenden Schildes ein verrotztes Kind auf dem Schoß; ein vergeblicher Versuch – die *marseillais* schienen gegen solche Bitten immun –, Mitleid zu erregen."

Die soziale Existenz zwischen den Kulturen prägt viele Emigrations- und Flüchtlings-Schicksale. Besonders auf Frauen lastet dabei eine schwierige Herausforderung zur Orientierung zwischen Tradition, Moderne und Fremde. Hierzu sei noch eine Situationsbeschreibung dem Werk von *Assia Djebar* entnommen. Sie schilderte 1959, aus ihrer eigenen Erfahrung im französischen Exil die Sehnsucht einer während des algerischen Befreiungskrieges vertriebenen Familie nach Rückkehr (1999, S. 83 – 84): „Hafça traf meine Mutter und Anissa bei der Zubereitung von Gebäck an, als wäre das bei Flüchtlingen wie uns notwendig. Aber Mutter hatte einen instinktiven Sinn für die Etikette: ein Erbe ihres früheren Lebens, das sie nicht so leicht aufgeben konnte. 'Diese Frauen, die ihr erwartet', fragte ich, 'wer sind sie eigentlich?' 'Flüchtlinge wie wir!' rief Aïcha. 'Glaubst du denn, daß wir dich einem Ausländer zur Frau geben würden?' Energisch fügte sie hinzu: 'Erinnere dich stets daran, wenn wir eines Tages in unsere Heimat zurückkehren, kehren wir alle zurück, ausnahmslos alle.' 'Der Tag unserer Rückkehr!' rief Hafça plötzlich, mitten im Zimmer stehend, die Augen träumerisch aufgerissen. 'Der Tag unserer Rückkehr in die Heimat!' wiederholte sie. 'Am liebsten würde ich zu Fuß zurückkehren, um die algerische Erde besser spüren zu können, um alle unsere Frauen zu sehen, eine nach der anderen, alle Witwen und alle Waisen und schließlich alle Männer, die erschöpft und vielleicht traurig sein werden, aber frei, frei! Und ich werde etwas Erde in die Hände nehmen, oh, eine ganz kleine Handvoll Erde, und ich werde ihnen sagen: Seht, meine Brüder, seht diese Blutstropfen in diesen Erdkrumen, in dieser Hand, so stark hat Algerien geblutet, an seinem ganzen riesigen Leib, so viel hat Algerien mit seiner ganzen Erde für unsere Freiheit und unsere Rückkehr bezahlt. Aber dieses Martyrium läßt uns nun Worte des Dankes stammeln. Seht ihr, meine Brüder ...'"

Literaturverzeichnis

Gesamtdarstellungen und Länderkunden

Allaya, M. et al.: Medagri. Annuaire des Econo-mies Agricoles. Montpellier 1998, 455 S.

Arnold, A.: Algerien. Gotha 1995, 224 S. = Per-thes Länderprofile.

Ayary, Ch. et al. (Ed.): La Méditerranée Économi-que. Premier rapport général sur la situation des riverains au début des années 90. Paris 1992, 576 S.

Birot, P. et P. Gabert: La Méditerranée et le Mo-yen-Orient. Généralités. Paris 1964, 550 S.

Birot, P. et J. Dresch: La Méditerranée et le Mo-yen Orient. La Méditerranée Orientale et le Moyen-Orient. Paris 1956, 526 S.

Branigan, J. H. and H. R. Jarrett: The Mediterra-nean Lands. London [2]1975.

Braudel, F.: Das Mittelmeer und die mediterrane Welt in der Epoche Philipps II. 3 Bde. Frank-furt/M. 1998. 1. Bd. 520 S., 2. Bd. 743 S., 3. Bd. 600 S.

Braudel, F., Duby, G. u. M. Aymard: Die Welt des Mittelmeeres. Zur Geschichte und Geographie kultureller Lebensformen. Frankfurt/M. 1990, 189 S.

Breuer, T.: Spanien. Stuttgart [2]1982, 259 S. = Klett Länderprofile.

Büschenfeld, H.: Jugoslawien. Stuttgart 1981 = Klett Länderprofile.

Côte, M.: L'Algerie. Espace et société. Paris 1996, 253 S.

Daguzan, J.-F. et Girardet (Eds.): La Méditer-ranée. Nouveaux défis, nouveaux risques. Paris 1995, 255 S.

Fischer, Th. (1908): Der Ölbaum. Seine geo-graphische Verbreitung, seine wirtschaftliche und kulturhistorische Bedeutung. Gotha 1908 = Petermanns Geogr. Mitt., Ergh. 147.

Fischer, Th.: Mittelmeerbilder. Gesammelte Ab-handlungen zur Kunde der Mittelmeerländer. NF. Leipzig, Berlin 1908, 423 S.

Frankenberg, P.: Tunesien. Ein Entwicklungsland im maghrebinischen Orient. Stuttgart [2]1981, 172 S. = Perthes Länderprofile.

Freund, B.: Portugal. Stuttgart [2]1981, 149 S. = Klett Länderprofile.

Grenon, M. et M. Batisse: Le Plan Bleu. Avenirs du Bassin méditerranéen. Paris 1988, 440 S.

Hadjimichalis, C.: Uneven Development and Re-gionalism: State, Territory and Class in South-ern Europe. London 1987, 217 S.

Höhfeld, V.: Türkei – Schwellenland der Gegen-sätze. Gotha 1995, 282 S. = Perthes Länder-profile.

Houston, J. M.: The Western Mediterranean World. London [3]1971, 800 S.

Hudson, R. and R. Lewis (Ed.): Uneven Develop-ment in Southern Europe. London 1985.

Hütteroth, W. D.: Türkei. Darmstadt 1982, 548 S. = Wiss. Länderk. 21.

Ibrahim, F.: Ägypten. Darmstadt 1996, 230 S. = Wiss. Länderk. 42.

Joannon, M. et L. Tirone: La Méditerranée dans ses états. Méditerranée. 70, 990, 1/2, 84 S.

Karmon, Y.: Israel. Eine geographische Landes-kunde. Darmstadt [2]1994, 318 S. = Wiss. Län-derk. 22.

Khader, B.: L'Europe et la Méditerranée. Géopo-litique de la proximité. Paris 1994, 378 S.

King, R., Proudfoot, L. and B. Smith: The Medi-terranean. Environment and Society. London 1997, 315 S.

Kornemann, E.: Weltgeschichte des Mittelmeer-raumes. 2 Bde., München 1948, 508 u. 562 S.

Lautensach, H.: Die Iberische Halbinsel. Mün-chen 1964, 700 S.

Lienau, C.: Griechenland. Geographie eines Staates der europäischen Südperipherie. Darm-stadt 1989, 370 S. = Wiss. Länderk. 32.

Ludlow, P. (Ed.): Europe and the Mediterranean. London 1994.

Maier, F.-G.: Die Verwandlung der Mittelmeer-welt. Frankfurt/M. 1993, 384 S. = Fischer Welt-geschichte 9.

Maull, O.: Länderkunde von Südeuropa. Leipzig, Wien 1928, 550 S.

Mensching, H.: Tunesien. Eine geographische Landeskunde. Darmstadt [3]1979, 284 S. = Wiss. Länderk. 1.

Mensching, H. u. E. Wirth: Nordafrika und Vor-derasien. Frankfurt/M. [2]1989, 329 S. = Fischer Länderk. Bd. 4.

Müller-Hohenstein, K. u. H. Popp: Marokko. Ein islamisches Entwicklungsland mit kolonialer Vergangenheit. Stuttgart 1990, 229 S. = Klett Länderprofile.

Philippson, A.: Das Mittelmeergebiet. Seine geo-graphische und kulturelle Eigenart. Leipzig 1904, 266 S. Nachdruck der 3. Aufl. von 1914, Hildesheim 1974.

Pletsch, A.: Frankreich. Darmstadt 1997, 354 S. = Wiss. Länderk.

Popp, H. u. F. Tichy: Möglichkeiten, Grenzen und Schäden der Entwicklug in den Küstenräumen des Mittelmeergebietes. Erlangen 1985, 229 S. = Erlanger Geogr. Arb., Sonderbd. 17.

Reynaud, Chr. et A. Sidi Ahmed (Ed.): L'Avenir de l'espace méditerranéen. Paris 1991, 985 S.

Richter, W.: Israel und seine Nachbarräume. Wiesbaden 1979, 413 S. = Erdwissensch. Forsch. Bd. 14.

Robinson, H.: The Mediterranean Lands. London 1973, 467 S.

Rother, K.: Die mediterranen Subtropen. Mittelmeerraum, Kalifornien, Mittelchile, Kapland, Südwest- und Südaustralien. Braunschweig 1984, 207 S. = Geogr. Seminar Zonal.

Rother, K.: Die mediterranen Subtropen. Einheit oder Vielfalt? Geogr. Rundschau 43, 1991, S. 402–408.

Rother, K.: Was heißt eigentlich mediterran?, S. 9–13 in: Struck, E. (Hrsg.): Aktuelle Strukturen und Entwicklungen im Mittelmeerraum. Passau 1993, 110 S. = Passauer Kontaktstudium Erdkunde Bd. 3.

Rother, K.: Der Mittelmeerraum. Stuttgart 1993, 212 S. = Teubner Studb. d. Geogr.

Rother, K.: Italien. Geographie – Geschichte – Politik – Wirtschaft. Wiss. Länderk. Darmstadt 2000, 377 S.

Sapelli, G.: Southern Europe since 1945. Tradition and Modernity in Portugal, Spain, Italy, Greece and Turkey. London, New York 1995, 251 S.

Shmueli, A.: Countries of the Mediterranean Basin as a geographic region. Ekistics 48, 1981, S. 359–369.

Spataro, A. e B. Khader: Il Mediterraneo. Popoli e rosorse verso uno spazio economico commune. Rom 1993, 214 S.

Struck, E. (Hrsg.): Aktuelle Strukturen und Entwicklungen im Mittelmeerraum. Passau 1993, 110 S. = Passauer Kontaktstudium Erdkunde Bd. 3.

Tichy, F.: Italien. Eine geographische Landeskunde. Darmstadt 1985, 640 S. = Wiss. Länderk. 24.

UNEP (United Nations Environment Programme): The blue Plan. Futures of the Mediterran. Basin. Sophia Antipolis/Frankr. 1988, 96 S.

Wagner, H.-G.: Das Mittelmeergebiet als subtropischer Lebensraum. Geoökodynamik 9, 1988, S. 103–133.

Wagner, H.-G., Hagedorn J. und W. Sperling: Südeuropa – der Mittelmeerraum. S. 313–384 in: Sperling, W. u. A. Karger (Hrsg.): Europa. Frankfurt/M. [2]1989, 617 S. = Fischer Länderk. Bd. 8.

Walker, D. S.: The Mediterranean Lands. London [3]1965, 524 S..

Weber, P.: Portugal. Räumliche Dimension und Abhängigkeit. Darmstadt 1980, 308 S. = Wiss. Länderk. 19.

Wirth, E.: Syrien. Eine geographische Landeskunde. Darmstadt 1971, 530 S. = Wiss. Länderk. 4/5.

Weiterführende Literatur

Abdelkafi, J.: La Médina de Tunis. Espace historique. Paris 1989, 277 S.

Abdulfattah, K. u. H. Kopp: Von der Konfrontation zur Kooperation: Palästinas Landkarte ändert sich. Geogr. Rundschau 48, 1996, S. 575–581.

Abun-Nasr, J. M.: Soziale Schichtung und politische Gewalt in der vorkolonialen Zeit. S. 200–216 in: Schliephake, K. (Hrsg.): Tunesien. Stuttgart 1984, 600 S.

Achenbach, H.: Agrargeographische Entwicklungsprobleme Tunesiens und Ostalgeriens. Hannover 1971, 285 S. = Jb. d. Geogr. Ges. zu Hannover für 1970.

Achenbach, H.: Römische und gegenwärtige Formen der Wassernutzung im Sahara-Vorland des Aurès (Algerien). Die Erde 104, 1973, S. 157–175.

Achenbach, H.: Zum räumlichen Beziehungsverhältnis von Bevölkerungsdynamik und agrarer Tragfähigkeit in Tunesien. Kieler Geogr. Schr. 50, 1979a, S. 395–416.

Achenbach, H.: Klimagebundene Risikostufen der Ertragsbildung und räumliche Standortdifferenzierung der Landwirtschaft im Maghreb. Erdkunde 33, 1979b, S. 275–281.

Achenbach, H.: Nationale und regionale Entwicklungsmerkmale des Bevölkerungsprozesses in Italien. Kiel 1981, 107 S. = Kieler Geogr. Schr. 54.

Achenbach, H.: Agrargeographie Nordafrika (Tunesien, Algerien). Berlin, Stuttgart 1983 = Afrika-Kartenwerk, Serie N, Blatt 11 und Beiheft.

Achenbach, H.: Tunesien – Zur Konkurrenz der Wassernutzung und die wasserabhängigen Wirtschaftszweige. S. 165 – 171 in: Popp, H. u. K. Rother (Hrsg.): Die Bewässerungsgebiete im Mittelmeerraum. Passau 1993, 195 S. = Passauer Schr. zur Geogr. 13.

Aerni, K. u. a.: Kalabrien. Randregion Europas. Geographica Bernensia 5. Bern 1983, 324 S.

Aït Hamza, M.: Auswirkungen der Arbeitsmigration auf die Oasen in Südmarokko. Geogr. Rundschau 49, 1997, S. 82–88.

Alroi-Arloser, G.: Von Jaffa zu Java. Wie Israel zur Software-Supermacht wurde. Frankfurter Allgemeine Zeitung 16. 5. 1999.

Amato, M. A.: La politique méditerranéenne de la Communauté européenne. Brüssel 1993, 99 S.

Amin, A.: Specialization without growth: small footwear firms in Naples. S. 239–257 in: Goodman, E., Bamford, J. and P. Saylor (Eds.): Small Firms and industrial Districts in Italy. London 1989, 273 S.

Amoroso, B. and A. Gallina: The Mediterranean Region and Globalization. Europäische Zeitschrift für Regionalentwicklung 1, 1994, S. 30–34.

Ante, U.: Zu jüngeren Entwicklungsproblemen in der Athener Altstadt. Würzburger Geogr. Arb. 70, 1988, S. 133–160.

Ante, U. u. H.-G. Wagner (Hrsg.): Probleme städtischer Verdichtungsräume in den Mittelmeerländern. Würzburg 1988 = Würzburger Geogr. Arb. 70.

Aoudia, J. O.: Les enjeux économiques de la nouvelle politique méditerranéenne de l'Europe. Monde Arabe Maghreb Machrek 153, 1996, S. 24–44.

Arnold, A.: Die junge Eisen- und Stahlindustrie im Maghreb. Die Erde 109, 1978, S. 417–444.

Arnold, A.: Die Verstädterung in Algerien. Würzburger Geogr. Arb. 53, 1981, S. 23–50.

Arnold, A.: Der Wandel der landwirtschaftlichen Bodennutzung im europäischen Mittelmeerraum. Versuch eines Überblicks. Z. f. Agrargeogr. 1, 1983, S. 313–320.

Arnold, H.: Disparitäten in Europa. Die Regionalpolitik der europäischen Union. Analyse, Kritik, Alternativen. Basel, Boston, Berlin 1995, 280 S.

Axt, H.-J. u. H. Brey (Hrsg.): Cyprus and the European Union. New chances for solving an old conflict. München 1997, 257 S. = Südosteuropa Aktuell 23.

Axt, H.-J. u. H. Kramer: Entspannung im Ägäiskonflikt? Griechisch-türkische Beziehungen nach Davos. Baden-Baden 1990.

Bagnasco, A.: Tre Italie. La problematica territoriale dello sviluppo italiano. Bologna 1977.

Bähr, J. u. P. Gans: Barcelona. Entwicklungsphasen und gegenwärtige Struktur der katalonischen Metropole. Geogr. Rundschau 38, 1986, S. 918

Baletta, F.: Emigrazione Italiana, Cicli economici e Rimesse (1876–1976). S. 65–95 in: Rosoli, G. (Ed.): Un secolo di emigrazione italiana 1876–1976. Rom 1987, 383 S.

Bamford, J.: Small firms and industrial districts in Italy. London, New York 1989, 273 S.

Barth, K. H., Götte, D., Havenstein, H. u. E. Noyan: Geographie der Bewässerung im Mittelmeerraum. Annotierte Bibliographie zur Bewässerungslandwirtschaft. Paderborn, 6 Teilbände 1990–1992 = Paderborner Geogr. Studien.

Barth, K. H.: Die Entwicklung des Bewässerungsfeldbaus in La Mancha, Spanien. S. 63–70 in: Popp, H. u. K. Rother (Hrsg.): Die Bewässerungs-

gebiete im Mittelmeerraum. Passau 1993, 195 S. = Passauer Schr. zur Geogr. 13.

Bathelt, H.: Regionales Wachstum in vernetzten Strukturen: Konzeptioneller Überblick und kritische Bewertung des Phänomens „Drittes Italien". Die Erde 129, 1998, S. 247–271.

Baucic, I.: The Effects of Emigration from Yugoslavia and the Problems of Returning Emigrant Workers. Den Haag 1972, 186 S.

Bazin, M.: Land und Raumnutzungskonflikte in Kilikien (Türkei). Geogr. Rundschau 42, 1990, S. 584–590.

Bazin, M. et St. de Tapia: L'industrialisation de la Turquie: Processus de développement et dynamique spatiale. Méditerranée 87, 1997, 3/4, S. 121–133.

Becattini, G.: The Industrial District as a Creative Milieu. S. 102–114 in: Benko, G. and M. Dunford (Eds.): Industrial Change and Regional Development: the Transformation of New Industrial Spaces. London 1991.

Beck, M. u. P. Pawelka: Rente oder Rentierstaat. Orient 35, 1994, S. 361–367.

Beck, M.: Die Erdöl-Rentier-Staaten des Nahen und Mittleren Ostens: Interessen, erdölpolitische Kooperationen und Entwicklungstendenzen. Demokratie und Entwicklung 12. Münster, Hamburg 1993, 414 S.

Beck, M.: Strukturelle Probleme und Persepktiven der sozialökonomischen Entwicklung in den palästinensischen Autonomiegebieten. Orient 38, 4, 1997, S. 631–651.

Beck, M. u. O. Schlumberger: Der Vordere Orient – ein entwicklungspolitischer Sonderfall? Rentenökonomie, Markt und wirtschaftliche Liberalisierung. Der Bürger im Staat 48, 1998, S. 128–134.

Bellandini, M.: The role of small firms in the development of Italian manufacturing industry. S. 31–68 in: Goodman, W. and J. Bamford (Eds.): Small firms and industrial districts in Italy. London, New York 1989, 273 S.

Beloch, K. J.: Bevölkerungsgeschichte Italiens. Bd. 1, Grundlagen. Die Bevölkerung Siziliens und des Königreiches Neapel. Berlin 1937, 284 S.

Ben Amin, S.: Regionales Gleichgewicht. Der Friedensprozeß aus israelischer Sicht. Internationale Politik 50, 1995, 7, S. 9–16.

Bencherifa, A. u. H. Popp: Le Maroc: espace et société. Passau 1990, 286 S. = Passauer Mittelmeerstudien, Sonderreihe 1.

Bencherifa, A. u. H. Popp: Remigration Nador III. Passau 1999, 120 S. = Maghreb-Studien 7.

Bencherifa, A.: Die Oasenwirtschaft der Maghrebländer: Tradition und Wandel. Geogr. Rundschau 42, 1990, S. 82–87.

Bendjedid, A.: Industrialisierung und Städtewachstum im algerischen Oranais. Geogr. Rundschau 42, 1990, S. 100–104.

Benko, G. et M. Dunford (Eds.): Industrial Change and Regional Development: The Transformation of New Industrial Spaces. London, New York 1991, 329 S.

Benko, G. et A. Lipietz (Eds.): Les régions qui gagnent. Districts et réseaux. Les nouveaux paradigmes de la géographie économique. Paris 1992, 424 S.

Benyaklef, M.: Socio-economic disparities in the Mediterranean. S. 93 – 114 in: Gillespie, R. (Ed.): The European Partnership. London 1997, 193 S.

Bergeron, R.: Pôles de développement et nouveau district industriel dans la région de Tarente et Matera (Italie du Sud). Méditerranée 3/4, 1997, S. 45 – 54.

Bernecker, L. W.: Bevölkerung Spaniens. S. 949 – 953 in: Fischer, W. (Hrsg.): Europäische Wirtschafts- und Sozialgeschichte vom Ersten Weltkrieg bis zur Gegenwart. Stuttgart 1987, 1136 S. = Hdb. d. Europ. Wirtsch.- u. Sozialgesch. 6.

Berriane, M.: L'espace touristique marocain. Tours 1980 = ERA 706, Fasc. de Recherche N° 7.

Berriane, M.: Der Fremdenverkehr im Maghreb. Tunesien und Marokko im Vergleich. Geogr. Rundschau 42, 1990, S. 94 – 99.

Berriane, M. et A. Laouina (Eds.): Le Développement du Maroc Septentrional. Gotha 1998, 316 S. = Nahost und Nordafrika. Stud. z. Politik und Wirtschaft, Neuerer Geschichte, Geographie und Gesellschaft 4.

Berriane, M. u. H. Hopfinger (Hrsg.): Migrations internationales entre le Maghreb et l'Europe. Passau 1998, 268 S. = Maghreb-Studien 10.

Berriane, M. u. H. Hopfinger: Remigration Nador IV. Passau 1999, 150 S. = Maghreb-Studien 8.

Berriane, M., Hopfinger, H., Kagermeier, A. u. H. Popp: Remigration Nador I. Passau 1996, 192 S. = Maghreb-Studien 5.

Bianchi, E. et al.: Social perception of environmental change: the Mediterranean scale. Boll. d. Soc. Geografica Italiana S. XII, I, 1996, S. 107– 116.

Biegel, R.: Amman: Zur Dominanz einer Metropole im „Rentenstaat". Geogr. Rundschau 45, 1993, S. 40 – 48.

Birot, P.: La Méditerranée et le Moyen-Orient. Bd. 1. Paris 2 1964, 550 S.

Bisson, J. et F. Troin: Présent et avenir des médinas. Tours 1982, 281 S. = Urbama, Fasc. et recherches 10/11.

Bistoli, R.: Euro-méditerranée. Une region à construire. Paris 1995, 331 S.

Blake, H. G. and R. L. Lawless (Eds.): The Changing Middle Eastern City. London 1980, 273 S.

Blakie, P. and H. Brookfield: Land degradation and society. London, New York 1987.

Blakie, P. M. et al.: At Risk. Natural Hazards, People's Vulnerability and Disasters. London, New York 1994.

Blakie, P. M.: Changing environments or changing views? A political ecology for Developing Countries. Geography 80, 1995, S. 203 – 204.

Blakie, P. M.: A Review of Political Ecology. Zeitschr. f. Wirtschaftsgeogr. 43, 1999, S. 131 – 147.

Blumler, M. A.: Successional Pattern and Landscape Sensitivity in the Mediterranean and Near East. S. 287– 305 in: Thomas, D.S. and R.J. Allison (Eds.): Landscape Sensitivity. Chichester 1993.

Bobek, H.: Die Hauptstufen der Gesellschafts- und Wirtschaftsentfaltung in geographischer Sicht. Die Erde 90, 1959, S. 259 – 298.

Bohle, H.-G.: Arme Länder – Reiche Länder. Geogr. Rundschau 49, 1997, S. 735 – 742.

Boyer, R.: La théorie de la régulation: une analyse critique. Paris 1986.

Brandt, C. J. and J. B. Thornes (Eds.): Mediterranean Desertification and Land Use. Chichester, New York 1996, 554 S.

Braudel, F.: Das Mittelmeer und die mediterrane Welt in der Epoche Philipps II. 3 Bde. Frankfurt/M. 1998.

Braudel, F., Duby, G. et M. Aymard: Die Welt des Mittelmeeres. Zur Geschichte und Geographie kultureller Lebensformen. Frankfurt/M. 1990, 189 S.

Breuer, T.: Die Steuerung der Diffusion von Innovationen in der Landwirtschaft. Dargestellt an Beispielen des Vertragsanbaus in Spanien. Düsseldorf 1985 = Düsseldorfer Geogr. Schr. 24.

Breuer, T.: Andalusien. Köln 1990, 40 S. = Problemräume Europas 9.

Breuer, T. (Hrsg.): Fremdenverkehrsgebiete des Mittelmeerraumes im Umbruch. Regensburg 1998, 243 S. = Regensburger Geogr. Arb. 27

Brey, H.: Zypern – politischer Zankapfel im Ostmittelmeergebiet. Geogr. Rundschau 50, 1998, S. 351 – 356.

Brückner, H.: Man's impact on the evolution of the physical environment in the Mediterranean Region in historical times. GeoJournal 13, 1986, S. 7– 17.

Brückner, H. u. G. Hoffmann: Humaninduced erosion processes in Mediterranean countries. Evidences from archeology, pedology and geology. Geoökoplus III 1992, S. 97– 110.

Brunetta, G. and G. Rotondi: Migratory flows from southern to northern mediterranean borders: the role of Italy. Boll. d. Società Italiana. Seria XII, I, 1996, S. 65 – 80.

Bruni, M. e A. Venturini: Pressure to migrate and propensity to emigrate: the case of the Mediterranean Basin. Intern. Labour Review 134, 1995, S. 377 – 400.

Brusco, S.: Small Firms and Industrial Districts: The Experience of Italy. S. 184 – 202 in: Keeble, D. and E. Weaver (Eds.): New Firms and

Regional Development in Europe. London 1986, 225 S.

Brütting, R.: Einblicke. S. 326–342 in: Rother, K. und F. Tichy: Italien. Darmstadt 2000, 377 S. = Wiss. Länderk.

Buchholz, W.: Bevölkerung: Vom Mittelalter zur Neuzeit. Würzburg 1955, 404 S. = Raum und Bevölkerung in der Weltgeschichte 2.

Bundesminister f. Raumordnung (Hrsg.): Grundlagen einer europäischen Raumentwicklungspolitik. Bonn 1995, 103 S.

Camagni, R. P. (Ed.): Innovation Networks: Spatial perspectives. London 1991, 274 S.

Camagni, R. P. and C. Salone: Network Urban Structures in Northern Italy: Elements for a Theoretical framework. Urban Studies 30, 1993, S. 1053–1064.

Capron, M.: L'Europe face au Sud. Les rélations avec le Monde Arabe et Africain. Paris 1991, 221 S.

Carter, D. B.: The Water balance of the Mediterranean and Black Seas. Centerton, New Jersey 1956, 174 S. = Publications in Climatology IX, No. 3.

Catranis, A.: Die Zukunft des Mittelmeerraumes aus der Sicht Griechenlands. Polit. Stud. 49, 1998, S. 64–81.

Cefi (Centre d'Economie et de Finances Internationales): La Méditerranée Economique. Paris 1992, 576 S.

Chabart, J., Collin, J. and J. P. Marchal: Modelling short-term water resource trends in the context of a possible „Desertification" of Southern Europe. S. 389–429 in: Brandt, C. J. and J. B. Thornes (Eds.): Mediterranean Desertification and Land Use. Chichester, New York 1996, 554 S.

Charme, J., Daboussi, R. et A. Lebon: Population, employment and migration in the countries of the Mediterranean Basin. Genf, Intern. Labour Office (ILO) 1993, 73 S.

Ciriacono, S: The Venetian Economy and the World-Economy of the 17th and 18th Cent. S. 120–135 in: Nitz, H.-J.: The Early-Modern World-System in Geographical Perspective. Stuttgart 1993 = Erdkundl. Wissen 10.

Clark, S. C.: Mediterranean Ecology and Ecological Synthesis of the Field sites. S. 271–301 in: Brandt, C. J. and J. B. Thornes (Eds.): Mediterranean Desertification and Land Use. London 1996, 554 S.

Colin, R.: Dévelopment économique général et problèmes de société. S. 37–275 in: Reynaud, Chr. et S. Ahmed (Ed.): L'Avenir de l'espace Méditerranéen. Paris 1991, 985 S.

Conaker, A. and M. Sala (Eds.): Land Degradation in Mediterranean Environments of the World. London 1998, 491 S.

Cortesi, G.: Urban Change and Environment in the north-western Mediterranean. Boll. d. Società Italiana. Seria XII, 1996, I, S. 81–105.

Costanzo, S.: Migration aus dem Maghreb nach Italien. Münchner Geogr. Hefte 80, 1999, 223 S.

Côte, M.: L'Irrigation en Algérie. S. 161–165 in: Popp, H. u. K. Rother (Hrsg.): Die Bewässerungsgebiete im Mittelmeerraum. Passau 1993, 195 S. = Passauer Schr. zur Geogr. 13.

Côte, M.: Une population poudrière: l'Algérie. Méditerranée 1995, 1/2, S. 101–106.

Côte, M.: L'Algérie. Espace et société. Paris 1996, 253 S.

Côte, M.: L'industrialisation, espoirs et désillusions. Méditerranée 87, 1997, 3/4, S. 136–137.

Côte, M.: Le Maghreb. La Documentation Française No. 8002/4, 1998.

Courbage, Y.: Demographic transition among the Maghreb Peoples of North Africa and the emigrant community abroad. S. 47–88 in: Ludlow, P. (Ed.): Europe and the Mediterranean. London 1994, 262 S.

Dahlheim, W.: An der Wiege Europas. Städtische Freiheit im antiken Rom. Frankfurt/M. 1999, 238 S.

Daviet, S.: Provence-Alpes-Côte d'Azur ou la diffluence d'un arc méditerranéen de peuplement. Méditerranée 70, 1995, 1/2, S. 19–28.

Daviet, S.: Industries en Méditerranée de la marginalisation à la mondialisation. Méditerranée 87, 1997, 3/4, S. 3–5.

Dawes, B. and C. D'ella: Towards a history of tourism: Naples and Sorrento (XIX century). Tijdschrift voor Economische en Sociale Geografie 86, 1995, S. 13–20.

Deil, U.: Die Straße von Gibraltar: Auswirkungen einer kulturgeographischen Grenze auf Vegetationsstrukturen und Landschaftsentwicklung. S. 25–32 in: Struck, E. (Hrsg.): Aktuelle Strukturen und Entwicklungen im Mittelmeerraum. Passau 1993 = Passauer Kontaktstudium Erdkunde 3.

Deil, U., Zur Geobotanischen Kennzeichnung von Kulturlandschaften. Vergleichende Untersuchungen in Südspanien und Nordmarokko. Stuttgart 1997, 189 S. = Erdwiss. Forschung 36.

Delladetsima, P. and L. Leontidou: Athens. S. 258–287 in: Berry, J. and S. McGreal (Eds.): European Cities: Urban Planning and Property Markets. London 1995, 337 S.

Demand, N. H.: Urban Relocation in Archaic and Classical Greece: Flight and Consolidation. Oklahoma 1990 = University of Oklahoma Press.

Dematteis, G. and Petsimeris, P.: Italy: counterurbanization as a transitional phase in settlement reorganization. S. 187–206 in: Champion, A.G. (Ed.): Counterurbanization. London 1989, 242 S.

Dematteis, G.: Contro-urbanizzazione e strutture urbane reticolari. S. 121–132 in: Bianchi, G.

e I. Magnani (Eds.): Sviluppo multiregionale: teorie, metodi, problemi. Milano 1985, 180 S.

Denley, P.: The mediterranean in the age of the Renaissance. S. 235–296 in: Holmes, G. (Ed.): The Oxford illustrated History of medieval Europe 1200–1500. Oxford 1988, 389 S.

Derrisbourg, J.-P.: The Euro-Mediterranean Partnership since Barcelona. Mediterr. Politics 2, 1997, S. 1–15.

Deslondes, O.: L'évolution de la population grecque (1981–1991): Vers le „modèle" européen? Méditerranée 70, 1995, 1/2, S. 53–62.

Despois, J.: La Tunisie Orientale. Sahel et Basse Steppe. Étude Géographique. Inst. Hautes Études Tunisiens. P.U.F. Paris 1955.

Di Comite, L. u. E. Moretti: Demografia e flussi migratori nel Bacino Mediterraneo. Rom 1992, 129 S.

Di Comite, L. u. M. Rosaria Carli: Demographic development in the Mediterranean Area. Journal of Regional Policy, 10, 1990, S. 585–601.

Di Comite, L.: Transizione demografica e fenomeni migratori. Rassegna economica 58, 1994, S. 341–354.

Dietl, M. u. a.: Tourismus im Nahen und Mittleren Osten. Literatur seit 1990. Hamburg 1996, 139 S. = Dokumentationsdienst Vorderer Orient. Reihe A 24 (Spezialbibliographien).

Dittmann, A.: Kurden – Flüchtlinge im eigenen Land. Geograph. Rundschau 45, 1993, S. 58–63.

Djebar, A.: Die Frauen von Algier. Zürich 1999, 188 S.

Dlala, H.: Le développement industriel en Tunisie. Modèle, impact et limites. Les Cahiers de la Méditerranée 49, 1994, S. 105–132.

Dlala, H.: La conversion compétitive de l'industrie tunisienne: Arrimage à l'Europe et mise à niveau. Méditerranée 87, 1997, 3/4, S. 89–98.

Dongus, H.: Die Maremmen der italienischen Westküste. Marburger Geogr. Schr. 40, 1970, S. 53–114.

Donkers, H.: Fresh water as a source of international conflicts: the water conflicts between Israel, Jordan and the Palestinians. S. 135–157 in: Brans, E. et al. (Eds.): The scarcity of water. Emerging legal and policy responses. London 1997.

Donkers, H.: Water stuikelblok voor vrede. Geografie 7, 1998, 4, S. 32–38.

Doomerik, J.: Current migration to Europe. Tijdschr. v. Econ. en Soc. Geogr. 88, 1997, S. 284–290.

Doppler, W.: Landwirtschaftliche Betriebssysteme in den Tropen und Subtropen. Stuttgart 1991, 216 S.

Doppler, W.: Landwirtschaftliche Betriebssysteme in den Tropen und Subtropen. Genesis, Entwicklungsprobleme und Entwicklungspotential. Geogr. Rundschau 46, 1994, S. 65–71.

Dörrenhaus, F.: Urbanität und gentile Lebensform. Geogr. Zeitschr., Beihefte 25, 1971, 63 S.

Dowling, R. K.: Tourism and environmental integration: the journey from idealism to realism. S. 33–46 In: Cooper, C. P. and Lockwood, A. (Eds.): Progress in Tourism, Recreation and Hospitality Management 4, London 1992.

Drexhage, H.-J.: Stichwort Handel. Reallexikon für Antike und Christentum. Bd. XIII, 1986, Sp. 519 ff.

Driss, B. A., Di Giulio, A., Lasram, M. et M. Lavergne: Urbanisation et agriculture en Méditerranée: Conflicts et complémentarié. Paris 1996, 576 S.

Droysen, J. G.: Geschichte des Hellenismus (1952/53). Darmstadt 1998, 3 Bde., 1473 S. (Nachdr. Wiss. Buchges.).

Drysdale, A. and H. G. Blake: The Middle East and North Africa. A Political Geography. New York 1985, 367 S.

Dunford, M.: Mediterranean economies: The Dynamics of uneven Development. S. 126–154 in: King, R. et al. (Eds.): The Mediterranean. Environment and Society. London 1997, 315 S.

Ehlers, E.: Sfax/Tunesien: Dualistische Strukturen in der orientalischislamischen Stadt. Erdkunde 37, 1983, S. 81–96.

Eichenauer, H.: Die Bewässerungsgebiete Israels. S. 135–139 in: Popp, H. u. K. Rother (Hrsg.): Die Bewässerungsgebiete im Mittelmeerraum. Passau 1993, 195 S. = Passauer Schr. zur Geogr. 13.

Elsenhans, H.: La politique maghrébine de l'Europe de l'ouest après de dégel en Europe de l'est: Divergence d'intérêts dans la Communauté. S. 243–260 in: Reynaud, Chr. et A. Sid Ahmed (Eds.): L'Avenir de l'espace méditerranéen. Paris 1991, 984 S.

Englert, W.: Eine erfolgreiche Entwicklung: Die tunesische Wirtschaft an der Schwelle zum 21. Jahrhundert. Afrika-Post 7–8, 1997a, S. 1–3.

Englert, W.: Algeriens Wirtschaft – Wieder Licht am Ende eines langen Tunnels? Afrika-Post 9–10, 1997b, S. 4–8.

Englert, W.: Industrialisierungsprozeß im Maghreb. Wuqûf 10/11, 1997c, S. 237–276.

Englert, W.: Marokko – Der nächste „Tiger" direkt vor den Toren Europas? Afrika-Post 9–10, 1997d, S. 1–5.

Englert, W.: Die Wirtschaft Libyens zwischen Erdölpreisentwicklung und Embargo. Afrika-Post 1–2, 1998, S. 7–11.

Escher, A.: Studien zum traditionellen Handwerk der orientalischen Stadt. Wirtschafts und sozialgeographische Strukturen und Prozesse anhand von Fallstudien in Marokko. Erlangen 1986, 352 S. = Erlanger Geogr. Arb. 46.

Escher, A. u. E. Wirth: Die Medina von Fes. Geographische Beiträge zu Persistenz und Dynamik, Verfall und Erneuerung einer traditionellen islamischen Stadt in handlungstheoretischer Sicht. Erlangen 1992, 382 S. = Erlanger Geogr. Arb. 53.

Escher, A.: Der informelle Sektor in der Dritten Welt. Plädoyer für eine kritische Sicht. Geogr. Rundschau 51, 1999, S. 658–661.

Europ. Investitionsbank: The Environmental Program for the Mediterranean. Luxemburg 1990, 91 S.

Europäische Kommission: Europa 2000. Europäische Zusammenarbeit bei der Raumentwicklung. Brüssel, Luxemburg 1994, 246 S.

Eurostat: Migration Statistics, Reihe 3A, Brüssel, Luxemburg, jährlich.

Faath, S.: Marokko – Die innen- und außenpolitische Entwicklung seit der Unabhängigkeit. Kommentar u. Dokumentation. Bd. 1 Kommentar. Hamburg 1987, 905 S. = Mitt. d. dt. Orientinst. 31.

Faath, S.: Herrschaft und Konflikt in Tunesien: Zur politischen Entwicklung der Ära Bourguiba. Hamburg 1989, 340 S.

Faath, S.: Algerien – Transition mit Hindernissen. Geograph. Rundschau 45, 1993, S. 18–23.

Fargues, Ph.: Un siècle de transition démographique en Afrique méditerranéenne. Population 1986, S. 205–230.

Fargues, Ph.: La demographie au sud de la Méditerranée: Contraintes réelles et Défis fantasmatiques. S. 159–170 in: Reynaud, Chr. et A. Sid Ahmed (Eds.): L'Avenir de l'espace méditerranéen. Paris 1991.

Fassmann, H. u. R. Münz (Hrsg.): Migration in Europa. Frankfurt/Main, New York 1996a, 438 S.

Fassmann, H: Europäische Migration – ein Überblick. S. 13–52 in: Fassmann, H. u. R. Münz (Hrsg.): Migration in Europa. Frankfurt/Main, New York 1996b, 438 S.

Faust, D.: Aspekte der Bodenerosion in Niederandalusien. Regensburger Geogr. Schr. 25, 1995, S. 23–37.

Faust, D.: Bodenerosion in Niederandalusien. Geogr. Rundschau 47, 1995, S. 712–718.

Favero, L. e G. Tassello: Cent'anni di emigrazione italiana (1876–1976). S. 9–64 in: Rosoli, G. (Ed.): Un secolo di emigrazione italiana: 1876–1976. Rom 1978, 383 S.

Fazio, M.: Historische Stadtzentren Italiens. Köln 1980, 190 S.

Fekih, H.: Tageslauf einer tunesischen Hausfrau. S. 13 in: Schmidt, H. G. (Hrsg.): Tunesien verstehen. Starnberg 1989, 51 S.

Fischer, H.-J.: Italien. Darmstadt 1999, 455 S.

Fournet, L.-H.: Tableau Synoptique de l'Histoire du Monde. Paris 1995.

Freund, B.: Structural and Locational Evolution of Industry in Southern Europe. GeoJournal 13, 1986, S. 67–73.

Freund, B.: Frankfurt am Main und der Frankfurter Raum als Ziel qualifizierter Migranten. Z. f. Wirtschaftsgeogr. 42, 1998, S. 57–81.

Gans, P.: Regionale Disparitäten in der EG. Geogr. Rundschau 44, 1992, S. 691–698.

García, S.: Local economic policies and social citizenship in Spanish cities. Antipode 25, 1993, S. 191–205.

Garnsey, P.: Grain for Rome. S. 118–130 in: Garnsey, P., Hopkins, K. and C.R. Whittaker (Eds.): Trade in the ancient Economy. London 1983.

Garofoli, G.: Industrializzazione diffusa in Lombardia. Sviluppo territoriale e sistemei produttivi. Milano 1983.

Garofoli, G.: The Italian model of spatial development in the 1970s and 1980s. S. 85–101 in: Benko, G. and M. Dunford (Eds.): Industrial Change and Regional Development: The Transformation of New Industrial Spaces. London 1991, 329 S.

Garofoli, G. (Ed.): Endogenous development in Southern Europe. Avebury 1992.

Garofoli, G.: Industriedistrikte. Modell für den Aufschwung. Frankfurter Allgemeine Zeitung 16.6.1998.

Gaspar, J. and C. J. Butler: Social, economic and cultural transformations in the Portuguese urban system. International Journal of Urban and Regional Research 16, 1992a, S. 442–461.

Gaussen, H., Emberger C. et al.: Carte Bioclimatique de la Région Méditerranéenne. Paris 1962.

Geiger, F.: Alte und und neue Bewässerungsgebiete in der Region Murcia. S. 63–70 in: Popp, H. u. K. Rother (Hrsg.): Die Bewässerungsgebiete im Mittelmeerraum. Passau 1993, 195 S. = Passauer Schr. zur Geogr.13.

Geipel, R.: Naturrisiken und Katastrophenbewältigung im sozialen Umfeld. Darmstadt 1992, 292 S.

Geiselhardt, E.: Regionalismus in Andalusien. Frankfurt 1985, 340 S. = Europ. Hochschulschr. Bd. 78.

Geist, H.: Die orthodoxe und politisch-ökologische Sichtweise von Umweltdegradierung. Die Erde 123, 1992, S. 283–296.

Gerold, G.: Untersuchungen zum Naturpotential in Südost-Sizilien. Hannover 1979, 273 S. = Jb. d. Geogr. Ges. z. Hannover f. 1979.

Gerold, G.: Agrarwirtschaftliche Inwertsetzung Südost-Siziliens. Die Entwicklung der Landwirtschaft nach 1950 in einer insularen zentralmediterranen Region. Hannover 1982, 338 S. = Jahrb. d. Geogr. Ges. z. Hannover f. 1980.

Gießner, K.: Der mediterrane Wald im Maghreb. Geogr. Rundschau 23, 1971, S. 390–401.

Gießner, K.: Die Subtropisch-Randtropische Trockenzone. Globale Verbreitung, innere Differenzierung, geoökologische Typisierung und Bewertung. Geoökodynamik 9, 1988, S. 135–184.

Gießner, K.: Geo-Ecological Controls of Fluvial Morphodynamics in the Mediterranean Subtropics. Geoökodynamik 11, 1990, S. 17–42.

Gießner, K.: Der Mediterranraum als geoökologischer Problemraum. Eichstätt 1991, 7 S. (unveröffentl. Manuskript).

Gießner, K.: Wasserhaushalt in Tunesien. Geogr. Rundschau 50, 1998, S. 414–421.

Gießner, K., Herkommer, M., Lohse, J. und Chr. Zielhofer: Das Tourismus-Großprojekt El Montazah-Tabarka an der Nordwestküste Tunesiens. S. 17–34 in: Popp, H. (Hrsg.): Lokale Akteure im Tourismus der Maghrebländer. Passau 1999, 207 S. = Maghreb-Studien 12.

Gillespie, R.: The Euro-Mediterranean Partnership. Political and Economic Perspectives. London 1997, 193 S.

Giri, J.: Industrie et Environnement. Plan d'action pour la Méditerranée. Les fascicule du Plan Bleu, 4, Paris 1991, 115 S.

Glebe, G.: Statushohe Migranten in Deutschland. Geogr. Rundschau 49, 1997, S. 406–412.

Gomez, M. J. M: New Tourism Trends and the Future of Mediterranean Europe. Tijdschrift voor Economische en Sociale Geografie 86, 1995, S. 21–31.

Goodman, E., Bamford, J. and P. Saylor (Eds.): Small Firms and industrial Districts in Italy. London 1989, 273 S.

Gonzalvez Perez, V.: L'Espagne: une géographie de la population dans l'ère postindustrielle. Méditerranée 1995, 1/2, S. 11–18.

Graham, B.: The Mediterranean in the Medieval and Renaissance World. S. 75–93 in: King, R. et al. (Eds.): The mediterranean. Environment and Society. London 1997, 315 S.

Graul, F.: Tarhzout. Grundlagen und Strukturen des Wirtschaftslebens einer Talschaft im Zentralen Rif (Marokko). Hamburger Geogr. Stud. 38, 1982.

Grenon, M. et M. Batisse (Eds.): Le Plan Bleu. Avenirs du Bassin Méditerranéen. Paris 1988, 442 S.

Grove, A. T.: The historical context: Before 1850. S. 13–27 in: Brandt, C. J. and J. B. Thornes (Eds.): Mediterranean Desertification and Land Use. London 1996, 554 S.

Grunebaum, G. E.: Die islamische Stadt. Saeculum 6, 1955, S. 138–153.

Gürbey, G.: Zypern, Genese eines Konfliktes. Eine konfliktursachenforschende Analyse. Pfaffenweiler 1988.

Hadi, M. A.: Unabhängigkeit oder Katastrophe. Der Friedensprozeß aus palästinensischer Sicht. Internationale Politik 50, 1995, 7, S. 17–24.

Hadjimichalis, C. and D. Vaiou: Flexible labour markets and regional development in Northern Greece. International Journal of Urban and Regional Research 14, 1990, S. 1–24.

Hafemann, D.: Historische Geographie – Nordafrika (Tunesien, Algerien). Berlin, Stuttgart 1981, 114 S. = Afrikakartenwerk, Serie N, Beiheft zu Blatt 15.

Hahn, B. u. R. Wellenreuther: Die türkische Republik Nordzypern. Geogr. Rundschau 48, 1996, S. 595–600.

Harisson, B.: The Italian industrial districts and the crisis of the Cooperative Form. S. 77–114 in: Krumbein, W. (Hrsg.): Ökonomische und politische Netzwerke in der Region. Politik und Ökonomie 1. Münster/Hamburg 1992, 305 S.

Held, G.: Föderalismus am Mittelmeer: Neue Problemlagen regionaler Modernisierung am Beispiel Kataloniens. Aus Politik und Zeitgeschichte. 1993, B 20/21, S. 23–29.

Hertner, P.: Die Bevölkerung Italiens 1850–1914. S. 718–722 in: Fischer, W. (Hrsg.): Europäische Wirtschafts- und Sozialgeschichte von d. Mitte d. 19. Jh. bis zum Ersten Weltkrieg. Stuttgart 1985, 814 S. = Hdb. d. europ. Wirtsch. u. Sozialgesch. 5.

Hertner, P.: Die Bevölkerung Italiens. S. 1005–1013 in: Europäische Wirtschafts- und Sozialgeschichte vom Ersten Weltkrieg bis zur Gegenwart. Stuttgart 1987, 1063 S. = Hdb. d. Europ. Wirtsch. u. Sozialgesch. 6.

Hillmann, F. u. Th. Krings: Einwanderer aus Entwicklungsländern nach Italien und ihre Integration in den informellen Arbeitsmarkt am Beispiel der „domestica" und „vu corumprá". Die Erde 127, 1996, S. 12–143.

Hoffmann-Nowotny, H.-J.: Soziologische Aspekte der internationalen Migration. Geogr. Rundschau 47, 1995, S. 410–414.

Hofmeister, B.: Die Stadtstruktur. Ihre Ausprägung in den verschiedenen Kulturräumen der Erde. Darmstadt [3]1996. 194 S. = Ertr. d. Forschg. 132.

Höhfeld, V.: Die Industrieachsen von Adana. Formung, Wandel und Gefüge rohstofforientierter Industrie im Wirtschaftsgunstraum der Çukurova (Südtürkei). Wiesbaden 1987 = Beih. z. TAVO, Reihe B, 79.

Höhfeld, V.: Türkischer Tourismus. Ausverkauf der Küsten. Geogr. Rundschau 41, 1989, S. 230–234.

Hopfinger, H.: Die syrische Bewässerungslandwirtschaft zwischen Staatseinfluß und privater Tätigkeit. S. 127–134 in: Popp, H. u. K. Rother (Hrsg.): Die Bewässerungsgebiete im Mittelmeerraum. Passau 1993, 195 S. = Passauer Schr. zur Geogr. 13.

Hopfinger, H. (Ed.): Economic liberalization and

privatization in socialist Arab countries: Algeria, Egypt, Syria and Yemen as examples. Gotha 1996, 263 S. = Nahost und Nordafrika. Stud. z. Politik u. Wirtschaft, Neuerer Geschichte, Geographie und Gesellschaft 1.

Huber, M.: Aktuelle Forschung zum Mittelmeerraum und ihre unterrichtliche Umsetzung am Beispiel des Mittelmeeres. S. 33–48 in: Struck, E. (Hrsg.): Aktuelle Strukturen und Entwicklungen im Mittelmeerraum. Passau 1993 = Passauer Kontaktstudium Erdkunde 3.

Hudson, R. and J. R. Lewis (Eds.): Uneven Development in Southern Europe: Studies of Accumulation, Class, Migration and the State. London 1985.

Huntington, S. P.: The Clash of Civilizations? Foreign Affairs 72, 1993, 3, S. 22–49.

Huntington, S. P.: Kampf der Kulturen. München 1998, 581 S.

Ibrahim, F. N.: Das Handwerk in Tunesien, eine wirtschafts und sozialgeographische Strukturanalyse. Hannover 1975 = Jb. d. Geogr. Ges. zu Hannover, Sbd. 7.

Ibrahim, F.: Der schwierige Weg zur Demokratie im Vorderen Orient. Der Staat und die Zivilgesellschaft. Der Bürger im Staat 48, 1998, S. 141–146.

Isnard, H.: La viticulture algérienne. Colonisation et décolonisation. Méditerranée 23, 1975, 4, S. 3–10.

Istat: Annuario Statistico Italiano. Rom, jährlich.

Jacobeit, J.: Atmospheric Circulation Changes due to increased Greenhouse Warming and Impact of seasonal Rainfall in the Mediterranean Area. S. 71–80 in: Nemsova, J. (Ed.): Climate Variability and Climate Change Vulnerability and Adaption. Prag 1996.

Jacobeit, J.: Die Analyse großräumiger Strömungsverhältnisse als Grundlage von Niederschlagsdifferenzierungen im Mittelmeerraum. Würzburg 1985, 296 S. = Würzburger Geogr. Arb. 63.

Jeftic, L. et al.: State of the marine environment in the Mediterranean Region. Athen 1990 = Unep Regional Seas Reports and Studies No. 132.

Jenner, P. and C. Smith: Tourism in the Mediterranean. London 1993 = Economist Intelligence Unit.

Joannon, M. et L. Tirone: La Méditerranée dans ses états. Mediterranée 70, 1990, 1/2, 84 S.

Joannon, M. et Chr. Lees: Les dynamiques spatiales de l'industrie dans l'aire métropolitaine marsaillaise. Méditerranée 1997, 3/4, S. 35–44.

Jünemann, A.: Eurpoas Mittelmeerpolitik im regionalen und globalen Wandel: Interessen und Zielkonflikte. S. 29–64 in: Zippel, W. (Hrsg.): Die Mittelmeerpolitik der EU. Baden-Baden 1999, 184 S.

Jungfer, E.: Wasserressourcen, Wassererschlie-

ßung und Wasserknappheit im Maghreb. Geogr. Rundschau 42, 1990, S. 64–69.

Jungfer, E.: Wasserressourcen im Vorderen Orient. Geogr. Rundschau 50, 1998, S. 400–405.

Kagermeier, A.: Remigration Nador II. Passau 1995, 280 S. = Maghreb-Studien 6.

Kagermeier, A.: Regionalwirtschaftliche Effekte staatlich geförderter Tourismusprojekte in Marokko und Tunesien. Zeitschr. f. Wirtschaftsgeogr. 43, 1999, S. 104–115.

Kappel, R.: Endogene Potentiale und die Ökonomie der Peripherie. Handels- und raumtheoretische Ansätze. E + Z. Entwicklung und Zusammenarbeit 38, 1997, S. 133–137.

Kassab, A.: Auswirkungen des Tourismus auf die Oasen in Südtunesien. Geogr. Rundschau 49, 1997, S. 89–96.

Kassem, M.: Der Islam als Faktor in den internationalen Beziehungen. Eine Stellungnahme aus ägyptischer Sicht. S. 156–178 in: Brill, B. (Hrsg.): Aktuelle Profile der islamischen Welt. München 1998, 352 S. = Berichte u. Studien der Hanns-Seidel-Stiftung e.V. Bd. 76.

Kehr, M.: Der sizilianische Separatismus: eine Studie zur Kultursoziologie Siziliens. Berlin, 1984, 190 S.

Kellenbenz, H.: Europäische Wirtschafts- und Sozialgeschichte vom ausgehenden Mittelalter bis zur Mitte des 17. Jahrhunderts. Stuttgart 1986, 1326 S. = Hdb. d. europ. Wirtschafts- und Sozialgesch. 3.

Kemal, Y.: Memed – mein Falke. Zürich 1990, 338 S.

Khader, B.: L'Europe et la Méditerranée – Géopolitique de la proximité. Paris 1994, 378 S.

King, R.: Ritorno in Patria: Return Migration to Italy in Historical Perspective. Durham 1988. University of Durham, Department of Geography, Research Papers in Geography 23.

King, R.: Patterns of Italian Migrant Labour: The Historical and Geographical Background. Bristol 1992. University of Bristol, Centre for Mediterranean Studies, Occasional Paper 4.

King, R.: Recent immigration to Italy: Character, causes and consequences. GeoJournal 30, 1993a, 3, S. 283–292.

King, R.: The new Geography of European Migrations. London, New York 1993b.

King, R.: Italy reaches zero population growth. Geography 78, 1993c, S. 63–69.

King, R. (Ed.): Mass Migrations in Europe: The Legacy and the Future. London 1993d, 334 S.

King, R.: Population Growth: An avoidable crisis? S. 164–180 in: King, R. et al. (Eds.): The Mediterranean. Environment und Society. London 1997, 315 S.

Kirisci, K.: Erzwungene Migration in der Türkei. Südosteuropamitteilungen 37, 1997, S. 165–184.

Kirsten, E.: Die griechische Polis als historisch-geographisches Problem des Mittelmeerraumes. Bonn 1956 = Colloquium Geogr. Bd. 5.

Kliot, N.: Mediterranean potential for ethnic conflict: some generalizations. Tijdschrift v. Econ. en Soc. Geogr. 80, 1989, S. 147–163.

Kloft, H.: Die Wirtschaft der griechisch-römischen Welt. Darmstadt 1992, 265 S.

Kolb, F.: Die Stadt im Altertum. München 1984, 306 S.

Kolb, F.: Die Stadt in der Antike. S. 72–84 in: Hoepfner, W. (Hrsg.): Frühe Stadtkulturen. Heidelberg, Berlin, Oxford 1997, 212 S.

Köllmann, W.: Bevölkerung und Raum in Neuerer und Neuester Zeit. Würzburg 1965, 332 S. = Raum u. Bevöllkerung in der Weltgeschichte 4.

Komm. d. Europ. Gemeinschaft: Europa 2000. Europ. Zusammenarbeit bei der Raumentwicklung. Luxemburg 1995, 247 S.

Kopp, H. u. H. Hopfinger: Wirkungen von Migranten auf aufnehmende Gesellschaften. Erlangen 1996 = Schr. d. Zentralinstitutes 34.

Kopp, H. u. Chr. Riedel: Internationale Unternehmenskooperation in Jordanien. S. 89–97 in: Forarea, Arbeitspapiere 9, Erlangen 1998.

Kopp, H. u. P. Lindner: Privates Unternehmertum im entstehenden Palästina. Forarea-Arbeitspapiere 8, Erlangen 1998, S. 41–52.

Kornemann, E.: Weltgeschichte des Mittelmeerraumes. 2 Bde., München 1948.

Körner, H. u. M. Werth (Hrsg.): Rückwanderung und Reintegration von ausländischen Arbeitnehmern in Europa. Schr. d. Inst. f. Entwicklungsf., Wirtschafts- u. Sozialplanung 1. Saarbrücken 1981.

Körner, H.: Internationale Mobilität der Arbeit. Darmstadt 1990, 219 S.

Körner, H.: Immigration aus Afrika: Herausforderung für Europa. Eurokolleg 19, 1992, S. 1–11.

Kortum, G.: Zuckerrübenanbau und Entwicklung ländlicher Wirtschaftsräume in der Türkei. Kiel 1986 = Kieler Geogr. Schr. 63.

Kramer, H.: Die Türkei im Schnittpunkt der Regionen und Kulturen. Geogr. Rundschau 48, 1996, S. 591–594.

Kratschwil, G.: Die Berber in der historischen Entwicklung Algeriens von 1949–1990. Zur Konstruktion einer ethnischen Identität. Berlin 1996, 241 S.

Krause, R. F.: Untersuchungen zur Bazarstruktur von Kairo. Marburger Geogr. Schr. 99, 1985, 130 S.

Krenn, H.: Der Agro Romano. Kulturlandschaftsgenese seit 1870 und moderne Entwicklungstendenzen. Die Erde 102, 1971, S. 286–306.

Kress, H.-J.: Die islamische Kulturperiode auf der Iberischen Halbinsel. Marburg 1968, 320 S. = Marburger Geogr. Abh. 43.

Krings, Th.: Internationale Migration nach Deutschland und Italien im Vergleich. Geogr. Rundschau 47, 1995, S. 437–442.

Krumbein, W. (Hrsg.): Ökonomische und politische Netzwerke in der Region. Beiträge aus der internationalen Debatte. Münster/Hamburg 1994, 305 S. = Politik u. Ökonomie 1.

Kulinat, K.: Fremdenverkehr in den Mittelmeerländern. Geogr. Rundschau 43, 1991, S. 430–436.

Lanquar, R. et al.: Tourisme et environnement en Méditerranée. Plan d'action pour la Méditerranée. Paris 1995, 174 S. = Les Fascicules du Plan bleu Vol. 8.

Lauer, W. u. P. Frankenberg: Eine Karte der hygrothermischen Klimatypen von Europa. Erdkunde 40, 1986, S. 85–94.

Laureti, L. et al.: Physical Changes in the Mediterranean Basin. Boll. della Società Italiana S. XII, 1995 Vol. I., S. 7–44.

Lautensach, H.: Maurische Züge im geographischen Bild der Iberischen Halbinsel. Bonn 1960 = Bonner Geogr. Abh. 28.

Lazerson, M.: Factory or putting out? Knitting Networks in Modena. S. 203–226 in: Grabher, G. (Ed.): The embedded Firm. London, New York 1993.

Le Coz, J.: Espaces méditerranéens et dynamiques agraires, Etat territorial et communautes rurales. Paris 1990 = Options mediterranéens, Ser. B: Études et Recherches 2.

Le Houérou, H. N.: Global Change: Population, Land-Use and Vegetation in the Mediterranean Basin by the Mid-21st Century. S. 301–367 in: Paepe, R. Fairbridge R. W. and S. Jelgersma (Eds.): Greenhouse Effect, Sea Level und Drought. Dordrecht 1990.

Le Houérou, H. N.: Vegetation and Land-Use in the Mediterranean Basin by the year 2050: A prospective study. S. 175–227 in: Jeftic, L. et al. (Eds): Climatic Change in the Mediterranean, Vol. 1, London 1992.

Le Houérou, H. N.: Land degradation in Mediterranean Europe: Can agroforestry be part of the solution? A prospective review. Agroforestry Systems 21, 1993, S. 43–61.

Leborgne, D. and A. Lipietz: New Technologies, new Modes of Regulation: Some Spatial Implications. Society and Space 6, 1988, S. 263–280.

Leers, K.-J.: Die räumlichen Folgen der Industrie-Ansiedlung in Süditalien – das Beispiel Tarent (Taranto). Düsseldorf 1981 = Düsseldorfer Geogr. Schr. 17.

Leers, K.-J.: Tarent – Industrieentwicklung in Süditalien. Geogr. Rundschau 10/1988 (Sonderheft), S. 25–31.

Leib J. u. G. Mertins: Die Abwanderung spanischer Arbeitnehmer in die Bundesrepublik Deutschland. Umfang, Ursachen, Herkunfts- und Zielgebiete. Erdkunde 34, 1980, S. 195–206.

Leidlmeier, A.: Italien – von der Aus- zur Einwanderung. Passauer Schr. z. Geogr. 15, 1997, S. 17–24.

Leontidou, L.: The Mediterranean City in Transition. Social Change and Urban Development. Cambridge 1990, 314 S.

Leontidou, L.: Postmodernism and the city: Mediterranean versions. Urban Studies 30, 1993a, S. 949–65.

Leontidou, L.: Mediterranean cities: divergent trends in a United Europe. S. 127–147 in: Blacksell, M. and A. M. Williams (Eds): The European Challenge: Geogr. and Development in the Europ. Community. Oxford 1993b.

Leontidou, L.: Alternatives to modernism in (Southern) urban theory: Exploring in-between spaces. International Journal of Urban and Regional Research, 20, 1996, S. 178–195.

Leontidou, L.: Five narratives for the Mediterranean city. S. 181–207 in: King, R. et al. (Eds.): The Mediterranean. Environment and Society. London 1997, 315 S.

Levi, C.: Christus kam nur bis Eboli. Berlin [10]1991, 236 S.

Lindner, P.: Innovateur oder Rentier? Anmerkungen zu einem entwicklungstheoretischen Paradigma aus empirischer Perspektive: Das Beispiel Palästina. Erdkunde 52, 1998, S. 201–218.

Lindner, P.: Raum und Regeln unternehmerischen Handelns. Industrieentwicklung aus institutionenorientierter Perspektive. Stuttgart 1999. Erdkundl. Wissen 129, 280 S.

Lipp, W. (Hrsg.): Industriegesellschaft und Regionalkultur. Köln, Berlin 1984, 288 S. = Schr. d. Hochschule f. Politik München 6.

Locke, R. M.: The compose economy: Local politics and industrial change in contemporary Italy. Economy and Society. London 25, 1996, S. 483–510.

Loda, M.: Neue regionale Entwicklungsstrategien für den Mezzogiorno. Geogr. Zeitschr. 85, 1997, S. 174–180.

Loda, M.: Neapel. Metropole oder Städtearchipel am Vesuv. Geogr. Rundschau 51, 1999, S. 555–561.

López-Ontiveros, A.: Propriedad y problema de la tierra en Andalucía. Barcelona 1986.

Losi, N.: Italien – vom Auswanderungsland zum Einwanderungsland. S. 119–138 in: Fassmann, H. u. R. Münz (Hrsg.): Migration in Europa. Historische Entwicklung, aktuelle Trends, politische Reaktionen. Frankfurt/M., New York 1996, 438 S.

Maillat, D.: Vom „industrial district" zum innovativen Milieu: Ein Beitrag zur Analyse der lokalisierten Produktionssysteme. Geogr. Zeitschr. 86, 1998, S. 1–15.

Malfatti, E.: L'emigrazione italiana e il Mezzogiorno. S. 97–115 in: Rosoli, G. (Ed.): Un secolo di emigrazione italiana 1876–1976. Rom 1987, 383 S.

Marchand, H.: Les Forets Méditerranéennes. Paris 1990, 108 S. = Les Fascicules du Plan Bleu 2.

Margat, J.: L'Eau dans le Bassin Méditerranéen. Plan d'action pour la Méditerranée. Paris 1992, Les Fascicules du Plan Bleu Vol. 6.

Margat, J., Benblidia, M. and D. Vallée: Situations, prospects and strategies for the sustainable development of the resource. Documentation bilingue french-english. Sophia Antipolis 1997 = Publ. Plan Bleu.

Matzat, W.: Northern Italy: Secondary Core or Reduced to a Semi-Peripheral Role? S. 95–119 in: Nitz, H. J.: The Early-Modern World-System in Geographical Perspective. Stuttgart 1993 = Erdkundl. Wissen 10.

Maury, R.: L'eau dans les pays méditerranéens de l'Europe communitaire (Espagne, France, Italie, Grece). Paris 1990 = Etudes Méditerranéennes 15.

May, Th.: Die Entwicklung der Vegetationsstruktur nach Bränden im Mittelmeergebiet. Geoökodynamik 11, 1990, S. 43–64.

May, Th.: Morphodynamik und Bodenbildung im westlichen Mittelmeerraum seit dem mittleren Holozän – anthropogen oder klimatisch gesteuert? Geogr. Zeitschr. 79, 1991, S. 212–228.

May, Th.: Zur Bedeutung der traditionellen landwirtschaftlichen Bewässerung in den andalusischen Bergländern. S. 25–32 in: Popp, H. u. K. Rother (Hrsg.): Die Bewässerungsgebiete im Mittelmeerraum. Passau 1993, 195 S. = Passauer Schr. z. Geogr. 13.

May, Th.: Wald- und Buschbrände in Spanien. Geogr. Rundschau 47, 1995, S. 298–303.

McNeill, J. R.: The Mountains of the Mediterranean World: An Environm. History. Cambridge 1992.

Medagri. Annuaires des Economies Agricoles et Alimentaires des Pays Méditerranéens et Arabes. Centre Intern. des Hautes Etudes Agronomiques Méditerranéennes. Institut Agronomique Méditerranéen de Montpellier 2000, 410 S.

Mensching, H.: Das Medjerdaprojekt in Tunesien. Die Erde 93, 1962, S. 117–135.

Mensching, H., Gießner, K. u. G. Stuckmann: Die Hochwasserkatastrophe in Tunesien im Herbst 1969. Geogr. Zeitschr. 58, 1970, S. 81–94.

Mensching, H. G.: Ökosystem-Zerstörung in vorindustrieller Zeit. S. 15–27 in: Lübbe, H. u. E. Ströker (Hrsg.): Ökologische Probleme im kulturellen Wandel. Paderborn 1986, 141 S.

Mertins, G. u. J. Leib: Räumlich differenzierte Formen der spanischen Arbeitsemigration nach Europa. Marburger Geogr. Schr. 84, 1981, S. 255–276.

Mertins, G.: Rückwanderung spanischer Arbeitnehmer aus dem europäischen Ausland. Räumliches Verteilungsmuster und Investitionsverhalten in Spanien. S. 63 – 75 in: Körner, H. u. M. Werth, (Hrsg.): Rückwanderung von ausländischen Arbeitnehmern in Europa. Saarbrücken 1981.

Mertins, G.: Regionale Bevölkerungsentwicklung in Spanien seit 1950. Geogr. Rundschau 38, 1986. S. 38–47.

Mertins, G.: Die Entwicklung der Bewässerungsflächen in Spanien von 1927/29 bis 1989. S. 17 – 24 in: Popp, H. u. K. Rother (Hrsg.): Die Bewässerungsgebiete im Mittelmeerraum. Passau 1993, 195 S. = Passauer Schr. z. Geogr. 13.

Meurer, M.: Ökologische und ökonomische Aspekte der Ziegenhaltung in Nordtunesien. Geogr. Rundschau 73, 1985, S. 162–183.

Meurer, M.: Macchie und Garrigue im mediterranen Nordwesten Tunesiens. Geogr. Rundschau 38, 1986, S. 395–403.

Meurer, M.: Geo- und weidewirtschaftliche Untersuchungen im Mogodbergland Nordwest-Tunesiens. Stuttgart 1993, 334 S. = Erdwiss. Forsch. 29.

Meyer, G.: Manufacturing in old quarters of central Cairo. Urbama 19, 1988, S. 75 – 90.

Meyer, G.: Kairo. Entwicklungsprobleme einer Metropole der Dritten Welt. Köln 1989, 44 S. = Problemräume der Welt 11.

Meyer, G.: Wirtschaftlicher und sozialer Strukturwandel in der Altstadt von Kairo. Erdkunde 44, 1990, S. 93–110.

Meyer, G.: Arbeitsmigration in die Golfregion und die Folgen des irakischen Überfalls auf Kuweit. Die Erde 122, 1991, S. 81–96.

Meyer, G.: Aktuelle Entwicklungsprozesse und sozioökonomische Strukturen des produzierenden Kleingewerbes in Kairo. Jb. f. Vergleichende Sozialforschung 1991/92, S. 101–130.

Meyer, G.: Die Expansion der ägyptischen Bewässerungswirtschaft im Zeichen der „Grünen Revolution" und einer wirtschaftlichen Liberalisierung. S. 141–150 in: Popp, H. u. K. Rother (Hrsg.): Die Bewässerungsgebiete im Mittelmeerraum. Passau 1993, 195 S. = Passauer Schr. z. Geogr. 13.

Meyer, G.: Arbeiterwanderung in die Golfstaaten. Geogr. Rundschau 47, 1995a, S. 423–428.

Meyer, G.: Liberalisierung und Privatisierung der ägyptischen Landwirtschaft. Erdkunde 49, 1995b, S. 17–31.

Meyer, G.: Tourismus in Ägypten – Entwicklung und Perspektiven im Schatten der Nahostpolitik. Geogr. Rundschau 48, 1996, S. 582–589.

Meyer, G.: Strukturanpassung in Ägypten – wirtschaftliches Wachstum auf Kosten der Armen? S. 75 – 96 in: Meyer, G. u. A. Thimm (Hrsg.): Strukturanpassung in der Dritten Welt. Wirtschaftliche, soziale und politische Folgen. Veröffentl. d. Interdisz. Arbeitskr. Dritte Welt, 11, 1997.

Meyer, G.: Entwicklungsprobleme des produzierenden Kleingewerbes in Kairo. Geogr. Rundschau 51, 1999, S. 697–704.

Mikus, W.: Socio-economic changes of labour markets in Mediterranean countries. S. 71–84 in: Novembre, D. (Eds.): Europa, Mezzogiorno e Mediterraneo. Lecce 1993, 352 S.

Miosga, M.: Räumliche Disparitäten in Europa und Perspektiven zukünftiger Entwicklung. Geogr. Rundschau 47, 1995, S. 144–149.

Miossec, J.-M.: Du suq au supermarché à Tunis: une évolution contrariée? Publ. du Centre Méditerranéennes 5, 1987, S. 25–51.

Miossec, J.-M.: From suq to supermarket in Tunis. S. 227–242 in: Findlay, A. M., Paddison, R. and J. A. Dawson (Eds.): Retailing environments in developing countries. London 1990.

Moalla, M.: Sie nennen sich Integristen. S. 16 in: Schmidt, H. G. (Hrsg.): Tunesien verstehen. Starnberg 1989, 51 S.

Möller, H. G.: Raumwirksame Entwicklungseffekte durch Technologie-Parks. Das südfranzösische Beispiel Valbonne Sophia Antipolis. Erdkunde 39, 1985, 84–98.

Möller, H.-G.: Aktuelle agrarpolitische und agrarwirtschaftliche Entwicklungsprobleme der mediterranen Intensivkulturen in Südfrankreich und Spanien. S. 49–68 in: Struck, E. (Hrsg): Aktuelle Strukturen und Entwicklungen im Mittelmeerraum. Passau 1993 = Passauer Kontaktstudium Erdkunde 3.

Monheim, R.: Die Agrostadt Siziliens, ein städtischer Typ agrarischer Großsiedlungen. Geogr. Zeitschr. 59, 1971, S. 204–225.

Monheim, R.: Regionale Differenzierung der Wirtschaftskraft in Italien. Erdkunde 28, 1974, S. 260–276.

Monheim, R.: Marina-Siedlungen in Kalabrien Beispiele für Akträume? Düsseldorfer Geogr. Schr. 7, 1977, S. 21–37.

Monheim, R.: Beobachtungen zur economia sommersa in Italien. Marburger Geogr. Schr. 1981, S. 321–343.

Montanari, A. and A. Cortese, Third World immigrants in Italy. S. 275–292 in: King, R. (Ed.): Mass Migrations in Europe: The Legacy and the Future. London 1993, 334 S.

Montanari, A. and A. M. Williams (Eds): European Tourism: Regions, Spaces and Retructuring. Chichester 1995a.

Montanari, A.: The Mediterranean region. S. 41–65 in: Montanari, A. and A. M. Williams (Eds.): European Tourism: Regions, Spaces and Restructuring. Chichester 1995.

Montanari, A.: Tourism and the environment: limitations and contradictions in the EC's Mediterranean region. Tijdschrift voor Economische en Sociale Geografie 86, 1995b, S. 32–41.

Moreno, J. M. and W. C. Oechel (Eds.): The Role of Fire in the Mediterranean-Type Ecosystems. New York, Berlin, Heidelberg 1994, 201 S. = Ecological Studies 107.

Morrel, B.: La nouvelle économie marseillaise et ses territoires. Méditerranée 3/4, 1997, S. 21–26.

Moser-Weithmann, B.: Kulturüberprägung durch Tourismus – Sozio-kulturelle Konfliktsituation tunesischer Frauen im touristisch bedingten Akkulturationsprozeß. S. 71–90 in: Popp, H. (Hrsg.): Lokale Akteure im Tourismus der Maghrebländer. Passau 1999, 207 S. = Maghreb-Studien 12.

Müller, A.: Agrarlandschaftstypen Westspaniens, Struktur und Dynamik. Würzburg 1987 = Würzb. Geogr. Arb. 67.

Müller, A.: Die Ausweitung des Bewässerungsfeldbaus in Castilla-León. Ökologische und Ökonomische Probleme. S. 43–50 in: Popp, H. u. K. Rother (Hrsg.): Die Bewässerungsgebiete im Mittelmeerraum. Passau 1993, 195 S. = Passauer Schr. zur Geogr. 13.

Müller, H.: Jugendarbeitslosigkeit in Algerien. Wuqûf 6, 1991, S. 259–267.

Müller, H.: Mullahs zwischen Macht und Märkten. Forschungen (DFG-Mitteilungen) 2, 1999, S. 25–27.

Müller-Hohenstein, K.: Die anthropogene Beeinflussung der Wälder im westlichen Mittelmeerraum unter besonderer Berücksichtigung der Aufforstung. Erdkunde 27, 1973, S. 55–68

Müller-Hohenstein, K.: Die Landschaftsgürtel der Erde. Stuttgart [2]1981, 204 S. = Studb. Geogr.

Müller-Hohenstein, K.: Der Mittelmeerraum. Ein vegetationsgeographischer Überblick. Geogr. Rundschau 43, 1991, S. 408–416.

Müller-Mahn, D.: Wirtschaftliche Ursachen, räumliche Spannungsfelder und entscheidungspolitische Konsequenzen des Bürgerkrieges in Algerien. Die Erde 126, 1995, S. 223–242.

Navarez-Bueno, A. J.: L'agriculture en Andalousie. Revue de l'économie méridionale 38, 1990, 1/2, S. 39–59.

Naveh, Z.: The Role of Fire and its Management in the Conservation of Mediterranean Ecosystems and Landscapes. S. 163–185 in: Moreno, J. M. et al. (Eds.): The Role of Fire in the Mediterranean-Type Ecosystems. New York, Berlin, Heidelberg 1994.

Nienhaus, V.: Euro-mediterrane Freihandelszone: Intensivierung der Wirtschaftsbeziehungen und Förderung nachhaltiger Entwicklung? S. 91–114 in: Zippel, W. (Hrsg.): Die Mittelmeerpolitik der EU. Baden-Baden 1999, 184 S.

Nitz, H.-J.: The Early-Modern World-System in Geographical Perspective. Stuttgart 1993, 403 S. = Erdkdl. Wissen 10.

Nohlen, D. u. J. Gonzales Encinar (Hrsg.): Der Staat der autonomen Gemeinschaften in Spanien. Opladen 1992, 245 S.

Nohlen, D. u. R. O. Schultze (Hrsg.): Ungleiche Entwicklung und Regionalpolitik in Südeuropa; Italien, Spanien, Portugal. Bochum 1985.

Nuscheler, F. (1992): Die Südpolitik der EG: Europas entwicklungspolitische Verantwortung in der veränderten Weltordnung. Bonn, 319 S. = Europ. Schr. d. Inst. f. Europäische Politik 69.

Owens, J.: The city in the Greek and Roman World. London 1991, 210 S.

Papatheodorou, A.: The demand for international tourism in the Mediterranean region. Applied economics 31, 1999, S. 619–630.

Pawelka, P.: Herrschaft und Entwicklung im Nahen Osten: Ägypten. Heidelberg 1985, 465 S. = UTB 1384.

Pawelka, P.: Der Vordere Orient und die internationale Politik. Stuttgart, Berlin, Köln 1993, 192 S.

Pawelka, P.: Die politische Ökonomie der Außenpolitik im Vorderen Orient. Orient 1994, S. 369–390.

Pawelka, P.: Der Vordere Orient in der Weltpolitik. Der Bürger im Staat 48, 1998, S. 115–121.

Pawelka, P. u. H.-G. Wehling (Hrsg.): Der Vordere Orient an der Schwelle zum 21. Jahrhundert. Opladen, Wiesbaden 1999, 215 S.

Pérennès, J.-J.: Essai de typologie de l'irrigation au Maghreb. S. 173–184 in: Popp, H. u. K. Rother (Hrsg.): Die Bewässerungsgebiete im Mittelmeerraum. Passau 1993, 195 S. = Passauer Schr. zur Geogr. 13.

Perouse, J.-F.: La population turque en 1994: dynamique, perspectives et tensions. Méditerranée 1995, 1/2, S. 71–80.

Perroux, F.: Note sur la notion de Pole de Croissance. Economique Appliquée 1955, S. 307–320.

Pfaffenbach, C.: Kulturkonflikt oder Kulturkontakt? Nutzungs- und Kommunikationsmuster deutscher und tunesischer Touristen. S. 35–70 in: Popp, H. (Hrsg.): Lokale Akteure im Tourismus der Maghrebländer. Passau 1999, 207 S. = Maghreb-Studien 12.

Pichler, H.: Italienische Vulkangebiete. Berlin, Stuttgart 1970 = Sammlung Geolog. Führer 51, 52, 69, 76.

Planhol, X. de: Forces économiques et composantes culturelles dans les structures commerciales des villes islamiques. L'Espace Géographique 7, 1980, S. 315–322.

Pleket, H. W.: Wirtschaft (in der römischen Kaiserzeit). S. 127–142 in: Vittinghoff, H. (Hrsg.): Europ. Wirtschafts- und Sozialgesch. in der Römischen Kaiserzeit. Stuttgart 1990, 805 S. = Handb. d. Europ. Wirtsch.- u. Sozialgesch. 1.

Pohl, J.: Italien dreigeteilt? Wirtschaftliche, politische und soziokulturelle Disparitäten südlich der Alpen. Geogr. Rundschau 47, 1995, S. 150–155.

Poirier, R. A.: Tourism and development in Tunisia. Annals of Tourism Research 22, 1995, S. 157–171.

Popp, H.: Moderne Bewässerungslandwirtschaft in Marokko. Staatliche und individuelle Entscheidungen in sozialgeographischer Sicht. Erlangen 1983 = Erlanger Geogr. Arb., Sbd. 5.

Popp, H.: Die mediterranen Küstenbereiche Nordmarokkos. Entwicklungsprobleme und staatlich gelenkte Entwicklungsprozesse in einer benachteiligten Region. S. 121–229 in: Popp, H. u. F. Tichy (Hrsg.): Möglichkeiten, Grenzen und Schäden der Entwicklung in den Küstenräumen des Mittelmeergebietes. Erlangen 1985 = Erlanger Geogr. Arb., Sbd. 17.

Popp, H.: Die Berber. Geogr. Rundschau 42, 1990, S. 70–75.

Popp, H.: Westalgerien und Ostmarokko. Benachbarte Peripherräume in Staaten unterschiedlicher politischer Orientierung. S. 23–49 in: Struck, E. (Hrsg.): Aktuelle Strukturen und Entwicklungen im Mittelmeerraum. Passau 1993a, 110 S. = Passauer Kontaktstudium Erdkunde Bd. 1.

Popp, H.: Marokkos „Politik der Staudämme" und ihre Folgen für die Bewässerungslandwirtschaft. S. 151–160 in: Popp, H. u. K. Rother (Hrsg.): Die Bewässerungsgebiete im Mittelmeerraum. Passau 1993b, 195 S. = Passauer Schr. zur Geogr. 13.

Popp, H.: Tendenzen der Tourismusentwicklung in den Maghrebländern. S. 79–95 in: Struck, E. (Hrsg.): Aktuelle Strukturen und Entwicklungen im Mittelmeerraum. Passau 1993c, 110 S. = Passauer Kontaktstudium Erdkunde Bd. 3.

Popp, H.: Oasen – ein altes Thema in neuer Sicht. Geogr. Rundschau 49, 1997, S. 66–73.

Popp, H. (Hrsg.): Lokale Akteure im Tourismus der Maghrebländer. Passau 1999, 207 S. = Maghreb-Studien 12.

Popp, H. u. K. Rother (Hrsg.): Die Bewässerungsgebiete im Mittelmeerraum. Passau 1993, 195 S. = Passauer Schr. zur Geogr. 13.

Prada, V. V.: Das Spanien der kath. Könige u. d. Habsburger 1480–1660. S. 737ff. in: Kellenbenz, H.: Europ. Wirtschafts- und Sozialgesch. vom ausgehenden Mittelalter bis zur Mitte des 17. Jahrhunderts. Stuttgart 1986, 1326 S. = Hdb. d. Europ. Wirtsch.- u. Sozialgesch. 3.

Pratt, J. and D. Funnell: The modernization of mediterranean agriculture. S. 194–207 in: King, R. et al. (Eds.): The Mediterranean. Environment and Society. London, New York 1997, 315 S.

Prenant, A. et B. Semmoud: Algérie: La déconstruction d'un tissu industriel. Méditerranée 1997, 3/4, S. 79–86.

Proudfoot, L.: The Graeco-Roman Mediterranean. S. 57–74 in: King, R. et al. (Eds.): The mediterranean. Environment and Society. London 1997, 315 S.

Proudfoot, L.: The Ottoman Mediterranean and its transformation, ca. 1800–1920. S. 94–107 in: King, R. et al. (Eds.): The mediterranean. Environment and Society. London 1997, 315 S.

Pyke, F., Becattini, G. and G. Sengenberger: Industrial Districts and interfirm-cooperation in Italy. Genf 1990 (International Institute of Labour Studies).

Quezel, P. and M. Barabaro: Definition and characterization of Mediterranean-Type ecosystems. Ecologia Mediterranea 7, 1982, S. 15–27.

Raffone, P.: Italien und das Europa der „Agenda 2000". Politische Studien 49, 1998, 357, S. 46–63.

Reimann, H. R. und H. L. Reimann: Entwicklungsprobleme im Süden: Sizilien. Erfolge und Fehlschläge der Mezzogiorno-Politik im dualistischen System. Der Bürger im Staat 26, 1976, S. 170–184.

Reimann, H. R.: Insulare Regionalkulturen: Malta, Sizilien, Puerto Rico. S. 235–281 in: Lipp, W. (Hrsg.): Industriegesellschaft und Regionalkultur. Köln, Berlin, Bonn, München 1984, 288 S.

Reissner, J.: Christliches Abendland und islamischer Orient: Probleme des Dialoges zwischen den Kulturen. S. 11–27 in: Zippel, W. (Hrsg.): Die Mittelmeerpolitik der EU. Baden-Baden 1999, 184 S.

Reparaz, A. de: Irrigation et agriculture irriguée dans les régions méditerranéennes françaises. S. 79–86 in: Popp, H. u. K. Rother (Hrsg.): Die Bewässerungsgebiete im Mittelmeerraum. Passau 1993, 195 S. = Passauer Schr. z. Geogr. 13.

Reynolds-Ball, F.: Mediterranean Winter Resorts. London 1914.

Rich, J. and Wallace-Hadrill, A. (Eds.): City and Country in the Ancient World. London 1991, 305 S.

Richardson A. and J. Waterbury: A Political Economy of the Middle East. Boulder/Colorado 1996.

Richter, W.: Historische Entwicklung und junger Wandel der Agrarlandschaft Israels. Köln 1981 = Kölner Geogr. Arb. 21, 392 S.

Riedl, R.: Die Gärten des Poseidon. München 1998, 248 S.

Rikli, M.: Das Pflanzenkleid der Mittelmeerländer. 3 Bde., Bern ²1943–1948.

Roether, W. et al.: Property distributions and transient-tracer ages in Levantine Intermediate Water in the Eastern Mediterranean. Journal of Marine Systems 18, 1998, S. 71–87.

Roether, W.: Das Östliche Mittelmeer. http://pacific.physik.uni-bremen (1999).

Rosoli, G. (Ed.): Un secolo di emigrazione italiana 1876–1976. Rom 1987, 383 S.

Rostovtzeff, M.: The Social and Economic History of the Roman Empire. Oxford 1941. Nachdruck: Gesellschafts- und Wirtschaftsgeschichte der hellenistischen Welt. Darmstadt 1998, 3 Bde. (Wiss. Buchgesellschaft).

Rother, K.: Die Kulturlandschaft der tarentinischen Golfküste. Bonn 1971 = Bonner Geogr. Abh. 44.

Rother, K.: Das MezzogiornoProblem. Versuche des italienischen Staates zu seiner Lösung. Geogr. Rundschau 34, 1982, S. 154–162.

Rother, K.: Probleme peripherer Regionen in den Ländern der Europäischen Gemeinschaft. Passauer Kontaktstudium Erdkunde 1, 1987, S. 65–75.

Rother, K.: Die Bewässerungsgebiete des fernsten Italiens. S. 93–104 in: Popp H. u. K. Rother (Hrsg.): Die Bewässerungsgebiete im Mittelmeerraum. Passau 1993, 195 S. = Passauer Schr. z. Geogr. 13.

Rudolf, H.: Die Dynamik der Einwanderung im Nichteinwanderungsland Deutschland. S. 161–182 in: Fassmann, H. u. R. Münz (Hrsg.): Migration in Europa. Frankfurt/Main, New York 1996, 438 S.

Ruf, W.: Ökonomie und Politik. Wie ein Regime den Zusammenbruch des Staates überlebt (Algerien). Inamo 4, 14/15, 1998, S. 24–29.

Ruhe, E.: Algerien-Bibliographie. Wiesbaden 1990, 181 S.

Rühl, A.: Die geographischen Ursachen der italienischen Auswanderung. Z. d. Ges. f. Erdkunde zu Berlin 58, 1912, S. 655–671.

Rühl, A.: Die Wirtschaftspsychologie des Spaniers. Z. d. Ges. f. Erdkunde zu Berlin 68, 1922, S. 81–115.

Saba, F.: Bevölkerung und ländliche Besiedlungsarten 1500–1650. S. 694–695 in: Kellenbenz, H. (Hrsg.): Europ. Wirtsch.- u. Sozialgesch. vom ausgehenden Mittelalter bis zur Mitte d. 17. Jh. Stuttgart 1986, 1326 S. = Hdb. d. Europ. Wirtsch.- u. Sozialgesch. 3.

Sabelberg, E.: Der Zerfall der Mezzadria in der Toskana Urbana. Entstehung, Bedeutung und gegenwärtige Auflösung eines agraren Betriebssystems in Mittelitalien. Köln 1975 = Kölner Geogr. Arb. 33.

Sabelberg, E.: Die Palazzi in toskanischen und sizilianischen Städten und ihr Einfluß auf die heutigen innerstädtischen Strukturen. Marburger Geogr. Schr. 84, 1981, S. 165–191.

Sabelberg, E.: Regionale Stadttypen in Italien. Wiesbaden 1984 = Erdkundl. Wissen 66.

Sartorius von Walterhausen, A.: Die süditalienische Auswanderung und ihre volkswirtschaftlichen Folgen. Jb. f. Nationalökonomie u. Statistik III, 41, 1911, S. 1–27 und 182–215.

Sauerwein, F.: Der Bewässerungsfeldbau in Griechenland. S. 113–116 in: Popp, H. u. K. Rother (Hrsg.): Die Bewässerungsgebiete im Mittelmeerraum. Passau 1993, 195 S. = Passauer Schr. zur Geogr. 13.

Schinzinger, F.: Die Mezzogiorno-Politik. Berlin 1970, 328 S.

Schlicht, A.: Libanon zwischen Bürgerkrieg und internationalem Konflikt. Bonn 1986, 66 S. = Arbeits-Papiere zur intern. Politik 40.

Schliephake, K.: Wasser und Ernährung: Das Dilemma des Maghreb und das libysche Beispiel. Wuqûf 10–11, 1995/96, S. 323–338.

Schliephake, K.: Libyens großer künstlicher Fluß – Rahmenbedingungen und ökonomische Implikationen. Afrika-Post 9/10, 1997, S. 5–6.

Schliephake, K.: Libya – The present state of the petroleum economy and industrialization. Applied Geography and Development 53, 1999, S. 26–41.

Schlotter, P.: Euro-mediterrane Partnerschaft und Demokratisierung. Zur Maghreb-Politik der EU. E + Z. Entwickl. u. Zus.arbeit 1998, 9, S. 235–237.

Schmieder, O.: Die Alte Welt, Bd. II. Anatolien und die Mittelmeerländer Europas. Kiel 1969, 613 S.

Schmitt, W.: Evaluation of EC's Mediterranean policy. Journal of Regional Policy 1993, 13, S. 387–404.

Scholz, F. u. G. Schweizer: Nomadismus und andere Formen der Wanderweidewirtschaft. Karte A X 11 des Tübinger Atlas des Vorderen Orients (TAVO). Wiesbaden, Tübingen 1989.

Scholz, F.: Nomadismus. Theorie und Wandel einer sozio-ökologischen Kulturweise. Stuttgart 1995, 300 S. = Erdkundl. Wissen 118.

Schultz, J.: Die Ökozonen der Erde. ²1995, 535 S.

Schulz, R.: Soziodemographische Aspekte der internationalen Wanderungen aus dem mediterranen Raum in die EU. Z. f. Bevölkerungswiss. 22, 1997, S. 511–535.

Schurtz, H.: Das Bazarwesen als Wirtschaftsform. Zeitschr. f. Socialwiss. 4, 1901, S. 145–167.

Sen, F.: Türkische Selbstständige in der Bundesrepublik. Geogr. Rundschau 49, 1997, S. 413–417.

Serageldin, I.: Sustainability and the Wealth of Nations. Washington 1996 = Environm. Sustainable Development Studies and Monographs Series 5.

Seuffert, O. et al.: Rainfall and erosion. Detailed studies of the three rainfall-runoff-erosion-events on erosion plots in Southern Sardinia. Geoökoplus 3, 1992, S. 129–137.

Sforzi, F.: The geography of industrial districts in Italy. S. 153–172 in: Goodman, W. and J. Bamford (Eds.): Small firms and industrial districts in Italy. London, New York 1989, 273 S.

Siebert, H.: Internationale Wanderungsbewegungen – Erklärungsansätze und Gestaltungsfragen. Schweiz. Zeitschr. für Volkswirtschaft u. Statistik 129, 1993, S. 229–255.

Signoles, P.: Place des Médinas dans le fonctionnement et aménagement des villes en Maghreb. S. 231–274 in: Urbama (Ed.): Élément sur les Centre-Villes dans le Monde Arabe. Tours 1988 = Fasc. et Rech. 19.

Signoles, P.: Activités de production dans les villes du Maghreb. Monde Arabe Maghreb et Machrek 143, 1994, Spéc., S. 19–25.

Signorini, L. F. (1994): The Price of Prato, or Measuring the Industrial District Effect. Papers in Regional Science 73, S. 369–392.

Solana, D.: Le partenariat euro-méditerranéen. Marchés Tropicaux. 1997 (20.6.), S. 1354–1357.

Sombart, W.: Der Begriff der Stadt und das Wesen der Städtebildung. Archiv f. Sozialwiss. u. Sozialpol. 25, 1907, S. 1–9.

Sopemi (OECD) Trends in International Migration: Annual Report. Jährlich. Paris.

Sori, E., L'emigrazione italiana dall'Unità alla Seconda Guerra Mondiale. Rom 1979.

Sprengel, U.: Die Wanderherdenwirtschaft im mittel- und südostitalienischen Raum. Marburg 1971 = Marburger Geogr. Schr. 51.

Stahl, M.: Imperiale Herrschaft und provinziale Stadt. Strukturprobleme der römischen Reichsorganisation im 1.–3. Jh. der Kaiserzeit. Göttingen 1978, 191 S.

Stalker, P.: Workers without frontiers. Genf 2000 (International Labour Office).

Steinbach, U.: Die Türkei im 20. Jahrhundert. Bergisch Gladbach 1996.

Steinbach, U.: Die Türkei, der Nahe Osten und das Wasser. Verschiebungen des Kräftegleichgewichtes. Intern. Politik 53, 1998, 1/2, S. 9–16.

Stewig, R.: Bemerkungen zur Entstehung des orientalischen Sackgassengrundrisses am Beispiel der Stadt Istanbul. Mitt. d. Österr. Geogr. Ges. 108, 1966, S. 25–47.

Stewig, R.: Entstehung der Industriegesellschaft in der Türkei. Teil 1. Entwicklung bis 1950. Kiel 1998 = Kieler Geogr. Schr. 96. Teil 2. Entwicklung 1950–1980. Kiel 1999, 289 S. = Kieler Geogr. Schr. 99.

Stöhr, W. B.: Selective self-reliance and endogenous regional development – preconditions and constraints. in: Nohlen, D. u. R. O. Schultze (Hrsg.): Ungleiche Entwicklung und Regionalpolitik in Südeuropa; Italien, Spanien, Portugal. Bochum 1985.

Storper, M.: Regional „Worlds" of Production and Innovation in the Technology Districts of France, Italy, and the USA. Regional Studies 27, 1993, S. 433–455.

Struck, E.: Landflucht in der Türkei. Die Auswirkungen im Herkunftsgebiet dargestellt an einem Beispiel aus dem Übergangsraum von Innerzu Ostanatolien (Provinz Sivas). Passau 1984 = Passauer Schr. z. Geogr. 1.

Struck, E.: Formen der ländlichen Abwanderung in der Türkei. Erdkunde 39, 1985, S. 50–55.

Struck, E.: Regionale Disparitäten in der Türkei. Das West-Ost-Gefälle. S. 51–63 in: Popp, H. (Hrsg.): Probleme peripherer Regionen. Passau 1987, 157 S. = Passauer Kontaktstudium Erdkunde 1.

Struck, E.: Die Treibhauskulturen der türkischen Südküste. Eine Diffusionsanalyse. Erdkunde 44, 1990, S.161–170.

Struck, E.: Die Bewässerungslandwirtschaft der Türkei. S. 69–78 in: Struck, E. (Hrsg.): Aktuelle Strukturen und Entwicklungen im Mittelmeerraum, Passau 1993 = Passauer Kontaktstudium Erdkunde 3.

Struck, E. (Hrsg.), Aktuelle Strukturen und Entwicklungen im Mittelmeerraum. Passau 1993, 110 S. = Passauer Kontaktstudium Erdkunde 3.

Struck, E.: Sozialgeographische und geopolitische Aspekte des Südost-Anatolien-Projekts (GAP). S. 117–126 in: Popp, H. u. K. Rother (Hrsg.): Die Bewässerungsgebiete im Mittelmeerraum. Passau 1993, 195 S. = Passauer Schr. zur Geogr. 13.

Struck, E.: Das Südostanatolien-Projekt. Geogr. Rundschau 46, 1994, S. 88–95.

Struck, E.: Konflikte, Konfrontationen und Kooperationen im östlichen Mittelmeerraum. Geogr. Rundschau 48, 1996, S. 548–555.

Struck, E.: Probleme Europas mit der Türkei – der Türkei mit Europa. Geopolitik im Spannungsfeld zwischen Orient und Okzident. Arb. aus d. Inst. f. Geogr. d. Univ. Graz 36, 1997/98, S. 283–296.

Struck, E.: Das Erdbeben in der Türkei am 17. August 1999 – ein Erfahrungsbericht. Geogr. Rundschau 51, 1999, S. 643–646.

Struck, E.: Die Weltbevölkerung zum Beginn des 21. Jahrhunderts – Aussichten auf das Ende des Wachstums. Petermanns Geogr. Mitt. 144, 2000, S. 6–17.

Syriopoulos, T. C.: A dynamic model of demand for Mediterranean tourism. International review of applied economics 9, 1995, S. 318–336.

Telljohann, V.: Die italienische Debatte um Industriedistrikte. S. 45–76 in: Krumbein, W., (Hrsg.): Ökonomische und politische Netzwerke in der Region. Münster/Hamburg 1994 = Politik und Ökonomie 1.

Teutsch, L.: Das römische Städtewesen in Nordafrika. Berlin 1962.

Theroux, P.: An den Gestaden des Mittelmeeres. Hamburg 1998, 636 S. (rororo 22347).

Tibi, B.: Konfliktregion Naher Osten: Regionale Eigendynamik und Großmachtinteressen. München, [2]1991, 261 S.

Tibi, B.: Islamischer Fundamentalismus. Ein politisch-geographisches Phänomen. Geogr. Rundschau 45, 1993, S. 10–16.

Tibi, B.: Die Verschwörung. Das Trauma der arabischen Politik. Hamburg 1994, 409 S.

Tibi, B.: Der religiöse Fundamentalismus im Übergang zum 21. Jh. Mannheim 1995, 128 S. = Meyers Forum 34.

Tibi, B.: Die postkemalistische Türkei. Internationale Politik 53, 1998, 1/2, S. 1–16.

Tibi, B.: Fundamentalismus im Islam. Eine Gefahr für den Weltfrieden? Darmstadt 2000, 223 S.

Tichy, F.: Die Wälder der Basilicata und die Entwaldung im 19. Jahrhundert. Heidelberg 1962, 174 S. = Heidelberger Geogr. Arb. 8.

Todorova, M.: Die Erfindung des Balkans. Europas bequemes Vorurteil. Darmstadt 1999, 360 S.

Tovias, A.: The Mediterranean economy. S. 1–46 in: Ludlov, P. (Ed.): Europe and the Mediterranean. London 1994.

Tovias, A.: The Economic Impact of the Euro-Mediterranean Free Trade Area on Mediterranean Non-Member Countries. S. 113–128 in: Gillespie, R. (Ed.): The European Mediterranean Partnership. London 1997, 193 S.

Troin, J.-F.: Casablanca, Algier, Tunis. Die drei Metropolen des Maghreb. Geogr. Rundschau 42, 1990, S. 88–93.

Trotta-Treyden, H.: Die Entwaldung der Mittelmeerländer. Peterm. Geogr. Mitt. 62, 1916, S. 248–253; S. 286–292.

Tyrakowski, K.: Raumnutzungskonkurrenzen an der spanischen Mittelmeerküste. S. 9–28 in: Popp, H. u. F. Tichy (Hrsg.): Möglichkeiten, Grenzen und Schäden der Entwicklung in den Küstenräumen des Mittelmeergebietes. Erlangen 1985, 229 S. = Erlanger Geogr. Arb., Sbd. 17.

Tyrakowski, K.: Agrarkolonisation und Regionalentwicklung am oberen Guadalquivir/Spanien. Naila 1987.

UN, World Population Projections to 2150. Baltimore, London 1998, 41 S.

UN, World Population Prospects. The revision 1996. New York 1998, 839 S.

UN, World Urbanization Prospects. Estimates and Projections of Urban and Rural Populations and of Urban Agglomerations. New York 1995.

UNDP (United Nations Development Programme): Human Development Report 1998. New York 1998, 228 S.

UNDP (United Nations Development Programme): Bericht über die menschliche Entwicklung. Bonn 1999, 298 S.

UNEP (United Nations Environment Programme): The blue Plan. Futures of the Mediterran. Basin. Sophia Antipolis/Frankr. 1988, 96 S.

UNEP (United Nations Environment Programme): State of the Mediterranean Marine Environment. Athen 1989, 225 S. = Technical Report Series Nr. 28.

UNESCO: Carte de la Végétation de la Region Méditerranéenne. Notice explicative. Paris 1970 (Arid Zone Research XXX).

Vaudour-Jouve, N: Les espaces technopolitains en Provence-Alpes-Côtes d'Azur. Méditerranée 87, 1997, 3/4, S. 27–34.

Venturini, A.: Immigration et marché du travail en Italie: données récentes. Revue Européenne des Migrations Internationales 7, 1991, S. 96–113.

Villevieille, A.: Les Risques Naturels en Méditerranée. Paris 1997, 160 S. = Les Fascicules du Plan Bleu 10.

Vittinghoff, F. (Hrsg.): Europ. Wirtschafts- und Sozialgesch. in der römischen Kaiserzeit. Stuttgart 1990, 805 S. = Hdb. d. Europ. Wirtschafts- u. Sozialgesch. 1.

Vittinghoff, F.: Die Stadtgemeinde (in der römischen Kaiserzeit). S. 196–212 in: Vittinghoff, F. (Hrsg.): Europ. Wirtschafts- und Sozialgesch. der römischen Kaiserzeit. Stuttgart 1990, 805 S. = Handb. d. Europ. Wirtsch.- u. Sozialgesch. 1.

Vöchting, F.: Die italienische Südfrage. Entstehung und Problematik eines wirtschaftlichen Notstandsgebietes. Berlin 1951, 680 S.

Volkmar, F.: Die Entstehung Israels im 12. und 11. Jahrhundert v. Chr. Biblische Enzyklopädie, Stuttgart, Berlin, Köln 1996.

Vorlaufer, K.: Tourismus in Entwicklungsländern. Darmstadt 1996, 257 S.

Wagner, H.-G., Hagedorn, J. u. W. Sperling, Südeuropa – der Mittelmeerraum. S. 314–384 in: Sperling, W. u. A. Karger (Hrsg.), Europa. Frankfurt/Main ²1989 = Fischer Länderk. 8, 617 S.

Wagner, H.-G.: Die Kulturlandschaft am Vesuv. Hannover 1967, 243 S. = Jahrb. d. Geogr. Ges. Hannover f. 1966.

Wagner, H.-G.: Das Siedlungsgefüge im südlichen Ostalgerien (Nememcha). Erdkunde 25, 1971, S. 118–135.

Wagner, H.-G.: Die Souks in der Medina von Tunis. Versuch einer Standortanalyse von Einzelhandel und Handwerk in einer nordafrikanischen Stadt. S. 91–142 in: Stewig, R. u. H.-G. Wagner (Hrsg.): Kulturgeogr. Unters. im islamischen Orient. Kiel 1973 = Schr. d. Geogr. Inst. d. Univ. Kiel Bd. 38.

Wagner, H.-G.: Italien. Wirtschaftsräumlicher Dualismus als System. Geogr. Taschenb. 1975/76, S. 57–59.

Wagner, H.-G.: Bevölkerungsgeographie Nordafrika (Tunesien, Algerien). Stuttgart 1981a, 96 S. = Afrika-Kartenwerk, Serie N, Karte 1:1 Mio. Blatt 8 u. Beiheft.

Wagner, H.-G.: Korsika – Region zwischen Autonomie und Integration. Würzb. Geogr. Arb. 53, 1981b, S. 313–338.

Wagner, H. G.: Der urbane Verdichtungsraum am Golf von Neapel. S. 53–75 in: Popp, H. u. F. Tichy: Möglichkeiten, Grenzen und Schäden der Entwicklug in den Küstenräumen des Mittelmeergebietes. Erlangen 1985, 229 S. = Erlanger Geogr. Arb., Sonderbd. 17.

Wagner, H.-G.: Das Mittelmeergebiet als subtropischer Lebensraum. Geoökodynamik 9, 1988, S. 103–133.

Wagner, H.-G.: Italien – Grundzüge des wirtschaftlichen Strukturwandels von 1950–1988. Z. f. Wirtschaftsgeogr. 33, 1989, S. 151–168.

Wagner, H.-G.: Innovative Wandlungen der Agrarstruktur am Golf von Neapel 1965–1989. Erdkunde 44, 1990, S. 180–193.

Wagner, H.-G.: Die Altstadt von Tunis. Funktionswandel von Handwerk und Handel 1968–1995. Petermanns Geogr. Mitt. 140. 1996, S. 343–365.

Wagner, H.-G.: Mezzogiorno. Köln 1991, 40 S. = Problemräume Europas 10.

Wagner, H.-G.: Kann Süditalien noch Anschluß an Europa finden? Würzb. Geogr. Arb. 87, 1993, 563–575.

Wagner, H.-G.: Erdöl und Erdgas in der Kaukasus-Kaspi-Region. Geogr. Rundschau 49, 1997, S. 355–361.

Wagner, H. u. H.-G. Wagner, Die Veränderung der Bewässerungswirtschaft im nördlichen Süditalien 1960–1990 (Lazio, Abruzzo, Molise, Campania). Peterm. Geogr. Mitt. 136, 1992, S. 139–154.

Wagner, H. u. H.-G. Wagner: Die Bewässerungslandwirtschaft in den italienischen Regionen Latium, Abruzzen, Molise, Kampanien. S. 87–92 in: Popp H. u. K. Rother (Hrsg.): Die Bewässerungsgebiete im Mittelmeerraum. Passau 1993, 195 S. = Passauer Schr. zur Geogr. 13.

Wagstaff, I. M · The Role of the Eastern Mediterranean (Levant) for the Early Modern World Economy 1500–1800. S. 327–342 in: Nitz, H.-J.: The Early-Modern World-System in Geographical Perspective. Stuttgart 1993, 403 S. = Erdkdl. Wissen 10.

Waldmann, P.: Militanter Nationalismus im Baskenland. Frankfurt/Main 1990, 250 S.

Wallerstein, I.: The relevance of the concept of Semiperiphery to Southern Europe. in: Arrighi, G. (Ed.): Semiperipheral Development. Beverly Hills, California 1985.

Wallerstein, I.: Das moderne Weltsystem. Die Anfänge kapitalistischer Landwirtschaft und die europäische Weltökonomie im 16. Jh. Frankfurt 1986, 595 S.

Wallerstein, I.: Le monde méditerranéen à l'époque post-guerre froide. S. 53–63 in: Reynaud, Chr. et A. Sid Ahmed (Edit.): L'Avenir de l'espace Méditerranéen. Paris 1991, 985 S.

Walter, H.: Vegetation und Klimazonen. Stuttgart, [7]1999, 382 S. = UTB 14.

Weber, M.: Die Stadt. Eine soziologische Untersuchung. Archiv f. Sozialwiss. u. Sozialpolitik. 47, 1920/21, S. 621–772.

Weber, M.: The City. New York 1966.

Weber, P. (Hrsg.): Periphere Räume. Strukturen und Entwicklungen in europäischen Problemgebieten. Paderborn 1979 = Münstersche Geogr. Arb. 4.

Weidenfeld, W., Janning, J. u. S. Behrendt: Transformation im Nahen Osten und Nordafrika. Gütersloh 1997.

Weidenfeld, W.: Brennpunkt Mittelmeer. Internationale Politik 51, 1996, 2, S. 1–44.

Wellenreuther, R.: Werdegang und Hintergründe der zyprischen Volksgruppengespräche zwischen 1974 und 1993. Z. f. Türkeistudien 7, 1994, 1, S. 95–130.

Weltbank: Weltentwicklungsbericht 1998/99. New York 1998, 230 S.

Werth, M. u. H. Körner (Hrsg.): Immigration of Citizens from Third World Countries into the Southern Member States of the European Community. Social Europe, Supplement 1/1991, Luxemburg.

Wilhelm, G. (Hrsg.): Die orientalische Stadt. Kontinuität, Wandel, Bruch. Saarbrücken 1997, 409 S.

Will, D.: Chancen und Perspektiven eines Tourismus in Libyen. Würzburger Geogr. Manuskr. 51, 1999, S. 92–102.

Williams, A. M.: Mass tourism and international tour companies. S. 119–135 in: Barke, M., Towner, J. and M. T. Newton (Eds.): Tourism in Spain: Critical Issues. Wallingford 1996.

Wirth, E.: Strukturwandlungen und Entwicklungstendenzen der orientalischen Stadt. Versuch eines Überblicks. Erdkunde 22, 1968, S. 101–128.

Wirth, F · Die Beziehungen der orientalisch-islamischen Stadt zum umgebenden Lande. Ein Beitrag zur Theorie des Rentenkapitalismus. Erdkundl. Wissen, Beihefte z. Geogr. Zeitschr. 33, 1973, S. 323–333.

Wirth E.: Zum Problem des Bazars (sûq, carsi). Versuch einer Begriffsbestimmung und Theorie des traditionellen Wirtschaftszentrums der orientalisch-islamischen Stadt. Der Islam 51, 1974, S. 203–260 und 52, 1975, S. 6–46.

Wirth, E.: Die orientalische Stadt. Ein Überblick aufgrund jüngerer Forschungen zur materiellen Kultur. Saeculum 26, 1975, S. 45–94.

Wirth, E.: Tradition und Innovation im Handwerk und Kleingewerbe der vorderorientalischen Stadt. Strukturwandlungen und Überlebensstrategien in den vergangenen 150 Jahren. Die Welt des Islams 25, 1985, S. 174–222.

Wirth, E.: Der Orient – Versuch einer Definition und Abgrenzung. S. 15–26 in: Mensching, H. u. E. Wirth: Nordafrika und Vorderasien. Frankfurt [2]1989, 329 S. = Fischer Länderkunde 4.

Wirth, E.: Zur Konzeption der islamischen Stadt. Privatheit im islamischen Orient versus Öffentlichkeit in Antike und Okzident. Die Welt des Islams 31, 1991, S. 50–92.

Wirth, E.: Fernhandel und Exportgewerbe im islamischen Orient. Risikobereite Unternehmer zwischen Markt und Macht. S. 123–153 in: Breuninger, H. u. R. P. Sieferle (Hrsg.): Markt und Macht in der Geschichte. Stuttgart 1995.

Wirth, E.: Kontinuität und Wandel in der Orientalischen Stadt. Zur Prägung von städtischem Leben und städtischen Institutionen durch jahrtausendealte kulturraum-spezifische Handlungsgrammatiken. S. 2–44 in: Wilhelm, G. (Hrsg.): Die orientalische Stadt. Kontinuität, Wandel, Bruch. Saarbrücken 1997, 409 S.

Wittfogel, K.: Die orientalische Despotie. Köln, Berlin 1962, 625 S.

WTO (World Tourism Organization): Marketing tourism in the Mediterranean as a Region. Madrid 1997, 280 S.

WTO (World Tourism Organization): Yearbook of Tourism Statistics. Bd. 1 146 S., Bd. 2 773 S. Madrid 1999.

WTTC (World Travel & Tourism Council): 1999 Travel & Tourism Satellite Accounting. http://www.wttc.org/.

Yruela, M. P.: Spanish rural society in transition. Sociologia ruralis 35, 1995, S. 276–296.

Zghal, A.: Modernisation de l'agriculture et populations semi-nomades. Den Haag 1967, 143 S.

Zippel, W. (Hrsg.): Die Mittelmeerpolitik der EU. Baden-Baden 1999, 184 S.

Sachregister

Ortsregister